全国中医药行业高等教育“十二五”规划教材
全国高等中医药院校规划教材（第九版）

药用植物学

（新世纪第三版）

（供中药学类、药学类、制药工程等专业用）

主　编　谈献和（南京中医药大学）
　　　　王德群（安徽中医药大学）
副主编　（以姓氏笔画为序）
　　　　王　冰（辽宁中医药大学）
　　　　刘春生（北京中医药大学）
　　　　周日宝（湖南中医药大学）
　　　　赵志礼（上海中医药大学）
　　　　黄必胜（湖北中医药大学）
　　　　潘超美（广州中医药大学）

中国中医药出版社
·北　京·

图书在版编目（CIP）数据

药用植物学/谈献和，王德群主编．—3 版．—北京：中国中医药出版社，2013.2（2017.8 重印）

全国中医药行业高等教育“十二五”规划教材

ISBN 978－7－5132－1302－8

Ⅰ.①药…　Ⅱ.①谈…②王…　Ⅲ.①药用植物学－中医药院校－教材

Ⅳ.①Q949.95

中国版本图书馆 CIP 数据核字（2013）第 001859 号

中 国 中 医 药 出 版 社 出 版
北京市朝阳区北三环东路 28 号易亨大厦 16 层
邮政编码　100013
传真　010 64405750
三河市同力彩印有限公司印刷
各地新华书店经销
*
开本 787×1092　1/16　印张 26.375　字数 589 千字
2013 年 2 月第 3 版　2017 年 8 月第 7 次印刷
书　号　ISBN 978－7－5132－1302－8
*
定价　42.00 元
网址　www.cptcm.com

社长热线　010 64405720
购书热线　010 64065415　010 64065413
微信服务号　zgzyycbs
书店网址　csln.net/qksd/
官方微博　http://e.weibo.com/cptcm
淘宝天猫网址　http://zgzyycbs.tmall.com

全国中医药行业高等教育“十二五”规划教材
全国高等中医药院校规划教材（第九版）
专家指导委员会

全国中医药行业高等教育“十二五”规划教材
全国高等中医药院校规划教材（第九版）

《药用植物学》编委会

主　编　谈献和（南京中医药大学）
王德群（安徽中医药大学）

副主编（以姓氏笔画为序）
王　冰（辽宁中医药大学）
刘春生（北京中医药大学）
周日宝（湖南中医药大学）
赵志礼（上海中医药大学）
黄必胜（湖北中医药大学）
潘超美（广州中医药大学）

编　委（以姓氏笔画为序）
马　琳（天津中医药大学）
王光志（成都中医药大学）
卢　伟（福建中医药大学）
白吉庆（陕西中医学院）
刘长利（首都医科大学）
刘守金（安徽中医药大学）
齐伟辰（长春中医药大学）
严玉平（河北医科大学）
严寒静（广东药学院）
苏连杰（黑龙江中医药大学）
何先元（重庆医科大学）
张　瑜（南京中医药大学）
张水利（浙江中医药大学）
晁　志（南方医科大学）
郭　敏（广西中医药大学）
郭庆梅（山东中医药大学）
葛　菲（江西中医药大学）
董诚明（河南中医学院）

前　言

“全国中医药行业高等教育‘十二五’规划教材”（以下简称：“十二五”行规教材）是为贯彻落实《国家中长期教育改革和发展规划纲要（2010—2020）》《教育部关于“十二五”普通高等教育本科教材建设的若干意见》和《中医药事业发展“十二五”规划》的精神，依据行业人才培养和需求，以及全国各高等中医药院校教育教学改革新发展，在国家中医药管理局人事教育司的主持下，由国家中医药管理局教材办公室、全国中医药高等教育学会教材建设研究会，采用“政府指导，学会主办，院校联办，出版社协办”的运作机制，在总结历版中医药行业教材的成功经验，特别是新世纪全国高等中医药院校规划教材成功经验的基础上，统一规划、统一设计、全国公开招标、专家委员会严格遴选主编、各院校专家积极参与编写的行业规划教材。鉴于由中医药行业主管部门主持编写的“全国高等中医药院校教材”（六版以前称“统编教材”），进入2000年后，已陆续出版第七版、第八版行规教材，故本套“十二五”行规教材为第九版。

本套教材坚持以育人为本，重视发挥教材在人才培养中的基础性作用，充分展现我国中医药教育、医疗、保健、科研、产业、文化等方面取得的新成就，力争成为符合教育规律和中医药人才成长规律，并具有科学性、先进性、适用性的优秀教材。

本套教材具有以下主要特色：

1. 坚持采用“政府指导，学会主办，院校联办，出版社协办”的运作机制

2001年，在规划全国中医药行业高等教育“十五”规划教材时，国家中医药管理局制定了“政府指导，学会主办，院校联办，出版社协办”的运作机制。经过两版教材的实践，证明该运作机制科学、合理、高效，符合新时期教育部关于高等教育教材建设的精神，是适应新形势下高水平中医药人才培养的教材建设机制，能够有效解决中医药事业人才培养日益紧迫的需求。因此，本套教材坚持采用这个运作机制。

2. 整体规划，优化结构，强化特色

“‘十二五’行规教材”，对高等中医药院校3个层次（研究生、七年制、五年制）、多个专业（全覆盖目前各中医药院校所设置专业）的必修课程进行了全面规划。在数量上较“十五”（第七版）、“十一五”（第八版）明显增加，专业门类齐全，能满足各院校教学需求。特别是在“十五”“十一五”优秀教材基础上，进一步优化教材结构，强化特色，重点建设主干基础课程、专业核心课程，增加实验实践类教材，推出部分数字化教材。

3. 公开招标，专家评议，健全主编遴选制度

本套教材坚持公开招标、公平竞争、公正遴选主编的原则。国家中医药管理局教材办公室和全国中医药高等教育学会教材建设研究会，制订了主编遴选评分标准，排除各种可能影响公正的因素。经过专家评审委员会严格评议，遴选出一批教学名师、教学一线资深教师担任主编。实行主编负责制，强化主编在教材中的责任感和使命感，为教材质量提供保证。

4. 进一步发挥高等中医药院校在教材建设中的主体作用

各高等中医药院校既是教材编写的主体，又是教材的主要使用单位。“‘十二五’行规教材”，得到各院校积极支持，教学名师、优秀学科带头人、一线优秀教师积极参加，凡被选中参编的教师都以高涨的热情、高度负责、严肃认真的态度完成了本套教材的编写任务。

5. 继续发挥教材在执业医师和职称考试中的标杆作用

我国实行中医、中西医结合执业医师资格考试认证准入制度，以及全国中医药行业职称考试制度。2004年，国家中医药管理局组织全国专家，对“十五”（第七版）中医药行业规划教材，进行了严格的审议、评估和论证，认为“十五”行业规划教材，较历版教材的质量都有显著提高，与时俱进，故决定以此作为中医、中西医结合执业医师考试和职称考试的蓝本教材。“十五”（第七版）行规教材、“十一五”（第八版）行规教材，均在2004年以后的历年上述考试中发挥了权威标杆作用。“十二五”（第九版）行业规划教材，已经并继续在行业的各种考试中发挥标杆作用。

6. 分批进行，注重质量

为保证教材质量，“十二五”行规教材采取分批启动方式。第一批于2011年4月，启动了中医学、中药学、针灸推拿学、中西医临床医学、护理学、针刀医学6个本科专业112种规划教材，于2012年陆续出版，已全面进入各院校教学中。2013年11月，启动了第二批“‘十二五’行规教材”，包括：研究生教材、中医学专业骨伤方向教材（七年制、五年制共用）、卫生事业管理类专业教材、中西医临床医学专业基础类教材、非计算机专业用计算机教材，共64种。

7. 锤炼精品，改革创新

“‘十二五’行规教材”着力提高教材质量，锤炼精品，在继承与发扬、传统与现代、理论与实践的结合上体现了中医药教材的特色；学科定位更准确，理论阐述更系统，概念表述更为规范，结构设计更为合理；教材的科学性、继承性、先进性、启发性、教学适应性较前八版有不同程度提高。同时紧密结合学科专业发展和教育教学改革，更新内容，丰富形式，不断完善，将各学科的新知识、新技术、新成果写入教材，形成“十二五”期间反映时代特点、与时俱进的教材体系，确保优质教材进课堂。为提高中医药高等教育教学质量和人才培养质量提供有力保障。同时，“十二五”行规教材还特别注重教材内容在传授知识的同时，传授获取知识和创造知识的方法。

综上所述，“十二五”行规教材由国家中医药管理局宏观指导，全国中医药高等教育学会教材建设研究会倾力主办，全国各高等中医药院校高水平专家联合编写，中国中医药出版社积极协办，整个运作机制协调有序，环环紧扣，为整套教材质量的提高提供了保障，打造“十二五”期间全国高等中医药教育的主流教材，使其成为提高中医药高等教育教学质量和人才培养质量最权威的教材体系。

“十二五”行规教材在继承的基础上进行了改革和创新，但在探索的过程中，难免有不足之处，敬请各教学单位、教学人员及广大学生在使用中发现问题及时提出，以便在重印或再版时予以修正，使教材质量不断提升。

国家中医药管理局教材办公室
全国中医药高等教育学会教材建设研究会
中国中医药出版社
2014年12月

编写说明

为适应新时期中医药人才培养和高等中医药教育的需要，体现近年来高等中医药教育教学改革成果，全面推进素质教育，在国家中医药管理局统一规划、宏观指导下，国家中医药管理局教材办公室和全国中医药高等教育学会教材建设研究会组织编写了全国中医药行业高等教育“十二五”规划教材、全国高等中医药院校规划教材（第九版）。

随着经济社会的发展和科学技术的进步，现代科学领域中的理论、方法和技术的不断推陈出新，推动着各学科的不断发展和相近学科的知识交叉，使药用植物学科内涵得到了进一步完善，学科地位得到了进一步提升，应用领域得到了进一步拓展。目前，药用植物学科的研究范围在传统内涵的基础上，拓展到野生与人工药用植物的种群数量、形态构建、生态环境、分布特点、品质评价、效用物质、资源保护、开发利用和科学管理等，已成为涉及多学科的基础性学科和多领域的应用性学科。

本版教材遵循国家“十二五”规划教材编写的指导思想和现代高等中医药教育教学规律，紧扣我国经济社会和中药现代化的发展趋势，根据专业人才培养目标和本学科教学特点，以课程体系为框架，以教学内容为依据，吸收历版相关教材长处，汇集一线教师的教学经验，融合中药及其相关学科的新成果和新方法，在“十一五”规划教材的基础上，博采众长，力求编写观点正确、资料可靠、论述严谨、语言流畅、结构紧密、层次清楚、文字和图表准确，突出适应中药、中药资源与开发、药学等专业知识和技能特色的规划教材。教材分为上、下两篇，上篇为药用植物的形态和构造，重点介绍药用植物细胞、组织和器官的形态构造特点，奠定学习药用植物分类知识的基础；下篇为药用植物的分类，重点介绍植物分类原则和各药用植物类群的主要特征。根据多数院校课程教学改革的要求和教学内容的变化，本教材的内容在“十一五”规划教材基础上作了部分增减或调整处理。

本教材由谈献和、王德群主编，由24所中医药、医药院校的26位从事药用植物学课程教学的一线教师共同编写，采取主编负责、副主编初审并修改的编写制度。其中绪论由谈献和编写；上篇第一章至第二章由张瑜、卢伟编写，王冰初审并修改；第三章至第五章由白吉庆、刘长利、马琳、郭庆梅编写，刘春生初审并修改；第六章至第七章由严玉平、齐伟辰、张水利编写，黄必胜初审并修改；下篇第八章由王德群编写；第九章至第十三章由晁志、郭敏、严寒静、王光志编写，潘超美初审并修改；第十四章至第十五章由葛菲、董诚明、周日宝、刘守金、苏连杰、何先元、王德群、赵志礼编写，分别由周日宝、赵志礼初审并修改；附录由王德群、谈献和、张瑜编写。初稿上篇由谈献和再审并修改，下篇由王德群再审并修改。统稿后由谈献和对全书进行终审并修改定稿。

本教材可供高等中医药、药学、农林等院校的中药、药学、中药资源与开发及相关专业的本科生使用，亦可供相关领域的研究人员和科技工作者参考。各院校或各专业在教学中，可结合地区、专业、课时及教学对象的实际情况，对教材内容进行适当安排。

本教材在编写过程中，始终得到全国高等中医药教材建设研究会和中国中医药出版社的悉心指导，得到所有参编单位领导和相关教师的鼎力支持。本教材的顺利编写，得益于全体编委真诚合作的团队精神和严谨缜密的科学态度。安徽新华学院庆兆老师对教材的部分插图进行了修改和编排。在此，一并表示诚挚的谢意！同时，敬请兄弟院校同仁和读者在使用过程中提出宝贵意见，以便再版时修订提高。

《药用植物学》编委会
2012 年 12 月

目　录

绪　论

上篇　药用植物的形态和构造

下篇　药用植物的分类

绪　论

千百年来，人类在采集、栽培植物供食用的过程中，认识了能够防病治病、健康养生的植物，经过长期的经验总结和知识累积，深化了对植物药用价值的认识，借助现代科学的理论、方法和技术，逐步形成并完善了当今科学领域中诸多学科的重要基础学科——药用植物学。

一、药用植物学的内涵与外延

（一）药用植物

药用植物（Medicinal Plant）是指具有预防、治疗疾病，对人体有保健养护功能的植物。这些植物来源于野生或人工栽培，其全株或部分或其生理和病理产物，含有具有药用活性的物质，构成了天然药物资源的主体。

我国疆域辽阔，自然条件优越，生物种类繁多，是世界上生物多样性大国之一，有着极为丰富的药用植物资源，也是世界上药用植物利用历史最为悠久的国家。我国在上世纪50年代、60年代和80年代，开展了3次全国性大规模中药资源调查，基本摸清了我国中药资源的种类、数量、分布和开发利用状况。调查结果显示我国有药用记载的中药资源包括植物、动物和矿物共12807种，其中有药用植物11146种（包括亚种、变种或变型1208个），分属于383科、2313属，约占中药资源总数的87%。

（二）药用植物学

药用植物学（Pharmaceutical Botany）是一门研究具有防病治病、健康养生作用的植物的形成发展、形态构造、分类鉴定、生理功能、细胞培养、资源开发和合理利用的科学。

传统的药用植物学是指利用植物学的形态解剖和系统分类的基本知识、方法、技术，研究和应用能够用于防治疾病和保健养生的药用植物的一门科学，是属于植物学科的分支学科。所以药用植物学的基本内容分为植物形态解剖学（即种子植物器官形态和组织构造特征）和植物系统分类学（即分类学基本原理和各大类群特征）两大部分的基本理论、基本知识和基本技能。作为一门课程，常被认为是中药鉴定学、药用植物栽培学等专业课程的专业基础课。

随着经济社会和科学技术的飞速发展，现代科学领域中的理论、方法和技术的不断推陈出新，交汇融合，推动着各学科的不断进步，也促进了各相近学科的知识交叉渗透。中药资源学科的异军突起，中药鉴定学科的推陈出新，中药化学学科的深化完善，生物技术学科的日新月异，使药用植物学科也发生了前所未有的变化，其学科内涵得到了进一步完善，学科地位得到了进一步提升，应用领域得到了进一步拓展。目前，药用植物学科的研究范围在传统内涵的基础上，拓展到野生与人工药用植物的种类数量、形态构建、生态环境、分布特点、品质评价、效用物质、资源保护、开发利用和科学管理等，已成为多学科的基础性学科和多领域的应用性学科。

二、药用植物学的性质和任务

（一）药用植物学的性质

从知识体系和应用领域来看，药用植物学是植物学科和中药学科相关知识紧密结合、高度融合的交叉学科，本学科为药用植物生理学、药用植物生态学、药用植物栽培学、中药鉴定学、中药化学、药用植物资源学、药用植物生物技术、药用植物开发利用学、药用植物亲缘学等传统和新型边缘学科提供了理论知识与方法技术的有力支撑。

从课程体系和培养目标来看，药用植物学是中药学、药学、中药资源与开发、中药制药等专业必修的专业基础课，本课程为（临床）中药学、药用植物生理（生态）学、中药鉴定学、中药化学、药用植物栽培学、中药资源学、中药分析学等专业课程提供了系统的药用植物基础知识和相关的实验技术。

（二）药用植物学的任务

1. 研究中药材的基原和品种，确保临床用药和制药原料的真实优质

目前用于临床实践和中药工业的中药材有1200多味，存在着来源复杂、品种多样、名称混乱、质量不齐等现象，亟待规范统一。有些药材来源比较复杂，诸如大黄、黄精、细辛、天南星等1味药材具有多种基原植物，马兜铃、何首乌等1种植物不同部位作为不同药材的有数十味。由于我国民族众多，语言差异以及地区用药习惯各异而导致的同名异物、同物异名的混乱现象较为严重，难以规范临床用药标准，造成误采、误种、误用。如全国各地使用的“贯众”，来源于5科的25种蕨类植物的根茎，相关文献中称为“贯众”的植物竟达9科17属49种及其变种；中药材大青叶，在商品市场上出现来源于4科的4种植物的叶，而正品药材仅为十字花科植物菘蓝 *Isatis indigotica* Fort. 的叶；植物“益母草”在各种文献中的名称达到30余个，如东北称益母蒿，青海称坤草，四川称月母草，陕西称旋母草，湖南称野油麻等。为解决市场紧缺的珍稀药材资源而出现的替代品真伪来源复杂，质量参差不齐，如人工培育的蚕蛹虫草和人工蛹虫草子实体，经研究鉴定，所含的虫草素和甘露醇等成分达到或超过冬虫夏草，且功效相似，可以使冬虫夏草资源紧缺的矛盾得到有效的缓解；常用中药材半夏，来源于天南星科植物半夏 *Pinellia ternate*（Thunb.）Breit. 的干燥块茎，由于野生资源不足，栽培产量较低，市场时有紧缺，价格居高不下，许多地区以同科植物鞭檐犁头尖 *Typhonium flagelliforme*（*Lodd.*）Bl. 的块茎（水半夏）代半夏用；近年来全国各地区大力发展中药材人工栽培，各地也培育出许多地方品种，但由于较少考虑药材的品种道地性和药用植物生长的环境适宜性，大量的伪品和劣质品充斥市场。这些混乱现象和质量差异，严重影响了药材质量和临床疗效，损害了作为民族瑰宝的中药材的声誉。利用药用植物学的形态解剖和分类鉴定的知识与方法，结合现代生物分析技术，可以对中药材的多来源品、代用品、混用品、伪品、劣质品等进行科学的真伪优劣鉴别和系统的综合评价，逐步实现1味药1名称和1味药1基原，澄清药材的混乱现象，明确药材的质量标准，保证药材基原和品种的真实优质。

2. 调查药用植物资源状况，制订科学保护和综合利用的规划和措施

中药资源调查的主要内容是药用植物资源的调查研究。药用植物资源调查是利用植物形态学、植物分类学、植物生态学、植物地理学等基础理论和方法技术，对全国或某一地区野生和栽培药用植物的生态环境、种类数量、分布规律、培育更新、开发利用、社会生产条件等情况进行实地考察。在此基础上对中药资源的现状及其利用程度进行分析和评价，对其未来发展进行预测，并为制订资源的可持续利用对策提供科学依据。经过3次全国性的中药资源普查和多个地区性或专项调查，基本摸清了我国中药资源的种类、数量、质量及其分布和变化规律，确定了不同地区中药资源可持续利用策略和中药材产业发展方向，并进行了科学的中药区划，为国家有关部门和地区制定中药资源合理综合开发和科学保护管理的方针、政策、措施提供了科学依据。在此基础上，我国的药用植物栽培生产得以迅速、规范、有效的发展，尤其是处于渐危、濒危和野生资源遭到严重破坏而很长时间难以恢复的药用植物，如甘草 *Glycyrrhiza uralensis* Fisch.、黄皮树 *Phellodendron chinense* Schneid.、肉苁蓉 *Cistanche deserticola* Y. C. Ma、紫草 *Lithospermum erythrorhizon* Sieb. et Zucc.、天麻 *Gastrodia elata* Bl.、刺五加 *Acanthopanax senticosus*（Rupr. et Maxim.）Harms.、七叶一枝花 *Paris Polyphylla* Smith var. *chinensis*（Franch.）Hara、钩藤 *Uncaria rhynchophylla*（Miq.）Miq. ex Havil.、酸枣 *Ziziphus jujube* Mill. var. *spinosa*（Bge.）Hu ex H. F. Chow 等，通过开展药用植物的资源动态监测、种质资源保存、引种栽培生产、野生资源抚育、合理开发利用等积极的保护和培育措施，确保了这些药用植物野生资源的有效恢复和可持续利用。通过资源的调查研究，也发掘了许多新的药用植物资源，如历次资源调查中陆续发现的萝芙木 *Rauwolfia verticillata*（Lour.）Baill、新疆紫草 *Arnebia cuchroma*（Royle）Johnst、新疆阿魏 *Ferula sinkiangensis* K. M. Shen、胡黄连 *Picrorhiza scrophulariflora* Pennell、绿壳砂 *Amomum villosum* Lour. var. *xanthioides* T. L. Wu et Senjen、马钱 *Strychnos nux-vomica* L. 等新资源，在一定程度上缓解或改变了部分药材原来依靠进口导致供需矛盾的状况，为中医药防病治病提供了新的物质保障。

3. 探究药用植物资源形成的规律和影响因素，寻找和发掘药用新资源

在我国3万余种高等植物中，已开发作为药物资源使用的不足1/5。同时，随着中医药事业的飞速发展，作为中药资源主体的药用植物资源承受着越来越大的压力，进一步深入研究药用植物个体发育和系统发育规律，利用本草学、植物亲缘学、植物化学分类学等学科的基本原理和现代生物技术的新方法，寻找新的药用部位、新的药用物种和新的药用物质，是药用植物学科的重要任务之一。

同类植物具有相同或相似的形态构建机理和生物合成机能，根据“植物亲缘关系相近，化学成分相似”的植物系统进化和化学分类原理，植物类群中亲缘关系相近的种，不仅形态和结构相似，新陈代谢类型和生理生化特征亦相近，且化学成分组成及药用功效类同。可充分利用植物所含的化学成分与植物亲缘关系远近的规律，寻找和扩大新的药物资源。科学家发现卫矛科植物卵叶美登木 *Maytenus ovatus* Loes. 的抗癌活性成分美登木素（maytansine）具有较好的抗癌效果，但含量甚微。利用这一规律，很快发现美登木素含量比卵叶美登木高 3.5 倍的同属近缘植物巴昌美登木，继而发现美登木素含量又比卵叶美登木高 6 倍的美登木属近缘种波特卫矛 *Euonymus bockii* Loes.，随后又在卫矛科的近缘科鼠李科发现塔克萨野咖啡，在我国云南省发现卫矛科的近缘种云南美登木 *M. hookeri* Loes.、圆叶美登木 *M. orbiculatus* C. Y. Wu、隆林美登木 *M. lunglinensis* C. Y. Cheng et W. L. Sha、小檗美登木 *M. berberoides*（W. W. Smith）S. J. Pei et Y. H. Li 等均含类似美登木素的结构，并具有类似的抗癌活性，从而大大扩大了这一药物资源。通过对中国薯蓣属的系统研究，提出了发展高含量甾体激素药源植物盾叶薯蓣 *Dioscorea zingiberensis* C. H. Wright 和穿龙薯蓣 *D. nipponica* Makino 种质资源的建议，扩大了该类药物的资源。新中国成立后，我国开展了从进口药物的同科同属近缘植物中寻找可替代进口药的新资源的大量研究实践，成功发掘了萝芙木、白木香 *Aquilaria sinensis*（Lour.）Gilg.、云南马钱 *Strychnos pierriana* A. W. Hill、新疆阿魏、云南芦荟等新的替代进口药物的药用植物资源。

由于同一种植物不同器官的生物合成途径的遗传基础是相同的，可能产生相同或相似的化学成分，根据这一规律性，可将药用植物的非传统药用部位作为新资源的开发对象，形成药用植物的新资源。很多中药材来源于植物的地下根或根状茎，经过大量的实验与临床验证，这些植物的地上部分与地下部分的化学成分基本一致，甚至某些药用成分显著地高于地下部分，作为新的药用部位被开发成为新的药用资源，如人参、三七等的叶和花、蒺藜的全草、雷公藤的地上部分等。

总之，在自然资源备受关注、学科加速交叉融合的社会发展和科学进步的新时期，药用植物学在中药及天然药物广泛的研究领域中，依然占据极为重要的基础科学地位，发挥着不可替代的作用。

三、药用植物学的形成与发展

我国具有认识、应用、研究药用植物的悠久历史，在采撷植物作为食材的长期实践中，人们开始发现有些植物能够缓解甚至消除机体的某种不适，有些植物经食用后使体力、精神状态显著改善，经过长期不断地总结和反复研究，逐渐形成了对某种植物药用、保健、养生等价值的系统认识，然后由不同时期的医药大家经过对前人用药的识别、应用经验总结整理，加之自身亲力亲为的实践，编撰了以“诸药中草类最多”为命名依据的古代药物专著“本草”，并且通过不断采用“拾遗”、“集注”、“新编”等多种形式进行补充和完善，使古代本草成为我国传统中医药文化的重要组成部分，充实了中华文明的内涵。

我国历代本草著作中，有关药用植物的记录最为丰富。我国现存最早的本草专著《神农本草经》（东汉），在收载的365种药物中，来源于植物的有237种。陶弘景以《神农本草经》为基础，补入《名医别录》，编著了《神农本草经集注》（梁代），将收载的730种药物，首创按自然属性分类的方法分为玉石、草木、虫兽、果、菜、米食及有名未用7类。李勣、苏敬等22人编撰、由唐朝政府颁布的《新修本草》（唐本草）收载的844种药物中，出现了不少外来药用植物如豆蔻、丁香、石榴、槟榔等，该书被认为是我国和世界上的第一部国家药典。唐慎微所著《经史证类备急本草》（宋代），收载药物1746种，不仅内容丰富，而且图文并茂，是现存最早的完整本草著作，为研究古代药物史最重要的典籍之一。著名中医药学家李时珍历经30余年，走遍大山河谷，采集标本，搜寻民间用药经验，编撰的巨著《本草纲目》（明代），收载1892种药物（药用植物1095种，占全部药物的58%），附方11000余条。书中将药物分为16部60类，以药物的自然属性为分类基础，其中药用植物分为草、谷、菜、果、木等5部，草部又分为山草、毒草、水草等9类，被誉为自然分类的先驱，受到国内外医药学、生物学界的推崇，被誉为“东方药物巨典”。该书于17世纪传到国外，曾有拉丁、日、韩、法、德、英、俄等多国文字的译本畅销世界各地。著名的植物学家吴其濬编写了《植物名实图考》和《植物名实图考长编》（清代），前者收载植物1714种，对每种植物的形态、产地、性味、用途叙述颇详，并附有比较精确的插图，其中有很多植物系著者亲自采集、观察并记录；后者描述植物838种，记录了大量的古代文献资料。该书是我国古代最有参考价值的植物学专著，也为近代药用植物的考证研究提供了宝贵的史料，为药用植物学科的形成和发展奠定了坚实的基础。

我国政府十分重视和保护中医药事业及其人才培养工作，在全国各省市、自治区陆续成立中医（药）院校和大量的中医药医疗、研究机构，开展了系统的品种整理、资源调查、栽培生产等基础研究，中医药事业得到了迅速的发展和提高。60多年来，先后编撰出版了许多中药学及药用植物学专著，主要有《中国药用植物志》（1955～1965年），共9册，收载药用植物450种，并附有插图；《中药志》（1959～1961年）及其后来的修订版6册，收载植物药材637味，药用植物2100余种；《全国中草药汇编》及彩色图谱（1975～1977年），收载药物2202种，其中药用植物2074种；《中药大辞典》（1977～1979年，2006年出版第二版）上册、下册及附编，收载药物5767种，其中药用植物4773种；全国第三次中药资源普查结束后，编撰出版了《中国中药资源丛书》，其中有大量的药用植物种类、数量、分布、生境、功效等记载；历版《中华人民共和国药典》中均收录有药用植物及其产物，2010年版达600多种；举世瞩目的现代本草巨著《中华本草》（1999年），收载中药及民族药近10000种。

在政府及有关部门的支持下，我国各级中医药教育事业蓬勃发展，培养了数以万计的高、中级中药专业人才，满足了日益增长的中医药防病治病和健康养生的人才需求。药用植物学科及其教材建设也取得了可喜的成果，尤其是近年来出现了一批各级药用植物学精品课程和重点学科，构建了较为完善的课程体系和教学内容；先后由孙雄才、丁景和、杨春澍、姚振生等主编的《药用植物学》教材，陆续成为全国中医药院校中药、药学、中药资源与开发等专业本科教育的国家级规划教材，使药用植物学步入理论知识全面、方法技术系统的新阶段。现代医学、药学、化学、数学、物理等学科间的相互渗透和支撑，新理论、新方法和新技术不断融合，为药用植物学科注入了新的内涵，药用植物保护学、药用植物栽培学、药用植物资源学、药用植物化学分类学、药用植物亲缘学等学科的分化和发展以及相关课程的逐步设置，极大地拓展了药用植物学的外延，全面促进了药用植物学科的提高。

四、药用植物学与相关学科

药用植物学是中药学、药学、中药资源与开发、中药制药等专业必修的专业基础课，为这些专业的诸多专业课程提供系统的中药基原植物的基础知识和实验技术，可以说，这些专业中凡是涉及到植物类中药的资源、品种、质量研究和教学的学科均与药用植物学有着密不可分的关系。其中主要的学科是：

中药鉴定学（Authentication of Chinese Medicines）：是考证、鉴定和研究中药材、中药饮片和中成药的品种及其质量标准，寻找和扩大药材品种的一门应用学科。该学科所依据的鉴定方法有来源鉴定、性状鉴定、显微鉴定和理化鉴定等，这些鉴定方法的主要理论依据和方法技术大多以药用植物学的基本理论、知识和技能为基础，是药用植物学系统知识和技能在个药鉴定中的实际应用。

中药资源学（Sciense of Chinese Medicinal Materials Resources）：是研究中药资源的形成、种类构成、数量和质量、地理分布、时空变化、合理开发利用以及保护和管理的一门学科。由于药用植物资源是构成中药资源的主体和主要研究对象，药用植物的相关理论、知识和技术必然成为该学科最直接的基础。

药用植物栽培学（Medicinal Plant Cultivation）：是研究药用植物生长发育规律及其人工调控技术，提高中药材生产质量和产量的一门学科，其研究对象和内容包括药用植物的生长特性、繁殖方法、田间管理、病虫害防治、留种技术、产地加工与贮藏的理论、知识与技能，均为药用植物学相关理论知识和方法在栽培实践中的应用。

五、药用植物学的教学目标与学习指导

（一）教学目标

药用植物学基本教学内容为药用植物细胞、组织和器官的形态及其内部构造，植物系统分类基本原理和各植物类群的基本特征，各种植物学实验方法和操作技能。通过课堂讲授、课后辅导、实验室实验、采药实习等教学环节的有效实施，使学习者掌握本学科基础理论、基本知识和基本技能，培养严谨的科学态度、理论联系实际的作风和分析解决问题的能力，为学习有关专业课、从事中药质量分析鉴定、中药资源调查保护和开发利用、成为中医药事业的应用型人才奠定良好基础。

（二）学习指导

药用植物学是一门融合植物学、中药学知识且实践性很强的学科。由于该学科的专业术语多，直观性强，所以要求学习者首先要充分理解基本理论和基本知识，做到理论联系实际，才能达到课程教学目标。

1. 准确理解并扎实掌握药用植物的形态、构造、分类等部分的基本概念

药用植物学的专业名词、术语、概念较多而且层次鲜明，前后知识的相互衔接和循序渐进关系明显，学习者应自始至终认真掌握，真正做到概念准确、方法熟练，才能为课程的后期学习以及学习专业课程打下坚实的基础。

2. 纵横联系、系统比较类同概念及其内在联系

药用植物学教学内容具有较强的系统性、相似性、关联性。学习者应注意将相关的概念如相似的外部形态以及内部结构、相似的植物种类等加以系统全面地比较，总结其共性和个性特征，深入理解植物的形态与构造及功能之间相关性和统一性，做到学得活、准、全。

3. 主动实践、反复总结是本学科独具特色的学习要求

如果不主动进行实践和及时总结，就难以达到教学目标。课堂实验和采药实习都是本课程独具特色的教学环节，学习者应珍惜实践教学的机会，不断掌握药用植物学的基本实验技术和实践技能，拓展自身的认知空间，培养自己的动手能力、分析问题和解决问题的能力，圆满完成本课程的学习。

上篇　药用植物的形态和构造

第一章　植物的细胞

植物细胞（cell）是构成植物体的形态结构和生命活动的基本单位。单细胞植物是在一个细胞内完成一切生命活动的个体；多细胞植物则由许多形态和功能不同的细胞组成，细胞间相互依存，彼此协作，共同完成复杂的生命活动。

第一节　植物细胞的形状和大小

一、植物细胞的形状

植物细胞形状多样，随植物种类以及存在部位和机能不同而异，有类圆形、球形、椭圆形、多面体形、纺锤形、圆柱形等多种形状。单细胞植物体或排列松散的细胞常呈类圆形、椭圆形和球形；紧密排列的细胞呈多面体等；执行支持作用的细胞细胞壁常增厚，呈纺锤形、圆柱形、不规则形等；执行输导作用的细胞则多呈长管状。

二、植物细胞的大小

植物细胞大小有差异，一般细胞直径在 10～100μm 之间（1mm＝1000μm）。一些特殊的细胞如最原始的细菌、能独立生活的支原体（mycoplasma）细胞直径只有 0.1μm；少数植物的细胞如贮藏组织细胞直径可达 1mm；苎麻纤维一般长达 200mm，有的甚至可达 550mm；最长的细胞是无节乳汁管，长达数米至数十米不等。

观察植物细胞常借助显微镜。光学显微镜的分辨极限不小于 0.2μm，有效放大倍数一般不超过 1200 倍。用电子显微镜可观察更细微的结构，其有效放大倍数超过 100 万倍。用光学显微镜观察到的细胞构造称为显微结构（microscopic structure），在电子显微镜下观察到的结构称为超微结构（ultramicroscopic structure）或称为亚显微结构（submicroscopic structure)。

第二节 植物细胞的基本结构

不同的植物细胞形状和构造亦不相同，同一个细胞在不同的发育阶段，其构造也不一样，在1个细胞内不可能同时看到植物细胞的全部构造。为了便于学习和掌握细胞的构造，将各种细胞的主要细胞器、后含物等集中在1个细胞里加以说明，这个细胞称为典型的植物细胞或模式植物细胞。

典型的植物细胞由原生质体、细胞后含物和生理活性物质、细胞壁3部分组成。细胞外面包围着1层比较坚韧的细胞壁；细胞内有生命的物质总称为原生质体，主要包括细胞质、细胞核、质体、线粒体等；内含的多种原生质体的代谢产物，为非生命的物质，称为后含物；细胞内还存在一些生理活性物质（图1-1）。

一、原生质体

原生质体（protoplast）是细胞内有生命的物质的总称，包括细胞质、细胞核、质体、线粒体、高尔基体、核糖体、溶酶体等，进行细胞的一切代谢活动，是细胞的主要部分。

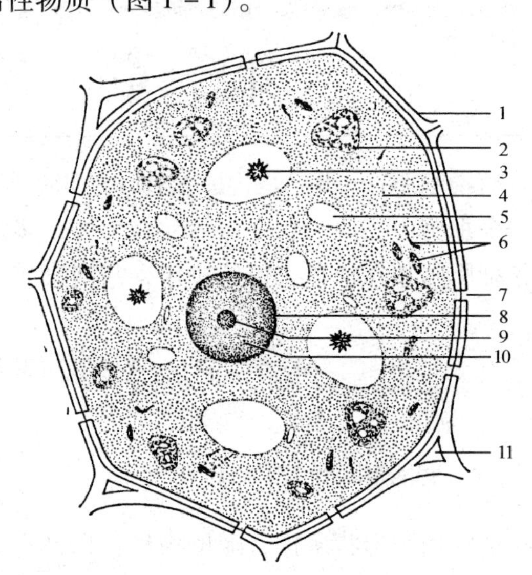

图1-1 典型的植物细胞构造

1. 细胞壁 2. 具同化淀粉的叶绿体 3. 晶体 4. 细胞质 5. 液泡 6. 线粒体 7. 纹孔 8. 细胞核 9. 核仁 10. 核质 11. 细胞间隙

原生质体的构成物质基础是原生质（protoplasm）。原生质是细胞结构和生命物质的基础，化学成分十分复杂，并随着不断的新陈代谢活动，组成成分也在不断变化。原生质主要的成分是蛋白质、核酸（nucleic acid）、水、类脂、糖等，其中以蛋白质与核酸为主的复合物为主要成分。核酸有两类，一类是脱氧核糖核酸（deoxyribonucleic acid），简称DNA，另一类是核糖核酸（ribonucleic acid），简称RNA。DNA是遗传物质，决定生物的遗传和变异；RNA是把遗传信息传送到细胞质中去的中间体，在细胞质中它直接影响蛋白质的产生。

原生质是一种无色半透明、具有弹性、略比水重（相对密度为1.025～1.055）、有折光性的半流动亲水胶体（hydrophilic colloid）。原生质的化学成分在新陈代谢中不断地变化，其相对成分为：水85%～90%，蛋白质7%～10%，脂类物质1%～2%，其他有机物1%～1.5%，无机物1%～1.5%。在干物质中，蛋白质是最主要的成分。

（一）细胞质

细胞质（cytoplasm）为半透明、半流动、无固定结构的基质，分布于细胞壁与细胞核之间，是原生质体的基本组成部分。在细胞质中分散着细胞器如细胞核、质体、线粒体和后含物等。幼嫩的植物细胞，细胞质充满整个细胞，随着细胞的生长发育和长大成熟，液泡逐渐形成和扩大，将细胞质挤到细胞的周围，紧贴着细胞壁。细胞质与细胞壁相接触的膜称为细胞质膜或质膜，与液泡相接触的膜称为液泡膜，它们控制着细胞内外水分和物质的交换。在质膜与液泡膜之间的部分又称为中质（基质、胞基质），细胞核、质体、线粒体、内质网、高尔基体等细胞器分布在其中。

细胞质有自主流动的能力，是一种生命现象。在光学显微镜下可以观察到的叶绿体的运动，是细胞质流动的结果。细胞质的流动易受环境的影响，如温度、光线和化学物质等；邻近细胞受损伤时也容易刺激细胞质运动。细胞质的运动能促进细胞内营养物质的流动，有利于新陈代谢的进行，对于细胞的生长发育、通气和创伤的恢复都有一定的促进作用。在电子显微镜下可观察到细胞质的一些细微和复杂的构造，如质膜、内质网等。

1. 质膜（细胞质膜，plasma membrane）

质膜是指细胞质与细胞壁相接触的1层生物膜，在光学显微镜下不易直接识别，一般采用高渗溶液处理，产生质壁分离现象后来观察。在电子显微镜下，质膜具有明显的3层结构，两侧呈暗带，主要成分为蛋白质；中间夹有1层明带，主要成分为脂类，3层的总厚度约为7.5nm。这种在电子显微镜下显示出具有3层结构成为一个单位的膜，称单位膜（unit membrane）。细胞核、叶绿体、线粒体等细胞器表面的包被膜一般也都是单位膜，其层数、厚度、结构和性质都存在差异。

2. 质膜的功能

（1）*选择透性* 质膜对不同物质的通过具有选择性，它能阻止糖和可溶性蛋白质等许多有机物从细胞内渗出，同时又能使水、盐类和其他必需的营养物质从细胞外进入，从而使得细胞具有一个合适而稳定的内环境。选择透性与质膜的分子结构密切相关，会因不同细胞、同一个细胞不同部位、膜构造的不同等而呈现差异，同时也会因植物的生长发育状况、环境条件和病虫害等的影响而发生变化。

（2）*渗透现象* 质膜的透性还表现出一种半渗透现象，由于渗透的动能，所有分子不断运动，并从高浓度区向低浓度区扩散，如质壁分离现象。物质进出细胞的机制不是单纯的物理作用而是相当复杂的生理作用，如某些海藻可以保持体内碘的浓度比周围海水中碘的浓度高许多倍。

（3）*调节代谢作用* 质膜通过多种途径调节细胞代谢。不同的细胞对多种介质、激素、药物等都有高度选择性。细胞膜上的特异受体蛋白质与激素、药物等结合后发生变构现象，改变了细胞膜的通透性，进而调节细胞内各种代谢活动。

（4）*对细胞识别的作用* 生物细胞对同种和异种细胞以及对自己和异己物质的识别过程为细胞识别。单细胞植物及高等植物的许多重要生命活动都要依靠细胞的识别能力，细胞识别的功能是和细胞质膜分不开的，对外界因素的识别过程主要靠细胞质膜。

（二）细胞器

细胞器（organelle）是细胞质内具有一定形态结构、成分和特定功能的微小器官，也称拟器官。细胞器包括细胞核、质体、线粒体、液泡、内质网、高尔基体、核糖核蛋白体和溶酶体等（图 1－2）。前四者可以在显微镜下观察到，其他则只能在电子显微镜下看到。

1. 细胞核（nucleus）

除细菌和蓝藻外，所有的植物细胞都含有细胞核。高等植物的细胞中，通常 1 个细胞只具有 1 个细胞核，但一些低等植物如藻菌类和被子植物的乳汁管细胞以及花粉囊成熟期绒毡层具有双核或多核；维管植物的成熟筛管细胞在早期发育过程中是有细胞核，细胞成熟后细胞核消失。细胞核一般呈圆球形、椭圆形、卵圆形，或稍伸长。也有细胞核呈其他形状，如某些植物花粉的营养核呈不规则的裂瓣状。细胞核的直径一般在10～20μm之间，大小相差很大，如一些真菌的细胞核直径只有 1μm，苏铁受精卵的细胞核直径可达1mm。在幼小细胞中，细胞核位于细胞中央，随着细胞的长大和中央液泡的形成，细胞核常被挤压到细胞的一侧，常呈扁球形，或被线状的细胞质悬挂在细胞的中央。

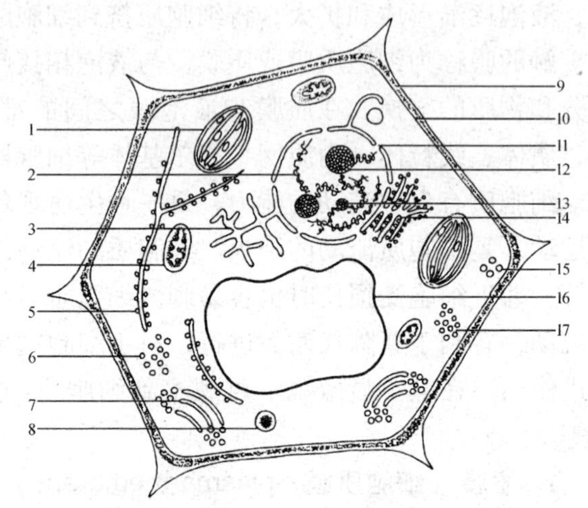

图 1－2 电子显微镜下植物细胞内主要成分图解
1. 叶绿体 2. 染色体 3. 内质网（光滑的） 4. 线粒体 5. 核糖体 6. 游离核糖体 7. 高尔基体 8. 微粒体 9. 细胞壁 10. 细胞膜 11. 核孔 12. 核仁 13. 着丝点 14. 内质网（粗糙的） 15. 油滴 16. 液泡 17. 糖元微粒

生活细胞的细胞核具有较高的折光率，在光学显微镜下观察到其内部呈无色透明、均匀状态，比较黏滞，经过固定和染色后可以看到其复杂的内部构造。细胞核包括核膜、核仁、核液和染色质等四部分。

（1）核膜（nuclear membrane） 位于细胞核外将核内物质与细胞质分开的 1 层界膜。在光学显微镜下观察，核膜为 1 层薄膜；在电子显微镜下观察，核膜是双层结构膜，这两层膜都是由蛋白质和磷脂的双分子层构成，厚 4～6nm，内外两层膜之间有 1 间隙，宽约 200Å，核膜的外膜较厚，可向外延伸到细胞质中与内质网相连，内膜与染色质紧密接触。核膜上有均匀或不均匀分布的许多小孔，称为核孔（nuclear pore），直径约为 50nm，它是细胞核与细胞质进行物质交换的通道。核内的 RNA 可能通过核孔进到细胞质中，而糖类、盐类和蛋白质（组蛋白、精蛋白、核糖核酸酶等）能透过核膜进入核内。核孔的开启或关闭与植物的生理状态有着密切的关系。

（2）核仁（nucleolus） 是细胞核中折光率更强的小球状体，通常有 1 个或几个。

在电子显微镜下，核仁还呈现出颗粒区、纤维区以及无定形的基质等部分。核仁主要是由蛋白质、RNA 所组成，还可能有少量的类脂和 DNA。核仁在细胞分裂前期开始变形，颗粒和纤丝渐渐消失于周围的核质中，当核膜破裂进入中期，核仁也就消失，末期重新开始形成。核仁是核内 RNA 和蛋白质合成的主要场所。

（3）核液（nuclear sap）　是充满在核膜内的透明而黏滞性较大的液胶体，其中分散着核仁和染色质。核液的主要成分是蛋白质、RNA 和多种酶，这些物质保证了 DNA 的复制和 RNA 的转录。

（4）染色质（chromatin）　是分散在细胞核液中易被碱性染料（如藏花红、甲基绿）着色的物质。在细胞分裂间期的核中，染色质不明显，或者为染色深的染色质网。当细胞核进行分裂时，染色质成为螺旋状扭曲的染色质丝，进而形成棒状的染色体（chromosome）。各种植物的染色体的数目、形状和大小是不相同的，但对于同一物种来说则是相对稳定不变的。染色质主要由 DNA 和蛋白质所组成，还含有 RNA。

由于细胞的遗传物质主要集中在细胞核内，所以细胞核的主要功能是控制细胞的遗传和生长发育，是遗传物质存在和复制的场所，决定蛋白质的合成，控制质体、线粒体中主要酶的形成，从而控制和调节细胞的其他生理活动。细胞失去细胞核，导致细胞死亡；同样，细胞核也不能脱离细胞质而孤立存在。

2. 质体（plastid）

质体是植物细胞特有的细胞器，与碳水化合物的合成和贮藏密切相关，是植物细胞和动物细胞在结构上的主要区别之一。质体在细胞中数目不一，由蛋白质、类脂等组成，其体积比细胞核小，但比线粒体大。质体可分为含色素和不含色素两种类型，含色素的质体有叶绿体和有色体两种，不含色素的质体有白色体（图 1－3）。

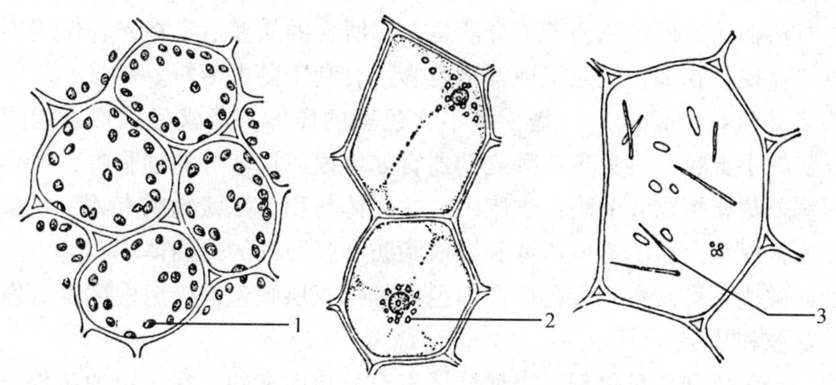

图 1－3　质体的种类

1. 叶绿体（天竺葵叶）　2. 白色体（紫鸭跖草）　3. 有色体（胡萝卜根）

（1）叶绿体（chloroplast）　高等植物的叶绿体多为球形、卵形或透镜形的绿色颗粒状，厚度为 1～3μm，直径 4～10μm，其数量在不同细胞内可有不同，如蓖麻的叶肉细胞每平方毫米大约有 403000 颗叶绿体。低等植物中，叶绿体的形状、数目和大小随不同植物和不同细胞而不同。

在电子显微镜下，叶绿体呈现复杂的结构，外面由双层膜包被，其内部是无色的溶胶状蛋白质基质，在基质中分布着许多含有叶绿素的基粒（grana），每个基粒是由许多双层膜片围成的扁平状圆形的类囊体叠成，在基粒之间有基质片层将基粒连接起来。

叶绿体主要由蛋白质、类脂、核糖核酸和色素所组成，此外还含有与光合作用有关的酶和多种维生素等。叶绿体所含的色素有四种，即叶绿素甲（chlorophyll A）、叶绿素乙（chlorophyll B）、胡萝卜素（carotin）和叶黄素（xanthophyll），均为脂溶性色素，其中叶绿素是主要的光合色素，能吸收和利用太阳光能，将从空气中吸收来的二氧化碳和根从土壤中吸收来的水分、养料合成有机物，把光能转变为化学能贮藏起来，同时放出氧气。胡萝卜素和叶黄素不能直接参与光合作用，只能把吸收的光能传递给叶绿素，起辅助光合作用的功能。因此叶绿体是进行光合作用和同化的场所。叶绿体中所含的色素以叶绿素为多，遮盖了其他色素，所以呈现绿色。

叶绿体广泛存在于绿色植物的叶、茎、花萼和果实的绿色部分，如叶肉组织、幼茎的皮层，曝光的薄壁组织和厚角组织，根一般不含叶绿体。

（2）有色体（chromoplast） 在细胞中常呈针形、圆形、杆形、多角形或不规则形状，所含色素主要是胡萝卜素和叶黄素等，使植物呈现黄色、橙红色或橙色。有色体主要存在于花、果实和根中，在蒲公英、唐菖蒲和金莲花的花瓣中以及在红辣椒、番茄的果实或胡萝卜的根中都可以看到有色体。

除了有色体，多种水溶性色素也与植物的颜色有关。应该注意有色体和色素的区别：有色体是质体，是一种细胞器，存在于细胞质中，具有一定的形状和结构，主要为黄色、橙红色或橙色；色素通常是溶解在细胞液中，呈均匀状态，主要为红色、蓝色或紫色，如花青素。

有色体对植物的生理作用还不十分清楚，它所含的胡萝卜素在光合作用中是一种催化剂；有色体存在于花部，使花呈现鲜艳色彩，有利于昆虫传粉。

（3）白色体（leucoplast） 是一类不含色素的质体，通常呈圆形、椭圆形、纺锤形或其他形状的小颗粒。多见于不曝光的器官如块根或块茎等的细胞中，也存在于曝光的器官，如鸭跖草属植物叶的表皮细胞中。白色体与积累贮藏物质有关，它包括合成淀粉的造粉体、合成蛋白质的蛋白质体和合成脂肪和脂肪油的造油体。

在电子显微镜下可观察到有色体和白色体都由双层膜包被，但内部没有发达的膜结构，不形成基粒和片层。

叶绿体、有色体和白色体都是由前质体发育分化而来的，在一定的条件下，一种质体可以转化成另一种质体。如番茄的子房是白色的，说明子房壁细胞内的质体是白色体，白色体内含有原叶绿素，当受精后的子房发育成幼果，暴露于光线中时，原叶绿素形成叶绿素，白色体转化成叶绿体，这时幼果是绿色的，果实成熟过程中又由绿变红，是因为叶绿体转化成有色体的结果。胡萝卜根露在地面经日光照射会变成绿色，这是有色体转化为叶绿体的缘故。

3. 线粒体（mitochondria）

线粒体是细胞质内呈颗粒状、棒状、丝状或分枝状的细胞器，比质体小，直径一般为0.5～1.0μm，长约1～2μm，需要特殊的染色才能在光学显微镜下观察。在电子显微镜下可见线粒体由内、外两层膜组成（图1－4），内层膜延伸到线粒体内部折叠形成管状或隔板状突起，这种突起称嵴（cristae），嵴上附着许多酶，在两层膜之间及中心的腔内是以可溶性蛋白为主的基质。线粒体的化学成分主要是蛋白质和拟脂。研究发现，线粒体的超微结构还会随着不同生理状态而有所变化，也有学者认为嵴的数量变化常常是发生呼吸作用强弱的标志，有大量的嵴就会摄取大量的氧气。如冬小麦经过秋末低温度锻炼进入初冬时，其生长锥和幼叶细胞中的线粒体数目便有所增加，体形变大，嵴的数量也增加；但是，在不耐寒的春小麦细胞中的线粒体则不发生这些变化。又如薯类、果品等在贮藏过程中遇到冻害时，线粒体会发生很大变化。

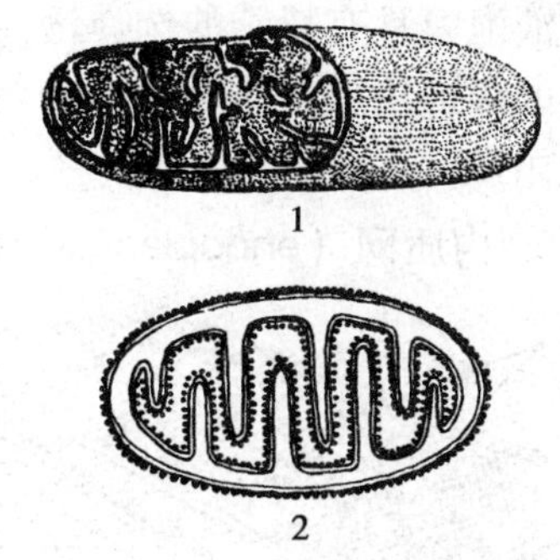

图1－4　典型的线粒体
1. 典型的线粒体（立体图）切去一部分，显示两个膜层　2. 线粒体结构的平面图

线粒体是细胞中碳水化合物、脂肪和蛋白质等物质进行氧化（呼吸作用）的场所，在氧化过程中释放出细胞生命活动所需的能量，因此线粒体被称为细胞的“动力工厂”；此外，线粒体对物质合成、盐类的积累等起着一定的作用。

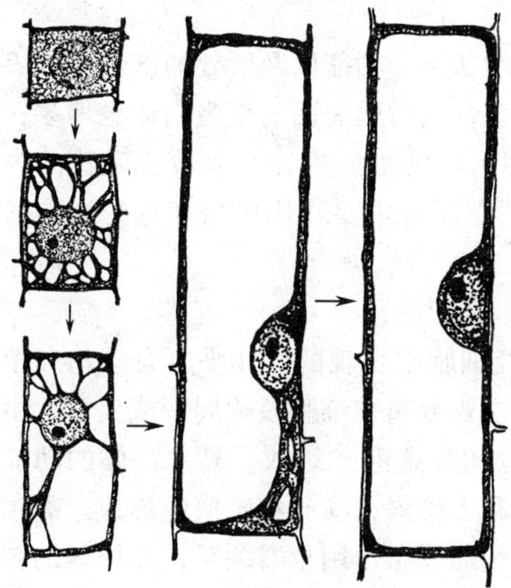

图1－5　洋葱根尖细胞，示液泡形成各阶段

4. 液泡（vacuole）

液泡是植物细胞特有的结构，是植物细胞和动物细胞在结构上的主要区别之一。在幼小的细胞中，液泡体积小，数量多，并不明显。随着细胞的成长，许多细小的液泡逐渐变大，最后合并形成几个大型液泡或一个大的中央液泡，它可占据整个细胞体积的90%以上，而细胞质和细胞核被中央液泡推挤贴近细胞壁（图1－5）。电子显微镜观察的资料表明，在大多数情况下，液泡和内质网紧密结合在一起，形成一连续系统。

液泡外被一层膜是有生命的，称为液泡膜（tonoplast），是原生质体的组成部分之一。膜内充满细胞液（cell sap），是细胞新陈代谢过程产生的混合液，它是无生命的非原生质体的组成部分。细胞液的成分非常复杂，在不同植物、不同器官、不同组织中的细胞中其成分也各不相同，同时也与发育过程、环境条件等因素有关。各种细胞的细胞液可能包含的主要成分除水外，还有各种代谢物如糖类（saccharides）、盐类（salts）、生物碱（alkaloids）、苷类（glucosides）、单宁（tannin）、有机酸（organic acids）、挥发油（volatile oil）、色素（pigments）、树脂（resin）、草酸钙结晶等，其中很多化学成分具有强烈生理活性，为植物药的有效成分。

液泡膜具有特殊的选择透性。液泡的主要功能是积极参与细胞内的分解活动、调节细胞的渗透压、参与细胞内物质的积累与移动，在维持细胞质内环境的稳定上起着重要的作用。

5. 内质网（endoplasmic reticulum）

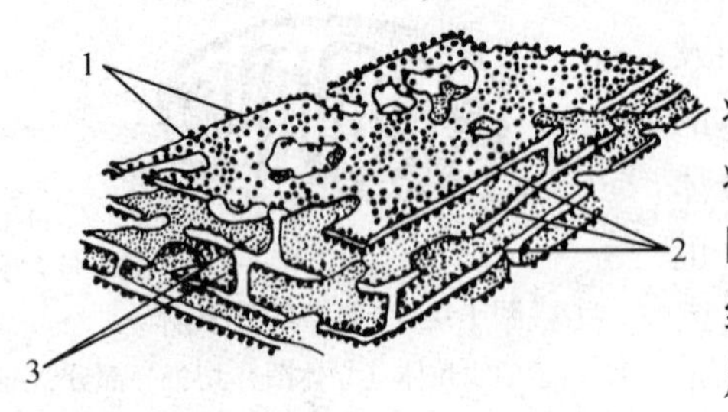

图1-6 内质网的空间结构简图

1. 核糖核蛋白体 2. 膜 3. 基质

内质网是分布在细胞质中由双层膜构成的网状管道系统，管道以各种形态延伸或扩展成为管状、泡囊状或片状结构，在电子显微镜下，内质网为两层平行的单位膜（图1-6），每层膜厚度约为50Å，两层膜的间隔有400～700Å，由膜围成泡、囊或更大的腔，将细胞质隔成许多间隔。内质网的一些分支可与细胞核的外膜相连，另一些分支则与质膜相连，形成细胞中的膜系统（membrane system）。内质网膜也穿过细胞壁连接相邻细胞的膜系统。

内质网可分两种类型：一种是膜的表面附着许多核糖核蛋白体（核糖体）的小颗粒，称粗糙内质网，主要功能是合成输出蛋白质（即分泌蛋白），产生构成新膜的脂蛋白和初级溶酶体所含的酸性磷酸酶。另一种是表面没有核糖核蛋白体的小颗粒，称光滑内质网，主要功能是多样的，如合成、运输类脂和多糖。两种内质网可以互相转化，也可同时存在于一个细胞内。

细胞中内质网数量的多少与细胞的年龄、生理状态、功能以及所处的部位和外界条件有关。在细胞成长分化过程中，内质网由少增多，同时膜表面的核蛋白体也增多；而在成熟细胞中，往往只有少量的内质网；在代谢活跃的细胞内往往有着更发达的内质网，如分泌细胞和胚乳细胞，这些细胞对营养供应起着重要作用；当细胞受损伤的时候，内质网会大量增加。

6. 高尔基体（Golgi body）

高尔基体是高尔基于1898年首先在动物神经细胞中发现的，几乎所有动物和植物细胞中都普遍存在。高尔基体分布于细胞质中，主要分布在细胞核的周围或上方，由两层膜所构成的平行排列的扁平囊泡、小泡和大泡（分泌泡）组成。高尔基体的功能是合成和运输多糖，并且能够合成果胶、半纤维素和木质素，参与细胞壁的形成。高尔基体还与溶酶体的形成有关。此外，高尔基体和细胞的分泌作用也有关系，如松树的树脂道上皮细胞分泌树脂，根冠细胞分泌黏液等。

7. 核糖体（ribosome）

核糖体又称核糖核蛋白体或核蛋白体，每个细胞中核糖体可达数百万个。核糖体是细胞中的超微颗粒，通常呈球形或长圆形，直径为10～15nm，游离在细胞质中或附着于内质网上。核糖体由45%～65%的蛋白质和35%～55%的核糖核酸组成，其中核糖核酸含量占细胞中核糖核酸总量的85%。核糖体是蛋白质合成的场所。

8. 溶酶体（lysosome）

溶酶体分散在细胞质中，是由单层膜构成的小颗粒，一般直径为0.1～1μm，数目不定，膜内含有各种能水解不同物质的消化酶，如蛋白酶、核糖核酸酶、磷酸酶、糖苷酶等，当溶酶体膜破裂或损伤时，酶释放出来，同时也被活化。溶酶体的功能主要是分解大分子，消化和消除残余物，如植物细胞分化成导管、筛管、纤维细胞等的过程中的原生质体解体消失。此外，溶酶体还有保护作用，溶酶体膜能使溶酶体的内含物与周围细胞质分隔，显然这层界膜能抗御溶酶体的分解作用，并阻止酶进入周围细胞质内，保护细胞免于自身消化。

二、细胞后含物和生理活性物质

细胞中除含有生命的原生质体外，在其新陈代谢过程中还产生许多非生命的物质，包括后含物和生理活性物质。

（一）后含物

后含物（ergastic substance）一般是指细胞原生质体在代谢过程中产生的非生命物质，种类很多，有的是一些废弃的物质如草酸钙晶体；有的则是一些可能再被利用的贮藏营养物质，如淀粉、蛋白质、脂肪和脂肪油等。后含物多以液体状态或晶体状或非结晶固体状存在于液泡或细胞质中。细胞中后含物的种类、形态和性质随植物种类不同而异，其特征常是中药鉴定的依据之一。

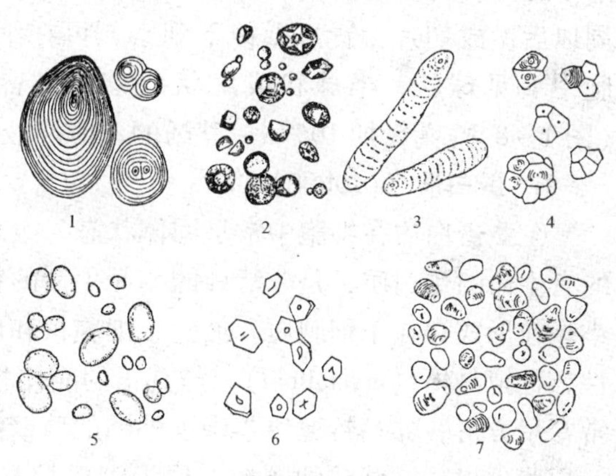

图1－7　各种淀粉粒

1. 马铃薯　2. 葛　3. 藕　4. 半夏　5. 蕨　6. 玉米　7. 平贝母

1. 淀粉（starch）

淀粉是由葡萄糖分子聚合而成，以淀粉粒（starch grain）的形式贮藏在植物的根、茎及种子等器官的薄壁细胞细胞质中，如马铃薯、半夏、葛、贝母等。淀粉粒由造粉体积累贮藏淀粉所形成。积累淀粉时，先从一处开始，形成淀粉粒的核心，称脐点（hilum）；然后环绕着脐点有许多明暗相间的同心轮纹，称层纹（annular striation lamellae），若用乙醇处理，淀粉脱水，层纹就随之消失。层纹的形成是由于直链淀粉和支链淀粉相互交替地分层积累的缘故，直链淀粉较支链淀粉对水的亲和力强，两者遇水膨胀性不一样，从而显出了折射率的差异。淀粉粒多呈圆球形、卵圆形或多角形，脐点的形状有点状、线状、裂隙状、分叉状、星状等。脐点有的位于中央，如小麦、蚕豆等；或偏于一端，如马铃薯、藕、甘薯等。层纹的明显程度也因植物种类的不同而异（图1－7）。

淀粉粒分3种类型：①单粒淀粉（simple starch grain）：只有1个脐点，无数的层纹围绕这个脐点；②复粒淀粉（compound starch grains）：具有2个或2个以上脐点，各脐点分别有各自的层纹围绕；③半复粒淀粉（half compound starch grains）：具有2个或2

个以上脐点，各脐点除有本身的层纹环绕外，外面还有共同的层纹。不同的植物淀粉粒在形态、类型、大小、层纹和脐点等方面各有其特征，因此淀粉粒的形态特征可作为鉴定中药材的依据之一。

淀粉不溶于水，在热水中膨胀而糊化。从化学结构来分，直链淀粉遇碘液显蓝色，支链淀粉遇碘液显紫红色。一般植物同时含有两种淀粉，加入碘液显蓝色或紫色。用甘油醋酸试液装片，置偏光显微镜下观察，淀粉粒常显偏光现象，已糊化的淀粉粒无偏光现象。

2. 菊糖（inulin）

菊糖由果糖分子聚合而成，多存在于菊科、桔梗科和龙胆科部分植物根的薄壁细胞中，山茱萸果皮中亦有。菊糖能溶于水，不溶于乙醇。含有菊糖的材料浸入乙醇中，一周以后做成切片，置显微镜下观察，可在细胞中看见球状、半球状或扇状的菊糖结晶（图1－8）。菊糖加10%α－萘酚的乙醇溶液后再加硫酸显紫红色，并很快溶解。

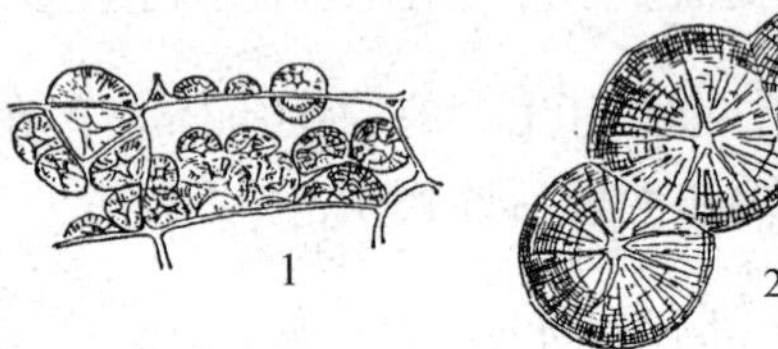

图1－8 大丽花根内的菊糖结晶

1. 细胞内的菊糖结晶 2. 放大的菊糖结晶

3. 蛋白质（protein）

贮藏蛋白质在细胞中常呈固体状态，生理活性稳定，不同于原生质体中呈胶体状态的有生命的蛋白质，是非活性的、无生命的物质。贮藏蛋白质常以结晶体或是无定形的小颗粒形式存在于细胞质、液泡、细胞核和质体中。结晶蛋白质具有晶体和胶体的二重性，称拟晶体（crystalloid），与真正的晶体相区别。蛋白质的拟晶体有不同的形状，但常常呈方形，如马铃薯块茎中近外围的薄壁细胞中的方形拟晶体。无定形的蛋白质常被一层膜包裹成圆球状的颗粒，称为糊粉粒（aleurone grain）。有些糊粉粒既包含有定形蛋白质，又包含有拟晶体，成为复杂的形式。

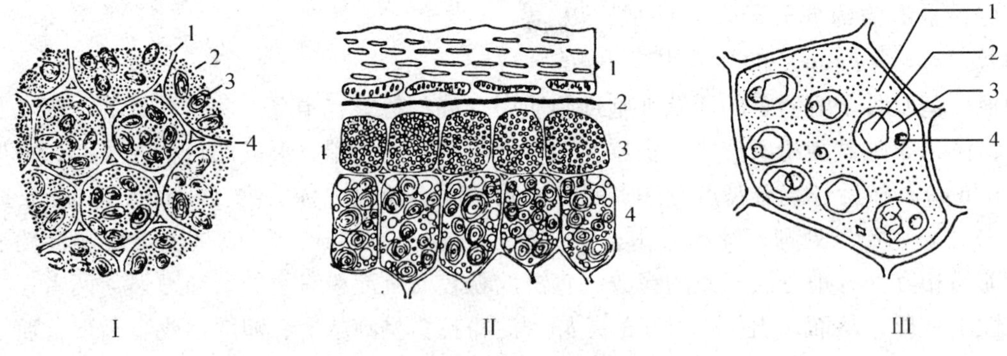

图1－9 各种糊粉粒

Ⅰ. 豌豆的子叶细胞 1. 细胞壁 2. 糊粉粒 3. 淀粉粒 4. 细胞间隙 Ⅱ. 小麦颖果外部的构造 1. 果皮 2. 种皮 3. 糊粉粒 4. 胚乳细胞 Ⅲ. 蓖麻的胚乳细胞 1. 糊粉粒 2. 蛋白质拟晶体 3. 基质 4. 球晶体

糊粉粒多分布于植物种子的胚乳或子叶中，有时它们集中分布在某些特殊的细胞层，特称为糊粉层（aleurone layer）。如谷物类种子胚乳最外面的1层或多层细胞即为糊粉层。蓖麻和油桐的胚乳细胞中的糊粉粒除了拟晶体外还含有磷酸盐球形体。糊粉粒和淀粉粒常在同一细胞中互相混杂（图1－9）。

将蛋白质溶液放在试管里，加数滴浓硝酸并微热，可见黄色沉淀析出，冷却片刻再加过量氨液，沉淀变为橙黄色，即蛋白质黄色反应；蛋白质遇碘试液显棕色或黄棕色；蛋白质加硫酸铜和苛性碱的水溶液则显紫红色；蛋白质溶液加硝酸汞试液显砖红色。

4. 脂肪（fat）和脂肪油（fat oil）

脂肪和脂肪油是由脂肪酸和甘油结合而成的脂。在常温下呈固体或半固体的称为脂，如可可豆脂；呈液体的称为油，如大豆油、芝麻油、花生油（图1－10）等。脂肪和脂肪油通常呈小滴状分散在细胞质中，不溶于水，易溶于有机溶剂，比重比较小，折光率强，常存在于植物的种子里，有的种子所含脂肪达到种子干重的45%～60%。脂肪是贮藏营养物质中最为经济的形式。有些树干的薄壁细胞中的贮藏淀粉在冬季可转化为脂肪，在次年春天再转化为淀粉，以便可贮藏更多的能量。

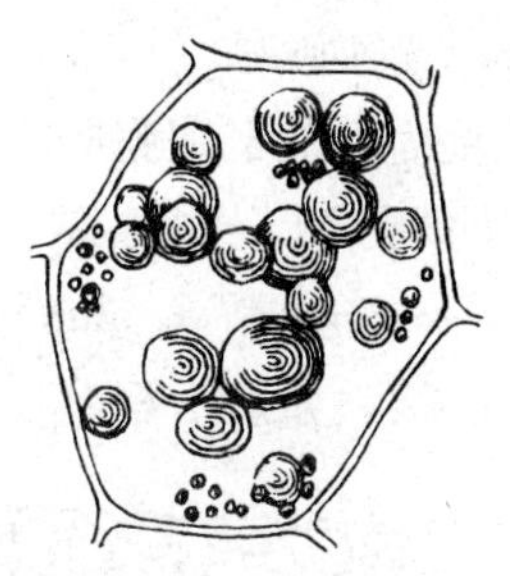

图1－10　脂肪油（椰子胚乳细胞）

脂肪和脂肪油加苏丹Ⅲ试液显橘红色、红色或紫红色；加紫草试液显紫红色；加四氧化锇显黑色。

5. 晶体（crystal）

一般认为晶体是植物细胞生理代谢过程中产生的废物，常见有两种类型：草酸钙结晶和碳酸钙结晶。

（1）草酸钙结晶（calcium oxalate crystal）　是植物体在代谢过程中产生的草酸与钙盐结合而成的晶体，可以减少过多的草酸对植物所产生的毒害，被认为具有解毒作用。草酸钙结晶呈无色半透明或稍暗灰色，以不同的形状分布于细胞液中，一般一种植物只能见到一种形状，但少数植物也有两种或多种形状的，如曼陀罗叶含有簇晶、方晶和砂晶。草酸钙结晶在植物体中分布普遍，并随着器官组织的衰老，草酸钙结晶会逐渐增多，但其形状和大小在不同种植物或在同一植物的不同部位有一定的区别，可作为中药材鉴定的依据之一。

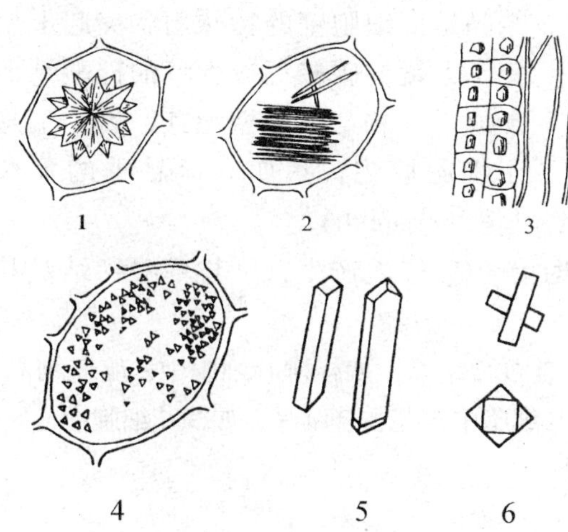

图1－11　各种草酸钙结晶

1. 簇晶（人参根）　2. 针晶（半夏块茎）　3. 方晶（甘草根）　4. 砂晶（牛膝根）　5. 柱晶（射干根状茎）　6. 双晶（莨菪叶）

常见的草酸钙结晶形状有以下几种（图1－11）：

①单晶（solitary crystal）：又称方晶或块晶，通常呈正方形、长方形、斜方形、八面形、三棱形等形状，常为单独存在的单晶体，如甘草根及根茎、黄柏树皮、秋海棠叶

柄等细胞中的晶体。有时呈双晶（twin crystals），如莨菪。

②针晶（acicular crystal）：晶体呈两端尖锐的针状，多成束存在，称针晶束（raphides）。一般存在于含有黏液的细胞中，如半夏块茎、黄精和玉竹根状茎中的晶体。也有的针晶不规则地分散在细胞中，如苍术根状茎中的晶体。

③簇晶（cluster crystal；rosette aggregate）：晶体由许多八面体、三棱形单晶体聚集而成，通常呈三角状星形或球形，如人参根、大黄根状茎、椴树茎、天竺葵叶中的晶体。

④砂晶（micro-crystal；crystal sand）：晶体呈细小的三角形、箭头状或不规则形，通常密集于细胞腔中。因此，聚集有砂晶的细胞颜色较暗，很容易与其他细胞相区别，如颠茄叶、牛膝根、枸杞根皮中的晶体。

⑤柱晶（columnar crystal；styloid）：晶体呈长柱形，长度为直径的4倍以上，形如柱状。如射干根茎中的晶体。

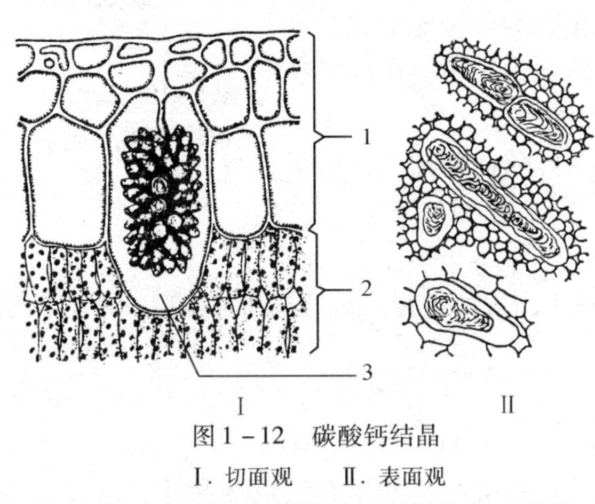

图1-12 碳酸钙结晶

Ⅰ. 切面观 Ⅱ. 表面观

1. 表皮和皮下层 2. 栅栏组织 3. 钟乳体和细胞腔

草酸钙结晶不溶于稀醋酸；加稀盐酸溶解而无气泡产生；但遇10%～20%硫酸溶液便溶解并形成针状的硫酸钙结晶析出。

（2）碳酸钙结晶（calcium carbonate crystal） 多存在于爵床科、桑科、荨麻科等植物叶表皮细胞中，如穿心莲叶、无花果叶、大麻叶等。碳酸钙结晶是由细胞壁的特殊瘤状突起上聚集了大量的碳酸钙或少量的硅酸钙而形成，一端与细胞壁相连，另一端悬于细胞腔内，状如一串悬垂的葡萄（图1-12），通常呈钟乳体状态存在，故又称钟乳体（cystolith）。

碳酸钙结晶加醋酸或稀盐酸则溶解，同时有CO_2气泡产生，可与草酸钙结晶相区别。

此外，除草酸钙结晶和碳酸钙结晶以外，还有石膏结晶，如柽柳叶细胞中；靛蓝结晶，如菘蓝叶细胞中；橙皮苷结晶，如吴茱萸和薄荷叶细胞中；芸香苷结晶，如槐花细胞中。

（二）生理活性物质

生理活性物质是一类在细胞内能对生化反应和生理活动起调节作用的物质的总称，包括酶、维生素、植物激素和抗生素等。

1. 酶（enzyme）

酶是一种极高效有机催化剂，1个酶分子在1分钟内能催化数百个至数百万个底物分子的转化，而其本身并不被消耗。酶的催化能力称为酶的活性，生物体内的化学变化几乎都在酶的催化作用下进行。酶的种类很多，有的具可逆性，能促使物质的分解，也能促使物质的合成。酶的作用具有高度的专一性，如淀粉酶只作用于淀粉，使淀粉变为麦芽糖，不作用于其他物质如蛋白质、脂肪酸等；蛋白质只在蛋白酶的作用下变化为氨基酸；脂肪只在脂肪酶的作用下变成脂肪酸和甘油。酶一般在常温、常压、近中性的水溶液中起作用，高温、强酸、强碱和某些重金属离子会使其失去活性。酶在医药工业上的应用很广泛。

2. 维生素（vitamin）

维生素是一类复杂的有机物，常参与酶的形成，对植物的生长、呼吸以及物质代谢有调节作用。现已发现的维生素有20余种，大致可分成脂溶性和水溶性两类。前者能溶于脂肪，包括维生素A、D、E、K等；后者能溶于水，如B族维生素和维生素C。B族维生素包括B_1、B_2、B_6、B_{12}、烟酸、叶酸、泛酸等。维生素分布于植物体的各部分，以果实、叶、根中含量较多，如在菠菜和胡萝卜的根中含有较多的维生素A；谷类的胚、糠皮以及酵母的细胞中含有较多维生素B；白菜、柑橘、枣等含较多的维生素C；酵母和许多植物油含维生素D；柑橘和番茄中含有维生素E；番茄中含有大量的维生素PP（烟草酸）。维生素对人类某些疾病的预防和治疗都有很大的作用，园艺上对栽种难以生根的植物用维生素B_{12}处理后可以促进不定根的生长。现在已可以提纯或人工合成多种维生素，供医药、农业等应用。

3. 植物激素（auxin）

植物激素是植物细胞原生质体产生的一类复杂的调节代谢的微量有机物，对生理过程如细胞分裂和繁殖等能产生显著的作用。植物激素所执行的功能是辅助的，它不能决定细胞的生长和发育，只是能够促进生长和影响生长速度。植物体中产生的激素已知的有赤霉素、激动素、脱落酸等。某些类似植物激素作用的物质已能人工合成，最常见的是2,4－D（2,4－二氯苯酚代乙酚），能促进插条产生不定根；促进果实早熟及形成无子果实，防止落花、落果等。使用植物激素时掌握适宜浓度甚为重要，一般低浓度能促使生长，高浓度能抑制生长，甚至杀死植物。如一定浓度的2,4－D对单子叶植物（麦、稻）无害，但能灭除双子叶植物杂草，故可作为双子叶植物除草剂。

4. 抗生素（antibiotic）和植物杀菌素（plant fungicidin）

抗生素是由微生物（如菌类）产生的一类能杀死或抑制某些微生物生长的物质，如青霉素、链霉素、土霉素等，现已广泛应用于医疗上。高等植物如葱、蒜、辣椒、萝卜等也能产生杀菌的物质，称为植物杀菌素。

三、细胞壁

细胞壁（cell wall）是植物细胞特有的结构，是包围在原生质体外面的具有一定硬度和弹性的薄层，由原生质体分泌的非生命物质（纤维素、果胶质和半纤维素）形成。细胞壁对原生质体起保护作用，能使细胞保持一定的形状和大小，与植物组织的吸收、蒸腾、物质的运输和分泌有关。由于植物的种类、细胞的年龄和细胞执行功能的不同，细胞壁在成分和结构上的差别很大。

（一）细胞壁的分层

在显微镜下，细胞壁可分为胞间层、初生壁和次生壁三层（图1－13）。

1. 胞间层（intercellular layer）

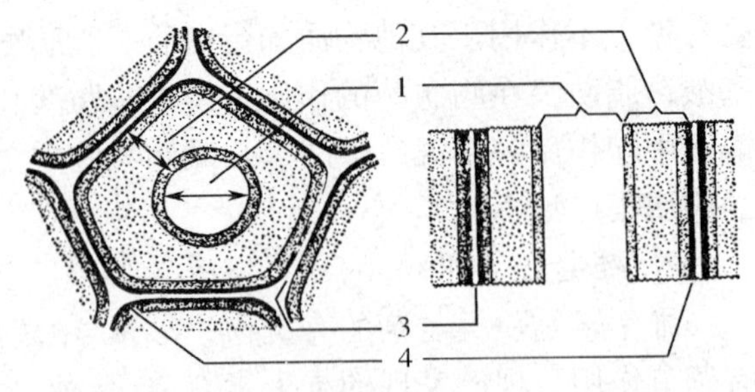

图 1-13 细胞壁的构造

1. 细胞腔 2. 三层次生壁 3. 中胶层 4. 初生壁

胞间层又称中层（middle lamella），是相邻细胞所共有的薄层，是细胞分裂时最早形成的分隔层，由一种无定形、胶状的果胶（pectin）类物质所组成。胞间层可把两个细胞粘连在一起。果胶质能溶于酸、碱溶液，又能被果胶酶分解，使相邻细胞部分或全部分离。细胞在生长分化过程中，胞间层可以被果胶酶部分溶解，这部分的细胞壁彼此分开而形成的间隙称为细胞间隙（intercellular space）。细胞间隙能起到通气和贮藏气体的作用。果实如西红柿、桃、梨等在成熟过程中由硬变软，就是因为果肉细胞的胞间层被果胶酶溶解而使细胞彼此分离所致。沤麻是利用微生物产生的果胶酶使胞间层的果胶溶解破坏，从而使纤维细胞分离。在实验室常用硝酸和氯酸钾的混合液、氢氧化钾或碳酸钠溶液等解离剂，把植物类药材制成解离组织后进行观察鉴定。

2. 初生壁（primary wall）

初生壁是细胞分裂后在胞间层两侧最初沉淀的壁层，由原生质体分泌的纤维素、半纤维素和果胶类物质组成。纤维素构成初生壁的框架，而果胶类物质、半纤维素等填充于框架之中。初生壁一般较薄，厚 1～3μm，可以随着细胞生长而延伸。原生质体分泌的物质可以不断地填充到细胞壁的结构中去，使初生壁继续增长，这称为填充生长。原生质体分泌的物质增加在胞间层的内侧使细胞壁略有增厚，这称为附加生长。代谢活跃的细胞通常终身只具有初生壁。在电子显微镜下可看到初生壁的物质排列成纤维状，称为微纤丝。微纤丝是由平行排列的长链状的纤维素分子所组成。

3. 次生壁（secondary wall）

次生壁是在细胞停止增大以后在初生壁内侧继续形成的壁层，是由原生质体分泌的纤维素、半纤维素，以及木质素（lignin）和其他物质层层填积形成。次生壁一般比较厚而且坚韧，厚 5～10μm。次生壁在细胞成熟时形成，往往是在细胞特化时进行，随着原生质体停止活动，次生壁也停止沉积。植物细胞一般都有初生壁，但不是都具有次生壁。具有次生壁的细胞其初生壁显得很薄，并且两相邻细胞的初生壁和它们之间的胞间层三者已形成一种整体似的结构，称为复合中层（compound middle lamella），有时也包括早期形成的次生壁。在较厚的次生壁中，一般又可分为内、中、外 3 层，并以中间的次生壁层较厚。因此，一个典型的具次生壁的厚壁细胞如纤维或石细胞，细胞壁可见 5 层结构，即胞间层、初生壁、3 层次生壁。在电子显微镜下，次生壁也是由微纤丝所构成，但微纤丝交织排列的方向与初生壁中的微纤丝略有不同，从微纤丝的排列趋向来看，较晚形成的初生壁和最初形成的次生壁常无区别。

（二）纹孔和胞间连丝

1. 纹孔（pit）

细胞壁形成时，次生壁在初生壁内不均匀增厚，在很多地方留有一些没有增厚的呈孔状凹陷的结构，称为纹孔（图 1－14）。纹孔处只有胞间层和初生壁，没有次生壁，为比较薄的区域。相邻两细胞的纹孔常在相同部位成对存在，称为纹孔对（pit pair）。纹孔对之间的薄膜称为纹孔膜（pit－membrane）；纹孔膜两侧没有次生壁的腔穴常呈圆筒形或半球形，称为纹孔腔（pit cavity），由纹孔腔通往细胞腔的开口称为纹孔口（pit aperture）。纹孔的存在有利于细胞间的水和其他物质的运输。

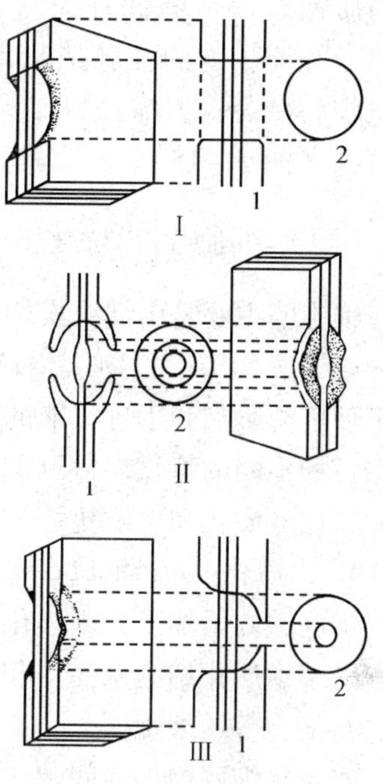

图 1－14　纹孔

Ⅰ. 单纹孔　Ⅱ. 具缘纹孔　Ⅲ. 半缘纹孔

1. 切面观　2. 表面观

纹孔具有一定的形状和结构，常见的有单纹孔和具缘纹孔。纹孔对有单纹孔对、具缘纹孔对和半具缘纹孔对 3 种类型，常简称为单纹孔、具缘纹孔和半具缘纹孔。

（1）单纹孔（simple pit）　结构简单，其构造是次生壁上未加厚的部分，呈圆筒形，即从纹孔膜至纹孔口的纹孔腔呈圆筒状。单纹孔多存在于加厚壁的薄壁细胞、韧型纤维和石细胞的细胞壁中。当次生壁很厚时，单纹孔的纹孔腔就很深，状如 1 条长而狭窄的孔道或沟，称为纹孔道或纹孔沟。

（2）具缘纹孔（bordered pit）　纹孔周围的次生壁向细胞腔内形成拱状突起，中央有 1 个小的开口，这种纹孔称为具缘纹孔。突起的部分称为纹孔缘，纹孔缘所包围的里面部分呈半球形即为纹孔腔。在显微镜下，从正面观察具缘纹孔呈现 2 个同心圆，外圈是纹孔膜的边缘，内圈是纹孔口的边缘。松科和柏科等裸子植物管胞上的具缘纹孔其纹孔膜中央特别厚，形成纹孔塞。纹孔塞具有活塞的作用，能调节胞间液流，这种具缘纹孔从正面观察呈现 3 个同心圆。具缘纹孔常分布于纤维管胞、孔纹导管和管胞中。

（3）半具缘纹孔（half bordered pit）　是由单纹孔和具缘纹孔分别排列在纹孔膜两侧所构成，是导管或管胞与薄壁细胞相邻接的细胞壁上所形成的纹孔对，从正面观察具 2 个同心圆。观察植物类药材粉末时，半具缘纹孔与不具纹孔塞的具缘纹孔难以区别。

2. 胞间连丝（plasmodesmata）

许多纤细的原生质丝从纹孔穿过纹孔膜和初生壁上的微细孔隙，连接相邻细胞，这种原生质丝称为胞间连丝。它使植物体的各个细胞彼此连接成一个整体，有利于细胞间物质运输和刺激的传递。在电子显微镜下，可见胞间连丝中有内质网连接相邻细胞内质网系统。胞间连丝一般不明显，柿、黑枣、马钱子等种子内的胚乳细胞由于细胞壁较厚，胞间连丝较为显著，但需经过染色处理才能在显微镜下观察到（图1－15）。

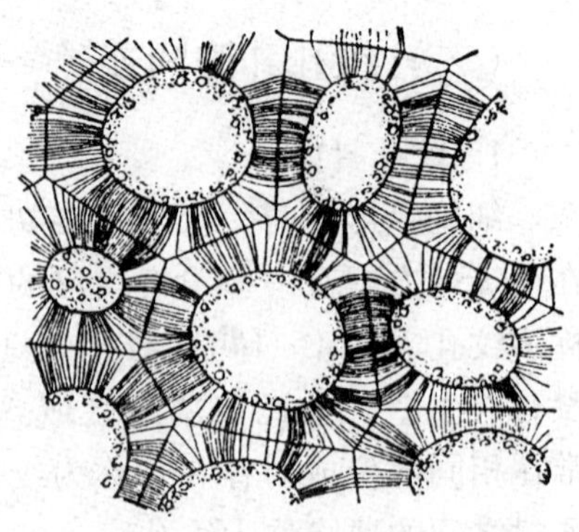
图1－15　柿核的胞间连丝

（三）细胞壁的特化

细胞壁主要是由纤维素构成，纤维素细胞壁遇氧化铜氨试液能溶解；加氯化锌碘试液显蓝色或紫色。由于环境的影响和生理机能的不同，植物细胞壁常常发生各种不同的特化，常见的有木质化、木栓化、角质化、黏液质化和矿质化等。

1. 木质化（lignification）

细胞壁内增加了芳香族化合物木质素，可使细胞壁的硬度增强，细胞群的机械力增加。随着木质化细胞壁变得很厚时，其细胞多趋于衰老或死亡，如导管、管胞、木纤维、石细胞等的细胞壁。

木质化细胞壁加入间苯三酚试液和浓盐酸后，因木质化程度不同，显红色或紫红色反应；加氯化锌碘显黄色或棕色反应。

2. 木栓化（suberization）

细胞壁中增加了脂肪性化合物木栓质（suberin），木栓化细胞壁常呈黄褐色，不易透气和透水，使细胞内的原生质体与外界隔离而坏死，成为死细胞。木栓化的细胞对植物内部组织具有保护作用，如树干外面的褐色树皮是由木栓化细胞和其他死细胞组成的混合体。栓皮栎的木栓细胞层特别发达，可作瓶塞。

木栓化细胞壁加苏丹Ⅲ试液显橘红色或红色；遇苛性钾加热，则木栓质溶解成黄色油滴状。

3. 角质化（cutinization）

原生质体产生的脂肪性化合物角质（cutin）无色透明，不但在细胞壁内增加使细胞壁角质化，还常常积聚在细胞壁的表面形成角质层（cuticle）。角质化细胞壁或角质层可防止水分过度的蒸发和微生物的侵害，增加对植物内部组织的保护作用。

角质化细胞壁或角质层的化学反应与木栓化类同，加入苏丹Ⅲ试液显橘红色或红色；但遇碱液加热能较持久地保持。

4. 黏液质化（mucilagization）

黏液质化是细胞壁中所含的果胶质和纤维素等成分变成黏液的一种变化。黏液质化所形成的黏液在细胞表面常呈固体状态，吸水膨胀成黏滞状态。车前子、芥菜子、亚麻子和鼠尾草果实的表皮细胞中都具有黏液化细胞。

黏液化细胞壁加入玫红酸钠乙醇溶液可染成玫瑰红色；加入钌红试液可染成红色。

5. 矿质化（mineralization）

细胞壁中增加硅质（如二氧化硅或硅酸盐）或钙质等，增强了细胞壁的坚固性，使茎、叶的表面变硬变粗，增强植物的机械支持能力，如禾本科植物的茎、叶，木贼茎以及硅藻的细胞壁内都含有大量的硅酸盐。

硅质化细胞壁不溶于硫酸或醋酸，可区别于草酸钙和碳酸钙。

第三节　植物细胞的增殖与培养

一、植物细胞的增殖

植物体靠细胞的数量增加、体积增大及分化来实现生长和繁衍，茎尖、根尖等部位的细胞分裂特别旺盛，但多数细胞在形成后即处于休止期，不再分裂繁殖。植物细胞的分裂主要有两方面的作用：一是增加细胞的数量，使植物生长茁壮；二是形成生殖细胞，用以繁衍后代。细胞的增殖是细胞分裂的结果。植物细胞的分裂通常有三种方式：有丝分裂、无丝分裂和减数分裂。

（一）有丝分裂

有丝分裂（mitosis）又称间接分裂，是高等植物和多数低等植物营养细胞的分裂方式，是细胞分裂中最普遍的一种方式，通过细胞分裂使植物生长。有丝分裂所产生的两个子细胞的染色体数目与体细胞的染色体数目一致，具有与母细胞相同的遗传性，保持了细胞遗传的稳定性。植物根尖和茎尖等生长特别旺盛的部位的分生区细胞、根和茎的形成层细胞的分裂就是有丝分裂。有丝分裂是一个连续而复杂的过程，包括细胞核分裂和细胞质分裂，通常人为地将有丝分裂分成分裂间期、前期、中期、后期和末期5个时期（图1－16）。

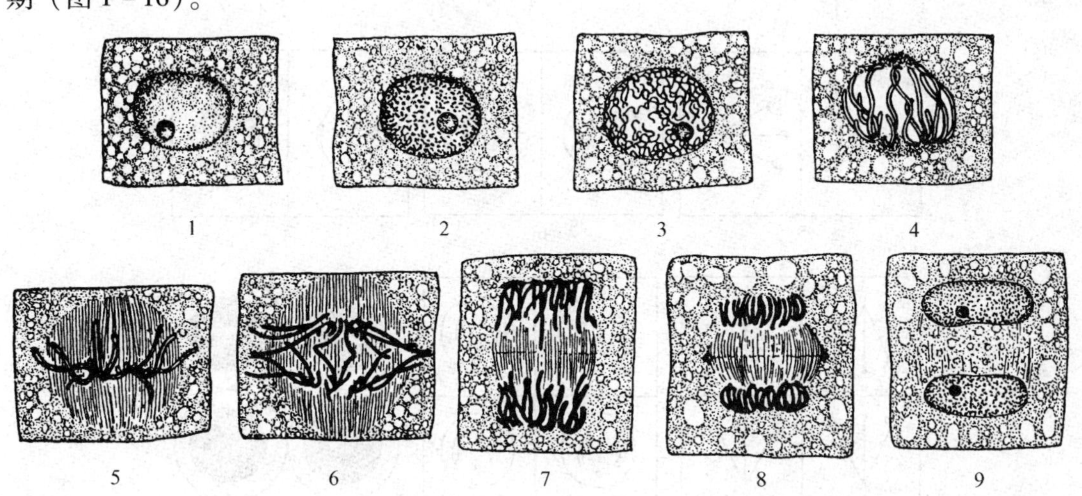

图1－16　有丝分裂

1. 间期　2～4. 前期　5. 中期　6～7. 后期　8. 末期　9. 子细胞形成

（二）无丝分裂

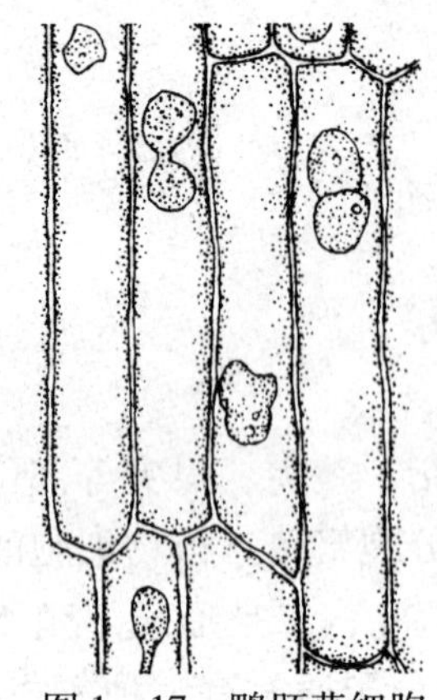

图1－17　鸭跖草细胞无丝分裂

无丝分裂（amitosis）又称直接分裂，细胞分裂过程较简单，分裂时细胞核不出现染色体和纺锤丝等一系列复杂的变化。无丝分裂的形式多种多样，有横缢式、芽生式、碎裂式、劈裂式等。最普通的形式是横缢式，细胞分裂时核仁先分裂为二，细胞核引长，中部内陷成“8”字形，状如哑铃，最后缢缩成两个核，在子核间又产生出新的细胞壁，将一个细胞的细胞核和细胞质分成两个部分（图1－17）。无丝分裂速度快，消耗能量小，但不能保证母细胞的遗传物质平均地分配到两个子细胞中去，从而影响了遗传的稳定性。

无丝分裂在低等植物中普遍存在，在高等植物中也较为常见，尤其是生长迅速的部位，如愈伤组织、薄壁组织、生长点、胚乳、花药的绒毡层细胞、表皮、不定芽、不定根、叶柄等处可见到细胞的无丝分裂。因此，对无丝分裂的生物学意义还有待进行深入研究。

（三）减数分裂

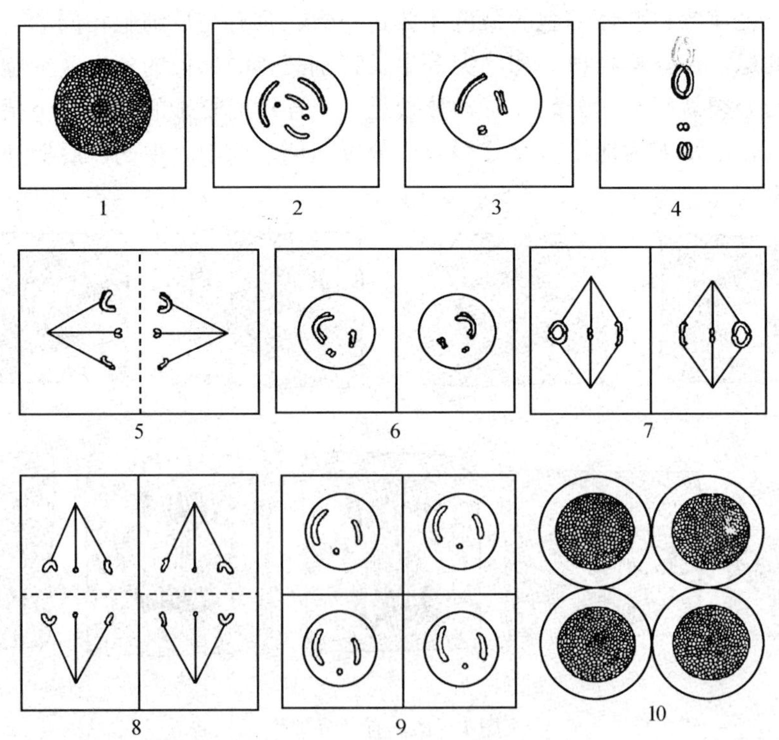

图1－18　减数分裂（花粉母细胞进行减数分裂图解）

1. 静止的花粉母细胞　2～6. 第一次分裂（2、3. 前期，4. 中期，5. 后期，6. 末期）
7～9. 第二次分裂（7. 中期，8. 后期，9. 末期）　10. 四个花粉粒

减数分裂（meiosis）与植物的有性生殖密切相关，只发生于植物的有性生殖产生配子的过程中。减数分裂包括两次连续进行的细胞分裂（图1－18）。在减数分裂中，细胞核进行染色体的复制和分裂，出现纺锤丝等，最终分裂形成4个子细胞，每个子细胞的染色体数只有母细胞的一半，成为单倍染色体（n），故称减数分裂。种子植物的精子和卵细胞由减数分裂形成，均为单倍体（n）。精子和卵细胞结合，恢复成为二倍体（2n），使得子代的染色体与亲代的染色体相同，不仅保证了遗传的稳定性，而且还保留父母双方的遗传物质而扩大变异，增强了适应性。在栽培育种上常利用减数分裂的特性进行品种间杂交，以培育新品种。

（四）染色体、单倍体、二倍体、多倍体

1. 染色体（chromosome）

染色体是在细胞进行有丝分裂和减数分裂时细胞核中出现的一种包含基因的伸长结构，由DNA和组蛋白组成。

DNA是细胞的主要遗传物质，主要由四种核苷酸即腺嘌呤脱氧核苷酸（dAMP）、胸腺嘧啶脱氧核苷酸（dTMP）、鸟嘌呤脱氧核苷酸（dGMP）、胞嘧啶脱氧核苷酸（dCMP）构成双螺旋结构的大分子，其重要特点是在细胞中能够精确地自我复制。复制是通过双链分子的分离，然后各以一条侧链为模板，复制出一条对应的互补链，从而形成一条新的DNA分子，而每个分子都是原来分子的精确的复制品。核苷酸的序列是细胞的遗传信息携带者，遗传信息可以通过复制和表达传递给子细胞。但是受外界条件的影响，核苷酸序列的复制会发生变化，从而使子代植株的某些生理代谢和性状特征发生变化，也就是产生了变异。人们可将外源基因通过特定的载体如Ti质粒或Ri质粒，转移并整合到植物的基因组中，使子代植株产生外源基因具有的遗传特征，如产生毛状根或冠瘿瘤组织等的变异。

同种植物含有相同的核苷酸序列，而且核苷酸序列是相对稳定的。不同种植物所含有的核苷酸序列是不同的，所以可运用生物技术来构建各种植物的DNA指纹图谱用于鉴定植物种类，但是核苷酸序列还可能产生变异，是我们进行居群鉴定分类的依据，也是道地药材研究的重要内容。

同种植物含有同样的染色体数，不同种植物所含有的染色体数和形态不一样，染色体基数通常以X表示。因此，观察染色体的数目及形态特征，可为植物种类的鉴别和进化提供重要依据。

观察细胞分裂中期染色体，可见着丝点、染色体臂、主缢痕、次缢痕的特征。在染色体的一定部位有一个称为着丝点的区域，这个区域就是和纺锤体的牵引丝相连的部位。每种染色体的着丝点位置是一定的。着丝点位于染色体中部的，称中部着丝点染色体（median，m）；近于中部的，称亚中着丝点染色体（submedian，sm）；近于一端的称亚端着丝点染色体（subterminal，st）；位于一端的，称端部着丝点染色体（terminal，t）。着丝点的位置是识别染色体种类的一个重要标志。染色体以着丝点为界分成两个部分，称为染色体臂，两臂长度相等的称等臂染色体；长度不等的则分别称长臂和短臂，

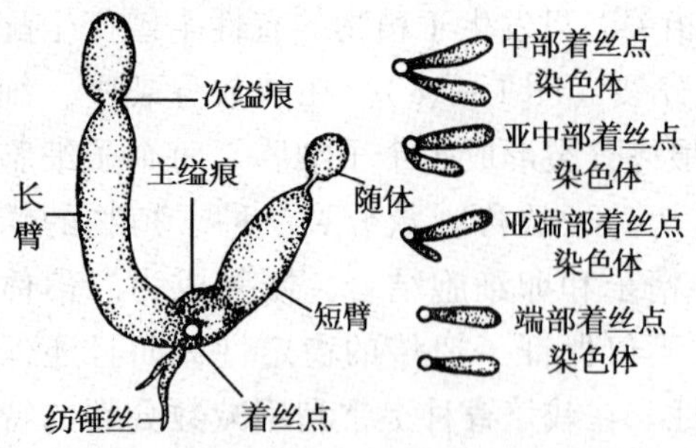

图 1-19 细胞分裂后期染色体形态和类型

两臂间着色较浅而缢缩的部分，称主缢痕；另一着色较浅的缢缩部分，称次缢痕。随体是指染色体在短臂的末端还有一个球形或棒形的突出物，随体也是识别染色体的一个重要特征（图 1-19）。

研究一个种的全部染色体的形态结构，包括染色体的数目、大小、形状、主缢痕和次缢痕等特征的总和，称为染色体组型分析或染色体核型分析。染色体组型中的各染色体的绝对大小是物种的一个相当稳定的特征。染色体的绝对长度和两臂的相对长度是识别细胞中特定染色体的主要方法。染色体组型分析应用于植物种级分类，要比染色体数目的特征更为重要。

2. 单倍体（haploid）

细胞内的染色体成组存在，一组的染色体它们之间的形状各不相同，不能配对。细胞内仅含一组染色体的个体称为单倍体（用 n 表示）。经过减数分裂产生的精子和卵细胞的染色体数均为单倍。如菘蓝 *Isatis indigotica* Fort. 单倍体植株的体细胞中的染色体是 7 个，即 $n = X = 7$。

3. 二倍体（diploid）

细胞内含有两组染色体的个体称为二倍体（用 2n 表示）。减数分裂前的细胞或由两性生殖细胞结合后发育产生的营养体细胞，染色体数目为二倍的，即含有两组染色体即二倍体。如水稻植株体细胞有 24 个染色体为二倍体，即 $2n = 2X = 24$，而单倍体细胞内仅有 12 个染色体，即 $n = X = 12$。菘蓝二倍体植株的体细胞有 14 个染色体，即 $2n = 2X = 14$。

4. 多倍体（polyploid）

细胞内含有三组以上的染色体的个体称为多倍体。多倍体广泛存在于植物界中，被子植物中大约有一半是多倍体植物。当植物细胞进行分裂时，受到一些自然条件如温度、湿度的剧变，紫外线和创伤等的频繁刺激，细胞核中的染色体数目发生加倍等变化，这样的细胞继续繁殖分化，就能形成多倍体的植物。这种受自然条件刺激所形成的多倍体植物称自然多倍体植物。自然多倍体植物长期以来已被栽培利用，如三倍体的香蕉、金花菜（南苜蓿）；四倍体的陆地棉、马铃薯；六倍体的普通小麦、菊芋以及其他花卉、蔬菜和果树中的许多优良品种。延胡索属植物也存在多倍体化系列，例如全叶延胡索 *Corydalis repens* Mandl. et Mühld.、齿瓣延胡索 *C. remota* Fisch. ex Maxim. 为二倍体，即 $2n = 2X = 16$；延胡索 *C. yanghusuo* W. T. Wang、夏天无 *C. decumbens*（Thunb.）Pers. 为四倍体，即 $2n = 4X = 32$；圆齿延胡索 *C. remota* Fisch. ex Maxim. var. *rotundiloba* Maxim. 为六倍体，即 $2n = 6X = 48$。

人们为了获得优良性状的植物，在细胞分裂时，利用物理刺激（紫外线、X 线等各种射线的照射、高温、低温处理、对幼芽的机械损伤）或化学药物（生长剂、秋水仙素、氯仿等）处理的方法，诱导植物产生的多倍体，称人工多倍体植物。多倍体在药用植物取得了不少成绩，如人工育成的曼陀罗 *Datura stramonium* L. 的四倍体植株（2n = 4X = 48），其生药叶重约为二倍体的 17 倍。具有消炎作用的母菊 *Matricaria chamomilla* L. 的四倍体（2n = 4X = 36），花的大小和有效成分的含量均优于二倍体。菘蓝的四倍体 2n = 4X = 28 的新品系与二倍体相比，叶中靛蓝的含量在收获期可成倍增加，靛玉红含量也有显著提高。用秋水仙素诱导的牛膝 *Achyranthes bidentata* Bl. 的多倍体和二倍体相比，根肥大，木质化轻，产量高。此外，由胡椒薄荷（欧薄荷、辣薄荷）*Mentha piperita* L. 诱导的多倍体（2n = 144）品系，不但挥发油含量高，而且抗旱、耐寒、抗病力强。毛曼陀罗 *Datura innoxia* Mill. 的三倍体杂种平均生物碱的得率为二倍体的 4 倍，为四倍体的 3 倍。多倍体单株产量一般较高，品质较好，其中一个原因与细胞核的 DNA 增加有关。

二、植物细胞的培养

植物细胞培养（plant cell culture）是以离体的植物单细胞或细胞团为外植体，在无菌的条件下，通过诱导细胞分裂形成细胞团，进行细胞悬浮培养，或经再分化产生根、芽等器官，进而形成完整植株。植物细胞培养是在植物组织培养中液体培养基础上发展起来的一种培养技术，可为研究细胞的生长和分化、植物抗性细胞突变体筛选、植物转基因受体系统的建立等提供技术条件，为植物次生代谢物质的生产亦开辟了一条新途径。植物的一个细胞犹如一株潜在的植株，具有发育上和理论上的潜在全能性（totipotency），在适宜的条件下一个植物细胞可以形成一株完整的植株，再利用植物组织细胞培养及其他遗传操作技术对植物进行修饰，可使之适合于植物药生产及中药生产开发等生产实际的需要。

植物细胞培养可分为悬浮细胞培养和单细胞培养。

（一）悬浮细胞培养

将游离的植物细胞悬浮于液体培养基中进行培养的方法称为细胞悬浮培养。选择一块生长疏松的愈伤组织放到液体培养基中进行振荡，或选用无菌幼苗或吸涨的胚胎于匀浆器中破碎其软组织，随后将悬浮液放入液体培养基中，经一定时间振荡培养后得到第一代悬浮培养物，其中含有游离的单细胞、细胞和组织的残块。继代培养时，用细口的移液管吸出单个分离的细胞进行接种，或将悬浮液过滤后用滤液接种，以提高下一代培养物中单细胞的比例。在培养过程中，细胞的数量及总重量不断增加，但经过一定时间后，细胞产量达到最高点，增长停止。此时，用新鲜培养基将培养物稀释，即进行继代培养，细胞又开始新的增殖，同时重复与前次相同的增长和停止的过程，并形成与前次相同的细胞产量。

悬浮细胞培养的一个重要的特点即是严格的可重复性，它能大量提供均匀的生理状态一致的植物细胞，而不像愈伤组织那样提供的可能是已经分化的细胞群，为细胞学研究创造了有利条件。同时，悬浮细胞培养时细胞增殖的速度远比愈伤组织快，适合于大规模培养，因此将有可能将植物细胞像微生物一样进行培养，并应用到发酵工业中，生产一些植物特有的产物，如药用植物的活性成分等，可成为植物产品工业化生产的一个全新途径。

（二）单细胞培养

悬浮细胞培养出来的悬浮细胞是异源的，可在这些细胞生长到一定阶段时，利用单细胞培养技术进行细胞无性系的分离和培养，以进一步得到纯化的无性系细胞（单克隆细胞）。

单细胞通常由分散性较好的愈伤组织或悬浮培养物获得，或可用果胶酶解离植物组织的细胞而直接制备。在体外特殊条件下培养高等植物的单个细胞，通过细胞分裂和细胞分化形成根、芽等器官，或经过胚状体，最终形成一株完整植株。

单细胞培养有看护培养技术、平板培养技术和微室培养技术等三个基本方法。

1. 看护培养技术

将不同方法获得的单个细胞置于滤纸片的上表面，将滤纸片放在生长活跃的愈伤组织上，此愈伤组织称为看护愈伤组织。本法中单个细胞的生长因素是由愈伤组织和培养基产生的。单细胞分裂形成小的群体，小的群体继代在新的培养基上产生出愈伤组织。由单细胞起源的愈伤组织称为一个单细胞无性系。

2. 平板培养技术

将细胞悬浮培养物通过过滤去掉大的细胞团，将保留在过滤物中的单细胞和不到6个细胞的小细胞团移到琼脂培养基中（培养基消毒，冷却至35℃，此温度下培养基为液态，易于后面的平铺，也不会伤害细胞），趁热将含培养物的培养基在培养皿中铺约1mm厚，于25℃下培养。此法可随时用显微镜观察细胞的分裂情况，并可通过定量的方法计算植板效率。

3. 微室培养技术

将两片盖玻片分别置于一个载玻片的两端，两者之间保持16mm的距离，在两个盖玻片中间区域的中心加一小滴含单细胞的液体培养基，并于四周加上石蜡油，再将第三块盖玻片置于上面，使四片玻璃组成一个微室，与外界的空气隔绝。此法可随时清晰地观察到培养细胞的生长和分裂，并可用显微摄影全程拍摄记录。

第二章　植物组织

植物在生长过程中，经过细胞的分裂和分化，形成了各种组织（tissue）。植物组织是由许多来源相同、形态构造相似、生理功能相同、相互密切联系的细胞组成的细胞群。植物体内既有由同一类型细胞构成的简单组织，也有由不同类型细胞构成的复合组织。每种组织有其独立性，行使不同功能，不同组织间相互协同，完成器官的生理功能。低等植物通常无组织形成或无典型的组织分化。

通常根据形态结构和功能不同，将植物组织分为分生组织、薄壁组织、保护组织、机械组织、输导组织和分泌组织。后五类是由分生组织的细胞分裂和分化所形成的，具有一定形态特征和一定生理功能的细胞群，总称为成熟组织（mature tissue）或永久组织（permanent tissue）。但成熟组织有时可根据植物体生长发育需要而发生变化，如薄壁组织可以转化成次生分生组织或机械组织等。

植物组织
- 分生组织：顶端分生组织、侧生分生组织、居间分生组织
- 薄壁组织：基本薄壁组织、同化薄壁组织、贮藏薄壁组织、吸收薄壁组织、通气薄壁组织
- 保护组织：表皮、周皮
- 机械组织：厚角组织、厚壁组织
- 输导组织：导管与管胞；筛管、伴胞与筛胞
- 分泌组织：外部分泌组织：腺毛、蜜腺
  内部分泌组织：分泌细胞、分泌腔（分泌囊）、分泌道和乳汁管

由于植物类群或存在部位的不同，植物体内的各种组织具有不同的特征，常可作为中药显微鉴定中的重要依据。

第一节　植物组织类型

一、分生组织

分生组织（meristem）是一群有着连续或周期性分生能力的细胞群。分生组织的细胞通常体积较小，多为等径的多面体，排列紧密，没有细胞间隙，细胞壁薄，不具纹孔，细胞质浓，细胞核大，无明显液泡和质体分化，但含线粒体、高尔基体、核蛋白体等细胞

器。分生组织分布在植物体的各个生长部位，如根尖、茎尖等。分生组织的细胞代谢功能旺盛，具有强烈的分生能力，这些细胞不断分生新细胞，其中一部分细胞连续保持高度的分生能力，另一部分细胞经过分化，形成不同的成熟组织，使植物体不断生长。植物体内的分生组织根据不同的分类方法有以下类型：

（一）根据分生组织的性质、来源分类

1. 原分生组织（promeristem）

原分生组织来源于种子的胚，是由胚保留下来的具有分裂能力的细胞群，位于根、茎最先端的部位，即生长点。这些细胞没有任何分化，可长期保持分裂机能，特别是在生长季节其分裂机能更加旺盛。

2. 初生分生组织（primary meristem）

初生分生组织位于原分生组织之后，是由原分生组织细胞分裂出来的细胞所组成的，这部分细胞一方面仍保持分裂能力，另一方面细胞已经开始分化。如茎的初生分生组织已可分化为3种不同组织，即原表皮层（protoderm）、基本分生组织（ground meristem）和原形成层（procambium）。由这3种初生分生组织再进一步分化发育形成其他各种组织构造。

原分生组织（细胞分裂）→ 初生分生组织（细胞分裂和分化）{ 原表皮层→表皮；基本分生组织→皮层、髓；原形成层→维管束（初生部分）}

3. 次生分生组织（secondary meristem）

次生分生组织是由已经分化成熟的表皮、皮层、髓射线、中柱鞘等部位的薄壁组织，经过生理和结构上的变化，细胞质变浓，液泡缩小，恢复分裂能力，成为次生分生组织。如大多数双子叶植物和裸子植物根的形成层、茎的束间形成层、木栓形成层等，这些分生组织一般成环状排列，与轴相平行。次生分生组织不断分生和分化出次生保护组织和次生维管组织，形成根和茎的次生构造，使其不断加粗。

（二）根据分生组织在植物体内所处的位置分类

1. 顶端分生组织（apical meristem）

顶端分生组织是位于根、茎最顶端的分生组织（图2-1），即根、茎顶端的生长锥。这部分细胞能较长期保持旺盛的分生能力。由顶端分生组织细胞不断分裂、分化出植物体的各种初生组织，进行初生生长，使植物体茎不断增高或伸长。

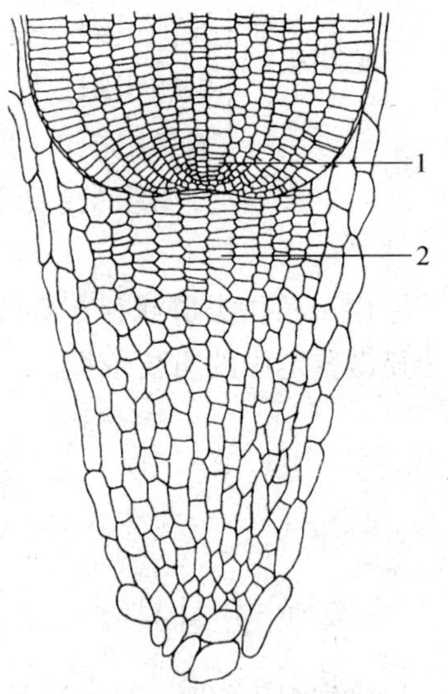

图2-1 根尖顶端分生组织
1. 根尖生长点 2. 根冠分生组织

2. 侧生分生组织（lateral meristem）

侧生分生组织来源于成熟组织，主要存在于裸子植物和双子叶植物的根和茎内，包括维管形成层和木栓形成

层，它们在植物体的周围成环状排列并与轴平行。侧生分生组织的活动可分化出各种次生组织，进行次生生长，使根和茎不断加粗。单子叶植物体内没有侧生分生组织，故一般不能增粗。

3. 居间分生组织（intercalary meristem）

居间分生组织是从顶端分生组织细胞保留下来的一部分分生组织，位于茎、叶、子房柄、花柄等成熟组织之间，它们分生能力有限，只能保持一定时间的分裂与生长，而后转变为成熟组织。居间分生组织常可在禾本科植物茎的每个节间基部产生，如薏苡、水稻等的拔节、抽穗，即与居间分生组织的活动有关。韭菜等植物叶子上部被割除后，还可以长出新的叶片来，就是叶基部居间分生组织活动的结果。花生胚珠受精后，位于子房柄的居间分生组织开始活动，使子房柄伸长，子房被推入土中发育成果实，所以花生的果实能生长在地下。

综合上述各种分生组织的特征可以看出，顶端分生组织就其发生来说属于原分生组织，但原分生组织和早期的初生分生组织之间无明显分界，所以顶端分生组织也包括初生分生组织；侧生分生组织相当于次生分生组织；居间分生组织则相当于初生分生组织。

二、薄壁组织

薄壁组织（parenchyma）也称为基本组织（ground tissue），在植物体中分布最广，占有最大的体积，是植物体重要的组成部分。薄壁组织在植物体或器官中可形成一个连续的组织，如根、茎中的皮层和髓部、叶的叶肉、花的各部分、果实的果肉以及种子的胚乳等，全部或主要由薄壁组织构成，而植物体的其他组织如机械组织、输导组织等则分布于薄壁组织中，并通过薄壁组织有机地结合，形成各种器官的构造。薄壁组织在植物体内担负着同化、贮藏、吸收、通气等功能。

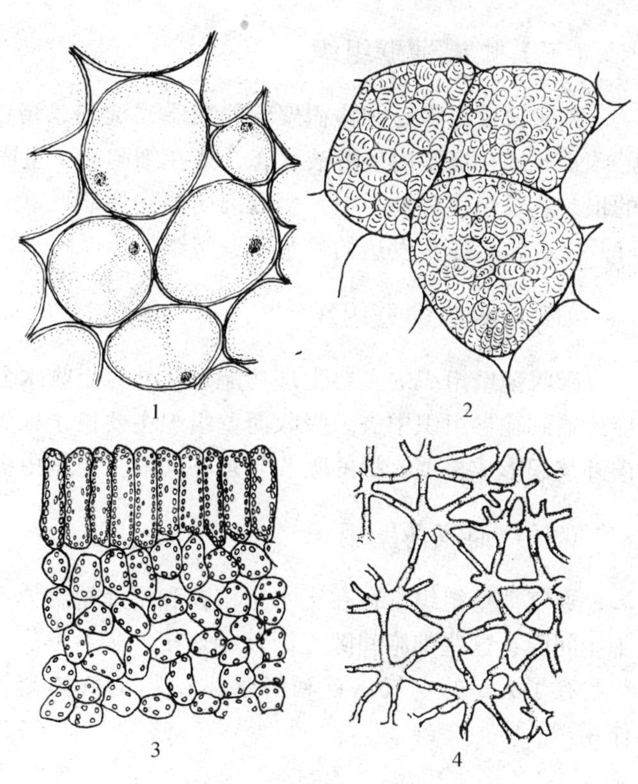

图 2-2 薄壁组织类型
1. 基本薄壁组织 2. 贮藏薄壁组织
3. 同化薄壁组织 4. 通气薄壁组织

薄壁组织细胞较大，排列疏松，形状多为球形、椭圆形、圆柱形、长方形、多面体等，均为生活细胞。细胞壁通常较薄，主要是由纤维素、半纤维素和果胶质构成，纹孔是单纹孔，液泡较大。薄壁组织细胞分化程度较浅，具有潜在的分生能力，在某些条件下可转变为分生组织或进一步发育成其他组织，如石细胞等。薄壁组织对创伤恢复、不定根和不定芽的产生、嫁接的成活以及组织离体培养等具有实际意义。分离的薄壁组织或单个薄壁细胞，在一定组织培养条件下，都可能发育成为完整植株。

根据细胞结构和生理功能不同，薄壁组织通常分为以下几类（图2-2）：

（一）基本薄壁组织

基本薄壁组织存在于植物体内各部分，主要起填充和联系其他组织的作用，其液泡较大，排列疏松，具细胞间隙。在一定条件下能转化为次生分生组织。如根、茎的皮层和髓部。

（二）同化薄壁组织

同化薄壁组织又称为绿色薄壁组织，细胞含有较多叶绿体，能进行光合作用。多存在于植物体绿色部位，如叶肉、茎的幼嫩部分、绿色萼片及果实等器官表面易受光照的部分。

（三）贮藏薄壁组织

贮藏薄壁组织是能够积聚营养物质（淀粉、蛋白质、脂肪和糖类等）的薄壁组织。贮藏物质或在液胞内呈溶液状态，或在细胞质中呈固体状态或液体状态。多存在于植物的根、茎、果实和种子中。多数肉质植物如仙人掌属、芦荟属以及景天科等植物的茎和叶片中，常有非常发达的贮水薄壁组织。

（四）吸收薄壁组织

吸收薄壁组织的主要生理功能是从外界吸收水分和营养物质，并将吸收的物质经皮层运输到输导组织中去。吸收薄壁组织主要位于根尖端的根毛区，该部位的部分细胞壁向外突起形成根毛。根的吸收与运输功能主要是由根毛和皮层来实现的。

（五）通气薄壁组织

通气薄壁组织常存在于水生植物和沼泽植物体内，通气薄壁组织中具有特别发达的细胞间隙，这些细胞间隙逐渐互相连接，最后形成四通八达的管道或形成较大气腔，不仅贮存了大量的空气，有利于水生植物的气体流通，同时对植物也有着漂浮和支持作用。

三、保护组织

保护组织（protective tissue）包被在植物各个器官的表面，由一层或数层细胞构成，细胞排列紧密无间隙，细胞壁角质化或木栓化加厚，能防止水分的过分蒸腾，控制和进行气体交换以及防止微生物、病虫的侵害以及外界的机械损伤等，对植物起保护作用。

根据来源和结构的不同，保护组织分为表皮（epidermis）和周皮（periderm）。

（一）表皮

表皮是由初生分生组织的原表皮分化而来，属于初生保护组织，存在于植物没有进行次生生长的根、茎、叶、花、果实和种子等器官的表面。表皮通常由一层生活细胞构成，少数植物原表皮层细胞可与表面平行分裂，产生2~3层细胞，形成所谓的复表皮，如夹竹桃和印度橡胶树叶等。

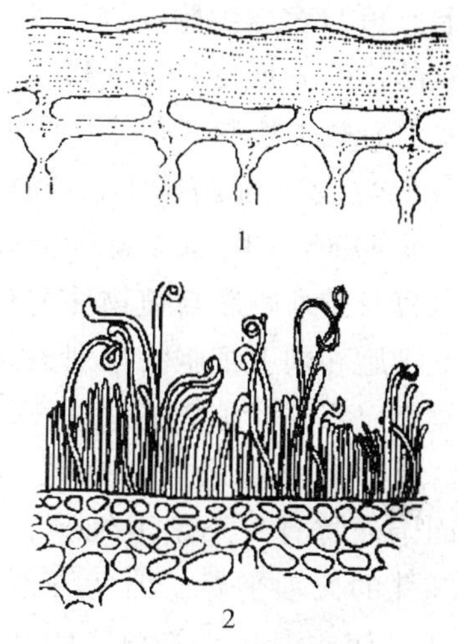

图2－3　角质层与蜡被

1. 表皮及其角质层
2. 表皮上的蜡被（甘蔗茎）

表皮细胞常为扁平的方形、长方形、多角形或波状不规则形，彼此嵌合，紧密排列，无胞间隙；细胞内有细胞核、大型液泡及少量细胞质，一般不含叶绿体，并可贮有各种代谢产物。表皮细胞的细胞壁一般是厚薄不一的，外壁较厚，侧壁较薄，内壁最薄。表皮细胞的外壁不仅增厚，还常有不同类型的特殊结构和附属物。如有些植物表皮细胞外壁角质化，并在表面形成一层明显的角质层。有的植物蜡质渗入到角质层里面或分泌到角质层之外，形成蜡被（图2－3），可防止植物体内的水分过分散失，如甘蔗和蓖麻茎、樟树叶、葡萄果实、乌桕种子等表面都具有明显的白粉状蜡被。还有的植物表皮细胞矿质化，如木贼和禾本科植物的硅质化细胞壁等，可使器官表面粗糙、坚实。

除典型的表皮细胞外，表皮上还有不同类型的特化细胞，如各种类型的气孔（stoma）和毛茸（epidermal hair）。

1. 气孔

气孔是植物体表面进行气体交换的通道，能控制气体交换和调节水分蒸散。气孔是表皮上的孔隙，围绕孔隙有两个特化且对合而成的细胞称保卫细胞（guard cell）。气孔连同周围的两个保卫细胞合称为气孔器（stomatal apparatus），简称为气孔。双子叶植物的孔隙是由两个半月形的保卫细胞包围，两个保卫细胞凹入的一面是相对的，中间的孔隙即为气孔。

保卫细胞比周围的表皮细胞小，是生活细胞，细胞质丰富，细胞核明显，含有叶绿体。细胞壁增厚不一，一般保卫细胞和表皮细胞相邻处的细胞壁较薄，而两保卫细胞相对合处的细胞壁较厚，因此当保卫细胞充水膨胀时，向表皮细胞一方弯曲成弓形，将气孔器分离部分的细胞壁拉开，使中间气孔张开，利于气体交换及水分的蒸腾和散失。当保卫细胞失水时，膨压降低，保卫细胞向回收缩，细胞也相应变直一些，于是气孔缩小以至闭合，控制气体交换及水分散失。气孔的张开和关闭都受着外界环境条件如温度、湿度、光照和二氧化碳浓度等多种因素的影响。

气孔多分布在叶片和幼嫩的茎枝上，在表皮上呈现散列或成行分布。气孔的数量和大小常随器官的不同和所处的环境条件不同而异，如叶片的气孔较多，茎上的气孔较少，而根上几乎没有。即使在同一种植物的不同叶上、同一叶片的不同部位都可能有所不同。在叶片上气孔可发生在叶的两面，也可能发生在一面。气孔在表皮上的位置可处在不同的水平面上，可与表皮细胞同在一平面上，有的又可凹入或凸出叶表面（图2-4）。

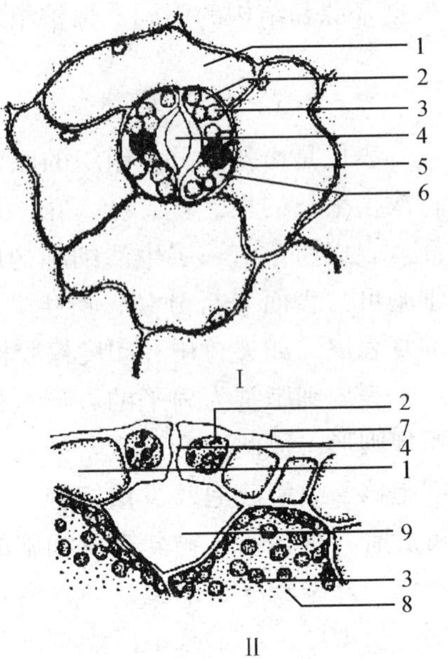

图2-4 叶的表皮与气孔器

Ⅰ.表面观 Ⅱ.切面观

1. 副卫细胞 2. 保卫细胞 3. 叶绿体 4. 气孔 5. 细胞核 6. 细胞质 7. 角质层 8. 栅栏组织细胞 9. 气室

有些植物的气孔器在保卫细胞周围还有1个或多个与表皮细胞形状不同的细胞，称副卫细胞（subsidiary cell，accessory cell）。副卫细胞的形状、数目及排列顺序与植物种类有关。组成气孔器的保卫细胞和副卫细胞的排列关系称为气孔轴式或气孔类型。双子叶植物的常见气孔轴式有（图2-5）：

（1）平轴式（平列式 paracytic type） 气孔周围通常有2个副卫细胞，其长轴与保卫细胞和气孔的长轴平行。常见于茜草科（如茜草）、豆科（如番泻叶）等植物的叶。

（2）直轴式（横列式 diacytic type） 气孔周围通常也有2个副卫细胞，但其长轴与保卫细胞和气孔的长轴垂直。常见于石竹科（如瞿麦）、唇形科（如薄荷、紫苏）和爵床科（如穿心莲）等植物的叶。

（3）不等式（不等细胞型 anisocytic type） 气孔周围的副卫细胞为3～4个，但大小不等，其中一个明显地小。常见于十字花科（如菘蓝）、茄科（如烟草）等植物的叶。

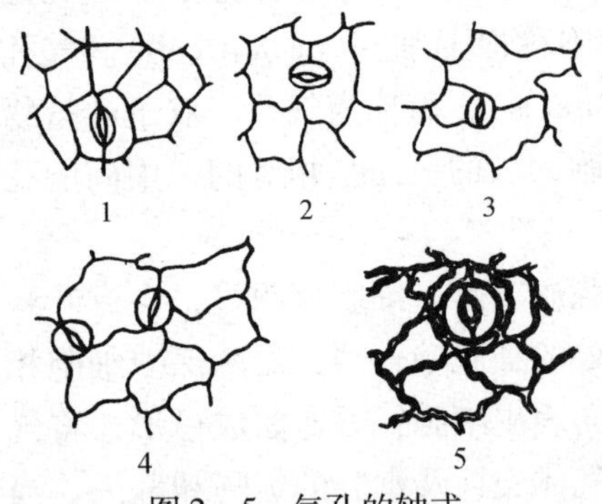

图2-5 气孔的轴式

1. 平轴式 2. 直轴式 3. 不等式 4. 不定式 5. 环式

（4）不定式（无规则型 anomocytic type） 气孔周围的副卫细胞数目不定，其大小基本相同，而形状与其他表皮细胞基本相似。常见于菊科（如菊）、桑科（如桑）、蔷薇科（如枇杷）等植物的叶。

（5）环式（辐射型 actinocytic type） 气孔周围的副卫细胞数目不定，其形状比其他表皮细胞狭窄，围绕气孔器排列成环状。如茶、桉等植物的叶。

单子叶植物气孔的类型也很多，禾本科和莎草科植物的保卫细胞组成特殊的气孔类型。从表面看两个保卫细胞好像并排的一对哑铃，两个狭长的保卫细胞呈两头大中间窄，中间窄的部分细胞壁特别厚，两端球形部分的细胞壁比较薄，当保卫细胞充水时，两端膨胀为小球形，气孔开启；当水分减少时，保卫细胞萎缩，气孔关闭或减小。在保卫细胞的两边还有两个平行排列、略呈三角形的副卫细胞，对气孔的开启有辅助作用（图2-6），如淡竹叶等。

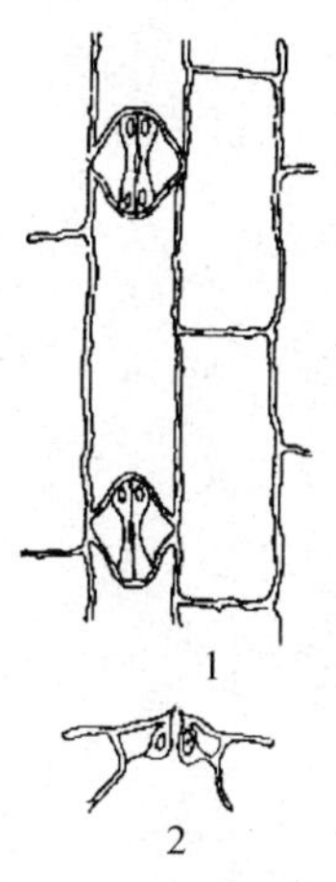

图2-6 玉蜀黍叶的表皮与气孔
1. 表面观 2. 切面观

裸子植物的气孔一般都凹入叶表面很深的位置，常常悬挂在呈拱盖状的副卫细胞之下。裸子植物气孔的类型较多，对于气孔类型的分类需要考虑到副卫细胞的排列关系与来源。

各种植物具有不同类型的气孔轴式，而在同一植物的同一器官上也常有两种或两种以上类型，且分布情况也不同，对植物分类鉴定和药材鉴定有一定价值。

2. 毛茸

植物体表面还存在有多种类型的毛茸，有的毛茸可长期存在，也有的毛茸很早脱落。毛茸具有保护、减少水分过分蒸发、分泌物质等作用，此外，毛茸还有保护植物免受动物啃食和帮助种子撒播的作用。根据毛茸的结构和功能常可分为腺毛和非腺毛两种类型。

（1）腺毛（glandular hair） 能分泌挥发油、树脂、黏液等物质的毛茸，由多细胞构成，有腺头和腺柄之分。腺头通常膨大呈圆球形，能产生分泌物如挥发油、树脂、黏液等，由1个或几个分泌细胞组成；腺柄也有单细胞和多细胞之分，如薄荷、车前、莨菪、洋地黄、曼陀罗等叶上的腺毛。在薄荷等唇形科植物叶片上还有一种无柄或短柄的腺毛，头部常呈扁球形，由8个或6~7个细胞排列在同一平面上，称为腺鳞。还有一些较为特殊类型的腺毛，如广藿香茎、叶和绵毛贯众叶柄及根状茎中的腺毛存在于薄壁组织内部的细胞间隙中，称为间隙腺毛。食虫植物的腺毛能分泌多糖类物质以吸引昆虫，同时还可分泌特殊的消化液，能将捕捉到的昆虫消化掉等（图2-7）。

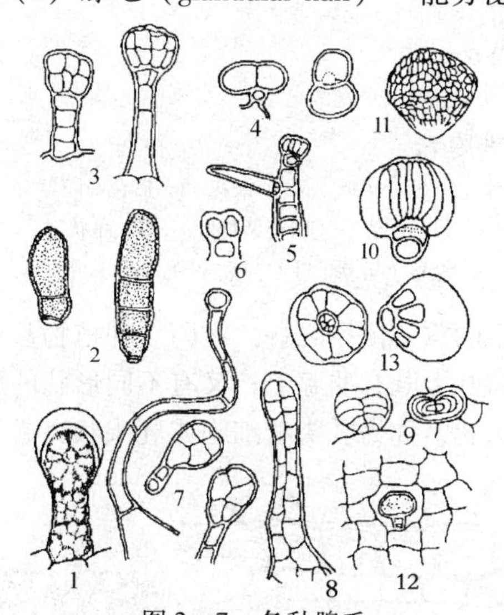

图2-7 各种腺毛
1. 生活状态的腺毛 2. 谷精草 3. 金银花 4. 密蒙花 5. 白泡桐花 6. 洋地黄叶 7. 洋金花 8. 款冬花 9. 石胡荽叶 10. 凌霄花 11. 啤酒花 12. 广藿香茎间隙腺毛 13. 薄荷叶腺鳞，左：顶面观，右：侧面观

（2）非腺毛（non-glandular hair） 非腺毛无头、柄之分，末端通常尖狭，不能分泌物质，单纯起保护作用。组成非腺毛的细胞数目有单细胞或多细胞，形状有线状、分枝状、丁字形、星状、鳞片状等，有的非腺毛的细胞内有晶体沉积（图2-8）。

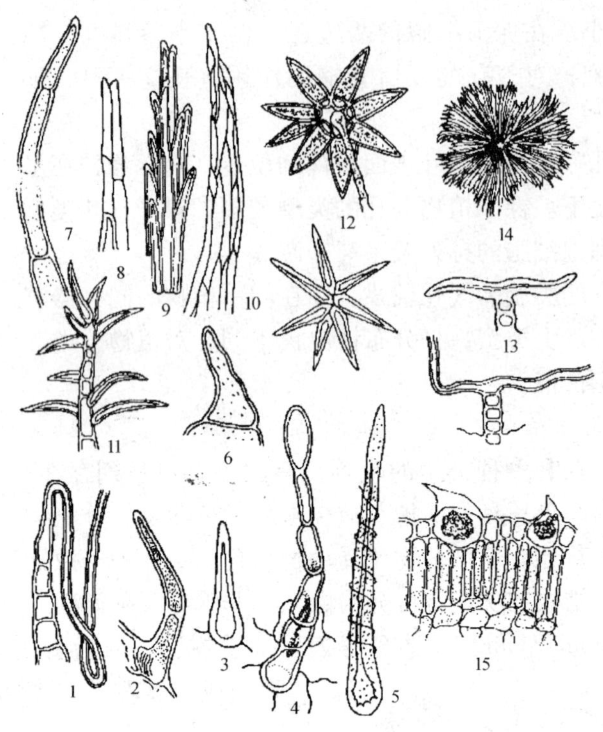

图2-8　各种非腺毛

1～10. 线状毛（1. 刺儿菜叶　2. 薄荷叶　3. 益母草叶　4. 蒲公英叶　5. 金银花　6. 白花曼陀罗　7. 洋地黄叶　8. 旋覆花　9. 款冬花冠毛　10. 蓼蓝叶）　11. 分枝毛（裸花紫珠叶）　12. 星状毛（上：石韦叶，下：芙蓉叶）　13. 丁字毛（艾叶）　14. 鳞毛（胡颓子叶）　15. 棘毛（大麻叶）

不同植物毛茸的形态各异，可作为中药鉴定的重要依据之一。在同一种植物甚至同一器官上也可存在不同形态的毛茸。例如在薄荷叶上既有非腺毛，又有不同形状的腺毛和腺鳞。有的植物花瓣表皮细胞向外突出如乳头状，称为乳头状细胞或乳头状突起，可以认为是表皮细胞与毛茸之间的中间形式。

（二）周皮

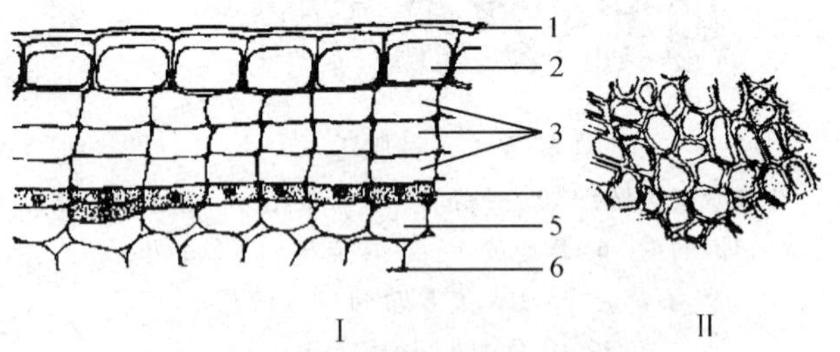

图2-9　木栓形成层与木栓细胞

Ⅰ. 木栓形成层　Ⅱ. 肉桂（树皮）粉末的木栓细胞

1. 角质层　2. 表皮　3. 木栓层

4. 木栓形成层　5. 栓内层　6. 皮层

当植物体进行次生生长时，由于根和茎的加粗生长，原有的初生保护组织表皮被破坏，植物体相应地形成次生保护组织——周皮，来代替表皮行使保护作用。周皮是由木栓层（cork，phellem）、木栓形成层（phellogen，cork cambium）、栓内层（phelloderm）形成的复合组织（图2-9）。植物叶、花、果实的表面通常只具有表皮，而双子叶植物根和茎在幼嫩时短期为表皮，随后因进行次生生长而具有周皮。

木栓形成层（phellogen，cork cambium）是表皮、皮层或韧皮部的薄壁细胞恢复分裂能力形成的次生分生组织，细胞形状较规则，多呈扁长方形。多发生于裸子植物和被子植物双子叶植物的根和茎次生生长时。木栓形成层细胞活动时，向外切向分裂，产生的细胞分化成木栓层，向内分裂形成栓内层。随着植物的生长，木栓层细胞层数不断增加，细胞多呈扁平状，排列紧密整齐，无细胞间隙，细胞壁栓质化，常较厚，细胞内原生质体解体，为死亡细胞。栓质化细胞壁不易透水、透气，是很好的保护组织。栓内层由生活的薄壁细胞组成，通常细胞排列疏松，茎中栓内层细胞常含叶绿体，所以又称绿皮层。

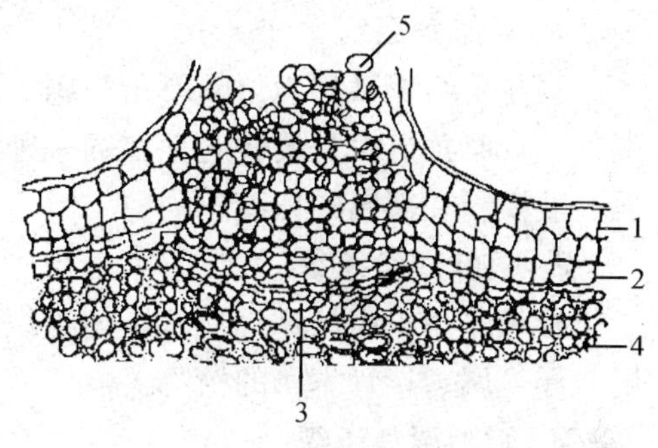

图2－10　接骨木属茎上的皮孔

1. 表皮　2. 木栓层　3. 木栓形成层　4. 栓内层　5. 填充细胞

皮孔（lenticel）也是植物气体交换的通道。最初的皮孔常于气孔下面发生，此处木栓形成层比其他部分更为活跃，向外分生大量的非木栓化薄壁细胞，细胞呈椭圆形、圆形等，排列疏松，细胞间隙比较发达，称为填充细胞。由于快速不断的分生，填充细胞数量增多，结果将表皮突破，形成圆形或椭圆形裂口，称为皮孔。在木本植物的茎、枝表面上常可见到各种形状的突起就是皮孔，其形态、大小和分布可作为鉴定依据之一（图2－10）。

四、机械组织

机械组织（mechanical tissue）的共同特点是细胞壁增厚，在植物体内起巩固和支持作用。植物的幼嫩器官没有机械组织或机械组织很不发达，而是依靠细胞内膨压使其保持正常生长状态。根据细胞的形态及细胞壁增厚的方式，机械组织可分为厚角组织和厚壁组织。

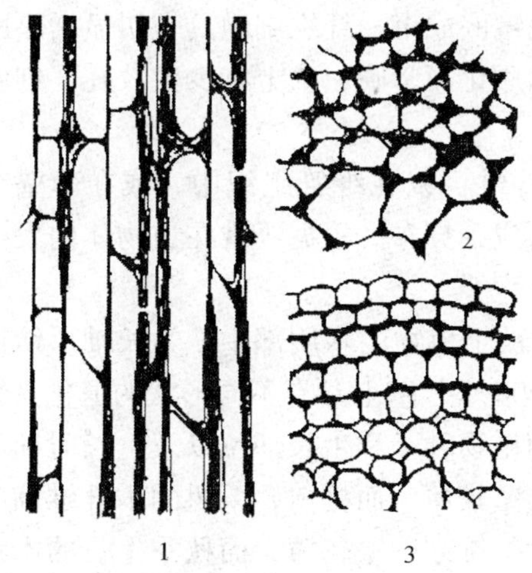

图2－11　厚角组织

1、2. 马铃薯厚角组织的纵切面和横切面

3. 细辛属叶柄的厚角组织横切面，示板状厚角组织

（一）厚角组织

厚角组织（collenchyma）的细胞是生活细胞，细胞内含有原生质体，常含有叶绿体，可进行光合作用，具有一定的潜在分生能力。在纵切面上厚角组织细胞是细长形的，两端可略呈平截状、斜状或尖形；在横切面上细胞常呈多角形、不规则形等。其细胞最显著的特征是具有不均匀加厚的初生壁，一般在角隅处加厚，也有的在切向壁或靠胞间隙处加厚。细胞壁的主要成分是纤维素和果胶质，不含木质素，硬度不强。厚角既有一定的坚韧性，又有可塑性和延伸性；既可支持植物直立，也适应于植物的迅速生长（图2－11）。

厚角组织多直接位于表皮下面，或离开表皮只有 1 层或几层细胞，或成环成束分布，如益母草、薄荷、芹菜、南瓜等植物茎的棱角处就是厚角组织集中分布的位置。厚角组织常存在于双子叶草本植物茎和尚未进行次生生长的木质茎中，以及叶片主脉上下两侧、叶柄、花柄的外侧部分，根内很少形成厚角组织，但如果暴露在空气中，则可发生。

根据厚角组织细胞壁加厚方式的不同，常可分为 3 种类型：

1. 真厚角组织

真厚角组织又称为角隅厚角组织，细胞壁显著加厚的部分发生在几个相邻细胞的角隅处。真厚角组织是最普遍存在的一种类型，如薄荷属、曼陀罗属、南瓜属、桑属、榕属、酸模属和蓼属的植物。

2. 板状厚角组织

板状厚角组织又称为片状厚角组织，细胞的切向壁增厚。如细辛属、大黄属、地榆属、泽兰属、接骨木属的植物。

3. 腔隙厚角组织

腔隙厚角组织是具有细胞间隙的厚角组织，细胞面对胞间隙部分增厚。如夏枯草属、锦葵属、鼠尾草属、豚草属等植物。

（二）厚壁组织

厚壁组织（sclerenchyma）是植物体中重要的支持组织，细胞具有全面增厚的次生壁，并大多为木质化的细胞壁，壁常较厚，常有明显的层纹和纹孔，细胞腔较小，比较坚硬；成熟后一般没有生活的原生质体，成为死亡细胞。厚壁组织常单个或成群分布在其他组织中。根据细胞的形态不同，可分为纤维和石细胞。

1. 纤维（fiber）

纤维通常为两端尖斜的长形细胞，尖端彼此镶嵌成束。纤维细胞具有明显增厚的次生壁，加厚的主要成分是纤维素和木质素，常木质化而坚硬，壁上有少数纹孔，细胞腔小或几乎没有（图 2－12）。

纤维广泛的分布于植物器官的各组织中，纤维可以在维管组织中，或在薄壁组织中，如皮层或髓中也可产生纤维细胞，单个或常成束分布。根据纤维在植物体内发生的位置，纤维通常可分为木纤维和木质部外纤维。

（1）木纤维（xylem fiber）　木纤维分布在被子植物的木质部中，为长轴形纺锤状细胞，长度约为 1mm，具木质化的次生壁，细胞腔小，壁上具有不同形状的退化具缘纹孔或裂隙状单纹孔。木纤维细胞壁增厚的程度随植物种类和生长部位以及生长时期不同而异。如黄连、大戟、川乌、牛膝等一些木纤维壁较薄，而栎树、栗树的木纤维细胞壁则常强烈增厚。就生长季节来说，春季生长的木纤维细胞壁较薄，而秋季生长的木纤维细胞壁较厚。

木纤维细胞壁厚而坚硬，增加了植物体的机械巩固作用，但木纤维细胞的弹性、韧性较差，脆而易断。

在某些植物的次生木质部中还有一种纤维，通常为木质部中最长的细胞，壁厚并具有裂缝式的单纹孔，纹孔数目较少，这种纤维称为韧型纤维（libriform fiber）。如沉香、檀香等木质部中的纤维。

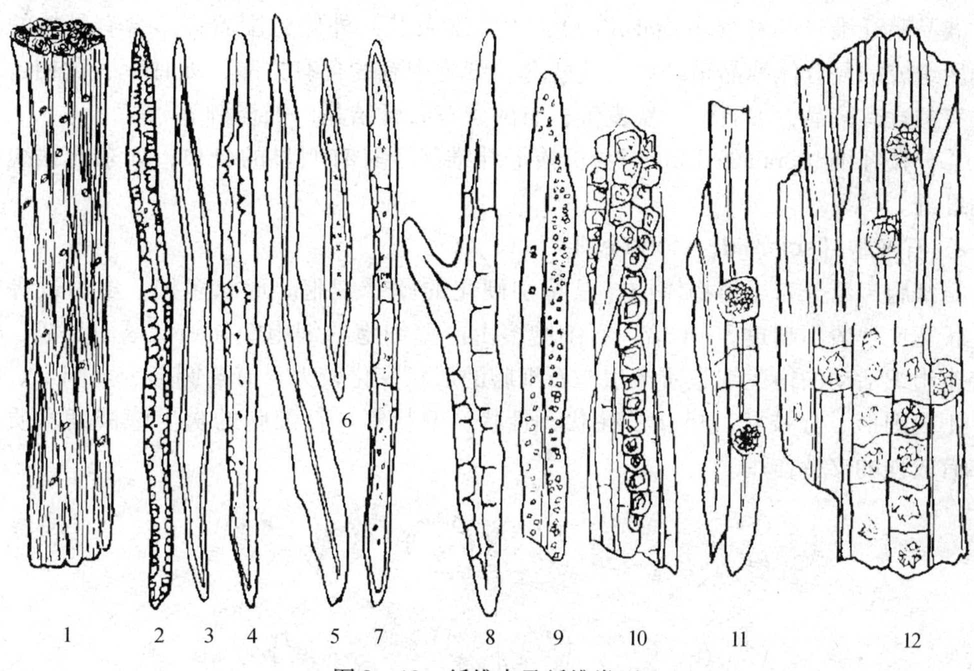

图 2-12　纤维束及纤维类型

1. 纤维束　2~12. 纤维类型（2. 五加皮　3. 苦木　4. 关木通　5. 肉桂　6. 丹参
7. 姜的分隔纤维　8. 东北铁线莲的分枝纤维　9. 冷饭团的嵌晶纤维
10. 黄柏的含方晶纤维　11. 石竹的含簇晶纤维　12. 柽柳的含石膏结晶纤维）

木纤维仅存在于被子植物的木质部中，为被子植物木质部的主要组成部分，而在裸子植物的木质部中没有纤维，主要由管胞组成，管胞同时具有输导和机械作用，也是裸子植物原始于被子植物的特征之一。

（2）木质部外纤维（extraxylary fiber）　木质部外纤维多分布在韧皮部，常称为韧皮纤维。在一些植物的基本组织或皮层等组织中也常存在，如一些单子叶植物特别是禾本科植物的茎中，常在表皮下不同位置有由基本组织发生的纤维呈环状存在；在维管束周围有由原形成层分化的纤维形成的维管束鞘。在一些藤本双子叶植物茎的皮层中，也常有环状排列的皮层纤维，以及靠近维管束的环管纤维等。

木质部外纤维细胞多呈长纺锤形，两端尖，细胞壁厚，细胞腔成缝隙状，横切面观细胞常呈圆形、长圆形等，细胞壁常呈现出同心纹层。细胞壁增厚的成分主要是纤维素，木质化程度较低或不木质化，具有较大的韧性，拉力较强，如苎麻、亚麻等。但也有一些植物木质部外纤维木质化程度较深，如洋麻、黄麻、苘麻以及一些禾本科植物的纤维。

此外，在药材鉴定中，还可以见到以下几种特殊类型：

①分隔纤维（septet fiber）：是一种细胞腔中生有薄的横隔膜的纤维，如在姜、葡萄属植物的木质部和韧皮部中以及在茶藨子的木质部里均有分布。

②嵌晶纤维（intercalary crystal fiber）：纤维细胞次生壁外层嵌有一些细小的草酸钙方晶和砂晶，如冷饭团的根和南五味子的根皮中的纤维嵌有方晶，草麻黄茎的纤维嵌有细小的砂晶。

③晶鞘纤维（晶纤维 crystal fiber）：由纤维束及其外侧包围着许多含有晶体的薄壁细胞所组成的复合体称晶鞘纤维。这些薄壁细胞中有的含有方晶，如甘草、黄柏、葛根等；有的含有簇晶，如石竹、瞿麦等；有的含有石膏结晶，如柽柳等。

④分枝纤维（branched fiber）：长梭形纤维顶端具有明显的分枝，如东北铁线莲根中的纤维。

2. 石细胞（sclereid，stone cell）

石细胞广泛分布于植物体内，是特别硬化的厚壁细胞。形状多样，多为近等径形的，长宽比一般不超过 3 ~4 倍。石细胞多由薄壁细胞的细胞壁强烈增厚而形成，也有由分生组织活动的衍生细胞所产生。石细胞的形状变化较大，有椭圆形、类圆形、类方形、不规则形、分枝状、星状、柱状、骨状、毛状等。石细胞的次生壁极度木质化增厚，有较强的支持作用。

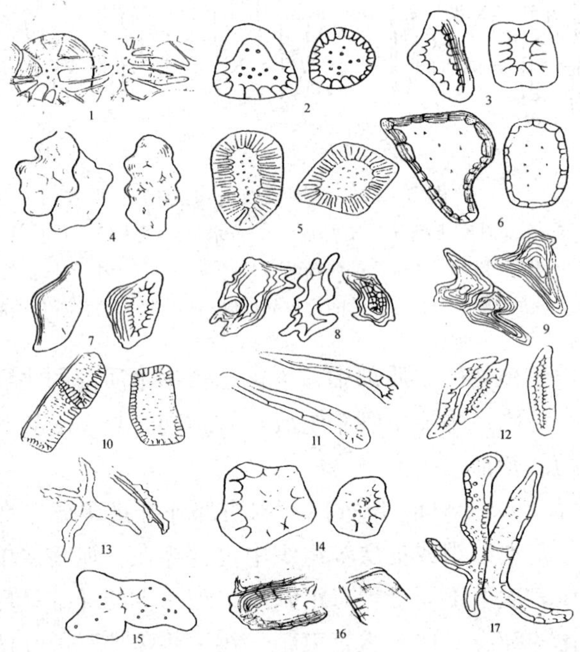

图 2－13 石细胞类型

1. 梨（果肉） 2. 苦杏 3. 土茯苓 4. 川楝 5. 五味子 6. 川乌 7. 梅（果实） 8. 厚朴 9. 黄柏 10. 麦冬 11. 山桃（种子） 12. 泰国大风子 13. 茶（叶柄） 14. 侧柏（种子，含草酸钙方晶） 15. 南五味子（根皮） 16. 栀子（种皮） 17. 虎杖（分隔石细胞）

由于石细胞细胞壁极度增厚，使细胞腔变得更小，细胞壁的内表面积也越小，细胞壁上的单纹孔因此变长而形成沟状，数量较多的纹孔沟在细胞壁内表面彼此汇合而成分枝状。石细胞多见于茎、叶、果实、种子中，可单个或成群分散于植物组织中，有时也可连成环状，如肉桂的石细胞。梨的果肉中普遍存在着石细胞，石细胞的多少也是评价梨品质的一个标准。石细胞更常存在于某些植物的果皮和种皮中，由此组成坚硬的保护组织，如椰子、核桃等坚硬的内果皮及菜豆、栀子种皮的石细胞等。石细胞亦常见于茎的皮层中，如黄柏、黄藤；或存在于髓部，如三角叶黄连、白薇等；或存在于维管束中，如厚朴、杜仲、肉桂等。

石细胞的形状变化很大，是中药鉴定重要的依据。如梨果肉中的圆形或类圆形石细胞，黄芩、川乌根中长方形、类方形、多角形的石细胞，乌梅种皮中壳状、盔状石细胞，厚朴、黄柏中的不规则状石细胞。此外，还有一些较特殊类型的石细胞，如山茶叶柄中的长分枝状石细胞，山桃种皮中犹如非腺毛状的石细胞等。

此外，在药材鉴定中，还可以见到以下几种特殊类型（图 2－13）：

①分隔石细胞：石细胞腔内产生薄的横隔膜，如虎杖根及根状茎中。

②嵌晶石细胞：石细胞的次生壁外层嵌有非常细小的草酸钙晶体，并常稍突出于表面，如南五味子根皮中。

③含晶石细胞：在石细胞内含有各种形状的草酸钙结晶，如侧柏种子、桑寄生茎及叶内均存在含有草酸钙方晶的石细胞；龙胆根内有含砂晶的石细胞；紫菀根及根状茎内有含簇晶的石细胞等。

五、输导组织

输导组织（conducting tissue）是植物体内运输水分和各种营养物质的组织。虽然在低等植物或高等植物的某些组织存在细胞间转输，但仅是一种原始的或辅助的输导方式。在植物长期的进化过程中，蕨类植物、裸子植物、被子植物形成了发达的、进化的输导组织系统，成为维管植物最重要的组织特征。

输导组织的细胞一般呈长管状，上下相接呈管道，贯穿于整个植物体内的各个器官成为连续的系统。根据输导组织运输物质的不同，可分为两大类：一类是木质部中的导管和管胞，主要运输水分和溶解于水中的无机盐、营养物质等；另一类是韧皮部中的筛管、伴胞和筛胞，主要运输溶解状态的同化产物。

（一）导管和管胞

1. 导管（vessel）

导管是被子植物的主要输水组织，仅少数原始被子植物和一些寄生植物无导管，如金粟兰科草珊瑚属植物等，而少数进化的裸子植物类群，如麻黄科植物和少数蕨类植物也有导管存在。导管是由一系列长管状或筒状的导管分子（vessel element，vessel member）通过横壁彼此首尾相连，成为一个贯通的管状结构。导管的横壁溶解后穿孔，具有穿孔的横壁称穿孔板。导管的长度数厘米至数米不等，导管直径大小也不相同，直径越大输送水分的效率越高。导管分子幼时是生活的细胞，在成熟过程中细胞壁的次生壁常木质化增厚，成熟后细胞的原生质体分解成为死细胞。因此一般认为导管是许多死亡细胞连成的管状结构。但在葡萄卷须中的导管分子含有原生质体和细胞核，也有人在麻黄、丝瓜和棉花的导管中观察到原生质体和细胞核。

由于每个导管分子横壁的溶解，使其输水效率较高，每个导管分子的侧壁上还存在有许多不同类型的纹孔，相邻的导管又可以靠侧壁上的纹孔运输水分。如导管分子之间的横壁溶解成一个大的穿孔称为单穿孔板，有些植物中的导管分子横壁并未完全消失，而在横壁上形成许多大小形态不同的穿孔，如椴树和一些双子叶植物的导管其横壁留有几条平行排列的长形的梯状穿孔板，麻黄属植物导管分子具有很多圆形的穿孔所形成的麻黄式穿孔板，而紫葳科的一些植物导管分子之间形成了网状穿孔板等（图2－14）。

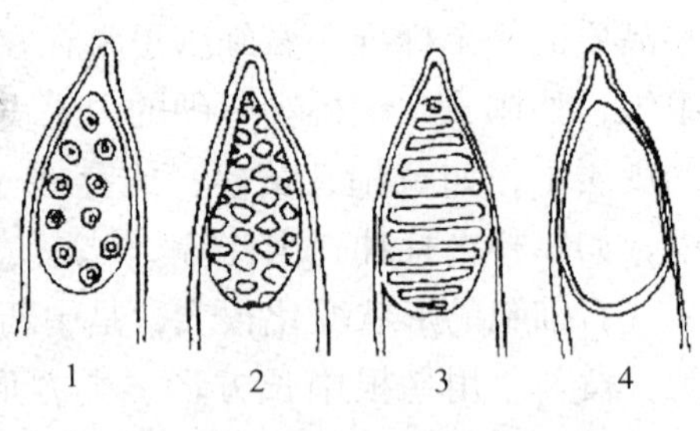

图2－14　导管分子穿孔板的类型

1. 麻黄式穿孔板　2. 网状穿孔板　3. 梯状穿孔板　4. 单穿孔板

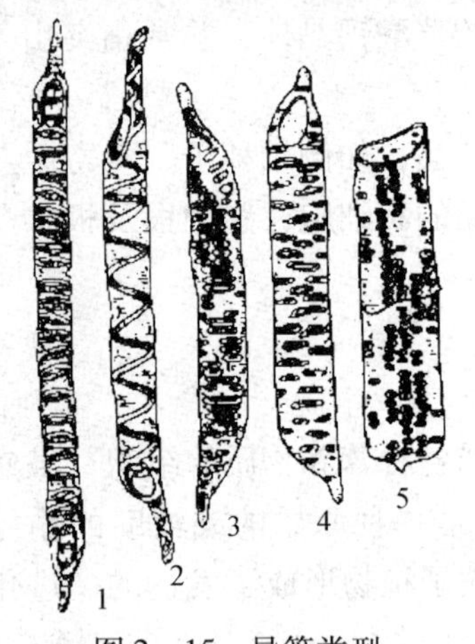

图2－15　导管类型

1. 环纹导管　2. 螺纹导管　3. 梯纹导管　4. 网纹导管　5. 孔纹导管

导管在形成过程中，其木质化的次生壁并不是均匀增厚，而是形成了不同的纹理或纹孔。根据导管增厚所形成的纹理不同，常可分为下列几种类型（图2－15；图2－16；图2－17）。

（1）环纹导管（annular vessel）　导管壁上呈环状的木质化增厚，这种增厚的环纹之间仍为薄壁的初生壁，有利于生长而伸长。环纹导管直径较小，常出现在器官的幼嫩部分，如南瓜茎、凤仙花的幼茎中，半夏的块茎中。

（2）螺纹导管（spiral vessel）　在导管壁上木质化增厚的次生壁呈1条或数条螺旋带状，容易与初生壁分离，不妨碍导管的伸长生长。螺纹导管的直径也较小，多存在于植物器官的幼嫩部分，如南瓜茎、天南星块茎。常见的“藕断丝连”中的丝就是螺纹导管中螺旋带状的次生壁与初生壁分离的现象。

（3）梯纹导管（scalariform vessel）　在导管壁上增厚的木质化次生壁与未增厚的初生壁部分间隔成梯形。这种导管木质化的次生壁占有较大比例，分化程度较深，不易进行伸长生长。多存在于器官的成熟部分，如葡萄茎、常山根中。

（4）网纹导管（reticulate vessel）　导管增厚的木质化次生壁交织成网状，网孔是未增厚的部分。网纹导管的直径较大，多存在于器官的成熟部分，如大黄根茎、苍术根茎中。

（5）孔纹导管（pitted vessel）　导管次生壁几乎全面木质化增厚，未增厚部分为单纹孔或具缘纹孔，前者为单纹孔导管，后者为具缘纹孔导管。导管直径较大，多存在于器官的成熟部分，如甘草根、赤芍根、拳参根状茎中。

一种植物的木质部中并不都具有全部类型的导管，但常可见一种植物的某器官中具有不止一种的导管类型，如南瓜茎的纵切片中常可见到典型的环纹和螺纹存在于同一导管上。导管类型之间还有一些中间类型，如大黄根茎中常可见到网纹未增厚的部分横向延长，出现了梯纹和网纹的中间类型，这种类型又往往称为梯－网纹导管。

环纹导管、螺纹导管在器官的形成过程中出现较早，多存在于植物体的幼嫩部分，可随植物器官的生长而伸长，以上两种导管一般直径较小，输导能力较差，次生壁加厚较少，属于原始的初生类型。而网纹导管、孔纹导管在器官中出现较晚，并多存在于器官的成熟部分，壁增厚的面积很大，管壁较坚硬，有很强的机械作用，能抵抗周围组织的压力，保持其输导作用，属于进化的次生类型。

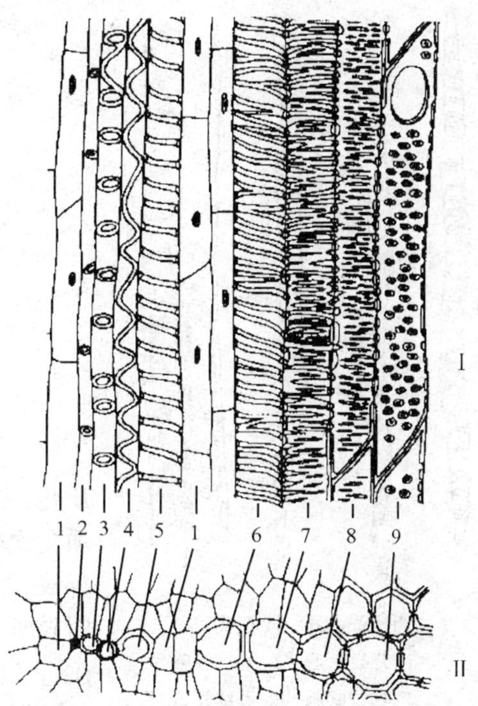

图2－16　半边莲属初生木质部（示导管）

Ⅰ. 纵切面　　Ⅱ. 横切面

1. 木薄壁细胞　2～3. 环纹导管　4～6. 螺纹导管　7. 梯纹导管　8. 梯－网纹导管　9. 孔纹导管

随着植物的生长以及新的导管产生，一些较早形成的导管常相继失去其输导功能，其相邻薄壁细胞膨胀，并常通过导管壁上未增厚部分或纹孔侵入导管腔内，形成大小不同的囊状突出物，这种突入生长并堵塞导管的囊状突出物称侵填体（tylosis）。初期，由原生质和细胞核等随着细胞壁的突进而流入其中，后来则有单宁、树脂等后含物的填充，这时植物体内的水溶液运输并不是由单一导管从下直接向上输导的，而是经过多条导管曲折向上输导的。侵填体的产生对病菌侵害起到一定防腐作用，其中有些物质是中药有效成分。

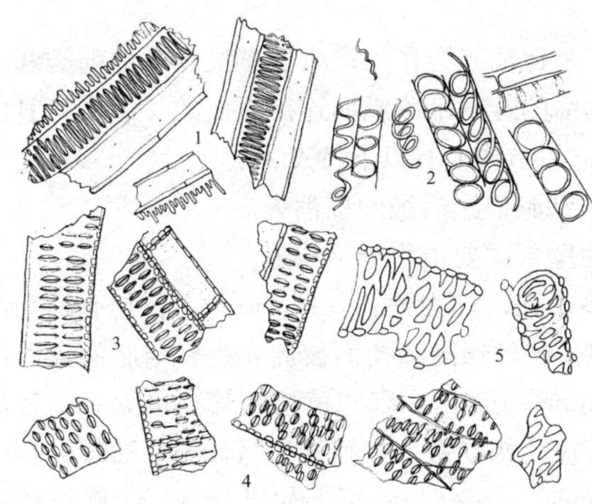

图2－17　药材粉末中的导管碎片

1. 梯纹（常山）　2. 螺纹、环纹（半夏）　3～4. 孔纹（3. 白蔹　4. 甘草）　5. 网纹（大黄）

2. 管胞（tracheid）

管胞是绝大部分蕨类植物和裸子植物的输水组织，同时还具有支持作用。在被子植物的木质部中也可发现管胞，特别是叶柄和叶脉中，但数量较少。管胞和导管分子在形态上有明显的不同，管胞是单个细胞，呈长管状，但两端尖斜，不形成穿孔，相邻管胞彼此间不能靠首尾连接进行输导，而是通过相邻管胞侧壁上的纹孔输导水分，所以其输导功能比导管低，为一类较原始的输导组织。管胞与导管一样，由于其细胞壁次生加厚，并木

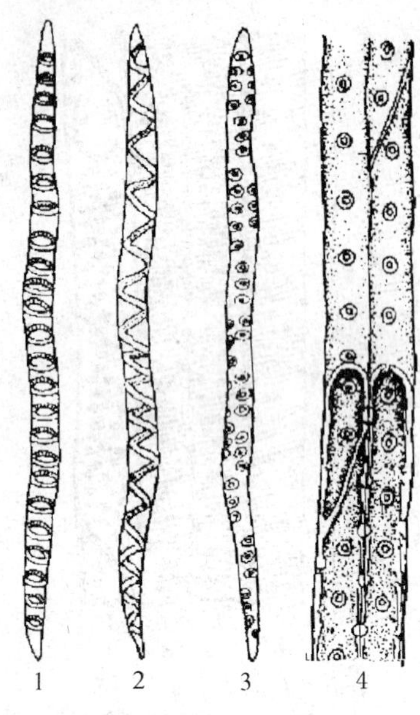

图2－18 管胞类型

1. 环纹管胞 2. 螺纹管胞

3. 梯纹管胞 4. 孔纹管胞

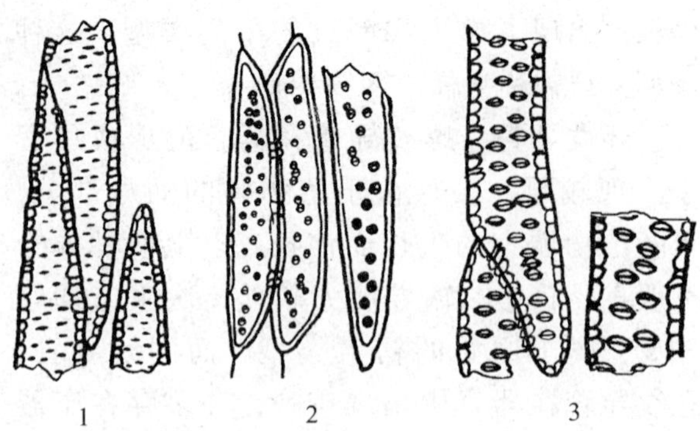

图2－19 管胞碎片

1. 麦冬 2. 木通马兜铃 3. 白芍

质化，细胞内原生质体消失而成为死亡细胞，并其木质化次生壁的增厚也常形成各种纹理，如环纹、螺纹、梯纹、孔纹等类型。导管、管胞在药材粉末鉴定中有时较难分辨，常采用解离的方法将细胞分开，观察管胞分子的形态（图2－18；图2－19）。

裸子植物的管胞一般长约5mm，在松科、柏科一些植物的管胞上可见到一种典型的具有纹孔塞的具缘纹孔。

此外，在次生木质部中有一种长梭形细胞称为纤维管胞（fiber tracheid），它是管胞和纤维之间的中间类型，末端较尖，细胞壁上具双凸镜状或裂缝状开口的纹孔，厚度常介于管胞和纤维之间，如沉香、芍药、天门冬、威灵仙、紫草、升麻、钩藤、冷饭团等。

（二）筛管、伴胞和筛胞

1. 筛管（sieve tube）

筛管主要存在被子植物的韧皮部中，是运输光合作用产生的有机物质如糖类和其他可溶性有机物等的管状结构，是由一些生活的管状细胞纵向连接而成的。组成筛管的每一个管状细胞称为筛管分子（图2－20），在结构上有以下特点：

（1）组成筛管的细胞是生活细胞，但细胞成熟后细胞核消失。

（2）组成筛管的细胞的细胞壁是初生壁，主要由纤维素构成。

（3）相连的筛管分子的横壁上有许多小孔，称为筛孔（sieve pore），具有筛孔的横壁称为筛板（sieve plate）。筛板两边的原生质丝通过筛孔而彼此相连，与胞间连丝的情况相似，但较粗壮，称为联络索（connecting strand）。有些植物的筛孔也见于筛管的侧壁上，通过侧壁上的筛孔，使相邻的筛管彼此相联系。在筛管的筛板上或筛管的侧壁上筛孔集中分布的区域又称为筛域（sieve area）。在一个筛板上如果只有一个筛域的称为单筛板（simple sieve plate）；如果分布数个筛域的则称为复筛板（compound sieve plate）。联络索通过筛孔上下相连，彼此贯通，形成同化产物运输的通道。

筛管在发育的早期阶段，还有细胞核，并有浓厚的细胞质、线粒体等；在筛管形成过程中，细胞核逐渐溶解而消失，细胞质减少，线粒体变小；在筛管形成后，筛管细胞成为无核的生活细胞（图2－21）。但有人认为筛管细胞始终有细胞核存在，并是多核的结构，因核小而分散，不易观察到。

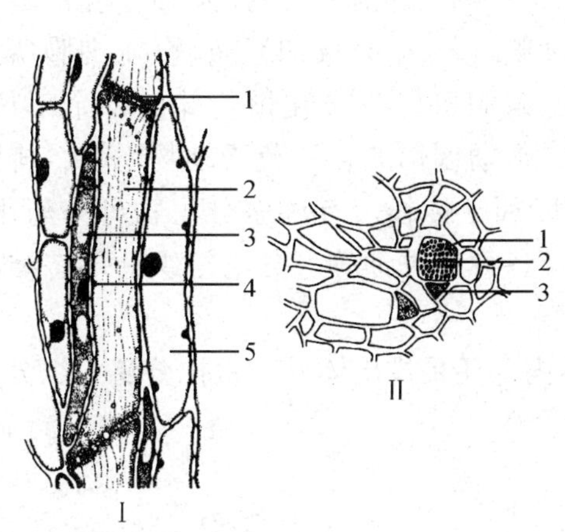

图2－20 烟草韧皮部（示筛管及伴胞）

Ⅰ. 纵切面 Ⅱ. 横切面

1. 筛板 2. 筛管 3. 伴胞

4. 白色体 5. 韧皮薄壁细胞

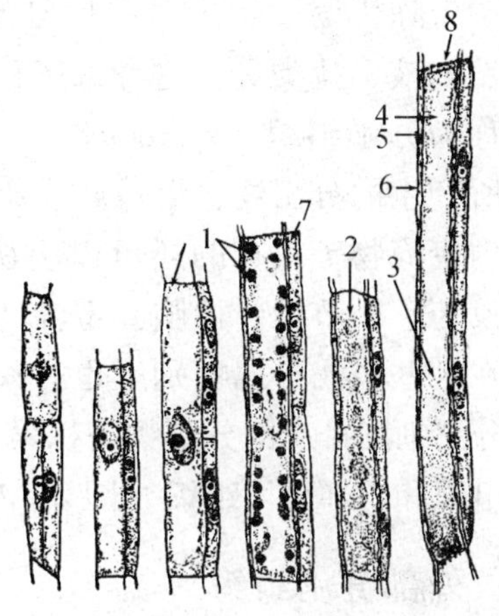

图2－21 南瓜茎筛管分子形成的各个阶段

1. 黏液质 2. 融合的黏液体 3. 黏液

4. 液泡 5. 细胞质 6. 细胞壁

7. 细胞核 8. 筛板

筛板形成后，在筛孔的四周围绕联络索可逐渐积累一些特殊的碳水化合物，称为胼胝质（callose）；随着筛管的不断老化，胼胝质将会不断增多，最后形成垫状物，称为胼胝体（callus）。一旦胼胝体形成，筛孔将会被堵塞，联络索中断，筛管也将失去运输功能。

筛管分子一般在春天形成层活动期间形成，在秋天就停止输导而死亡。一些多年生的双子叶植物如葡萄属的筛管当年春天形成，往往在冬季来临前形成胼胝体，可暂时停止其输导作用，而在来年春季胼胝体将溶解，筛管又逐渐恢复其输导功能；另一些较老的筛管形成胼胝体后，将会永远失去其输导功能而被新筛管所取代。多年生的单子叶植物筛管可保持其长期的输导功能，甚至整个生活期。

2. 伴胞（companion cell）

被子植物筛管分子的旁边，常有1个或几个小型并细长的薄壁细胞和筛管紧紧贴生在一起，称为伴胞。伴胞和筛管是由同一筛管母细胞分裂而来，其中大的细胞发育成筛管，小的发育成伴胞。伴胞与筛管相邻的壁上常有许多纹孔，有胞间联丝相互联系，细胞质浓，细胞核大，含有多种酶类物质，生理活动旺盛，研究表明筛管的运输功能和伴胞的生理活动密切相关，筛管死亡后，伴胞将随着失去生理活性。

3. 筛胞（sieve cell）

筛胞是蕨类植物和裸子植物运输光合作用产生的有机物质的输导分子。筛胞是单个细胞，无伴胞存在，形状狭长，直径较小，两端尖斜，没有特化的筛板，只有存在于侧壁上的筛域。筛胞不能像筛管那样首尾相连接，只能是彼此相重叠而存在，靠侧壁上筛域的筛孔运输，所以输导机能较差，是比较原始的输导有机养料的结构。

六、分泌组织

植物在新陈代谢过程中，一些细胞能分泌某些特殊物质，如挥发油、乳汁、黏液、树脂、蜜液、盐类等，这种细胞称为分泌细胞（secretory cell），由分泌细胞所构成的组织称为分泌组织（secretory tissue）。分泌组织可以分布在植物体的各个部位。分泌组织所产生的分泌物，可以防止组织腐烂，帮助创伤愈合，免受动物吃食，排除或贮积体内废弃物等；有的还可以引诱昆虫，以利于传粉。有许多分泌物可作药用，如乳香、没药、松节油、樟脑、蜜汁、松香以及各种芳香油等。分泌组织的形态结构及分泌物在某些植物科属鉴别上也有一定的价值。

根据分泌细胞排出的分泌物是积累在植物体内部还是排出体外，常把分泌组织分为外部分泌组织和内部分泌组织（图 2－22）。

（一）外部分泌组织

外部分泌组织是分布在植物体的体表部分的分泌结构，其分泌物排出体外，如腺毛、蜜腺等。

1. 腺毛

腺毛是具有分泌作用的表皮毛，常由表皮细胞分化而来。腺毛具有腺头、腺柄之分，腺头细胞能分泌物质，腺头的细胞覆盖着较厚的角质层，其分泌物可由分泌细胞排出细胞体外而积聚在细胞壁和角质层之间。分泌物可由角质层渗出，或角质层破裂后散发出来。腺毛多存在于植物的茎、叶、芽鳞、子房、花萼、花冠等部分。滨藜属等一些植物的叶表面有一种可分泌盐的腺毛，由 1 个柄细胞和 1 个基细胞组成。

2. 蜜腺（nectary）

蜜腺是能分泌蜜液的腺体，由 1 层表皮细胞及其下面数层细胞特化而成。与相邻细胞相比，腺体细胞的细胞壁比较薄，无角质层或角质层很薄，细胞质较浓。细胞质产生蜜液并通过角质层扩散或经腺体表皮上的气孔排出。蜜腺下常有维管组织分布。一般位于花萼、花冠、子房或花柱的基部，为花蜜腺。具蜜腺的花均为虫媒花，如油菜、荞麦、酸枣、槐等。蜜腺除存在于花部外，还存在于茎、叶、托叶、花柄处，为花外蜜腺。如蚕豆托叶的紫黑色腺点，梧桐叶下的红色小斑以及桃和樱桃叶片基部均具蜜腺。枣、白花菜和大戟属花序中也有不同形态的蜜腺。

（二）内部分泌组织

内部分泌组织分布在植物体内，分泌物也积存在体内。根据它们的形态结构和分泌物的不同，可分为分泌细胞、分泌腔、分泌道和乳汁管。

1. 分泌细胞

分泌细胞是分布在植物体内部的具有分泌能力的细胞，通常比周围细胞大，它们并不形成组织，以单个细胞或细胞团（列）分散在其他组织中。分泌细胞多呈圆球形、

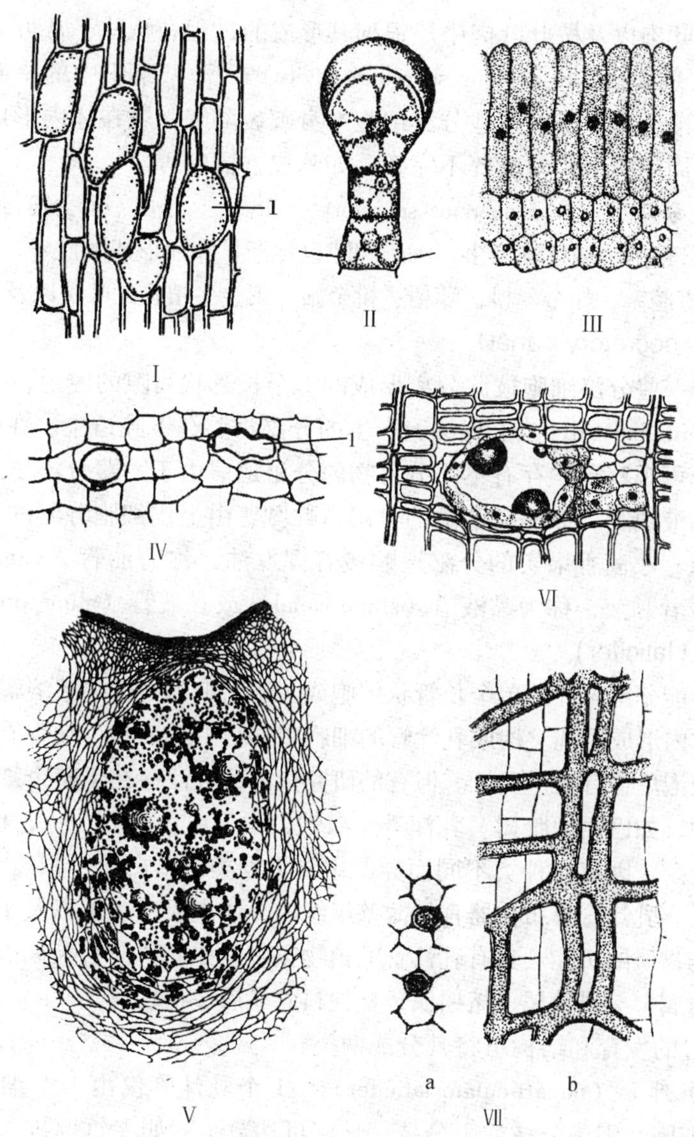

图2－22　分泌组织

Ⅰ．油细胞（图中1所指）Ⅱ．腺毛（天竺葵叶上的腺毛）Ⅲ．蜜腺（大戟属植物的蜜腺）
Ⅳ．间隙腺毛（广藿香茎，图中1所指）Ⅴ．分泌囊（橘果皮内的分泌囊）
Ⅵ．树脂道（松属木材的横切面）Ⅶ．乳汁管（蒲公英根：a．横切面，b．纵切面）

椭圆形、囊状、分枝状等，分泌物积聚于该细胞中，当分泌物充满整个细胞时，细胞也往往木栓化，这时的分泌细胞失去分泌功能，而其作用就犹如贮藏室。由于分泌物质不同，又可分为油细胞如姜、桂皮、菖蒲等；黏液细胞如半夏、玉竹、山药、白及等；单宁细胞如豆科、蔷薇科、壳斗科、冬青科、漆树科的一些植物等；芥子酶细胞如十字花科、白花菜科植物等。

2. 分泌腔（secretory cavity）

分泌腔也称为分泌囊或油室，分泌物常聚集于囊状结构的胞间隙中，可成圆球形，如柑橘类果皮和叶肉以及桉叶叶肉中。根据其形成的过程和结构，常可分为两类：

（1）溶生式分泌腔（lysigenous secretory cavity） 薄壁组织中的一群分泌细胞随着产生分泌物质逐渐增多，最后这些分泌细胞本身破裂溶解，就在体内形成1个含有分泌物的腔室，腔室周围的细胞常破碎不完整，如陈皮、橘叶等。

（2）裂生式分泌腔（schizogenous secretory cavity） 是由一群分泌细胞彼此分离形成细胞间隙，随着分泌的物质逐渐增多，细胞间隙也逐渐扩大而形成的腔室，分泌细胞不被破坏，完整地包围着腔室，如金丝桃、漆树、桃金娘、紫金牛植物的叶片以及当归的根等。

3. 分泌道（secretory canal）

分泌道是由一些分泌细胞彼此分离形成的1个长管状间隙的腔道，周围分泌细胞称为上皮细胞（epithelial cell），上皮细胞产生的分泌物贮存于腔道中。在松柏类和一些木本双子叶植物中可观察到贮存有不同分泌物的分泌道。由于贮藏分泌物的不同又分为树脂道、油管和黏液道等，如松树茎中的分泌道贮藏着由上皮细胞分泌的树脂，称为树脂道（resin canal）；小茴香果实的分泌道贮藏着挥发油，称为油管（vitta）；美人蕉和椴树的分泌道贮藏着黏液，称为黏液道（slime canal）或黏液管（slime duct）等。

4. 乳汁管（laticifer）

乳汁管是由能分泌乳汁的单个长管状细胞或一系列细胞通过端壁溶解连接而成，常可分枝，在植物体内形成系统。构成乳汁管的细胞主要是生活细胞，细胞质稀薄，通常具有多数细胞核，液泡里含有大量乳汁。但有的研究指出，乳汁存在于整个细胞质中，并非仅存在于细胞液中，如巴西橡胶树。乳汁具黏滞性，常呈白色或乳白色，也有黄色或橙色。乳汁的成分很复杂，因植物种类不同而异，主要为糖类、蛋白质、橡胶、生物碱、苷类、酶、单宁等物质。乳汁管分布在器官的薄壁组织内，如皮层、髓部以及子房壁内等，具有贮藏和运输营养物质的机能。具有乳汁管的植物很多，如菊科蒲公英属、莴苣属；大戟科大戟属、橡胶树属；桑科桑属、榕树属；桔梗科党参属、桔梗属等。

根据乳汁管的发育和结构可将其分成两类：

（1）无节乳汁管（nonarticulate laticifer） 1个乳汁管仅由1个细胞构成，这个细胞又称为乳汁细胞。细胞分枝或不分枝，长度可达数米，如夹竹桃科、萝藦科、桑科以及大戟科的大戟属等一些植物的乳汁管。

（2）有节乳汁管（articulate laticifer） 1个乳汁管是由许多细胞连接而成的，连接处的细胞壁溶解贯通，成为多核巨大的管道系统，乳汁管可分枝或不分枝，如菊科、桔梗科、罂粟科、旋花科、番木瓜科以及大戟科的橡胶树属等一些植物的乳汁管。

第二节 维管束及其类型

一、维管束的组成

维管束（vascular bundle）是维管植物包括蕨类植物、裸子植物、被子植物的输导系统。维管束是一种束状结构，贯穿于整个植物体的内部，除了具有输导功能外，同时对植物体还起着支持作用。维管束主要由韧皮部与木质部组成，在被子植物中，韧皮部是由筛管、伴胞、韧皮薄壁细胞和韧皮纤维组成，木质部由导管、管胞、木薄壁细胞和木纤维组成；裸子植物和蕨类植物的韧皮部主要是由筛胞和韧皮薄壁细胞组成，木质部由管胞和木薄壁细胞组成。

裸子植物和双子叶植物的维管束在木质部和韧皮部之间常有形成层存在，能持续不断的分生生长，所以这种维管束称为无限维管束或开放性维管束（open bundle）；蕨类植物和单子叶植物的维管束中没有形成层，不能进行不断的分生生长，所以这种维管束称为有限维管束或闭锁性维管束（closed bundle）。

二、维管束的类型

根据维管束中韧皮部与木质部排列方式的不同，以及形成层的有无，将维管束分为下列几种类型（图2－23；图2－24）：

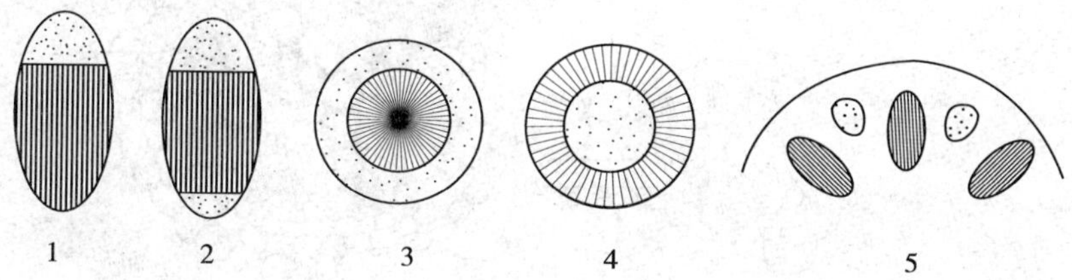

图2－23 维管束类型模式图

1. 外韧维管束 2. 双韧维管束 3. 周韧维管束 4. 周木维管束 5. 辐射维管束

1. 有限外韧维管束（closed collateral vascular bundle）

韧皮部位于外侧，木质部位于内侧，中间没有形成层。如单子叶植物茎的维管束。

2. 无限外韧维管束（open collateral vascular bundle）

无限外韧维管束与有限外韧维管束的不同点是韧皮部与木质部之间有形成层，可使植物逐渐进行增粗生长。如裸子植物和双子叶植物茎中的维管束。

3. 双韧维管束（bicollateral vascular bundle）

木质部内外两侧都有韧皮部，在外侧韧皮部与木质部间有形成层。常见于茄科、葫芦科、夹竹桃科、萝藦科、旋花科、桃金娘科等植物茎中的维管束。

4. 周韧维管束（amphicribral vascular bundle）

木质部位于中间，韧皮部围绕在木质部的四周。如百合科、禾本科、棕榈科、蓼科及蕨类的某些植物。

5. 周木维管束（amphivasal vascular bundle）

韧皮部位于中间，木质部围绕在韧皮部的四周。常见于少数单子叶植物的根状茎，如菖蒲、石菖蒲、铃兰等。

6. 辐射维管束（radial vascular bundle）

韧皮部和木质部相互间隔成辐射状排列，并形成一圈。多数单子叶植物根的维管束为多元型并排列成一圈，中间多具有宽阔的髓部；在双子叶植物根的初生构造中木质部

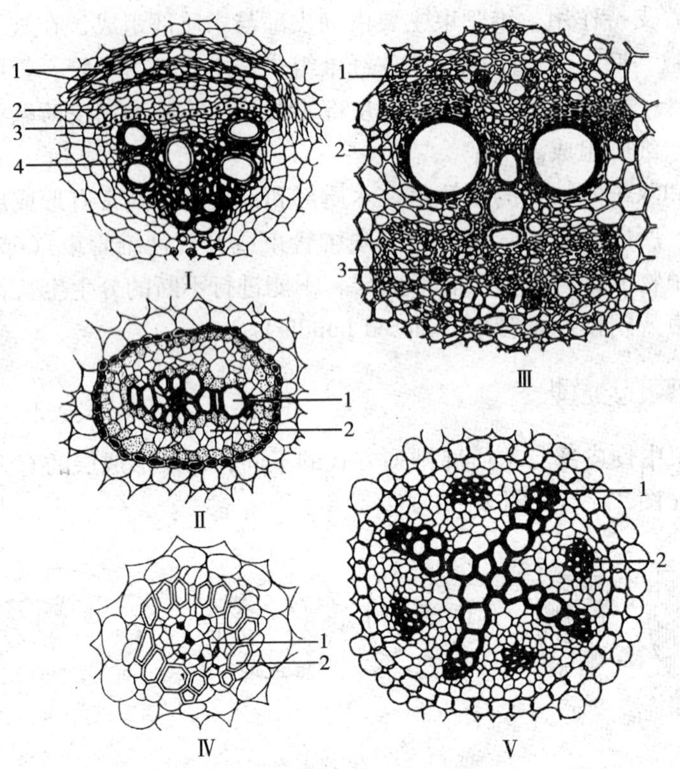

图2－24 维管束类型详图

Ⅰ. 外韧维管束（马兜铃） 1. 压扁的韧皮部 2. 韧皮部 3. 形成层 4. 木质部

Ⅱ. 周韧维管束（真蕨的根茎） 1. 木质部 2. 韧皮部

Ⅲ. 双韧维管束（南瓜茎） 1、3. 韧皮部 2. 木质部

Ⅳ. 周木维管束（菖蒲根茎） 1. 韧皮部 2. 木质部

Ⅴ. 辐射维管束（毛茛根） 1. 原生木质部 2. 韧皮部

常分化到中心，呈星角状，韧皮部位于两角之间，彼此相间排列，这类维管束称为辐射维管束。

第三章　根

根（root）是维管植物适应陆地生活逐渐进化生长在土壤中的营养器官，具有向地性、向湿性、背光性等生长特点，有吸收、固着、贮藏等功能。根从土壤中吸收水分、无机盐等，输送到植物体其他部分满足其生长需要。根的顶端不断向下生长，形成庞大的根系，把植物体固着于土壤中。根能合成植物氨基酸用来构成蛋白质，还能合成生长激素、植物碱等，对植物体生长、发育有重要作用。根中贮存有丰富的营养物质和次生代谢产物，是药用植物重要的入药部位，中药材人参、三七、地骨皮、牡丹皮等均是以根或根皮入药。

第一节　根的形态和类型

一、根的类型

根多呈圆柱形，向下逐渐变细，多级分枝，形成根系。根无节与节间，通常不生芽、叶和花，细胞内不含叶绿体。

（一）主根和侧根

植物种子的胚根直接发育形成的根，称主根（main root）。当主根生长到一定长度时，侧向生出许多支根，称为侧根（lateral root）。侧根与主根往往形成一定角度，并可逐级发生。在主根和侧根上均可形成小分枝称纤维根（fibrous root）。

（二）定根和不定根

由胚根直接或间接发育而来的主根、侧根、纤维根，有着固定的生长部位，称为定根（normal root）。有些植物受环境影响或主根生长受损，由胚轴、茎、叶或其他部位发生的根，没有固定生长部位，称为不定根（adventitious root）。

（三）直根系和须根系

一株植物地下部分的根的总和称为根系（toot system）。由于根的发生和形态不同，根系可分为直根系（tap root system）和须根系（fibrous root system）两类（图3－1）。

1. 直根系

主根发达，主根与侧根界限明显的根系称直根系。其外形上可见粗壮的主根和逐渐变细的各级侧根。直根系是裸子植物和大多数双子叶植物的主要根系类型，如党参、蒲公英等的根系。

2. 须根系

主根不发达或早期死亡，在茎的基部生出许多粗细长短相仿、似胡须样的不定根，形成没有主次之分的根系，称为须根系。须根系是单子叶植物的主要根系类型，如龙胆、稻等的根系。

根在系统进化与个体发育中占有非常重要的地位，根据根系性状不仅可以客观评价整个种群的发展演化趋势，还可以作为不同种群间的分类依据。

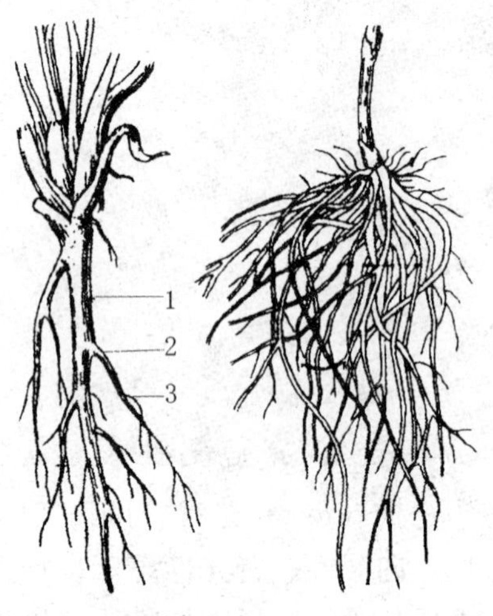

图3-1 直根系和须根系

1. 主根 2. 侧根 3. 纤维根

二、根的变态

植物的根在长期生长过程中为适应环境，其形态结构和生理功能发生了特化，其过程被称作根的变态。常见根的变态类型有以下几种（图3-2；图3-3）。

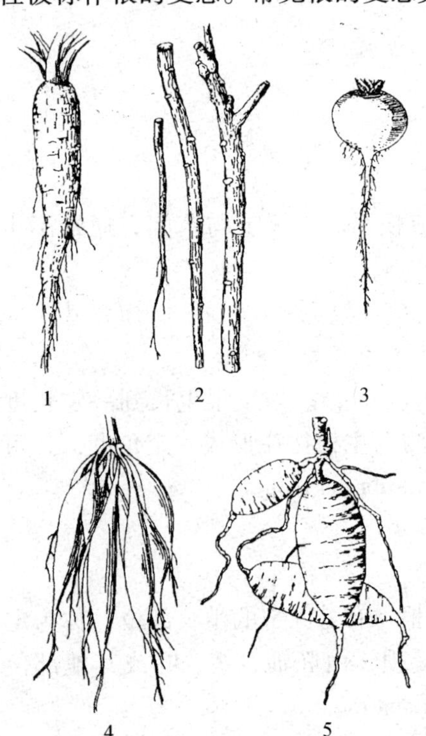

图3-2 变态根的类型（一）

1. 圆锥根 2. 圆柱根 3. 圆球根 4. 块根（纺锤状） 5. 块根（块状）

1. 贮藏根（storage root）

贮藏根可为植物的生长或开花结果提供足够的能量。根的一部分或全部因贮藏营养物质而呈肉质肥大状，称为贮藏根。依据其形态又可分为肉质直根（fleshy tap root）和块根（root tuber）。肉质直根主要由主根发育而成，其上部具有胚轴和节间很短的茎。外形上有的肥大呈圆锥状，如白芷、桔梗等；有的肥大呈圆柱状，如丹参、菘蓝；有的肥大呈圆球状，如芜菁的根。块根主要是由侧根或不定根膨大发育而成，在其膨大部分上端没有茎和胚轴。外形上往往不规则，一株植物上可形成多个块根，如何首乌、天门冬、百部等。

2. 支持根（prop root）

有些植物常自茎节上产生一些不定根深入土中，能从土壤中吸收水分和无机盐，并显著增强了对植物体的支持作用，这样的根称支持根。如薏苡、玉米、甘蔗等在接近地面茎节上所生出的并扎入地下的不定根。

3. 气生根（aerial root）

由茎上产生并暴露在空气中的不定根称气生根，

具有在潮湿空气中吸收和贮藏水分的能力。气生根多见于热带植物，如石斛、榕树、吊兰等植物的气生根。

4. 攀援根（climbing root）

攀援植物在其地上茎干上生出不定根，以使植物能攀附于树干、石壁、墙垣或其他物体上，称攀援根。如常春藤、络石、薜荔等植物的攀援根。

5. 水生根（water root）

水生植物的根一般呈须状，垂直漂浮在水中，纤细柔软并常带绿色，称水生根。如浮萍、睡莲、菱等的根。

6. 呼吸根（respiratory root）

生长在湖沼或热带海滩地带的有些植物，由于植株的一部分被淤泥淹没，呼吸十分困难，因而有部分根垂直向上生长，暴露于空气中进行呼吸，这种根称为呼吸根。如红树、木榄、水松等具有呼吸根。

7. 寄生根（parasitic root）

一些寄生植物产生的不定根伸入寄主植物体内吸取水分和营养物质，以维持自身的生活，称为寄生根。如菟丝子、列当、桑寄生、槲寄生等。其中菟丝子、列当等植物体内不含叶绿体，不能自制养料而完全依靠吸收寄主体内的养分维持生活的，称全寄生植物或非绿色寄生植物；桑寄生、槲寄生等植物，因含叶绿体既能自制部分养料又依靠寄生根吸收寄主体内的养分的，称为半寄生植物或绿色寄生植物。

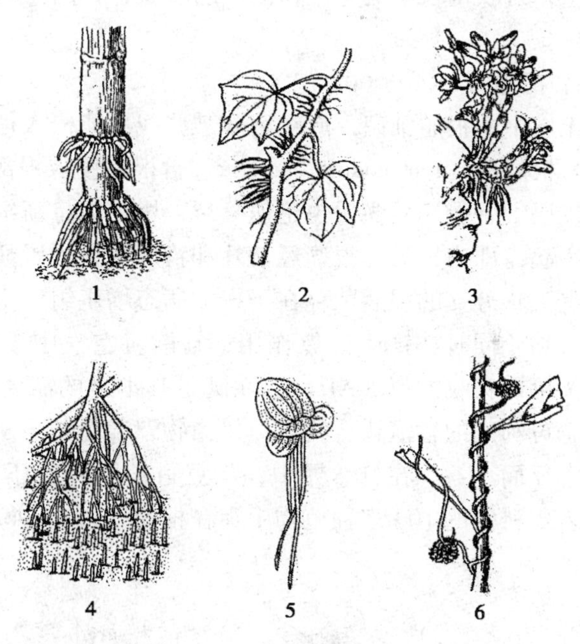

图3－3　变态根的类型（二）

1. 支柱根（玉米）　2. 攀援根（常春藤）　3. 气生根（石斛）
4. 呼吸根（红树）　5. 水生根（青萍）　6. 寄生根（菟丝子）

三、菌根和根瘤

根系分布于土壤中，与土壤内的微生物（细菌、放线菌、真菌、藻类及原生动物等）有着密切的关系，彼此互相影响，互相制约，有些微生物存在于植物根的组织中，与植物形成共生（symbiosis）关系。

1. 菌根（mycorrhiza）

植物的根与土壤中的真菌结合形成的共生体，称为菌根。根据菌丝在根中生长的部位不同，可将菌根分为外生菌根（ectotrophic mycorrhiza）、内生菌根（endotrophic mycorrhiza）和内外生菌根（ectendotrophic mycorrhiza）3类。外生菌根的菌丝大部分包裹在植物幼根的表面而形成菌套，只有少数菌丝伸入根的表皮、皮层细胞的间隙中，但不侵入细胞之中，如松、山毛榉的外生菌根。内生菌根的真菌菌丝通过细胞壁大部分侵入到幼根皮层的活细胞内，呈盘旋状态，如兰科植物以及鸢尾、葱、胡桃、杜鹃、橡胶草等的内生菌根。内外生菌根是外生和内生菌根的混合型，在这种菌根中，真菌的菌丝不仅从外面包围根尖，而且伸入到皮层细胞间隙和细胞腔内，如苹果、草莓等植物的菌根。

菌根与种子植物共生时，真菌一方面从宿主植物中取得有机营养物质，另一方面能将它从土壤中所吸收的水分、无机盐类供给宿主植物，它还能促进细胞内贮藏物质的溶解，增强呼吸作用，产生维生素，并加强根系的生长。有些具有菌根的树种，如松、栎等如果缺乏菌根，就会发育不良，但真菌生长过旺会使根的营养消耗过多，也会使植物生长不良。通过调整植物生长土壤中真菌的种类和数量还会影响植物产生次生代谢产物的数量，可获得较多具有生物活性的物质，目前为研究调控植物次生代谢产物的主要途径之一。

2. 根瘤（root nodule）

土壤中的根瘤细菌、放线菌和某些线虫能侵入植物根部，形成瘤状共生结构，称作根瘤。根瘤菌（root nodule bacteria）自根毛侵入根部皮层的薄壁细胞中，并迅速分裂繁殖，皮层细胞受到刺激后也迅速分裂，增加大量新细胞，这样使得根的表面出现很多畸形小突起，即为根瘤。根瘤经切片和特殊染色后置显微镜下观察，可见有大量杆状或一端略呈叉状分支的根瘤菌存在于根的病态增生组织中。根瘤菌一方面自植物根中取得碳水化合物，同时亦产生固氮作用，它能将空气中不可被植物直接利用的游离氮（N_2）转变为可以吸收的氨（NH_3），除满足其本身的需要外，这些氨还可为宿主植物提供生长发育可利用的含氮化合物，以供植物营养生长。从这种意义上来说，根瘤菌对植物不但无害反而有益。在自然界中，除豆科植物外，还发现在木麻黄科、胡颓子科、杨梅科、禾本科等的100多种植物中存在根瘤（图3－4）。

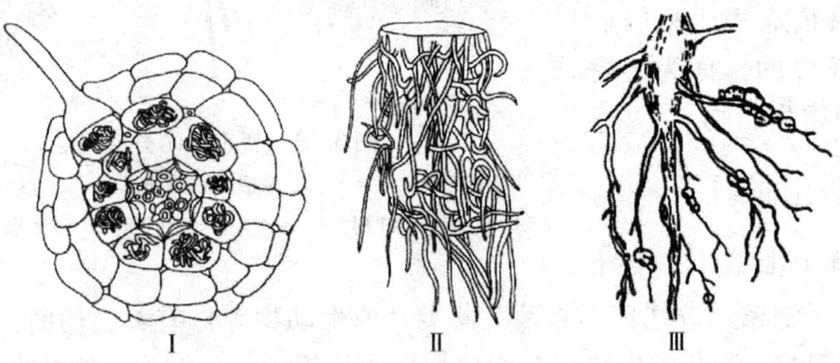

图3－4　菌根和根瘤

Ⅰ. 内生菌根　Ⅱ. 外生菌根　Ⅲ. 豆科植物的根瘤

第二节　根的构造

一、根尖的构造

根尖（root tip）是指根的顶端到着生根毛的区域，是根中生命活动最旺盛、最重要的部分。根的伸长、对水分与养分的吸收以及根内组织的形成均主要在此进行，因此根尖的损伤会直接影响到根的继续生长和吸收作用的进行。根据根尖细胞生长和分化的程度不同，可将根尖划分为四个部分：根冠（root cap）、分生区（meristematic zone）、伸长区（elongation zone）、成熟区（maturation zone）（图 3 – 5）。

（一）根冠

根冠位于根的最顶端，是组成根尖的一部分。根冠由多层不规则排列的薄壁细胞组成，像帽子一样包被在生长锥的外围，起着保护根尖的作用。当根不断向下延伸生长时，根冠与土壤发生摩擦，引起外围细胞破碎、死亡和脱落，但由于分生区的细胞不断分裂，使根冠可以陆续得到补充，始终保持一定的形状和厚度。根冠的外层细胞在受损后能产生黏液，有助于减少根尖与土壤的摩擦。绝大多数植物的根尖都有根冠，但寄生根和菌根无根冠存在。根冠细胞内常含有淀粉粒。

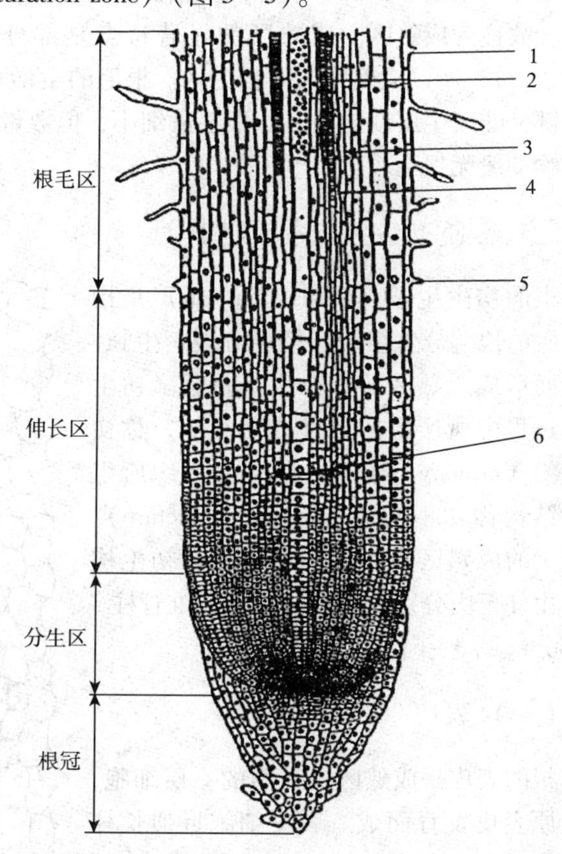

图 3 – 5　大麦根尖纵切面，示各分区的细胞结构
1. 表皮　2. 导管　3. 皮层　4. 维管束鞘　5. 根毛　6. 原形成层

（二）分生区

分生区是位于根冠的上方或内方的顶端分生组织。其最先端的一群细胞属于原分生组织。分生区不断地进行细胞分裂而增生细胞，一部分向先端发展，形成根冠细胞；一部分向根后方的伸长区发展，经过细胞的生长、分化，逐渐形成根成熟区的各种结构。分生区在分裂过程中始终保持它原有的体积。

（三）伸长区

伸长区位于分生区上方到出现根毛的地方，此处细胞分裂已逐渐停止，细胞显著地沿根的长轴方向显著延伸，体积扩大，因此称为伸长区。伸长区的细胞开始出现了分化，细胞的形状已有差异，相继出现了导管和筛管。根的长度生长是由于分生区细胞的分裂和伸长区细胞的延伸共同活动的结果，特别是伸长区细胞的延伸，使根不断地向土壤深处推进，有利于根不断地转移到新的环境，以吸取更多的矿质营养。

（四）成熟区

成熟区紧接伸长区，其各种细胞已停止伸长，并且多已分化成熟，形成了各种初生组织，故称为成熟区。成熟区的显著特点是部分表皮细胞的外壁向外突出形成根毛（root hair），所以成熟区又叫根毛区。根毛的生活期很短，老的根毛陆续死亡，从伸长区上部又陆续生出新的根毛。根毛虽细小，但数量极多，大大增加了根的吸收面积。水生植物一般无根毛。

二、根的初生生长和初生构造

根的初生生长（primary growth）是指由根尖的顶端分生组织，经过分裂、生长、分化而形成成熟区的整个生长过程。初生生长过程中所产生的各种成熟组织，称初生组织（primary tissue），由初生组织所组成的结构称初生构造（primary structure）。在根尖的成熟区横切面观察到根的初生构造，由外至内分别为表皮、皮层和维管柱3个部分（图3-6；图3-7）。

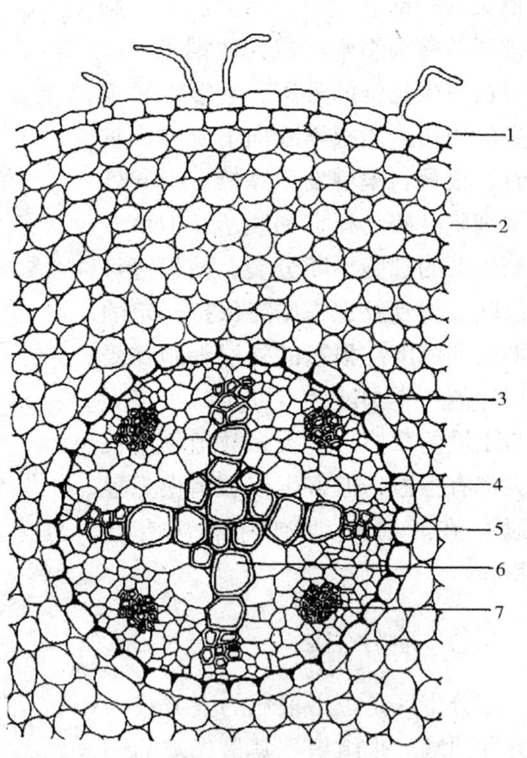

图3-6 双子叶植物幼根的初生构造
1. 表皮 2. 皮层 3. 内皮层 4. 中柱鞘
5. 原生木质部 6. 后生木质部 7. 韧皮部

（一）表皮

根的表皮是成熟区最外面的一层细胞，是由原表皮发育而成。表皮细胞近似长柱形，排列整齐紧密，无细胞间隙，细胞壁薄，非角质化，富有通透性，不具气孔。一部分表皮细胞的外壁向外突出，延伸成根毛。这些特征与根的吸收功能密切相关，所以有吸收表皮之称。

（二）皮层

皮层是表皮以内维管束以外的多层薄壁细胞，由基本分生组织发育而成。皮层细胞排列疏松，常有明显的细胞间隙，占有根中相当大的部分。通常可分为外皮层（exodermis）、皮层薄壁组织和内皮层（endodermis）。

1. 外皮层

外皮层是多数植物根的皮层最外层紧邻表皮的1层细胞，细胞排列整齐、紧密。当表皮被破坏后，此层细胞的细胞壁常增厚并栓质化，代替表皮起保护作用。

2. 皮层薄壁组织

皮层薄壁组织（中皮层）位于外皮层和内皮层之间。其细胞层数较多，细胞壁薄，排列疏松，有细胞间隙，具有将根毛吸收的溶液转送到根的维管柱中，又可将维管柱内的有机养料转送出来的作用，有的还有贮藏作用。所以皮层为兼有吸收、运输和贮藏作用的基本组织。

3. 内皮层

内皮层为皮层最内方的一层细胞，细胞排列整齐、紧密，无细胞间隙。内皮层细胞壁常增厚，可分为两种类型：有的是内皮层细胞的径向壁（侧壁）和上下壁（横壁）局部增厚（木质化或木栓化），增厚部分呈带状，环绕径向壁和上下壁而成一整圈，称为凯氏带（Casparian strip）。凯氏带的宽度不一，但常远比其所在的细胞壁狭窄，故从横切面观，径向壁增厚的部分成点状，故又叫凯氏点（Casparian dots）。有的是内皮层细胞进一步发育，其径向壁、上下壁以及内切向壁（内壁）显著增厚，只有外切向壁（外壁）比较薄，因此横切面观时，内皮层细胞壁增厚部分呈马蹄形。也有的内皮层细胞壁全部木栓化加厚。在内皮层细胞壁增厚的过程中，有少数正对初生木质部角的内皮层细胞的细胞壁不增厚，仍保持着初期发育阶段的结构，这些细胞称为通道细胞（passage cell），有利于皮层与维管束间水分和养料内外流通。

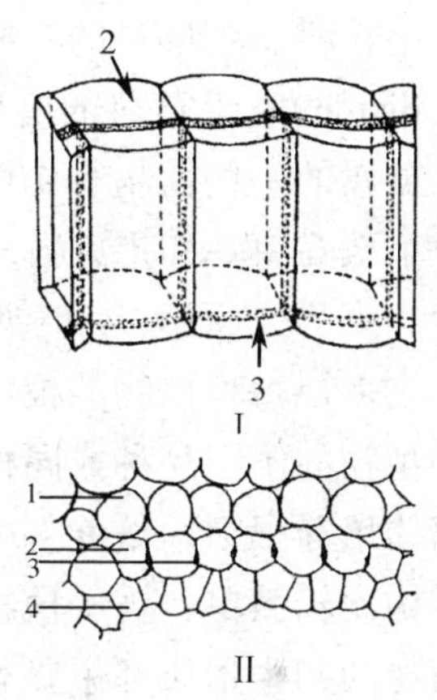

图3－7 内皮层及凯氏带

Ⅰ. 内皮层细胞立体观，示凯氏带

Ⅱ. 内皮层细胞横切面观，示凯氏点

1. 皮层细胞 2. 内皮层

3. 凯氏带（点） 4. 中柱鞘

（三）维管柱（vascular cylinder）

根的内皮层以内的所有组织构造统称为维管柱，在横切面上占有较小的面积。维管柱结构比较复杂，通常包括中柱鞘（pericycle）、初生木质部（primary xylem）和初生韧皮部（primary phloem）3部分，单子叶植物和少数双子叶植物还具有髓部。

1. 中柱鞘

紧贴着内皮层，为维管柱最外方的组织，由原形成层的细胞发育而成，也称维管柱鞘。中柱鞘通常由1层薄壁细胞构成，如一般双子叶植物；少数由两层至多层细胞构成，如柳、桃、桑以及裸子植物等；有的中柱鞘由厚壁细胞组成，如竹类、菝葜、黏鱼须等。根的中柱鞘细胞个体较大，排列整齐，其分化程度较低，具有潜在的分生能力，在一定时期可以产生侧根、不定根、不定芽以及木栓形成层和一部分形成层等。

2. 初生木质部和初生韧皮部

根的初生构造中木质部和韧皮部为根的输导系统，在根的最内方，由原形成层直接分化而成。一般初生木质部分为数束，呈星角状，与初生韧皮部相间排列，是根的初生构造特点。根的初生木质部分化成熟的顺序是自外向内，称外始式（exarch）。初生木质部的外方，即最先分化成熟的木质部，称原生木质部（protoxylem），其导管直径较小，多呈环纹或螺纹；后分化成熟的木质部，称后生木质部（metaxylem），其导管直径较大，多呈梯纹、网纹或孔纹。这种分化成熟的顺序，表现了形态构造和生理功能的统一性，因为最初形成的导管出现在木质部的外方，由根毛吸收的水分和无机盐类等物质，通过皮层传到导管中的距离就短些，有利于水分等物质的迅速运输。

根的初生木质部束在横切面上呈星角状，其束（星角）的数目随植物种类而异，如十字花科、伞形科的一些植物和多数裸子植物的根中，只有两束初生木质部，称二原型（diarch）；毛茛科的唐松草属有3束，叫三原型（triarch）；葫芦科、杨柳科及毛茛科毛茛属的一些植物有4束，叫四原型（tetrarch）；棉花和向日葵有4束至5束，蚕豆有4束至6束。如果束数多，则称为多原型（polyarch）。双子叶植物初生木质部的束数较少，多为二原型至六原型；单子叶植物根的束数较多，有的棕榈科植物其束数可达数百个之多。每种植物的根中，其初生木质部束的数目是相对稳定的，但也常发生变化，同种植物的不同品种或同株植物的不同根，也可能出现不同的束数。近年的试验表明，在离体培养根中，培养基中吲哚乙酸的含量可以影响初生木质部束的数目。初生木质部的结构比较简单，被子植物的初生木质部由导管、管胞、木纤维和木薄壁细胞组成；裸子植物的初生木质部主要有管胞。

初生韧皮部发育成熟的方式也是外始式，即原生韧皮部（protophloem）在外方，后生韧皮部（metaphloem）在内方。在同一根内，初生韧皮部束的数目和初生木质部束的数目相同；被子植物的初生韧皮部一般由筛管和伴胞、韧皮薄壁细胞组成，偶有韧皮纤维；裸子植物的初生韧皮部主要有筛胞。

初生木质部和初生韧皮部之间有1层至多层薄壁细胞，在双子叶植物根中，这些细胞以后可以进一步转化为形成层的一部分，由此产生根的次生构造。多数双子叶植物根的中央部分往往由初生木质部中的后生木质部占据，因此不具有髓部。单子叶植物和部分双子叶植物根的中央部分未分化形成木质部，由薄壁细胞（如乌头、龙胆、桑等）或厚壁细胞（如鸢尾等）形成髓部（图3-8）。

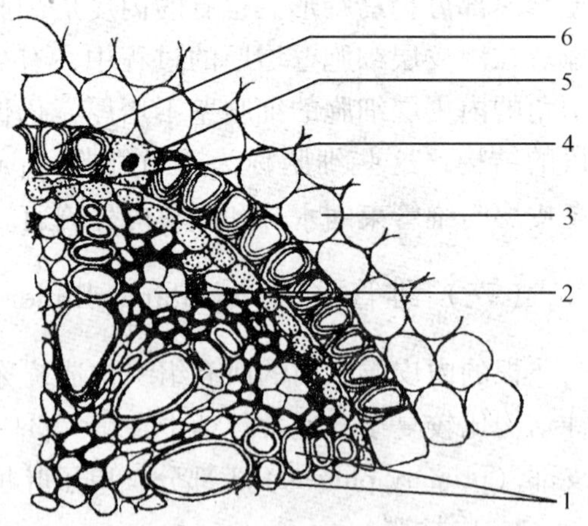

图3-8 鸢尾属植物幼根横切面的一部分

1. 木质部 2. 韧皮部 3. 皮层薄壁组织 4. 中柱鞘 5. 通道细胞 6. 内皮层

三、根的次生生长和次生构造

由于根中形成层细胞的分裂、分化，不断产生新的组织，使根逐渐加粗。这种使根增粗的生长称为次生生长（secondary growth），由次生生长所产生的各种组织叫次生组织（secondary tissue），由这些组织所形成的结构叫次生构造（secondary structure）。绝大多数蕨类植物、单子叶植物的根，在整个生活期中，不发生次生生长，一直保持着初生构造。而多数双子叶植物和裸子植物的根，可发生次生增粗生长，形成次生构造。次生构造是由次生分生组织形成层和木栓形成层细胞的分裂、分化产生的。

（一）形成层的产生及其活动

当根进行次生生长时，在初生木质部与初生韧皮部之间的一些薄壁细胞恢复分裂功能，转变为形成层段，并逐渐向初生木质部束外方的中柱鞘部位发展，使相接连的中柱鞘细胞也开始分化成为形成层的一部分，这样形成层就由片断连成1个凹凸相间的形成层环，并逐渐形成圆环状形成层（图3－9；图3－10）。

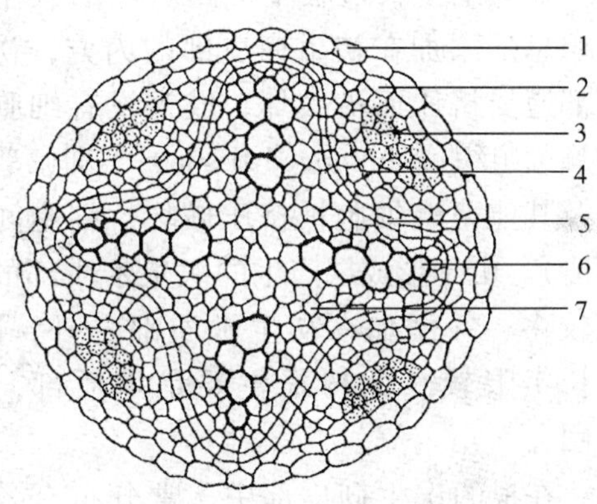

图3－9　形成层发生的部位

1. 内皮层　2. 中柱鞘　3. 初生韧皮部　4. 次生韧皮部　5. 形成层　6. 初生木质部　7. 次生木质部

形成层的原始细胞只有1层，但在生长季节，由于刚分裂出来的尚未分化的衍生细胞与原始细胞相似，而成多层细胞，合称为形成层区。通常讲的形成层就是指形成层区。横切面观，多为数层排列整齐的扁平细胞。

形成层细胞不断进行平周分裂，向内产生新的木质部，加于初生木质部的外方，叫次生木质部（secondary xylem），包括导管、管胞、木薄壁细胞和木纤维；向外产生新的韧皮部，加于初生韧皮部的内方，叫次生韧皮部（secondary phloem），包括筛管、伴

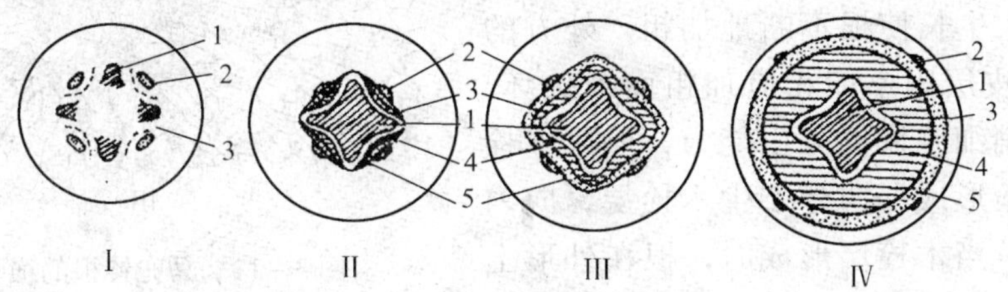

图3－10　根的次生生长图解（横剖面示形成层的产生与发展）

Ⅰ. 幼根的情况。初生木质部在成熟中，点线示形成层起始的地方

Ⅱ. 形成层已成连续组织，初生的部分已产生次生结构，初生韧皮部已受挤压

Ⅲ. 形成层全部产生次生结构，但仍为凹凸不齐的形象，初生韧皮部挤压更甚

Ⅳ. 形成层已成完整的圆环　1. 初生木质部　2. 初生韧皮部　3. 形成层　4. 次生木质部　5. 次生韧皮部

胞、韧皮薄壁细胞和韧皮纤维。由于位于韧皮部内方的形成层分裂速度较快，次生木质部产生的量比较多，因此，形成层凹入的部分大量向外推移，致使凹凸相间的形成层环逐渐变成圆环状。此时的维管束便由初生构造的木质部与韧皮部相间排列而转变为木质部在内方，韧皮部在外方的外韧型维管束。次生木质部和次生韧皮部合称为次生维管组织，是次生构造的主要部分。

形成层细胞活动时，在一定部位也分生一些薄壁细胞，这些薄壁细胞沿径向延长，呈辐射状排列，贯穿在次生维管组织中，称次生射线（secondary ray），位于木质部的叫木射线（xylem ray），位于韧皮部的叫韧皮射线（phloem ray），两者合称为维管射线（vascular ray），具有横向运输水分和营养物质的功能。

在次生生长过程中，因新生的次生维管组织总是添加在初生韧皮部的内方，初生韧皮部遭受挤压而被破坏，成为没有细胞形态的颓废组织（obliterated tissue）（即筛管、伴胞及其他薄壁细胞被挤压破坏，细胞间界线不清）。由于形成层产生的次生木质部的数量比较多，并添加在初生木质部之外，因此，生长年限较长的树根主要是木质部，质地坚固。

在根的次生韧皮部中，常分布有各种分泌组织，如马兜铃根的油细胞，人参根的树脂道，当归根的油室，蒲公英根的乳汁管。有的薄壁细胞（包括射线薄壁细胞）中常含有结晶体及贮藏有糖类、生物碱等，多与药用有关（图3-11）。

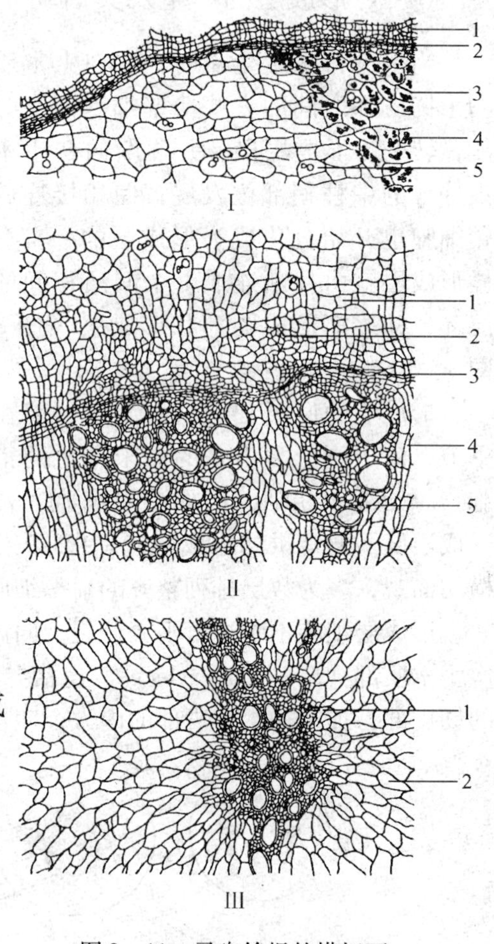

图3-11 马兜铃根的横切面

Ⅰ.1. 木栓层 2. 木栓形成层 3. 皮层 4. 淀粉粒 5. 分泌细胞

Ⅱ.1. 韧皮部 2. 筛管群 3. 形成层 4. 射线 5. 木质部

Ⅲ.1. 木质部 2. 射线

（二）木栓形成层的发生与周皮的形成

由于次生生长使根不断地加粗，外方的表皮及部分皮层因不能相应加粗而被破坏，此时，中柱鞘细胞恢复分生能力，形成木栓形成层，木栓形成层向外产生木栓层，向内形成栓内层。当木栓层形成时，根在外形上由白色逐渐转变为褐色，由较细软而逐渐转变为较粗硬。根的栓内层为数层薄壁细胞，一般不含叶绿体，排列疏松，有的栓内层比较发达，成为“次生皮层”，但通常仍称为皮层。木栓层、木栓形成层、栓内层三者合称周皮（periderm）。在周皮形成以后，其外方的各种组织（表皮和皮层）由于和内部失去水分和营养的联系而全部枯死，所以一般根的次生构造中没有表皮和皮层。

随着根的进一步加粗，到一定时候，原木栓形成层便终止了活动。在其内方的部分薄壁细胞（皮层和韧皮部内）又能恢复分生能力而产生新的木栓形成层，进而形成新的周皮。植物学上的根皮是指周皮这一部分，而根皮类药材中的“根皮”，则是指形成层以外的部分，主要包括韧皮部和周皮，如五加皮、地骨皮、牡丹皮等。

单子叶植物的根没有次生分生组织，不能进行加粗生长，因此只具有初生构造。但有一些单子叶植物，如百部、麦冬等，表皮分裂成多层细胞，细胞壁木栓化，起保护作用，称根被。

四、根的异常生长和异常构造

某些双子叶植物的根，除了正常的次生构造外，还产生一些异常的结构类型，形成根的异常构造（anomalous structure），也称三生构造（tertiary structure）。常见的有以下几种类型（图 3－12）。

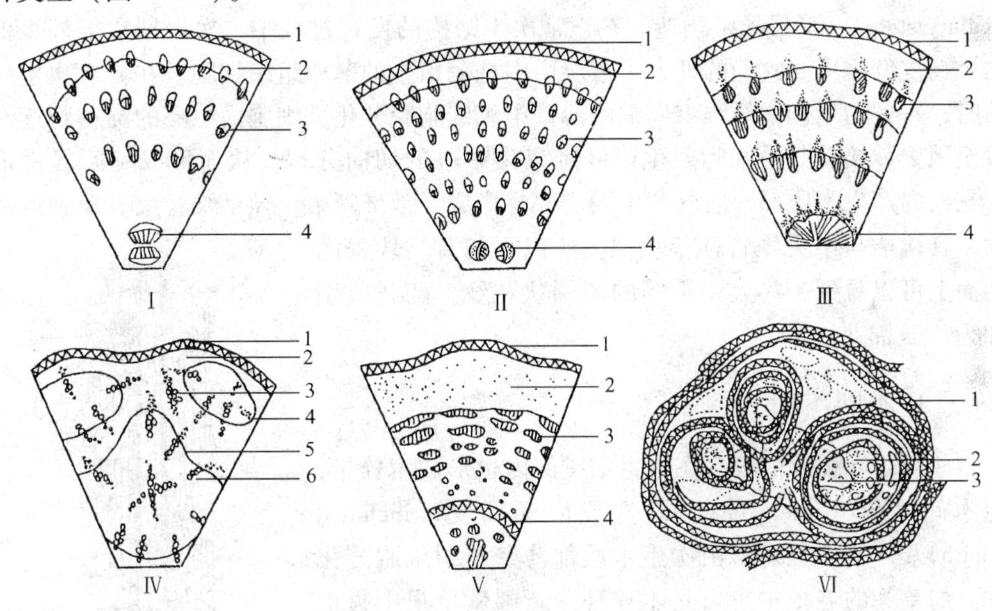

图 3－12　根的异常构造

Ⅰ. 川牛膝　Ⅱ. 牛膝　Ⅲ. 商陆　1. 木栓层　2. 皮层　3. 异型维管束　4. 正常维管束

Ⅳ. 何首乌　1. 木栓层　2. 皮层　3. 单独维管束　4. 复合维管束　5. 形成层　6. 木质部

Ⅴ. 黄芩　1. 木栓层　2. 皮层　3. 木质部　4. 木栓细胞环

Ⅵ. 甘松　1. 木栓层　2. 韧皮部　3. 木质部

（一）同心环状排列的异常维管组织

有些双子叶植物如商陆、牛膝和川牛膝的根中，当正常的次生生长发育到一定阶段，次生维管柱的外围又形成多轮呈同心环状排列的异常维管组织。其根的初生木质部为二原型，当根的直径达 0.5～1.2mm 时，维管形成层的活动减弱。此时，次生韧皮部束外缘的韧皮薄壁细胞首先进行多次不定向的细胞分裂，形成许多排列不整齐的薄壁细胞。然后，其中的一些细胞发生一二次平周分裂。结果，在两个大的次生韧皮束外侧各形成一个短的弧状异常形成层片段，每一个异常形成层片段沿着次生韧皮部束的外缘侧向延伸，靠近宽大的韧皮射线，其末端部分向内扩展，靠近正常的维管形成层。最后，韧皮射线也发生平周分裂，与弧状异常形成层片段连成环状。因此，第一轮异常形成层是由韧皮薄壁细胞和韧皮射线细胞共同形成的。

此类异常维管束的轮数因植物种而异。在牛膝根中，异常维管束仅排成2~4轮，川牛膝的异常维管束排成3~8轮。美洲商陆根中可形成6轮。每轮异常维管束的数目与根的粗细和该轮异常维管束所在的位置有关。在同一种植物中，根的直径愈粗，每轮异常维管束的数目愈多。

（二）附加维管柱

有些双子叶植物如何首乌的根，在维管柱外围的薄壁组织中能产生新的附加维管柱（auxillary stele），形成异常构造。在正常次生结构的发育过程中，次生韧皮部外缘保留着初生韧皮纤维束。它们的外方为数层由中柱鞘衍生的薄壁组织细胞。在异常次生生长开始时，一些初生韧皮纤维束周围的薄壁组织细胞脱分化，细胞内贮藏的淀粉粒逐渐减少以至消失，接着其中细胞发生以纤维束为中心的切向分裂，从而形成一圈异常形成层，它向内产生木质部，向外产生韧皮部，形成异常维管束，异型维管束有单独的和复合的，其构造与中央维管柱很相似。所以在何首乌块根的横切面上可以看到一些大小不等的圆圈状花纹，药材鉴别上称为“云锦花纹”。

（三）木间木栓

有些双子叶植物的根，在次生木质部内也形成木栓带，称为木间木栓（interxylary cork）或内涵周皮（included periderm）。木间木栓通常由次生木质部薄壁组织细胞分化形成。如黄芩的老根中央可见木栓环。新疆紫草根中央也有木栓环带。甘松根中的木间木栓环包围一部分韧皮部和木质部而把维管柱分隔成2~5个束。在根的较老部分，这些束往往由于束间组织死亡裂开而互相脱离，成为单独的束，使根形成数个分支。

五、侧根的形成

主根、侧根或不定根所产生的支根均统称为侧根。侧根起源于根内中柱鞘，其发生方式称为内起源（endogenous origin）。当侧根形成时，母根中柱鞘上一定部位的细胞经脱分化恢复分裂，经过数次平周分裂，产生一团新的细胞，

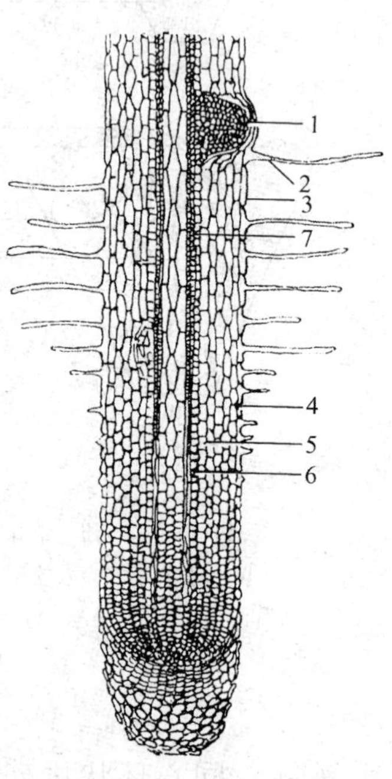

图3-13 侧根的形成

1. 侧根 2. 根毛 3. 表皮 4. 皮层 5. 内皮层 6. 中柱鞘 7. 维管柱

形成侧根原基（lateral root primordium）。侧根原基细胞经继续分裂、分化，逐渐形成生长锥和根冠，生长锥细胞继续分化进行分裂、生长和分化，以根冠为先导向外推进，并分泌水解酶等，将部分皮层和表皮细胞溶解，从而侧根原基能够穿透皮层、突破表皮而伸出母根外，随后各种组织相继分化成熟，侧根维管组织与母根维管组织连接成连续的维管系统。侧根的发生在成熟区已经开始，但侧根突破表皮露出母根外，却在根成熟区之后的部位。这一特性使得侧根的产生不至于破坏母根成熟区的根毛，从而不会影响根的吸收功能（图3－13）。

各种植物侧根发生的部位通常是固定的，与其初生木质部束数有一定关系。一般情况下，在二原型的根中，侧根发源于原生木质部和原生韧皮部之间的中柱鞘部分或正对着原生木质部的中柱鞘部分。在前一种情况下，侧根数为原生木质部辐射角的倍数，如胡萝卜为二原型木质部，侧根有四行；在后一种情况下，侧根只有两行，如萝卜的根。在三原型、四原型根中，侧根多发生于正对原生木质部的中柱鞘处，初生木质部辐射角有几个，常产生几行侧根。在多原型根中，侧根常在正对着原生韧皮部的中柱鞘处形成。从母根的外部观察，侧根在母根上沿着长轴纵向排列，行列数目等于初生木质部的束数。

第四章　茎

茎是种子植物重要的营养器官，连接根和叶、花、果实，通常生长在地面以上，也有些植物的茎生长在地下。当种子萌发成幼苗时，由胚芽连同胚轴开始发育形成主茎，经过顶芽和腋芽的背地生长，重复分枝，形成植物体地上部分的茎。

茎有输导、支持、贮藏和繁殖的功能。茎将根部吸收的水分及无机盐以及叶制造的有机物质，输送到叶、花、果实中并支持其正常生长。许多植物的茎贮藏有水分和营养物质，如仙人掌的茎贮存水分，甘蔗的茎贮存蔗糖，半夏的块茎贮存淀粉等。有些植物茎上能产生不定根和不定芽，可作为繁殖材料。

许多植物的茎的全部或部分可以药用，如木通、鸡血藤茎藤，钩藤的带钩茎枝，沉香、降香的心材，通草的茎髓，杜仲、黄柏的茎皮，黄连、半夏、川贝母等的地下茎。

第一节　茎的形态和类型

一、茎的外形

茎的形状随植物种类而异，通常为圆柱形。但有些植物类群的茎有着特有的形状，是重要的鉴别依据，如薄荷、紫苏等唇形科植物的茎为方形，荆三棱、香附等莎草科植物的茎为三角形、仙人掌的茎为扁平等。茎的中心常为实心，但连翘、南瓜等植物的茎是空心的。禾本科植物芦苇、麦、竹等的茎中空，且有明显的节，特称为秆。

茎上生有芽（bud），位于顶端的称顶芽，位于叶腋（茎与叶柄间的夹角）的称腋芽。茎上着生叶和腋芽的部位称节（node），节与节之间称节间（internode）。具有节与节间是茎在外形上区别于根的主要特征。一般植物茎的节部仅在叶着生处稍有膨大，而有些植物的节部膨大明显呈环状，如牛膝、石竹、玉蜀黍；也有些植物的节部细缩，如藕。各种植物节间的长短也不一致，长的可达几十厘米，如竹、南瓜；短的还不到1mm，其叶在茎节簇生呈莲座状，如蒲公英。

在木本植物的茎枝上，常见有叶痕（leaf scar）、托叶痕（stipule scar）、芽鳞痕（bud scale scar）等，分别是叶、托叶、芽鳞脱落后留下的痕迹；有些茎枝表面可见各种形状的浅褐色点状突起的皮孔。这些特征常作为鉴别木本植物和茎木类、皮类药材的依据（图4－1）。

木本植物上着生叶和芽的茎称为枝条（shoot）。有些植物如苹果、梨等果树和松、银杏等植物的茎具有两种枝条，一种节间较长，其上的叶螺旋状排列，称长枝（long shoot）；另一种节间较短，其上的叶多簇生，称短枝（spur shoot）。一般短枝着生在长枝上，能生花结果，所以又称果枝。

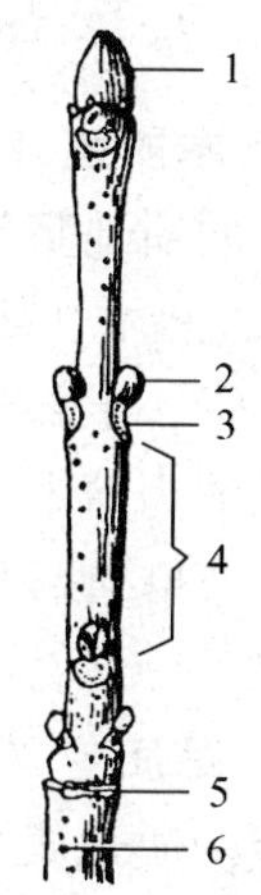

图4-1　茎的外形

1. 顶芽　2. 腋芽　3. 叶痕　4. 节间　5. 芽鳞痕　6. 皮孔

不同类型茎在植物形态建立过程中与环境密切相关。植物对光照强度反应不同，常形成不同的生态习性。对光照要求高的阳性植物的茎通常较粗，节间较短，分枝也多。生长在强烈阳光下的高山植物，节间强烈缩短，变成莲座状。光质对植物形态的建立也有影响，蓝紫光和青光对植物生长和幼芽的形成有很大作用，能抑制植物的伸长而使植物形成矮粗的形态；红光、橙光有促进茎的延长作用。

二、芽的类型

芽是尚未发育的枝条、花或花序。

根据芽的生长位置，芽可分为定芽（normal bud）和不定芽（adventitious bud）。定芽有固定的生长位置，又分为生于顶端的顶芽（terminal bud）、生于叶腋的腋芽（axillary bud，侧芽）和生于顶芽和腋芽旁的副芽（accesory bud）。不定芽的生长无固定位置，如生在茎的节间、根、叶及其他部位上的芽。

根据芽的性质分为发育成枝和叶的叶芽（leaf bud，枝芽）、发育成花或花序的花芽（flower bud）和同时发育成枝、叶和花的混合芽（mixed bud）。

根据芽的外面有否鳞片包被分为鳞芽（scaly bud）和裸芽（naked bud）（图4-2）。

根据芽的活动能力分为活动芽（active bud）和休眠芽（dormant bud，潜伏芽）。其中休眠芽的休眠期是相对的，在一定条件下可以萌发，如树木砍伐后，树桩上常见休眠芽萌发出的新枝条。

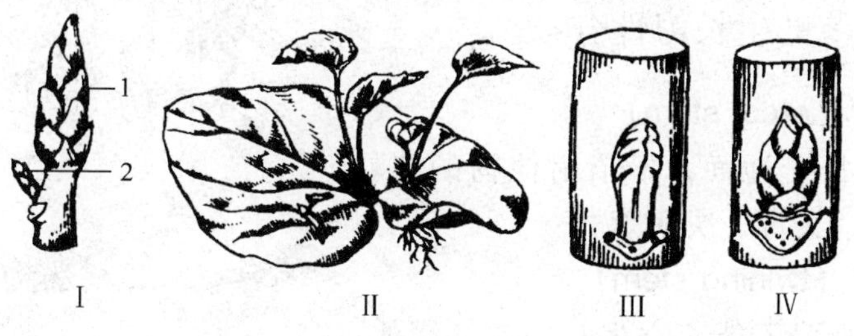

图4-2　芽的类型

Ⅰ. 定芽（1. 顶芽　2. 腋芽）　Ⅱ. 不定芽　Ⅲ. 鳞芽　Ⅳ. 裸芽

三、茎的类型

（一）按茎的质地分

1. 木质茎（woody stem）

茎的质地坚硬，木质部发达。具木质茎的植物称木本植物。木本植物可分为乔木（tree）、灌木（shrub）、亚灌木或半灌木和木质藤本等类型。其中植物体高大，有一个明显主干，上部分枝的为乔木，如杜仲、樟树等；主干不明显，在基部同时发出若干丛生植株的为灌木，如夹竹桃、枸杞等；仅在基部木质化，上部草质的为亚灌木或半灌木，如草麻黄、牡丹等；茎细长不能直立，常缠绕或攀附他物向上生长的为木质藤本，如五味子、络石等。

2. 草质茎（herbaceous stem）

茎的质地柔软，木质部不发达。具草质茎的植物称草本植物。草本植物根据其生命周期的长短可分为一年生草本（annual herb）、二年生草本（biennial herb）和多年生草本（perennial herb）等类型。多年生草本中地上部分每年死亡，而地下部分仍保持生活能力的称宿根草本，如人参、黄连等。若草本植物的茎缠绕或攀附他物向上生长或平卧地面生长的称草质藤本，如鸡矢藤、马兜铃等。

3. 肉质茎（succulent stem）

茎的质地柔软多汁，肉质肥厚。如仙人掌科、景天科植物。

（二）按茎的生长习性分

1. 直立茎（erect stem）

茎直立生长于地面，不依附他物的茎。如银杏、杜仲、紫苏、决明等。

2. 缠绕茎（twining stem）

茎细长，自身不能直立生长，常缠绕他物作螺旋式上升。如五味子、何首乌、牵牛、马兜铃等。

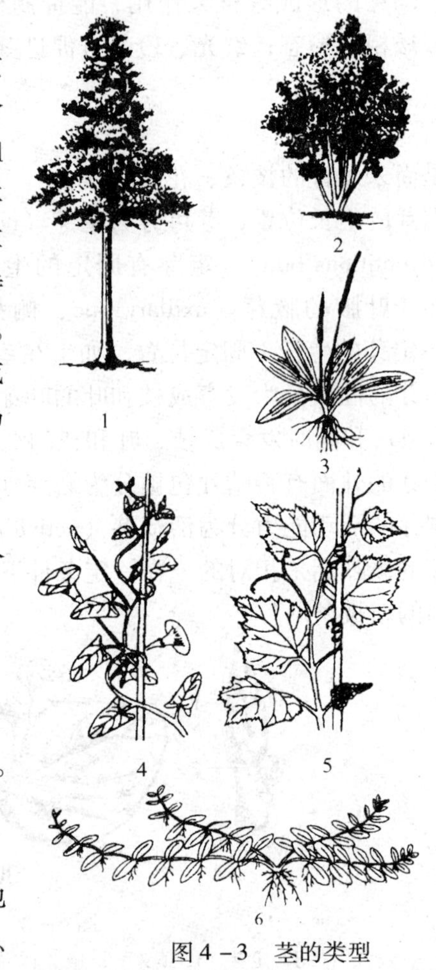

图4-3 茎的类型

1. 乔木 2. 灌木 3. 草本 4. 缠绕茎 5. 攀援茎 6. 匍匐茎

3. 攀援茎（climbing stem）

茎细长，自身不能直立生长，常依靠攀援结构依附他物上升。常见的攀援结构有茎卷须（如栝楼、葡萄等）、叶卷须（如豌豆等)、吸盘（如爬山虎等)、钩或刺（如钩藤、葎草等)、不定根（如络石、薜荔等)。

4. 匍匐茎 (stolon)

茎细长，平卧地面，沿地面蔓延生长，节上生有不定根。如连钱草、草莓、番薯等；节上不产生不定根的称平卧茎，如地锦、马齿苋等（图4-3)。

四、茎的变态

茎与根一样，为适应环境，也常发生形态结构和生理功能的特化，形成各种变态茎。根据茎的生长习性，分为地上茎的变态和地下茎的变态。可从其着生的位置及其具有茎的典型特征等加以鉴别。

（一）地上茎（aerial stem）的变态

1. 叶状茎 (leafy stem) 或叶状枝 (leafy shoot)

茎变为绿色的扁平状或针叶状，茎上的叶小而不明显，多为鳞叶、线状或刺状。如仙人掌、竹节蓼、天门冬等。

2. 刺状茎 (枝刺或棘刺) (shoot thorn)

茎变为刺状。山楂、酸橙等的枝刺不分枝；皂荚、枸橘等的枝刺有分枝。根据枝刺生于叶腋的特征，可与叶刺相区别。月季、花椒茎上的皮刺是由表皮细胞突起形成，无固定的生长位置，易脱落，可与枝刺相区别。

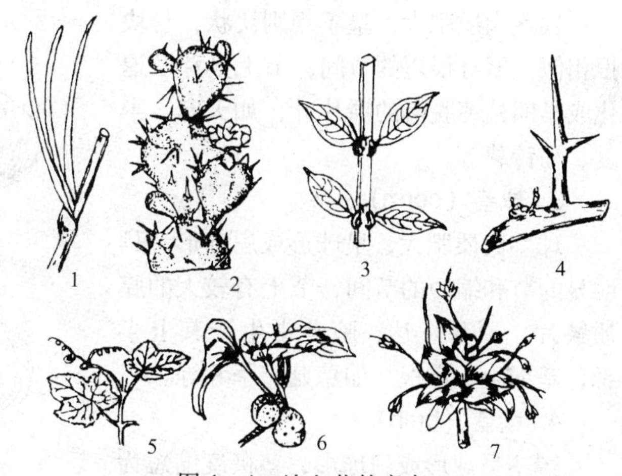

图4-4 地上茎的变态

1. 叶状枝（天门冬） 2. 叶状茎（仙人掌）
3. 钩状茎（钩藤） 4. 刺状茎（皂荚）
5. 茎卷须（葡萄） 6. 小块茎（山药的珠芽-零余子）
7. 小鳞茎（洋葱花芽）

3. 钩状茎 (hook-like stem)

茎的一部分（常为侧枝）变为钩状，粗短、坚硬不分枝。如钩藤。

4. 茎卷须 (stem dendril)

茎的一部分（常为侧枝）变为卷须状，柔软卷曲。如栝楼、丝瓜等葫芦科植物。葡萄的顶芽变成茎卷须，腋芽代替顶芽继续发育，使茎成为合轴式生长，而茎卷须被挤到叶柄对侧。

5. 小块茎 (tubercle) 和小鳞茎 (bulblet)

有些植物的腋芽、叶柄上的不定芽可变态形成无鳞片包被的块茎状，称小块茎。如山药的零余子、半夏的珠芽。有些植物在叶腋或花序处由腋芽或花芽形成有鳞片覆盖的鳞茎状，如卷丹腋芽形成的小鳞茎，洋葱、大蒜花序中花芽形成的小鳞茎。小块茎和小鳞茎均有繁殖作用（图4-4)。

（二）地下茎（subterraneous stem）的变态

1. 根状茎（根茎）（rhizome）

根状茎常横卧地下，节和节间明显，节上有退化的鳞片叶，具顶芽和腋芽。不同植物根状茎形态各异，如人参、三七的根状茎短而直立，称芦头；姜、白术的根状茎呈团块状；白茅、芦苇的根状茎细长。黄精、玉竹等的根状茎上具明显的地上茎脱落后留下的圆形疤痕称茎痕。

2. 块茎（tuber）

块茎肉质肥大，呈不规则块状，与块根相似，但有很短的节间；节上具芽及退化或早期枯萎脱落的鳞片叶，如天麻、半夏、马铃薯等。

3. 球茎（corm）

球茎肉质肥大，呈球形或扁球形，具明显的节和缩短的节间，节上有较大的膜质鳞片，顶芽发达，腋芽常生于其上半部，基部生不定根，如慈菇、荸荠等。

4. 鳞茎（bulb）

鳞茎呈球形或扁球形，茎极度缩短为鳞茎盘，被肉质肥厚的鳞叶包围，顶端有顶芽，叶腋有腋芽，基部生不定根。洋葱鳞叶阔，内层被外层完全覆盖，称有被鳞茎；百合、贝母鳞叶狭，呈覆瓦状排列，外层无被覆盖称无被鳞茎（图4－5）。

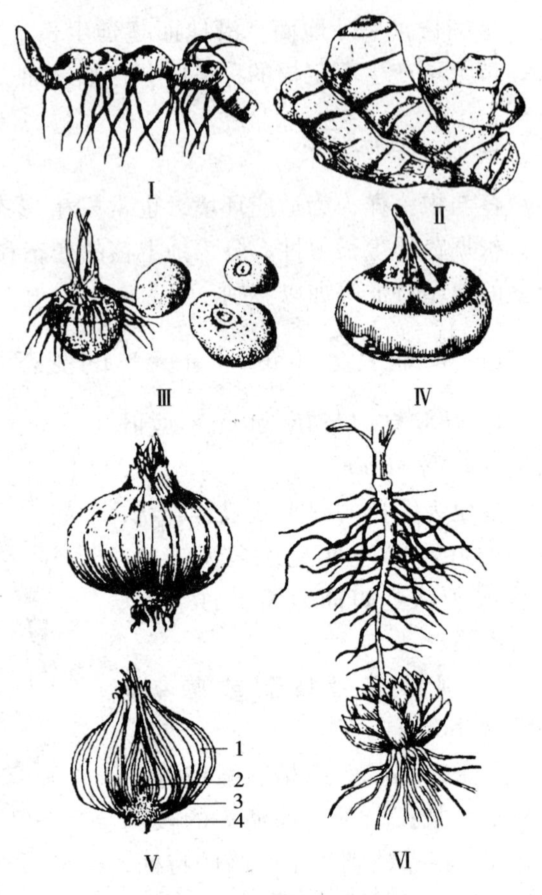

图4－5 地下茎的变态

Ⅰ. 根茎（玉竹） Ⅱ. 根茎（姜） Ⅲ. 块茎（半夏：左新鲜品，右除外皮的药材） Ⅳ. 球茎（荸荠） Ⅴ. 鳞茎（洋葱纵切：1. 鳞片叶 2. 顶芽 3. 鳞茎盘 4. 不定根） Ⅵ. 鳞茎（百合）

第二节 茎的内部构造

种子植物的主茎由胚芽发育而来，侧枝由腋芽发育而来。主茎或侧枝的顶端均具有顶芽，保持顶端生长能力，使植物体不断长高。生长在不同环境的植物，茎的构造有所差别。如阳生植物茎的细胞体积较小，细胞壁厚，木质部和机械组织发达，维管束数目较多。阴生植物的茎通常较细长，节间较长，分枝较少，细胞体积较大，细胞壁薄，木质化程度低，机械组织较不发达，维管束数目较少。

一、茎尖的构造

茎尖是指主茎或侧枝的顶端，其结构与根尖相似，由分生区（生长锥）、伸长区和成熟区3部分组成。但茎尖顶端没有类似根冠的构造，而是由幼小的叶片包围，具有保护茎尖的作用。在生长锥四周能形成叶原基（leaf primordium）或腋芽原基（axillary bud primordium）的小突起，后发育成叶或腋芽，腋芽则发育成枝。成熟区的表皮不形成根毛，但常有气孔和毛茸（图4-6；图4-7）。

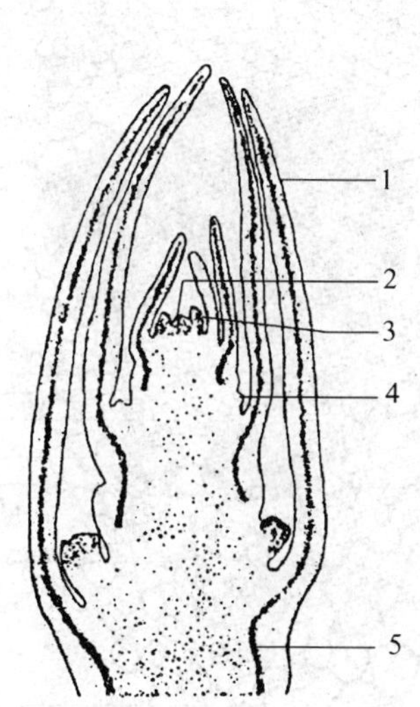

图4-6　忍冬芽的纵切面

1. 幼叶　2. 生长点　3. 叶原基　4. 腋芽原基　5. 原形成层

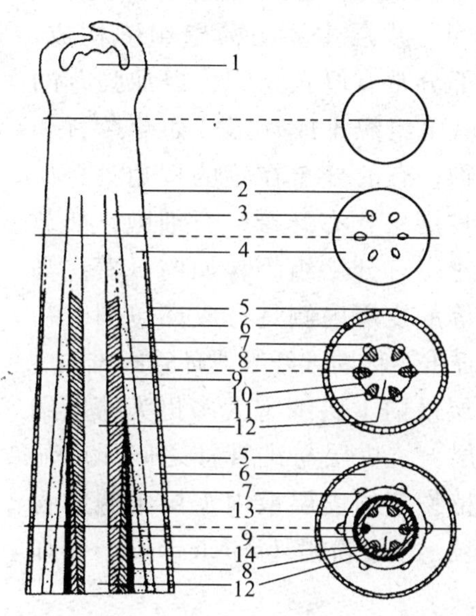

图4-7　茎尖的纵切面和不同部位上横切面图解

1. 分生组织　2. 原表皮　3. 原形成层　4. 基本分生组织　5. 表皮　6. 皮层　7. 初生韧皮部　8. 初生木质部　9. 维管形成层　10. 束间形成层　11. 束中形成层　12. 髓　13. 次生韧皮部　14. 次生木质部

二、茎的初生生长和初生构造

由生长锥分裂出来的细胞逐渐分化为原表皮层、基本分生组织和原形成层等初生分生组织。这些分生组织细胞继续分裂分化，进行初生生长，形成茎的初生构造。

（一）双子叶植物茎的初生构造

通过茎的成熟区作横切面，可观察到茎的初生构造由外而内分为表皮、皮层和维管柱3部分（图4-8）。

1. 表皮

由原表皮层发育而来，是由一层长方形、扁平、排列整齐无细胞间隙的细胞组成。一般不具叶绿体，少数植物茎的表皮细胞含有花青素，使茎呈紫红色，如甘蔗、蓖麻。表皮还有各式气孔存在，也有的表皮有各式毛茸。表皮细胞的外壁稍厚，通常角质化形成角质层。少数植物表皮还具蜡被。

2. 皮层

皮层是由基本分生组织发育而来，位于表皮内方与维管柱之间，由多层生活细胞构成。茎的皮层不如根的皮层发达，从横切面看所占的比例较小。皮层细胞大、壁薄，常为多面体、球形或椭圆形，排列疏松，具细胞间隙。靠近表皮的皮层细胞常具叶绿体，故嫩茎呈绿色。皮层主要由薄壁组织构成，但在近表皮部分常有厚角组织，以加强茎的韧性。有的厚角组织排成环形，如葫芦科和菊科某些植物；有的分布在茎的棱角处，如薄荷。有些皮层中含有纤维、石细胞，如黄柏、桑；有的还有分泌组织，如向日葵。马兜铃和南瓜等的皮层内侧具有成环包围着初生维管束的纤维，称周维纤维或环管纤维。

茎的皮层最内1层细胞大多仍为薄壁细胞，无内皮层，故皮层与维管柱之间无明显分界。少数植物茎的皮层最内1层细胞中含有大量淀粉粒，称淀粉鞘（starch sheath），如蚕豆、蓖麻。

3. 维管柱

维管柱包括呈环状排列的初生维管束、髓部和髓射线等，在茎的初生构造中占较大的比例。

（1）*初生维管束*（primary vascular bundle） 双子叶植物的初生维管束包括初生韧皮部，初生木质部和束中形成层（fascicular cambium）。藤本植物和大多数草本植物，维管束之间距离较大，即维管束束间区域较宽；而木本植物维管束排列紧密，束间区域较窄，维管束似乎连成一圆环状。

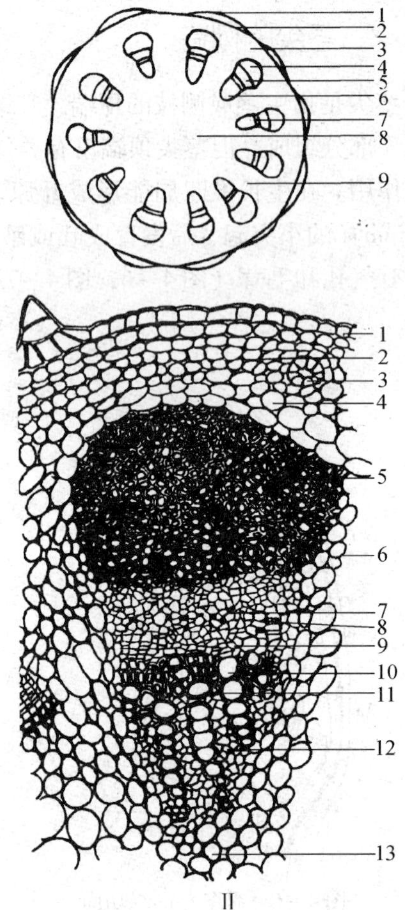

图4-8 向日葵嫩茎横切面

Ⅰ. 向日葵嫩茎横切面的初生构造简图 1. 表皮 2. 皮层厚角组织 3. 皮层 4. 初生韧皮纤维 5. 韧皮部 6. 木质部 7. 形成层 8. 髓 9. 髓射线

Ⅱ. 向日葵嫩茎横切面详图 1. 表皮 2. 厚角组织 3. 分泌道 4. 皮层 5. 初生韧皮纤维 6. 髓射线 7. 初生韧皮部 8. 筛管 9. 形成层 10. 导管 11. 木纤维 12. 木薄壁细胞 13. 髓

初生韧皮部：位于维管束外方，由筛管、伴胞、韧皮薄壁细胞和韧皮纤维组成，分化成熟方向与根中相同，为外始式。原生韧皮部薄壁细胞发育成的纤维常成群地位于韧皮部外侧，称初生韧皮纤维束，如向日葵的帽状初生韧皮纤维束。这些纤维可加强茎的韧性。

初生木质部：位于维管束内侧，由导管、管胞、木薄壁细胞和木纤维组成，其分化成熟方向与根相反，为内始式（endarch）。

束中形成层（fascicular cambium）：位于初生韧皮部和初生木质部之间，为原形成层遗留下来，由1～2层具有分生能力的细胞组成，可使维管束不断长大，茎不断加粗。

（2）髓（pith）　位于茎的中心部位，由基本分生组织产生的薄壁细胞组成。草本植物茎的髓部较大；木本植物茎的髓部一般较小，但有些植物的木质茎有较大的髓部，如通脱木、旌节花、接骨木、泡桐等。有些植物髓局部破坏，形成一系列的横髓隔，如猕猴桃、胡桃。有些植物茎的髓部在发育过程中消失形成中空的茎，如连翘、南瓜。有些植物茎的髓部最外层有一层紧密的、小型的、壁较厚的细胞围绕着大型的薄壁细胞，这层细胞称环髓区（perimedullary region）或髓鞘，如椴树。

（3）髓射线（medullary ray）　也称初生射线（primary ray），位于初生维管束之间的薄壁组织，内通髓部，外达皮层。在横切面上呈放射状，是茎中横向运输的通道，并具贮藏作用。双子叶草本植物髓射线较宽，木本植物的髓射线较窄。髓射线细胞分化程度较浅，具潜在分生能力，在一定条件下，会分裂产生不定芽、不定根。当次生生长开始时，与束中形成层相邻的髓射线细胞能转变为形成层的一部分，即束间形成层（interfascicular cambium）。

（二）单子叶植物茎的构造

单子叶植物的茎一般没有形成层和木栓形成层，不能无限增粗，终生只具初生构造。其构造特征为（图4－9）：

（1）表皮由一层细胞构成，通常不产生周皮。禾本科植物茎秆的表皮下方，常有数层厚壁细胞分布，以增强支持作用。

（2）表皮以内为基本薄壁组织和散布在其中的多数单个维管束，无皮层、髓及髓射线之分。维管束为有限外韧型。多数禾本科植物茎的中央部位（相当于髓部）萎缩破坏，形成中空的茎秆。

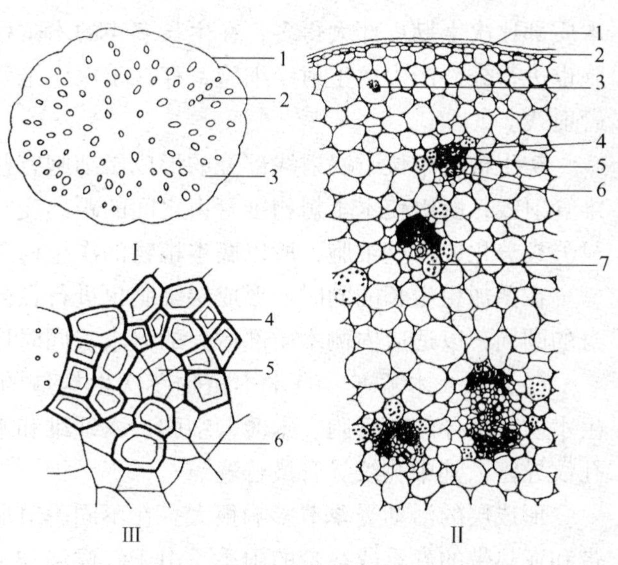

图4－9　石斛茎横切面图

Ⅰ. 石斛茎的简图　1. 表皮　2. 维管束　3. 基本组织
Ⅱ. 石斛茎的详图　1. 角质层　2. 表皮　3. 针晶束　4. 纤维束　5. 韧皮部　6. 木质部　7. 薄壁细胞
Ⅲ. 石斛茎外韧维管束放大图　4. 纤维束　5. 韧皮部　6. 木质部

此外，也有少数单子叶植物茎具形成层，而有次生生长，如龙血树、丝兰和朱蕉等。但这种形成层的起源和活动情况与双子叶植物不同。如龙血树的形成层起源于维管束外的薄壁组织，向内产生维管束和薄壁组织，向外产生少量薄壁组织。

三、茎的次生生长和次生构造

双子叶植物茎在初生构造形成后，接着进行次生生长，维管形成层和木栓形成层的细胞进行分裂活动，形成次生构造，使茎不断加粗。木本植物的次生生长可持续多年，故次生构造发达。草本植物的次生生长有限，故次生构造不发达。

（一）双子叶植物木质茎的次生构造

1. 维管形成层及其活动

维管形成层简称形成层。当茎进行次生生长时，邻接束中形成层的髓射线细胞恢复分生能力，转变为束间形成层，并和束中形成层连接，形成一个完整的形成层圆筒，横切面上看，形成完整的形成层环。

形成层细胞多呈纺锤形，液泡明显，称纺锤原始细胞；少数细胞近等径，称射线原始细胞。形成层成环后，纺锤原始细胞开始进行切向分裂，向内产生次生木质部，增添于初生木质部外方；向外产生次生韧皮部，增添于初生韧皮部内侧，并将初生韧皮部挤向外侧。由于形成层向内产生的木质部细胞多于向外产生的韧皮部细胞，所以通常次生木质部比次生韧皮部大得多，在生长多年的木本植物茎中更为明显。同时，射线原始细胞也进行分裂产生次生射线细胞，存在于次生维管组织中，形成横向的联系组织，称维管射线。

初生构造中位于髓射线部分的形成层细胞有些分裂分化形成维管组织，有些则形成维管射线，所以使木本植物维管束之间的距离变窄。藤本植物次生生长时，束间形成层只分裂分化成薄壁细胞，所以藤本植物的次生构造中维管束间距离较宽。

在茎加粗生长的同时，形成层细胞也进行径向或横向分裂，增加细胞数量，扩大本身的圆周，以适应内侧木质部增大的需求，同时形成层的位置也逐渐向外推移。

（1）次生木质部　是木本植物茎次生构造的主要部分，也是木材的主要来源。次生木质部由导管、管胞、木薄壁细胞、木纤维和木射线组成。导管主要是梯纹、网纹和孔纹导管，其中孔纹导管最普遍。

形成层的活动受季节影响很大，在不同季节所形成的木质部形态构造有所差异。温带和亚热带的春季或热带的雨季，由于气候温和，雨量充足，形成层活动旺盛，这时形成的次生木质部中的细胞径大壁薄，质地较疏松，色泽较淡，称早材（early wood）或春材（spring wood）。温带的夏末秋初或热带的旱季，形成层活动逐渐减弱，所形成的细胞径小壁厚，质地紧密，色泽较深，称晚材（late wood）或秋材（autumn wood）。在一年里早材和晚材中细胞由大到小，颜色由浅到深逐渐转变，没有明显的界限，但当年的秋材与第二年的春材却界限分明，形成同心环层，称年轮（annual ring）或生长轮（growth ring）。但有的植物（如柑橘）1 年可以形成 3 轮，这些年轮称假年轮。这是由于形成层有节奏地活动，每年有几个循环的结果。假年轮的形成也有是由于 1 年中气候变化特殊，或被害虫吃掉了树叶，生长受影响而引起。

在木质茎横切面上，可见到靠近形成层的部分颜色较浅，质地较松软，称边材

(sap wood)。边材具输导作用。而中心部分，颜色较深，质地较坚固，称心材（heart wood），心材中一些细胞常积累代谢产物，如挥发油、单宁、树胶、色素等，有些射线细胞或轴向薄壁细胞通过导管上的纹孔侵入导管内，形成侵填体（tylosis），使导管或管胞堵塞，失去运输能力。心材比较坚硬，不易腐烂，且常含有某些化学成分。沉香、苏木、檀香、降香等茎木类药材均为心材入药（图4-10）。

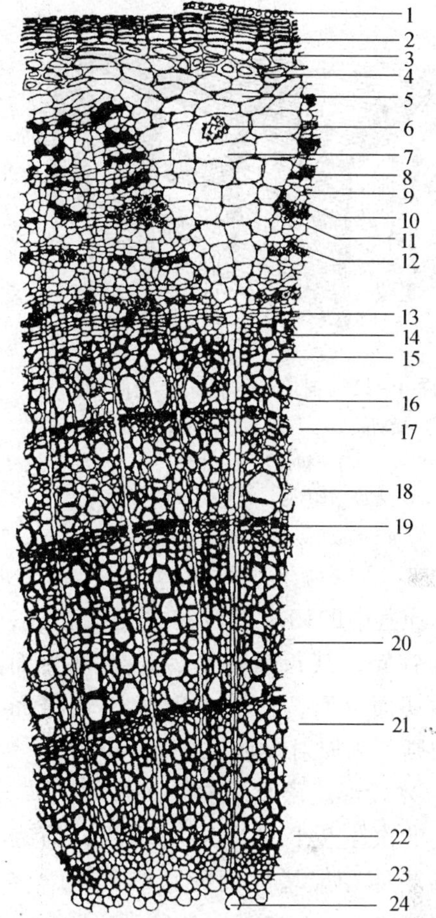

图4-10　双子叶植物茎（椴）四年生构造

1. 枯萎的表皮　2. 木栓层　3. 木栓形成层　4. 厚角组织　5. 皮层薄壁组织　6. 草酸钙结晶　7. 髓射线　8. 韧皮纤维　9. 伴胞　10. 筛管　11. 淀粉细胞　12. 结晶细胞　13. 形成层　14. 薄壁组织　15. 导管　16. 早材（第四年木质部）　17. 晚材（第三年木质部）　18. 早材（第三年木质部）　19. 晚材（第二年木质部）　20. 早材（第二年木质部）　21、22. 次生木质部（第一年木质部）　23. 初生木质部（第一年木质部）　24. 髓

鉴定木类药材时，常采用3种切面即横切面、径向切面、切向切面进行综合的比较观察。在木材的3个切面中，射线的形态特征较为明显，常作为判断切面类型的重要依据。

横切面（transverse section）：是与纵轴垂直所作的切面。可见年轮为同心环状；射线为纵切面，呈辐射状排列，可见射线的长度和宽度。

径向切面（radial section）：是通过茎的中心沿直径作的纵切面。可见年轮呈纵向平行的带状；射线横向分布，与年轮垂直，可见到射线的高度和长度。

切向切面（tangential section）：是不通过茎的中心而垂直于茎的半径所作的纵切面。可明显地看到年轮呈U形的波纹；可见射线的横断面，细胞群呈纺锤状，作不连续地纵行排列，可见射线的宽度和高度（图4-11；图4-12）。

（2）次生韧皮部　由于形成层向外分裂产生的次生韧皮部远不如向内分裂产生的次生木质部数量多，因此次生韧皮部的体积远小于次生木质部。次生韧皮部形成时，初生韧皮部被挤压到外方，形成颓废组织。次生韧皮部常由筛管、伴胞、韧皮纤维和韧皮薄壁细胞组成。次生韧皮部中的薄壁细胞中含有多种营养物质和生理活性物质。有的种类还有石细胞，如肉桂、厚朴、杜仲；有的具乳汁管，如夹竹桃。

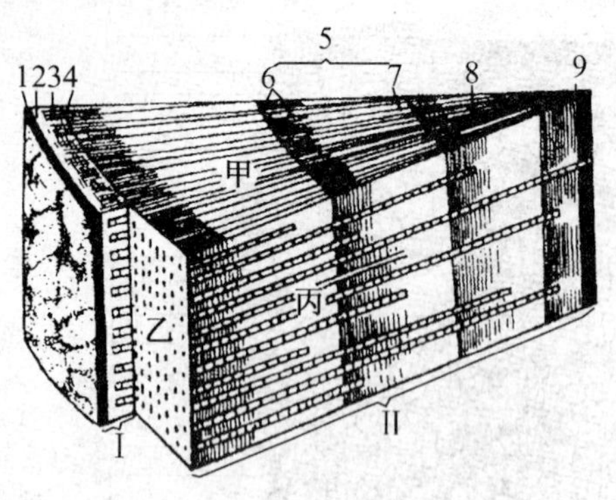

图4-11 树皮、木材、年轮简图

甲. 横切面 乙. 切向切面 丙. 径向切面

Ⅰ. 树皮 Ⅱ. 木材

1. 木栓组织 2. 皮层 3. 韧皮部

4. 形成层 5. 年轮 6. 晚材

7. 早材 8. 射线 9. 髓

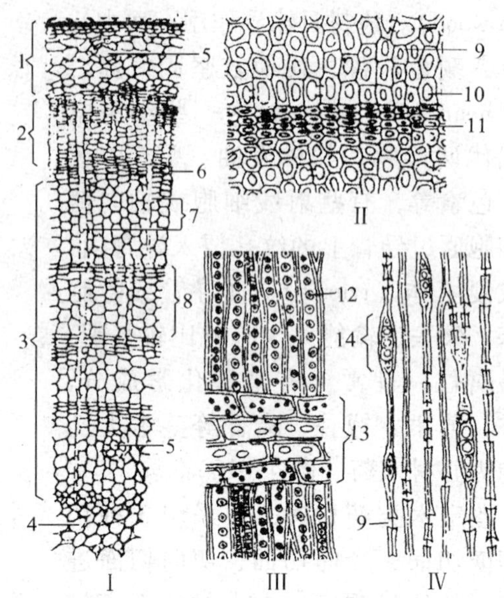

图4-12 松茎三切面

Ⅰ. 横切面 Ⅱ. 早材、晚材

Ⅲ. 径向切面 Ⅳ. 切向切面

1. 木栓及皮层 2. 韧皮部 3. 木质部 4. 髓

5. 树脂道 6. 形成层 7. 髓射线 8. 年轮

9. 具缘纹孔切面（管胞） 10. 早材 11. 晚材

12. 具缘纹孔表面观 13. 髓射线纵切 14. 髓射线横切

木质茎中的韧皮射线和木射线相连，但形态各异，其长短宽窄因植物种类而异。横切面上看，一般木射线比较窄而平直规则，韧皮射线则较宽而不规则。

2. 木栓形成层及周皮

茎的次生生长使茎不断增粗，但表皮一般不能相应增大而死亡。此时，多数植物茎由表皮内侧皮层细胞恢复分裂机能形成木栓形成层进而产生周皮，代替表皮行使保护作用。一般木栓形成层的活动只不过数月，大部分树木又可依次在其内方产生新的木栓形成层，这样，发生的位置就会向内移，可深达次生韧皮部。老周皮内的组织被新周皮隔离后逐渐枯死，这些周皮以及被它隔离的死亡组织的综合体，因常剥落，故称落皮层（rhytidome）。有的落皮层呈鳞片状脱落，如白皮松；有的呈环状脱落，如白桦；有的呈大片脱落，如悬铃木；有的裂成纵沟，如柳、榆。但也有的不脱落，如黄柏、杜仲。

“树皮”有两种概念，狭义的树皮即落皮层（也称外树皮），广义的树皮指形成层以外的所有组织，包括落皮层和木栓形成层以内的次生韧皮部（内树皮）。如皮类药材厚朴、杜仲、肉桂、黄柏、秦皮、合欢皮的药用部分“皮”均指广义树皮。

（二）双子叶植物草质茎的次生构造特点

草质茎生长期短，次生构造不及木质茎发达，次生生长有限，质地较柔软。

1. 最外层为表皮。常有各式毛茸、气孔、角质层、蜡被等附属物。少数植物表皮下方有木栓形成层分化，向外产生1～2层木栓细胞，向内产生少量栓内层，但表皮未被破坏仍存在。

2. 皮层中近表皮部分常有厚角组织。有的厚角组织排成环形，如葫芦科和菊科某些植物；有的分布在茎的棱角处，如薄荷。

3. 次生维管组织通常形成连续的维管柱。有些种类仅具束中形成层，没有束间形成层。还有些种类不仅没有束间形成层，束中形成层也不明显。

4. 髓部发达，有的种类的髓部中央破裂成空洞状，髓射线一般较宽（图 4－13；图 4－14）。

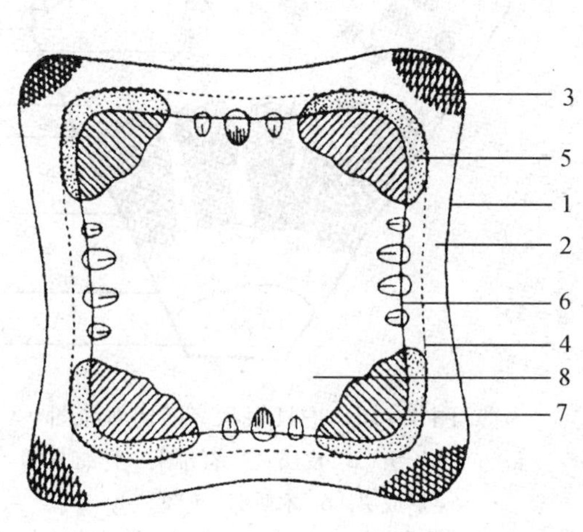

图 4－13 薄荷茎横切面简图

1. 表皮 2. 皮层 3. 厚角组织 4. 内皮层 5. 韧皮部 6. 形成层 7. 木质部 8. 髓

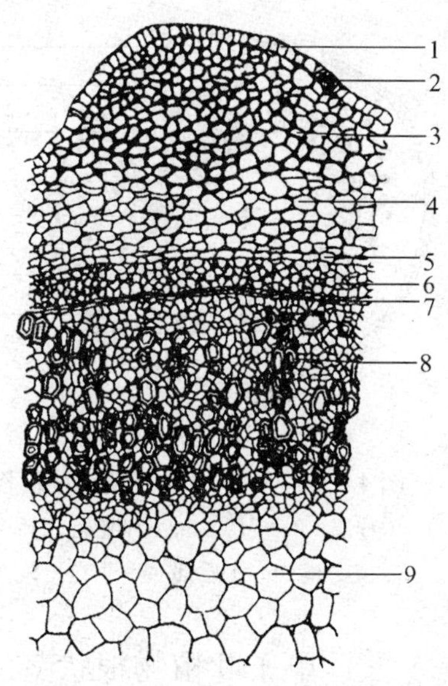

图 4－14 薄荷茎横切面详图

1. 表皮 2. 橙皮苷结晶 3. 厚角组织 4. 皮层 5. 内皮层（不具凯氏点） 6. 韧皮部 7. 形成层 8. 木质部 9. 髓

（三）裸子植物茎的构造特点

与双子叶植物木质茎的次生构造基本相似，但在输导组织组成上有明显区别。主要特征为：

1. 次生木质部主要由管胞、木薄壁细胞及射线组成，如柏、杉；或无木薄壁细胞，如松；除麻黄和买麻藤以外裸子植物均无导管。管胞兼有输送水分和支持作用。

2. 次生韧皮部由筛胞、韧皮薄壁细胞组成，无筛管、伴胞和韧皮纤维。

3. 松柏类植物茎的皮层、韧皮部、木质部、髓及髓射线中常分布有树脂道。

四、根状茎的构造

根状茎是植物体的地下茎，其构造与地上茎类似。

（一）双子叶植物根状茎的构造特点

1. 表面通常具木栓组织，少数具表皮或鳞叶。

2. 皮层中常有根迹维管束（茎中维管束与不定根维管束相连的维管束）和叶迹维

管束（茎中维管束与叶柄维管束相连的维管束）斜向通过；皮层内侧有时具纤维或石细胞。

3. 维管束为外韧型，成环状排列；髓射线宽窄不一。

4. 中央有明显的髓部。

5. 贮藏薄壁细胞发达，机械组织多不发达（图4－15；图4－16）。

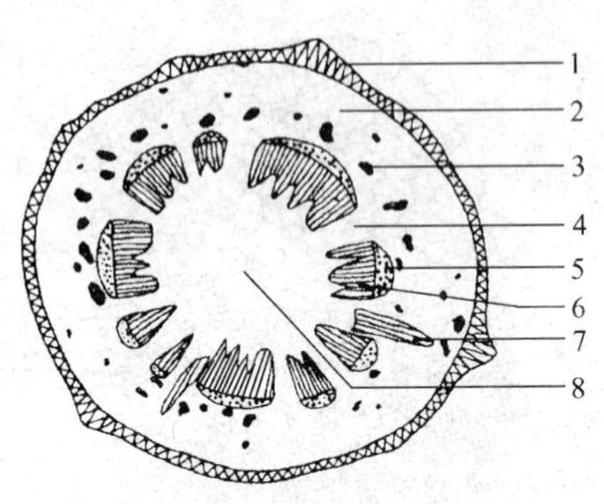

图4－15 黄连根状茎横切面简图

1. 木栓层 2. 皮层 3. 石细胞群 4. 射线 5. 韧皮部 6. 木质部 7. 根迹 8. 髓

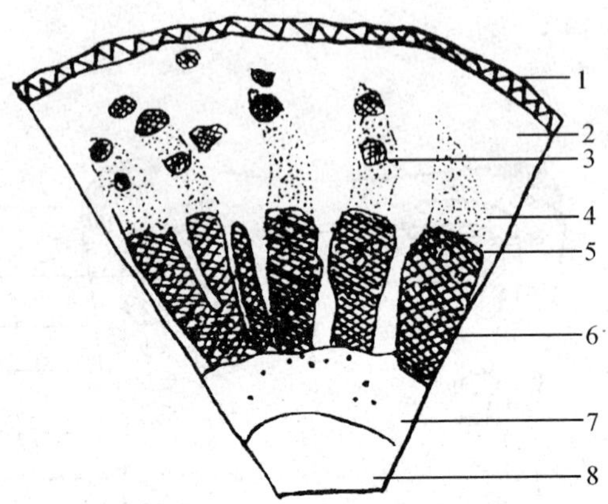

图4－16 虎杖根状茎横切面简图

1. 木栓层 2. 皮层 3. 纤维束 4. 韧皮部 5. 形成层 6. 木质部 7. 髓 8. 空隙

（二）单子叶植物根状茎的构造特点

1. 表面为表皮或木栓化皮层细胞。少有周皮，如射干、仙茅。禾本科植物根状茎表皮较特殊，表皮细胞平行排列，每纵行多为1个长形的细胞和2个短细胞纵向相间排列，长形细胞为角质化的表皮细胞，短细胞中，1个是栓化细胞，1个是硅质细胞，如白茅、芦苇。

2. 皮层常占较大体积，常分布有叶迹维管束。维管束散在，多为有限外韧型，但有周木型的如香附，有的则兼有有限外韧型和周木型两种，如石菖蒲（图4－17）。

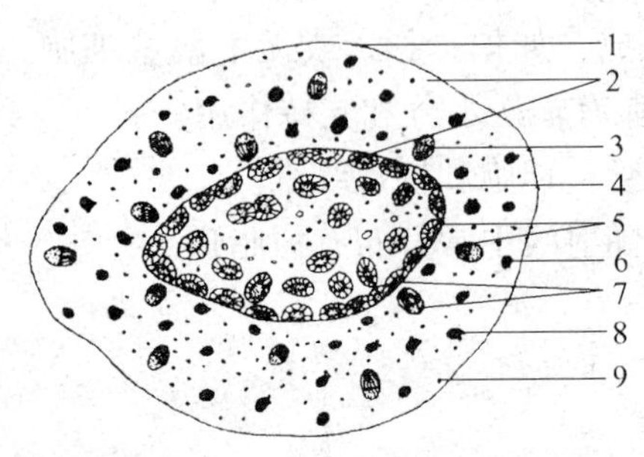

图4－17 石菖蒲根状茎横切简图

1. 表皮 2. 薄壁组织 3. 叶迹维管束 4. 内皮层 5. 木质部 6. 纤维束 7. 韧皮部 8. 草酸钙结晶 9. 油细胞

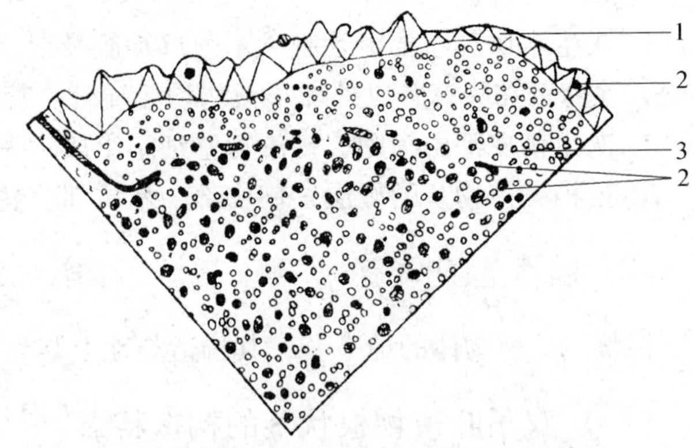

图4－18 知母根状茎横切面简图

1. 栓化皮层 2. 维管束 3. 黏液细胞

3. 有的种类内皮层明显，具凯氏带，如姜、石菖蒲。也有的种类内皮层不明显，如知母、射干（图 4－18）。

4. 有些植物根状茎在皮层靠近表皮部位的细胞形成木栓组织，如生姜；有的皮层细胞转变为木栓细胞，而形成所谓“后生皮层”，以代替表皮行使保护功能，如藜芦。

五、茎的异常构造

（一）双子叶植物茎和根状茎的异常构造

某些双子叶植物的茎和根状茎的正常构造形成以后，通常有部分薄壁细胞能恢复分生能力，转化成形成层，产生多数异型维管束，形成异常构造。

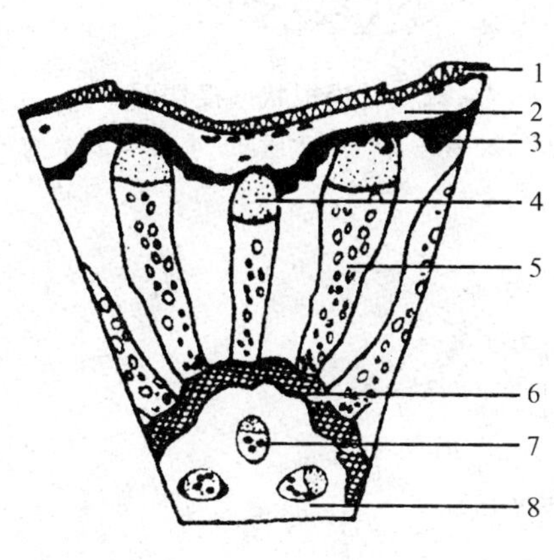

图 4－19　风藤茎部分横切面的异常构造简图
1. 木栓层　2. 皮层　3. 柱鞘纤维（周维纤维）
4. 韧皮部　5. 木质部　6. 纤维束环
7. 异型维管束　8. 髓

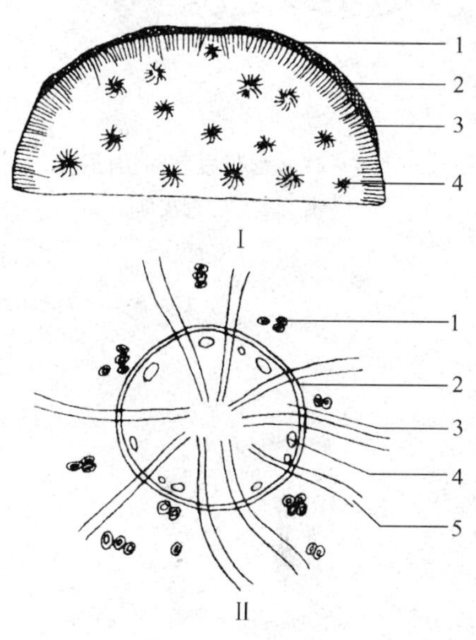

图 4－20　大黄根状茎横切面简图
Ⅰ. 大黄　1. 韧皮部　2. 形成层　3. 木质部射线
4. 星点　Ⅱ. 星点简图（放大）　1. 导管
2. 形成层　3. 韧皮层　4. 黏液腔　5. 射线

1. 髓维管束

髓维管束是在某些双子叶植物茎或根状茎的髓中形成的异型维管束。如在胡椒科风藤茎的横切面上可见除正常排成环状的维管束外，髓中还有异型维管束 6～13 个（图 4－19）。大黄根状茎的横切面上可见除正常的维管束外，髓部有许多星点状的异型维管束，其形成层呈环状，外侧为由几个导管组成的木质部，内侧为韧皮部，射线呈星芒状排列（图 4－20）。

2. 同心环状排列的异常维管组织

在某些双子叶植物茎内，初生生长和早期次生生长都是正常的。当正常的次生生长发育到一定阶段，次生维管柱的外围又形成多轮呈同心环状排列的异常维管组织。如密花豆老茎的横切面上，可见韧皮部呈 2～8 个红棕色至暗棕色环带，与木质部相间排列。

其最内一圈为圆环，其余为同心半圆环（图 4 - 21）。

3. 木间木栓

在甘松根状茎的横切面上，可见木间木栓成环状，包围一部分韧皮部和木质部把维管柱分隔为数束（图 4 - 22）。

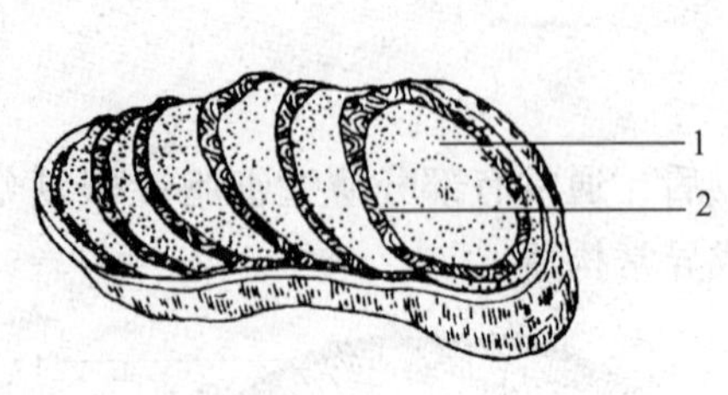

图 4 - 21　密花豆茎横切面

1. 木质部　2. 韧皮部

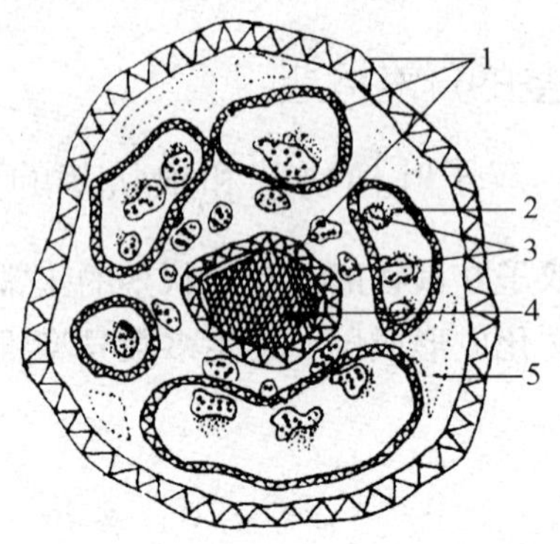

图 4 - 22　甘松根状茎横切面

1. 木栓层　2. 韧皮部　3. 木质部　4. 髓　5. 裂隙

第五章　叶

叶（leaf）一般为绿色扁平体，含有大量叶绿体，具有向光性。叶是植物进行光合作用、气体交换和蒸腾作用的重要器官。有的植物叶具有贮藏作用，如贝母、百合的肉质鳞片等；尚有少数植物的叶具有繁殖作用，如秋海棠、落地生根的叶。

药用的叶有大青叶、番泻叶、枇杷叶、侧柏叶、紫苏叶、艾叶等。也有的叶只以某一部位入药，如黄连的叶柄基部入药，称剪口连，全叶柄入药称千子连。

第一节　叶的形成和形态

一、叶的形成

1. 叶的发生

叶由叶原基生长分化而来。当芽形成和生长时，由于细胞的分裂分化，叶原基朝着长、宽、厚3个方向进一步生长，逐渐形成幼叶，发育成为成熟叶。叶的这种起源发育方式称为外起源（exogenous origin）。

2. 叶的生长

由叶原基发育成叶的过程包括顶端生长、边缘生长和居间生长三个阶段。叶原基形成后，首先进行顶端生长，不断伸长，成为圆柱状的结构，称为叶轴。叶轴是尚未分化的叶柄和叶片。具有托叶的植物，叶原基上部形成叶轴；叶原基基部的细胞分裂较上部快，且发育较早，分化成为托叶，包围着上部叶轴，起到保护作用。具有叶鞘的植物（如禾本科），叶原基基部生长活跃，侧向延伸可以包围整个茎端分生组织。在叶轴伸长的同时，叶轴两侧边缘的细胞开始分裂，进行边缘生长（边缘生长进行一段时间后，顶端生长停止）。叶轴的边缘生长，使叶轴变宽，形成具有背腹性的、扁平的叶片或叶片与托叶的雏形；如果是复叶，则通过边缘生长形成多数小叶片。没有进行边缘生长的叶轴基部分化为叶柄，当幼叶叶片展开时叶柄才随之迅速伸长（图5-1）。

当幼叶由芽内逐渐伸出、展开时，边缘生长逐渐停止，整个叶片进入居间生长，最后发育成熟。大多数幼叶叶片的生长基本上是等速生长，但有些幼叶各部分细胞的生长速度并非完全一致，因而便出现了不同的叶缘、叶形等。叶片在不断增大的同时，伴随着内部组织的分化成熟。在边缘生长时期，叶轴两侧的边缘分生组织经垂周分裂产生原

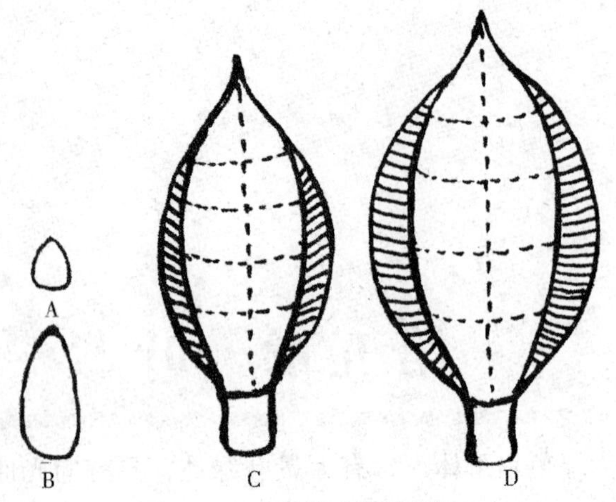

图5－1　叶的发生顺序图解

A. 叶原基　B. 顶端生长　C. 边缘生长　D. 居间生长

表皮，将来发育成为表皮；近边缘分生组织平周分裂和垂周分裂交替进行，形成了基本分生组织和原形成层。在一种植物中叶肉的层数基本是恒定的，是由平周分裂决定的。在各层形成后，细胞停止了平周分裂，只进行垂周分裂，增大叶片面积，但不增加叶片厚度。

一般说来，叶的生长期是有限的，这和具有形成层的无限生长的根、茎不同。叶在短期内生长达一定大小后，生长即停止。但有些单子叶植物的叶的基部保留着居间分生组织，可以有较长期的居间生长。如禾本科植物的叶鞘可以随节间生长而伸长，葱、韭菜等剪去上部叶片，叶仍可继续生长，就是由于叶基部居间分生组织活动的结果。

二、叶的组成

发育成熟的叶一般由叶片（blade）、叶柄（petiole）和托叶（stipules）3部分组成，如桃、梨、山楂等；有的植物有叶柄和叶片，但无托叶，如连翘、女贞等；有的植物只有叶片，如龙胆、石竹等（图5－2）。

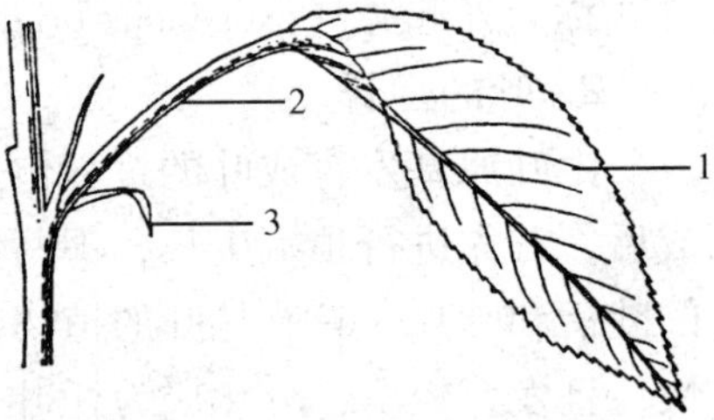

图5－2　叶的组成部分

1. 叶片　2. 叶柄　3. 托叶

（一）叶片

叶片是叶的主要部分，一般为绿色而薄的扁平体，叶片的顶端称为叶端或叶尖（leaf apex），基部称为叶基（leaf base），周边称为叶缘（leaf margin），叶内分布着叶脉（veins）。叶脉是叶片中的维管束，起着输导和支持作用。

（二）叶柄

叶柄是茎与叶片的连接部位。一般为圆柱形、半圆柱形或稍扁平，上表面（腹面）多有沟槽。其形状随植物种类不同而异，如水浮莲、菱等水生植物的叶柄上具膨胀的气囊（air sac），其结构利于浮水；有的植物叶柄基部具膨大的关节，称为叶枕（leaf cushion，pulvinus），能调节叶片的位置和休眠运动，如含羞草；有的叶柄能围绕各种物体螺旋状扭曲，起着攀援作用，如旱金莲；亦有的植物叶片退化，叶柄变成绿色叶片状，以代替叶片的功能，称为叶状柄（phyllode），如台湾相思树、柴胡等（图5－3）。

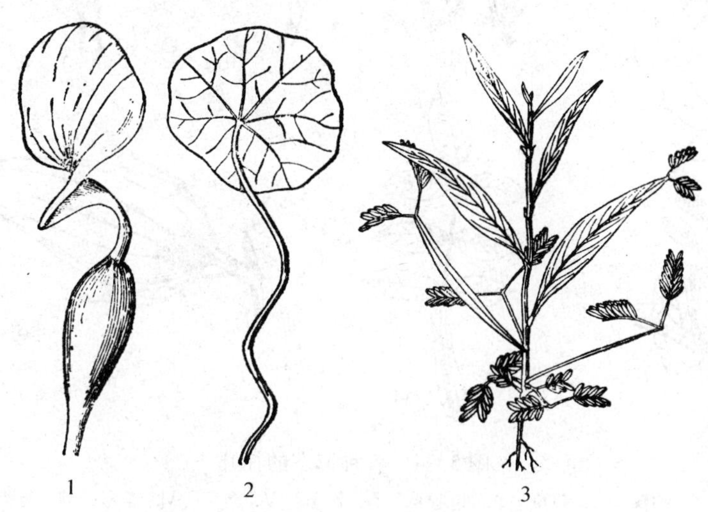

图5－3　特殊形态的叶柄

1. 水浮莲　2. 旱金莲　3. 台湾相思树

有些植物的叶柄基部或全部扩大成鞘状，部分或全部包裹着茎秆，称为叶鞘（leaf sheath），如白芷、小茴香等伞形科植物。禾本科植物的叶鞘由相当于叶柄的部位扩大形成，有保护茎的居间生长、加强茎的支持作用及保护叶腋内幼芽的功能，如小麦、水稻等。禾本科植物的叶鞘与叶片连接处还有膜状的突起物，称为叶舌（ligulate），能够使叶片向外弯曲，使叶片更多地接受阳光，同时可以防止水分、病虫害进入叶鞘。有些禾本科植物的叶鞘与叶片连接处的边缘部分形成突起，称为叶耳（auricle）。叶舌、叶耳的有无、大小及形状，常作为识别禾本科植物的依据之一。

有些植物的叶不具叶柄，叶片基部包围在茎上，称为抱茎叶（amlpexicaul leaf），如苦荬菜；若无柄叶的基部或对生无柄叶的基部彼此愈合，被茎所贯穿，称贯穿叶或穿茎叶（perfoliate leaf），如元宝草。

（三）托叶

托叶是叶柄基部的附属物，常成对生于叶柄基部的两侧。托叶的形态、有无是鉴定药用植物的依据之一，如桑科、木兰科、豆科、蔷薇科、茜草科等具有托叶，其中有的植物早期具有托叶，叶长成后脱落，如桑、玉兰；有的植物托叶很大，呈叶片状，如茜草、豌豆等；有的托叶与叶柄愈合成翅状，如金樱子、月季；有的托叶细小呈线状，如桑、梨。植物的托叶也常发生变态，有的变成卷须，如菝葜；有的呈刺状，如刺槐；有的联合成鞘状，包围在茎节的基部，称为托叶鞘（ocrea），如大黄、何首乌等蓼科植物

(图5-4)。

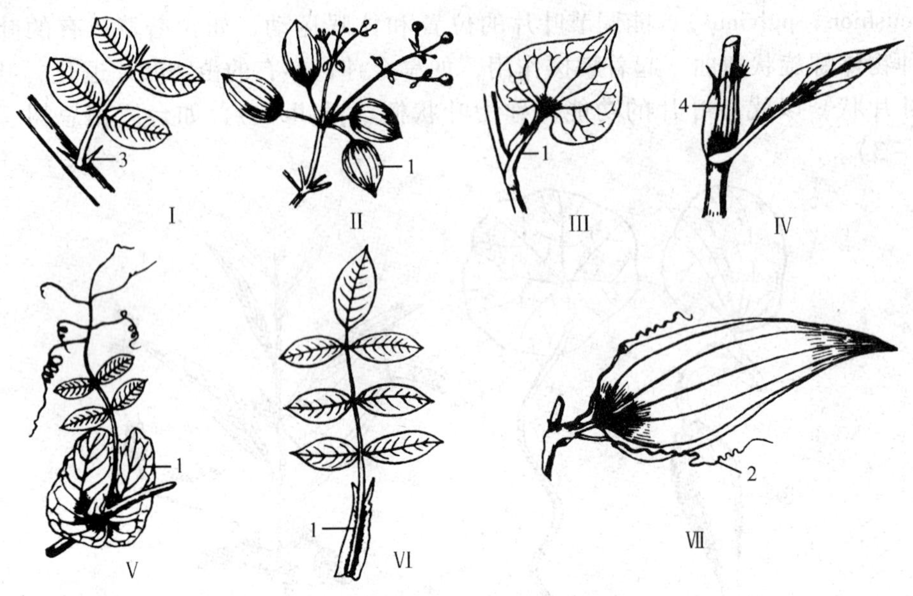

图5-4 各种形态的托叶

I. 刺槐 II. 茜草 III. 鱼腥草 IV. 辣蓼 V. 豌豆 VI. 蔷薇 VII. 菝葜

1. 叶片状托叶 2. 托叶卷须 3. 托叶刺 4. 托叶鞘

凡具备叶片、叶柄和托叶3部分的叶称完全叶（complete leaf），如桃、桑、天竺葵的叶；缺少任何一部分或两部分的叶称不完全叶（incomplete leaf），如女贞、樟树的叶无托叶，烟草、荠菜无叶柄，莴苣茎叶无叶柄及托叶等。

三、叶的形状

叶的形状通常是指叶片的形状。若要比较准确地描述叶的形状应该首先描述叶片的全形，然后分别描述叶的尖端、叶的基部、叶缘的形状和叶脉的分布等各部分的形态特征。

（一）叶片的全形

叶片的大小和形状变化很大，随植物种类而异，甚至在同一植株上，其形状也有不一样的，但一般同一种植物叶的形状是比较稳定的，在分类学上常作为鉴别植物的依据。叶片的形状主要是根据叶片的长度和宽度的比例以及最宽部分的位置来确定（图5-5）。

常见的叶形有多种，如针形、披针形、椭圆形等。但植物的叶片千差万别，故在描述时也常使用“广”、“长”、“倒”等字样放在前面，如广卵形、长椭圆形、倒披针形等。有许多植物的叶并不属于上述的其中一种类型，而是两种形状综合，这样就必须用不同的术语予以描述，如卵状椭圆形、椭圆状披针形等（图5-6）。

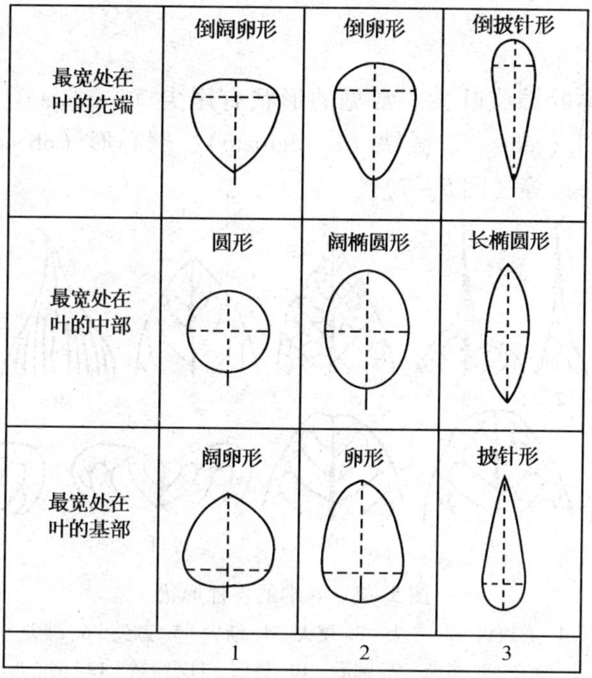

	1	2	3
最宽处在叶的先端	倒阔卵形	倒卵形	倒披针形
最宽处在叶的中部	圆形	阔椭圆形	长椭圆形
最宽处在叶的基部	阔卵形	卵形	披针形

图 5－5　叶片形状图解

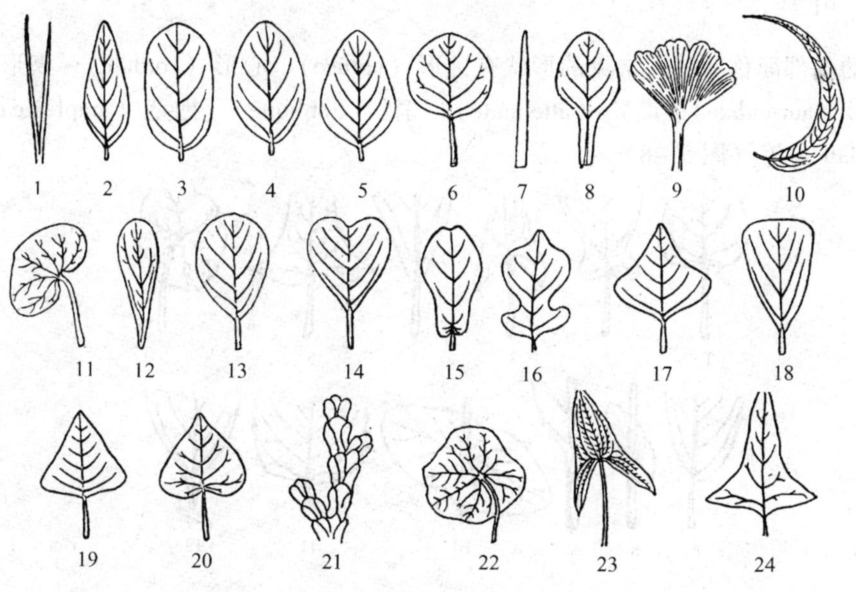

图 5－6　叶片的全形

1. 针形　2. 披针形　3. 矩圆形　4. 椭圆形　5. 卵形　6. 圆形　7. 条形　8. 匙形　9. 扇形　10. 镰形　11. 肾形　12. 倒披针形　13. 倒卵形　14. 倒心形　15、16. 提琴形　17. 菱形　18. 楔形　19. 三角形　20. 心形　21. 鳞形　22. 盾形　23. 箭形　24. 戟形

（二）叶端

叶片的尖端简称叶端或叶尖。常见的形状有尾尖（caudate）、渐尖（acuminate）、钝形（obtuse）、微凹（retuse）、微缺（emarginate）、倒心形（obcordate）、截形（truncate）、芒尖（aristate）等（图5－7）。

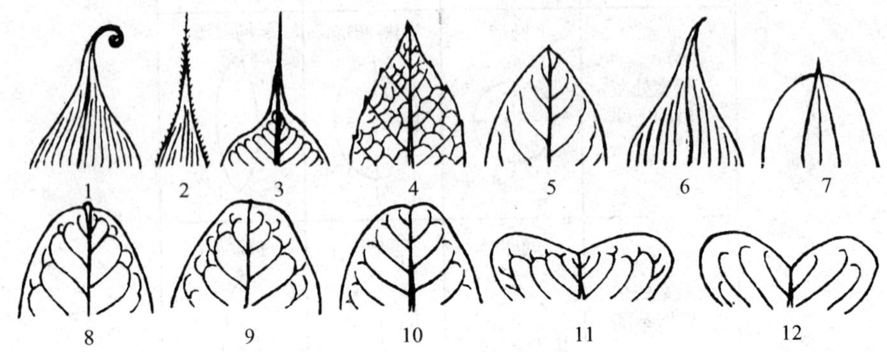

图5－7 叶端的各种形状

1. 卷须状 2. 芒尖 3. 尾尖 4. 渐尖 5. 急尖 6. 骤尖 7. 凸尖 8. 微凸 9. 钝形 10. 微凹 11. 微缺 12. 倒心形

（三）叶基

叶片的基部简称叶基。常见的形状有钝形（obtuse）、心形（cordate）、楔形（cuneate）、耳形（auriculate）、渐狭（attenuate）、歪斜（oblique）、抱茎（amplexicaul）、穿茎（perfoliate）等（图5－8）。

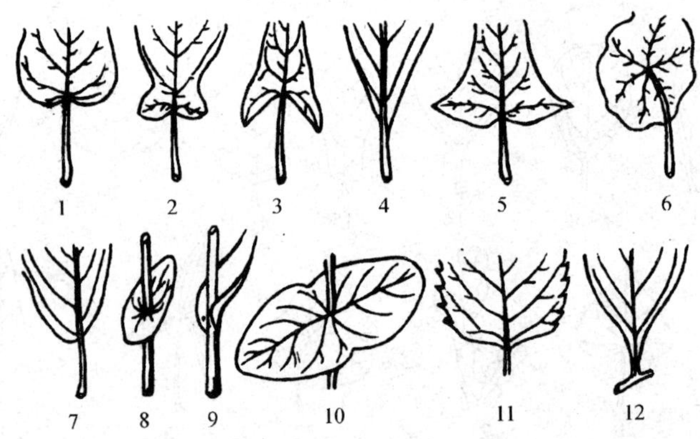

图5－8 叶基的各种形状

1. 心形 2. 耳形 3. 箭形 4. 楔形 5. 戟形 6. 盾形 7. 歪斜 8. 穿茎 9. 抱茎 10. 合生穿茎 11. 截斜 12. 渐狭

（四）叶缘

叶片的边缘称叶缘。当叶片生长时，叶片的边缘生长若以均一的速度进行，结果叶缘平整，出现全缘叶；如果边缘生长速度不均，有的部位生长较快，而有的部位生长较缓慢或很早停止生长，则使叶缘不平整，出现各种不同的形态，常见的有全缘（entire）、波状（undulate）、牙齿状（dentate）、锯齿状（serrate）、重锯齿状（double serrate）、圆齿状（crenate）等（图5-9）。

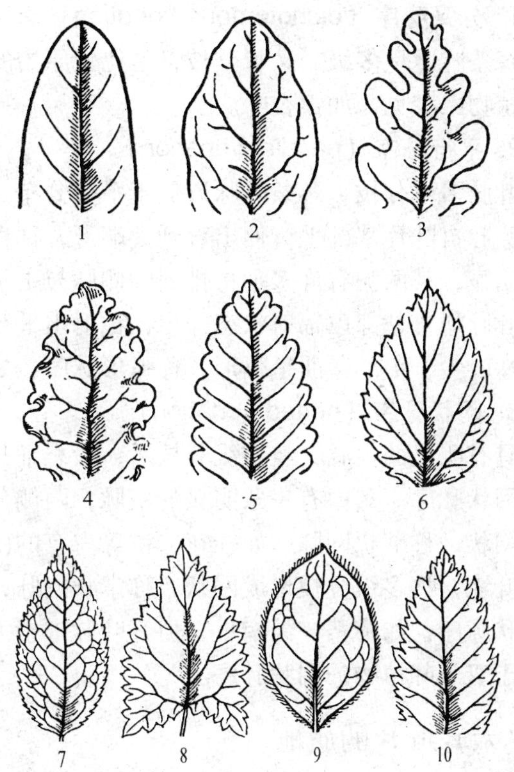

图5-9　叶缘的各种形状

1. 全缘　2. 浅波状　3. 深波状　4. 皱波状　5. 圆齿状　6. 锯齿状　7. 细锯齿状　8. 牙齿状　9. 睫毛状　10. 重锯齿状

（五）叶脉和脉序

叶脉（veins）即叶片中的维管束，有输导和支持作用。其中最大的叶脉称为主脉或中脉（midrib），主脉的分枝称为侧脉（lateral vein），侧脉的分枝称为细脉（veinlet）。叶脉在叶片中的分布及排列形式称为脉序（venation），可分为分叉脉序、平行脉序和网状脉序三种主要类型（图5-10）。

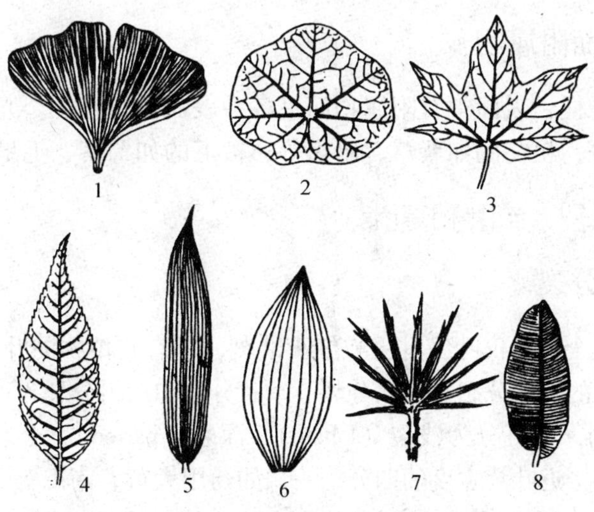

图5-10　叶脉和脉序

1. 分叉脉序　2、3. 掌状网脉　4. 羽状网脉　5. 直出平行脉　6. 弧形脉　7. 射出平行脉　8. 横出平行脉

1. 分叉脉序（dichotomous venation）

每条叶脉呈多级二叉状分枝，是比较原始的一种脉序，在蕨类植物中普遍存在，在种子植物中少见，如银杏叶。

2. 平行脉序（parallel venation）

叶脉多不分枝，各条叶脉近似于平行分布。大多数单子叶植物具有平行脉。其中主脉和侧脉自叶片基部平行伸出直到尖端者，称直出平行脉序，如淡竹叶、麦冬等。有的主脉明显，其两侧有许多平行排列的侧脉与主脉垂直，称横出平行脉，如芭蕉等。有的各条叶脉均自基部以辐射状态伸出，称射出平行脉，如棕榈。有些植物的叶脉从叶片基部直达叶尖，中部弯曲呈弧形，称弧形脉序，如车前、黄精。

3. 网状脉序（netted venation）

具有明显的主脉，经多级分枝后，最小细脉相互连接形成网状。大多数双子叶植物具有网状脉序。其中有一条明显的主脉，两侧分出许多侧脉，侧脉间又多次分出细脉交织成网状，称羽状网脉，如桂花、桃等。有的由叶基分出多条较粗大的叶脉，呈辐射状伸向叶缘，再多级分枝形成网状，称掌状网脉，如南瓜、蓖麻等。少数单子叶植物也具有网状脉序，如薯蓣、天南星，但其叶脉末梢大多数是连接的，没有游离的脉梢。此点有别于双子叶植物的网状脉序。

（六）叶片的质地

常见的有膜质（membranaceous），叶片薄而半透明，如半夏，有的膜质叶干薄而脆，不呈绿色，称干膜质，如麻黄的鳞片叶；草质（herbaceous），叶片薄而柔软，如薄荷、商陆、藿香叶等；革质（coriaceous），叶片厚而较强韧，略似皮革，如枇杷、山茶、夹竹桃叶等；肉质（succulent），叶片肥厚多汁，如芦荟、马齿苋、红景天叶等。

（七）叶的表面附属物

叶和其他器官一样，表面常有附属物而呈各种表面形态特征。光滑的如冬青、枸骨等；被粉的如芸香等；粗糙的如紫草、腊梅等；被毛的如蜀葵、毛地黄等。

四、叶片的分裂、单叶和复叶

（一）叶片的分裂

植物的叶片常是全缘或仅叶缘具齿或细小缺刻，但有些植物的叶片叶缘缺刻深而大，形成分裂状态，常见的叶片分裂有羽状分裂、掌状分裂和三出分裂3种（图5－11）。依据叶片裂隙的深浅不同，又可分为浅裂（lobate）、深裂（parted）、全裂（divided）。浅裂，即叶裂深度不超过或接近叶片宽度的四分之一，如药用大黄、南瓜等。深裂，叶裂深度一般超过叶片宽度的四分之一，但不超过叶片宽度的二分之一，如唐古特大黄、荆芥等。全裂，叶裂几乎达到叶的主脉基部或两侧，形成数个全裂片，如大麻、白头翁等。

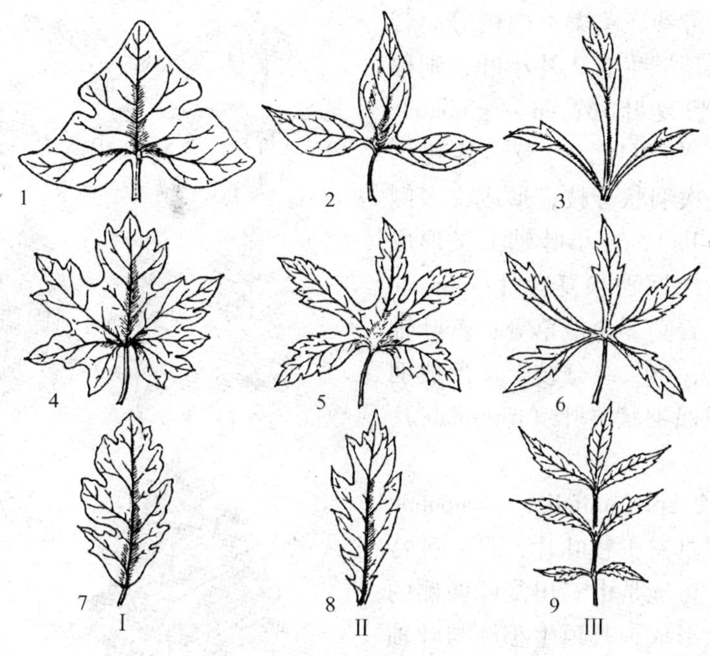

图 5 – 11　叶片的分裂

Ⅰ. 浅裂　Ⅱ. 深裂　Ⅲ. 全裂

1. 三出浅裂　2. 三出深裂　3. 三出全裂　4. 掌状浅裂　5. 掌状深裂

6. 掌状全裂　7. 羽状浅裂　8. 羽状深裂　9. 羽状全裂

（二）单叶和复叶

植物的叶有单叶（simple leaf）和复叶（compound leaf）两类，是植物类群的鉴别依据之一。

1. 单叶

1 个叶柄上只生 1 枚叶片，称单叶，如厚朴、女贞、樟树等。

2. 复叶

1 个叶柄上生有 2 枚或 2 枚以上叶片，称复叶，如五加、白扁豆等。复叶的叶柄称总叶柄（common petiole），总叶柄以上着生叶片的轴状部分称叶轴（rachis），复叶上的每片叶称小叶（leaflet），其叶柄称小叶柄（petiolule）。

根据小叶的数目和在叶轴上排列的方式不同，复叶又可分为以下几种（图 5 – 12）：

（1）三出复叶（ternately compound leaf）　叶轴上生有 3 片小叶的复叶。若顶生小叶有柄称为羽状三出复叶，如大豆、胡枝子等；若顶生小叶无柄的，称为掌状三出复叶，如酢浆草、半夏等。

（2）掌状复叶（palmately compound leaf）　叶轴缩短，在其顶端集生 3 片以上小叶，呈掌状展开，如五加、人参等。

（3）羽状复叶（pinnately compound leaf）　叶轴长，小叶片在叶轴两侧排成羽毛状。若羽状复叶的叶轴顶端生有 1 片小叶，则称单（奇）数羽状复叶（odd – pinnately compound leaf)，如苦参、黄檗、槐树等。若羽状复叶的叶轴顶端生有2片小叶，则称双（偶）数羽状复叶（even - pinnately compound leaf)，如决明、皂荚、落花生等。若叶轴作一次羽状分枝，形成许多侧生小叶轴（rachilla)，在小叶轴上又形成羽状复叶，称为二回羽状复叶（bipinnate leaf)，如合欢、云实、含羞草等；若叶轴作二次羽状分枝，第二级分枝上又形成羽状复叶的，称三回羽状复叶（tripinnate)，如南天竹、苦楝。

（4）*单身复叶*（unifoliate compound leaf） 叶轴上只具有1枚叶片，是一种特殊形态的复叶，可能是由三出复叶两侧的小叶退化成翼状形成，其顶生小叶与叶轴连接处具一明显关节，如柑橘、柠檬、柚等芸香科柑橘属植物的叶。

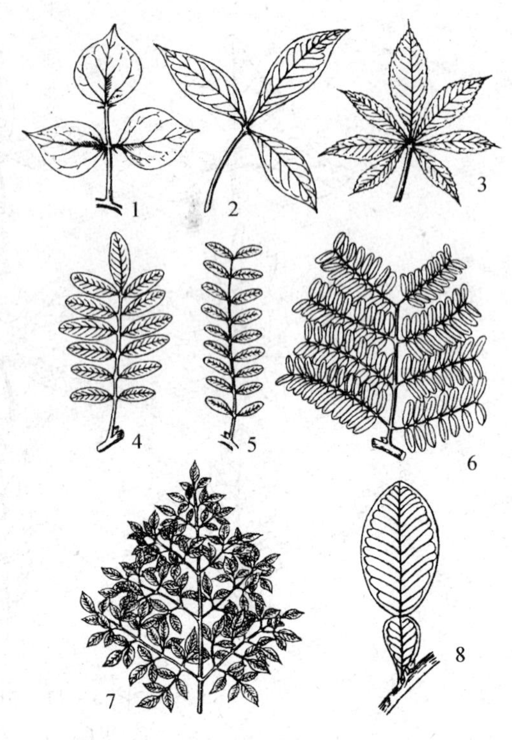

图5－12 复叶的主要类型

1. 羽状三出复叶 2. 掌状三出复叶 3. 掌状复叶 4. 单数羽状复叶 5. 双数羽状复叶 6. 二回羽状复叶 7. 三回羽状复叶 8. 单身复叶

复叶易和生有单叶的小枝相混淆，在识别时首先应分清叶轴和小枝的区别，叶轴与小枝是绝对不同的。第一，叶轴的顶端无顶芽，而小枝的先端具顶芽；第二，小叶的腋内无侧芽，总叶柄的基部才有芽，而小枝上的每一单叶叶腋均有芽；第三，通常复叶上的小叶在叶轴上排列在同一平面上，而小枝上的每一单叶与小枝常成一定的角度；第四，复叶脱落时整个复叶由总叶柄处脱落，或小叶先脱落，然后叶轴连同总叶柄一起脱落，而小枝不脱落，只有叶脱落。具全裂叶片的单叶其裂口虽可达叶柄，但不形成小叶柄，故易与复叶区分。

五、叶序

叶在茎枝上排列的次序或方式称叶序（phyllotaxy)。常见的叶序有下列几种：

1. 互生

互生（alternate）指在茎枝的每个节上只生1枚叶子，各叶交互而生，常沿茎枝作螺旋状排列，如桑、桃等的叶序。

2. 对生

对生（opposite）指在茎枝的每个节上相对着生2枚叶子，有的与相邻的两叶成十字排列成交互对生，如薄荷、忍冬、龙胆等的叶序；有的对生叶排列于茎的两侧成二列状对生，如女贞、红豆杉等的叶序。

3. 轮生

轮生（whorled 或 verticillate）指每个节上轮生 3 枚或 3 枚以上的叶，如夹竹桃、直立百部、轮叶沙参等的叶序。

4. 簇生

簇生（fascioled）指 2 枚或 2 枚以上的叶着生在短枝上成簇状，如银杏、落叶松、枸杞等的叶序。有些植物的茎极为缩短，节间不明显，其叶似从根上长出，称基生叶（basal leaf），基生叶常集生而成莲座状，称莲座状叶丛（rosette），如蒲公英、车前等（图 5－13）。

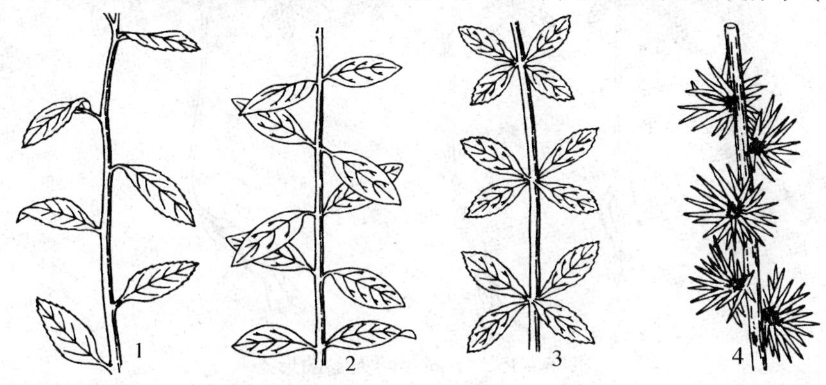

图 5－13 叶序

1. 互生 2. 对生 3. 轮生 4. 簇生

同一株植物可以同时存在两种或两种以上的叶序，如桔梗的叶序有互生、对生及 3 叶轮生，栀子的叶序有对生和 3 叶轮生。

叶在茎枝上无论以哪一种方式排列，相邻两节的叶片都不重叠，总是以相当的角度而彼此镶嵌着生，称叶镶嵌（leaf mosaic）。叶镶嵌使叶片不致相互遮盖，有利于进行光合作用。叶镶嵌现象比较明显的有爬山虎、常春藤等（图 5－14）。

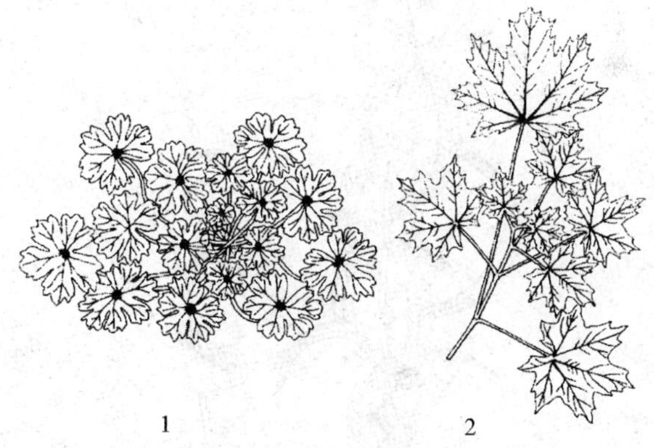

图 5－14 叶镶嵌

1. 莲座叶丛（植株的叶镶嵌） 2. 枝条的叶镶嵌

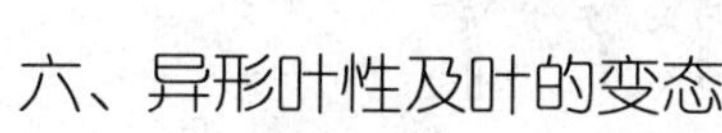

六、异形叶性及叶的变态

（一）异形叶性

一般情况下，每种植物的叶具有一定形状，但有的植物在同一植株上却有不同形状的叶，这种现象称为异形叶性（heterophylly）。异形叶性的发生有两种情况，一种是由于植株发育年龄的不同，所形成的叶型各异，如人参，一年生的只有 1 枚由 3 片小叶组成的复叶，二年生的为 1 枚掌状复叶（5 小叶），三年生的有 2 枚掌状复叶，四年生的有 3 枚掌状复叶，以后每年递增 1 叶，最多可达 6 枚复叶（图 5－15）；半夏苗期的叶为单叶，不裂，成熟期叶分裂为 3 小叶；蓝桉幼枝上的叶为对生、无柄的椭圆形叶，而老枝上的叶则是互生、有柄的镰形叶（图

5－16）；益母草基生叶略呈圆形，中部叶椭圆形、掌状分裂，顶生叶不分裂而呈线性近无柄（图5－17）。另一种是由于外界环境的影响，引起叶的形态变化，如慈菇的沉水叶是线形，浮水的叶呈椭圆形，挺水叶则呈箭形。

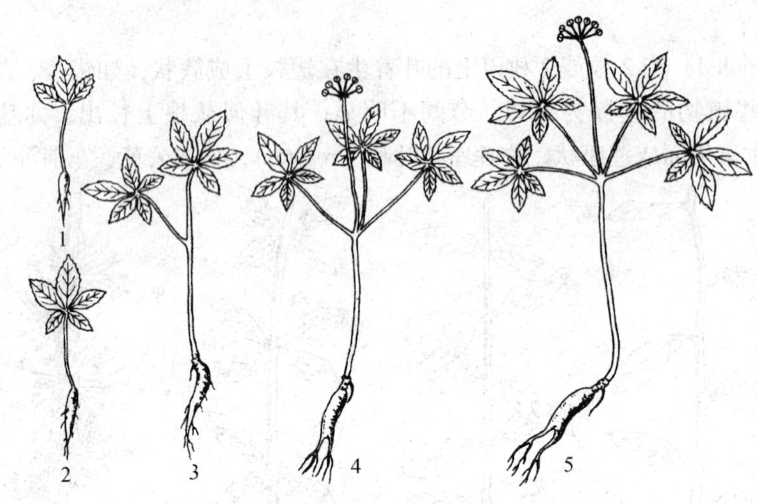

图5－15　不同年龄人参的形态

1. 一年生　2. 二年生　3. 三年生　4. 四年生　5. 五年生

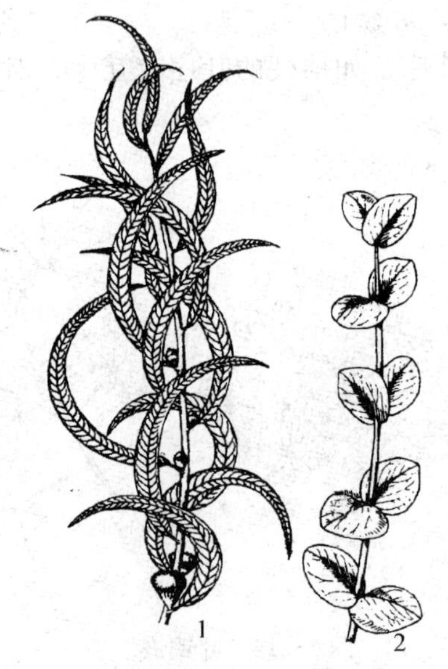

图5－16　蓝桉的异形叶

1. 老枝　2. 幼枝

图5－17　益母草的异形叶

1. 基生叶　2. 中部叶、上部叶

（二）叶的变态

叶的变态种类有很多，常见的有：

1. 苞片（bract）

生于花序中或花序基部的变态叶，称苞片；围于花序基部1至多层的苞片合称为总苞（involucre），总苞中的各个苞片称总苞片；花序中每朵小花的花柄上或花的花萼下较小的苞片称小苞片（bractlet）。苞片的形状多与普通叶不同，常较小，绿色，也有形大而呈各种颜色的。总苞的形状和轮数的多少常为种、属的鉴别特征，如壳斗科植物的总苞常在果期硬化成壳斗状，成为该科植物的主要特征之一；菊科植物的头状花序基部则由多数绿色总苞片组成总苞；鱼腥草花序下的总苞是由四片白色的花瓣状苞片组成；天南星科植物的花序外面常围有一片大型的总苞片，称佛焰苞（spathe）。

2. 鳞叶（scale leaf）

叶特化或退化成鳞片状，称鳞片或鳞叶。可分为膜质和肉质两种，膜质鳞叶菲薄，一般不呈绿色，如姜的根状茎和荸荠球茎上的鳞叶，以及木本植物的冬芽（鳞芽）外的褐色鳞片叶；肉质鳞叶肥厚，能贮藏营养物质，如百合、洋葱等鳞茎上的肥厚鳞叶。

3. 刺状叶（acicular leaf）

刺状叶是由叶片或托叶变态成坚硬的刺状，如小檗的叶变成三刺，通称“三棵针”；仙人掌的叶亦退化成针刺状；红花、枸骨上的刺是由叶尖、叶缘变成的；刺槐、酸枣的刺是由托叶变成的。

4. 叶卷须（leaf tendril）

叶卷须是指叶的全部或一部分变为卷须，借以攀援其他物体，如豌豆的卷须是由羽状复叶先端的小叶片变成的，菝葜的卷须是由托叶变成的。根据卷须的生长部位也可与茎卷须区别。

5. 捕虫叶（insectivorous leaf）

捕虫叶是指食虫植物的叶，叶片形成囊状、盘状或瓶状等捕虫结构，当昆虫触及时立即能自动闭合将昆虫捕获，后被腺毛或腺体内的消化液所消化。如捕蝇草、猪笼草等（图 5－18）。

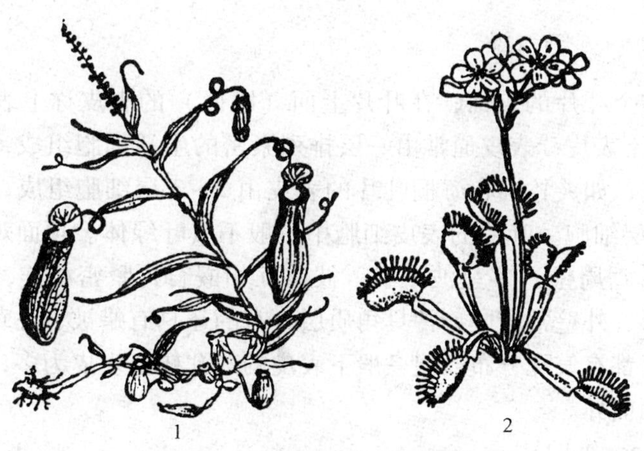

图 5－18 叶的变态——捕虫叶

1. 猪笼草 2. 捕蝇草

第二节 叶的构造

叶的构造主要指叶柄和叶片的构造，叶柄的构造和茎的构造很相似，但叶片是具有背腹面的较薄的扁平体，在构造上与茎有显著不同之处。

一、双子叶植物叶的一般构造

（一）叶柄的构造

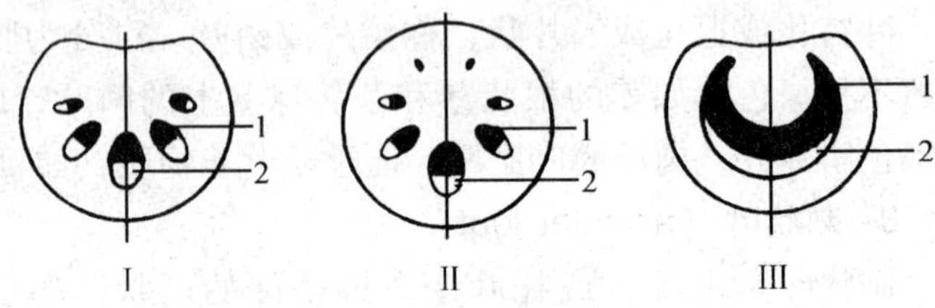

图5－19 3种类型叶柄横切面简图
1. 木质部 2. 韧皮部

叶柄的横切面一般呈半圆形、圆形、三角形等，向茎的一面平坦或凹下，背茎的一面凸出。其构造与茎相似，由表皮、皮层、维管柱大部分组成。叶的维管束的结构和幼茎中的维管束相似，木质部位于上方（腹面），韧皮部位于下方（背面），木质部与韧皮部间常具短暂活动的形成层。在叶柄中进入的维管束数目可原数不变一直延伸至叶片内，但也可分裂成更多的束，或合成为一束，故叶柄中的维管束变化极大，若从不同水平的横切面上观察常不一致（图5－19）。

（二）叶片的构造

一般双子叶植物叶片的构造可分为表皮、叶肉和叶脉三部分（图5－20；图5－21）。

1. 表皮

表皮包被着整个叶片的表面，在叶片上面（腹面）的表皮称上表皮，在叶片下面（背面）的表皮称下表皮，表皮通常由一层排列紧密的生活细胞组成，也有由多层细胞构成的，称复表皮，如夹竹桃和海桐叶片的表皮由2～3层细胞组成；印度橡胶树叶片的表皮可有3～4层细胞。叶片的表皮细胞中一般不具叶绿体。顶面观表皮细胞一般呈不规则形，侧壁（垂周壁）多呈波浪状，彼此互相嵌合，紧密相连，无间隙；横切面观表皮细胞近方形，外壁常较厚，常具角质层，有的还具有蜡被、毛茸等附属物。大多数种类上、下表皮都有气孔分布，但一般下表皮的气孔较上表皮为多，气孔的数目、形状因植物种类不同而异。

2. 叶肉（mesophyll）

叶肉位于在上、下表皮之间，由含有叶绿体的薄壁细胞组成，是绿色植物组织进行光合作用的主要场所。叶肉通常分为栅栏组织（palicade tissue）和海绵组织（spongy tissue）两部分。

（1）栅栏组织　位于上表皮之下，细胞呈圆柱形，排列整齐紧密，其细胞的长轴与上表皮垂直，形如栅栏。细胞内含有大量叶绿体，光合作用效能较强，栅栏组织在叶片内通常排成1层，也有排列成2层或2层以上的，如冬青叶、枇杷叶，各种植物叶肉的栅栏组织排列的层数不一样，可作为叶类药材鉴别的特征。

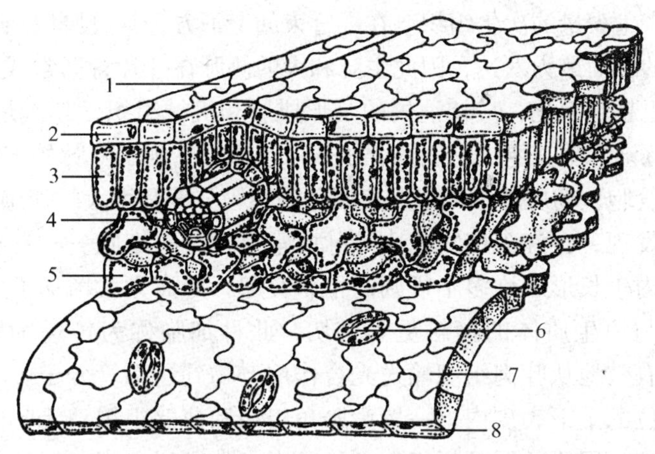

图5－20　叶片结构的立体图解

1. 上表皮（表面观）　2. 上表皮（横切面）　3. 栅栏组织　4. 叶脉　5. 海绵组织　6. 气孔　7. 下表皮（表面观）　8. 下表皮（横切面）

（2）海绵组织　位于栅栏组织下方，与下表皮相接，由一些近圆形或不规则形状的薄壁细胞构成，细胞间隙大，排列疏松如海绵状，细胞中所含的叶绿体一般较栅栏组织为少。

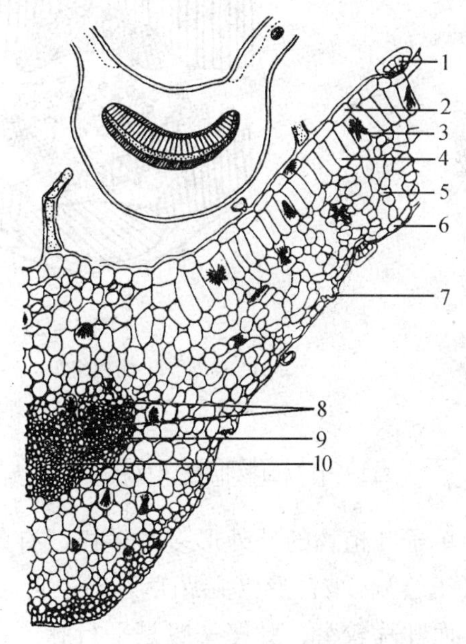

图5－21　薄荷叶横切面简图及详图

1. 鳞毛　2. 上表皮　3. 橙皮苷结晶　4. 栅栏组织　5. 海绵组织　6. 下表皮　7. 气孔　8. 木质部　9. 韧皮部　10. 厚角组织

叶片的内部构造中，栅栏组织紧接上表皮下方，而海绵组织位于栅栏组织和下表皮之间，这种叶称为两面叶（bifacial leaf）。有些植物在上下表皮内侧均有栅栏组织，称等面叶（isolateral leaf），如番泻叶和桉叶；有的植物叶肉内没有栅栏组织和海绵组织的分化，亦为等面叶，如禾本科植物的叶。在叶肉组织中，有的植物含有油室，如桉叶、橘叶等；有的植物含有草酸钙簇晶、方晶、砂晶等，如桑叶、枇杷叶等；有的还含有石细胞，如茶叶。

叶肉组织在上下表皮的气孔内侧，形成一较大的腔隙，称孔下室（气室）。这些腔隙与栅栏组织和海绵组织的胞间隙相通，有利于内外气体的交换。

3. 叶脉

叶脉主要为叶肉中的维管束，主脉和各级侧脉的构造不完全相同。主脉和较大侧脉是由维管束和机械组织组成。维管束的构造和茎的相同，由木质部和韧皮部组成，木质部位于向茎面，韧皮部位于背茎面。在木质部和韧皮部之间常具形成层，但分生能力很弱，活动时间很短，只产生少量的次生组织。在维管束的上下方，常具厚壁或厚角组织包围，这些机械组织在叶的背面最为发达，因此主脉和大的侧脉在叶片背面常成显著的突起。侧脉越分越细，构造也越趋简化，最初消失的是形成层和机械组织，其次是韧皮部组成分子，木质部的构造也逐渐简单，组成它们的分子数目也减少。到了叶脉的末端木质部中只留下1~2个短的螺纹管胞，韧皮部中则只有短而狭的筛管分子和增大的伴胞。

近年来研究发现，在许多植物的小叶脉内常有特化的细胞——具有向内生长的细胞壁，由于壁的向内生长形成许多不规则的指状突起，因而大大增加了壁的内表面与质膜表面积，使质膜与原生质体的接触更为密切，此种细胞称为传递细胞（transfer cell）。传递细胞能够更有效地从叶肉组织输送光合作用产物到达筛管分子。

叶片主脉部位的上下表皮内方一般为厚角组织和薄壁组织，无叶肉组织。但有些植物在主脉的上方有一层或几层栅栏组织，与叶肉中的栅栏组织相连接，如番泻叶、石楠叶，是叶类药材的鉴别特征（图5-22）。

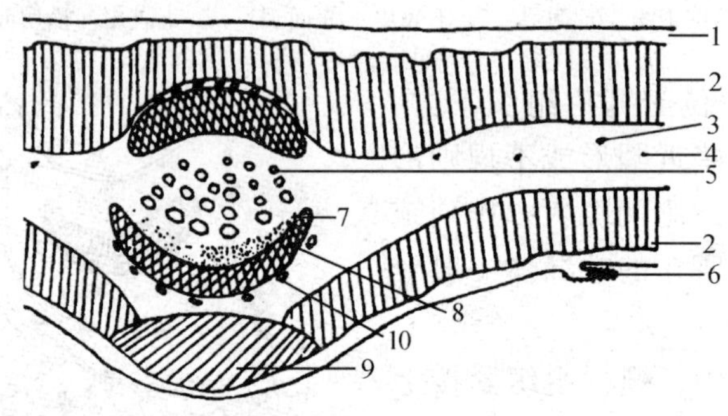

图5-22 番泻叶横切面简图

1. 表皮 2. 栅栏组织 3. 草酸钙簇晶 4. 海绵组织 5. 导管
6. 非腺毛 7. 韧皮部 8. 厚壁组织 9. 厚角组织 10. 草酸钙棱晶

二、单子叶植物叶的构造特征

单子叶植物的叶外形多种多样，有条形（稻、麦）、管形（葱）、剑形（鸢尾）、卵形（玉簪）、披针形（鸭跖草）等。叶可以有叶柄和叶片，但是大多数分化成叶片与叶鞘，而叶片较窄，脉序一般是平行脉。在内部构造上，叶片也有很多变化，但仍和一般双子叶植物一样具有表皮、叶肉和叶脉3种基本结构。现以禾本科植物的叶片为例加以说明（图5-23）。

1. 表皮

表皮细胞的排列比双子叶植物规则，排列成行，有长细胞和短细胞两种类型，长细胞长方柱形，长径与叶的纵长轴平行，外壁角质化，并含有硅质。短细胞又分为硅质细胞和栓质细胞两种类型，硅质细胞的胞腔内充满硅质体，故禾本科植物叶坚硬而表面粗糙；栓质细胞则胞壁木栓化。此外，在上表皮中有一些特殊大型的薄壁细胞，称泡状细胞（bulliform cell），细胞具有大型液泡，在横切面上排列略呈扇形，干旱时由于这些细胞失水收缩，引起整个叶片卷曲成筒，可减少水分蒸发，故又称运动细胞（motor cell）。表皮上下两面都分布有气孔，气孔是由2个狭长或哑铃状的保卫细胞构成，两端头状部分的细胞壁较薄，中部柄状部分细胞壁较厚，每个保卫细胞外侧各有1个略呈三角形的副卫细胞。

2. 叶肉

禾本科植物的叶片多呈直立状态，叶片两面受光近似，因此一般叶肉没有栅栏组织和海绵组织的明显分化，属于等面叶类型，但也有个别植物叶的叶肉组织分化成栅栏组织和海绵组织，属于两面叶类型。如淡竹叶的叶肉组织中栅栏组织为1列圆柱形的细胞组成，海绵组织由1～3列（多2列）排成较疏松的不规则的圆形细胞组成。

3. 叶脉

叶脉内的维管束近平行排列，主脉粗大，维管束为有限外韧型。主脉维管束的上下两方常有厚壁组织分布，并与表皮层相连，增强了机械支持作用。在维管束外围常有1～2层或多层细胞包围，构成维管束鞘（vascular bundle sheath）。如玉米、甘蔗由1层较大的薄壁细胞组成，水稻、小麦则由1层薄壁细胞和1层厚壁细胞组成。

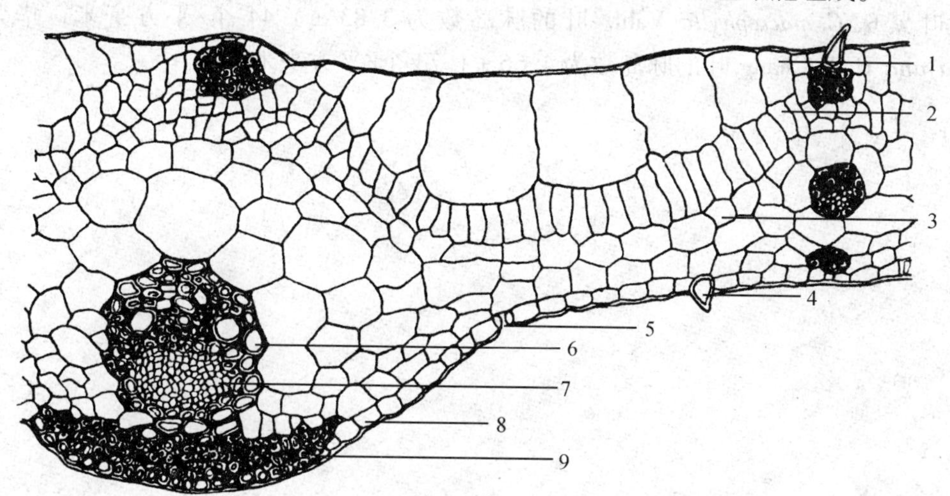

图5－23　淡竹叶片的横切面详图

1. 上表皮（运动细胞）　2. 栅栏组织　3. 海绵组织　4. 非腺毛　5. 气孔　6. 木质部　7. 韧皮部　8. 下表皮　9. 厚壁组织

三、气孔指数、栅表比和脉岛数

1. 气孔指数（stomatal index）

同一植物的叶片，其单位面积（平方毫米）上的气孔数目称为气孔数（stomatal number）。而其单位面积上气孔数与表皮细胞的比例较为恒定，这种比例关系称为气孔指数。测定叶类的气孔指数可用来作为区别不同种的药用植物或叶类、全草类中药的参考依据。

$$气孔指数 = \frac{单位面积上的气孔数}{单位面积上的气孔数 + 单位面积上的表皮细胞数} \times 100\%$$

如中药欧菘蓝 *Isatis tinctoria* L. 叶片的上、下表皮的气孔指数分别为 16.5% ~25.8%、19% ~27%，蓼蓝 *Polygonum tinctorium* Ait. 叶片的上、下表皮的气孔指数分别为 8.4% ~11.4%、22.4% ~28.0%，大青 *Clerodendron cyrtophyllum* Turcz. 叶片的上、下表皮的气孔指数分别为 0.70% ~10.2%、22.1% ~32.5%。

2. 栅表比（palisade ratio）

叶肉中栅栏细胞与表皮细胞之间有一定的关系。一个表皮细胞下的平均栅栏细胞数目称为“栅表比”。栅表比是相当恒定的，可用来区别不同种的植物叶。如尖叶番泻 *Cassia acutifolia* Delile 叶片的栅表比为 1∶(4.5 ~18.0)，狭叶番泻 *C. angustifolia* Vahl. 叶片的栅表比为 1∶(4.0 ~12.0)。

3. 脉岛数（vein islet number）

叶肉中最微细的叶脉所包围的叶肉组织为一个脉岛（vein islet）。每平方毫米面积中的脉岛个数称为脉岛数。同种植物的叶其单位面积（平方毫米）中脉岛的数目通常是恒定的，且不受植物的年龄和叶片的大小而变化，故可用作鉴定的依据，如中药紫珠叶的来源中，杜虹花 *Callicarpa formosana* Rolfe. 叶的脉岛数为 11.31 ±1.82 个/平方毫米，大叶紫珠 *C. macrophylla* Vahl. 叶的脉岛数为 3.83 ±1.44 个/平方毫米，华紫珠 *C. cathayana* H. T. Chang 叶的脉岛数为 4.66 ±1.73 个/平方毫米。

第六章　花

花（flower）是由花芽发育而成的适应生殖、节间极度缩短、不分枝的变态枝。花是种子植物特有的繁殖器官，通过传粉和受精，花可以形成果实或种子，起着繁衍后代延续种族的作用，所以种子植物又称为显花植物。其中裸子植物的花构造较简单，无花被，单性，形成球花状，特称雄球花或雌球花。被子植物的花高度进化，构造复杂，形式多样，因此被子植物又称为有花植物。一般所说的花是指被子植物的花。

很多植物的花可供药用。花类药材中有的是植物的花蕾，如辛夷、金银花、丁香、槐米等；有的是已开放的花，如洋金花、红花、木棉花、金莲花等；有的是花的一部分，如莲须是雄蕊，玉米须是花柱，番红花是柱头，松花粉、蒲黄是花粉粒，莲房则是花托；也有的是花序，如菊花、旋覆花、款冬花等。

第一节　花的形态和类型

花的形态和构造随植物种类而异。与其他器官相比，花的形态构造特征较稳定，变异较小，植物在长期进化过程中所发生的变化也往往从花的构造中得到反映，因此掌握花的特征对研究植物分类、药材原植物鉴别以及花类药材鉴定等都有极其重要的意义。

一、花的组成

典型的花由花梗（pedicel）、花托（receptacle）、花萼（calyx）、花冠（corolla）、雄蕊群（androecium）和雌蕊群（gynoecium）等部分组成（图6－1）。其中花梗和花托是茎枝的延伸和变态结构，主要起支持作用。花萼和花冠合称花被（perianth），有保护花蕊和引诱昆虫传粉等作用。雄蕊群和雌蕊群具有生殖功能，是花中最重要的可育部分。花萼、花冠、雄蕊群和雌蕊群都是变态叶。有时将花梗和花托合称花茎，花萼、花冠、雄蕊群和雌蕊群合称花叶。

二、花的形态

（一）花梗

花梗又称花柄，通常绿色、圆柱形，是花与茎的连接部分，使花处于一定的空间位

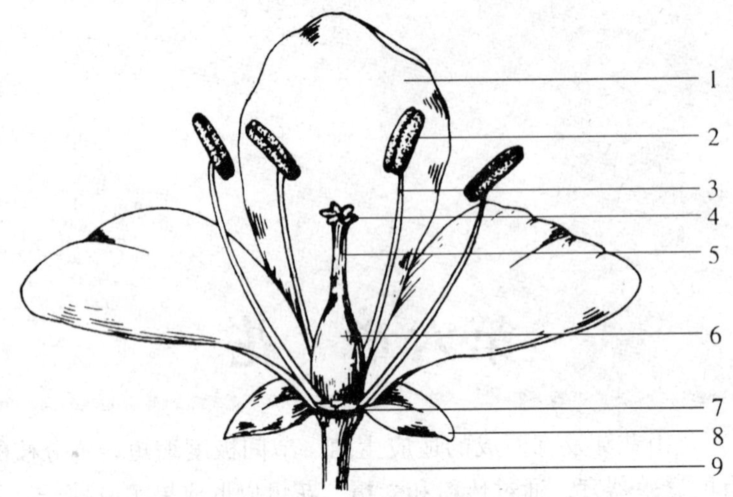

图6－1　花的组成部分

1. 花冠　2～3. 雄蕊（2. 花药　3. 花丝）　4～6. 雌蕊（4. 柱头　5. 花柱　6. 子房）
7. 花托　8. 花萼　9. 花梗

置。花梗的有无、长短、粗细、形状等因植物的种类而异。果实形成时，花梗便成为果柄。

（二）花托

花托是花梗顶端膨大的部分，为花茎的最前端，其上着生花叶。花托的形状随植物种类而异。大多数植物的花托呈平坦或稍凸起的圆顶状，有的呈圆柱状，如木兰、厚朴；有的呈圆锥状，如草莓；有的呈倒圆锥状，如莲；有的凹陷呈杯状，如金樱子、蔷薇、桃。有的花托在雌蕊基部或在雄蕊与花冠之间形成肉质增厚部分，呈扁平垫状、杯状或裂瓣状，常可分泌蜜汁，称花盘（disc），如柑橘、卫矛、枣等。有的花托在雌蕊基部向上延伸成一柱状体，称雌蕊柄（gynophore），如黄连、落花生等。也有的花托在花冠以内的部分延伸成一柱状体，称雌雄蕊柄（androgynophore），如白花菜、西番莲等。

（三）花被

花被是花萼和花冠的总称。多数植物的花被片分化为形态明显不同的花萼与花冠，如桃、杜鹃、木槿、紫荆等。有一些植物的花被片无明显的花萼和花冠分化，形态相似而不易区分，称为花被，如厚朴、五味子、百合、黄精等。

1. 花萼

花萼是一朵花中所有萼片（sepals）的总称，位于花的最外层。萼片一般呈绿色的叶片状，其形态和构造与叶片相似。其上下表皮层均有气孔和表皮毛，以下表皮为多；叶肉由不规则的薄壁细胞组成，细胞含叶绿体，一般没有栅栏组织和海绵组织的分化。

一朵花的萼片彼此分离的称离生萼（chorisepalous calyx），如毛茛、菘蓝等大多数植物的花萼；萼片中下部联合的称合生萼（gemosepalous calyx），如丹参、桔梗等，联合的部分称萼筒或萼管，常有唇形、漏斗状、筒状等形状，前端分离的部分称萼齿或萼裂片，萼筒形状和萼裂片数目在同种花中通常稳定。有些植物的萼筒一边向外凸起成伸长的管状，称距（spur），如旱金莲、凤仙花等。一般植物的花萼在花谢时或稍晚脱落或枯萎，有些植物的花萼在开花前即脱落，称早落萼（caducous calyx），如延胡索、白屈菜等。有些植物的花萼在花谢时不脱落并随果实一起增大，称宿存萼（persistent calyx），如柿、酸浆等。萼片一般排成一轮，若在花梗顶端紧邻花萼下方另有一轮类似萼片状的苞片，称副萼（epicalyx），如棉花、蜀葵等。花托下方花梗中部或基部的叶片状结构一般只称苞片而非副萼，如石竹。有的萼片大而颜色鲜艳呈花瓣状，称瓣状萼，如乌头、铁线莲等。此外，菊科植物的花萼常变态成羽毛状，称冠毛（pappus），如蒲公英等；苋科植物的花萼常变成半透明的膜质状，如牛膝、青葙等。

2. 花冠

花冠是一朵花中所有花瓣（petals）的总称，位于花萼的内方，常具各种鲜艳的颜色。有的花瓣基部具有能分泌蜜汁的腺体，使花具有香味，有利于招引昆虫传播花粉。花瓣的构造与叶相似，上表皮细胞常呈乳头状或绒毛状，下表皮细胞有时呈波状弯曲，有时可见少数气孔和毛茸。上下表皮之间的组织比花萼更为简化，由数层排列疏松的薄壁细胞组成，无栅栏细胞的分化，有时可见分泌组织和贮藏物质，如丁香的花瓣中有油室；红花的花瓣中有分泌管，内含红棕色物质；金银花的花瓣中含有草酸钙结晶。花瓣中的维管组织不发达，有时只有少数螺纹导管。

花瓣彼此分离的称离瓣花冠（choripetalous corolla），为离瓣花亚纲植物所具有，如甘草、仙鹤草等。花瓣彼此联合的称合瓣花冠（synpetalous corolla），为合瓣花亚纲植物所具有，其下部联合的部分称花冠筒或花筒，上部分离的部分称花冠裂片，如丹参、桔梗等。有些植物的花瓣基部延长成管状或囊状，亦称距，如紫花地丁、延胡索等。有些花冠瓣片前端宽大，中部急剧缩窄并下延，缩窄的部位称喉（throat），下延的部分称爪（claw），如油菜、石竹等。有些植物的花冠内侧或花冠与雄蕊之间生有瓣状附属物，称副花冠（corona），如徐长卿、水仙等。

花冠有多种形态。同种植物花瓣及花冠裂片的数目、形态、排列等特征突出而稳定，形成不同的花冠类型（图6－2）。可作为植物分类鉴定的重要依据，甚至成为某些植物的独有特征。常见的花冠类型有：

（1）十字形（cruciform）　花瓣4枚，分离，常具爪，上部外展呈十字形排列，如菘蓝、油菜等十字花科植物的花冠。

（2）蝶形（papilionaceous）　花瓣5枚，分离，上方1枚位于最外侧且最大称旗瓣，侧方2枚较小称翼瓣，最下方2枚最小且位于最内侧，瓣片前端常联合并向上弯曲，排列呈V字形，称龙骨瓣，如甘草、槐花等蝶形花亚科植物的花冠。若上方旗瓣最小且位于最内侧，侧方2枚翼瓣次之，迭压旗瓣，最下方2枚龙骨瓣最大，迭压翼瓣，称假蝶形花冠（false papilionaceous），如决明、苏木等云实亚科植物的花冠。

（3）唇形（labiate）　花冠下部联合成筒状，前端分裂成两部分，上下排列为二唇形，上唇中部常凹陷，再分裂为2枚裂片，下唇常再分裂为3枚裂片，如益母草、丹参等唇形科植物的花冠。

（4）管状（tubular） 花冠合生，花冠筒细长管状，前端5齿裂，辐射状排列，如菊科植物红花的花冠、紫菀盘花的花冠等。

（5）舌状（liguliform） 花冠基部联合呈一短筒，上部向一侧延伸成扁平舌状，前端5齿裂，如菊科植物蒲公英的花冠、紫菀缘花的花冠等。

（6）漏斗状（funnel - form） 花冠筒较长，自下向上逐渐扩大，上部外展呈漏斗状，前端一般无明显裂片，有时会在维管束延伸至前缘处形成微凸或小缺刻，如牵牛等旋花科植物和曼陀罗等部分茄科植物的花冠。

（7）高脚碟状（salverform） 花冠下部细长呈管状，上部分裂并水平展开呈碟状，如水仙、长春花等植物的花冠。

（8）钟状（companulate） 花冠筒阔而短，上部裂片扩大平缓外展似钟形，如沙参、桔梗等桔梗科植物的花冠。

（9）辐状或轮状（wheel - shaped） 花冠筒甚短而广展，裂片由基部向四周扩展，形如车轮状，如龙葵、枸杞等部分茄科植物的花冠。

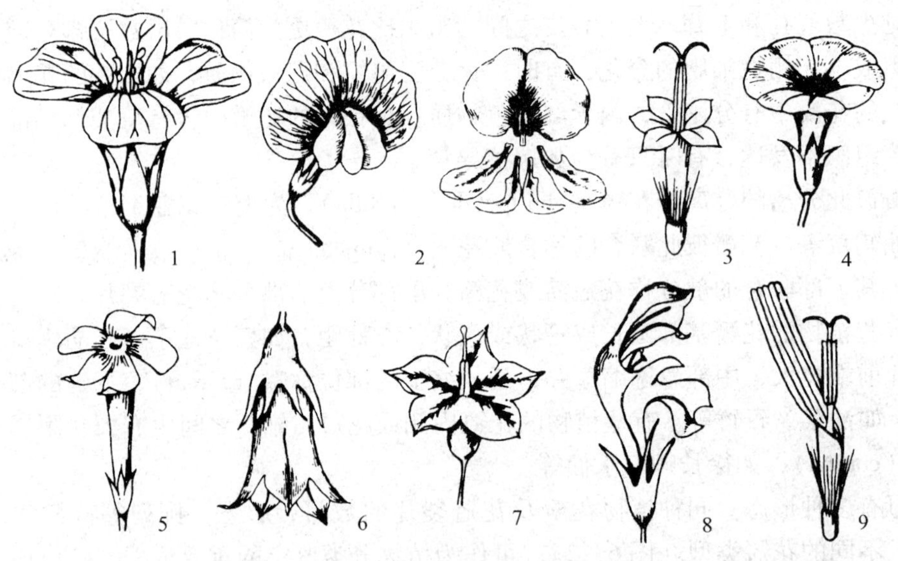

图6－2 花冠的类型

1. 十字形 2. 蝶形 3. 管状 4. 漏斗状 5. 高脚碟状 6. 钟状 7. 辐状 8. 唇形 9. 舌状

3. 花被卷迭式

花被卷迭式是指花未开放时花被各片彼此的叠压方式，花蕾即将绽开时观察尤为明显。常见的花被卷迭式（图6－3）有：

（1）镊合状（valvate） 花被各片的边缘彼此互相接触排成一圈，但互不重叠，如桔梗、葡萄的花冠。若花被各片的边缘稍向内弯称内向镊合，如沙参的花冠；若花被各片的边缘稍向外弯称外向镊合，如蜀葵的花萼。

(2) 旋转状 (contorted)　花被各片彼此以一边重迭成回旋状，如夹竹桃、龙胆的花冠。

(3) 覆瓦状 (imbricate)　花被边缘彼此覆盖，但其中有1片完全在外面，有1片完全在内面，如山茶的花萼、紫草的花冠。

(4) 重覆瓦状 (quincuncial)　花被边缘彼此覆盖，覆瓦状排列的花被片中有2片完全在外面，有2片完全在内面，如桃、野蔷薇的花冠。

图6-3　花被卷迭式

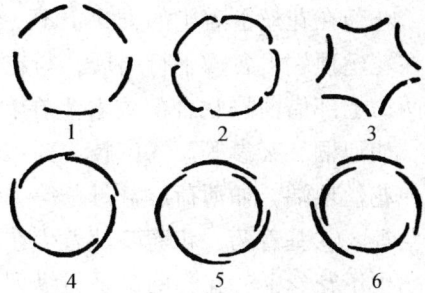

1. 镊合状　2. 内向镊合状　3. 外向镊合状　4. 旋转状　5. 覆瓦状　6. 重覆瓦状

(四) 雄蕊群

雄蕊群是1朵花中所有雄蕊 (stamen) 的总称。多数植物的雄蕊为定数或多数，也有1朵花仅有1枚雄蕊的，如京大戟、白及、姜等。雄蕊位于花被的内方，常直接着生在花托上或贴生在花冠上。

1. 雄蕊的组成

典型的雄蕊由花丝和花药两部分组成。有少数植物的花一部分雄蕊不具花药或仅见其痕迹，称不育雄蕊或退化雄蕊，如丹参、鸭跖草的雄蕊；还有少数植物花的雄蕊变态为没有花药和花丝之分而成花瓣状，如姜、美人蕉等的雄蕊。

(1) 花丝 (filament)　为雄蕊下部细长的柄状部分，其基部着生于花托上，上部承托花药。花丝的粗细、长短随植物种类而异。

(2) 花药 (anther)　为花丝顶部膨大的囊状体，是雄蕊的主要部分。花药常分成左右两瓣，中间借药隔 (connective) 相连，药隔中维管束与花丝维管束相连。每瓣各由2个药室 (anther cell) 或称花粉囊 (pollen sac) 组成，排列成蝴蝶状，药室内含大量花粉粒。也有的雄蕊只有2个药室。雄蕊成熟时，花药自行裂开，花粉粒散出。

花药开裂的方式有多种，常见的有：①纵裂，即花粉囊沿纵轴开裂，如水稻、百合等。②孔裂，即花粉囊顶端裂开1小孔，花粉粒由孔中散出，如杜鹃等。③瓣裂，即花粉囊上形成1~4个向外展开的小瓣，成熟时瓣片向上掀起，散出花粉粒，如樟、淫羊藿等。此外还有横裂，即花粉囊沿中部横裂一缝，花粉粒从缝中散出（图6-4）。

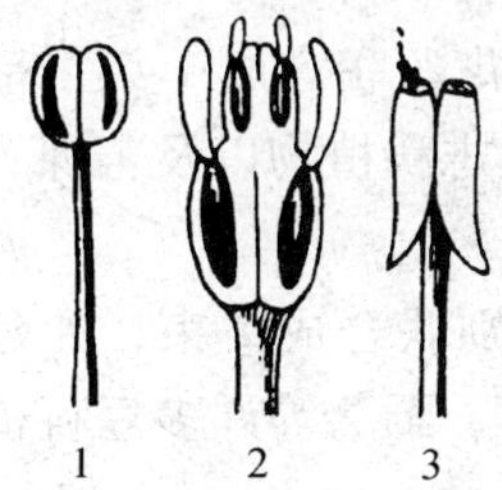

图6-4　花药开裂的方式

1. 纵裂　2. 瓣裂　3. 孔裂

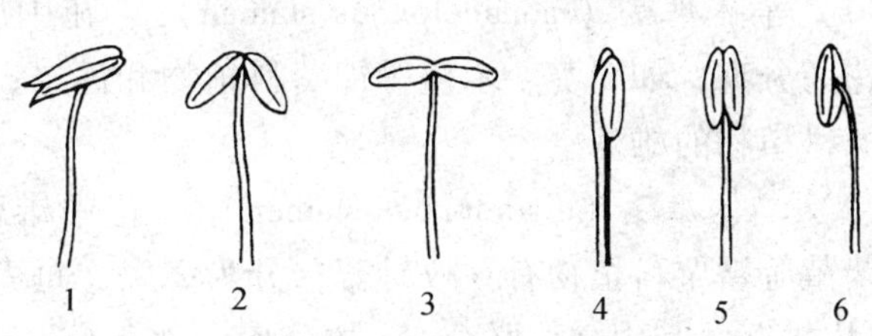

图6-5　花药着生方式

1. 丁字着药　2. 个字着药　3. 广歧着药　4. 全着药　5. 基着药　6. 背着药

花药在花丝上着生的方式也不一致，常见的有：①丁字着药：花药背部中央一点着生在花丝顶端，各瓣平行斜展，与花丝略呈丁字形，如水稻、百合等。②个字着药：花药两瓣上部借药隔联合部位着生在花丝上，下部分离并侧向斜展，花药与花丝呈个字形，如泡桐、玄参等。③广歧着药：花药两瓣完全分离平展近乎一直线，中部药隔处着生在花丝顶端，如薄荷、益母草等。④全着药：花药自上而下全部贴生在花丝上，如紫玉兰等。⑤基着药：花药基部着生在花丝顶端，如樟、茄等。⑥背着药：花丝仅背部中央贴生于花丝上，花药两瓣平行纵列，称背着药，如杜鹃、马鞭草等（图6－5）。

2. 雄蕊的类型

一朵花中雄蕊的数目、长短、离合、排列方式等随植物种类而异，形成不同的雄蕊类型（图6－6）。其中雄蕊数目往往与花瓣同数或为其倍数，数目超过10枚或不定数的称雄蕊多数。花中的雄蕊相互分离的，称离生雄蕊。有些植物的雄蕊部分或全部联合在一起或长短不一。常见的雄蕊类型有：

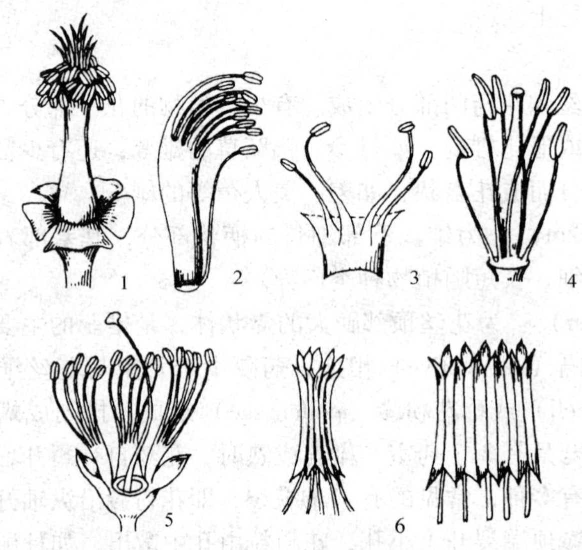

图6－6 雄蕊的类型

1. 单体雄蕊 2. 二体雄蕊 3. 二强雄蕊 4. 四强雄蕊 5. 多体雄蕊 6. 聚药雄蕊

（1）单体雄蕊（monadelphous stamen） 花中所有雄蕊的花丝联合成1束，呈筒状，花药分离，如蜀葵、木槿等锦葵科植物和远志、瓜子金等远志科植物以及苦楝、香椿等楝科植物的雄蕊。

（2）二体雄蕊（diadelphous stamen） 花中雄蕊的花丝分别联合成2束，如延胡索、紫堇等罂粟科植物有6枚雄蕊，分为2束，每束3枚；甘草、野葛等许多豆科植物有10枚雄蕊，其中9枚联合，1枚分离，称9合1离二体雄蕊。

（3）二强雄蕊（didynamous stamen） 花中共有4枚雄蕊，其中2枚花丝较长，2枚花丝较短，如益母草、薄荷等唇形科植物，马鞭草、牡荆等马鞭草科植物和玄参、地黄等玄参科植物的雄蕊。

（4）四强雄蕊（tetradynamous stamen） 花中共有6枚雄蕊，其中4枚花丝较长，

2 枚较短，如菘蓝、独行菜等十字花科植物的雄蕊。

（5）多体雄蕊（polyadelphous stamen）　花中雄蕊多数，花丝联合成多束，如金丝桃、元宝草等藤黄科植物和橘、酸橙等部分芸香科植物的雄蕊。

（6）聚药雄蕊（synantherous stamen）　花中雄蕊的花药联合成筒状，花丝分离，如蒲公英、白术等菊科植物的雄蕊。

（五）雌蕊群

雌蕊群是 1 朵花中所有雌蕊（pistil）的总称，位于花的中心部分。

1. 雌蕊的组成

雌蕊是由心皮（carpel）构成的。心皮是适应生殖的变态叶。裸子植物的心皮（又称大孢子叶或珠鳞）展开成叶片状，胚珠裸露在外，被子植物的心皮边缘结合成囊状的雌蕊，胚珠包被在囊状的雌蕊内，这是裸子植物与被子植物的主要区别。当心皮卷合形成雌蕊时，其边缘的愈合缝线称腹缝线（ventral suture），相当于心皮中脉部分的缝线称背缝线（dorsal suture），胚珠常着生在腹缝线上。

雌蕊的外形似瓶状，由子房、花柱和柱头 3 部分组成。

（1）子房（ovary）　是雌蕊基部膨大的囊状部分，常呈椭圆形、卵形等形状，其底部着生在花托上。子房的外壁称子房壁，子房壁以内的腔室称子房室，其内着生胚珠，因此子房是雌蕊最重要的部分。

（2）花柱（style）　是子房上端收缩变细并上延的颈状部位，也是花粉管进入子房的通道。花柱的粗细、长短、有无随植物种类而异，如玉米的花柱细长如丝，莲的花柱粗短如棒，而木通、罂粟则无花柱，其柱头直接着生于子房的顶端，唇形科和紫草科植物的花柱插生于纵向分裂的子房基部，称花柱基生（gynobasic）。有些植物的花柱与雄蕊合生成 1 柱状体，称合蕊柱（gynostemium），如白及等兰科植物。

（3）柱头（stigma）　是花柱顶部稍膨大的部分，为承受花粉的部位。柱头常成圆盘状、羽毛状、星状、头状等多种形状，其上带有乳头状突起，并常能分泌黏液，有利于花粉的附着和萌发。

2. 雌蕊的类型

被子植物的雌蕊可由 1 至多个心皮组成。根据组成雌蕊的心皮数目与心皮联合与否，形成不同的雌蕊类型（图 6 – 7）。常见的有：

（1）单雌蕊（simple pistil）　是由 1 个心皮构成的雌蕊，如甘草、野葛等豆科植物和桃、杏等部分蔷薇科植物的雌蕊。

（2）复雌蕊（syncarpous pistil）　是由 1 朵花内的 2 个或 2 个以上心皮彼此联合构成的复合雌蕊，如菘蓝、丹参、向日葵等为 2 心皮复雌蕊；大戟、百合、南瓜等为 3 心皮复雌蕊；卫矛等为 4 心皮复雌蕊；贴梗海棠、桔梗、木槿等为 5 心皮复雌蕊；橘、蜀葵等的雌蕊则由 5 个以上的心皮联合而成。组成雌蕊的心皮数往往可由柱头和花柱的分裂数、子房上的主脉数以及子房室数等来判断。

（3）离生雌蕊（apocarpous pistil）　是 1 朵花内有 2 至多数心皮，彼此无明显联合，各自形成单雌蕊并聚集在花托上的雌蕊，如毛茛、乌头等毛茛科植物和厚朴、五味子等木兰科植物的雌蕊。

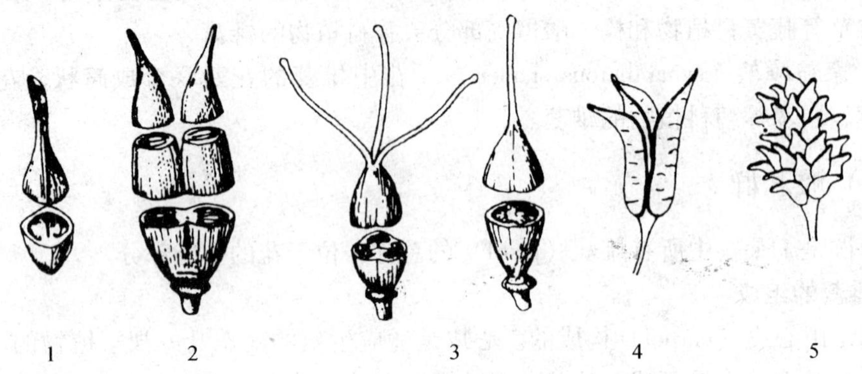

图6-7 雌蕊的类型

1. 单雌蕊 2. 二心皮复雌蕊 3. 三心皮复雌蕊 4. 三心皮离生雌蕊 5. 多心皮离生雌蕊

3. 子房的位置及花位

由于花托的形状、结构不同，子房在花托上着生位置和愈合程度及其与花被、雄蕊之间关系也发生变化。子房与花托的愈合情况以子房位置表示，子房与花被、雄蕊的位置关系反映花位情况（图6-8）。

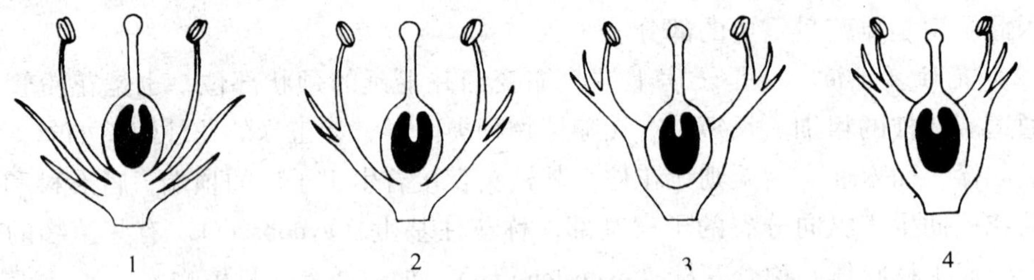

图6-8 子房的位置简图

1. 子房上位（下位花） 2. 子房上位（周位花） 3. 子房半下位（周位花）
4. 子房下位（上位花）

（1）子房上位（superior ovary） 花托扁平或隆起，子房仅底部与花托相连，称子房上位，花被、雄蕊均着生在子房下方的花托边缘，这种花称下位花（hypogynous flower），如油菜、金丝桃、百合等。若花托下陷为杯状，子房仅基部着生于杯状凹陷内壁的中央或侧壁上，亦称为子房上位；花被、雄蕊则着生于杯状花托的上端边缘，称周位花（perigynous flower），如桃、杏、金樱子等。

（2）子房半下位（half-inferior ovary） 子房下半部着生于凹陷的花托中并与花托愈合，上半部外露，称子房半下位；花被、雄蕊均着生于花托四周的边缘，称周位花，如桔梗、党参、马齿苋等。

（3）子房下位（inferior ovary） 花托凹陷，子房完全生于花托内并与花托愈合，称子房下位；花被、雄蕊均着生于子房上方的花托边缘，称上位花（epigynous flower），如贴梗海棠、丝瓜等。

4. 子房的室数

子房室的数目由心皮的数目及其结合状态而定。单雌蕊子房只有1室，称单子房，如甘草、野葛等豆科植物的子房。合生心皮复雌蕊的子房称复子房，其中有的仅是心皮边缘联合，形成的子房只有1室，称单室复子房，单室复子房侧壁上的腹缝线称侧膜，如栝楼、丝瓜等葫芦科植物的子房；有的心皮边缘向内卷入，在中心联合形成柱状结构，称中轴（axis），形成的子房室数与心皮数相等，称复室复子房，复室复子房室的间壁称隔膜（diaphragm），如百合、黄精等百合科植物和桔梗、南沙参等桔梗科植物的子房；有的子房室可能被次生的间壁完全或不完全地分隔，次生间壁称假隔膜（false diaphragm），如菘蓝、芥菜等十字花科植物和益母草、丹参等唇形科植物的子房。

5. 胎座及其类型

胚珠在子房内着生的部位称胎座（placenta）。因雌蕊的心皮数目及心皮联合的方式不同，常形成不同的胎座类型（图6-9）。常见的胎座类型有：

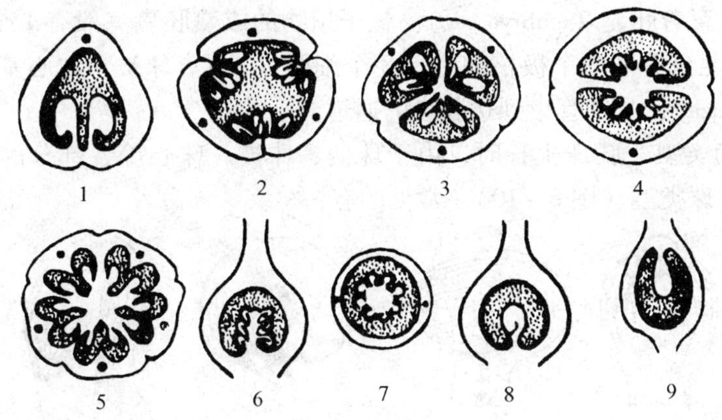

图6-9　胎座的类型

1. 边缘胎座　2. 侧膜胎座　3~5. 中轴胎座　6、7. 特立中央胎座　8. 基生胎座　9. 顶生胎座

（1）边缘胎座（marginal placenta）　单雌蕊，子房1室，多数胚珠沿腹缝线的边缘着生，如野葛、决明等豆科植物的胎座。

（2）侧膜胎座（parietal placenta）　复雌蕊，单室复子房，多数胚珠着生在子房壁相邻两心皮联合的多条侧膜上，如罂粟、延胡索等罂粟科植物和栝楼、丝瓜等葫芦科植物的胎座。

（3）中轴胎座（axial placenta）　复雌蕊，复室复子房，多数胚珠着生在各心皮边缘向内伸入于中央而愈合成的中轴上，其子房室数往往与心皮数目相等，如玄参、地黄等玄参科植物和桔梗、沙参等桔梗科植物以及百合、贝母等百合科植物的胎座。

（4）特立中央胎座（free-central placenta）　复雌蕊，单室复子房，来源于复室复子房，但子房室的隔膜和中轴上部消失，形成单子房室，多数胚珠着生在残留于子房中央的中轴周围，如石竹、太子参等石竹科植物和过路黄、点地梅等报春花科植物的胎座。

（5）基生胎座（basal placenta）　子房由1~3心皮形成，1室，1枚胚珠着生在子房室基部，如大黄、何首乌等蓼科植物和向日葵、白术等菊科植物的胎座。

（6）顶生胎座（epical placenta） 子房由1～3心皮形成，1室，1枚胚珠着生在子房室顶部，如桑、构树等桑科植物和草珊瑚等金粟兰科植物的胎座。

6. 胚珠（ovule）的构造及其类型

胚珠是种子的前身，为着生在胎座上的卵形小体，受精后发育成种子，其数目、类型随植物种类而异。

（1）胚珠的构造 胚珠着生在子房内，常呈椭圆形或近圆形，其一端有一短柄称珠柄（funicle），与胎座相连，维管束从胎座通过珠柄进入胚珠。大多数被子植物的胚珠有2层包被，称珠被（integument），外层称外珠被（outer integument），内层称内珠被（inner integument），裸子植物及少数被子植物仅有1层珠被，极少数植物没有珠被。在珠被的前端常不完全愈合而留下1小孔，称珠孔（micropyle），是多数植物受精时花粉管到达珠心的通道。珠被内侧为一团薄壁细胞，称珠心（nucellus），是胚珠的重要部分。珠心中央发育着胚囊（embryo sac）。被子植物的成熟胚囊一般有1个卵细胞、2个助细胞、3个反足细胞和2个极核细胞等8个细胞（核）。珠被、珠心基部和珠柄汇合处称合点（chalaza），是维管束到达胚囊的通道。

（2）胚珠的类型 胚珠生长时，由于珠柄、珠被、珠心等各部分的生长速度不同而形成不同的胚珠类型（图6－10）。常见的有：

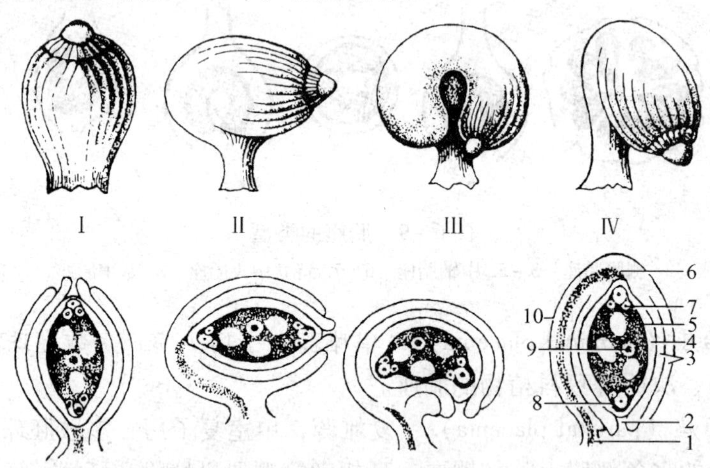

图6－10 胚珠的构造及类型

Ⅰ. 直生胚珠 Ⅱ. 横生胚珠 Ⅲ. 弯生胚珠 Ⅳ. 倒生胚珠

1. 珠柄 2. 珠孔 3. 珠被 4. 珠心 5. 胚囊 6. 合点

7. 反足细胞 8. 卵细胞和助细胞 9. 极核细胞 10. 珠脊

①直生胚珠（atropous ovule）：胚珠直立且各部分生长均匀，珠柄在下，珠孔在上，珠柄、珠孔、合点在一条直线上。如三白草科、胡椒科、蓼科植物的胚珠。

②横生胚珠（hemitropous ovule）：胚珠一侧生长较另一侧快，使胚珠横向弯曲，珠孔和合点之间的直线与珠柄垂直。如毛茛科、锦葵科、玄参科和茄科的部分植物的胚珠。

③弯生胚珠（campylotropous ovule）：胚珠的下半部生长速度均匀，上半部的一侧生长速度快于另一侧，并向另一侧弯曲，使珠孔弯向珠柄，胚珠呈肾形。如十字花科和豆科部分植物的胚珠。

④倒生胚珠（anatropous ovule）：胚珠的一侧生长迅速，另一侧生长缓慢，使胚珠倒置，合点在上，珠孔下弯并靠近珠柄，珠柄较长并与珠被一侧愈合，愈合线形成一明显的纵脊称珠脊。大多数被子植物的胚珠属此种类型。

三、花的类型

在长期的演化过程中，被子植物花各部分都发生了不同程度的变化，使花的形态构造多种多样，形成不同类型的花，常见的分类方法与类型有：

（一）完全花和不完全花

依据花主要组成部分完整与否分为：①完全花（complete flower），指1朵同时具有花萼、花冠、雄蕊群、雌蕊群的花，如油菜、桔梗等的花。②不完全花（incomplete flower），指缺少其中一部分或几部分的花，如鱼腥草、丝瓜等的花。

（二）无被花、单被花、重被花和重瓣花

依据花被有无及花被排列情况可分为：①无被花（achlamydeous flower），指既没有花萼也没有花冠的花，无被花在花梗下部或基部常具有显著的苞片，如杨、胡椒、杜仲等的花。②单被花（simple perianth flower），指仅有花萼而无花冠的花，这种花萼称花被，单被花的花被片常呈一轮或多轮排列，多具鲜艳的颜色，如玉兰的花被片为白色，白头翁的花被片为紫色等。③重被花（double perianth flower），指花萼和花冠均有的花，如桃、甘草等的花。④重瓣花（double flower），指许多栽培型植物的花瓣常呈数轮排列且数目较多的花，如碧桃等栽培植物。

（三）两性花、单性花和无性花

依据花蕊发育情况分为：①两性花（bisexual flower），指1朵同时具有雄蕊和雌蕊的花，如桔梗、油菜等的花。②单性花（unisexual flower），指仅有雄蕊或仅有雌蕊的花，其中仅有雄蕊的花称雄花（male flower），仅有雌蕊的花称雌花（female flower）。同株植物既有雄花又有雌花称单性同株或雌雄同株（monoecism），如南瓜、半夏等；若同种植物的雌花和雄花分别生于不同植株上称单性异株或雌雄异株（dioecism），如银杏、天南星等。同种植物既有两性花又有单性花称杂性同株，如朴树；若同种植物两性花和单性花分别生于不同植株上称杂性异株，如葡萄、臭椿等。③无性花（asexual flower），指雄蕊和雌蕊均退化或发育不全的花，也称中性花，如八仙花花序周围的花。

（四）辐射对称花、两侧对称花和不对称花

按照花叶排列位置分为：①辐射对称花（actinomorphic flower），指花被各片的形

状、大小、排列方式相似，通过花的中心可作 2 个或 2 个以上对称面的花，也称整齐花，如具有十字形、辐状、管状、钟状、漏斗状等花冠的花。②两侧对称花（zygomorphic flower），指花被各片的形状大小不一，通过其中心只可作一个对称面，也称不整齐花，如具有蝶形、唇形、舌状花冠的花。③不对称花（asymmetric flower），指通过花的中心不能作出对称面的花，如美人蕉、缬草等极少数植物的花。

第二节　花的描述

准确描述花各组成部分的数目、离合、排列方式等形态特征，是药用植物学的基本技能之一。较为简便的描述方法有花程式或花图式，两种方法各有侧重与不足，所以在描述时可根据不同需要可选用其中一种或两种方法联用。

一、花程式

花程式（flower formula）是采用字母、符号及数字按规定的项目及顺序表示花各部分的组成、数目、排列方式等的公式，主要方法如下：

1. 以拉丁名（或德文）首字母的大写表示花的各组成部分。如：

P：表示花被，来源于拉丁文 perianthium。

K：表示花萼，来源于德文 kelch。

C：表示花冠，来源于拉丁文 corolla。

A：表示雄蕊，来源于拉丁文 androecium。

G：表示雌蕊，来源于拉丁文 gynoecium。

2. 以数字表示花各部分的数目：在各拉丁字母的右下角用 1、2、3、4……10 等以下标形式表示各部分数目；以∞表示 10 以上或数目不定；以 0 表示该部分缺少或退化；在雌蕊的右下角用数字以下标形式依次表示心皮数、子房室数、每室胚珠数，并用“:”间隔。

3. 以符号表示其他特征：如以⚥表示两性花；以♀表示雌花；以♂表示雄花。以＊表示辐射对称花；以↑或·|·表示两侧对称花。各部分的数字加“（）”表示联合；数字之间加“+”表示排列的轮数或依据特征的分组。在 G 的下方加横线“—”表示子房上位；在 G 上方加横线“—”表示子房下位；在 G 上方和下方同时加横线“—”表示子房半下位。

4. 花程式主要记载花各部分组成、位置关系等内容，记载顺序为花的性别、对称性、花萼、花冠、雄蕊群、雌蕊群。若为单性花，需分别记录，一般雄花在前，雌花在后。举例如下：

（1）贴梗海棠花程式　⚥ $* K_{(5)} C_5 A_\infty \overline{G}_{(5:5:\infty)}$

读作：贴梗海棠花：两性；辐射对称；萼片 5 枚，联合；花瓣 5 枚，分离；雄蕊多数，分离；雌蕊子房下位，由 5 心皮合生，复子房 5 室，每室胚珠多数。

（2）玉兰花程式　⚥ $* P_{3+3+3} A_{\infty} \underline{G}_{\infty:1:2}$

读作：玉兰花：两性；辐射对称；花单被，花被片3轮，每轮3枚，分离；雄蕊多数，分离；雌蕊子房上位，心皮多数，离生单雌蕊，每子房1室，每室2枚胚珠。

（3）紫藤花程式　⚥ $\uparrow K_{(5)} C_5 A_{(9)+1} \underline{G}_{1:1:\infty}$

读作：紫藤花：两性；两侧对称；萼片5枚，联合；花瓣5枚，分离；雄蕊10枚，9合1离二体雄蕊；雌蕊子房上位，1心皮单雌蕊，单子房1室，每室胚珠多数。

（4）桔梗花程式　⚥ $* K_{(5)} C_{(5)} A_5 \overline{G}_{(5:5:\infty)}$

读作：桔梗花：两性；辐射对称；萼片5枚，联合；花瓣5枚，联合；雄蕊5枚，分离；雌蕊子房半下位，5心皮合生，复子房5室，每室胚珠多数。

（5）桑花程式　♂ $* P_4 A_4$；♀ $* P_4 \underline{G}_{(2:1:1)}$

读作：桑花：单性；雄花，辐射对称，花被片4枚，分离，雄蕊4枚，分离；雌花辐射对称，花被片4枚，分离，雌蕊子房上位，2心皮合生，复子房1室，每室1枚胚珠。

二、花图式

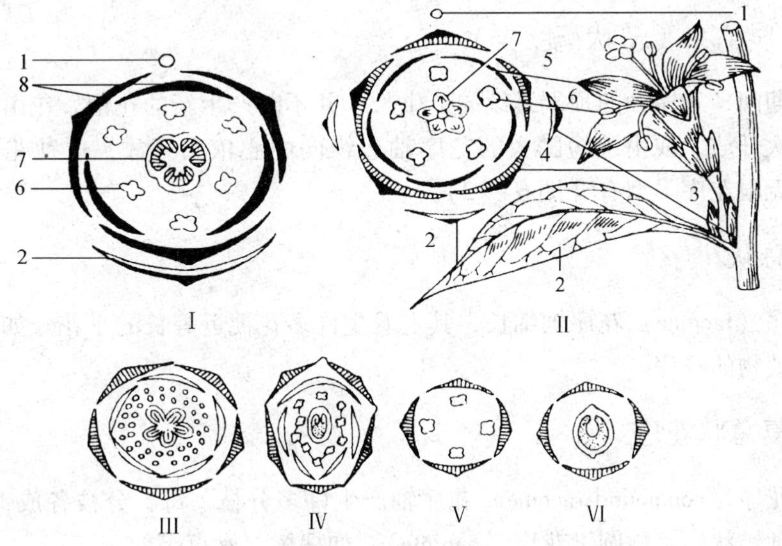

图6-11　花图式

Ⅰ. 单子叶植物　Ⅱ. 双子叶植物　Ⅲ. 苹果　Ⅳ. 豌豆　Ⅴ. 桑的雄花　Ⅵ. 桑的雌花

1. 花序轴　2. 苞片　3. 小苞片　4. 萼片　5. 花瓣　6. 雄蕊　7. 雌蕊　8. 花被

花图式（flower diagram）是以花的横断面垂直投影为依据，采用特定的图形来表示花各部分的排列方式、相互位置、数目及形状等实际情况的图解式（图6-11）。

通常在花图式的上方用小圆圈表示花轴或茎轴的位置；在花轴相对一方用部分涂黑带棱的新月形符号表示苞片；苞片内方用由斜线组成或黑色带棱的新月形符号表示花萼；花萼内方用黑色或空白的新月形符号表示花瓣；雄蕊用花药横断面蝴蝶图形、雌蕊用子房横断面类圆图形绘于中央。

用花程式和花图式记录花各有优缺点。花程式优点是可以简单清晰地表现花主要结构及特征，缺点是不能细腻表现花各部分空间位置、花各轮的相互关系及花被的卷迭情况等特征。花图式优点是直观形象，缺点是需要训练绘制技巧，子房位置和花位也难以表现。花程式和花图式多单独或联合用于表示某一分类单位（如科、属、种）的花部特征，两者配合使用可以取长补短。

第三节　花　序

花在花枝或花轴上排列的方式和开放的顺序称花序（inflorescence）。有些植物的花单生于茎的顶端或叶腋，称单生花，如玉兰、牡丹等。多数植物的花按照一定的顺序排列在花枝上而形成花序。花序中的花称小花，着生小花的部分称花序轴（rachis）或花轴，花序轴可有分枝或不分枝。支持整个花序的茎轴称总花梗（柄），小花的花梗称小花梗，无叶的总花梗称花葶（scape）。

根据花在花轴上的排列方式和开放顺序，花序可以分为无限花序（indefinite inflorescence）和有限花序（definite inflorescence）两类。

一、无限花序（总状花序类）

在开花期间，花序轴的顶端继续向上生长，并不断产生新的花蕾，花由花序轴的基部向顶端依次开放，或由缩短膨大的花序轴边缘向中心依次开放，这种花序称无限花序。常见的无限花序类型有（图6-12）：

（一）总状花序

总状花序（raceme）花序轴细长，其上着生许多花梗近等长的小花。如菘蓝、荠菜等十字花科植物的花序。

（二）复总状花序

复总状花序（compound raceme）花序轴产生许多分枝，每1分枝各成1总状花序，整个花序似圆锥状，又称圆锥花序（panicle）。如槐树、女贞等的花序。

（三）穗状花序

穗状花序（spike）花序轴细长，其上着生许多花梗极短或无花梗的小花。如车前、马鞭草等的花序。

（四）复穗状花序

复穗状花序（compound spike）花序轴产生分枝，每1分枝各成1穗状花序。如小麦、香附等禾本科、莎草科植物的花序。

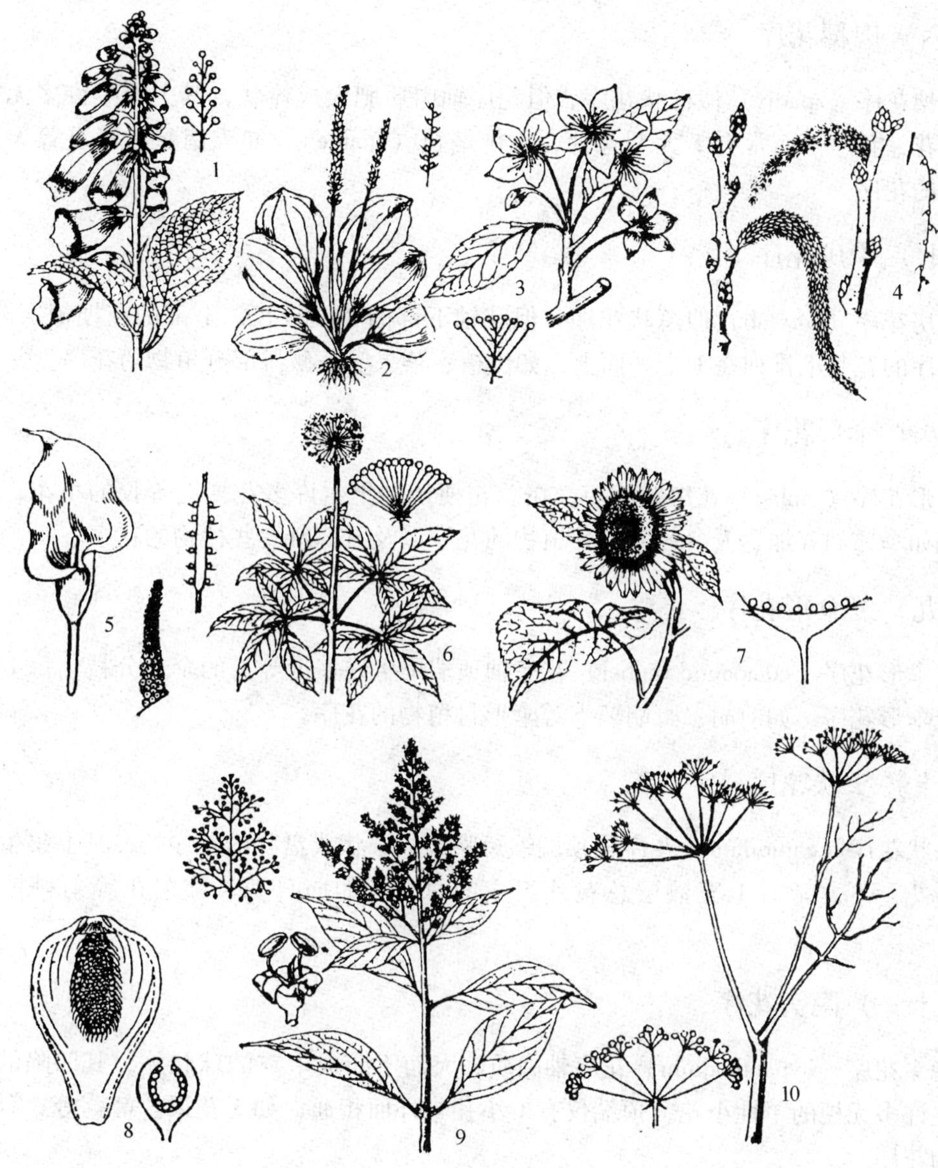

图 6-12　无限花序的类型

1. 总状花序（洋地黄）　2. 穗状花序（车前）　3. 伞房花序（梨）　4. 葇荑花序（杨）
5. 肉穗花序（天南星）　6. 伞形花序（人参）　7. 头状花序（向日葵）　8. 隐头花序（无花果）
9. 复总状花序（女贞）　10. 复伞形花序（小茴香）

（五）葇荑花序

葇荑花序（catkin）似穗状花序，但花序轴下垂，其上着生许多无梗的单性或两性小花。如柳、枫杨等杨柳科、胡桃科植物的花序。

（六）肉穗花序

肉穗花序（spadix）似穗状花序，但花序轴肉质肥大成棒状，其上着生许多无梗的单性小花，花序外面常有1大型苞片，称佛焰苞（spathe），如天南星、半夏等天南星科植物的花序。

（七）伞房花序

伞房花序（corymb）似总状花序，但花轴下部的花梗较长，上部的花梗依次渐短，整个花序的花几乎排列在1个平面上，如山楂、苹果等蔷薇科部分植物的花序。

（八）伞形花序

伞形花序（umbel）花序轴缩短，在总花梗顶端集生许多花梗近等长的小花，放射状排列如伞，如五加、人参等五加种植物的花序以及石蒜科一些植物的花序。

（九）复伞形花序

复伞形花序（compound umbel）花序轴顶端集生许多近等长的伞形分枝，每1分枝又形成伞形花序，如前胡、野胡萝卜等伞形科植物的花序。

（十）头状花序

头状花序（capitulum）花序轴顶端缩短膨大成头状或盘状的花序托，其上集生许多无梗小花，下方常有1至数层总苞片组成的总苞，如向日葵、旋覆花等菊科植物的花序。

（十一）隐头花序

隐头花序（hypanthodium）花序轴肉质膨大而下凹成中空的球状体，其凹陷的内壁上着生许多无梗的单性小花，顶端仅有1小孔与外面相通，如无花果、薜荔等桑科部分植物的花序。

二、有限花序（聚伞花序类）

植物在开花期间，花序轴顶端或中心的花先开，因此花序轴不能继续向上生长，只能在顶花下方产生侧轴，侧轴又是顶花先开，这种花序称有限花序，其开花顺序是由上而下或由内而外依次进行。根据花序轴产生侧轴的情况不同，常见的有限花序类型有（图6－13）：

（一）单歧聚伞花序

花序轴顶端生1朵花，而后在其下方依次产生1侧轴，侧轴顶端同样生1花，如此连续分枝就形成单歧聚伞花序（monochasium）。若花序轴的分枝均在同一侧产生，花序

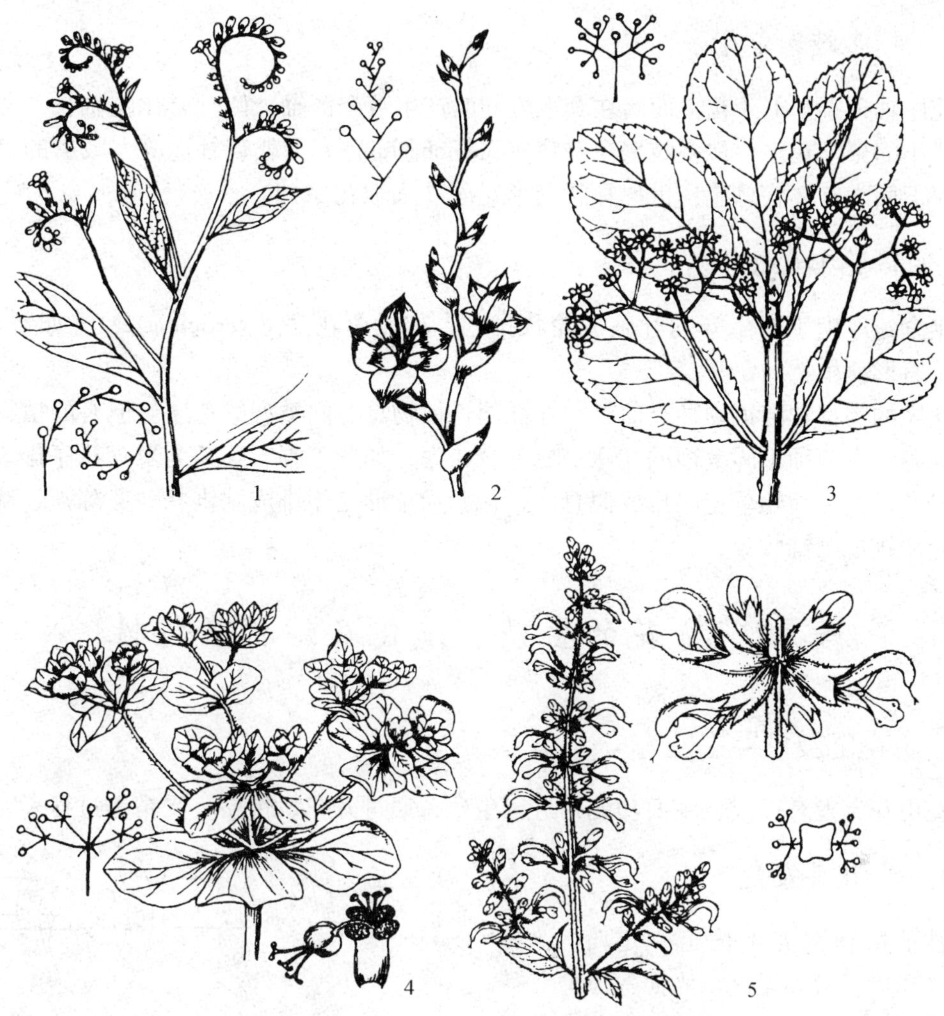

图6－13　有限花序的类型

1. 螺旋状聚伞花序（琉璃草）　2. 蝎尾状聚伞花序（唐菖蒲）
3. 二歧聚伞花序（大叶黄杨）　4. 多歧聚伞花序（泽漆）　5. 轮伞花序（薄荷）

呈螺旋状卷曲，称螺旋状聚伞花序（hericoid cyme），如紫草、附地菜等的花序。若分枝在左右两侧交互产生而呈蝎尾状的，称蝎尾状聚伞花序（scorpioid cyme），如射干、姜等的花序。

（二）二歧聚伞花序

花序轴顶端生1朵花，而后在其下方两侧同时各产生1等长侧轴，每个侧轴再以同样方式开花并分枝，称二歧聚伞花序（dichasium），如大叶黄杨、卫矛等卫矛科植物的花序，以及石竹、卷耳、繁缕等石竹科植物。

（三）多歧聚伞花序

花序轴顶端生1朵花，而后在其下方同时产生数个侧轴，侧轴常比主轴长，各侧轴又形成小的聚伞花序，称多歧聚伞花序（pleiochasium）。大戟、甘遂等大戟属的多歧聚伞花序下面常有杯状总苞，也称杯状聚伞花序（大戟花序）。

（四）轮伞花序

聚伞花序生于对生叶的叶腋成轮状排列，称轮伞花序（verticillaster），如益母草、丹参等唇形科植物的花序。

花序的类型常随植物种类而异，往往同科植物具有同类型的花序。但有的植物在花轴上同时生有两种不同类型的花序形成混合花序，如紫丁香、葡萄为聚伞花序排成圆锥状，丹参、紫苏为轮伞花序排成假总状，楤木为伞形花序排成圆锥状，茵陈蒿、豨莶为头状花序排成圆锥状等。

第四节　花的生殖、演化及结构多样性

一、花的发育与生殖

花由花芽发育而成，主要功能是进行生殖，通过开花、传粉、受精等过程来完成。

（一）花芽发育

被子植物营养生长至一定阶段，受环境因素如温度、光照等条件的影响和自身生理调节的共同作用，逐渐转入生殖生长，顶芽和侧芽的一部分或全部由叶芽分化转变为花芽分化（图6-14）。开始形成花序原基（inflorescences primordium）和花原基（floral primordia）。花序原基的顶端生长使花序轴延长，基部半球形突起发育为花原基。花原基生长锥最初侧面突起为花萼原基（sepal primordia），之后内侧下部渐次突起，分离出花冠原基（petal primordia）和雄蕊原基（anther primordia），最终自外向内形成花萼、花瓣和雄蕊群。花原基生长锥中央部分分化为雌蕊原基（pistil primordia），进而发育成子房和胚珠。花萼、花瓣的发育过程简单清晰，雄蕊和雌蕊发育则极其复杂，包含了无性生殖和有性生殖的连续过程，期间产生大孢子、小孢子、雌配子体、雄配子体等，经过传粉、受精，最终形

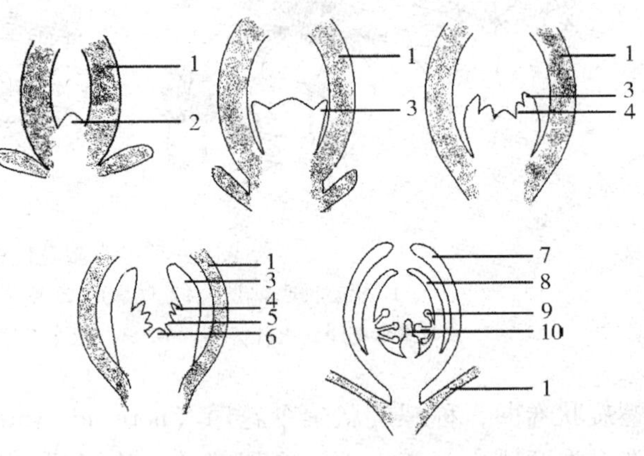

图6-14　花芽发育

1. 苞片　2. 花原基　3. 花萼原基　4. 花冠原基　5. 雄蕊原基　6. 雌蕊原基　7. 花萼　8. 花冠　9. 雄蕊群　10. 雌蕊群

成果实和种子。

（二）花药的发育与花粉粒的形成

1. 花药的发育

雄蕊的主要部分是花药，花药由花芽中的雄蕊原基顶部发育而来。大多数被子植物的花药有 4 个药室，少数有 2 个，均由药隔组织间隔。药室中产生小孢子（microspore），继续发育成为成熟花粉粒，又称雄配子体（male gametophyte）。

幼小的花药由原表皮及其内部的 1 团基本分生组织细胞组成，外观为四棱形。在其 4 个角隅处的表皮内方均分化出形大、分裂能力强的孢原细胞（archesporial cell），孢原细胞通过 1 次平周分裂产生内外两层细胞，外层为周缘细胞（parietal cell），内层为造孢细胞（sporogenous cell），中间的细胞分裂形成药隔细胞和维管束，形成药隔。以后周缘细胞进行平周和垂周分裂成 3～5 层细胞，自外向内依次为 1 层细胞的药室内壁（endothecium）、1～3 层细胞的中层（middle layer）和 1 层细胞的绒毡层（tapetum），与花药的表皮共同构成花粉囊壁（图 6－15）。

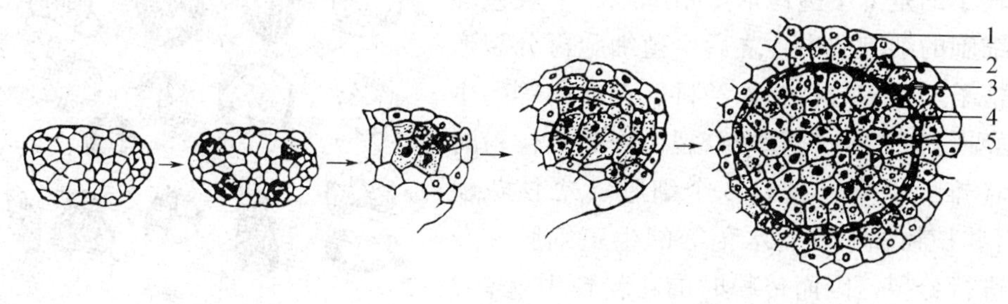

图 6－15 花药的发育

1. 表皮 2. 纤维层 3. 中间层 4. 绒毡层 5. 花粉母细胞

中层含有淀粉或其他储藏物，在花药发育成熟的过程中常被吸收，细胞被破坏。

绒毡层细胞较大，细胞质浓，含丰富的 RNA、蛋白质、油脂及类胡萝卜素等，为发育中的花粉粒提供充足营养物质；分泌胼胝质酶到四分体花粉粒的间壁，使其分离；

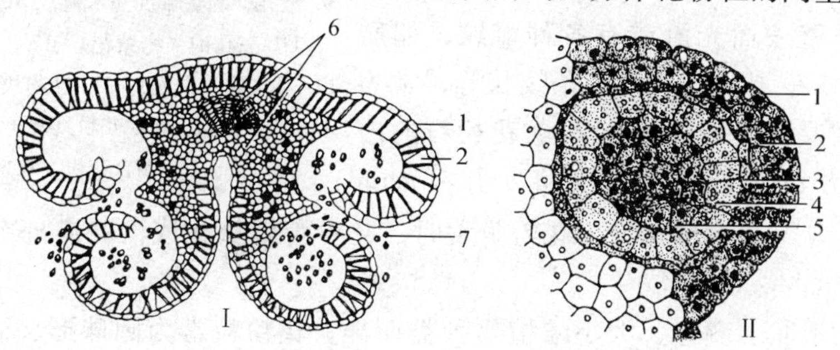

图 6－16 花药的构造

Ⅰ. 成熟后开裂的花药 Ⅱ. 幼期花药的一个花粉囊

1. 表皮 2. 纤维层 3. 中层的薄壁细胞 4. 绒毡层 5. 花粉母细胞 6. 药隔及维管束 7. 花粉粒

合成孢粉素，参与花粉外壁的形成；提供花粉粒外壁中一些脂质及某些植物花粉和柱头的识别蛋白。可见，绒毡层对花粉粒的发育具有非常重要的营养和调节作用。在花粉粒成熟时，绒毡层细胞多已解体。

当花药接近成熟时，药室内壁细胞的垂周壁和内切向壁出现不均匀的条状增厚，增厚的成分为纤维素，因此称纤维层（fibrous layer）。同侧两个花粉囊相接处的药室内壁细胞不增厚，始终保持薄壁状态，花药成熟时即在此处开裂，散出花粉粒（图6－16）。

2. 花粉粒的发育和构造

在花粉囊壁形成的同时，内方的造孢细胞也分裂形成多个体积大、近圆形的花粉母细胞，每个花粉母细胞通过减数分裂形成4个单倍体的小孢子。最初4个小孢子为单核状态，连在一起称四分体（tetrad），绝大多数植物的四分体会分离并发育为4个独立的成熟花粉粒。

小孢子从绒毡层细胞取得营养，进一步发育并进行1次不均等分裂，产生2个不同的细胞，进入雄配子体阶段。占大部分体积的是1个营养细胞，较小的是1个透镜形生殖细胞，一般包埋于营养细胞的细胞质中，之后生殖细胞再分裂形成2个精子。大多数植物如兰科、玄参科等的生殖细胞经授粉后在花粉管中分裂，因此其传粉时花粉粒（雄配子体）只有2个细胞（二核花粉粒）。有些植物如小麦、水稻等的生殖细胞在花粉粒内进行分裂，因而传粉时的花粉粒中就有3个细胞（三核花粉粒）。

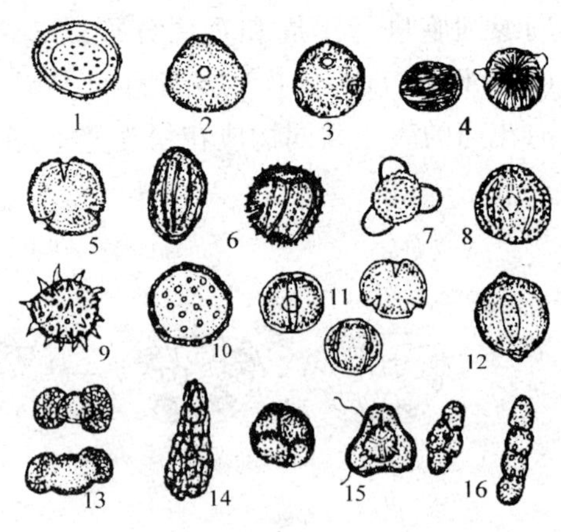

图6－17 花粉粒形态

1. 刺状雕纹（番红花） 2. 单孔（水烛） 3. 三孔（大麻） 4. 三孔沟（曼陀罗） 5. 三沟（莲） 6. 螺旋孔（谷精草） 7. 三孔，齿状雕纹（红花） 8. 三孔沟（钩吻） 9. 散孔，刺状雕纹（木槿） 10. 散孔（芫花） 11. 三孔沟（密蒙花） 12. 三沟（乌头） 13. 具气囊（油松） 14. 花粉块（绿花阔叶兰） 15. 四合花粉，每粒花粉具有3孔沟（羊踯躅） 16. 四合花粉（杠柳）

成熟的花粉粒有内、外两层壁，内壁较薄，主要由纤维素和果胶质组成。外壁较厚而坚硬，主要由花粉素组成，其化学性质极为稳定，具有较好的抗高温、抗高压、耐酸碱、抗分解等特性。花粉粒外壁表面光滑或有各种雕纹，如瘤状、刺突、凹穴、棒状、网状、条纹状等，常为鉴定花粉的重要特征（图6－17）。花粉粒的内壁上有的地方没有外壁，形成萌发孔（germ pore）或萌发沟（germ furrow）。花粉萌发时，花粉管就从孔或沟处向外突出生长（图6－18）。

花粉粒的形状、颜色、大小随植物种类而异。花粉粒常为圆球形、椭圆形、三角形、四边形或五边形等。不同种类植物的花粉有淡黄色、黄色、橘黄色、墨绿色、青色、红色或褐色等不同颜色。大多数植物花粉粒的直径在15～50μm之间。

大多数植物的花粉粒在成熟时是单独存在的，称单粒花粉，有些植物的花粉粒形成时四分体不分离，4个成熟花粉粒集合在一起，称复合花粉，极少数植物的多数花粉粒

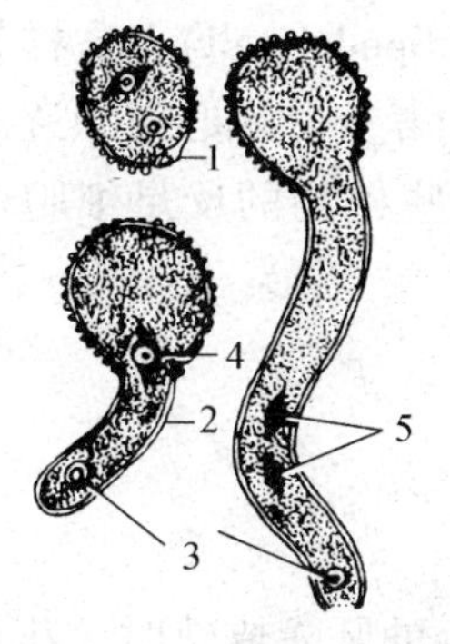

图6-18　花粉粒的萌发
1. 萌发孔　2. 花粉管　3. 营养核
4. 生殖细胞　5. 两个精子

集合在一起呈团块状，称花粉块，如兰科、萝科等植物。

由于花粉外壁具有抗酸、碱和抗生物分解的特性，使花粉粒在自然界中能保持数万年不腐败，可为鉴定植物、考古和地质探矿提供科学依据。花粉中含有人体必需的氨基酸、维生素、脂类、多种矿物成分、微量元素以及激素、黄酮类化合物、有机酸等，对人体有保健作用。钩吻（大茶药）、博落回、乌头、雷公藤、藜芦、羊踯躅（闹羊花）等的花粉和花蜜均有毒。也有些花粉有毒或引起人体变态反应，产生气喘、枯草热等花粉疾病。现已证明黄花蒿、艾、三叶豚草、蓖麻、葎草、野苋菜、苦楝及木麻黄等常见植物可引起花粉病。

（三）胚珠的发育和胚囊的形成

在子房壁的内表皮下胎座上生有1团珠心组织，珠心基部的细胞分裂较快，逐渐向上扩展，包围珠心，形成珠被，具有两层珠被的先形成内珠被，后形成外珠被。珠被以内是大小均匀一致的珠心细胞，以后在靠近珠孔处的表皮下一般只有1个细胞长大形成具有分生能力的孢原细胞。孢原细胞可以直接成为胚囊母细胞（embryosac mother cell），但有些植物的孢原细胞分裂成为2个细胞，外边的细胞成为珠心细胞，里面的成为造孢细胞，造孢细胞发育成为胚囊母细胞（大孢子母细胞），经减数分裂形成4个子细胞，由其中1个发育成大孢子，其余3个逐渐消失。大孢子经连续的3次分裂发育成胚囊，成熟胚囊是被子植物的雌配子体，其内产生卵。

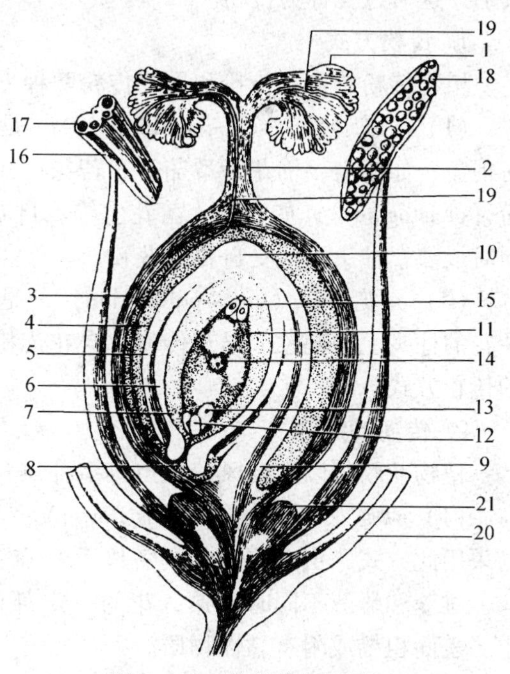

图6-19　花的纵切面图解
1. 柱头　2. 花柱　3. 子房　4. 胚珠　5. 外珠被　6. 内珠被　7. 珠心　8. 珠孔　9. 珠柄　10. 合点　11. 胚囊　12. 助细胞　13. 卵细胞　14. 中央细胞（由两极核融合而成）　15. 反足细胞　16. 花药　17. 花粉囊　18. 花粉粒　19. 花粉管　20. 花被　21. 蜜腺

现将常见的被子植物胚囊的发育过程简述如下：首先是大孢子萌发，体积增大，大孢子的细胞核进行第一次分裂，形成2个核，随即分别移到胚囊两端，然后再进行2次分裂，结果是每端有4个核，以后每端各有1核移向中央成为2个极核（polar nuclei），有些植物这两个极核融合形成中央细胞（central cell），近珠孔一端的3个核成为3个细胞，中间的为卵细胞（egg cell），两边各有1个助细胞（synergid），近合点端的3个核也形成3个细胞，成为反足细胞（antipodal cell），这样就形成了8个细胞核的成熟胚囊。在胚囊发育的过程中吸取了珠心的养分，珠心组织逐渐被侵蚀，而胚囊本身逐渐扩大，直至占据胚珠中央的大部分。有些植物的反足细胞可再分裂，形成多个细胞，如水稻、小麦等（图6-19）。

二、开花与传粉

（一）开花

开花是种子植物发育成熟的标志，当雄蕊的花粉粒和雌蕊的胚囊成熟时，花被由包被状态逐渐展开，露出雄蕊和雌蕊，呈现开花。不同种类植物的开花年龄、季节和花期不完全相同，一年生草本植物当年开花结果后逐渐枯死；二年生草本植物通常第一年主要进行营养生长，第二年开花后完成生命周期；大多数多年生植物到达开花年龄后可年年开花，但竹类一生中只开花一次。每种植物的开花时节是稳定的，不同植物的花时却不同，有的先花后叶，有的花叶同放，有的先叶后花。

（二）传粉（pollination）

花开放后花药裂开，花粉粒通过风、水、虫、鸟等不同媒介的传播，到达雌蕊的柱头上，这一过程称为传粉。

1. 传粉方式

植物传粉有自花传粉和异花传粉两种方式。

（1）自花传粉（self-pollination）　是雄蕊的花粉自动落到同一朵花的柱头上的传粉现象，如小麦、棉花、番茄等。若花在开放之前就完成了传粉和受精过程，称闭花传粉（cleistogamy），如豌豆、落花生等。自花传粉植物的特征是：两性花，雄蕊与雌蕊同时成熟，柱头可接受自花的花粉。

（2）异花传粉（cross pollination）　是雄蕊的花粉借助风或昆虫等媒介传送到另一朵花的柱头上的现象。异花传粉比自花传粉进化，是被子植物有性生殖中一种极为普遍的传粉方式。

2. 传粉的媒介

植物花粉可以借助风、昆虫等多种媒介完成传粉。

（1）虫媒花（entomophilous flower）　以昆虫为传粉媒介的花称虫媒花，大多数植物采用此方式。虫媒花通常具备以下特点：花朵较大，花被颜色多数亮丽；多为两性花，雄蕊和雌蕊不同时成熟；花的一定部位分布蜜腺；散发特殊气味；花粉粒大，量小，表面粗糙或附有黏性物质。

（2）风媒花（anemophilous flower）　花粉借助风力随机传播到雌蕊柱头上的植物称风媒花，如小麦、杨等。风媒花的结构特点有：多为穗状花序、葇荑花序等；多为单性花，单被或无被；花粉量大；多雌雄异株；花被常不存在或不显著；花粉粒小而轻，干燥，表面光滑或具延展的翅等结构；柱头较长，多呈羽毛等形状，面积大并有黏液质等。

此外，还有鸟媒、水媒等。

（三）受精

被子植物的受精（fertilization）全过程包括受精前花粉在柱头上萌发，花粉管生长并到达胚珠，进入胚囊，释放2枚精子，其中1枚精子与卵结合的过程称受精作用，另1枚精子与中央细胞（或2个极核）结合，亦称受精作用，所以又称为双受精（double fertilization）。

成熟花粉粒经传粉后落到柱头上，因柱头上有黏液而附于柱头上。花粉粒在柱头上萌发，自萌发孔长出若干个花粉管，其中只有1个花粉管能继续生长，经由花柱伸入子房。如果是3核花粉粒，营养细胞和2个精子细胞都进入花粉管，如果是2核花粉粒，则营养细胞和生殖细胞也都进入花粉管，之后生殖细胞分裂成2个精子，在花粉管内仍出现3个细胞（核）。大多数植物的花粉管到达胚珠时通过珠孔进入胚珠，称珠孔受精（porogamy）；少数植物如核桃的花粉管由合点进入胚珠，称合点受精（chalazogamy）；还有少数植物的花粉管从胚珠中部进入胚囊，称中部受精（mesogamy）。花粉管进入胚珠后穿过珠心组织进入胚囊，先端破裂，释放精子进入胚囊，此时营养细胞大多已分解消失。精子与卵受精后的二倍体受精卵（合子）发育成胚；精子与中央细胞（或2个极核）结合，形成三倍体的初生胚乳核，以后发育成胚乳。双受精是被子植物特有的现象。在双受精过程中，合子的产生恢复了植物体原有的染色体数目，保持了物种的相对稳定性，分别来自父本和母本遗传物质的重组，为后代提供了变异的基础；合子在同源的三倍体胚乳中孕育，不仅保证了二者亲和一致，还提供了合子发育中坚强的物质和信息保障，极大增强了后代的生活力和适应性。

三、花的演化与结构多样性

植物的花与根、茎、叶一样，是重要的演化器官，同时也是植物进化到较高等类型后才演化出的繁殖器官，是植物从低级到高级演化的必然结果。植物的演化规律和生物界其他类群一样，都遵循着多条普遍规律：从低等到高等；从少数到多数；从简单到复杂、再由复杂趋于特化（新形式的简单）。

（一）花托的演化

花是植物茎的变态，而不同形状花托的形成则是花演化的第一步。原始被子植物的花托多为圆柱状或圆锥状，有利于不同花叶的附着与伸展，花被、雄蕊群和雌蕊群一般多数螺旋状着生在面积宽阔的花托上，且均袒露生长。演化中花托缩短，逐渐成为圆顶或平顶状，花叶随之简化，数目减少并趋于稳定，排列呈轮状。部分植物的花托中央进一步凹陷成杯状或壶状，花被和雄蕊轮状着生于花托顶部边缘，雌蕊着生托杯内壁上或包埋于托壶内，除了提供着生部位，花托对重要生殖器官——雌蕊的保护作用随之明显加强。

（二）花被的演化

有被花中的花被常显著，其形态和在花托上的排列成为花对称性的参照，两侧对称花相对于辐射对称花较为进化。原始类型花的花被片数目多而无定数，多于10枚而数目不定称多数，进化中大多数植物的花被片逐渐减少并趋于稳定，数目多为3、4、5数或为它们的倍数，花被片相对稳定的数目称花基数。

花萼是花叶中变态程度最小的一种，多数萼片的薄壁细胞富含叶绿体使之保持与营养叶相似的绿色。当叶片进化为花冠，细胞中色素种类除了原有的叶绿素（明显减少）、胡萝卜素、类胡萝卜素外，又进一步出现丰富的花青素，不同种类和含量的色素使花冠出现五彩缤纷的颜色。富含花青素的花冠呈现红色、蓝色或紫色；含有色体的花冠呈现黄色、橙色或橙红色；不含花青素也不含有色体的花冠就呈现白色。花青素和有色体在花冠中的多样性分布是植物演化的结果。

（三）雄蕊的演化

植物雄蕊数目的演化方向也是从多而无定数到少而数目固定，呈现逐步退化的趋势，有少数植物的雄蕊进一步退化，花药发育不全或仅见痕迹，称不育雄蕊或退化雄蕊，如丹参、鸭跖草等。雄蕊与花被同为变态叶，发育时关系紧密，有少数植物的雄蕊与花瓣的形态、结构出现相似或过渡现象，如木槿、牡丹的复瓣与雄蕊；雄蕊退化呈花瓣状，没有花药与花丝的区别，如姜、姜黄等姜科植物以及美人蕉的雄蕊。

（四）雌蕊的演化

裸子植物的心皮形态仍保持叶片扁平而伸展的一般特征，叶缘或叶基部位裸露着生胚珠。组成被子植物雌蕊的心皮形态和结构变化较大，演化的初始步骤是心皮以主脉为轴线折曲并沿叶缘部位愈合成封闭的子房，形成单雌蕊，花中有多枚心皮就形成离生单雌蕊，有1枚心皮就形成单雌蕊。复雌蕊则为进一步演化的次生类型，是1朵花中的多枚心皮联合形成的，复雌蕊在产生胚珠的效率以及有效保护胚珠并发育为成熟种子等方面都有明显优势。

子房位置多样性也是雌蕊演化的一方面。上位子房下位花为原始特征，花托下陷成杯状的周位花，花筒对其内的上位子房的保护作用明显加强，而子房包埋于壶状下陷的花托中，形成的下位子房上位花以及半下位子房周位花等结构，对子房及其内的胚珠的保护更为有力，是花部演化趋势之一。

（五）花序的演化

支持花序演化的直接证据很少，人们对整个被子植物的花序演化趋势也只是建立在了解花及其他器官演化规律基础上的一种推测。通常认为单生花可作为被子植物演化中最原始的花序类型，也有人认为圆锥花序和二歧聚伞花序同样比较原始，现存的繁杂多样的花序类型是通过非平行的多途径多源演化的结果。

在花序的两大基本类群中，无限花序产生的基础是茎的单轴分枝，为原始类型；有限花序产生的基础是茎的合轴分枝，其在被子植物中有重要体现，并呈现出与无限花序交叉演化的多样性特征。有限花序和合轴分枝的优势一样，可以使花序中的单花在空间上有更大的开展性，顶芽死亡或先分化为花使其对侧向花芽分化的抑制作用降低至最小，因而呈现出一定的先进性。

圆锥花序是多数无限花序类型的基原，圆锥花序简化发展出总状花序；总状花序变型，小花梗缩短而为穗状花序（进而为肉穗花序）；小花梗不均匀缩短而为伞房花序；花序轴缩短演化出伞形花序；同样观察特征可分辨复穗状花序、复伞形花序等与圆锥花序的差异，进而推测它们在进化途径上的彼此关系。隐头花序和头状花序的进化特征已被公认，比如有推测认为菊科的头状花序是由总状花序经过伞房花序的中间状态，经简化而衍生出来的。二歧聚伞花序是多数有限花序类型的基原，多歧聚伞花序（大戟花序）和轮伞花序是部分植物类群曲折演化形成的较进化形式。

实际上多种类群植物的上述花序类型之间的关系并不像表面体现的那样主线单一、层次分明，而是错综复杂、简化和复杂化并行的，花序在演化中出现的这两种完全不同的发展形式和交错发生，形成了各种复合花序等复杂类型。

第七章 果实和种子

第一节 果 实

果实是被子植物特有的繁殖器官，一般由受精后雌蕊的子房或连同花的其他部分共同发育形成。果实外被果皮，内含种子，具有保护和散布种子的作用。

一、果实的形成与组成

（一）果实的形成

被子植物的花经传粉和受精后，各部分发生很大的变化，花柄发育成果柄，花萼、花冠一般脱落，雄蕊及雌蕊的柱头、花柱往往枯萎，子房逐渐膨大，发育成果实，胚珠发育形成种子。但是有些种类的花萼虽然枯萎但并不脱落，保留在果实上，如山楂；有的花萼随着果实一起明显长大，如柿、枸杞、酸浆等。

大多数植物的果实由子房发育形成，称真果（true fruit），如桃、杏、柑橘、柿等；但也有些植物除子房外，花的其他部分如花被、花托及花序轴等也参与果实的形成，这种果实称假果（spurious fruit，false fruit），如苹果、栝楼、无花果、凤梨等。

一般情况下，果实的形成需要经过传粉和受精作用，但有些植物只经传粉而未经受精作用也能发育成果实，但果实不含种子，称单性结实或无籽结实。单性结实是自发形成的，称自发单性结实，如香蕉、无籽葡萄、无籽柿、无籽柑橘等。但有些是通过人为诱导，形成具有食用价值的无籽果实，这种结实称诱导单性结实，如马铃薯的花粉刺激番茄的柱头，也可用同类植物或亲缘相近的植物的花粉浸出液喷洒到柱头上而形成无籽果实。无籽果实不一定都是由单性结实形成，也可能在植物受精后胚珠发育受阻而成为无籽果实的。还有些无籽果实是由于四倍体和二倍体植物进行杂交而产生不孕性的三倍体植株形成的，如无籽西瓜。

（二）果实的组成和构造

果实由果皮和种子构成。果皮通常可分为外果皮、中果皮、内果皮 3 部分。有的果实可明显地观察到 3 层果皮，如桃、橘；有的果实的果皮分层不明显，如落花生、向日葖等。果实的构造一般是指果皮的构造。果实的构造，在果实类药材的鉴别上，具有重要的意义。由于果皮类型不同，其果皮的分化程度亦不一致。

1. 外果皮（exocarp）

外果皮是果皮的最外层，通常较薄，常由1列表皮细胞或表皮与某些相邻组织构成。外面常有角质层、蜡被、毛茸、气孔、刺、瘤突、翅等附属物，如桃、吴茱萸具有非腺毛及腺毛；柿果皮上有蜡被；荔枝的果实上具瘤突；曼陀罗、鬼针草的果实上具刺；杜仲、白蜡树、榆树、槭树的果实具翅；八角茴香的外果皮被有不规则的角质小突起；有的在表皮中含有色物质或色素，如花椒；有的在表皮细胞间嵌有油细胞，如北五味子。

2. 中果皮（mesocarp）

中果皮是果皮的中层，占果皮的大部分，多由薄壁细胞组成，具有多数细小维管束，有的含石细胞、纤维，如马兜铃、连翘等；有的含油细胞、油室及油管等，如胡椒、陈皮、花椒、小茴香、蛇床子等。

3. 内果皮（endocarp）

内果皮是果皮的最内层，多由一层薄壁细胞组成，多呈膜质。有的具1至多层的石细胞，核果的内果皮（果核）即由多层石细胞组成，如杏、桃、梅等。伞形科植物的内果皮由5~8个长短不等的扁平细胞镶嵌状排列，特成为镶嵌细胞。

二、果实的类型

果实的类型很多，根据果实的来源、结构和果皮性质的不同可分为单果、聚合果和聚花果3大类。

（一）单果

单果（simple fruit）是由单雌蕊或复雌蕊所形成的果实，即1朵花只形成1个果实。依据果皮质地的不同，分为肉质果和干果。

1. 肉质果（fleshy fruit）

成熟时果皮肉质多浆，不开裂。有以下5个类型（图7－1；图7－2）：

（1）浆果（berry）　由单雌蕊或复雌蕊的上位或下位子房发育形成的果实，外果皮薄，中果皮和内果皮肥厚、肉质多浆，内有1至多粒种子，如葡萄、枸杞、番茄等。

（2）柑果（hesperidium）　由复雌蕊的上位子房发育形成的果实，外果皮较厚，革质，内含多数油室；中果皮与外果皮结合，界限不明显，常疏松呈白色海绵状，内具多数分支的维管束（橘络）；内果皮膜质，分隔成多室，内壁上生有许多肉质多汁的囊状毛。柑果是芸香科柑橘属所特有的果实，如橙、柚、橘、柠檬等。

（3）核果（drupe）　典型的核果是由单雌蕊的上位子房发育而成，外果皮薄，中果皮肉质肥厚，内果皮由木质化的石细胞形成坚硬的果核，内含1粒种子，如桃、杏、梅、李等。核果有时也泛指具有坚硬果核的果实，如人参、三七、胡桃、苦楝等。

（4）瓠果（pepo）　由3心皮复雌蕊的具侧膜胎座的下位子房与花托一起发育而

成的假果，花托与外果皮形成坚韧的果实外层，中、内果皮及胎座肉质，成为果实的可食部分。为葫芦科特有的果实，如葫芦、西瓜、栝楼、黄瓜等。

（5）梨果（pome）　由2~5个心皮复雌蕊的下位子房与花筒一起发育而成的假果，肉质可食部分是由花筒与外、中果皮一起发育而成，彼此界限不明显，内果皮坚韧，革质或木质，常分隔成2~5室，每室常含2粒种子。为蔷薇科梨亚科特有的果实，如苹果、梨、山楂等。

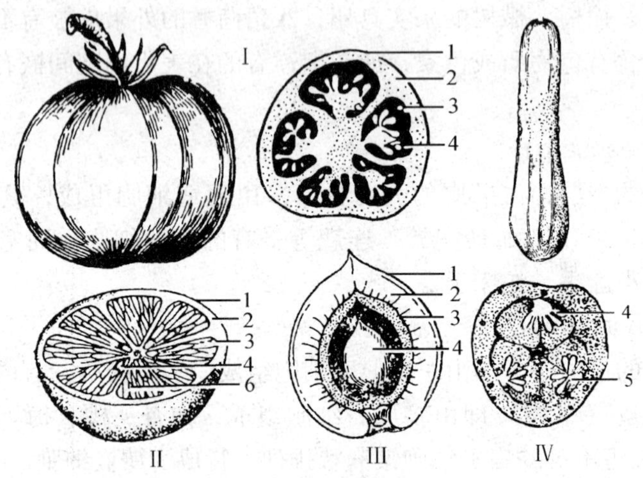

图7-1　单果类肉质果

Ⅰ. 浆果（番茄）　Ⅱ. 柑果　Ⅲ. 核果（杏）　Ⅳ. 瓠果（黄瓜）

1. 外果皮　2. 中果皮　3. 内果皮　4. 种子　5. 胎座　6. 肉质毛囊

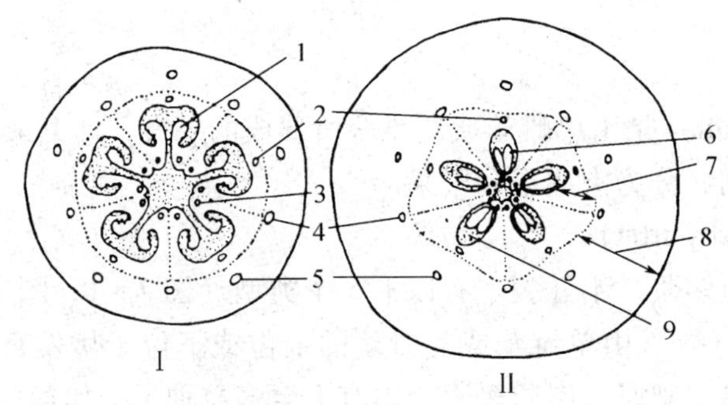

图7-2　梨果的结构

Ⅰ. 未成熟的果实　Ⅱ. 已成熟的果实

1. 胚珠　2. 心皮的中央维管束　3. 心皮的侧生维管束　4. 花瓣维管束

5. 萼片维管束　6. 种子　7. 果皮　8. 花筒部分　9. 子房室

2. 干果（dry fruit）

果实成熟时果皮干燥。根据开裂与否，可分为裂果和不裂果（图7-3）。

（1）裂果（dehiscent fruit）　果实成熟后果皮自行开裂，依据开裂方式不同分为：

①蓇葖果（follicle）：由单雌蕊或离生心皮雌蕊发育形成的果实，成熟时沿腹缝线或背缝线一侧开裂。有的1朵花中只形成单个蓇葖果，如淫羊藿；有的1朵花形成2个蓇葖果，如杠柳、徐长卿、萝藦等；有的1朵花形成数个蓇葖果，如八角茴香、芍药、玉兰等。

②荚果（legume）：由单雌蕊发育形成的果实，成熟时沿腹缝线和背缝线同时开裂，果皮裂成2片，是豆科植物特有的果实，如赤小豆、白扁豆、野葛等。少数荚果成熟时不开裂，如落花生、紫荆、皂荚；有的荚果成熟时在种子间呈节节断裂，每节含1种子，不开裂，如含羞草、山蚂蝗；有的荚果呈螺旋状，并具刺毛，如苜蓿；还有的荚果肉质在种子间缢缩呈念珠状，如槐。

③角果：是由2心皮复雌蕊发育而成，子房1室，在形成过程中由2心皮边缘合生处生出假隔膜，将子房分隔成2室。果实成熟时果皮沿两侧腹缝线开裂，成2片脱落，假隔膜仍留在果柄上。角果是十字花科特有的果实。角果分为长角果（silique）和短角果（silicle），长角果细长，如萝卜、油菜等；短角果宽短，如菘蓝、荠菜、独行菜等。

④蒴果（capsule）：是由复雌蕊发育而成的果实，子房1至多室，每室含多数种子。果实成熟后开裂的方式较多，常见的有：a. 纵裂：果实开裂时沿心皮纵轴开裂，其中沿腹缝线开裂的称室间开裂，如马兜铃、蓖麻等；沿背缝线开裂的称室背开裂，如百合、鸢尾、棉花等；沿背、腹缝线同时开裂，但子房间隔膜仍与中轴相连的称室轴开裂，如牵牛、曼陀罗等。b. 孔裂：果实顶端呈小孔状开裂，种子由小孔散出，如罂粟、桔梗等。c. 盖裂：果实中部呈环状横裂，上部果皮呈帽状脱落，如马齿苋、车前、莨菪等。d. 齿裂：果实顶端呈齿状开裂，如王不留行、瞿麦等。

（2）不裂果（闭果）（indehiscent fruit）　果实成熟后，果皮不开裂或分离成几部分，但种子仍包被于果皮中。常分为：

①瘦果（achene）：含单粒种子的果实，成熟时果皮与种皮易分离，如何首乌、白头翁、毛茛等；菊科植物的瘦果是由下位子房与萼筒共同形成的，称连萼瘦果，又称菊果，如蒲公英、红花、向日葵等。

②颖果（caryopsis）：内含1粒种子，果实成熟时果皮与种皮愈合不易分离，是禾本科植物特有的果实，如小麦、玉米、薏苡等。农业生产中常把颖果称“种子”。

③坚果（nut）：果皮坚硬，内含1粒种子，成熟时果皮和种皮分离。如板栗、榛等的褐色硬壳是果皮，果实外面常有由花序的总苞发育成的壳斗附着于基部；有的坚果特小，无壳斗包围，称小坚果，如益母草、薄荷、紫草等。

④翅果（samara）：果皮一端或周边向外延伸成翅状，果实内含1粒种子，如杜仲、榆、臭椿等。

⑤胞果（utricle）：亦称囊果，由复雌蕊上位子房形成的果实，果皮薄，膨胀疏松地包围种子，而与种皮极易分离，如青葙、地肤子、藜等。

⑥双悬果（cremocarp）：由2心皮复雌蕊发育而成，果实成熟后心皮分离成2个分果（schizocarp），双双悬挂在心皮柄（carpophorum）上端，心皮柄的基部与果柄相连，每个分果内各含1粒种子，为伞形科特有的果实，如当归、白芷、前胡、小茴香、蛇床

子等。

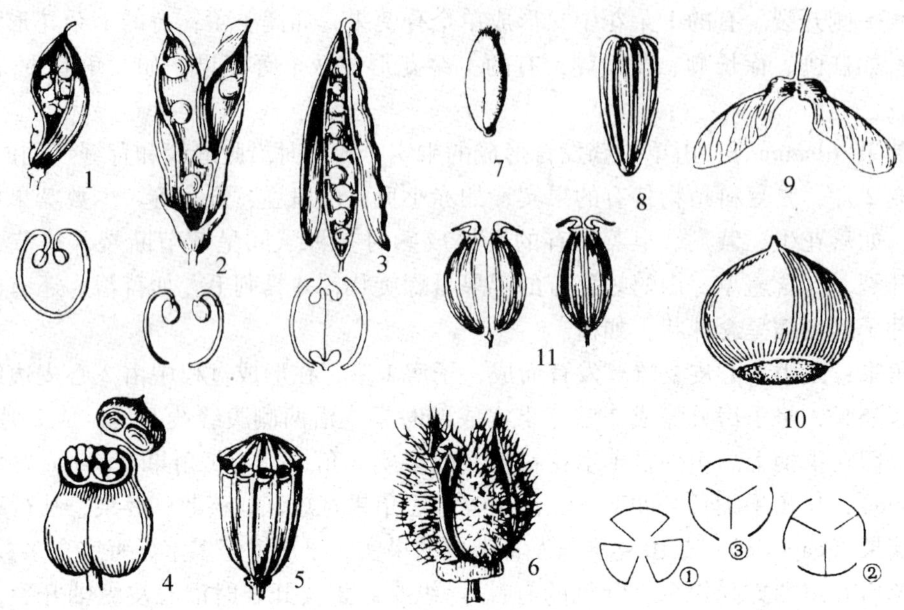

图7-3 单果类干果

1. 蓇葖果 2. 荚果 3. 长角果 4. 蒴果（盖裂） 5. 蒴果（孔裂）
6. 蒴果（纵裂）①室间开裂 ②室背开裂 ③室轴开裂 7. 颖果 8. 瘦果
9. 翅果 10. 坚果 11. 双悬果

（二）聚合果

聚合果（aggregate fruit）是由1朵花中许多离生雌蕊形成的果实，每个雌蕊形成1个单果，聚生于同一花托上（图7-4）。根据单果类型不同可分为：

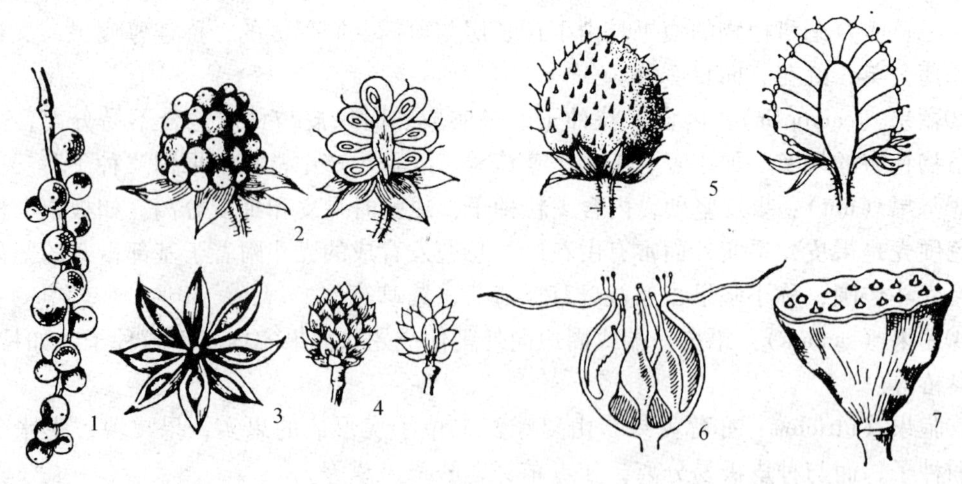

图7-4 聚合果

1. 聚合浆果 2. 聚合核果 3. 聚合蓇葖果 4、5. 聚合瘦果 6. 聚合瘦果（蔷薇果）7. 聚合坚果

(1) **聚合浆果** 许多浆果聚生在延长或不延长的花托上，如北五味子、南五味子等。

(2) **聚合核果** 许多核果聚生于突起的花托上，如悬钩子。

(3) **聚合蓇葖果** 许多蓇葖果聚生在同一花托上，如乌头、厚朴、八角茴香等。

(4) **聚合瘦果** 许多瘦果聚生于突起的花托上，如白头翁、毛茛等。在蔷薇科蔷薇属中，许多骨质瘦果聚生于凹陷的花托中，称蔷薇果，如金樱子、蔷薇等。

(5) **聚合坚果** 许多坚果嵌生于膨大、海绵状的花托中，如莲。

（三）聚花果（复果）

聚花果（collective fruit，multiple fruit）是由整个花序发育而成的果实。其中每朵花发育成1个小果，聚生在花序轴上，成熟后从花轴基部整体脱落。如凤梨（菠萝）是由多数不孕的花着生在肥大肉质的花序轴上所形成的果实，其肉质多汁的花序轴成为果实的可食部分；桑椹由雌花序发育而成，每朵花的子房各发育成1个小瘦果，包藏于肥厚多汁的肉质花被内；无花果是由隐头花序发育而成，称为隐头果（syconium），其花序轴肉质化并内陷成囊状，囊的内壁上着生许多小瘦果，其肉质化的花序轴是可食部分（图7-5）。

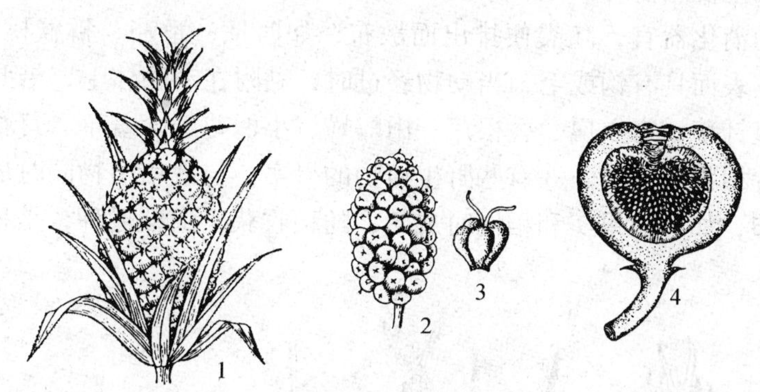

图7-5 聚花果

1. 凤梨 2. 桑椹 3. 桑椹带有花被的一个小果实 4. 无花果

三、果实与种子对传播的适应

被子植物在果实和种子发育期间，果皮包在外面，有保护种子的作用。在种子成熟后，则有助于种子的散布。果实和种子在成熟后散布各处，扩大了后代个体的生长领地，对于植物种族的繁衍极为有利。散布的方式，各种植物或借助自身的结构和力量，或借助外力的作用，各显神通，表现了植物与环境之间的高度适应和植物的无言智慧。

1. 借助风力散布

借助风力散布的果实和种子，一般小而轻，常具毛、翅等构造。如蒲公英、莴苣等菊科植物的连萼瘦果，具有萼片变态而成的冠毛，成熟后被风吹散，漂浮于空中，像降落伞一样远播各处；毛茛科铁线莲、白头翁等的聚合瘦果，其宿存的呈羽毛状的花柱显著增长，便于风力散布；有的植物果实具翅（如杜仲、榆、臭椿、枫杨、槭、白蜡树等），或种子具毛（柳、棉、梓、络石、萝藦、马利筋等），或种子具翅（如松），这是利用风力散布种子的另一种形式。此外，罂粟的蒴果，上部开裂小孔，在植物被风摇动时，种子也随着陆续散布出来。兰科植物的种子，小而轻，可以随风飞扬。在草原和荒漠上，有些植物种子成熟时，球形的植株在根颈部断离，随风吹滚，分布到较远的场所，如风滚草、刺穗藜、猪毛菜等（图7-6）。

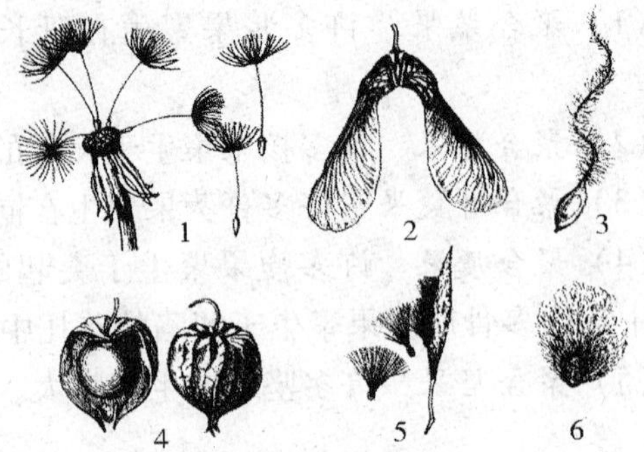

图7-6 借助风力传播的果实和种子

1. 蒲公英的连萼瘦果

2. 槭树的翅果 3. 铁线莲的瘦果

4. 酸浆的浆果（外有灯笼状的宿存萼）

5. 马利筋的种子（具种缨）

6. 棉花的种子（具种皮毛）

2. 借助动物散布

植物借助动物来散布种子，是非常普通的现象，有以下几种情形：①果实成熟后，色泽鲜艳，果肉甘美，吸引人和其他动物食用，食后将种子四处散布，如桃、李、梅、樱桃、杨梅、枣、橄榄、梨、苹果、山楂、葡萄、柿、槲寄生等；或者种子经过动物的消化器官，随粪便排出而散布，如西瓜、番茄、猕猴桃、草莓、桑椹。②有些植物果实表面具有钩或毛，当动物经过时，黏附在动物体上，借此将种子散布各处，如苍耳、鬼针草、窃衣属、香根芹、山蚂蟥、小槐花、含羞草、苜蓿、牛膝、淡竹叶属、猪殃殃等植物的果实。③有些野生植物的果实，与栽培植物同时成熟，借人的收获和播种来散布，如稗的果实和稻同时成熟，随稻收获，随稻播种，是稻作中有名的杂草（图7-7）。

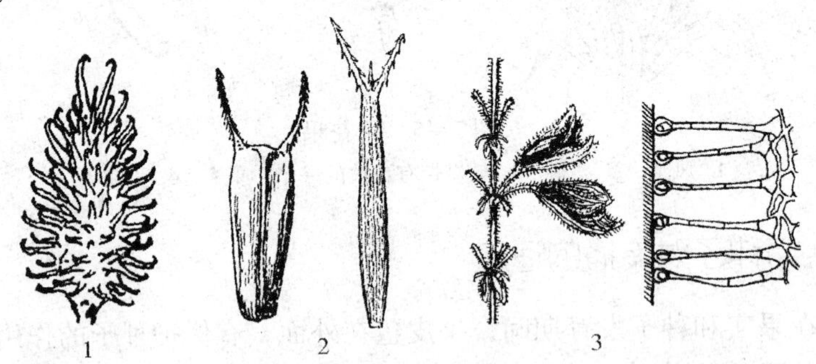

图7-7 借助人类和动物传播的果实

1. 苍耳的果实 2. 两种鬼针草的果实 3. 一种鼠尾草的黏液腺及放大示粘在它物上

3. 借助水力传播

借助水力来散布种子，主要是水生植物和沼泽植物，借助漂浮的结构。例如，莲的果托组织疏松、扩大成倒圆锥形，形成莲蓬，有载运果实到处漂浮的作用。菱的果实，果皮坚硬并具硬刺，能防腐、并可防止鱼类等咬食，下沉后随水流散布。陆生植物也有利用水流散布的，如椰子的果实，中果皮疏松而富有纤维，利于水中漂浮，内果皮坚硬，可以防水的侵蚀，果实随水流而散布各地。

4. 借助果实开裂时所产生的弹力散布

有些植物的果实，种子成熟时，果皮急剧开裂而将种子远远弹出，如凤仙花、老鹳草、酢浆草、喷瓜，都是很著名的例子。其中凤仙花的果实成熟时，利用果皮干燥时的内、外果皮收缩力不同，果皮向内卷缩、开裂而弹射种子，其种子入药故有急性子的雅称。

值得一提的是，有的植物具有几种散布种子的能力，如酸浆等茄科植物，果实成熟后，外面有膨大的宿存萼，可借风力有一定传播能力，更主要的是其浆果，成熟时酸甜可口，动物食用后随其粪便到处散播，特别是鸟类和人，更是大大增加了其种子的散布区域，同时粪便又为其种子的萌发和生根提供了良好的肥料。

第二节 种　　子

种子（seed）是种子植物特有的器官，是由胚珠受精后发育而成，其主要功能是繁殖。

一、种子的形态

种子的形状、大小、色泽、表面纹理等随植物种类不同而异。种子常呈圆形、椭圆形、肾形、卵形、圆锥形、多角形等。其大小差异悬殊，较大的有椰子、槟榔、银杏；较小的有菟丝子、葶苈子；极小的呈粉末状，如白及、天麻等。

种子的颜色亦多样。绿豆为绿色；赤小豆为红紫色；白扁豆为白色；藜属植物的种子多为黑色；相思子一端为红色，另一端为黑色；蓖麻种子的表面由一种或几种颜色交织组成各种花纹和斑点。

种子表面的纹理也不相同。有的光滑、具光泽，如红蓼、北五味子；有的粗糙，如长春花、天南星；有的具皱褶，如乌头、车前；有的密生瘤刺状突起，如太子参；有的具翅，如木蝴蝶；有的顶端具毛茸，称种缨，如白前、萝藦、络石。蓖麻、巴豆等种子外种皮在珠孔处由珠被扩展形成海绵状突起物，称种阜，种阜掩盖种孔。种子萌发时，帮助吸收水分。

二、种子的组成

种子的结构一般由种皮、胚、胚乳 3 部分组成。也有的种子没有胚乳，有的种子还具外胚乳。

1. 种皮（seed coat，testa）

种皮由胚珠的珠被发育而来，包被于种子的表面，起保护作用。通常只有 1 层种皮，如大豆，也有的种子有 2 层种皮，即外种皮和内种皮，外种皮常坚韧，内种皮较薄，如蓖麻。种皮可以干性的，如豆类；也可以是肉质的，如石榴的种皮为肉质的可食用部分。有的种子在种皮外尚有假种皮（aril），是由珠柄或胎座部位的组织延伸而成，有的为肉质，如龙眼、荔枝、苦瓜、卫矛；有的呈菲薄的膜质，如砂仁、豆蔻等。

在种皮上常可看到以下结构：

(1) 种脐（hilum） 是种子成熟后从种柄或胎座上脱落后留下的疤痕，常呈圆形或椭圆形。

(2) 种孔（micropyle） 来源于胚珠的珠孔，为种子萌发时吸收水分和胚根伸出的部位。

(3) 合点（chalaza） 来源于胚珠的合点，是种皮上维管束汇合之处。

(4) 种脊（raphe） 来源于珠脊，是种脐到合点之间的隆起线，内含维管束，倒生胚珠发育的种子种脊较长，弯生或横生胚珠形成的种子种脊短，直生胚珠发育的种子无种脊。

(5) 种阜（caruncle） 蓖麻、巴豆等植物的种皮在珠孔处有一由珠被扩展形成的海绵状突起物，在种子萌发时可以帮助吸收水分。

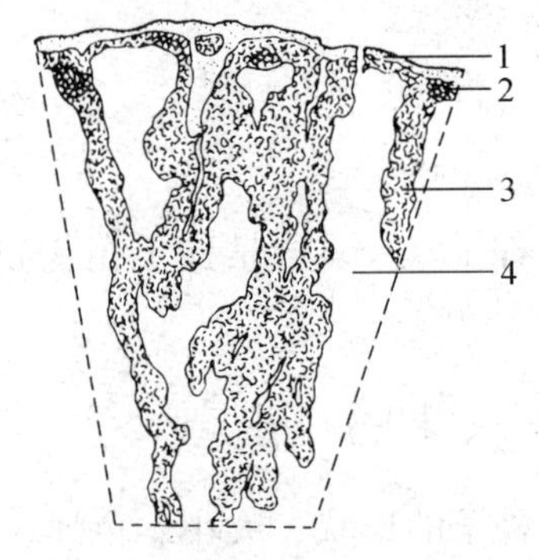

图7-8 槟榔种子横切面简图

1. 种皮 2. 维管束

3. 错入组织 4. 内胚乳

2. 胚乳

胚乳（endosperm）是极核细胞受精后发育而成，常位于胚的周围，呈白色，胚乳中含丰富的淀粉、蛋白质、脂肪等，是种子内的营养组织，供胚发育时所需的养料。

大多数植物的种子当胚发育和胚乳形成时，胚囊外面的珠心细胞被胚乳吸收而消失，但也有少数植物种子的珠心或珠被的营养组织在种子发育过程中未被完全吸收而形成营养组织、包围在胚乳和胚的外部，称外胚乳（perisperm），如肉豆蔻、槟榔、胡椒、姜等。槟榔的种皮内层和外胚乳（红色）常插入胚乳（白色）中形成错入组织（图7-8）；肉豆蔻的外胚乳内层细胞向内伸入，与类白色的内胚乳交错，亦形成错入组织。

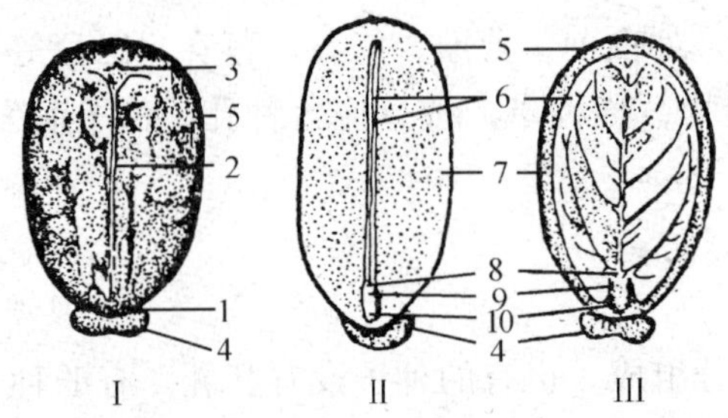

图7-9 蓖麻种子（有胚乳种子）

Ⅰ. 外形 Ⅱ. 与子叶垂直面纵切 Ⅲ. 与子叶平行面纵切

1. 种脐 2. 种脊 3. 合点 4. 种阜 5. 种皮 6. 子叶

7. 胚乳 8. 胚芽 9. 胚茎 10. 胚根

3. 胚（embryo）

胚是由卵细胞受精后发育而成，是种子中尚未发育的幼小植物体，由4部分组成：

(1) 胚根（radicle） 幼小未发育的根，正对着种孔，将来发育成植物的主根。

(2) 胚轴（hypocotyl） 又称胚茎，为连接胚根与胚芽的部分，以后发育成为连接根与茎的部分。

(3) 胚芽（plumule） 胚的顶端未发育的地上枝，以后发育成植物的主茎和叶。

(4) 子叶 (cotyledon) 为胚吸收和贮藏养料的器官，占胚的较大部分，在种子萌发后可变绿而进行光合作用。一般单子叶植物具1枚子叶，双子叶植物具2枚子叶，裸子植物具多枚子叶。禾本科植物是由高度特化的子叶即盾片来吸收养料，如小麦、玉米。

三、种子的类型

被子植物的种子常依据胚乳的有无，分为两类：

1. 有胚乳种子 (albuminous seed)

种子中有发达的胚乳，胚相对较小，子叶薄，如蓖麻（图7－9）、大黄、稻、小麦、玉米等的种子。

2. 无胚乳种子 (exalbuminous seed)

种子中胚乳的养料在胚发育过程中被胚吸收并贮藏于子叶中，故胚乳不存在或仅残留一薄层，这类种子通常具有发达的子叶，如大豆（图7－10）、杏、油菜、南瓜、泽泻等的种子。

四、种子的休眠与萌发

（一）种子的休眠

有的种子（如小麦）在成熟后如果条件适合就能萌发，但有些植物的种子（如人参）不能立即萌发，需要一段时间才能发芽，这种特性称为种子的休眠（dormancy）。种子休眠是植物个体发育过程中的一个暂停现象，是植物经过长期演化而获得的一种对环境条件及季节性变化的生物学适应性。

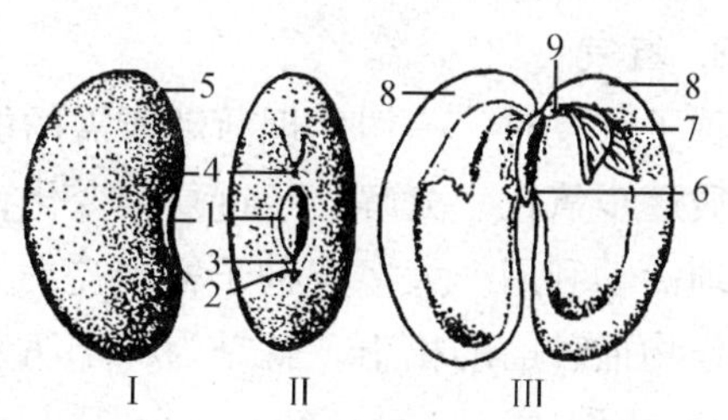

图7－10 菜豆种子（无胚乳种子）

Ⅰ. 外形 Ⅱ. 外形（示种孔、种脊、种脐、合点） Ⅲ. 构造剖面（已除去种皮） 1. 种脐 2. 合点 3. 种脊 4. 种孔 5. 种皮 6. 胚根 7. 胚芽 8. 子叶 9. 胚轴

种子休眠的主要原因有：①种皮过厚不易通气透水而限制种子萌发：由于种皮极其坚厚、过于坚硬或含有角质、角质层或酚类化合物而阻碍了种子对水分和空气的吸收，使胚不能突破种皮向外伸展。②种子内的胚尚未成熟：有些植物的种子在脱离母体时，胚体并未发育完全，或胚在生理上尚未全部成熟，这类种子即使环境条件适宜，也不能萌发成长，如人参、银杏、毛茛、紫堇等植物的种子，需要经过一段休眠时期，等胚充分成熟后才能萌发，这一现象称种子的后熟作用（after－ripening）。③某些抑制性物质的存在阻碍了种子萌发：如番茄、黄瓜等果实内存在有机酸、植物碱和某些植物激素，以及某些经分解后能释放氨或氰类的有机物，能抑制种子内部的胚。只有脱离了这些抑制性物质，才能使种子得到正常萌发。

（二）种子的萌发

成熟、干燥的种子，在缺乏一定外界条件时，处于休眠状态，这时种子的胚几乎完全停止生长，一旦解除了休眠并获得合适环境条件时，休眠的胚就转入活动状态而开始生长，这一过程称种子萌发（seed germination）。萌发所不可缺少的外界条件是：充足的水分、适宜的温度、足够的氧气，有些种子萌发时还需要一定的光照。

1. 水分

种子萌发的首要条件是吸收充足的水分，吸水过程分为三个阶段：①是种子内的胶体物质所引起的急剧吸水过程，为吸胀吸水的物理过程，与种子代谢作用无关；②是吸水的停滞期，这时种子内代谢活动增强；③当胚根突破种皮，胚体迅速增大时又再次急剧吸水，此时为渗透吸水的生理过程。

2. 温度

种子萌发时内部进行极其复杂的物质和能量转化，这些过程需要多种酶的催化作用才能完成，而酶的催化活动必须在一定温度范围内进行。所以种子萌发对温度的要求，表现出最低温度、最高温度和最适温度三个基点，只有最适温度才是种子萌发的最理想温度条件。不同植物种子萌发时，所需的温度条件不尽相同，这是植物的遗传特性和长期适应环境的结果。一般来讲，原产南方的作物萌发所需的温度较高，而原产北方的作物萌发所需的温度较低。

3. 氧气

种子萌发时，一切生理活动所需的能量供应源于呼吸作用，需要足够的氧气，把贮藏物质逐步氧化、分解，经过复杂变化，最后变成二氧化碳和水，并释放能量，供给各种生理活动利用。大多数种子需要空气含氧量在10%以上才能正常萌发。在农业生产中，作物播种前的松土，就是为种子萌发提供呼吸所需的氧气。

4. 光照

一般来说光照和黑暗对种子萌发没有影响。但是一些种子如莴苣、烟草种子需要在一定光照下才能萌发，这类种子称为喜光（或需光）种子。相反，一些种子如茄子、番茄、苋菜、黄瓜、西葫芦等种子，在光照下萌发反而受到抑制，只有在相对长的黑暗条件下才能萌发，故这类种子称为喜暗（或需暗）种子。

（三）幼苗的形成与类型

发育正常的种子，在适宜条件下开始萌发，通常是胚根先突破种皮向下生长，形成植物体的幼根，以后长出侧根形成根系；胚芽突破种皮向上生长，伸出土面形成植物体地上部分的茎和叶，逐渐形成幼苗（seedling）。

不同植物种子在萌发时，由于胚的各部分，特别是胚轴部分的生长速度不同，长成的幼苗在形态上也不一样，常见的植物幼苗分为子叶出土幼苗（epigaeous seedling）和子叶留土幼苗（hypogaeous seedling）两种类型。

1. 子叶出土幼苗

双子叶植物无胚乳种子如大豆、棉、油菜和各种瓜类的幼苗，以及双子叶植物有胚乳种子如蓖麻幼苗，都属于这一类型。这类植物的种子在萌发时，胚根先突破种皮，伸入土中，形成新生植物体的主根。然后下胚轴迅速伸长，将子叶和胚芽一起推出土面，所以这类植物幼苗的子叶是出土的。大豆种子的肥厚子叶，继续把贮存的营养物质运往根、茎、叶等部分，直到营养消耗完毕，子叶干瘪脱落；棉等种子的子叶较薄，出土后立即展开并变绿，进行光合作用，待真叶伸出，子叶才枯萎脱落。种子的这一萌发方式，称为出土萌发。蓖麻种子萌发时，胚乳内的营养物质经分解后供胚发育利用，随着胚轴伸长，将子叶和胚芽推出土面时，残留的胚乳附着在子叶上，一起伸出土面，不久就脱落消失。

2. 子叶留土幼苗

双子叶植物无胚乳种子如豌豆、蚕豆、荔枝、柑橘和有胚乳种子如三叶橡胶树，及单子叶植物种子如小麦、玉米、水稻等的幼苗，都属于这一类型。这些植物种子萌发的特点是下胚轴不伸长，而是上胚轴伸长，所以子叶或胚乳不随胚芽伸出土面，而是留在土中，直到养料耗尽死去。如豌豆种子萌发时，胚根先突破种皮向下生长，成为新生植物体的主根；由于上胚轴的伸长，胚芽不久被推出土面，而下胚轴伸长不大，所以子叶不被顶出土面，而始终埋在土里。

下篇　药用植物的分类

第八章　植物分类概述

第一节　植物分类学的目的和任务

植物分类学（plant taxonomy）是研究植物界不同类群的起源、亲缘关系和演化发展规律的学科，它是一门理论性、实用性和直观性均较强的生命学科。掌握了植物分类学，就可以对自然界极其繁杂的各种各样植物进行鉴定、分群归类、命名并按系统排列，便于认识、研究和利用。药用植物分类采用了植物分类学的原理和方法，对有药用价值的植物进行鉴定、研究和合理开发利用。

植物分类学是一门历史悠久的学科，在人类识别和利用植物的实践中发展和完善。早期的植物分类学只是根据植物的用途、习性、生境等进行分类；中世纪应用了植物的外部形态差异来区分植物的各个分类等级，如种、属、科以及更大的分类群（taxa）；近代科学的发展大大促进了植物分类学研究的深入，对植物种、属、科之间的亲缘关系逐渐有了较清晰的认识。

植物分类学的主要任务是：

1. 分类群的描述和命名

运用植物形态学、解剖学等知识，对植物个体间的异同进行比较研究，将类似的一群个体归为“种”（species）一级的分类群，并对各分类群进行性状描述，按照《国际植物命名法规》确定拉丁学名。这是植物分类学的首要任务。

2. 探索植物“种”的起源与演化

借助植物生态学、植物地理学、古植物学、生物化学、分子生物学等学科的研究资料，探索植物“种”的起源和演化，为建立植物的自然分类系统提供依据。

3. 建立自然分类系统

根据对植物的各分类群之间亲缘关系的研究，确定不同分类等级、排列顺序，以期建立符合客观实际的植物自然分类系统。

4. 编写植物志

运用植物分类学的知识，根据不同的需要，对某国家、某地区、某类用途或某分类群的植物进行采集、鉴定、描述和按照分类系统编排，编写不同用途的植物志。

药用植物分类是将植物分类学知识运用于药用植物的研究，如对药用植物的资源调查、原植物鉴定、种质资源研究、栽培品种的鉴别等。通过药用植物分类的研究可使人们掌握和运用好中药资源，并正确地鉴定植物类药物的类群。

第二节　植物个体发育和系统发育

植物的个体发育（ontogeny）是由单细胞的受精卵发育成为一个成熟的植物个体的过程，其中包括形态和生殖的各个方面的发展变化。据已掌握的资料，从植物胚胎学的研究中证实，在个体发育过程中所发生的一系列变化，往往按照系统发育中所进行的主要变化及主要形态，有顺序的再行重演一次。胚胎最初的形态变化与祖先演化的形态变化很近似，特别是受精卵至胚胎期间更加明显，以后才逐步地转变成现代植物种类的形态。

个体发育也就是系统发育的反复重演，因此，可以说千百万年间所进行的系统发育演化过程仅仅在胚胎发育的较短时间内所完成的个体发育过程就能观察得到。

植物的系统发育（phylogeny）是植物从它的祖先演进到现有植物界状态的经过，也是由原始单细胞植物界的植物种族发生、成长和演进的历史。每一种植物都有它自己漫长的演进历史，这个历史是可以不断上溯到植物有机体的起源、发生和发展，一般认为同一种或同一类群出于共同的祖先。

植物的发生和发展也都是和地球本身的化学元素、环境条件、变迁历史分不开的。地球有自身的形成和发展过程，地球上的地质、空气成分、水分、温度和湿度都在不断变化。这些变化都联系着植物的发生和发展，从而促使植物有机体在生理机能上和形态构造上发生变化，能适应环境变化的种类或类群得到进一步发展，不能适应的即大批死亡，新的植物类群总是不断地代替老的类群。

植物演化发展的过程从研究化石植物中得到更好的证实。现在地球上有的植物类群已灭绝了，但在化石中可发现它们的遗迹。最早最古老的水生植物便是单细胞的藻菌植物，有的演变成具有茎叶的湿生的苔藓植物，有的逐渐发展成具有根、茎、叶的能适应陆生环境的蕨类植物，其中出现最早的陆生蕨类是裸蕨类，也是形态结构最简单的维管束植物。如现仅存的松叶兰 *Psilotum nudum*（L.）Griseh.，是水生多细胞植物向陆地上挺进的先锋，为后来的更高级的蕨类植物和种子植物的形成准备了条件。有的逐渐发展成具有根、茎、叶、花、果实、种子的种子植物，即裸子植物和被子植物。距今约3亿年的古生代泥盆纪，裸子植物开始出现，它所处环境比蕨类植物更为干旱，所以种子的构造是对这种环境条件更好的适应。距今2.1亿年至2.6亿年的上古生代时，是裸子植物最繁盛的时期，至中世纪末期的白垩纪（距今6000万年至1.3亿年）时，骤然地出现了种子植物的高级类型——被子植物，随即大部分裸子植物也相继灭绝。因此，从白垩纪起，地球上植物界的景观就接近于现代植物界的景观了。

种子植物的飞跃是整个植物界最大的飞跃之一。这种生命形态的发生和发展，是有机界运动的变改形式，随着地球上气候的变化，植物也相应地发生了变化。经过漫长的演化过程，种子植物由乔木和灌木发展到多年生草本和一年生草本植物。

第三节　植物的分类单位及其命名

植物分类设立了不同分类单位，又称为分类等级。分类等级的高低常以植物之间亲缘关系的远近，形态相似性和构造的简繁程度来确定。

一、植物的分类单位

植物界的分类单位从大到小主要有：门、纲、目、科、属、种。门是植物界中最大的分类单位，种是植物分类的基本单位。门下分纲，纲下分目，目下分科，科下有属，属下为种。在各分类单位之间，有时因范围过大，还增设一些亚级单位，如亚门、亚纲、亚目、亚科、亚属、亚种等。

植物分类的各级单位，均用拉丁词表示，一般有特定的词尾。门的拉丁名词尾一般是 - phyta，如蕨类植物门 Pteridophyta；纲的拉丁名词尾一般是 - opsida，如百合纲 Liliopsida；目的拉丁名词尾是 - ales，如芍药目 Paeoniales；科的拉丁名词尾是 - aceae，如龙胆科 Gentianaceae；亚科的拉丁名词尾是 - oideae，如蔷薇亚科 Rosoideae 等。

某些单位的拉丁名词尾与上述规定不同，但现在仍在使用，原因是习用已久，国际植物学会将其作为保留名。如双子叶植物纲 Dicotyledoneae 和单子叶植物纲 Monocotyledoneae 的词尾未用 - opsida；十字花科 Cruciferae，豆科 Leguminosae，藤黄科 Guttiferae，伞形科 Umbelliferae，唇形科 Labiatae，菊科 Compositae，棕榈科 Palmae，禾本科 Gramineae 等科的词尾未用 - aceae。

二、种及种下分类单位

种（species）是具有一定的自然分布区和一定的生理、形态特征的生物群，是分类的基本单位或基本等级。种内个体间具有相同的遗传性状并可彼此交配产生后代，种间存在生殖隔离。

随着环境因素和遗传基因的变化，种内各居群会产生比较大的变异，出现了一些种下等级的划分。

亚种（subspecies，缩写为 subsp. 或 ssp.）是1个种内的居群在形态上多少有变异，并具有地理分布、生态或季节上的隔离。

变种（varietas，缩写为 var.）是1个种内的居群在形态上多少有变异，变异比较稳定，它的分布范围（或地区）比亚种小，并与种内其他变种有共同的分布区。

变型（forma，缩写为 f.）是 1 个种内有细小变异，但无一定分布区的居群。变型是植物最小的分类单位。

品种（curtivar）是人工栽培植物的种内变异居群。通常在形态或经济价值上有差异，如药用菊花的栽培品种有亳菊、滁菊、贡菊等。人工栽培形成的品种，当其失去经济价值，就没有了品种的实际意义，它将被淘汰。中药材的基原复杂多样，所以通常所称的品种，既指分类单位中的“种”，有时又指栽培药材的品种。

三、植物的命名

由于国家、民族、地区的语言文字和生活习惯的差别，在对同一种植物利用时，往往会出现不同的名称，同名异物、同物异名现象较为普遍，给植物的分类、利用和国际交流造成困难。为此，国际植物学会议制定了《国际植物命名法规》，给每一个植物分类群制定世界各国可以统一使用的科学名称，即学名（scientific name）。以下主要介绍种及种以下分类单位的命名原则。

（一）植物种名的命名

《国际植物命名法规》规定了植物学名必须用拉丁文或其他文字加以拉丁化来书写。植物种的名称采用了林奈（Carolus Linnaeus，1707～1778 年）倡导的“双名法”，即植物种的学名由两个拉丁词组成，第一个词是属名，第二个词是种加词，为了便于引证和核查，还应附上首次合格发表该名称的命名人名。一般书写时属名和种加词用斜体，命名人名用正体。

1. 属名

植物的属名既是科级名称构成的基础，也是植物学名的主体，还是一些化学成分名称的构成部分，如蔷薇属为 *Rosa*，蔷薇科的拉丁名 Rosaceae 是由蔷薇属名的词干 *Ros*－加上科的拉丁词尾－aceae 组合而成；化学成分玫瑰螺烯醇 rosacorenol、野蔷薇葡糖酯 rosamultin 等都是由蔷薇属名 *Rosa* 加上特定的词尾组合而成。

属名使用拉丁名词的单数主格，首字母必须大写。如人参属 *Panax*，芍药属 *Paeonia*，黄连属 *Coptis*，乌头属 *Aconitum* 等。

2. 种加词

植物的种加词用于区别同属不同种，是种的标志词。种加词多数为形容词，也有的是名词。种加词的首字母小写。

形容词作为种加词时，其性、数、格必须与属名一致，如掌叶大黄 *Rheum palmatum* L.、黄花蒿 *Artemisia annua* L.、当归 *Angelica sinensis*（Oliv.）Diels 等。

名词作为种加词时，有主格名词和属格名词两类，主格名词如薄荷 *Mentha haplocalyx* Briq.、樟树 *Cinnamomum camphora*（L.）Presl. 等，属格名词如掌叶覆盆子 *Rubus chingii* Hu、高良姜 *Alpinia officinarum* Hance 等。

3. 命名人

在植物学名中，命名者的引证，一般只用其姓。如同姓者研究同一门类植物，为便于区分，则加注名字的缩写词以便区分。引证的命名人姓名，要用拉丁字母拼写，每个词的首字母大写。我国的人名姓氏，现统一用汉语拼音拼写。命名者姓氏较长时，可以缩写，缩写之后加缩略点“.”。共同命名的植物，用 et 连接不同作者。如某研究者创建了一个植物名称未合格发表，后来的特征描述者在发表该名称时，仍把原提出该名称的作者作为命名者，引证时在两作者之间用 ex 连接。如银杏 *Ginkgo biloba* L. 学名的命名者为 Carolus Linnaeus，“L.”是姓氏缩写；紫草 *Lithospermum erythrorhizon* Sieb. et Zucc. 学名的命名者是 P. F. von Siebold 和 J. G. Zuccarini 两人；延胡索 *Corydalis yanhusuo* W. T. Wang ex Z. Y. Su et C. Y. Wu 学名是王文采（Wang Wen Tsai）创建，后由苏志云（Su Zhi Yun）和吴征镒（Wu Zheng Yi）描记了特征并合格发表。

（二）植物种下单位的名称

植物种下分类群有亚种、变种和变型。如：

鹿蹄草 *Pyrola rotundifolia* L. subsp. *chinensis* H. Andces. 是圆叶鹿蹄草 *Pyrola rotundifolia* L. 的亚种，学名由鹿蹄草的学名再加上亚种缩写（subsp.）、亚种加词（*chinensis*）和亚种命名人（H. Andces.）组成。

山里红 *Crataeyus pinnatifida* Bunge var. *major* N. E. Br. 是山楂 *Crataeyus pinnatifida* Bunge 的变种，学名由山楂的学名再加上变种缩写（var.）、变种加词（*major*）和变种命名人（N. E. Br.）组成。

重瓣玫瑰 *Rosa rugosa* Thunb. f. *plena*（Regel）Byhouwer 是玫瑰 *Rosa rugosa* Thunb. 的变型，学名由玫瑰的学名再加上变型缩写（f.）、变型加词（*plena*）和命名人（Byhouwer）组成。

（三）栽培植物的名称

药用植物在栽培过程中发生很多变异，形成了不同的品种。《国际栽培植物命名法规》对栽培植物的命名制定了相关法规。栽培植物的品种名称是在种加词之后加栽培品种加词，首字母大写，外加单引号，后面不加命名人。如药用菊花通过长期人工栽培，在不同产区形成了颇具特色的地道药材，其形态也发生了较明显的差异，根据不同特征分别将其命名为亳菊 *Dendranthema morifolium* ‘*Boju*’、滁菊 *Dendranthema morifolium* ‘*Chuju*’、贡菊 *Dendranthema morifolium* ‘*Gongju*’、湖菊 *Dendranthema morifolium* ‘*Huju*’（药材杭白菊的品种之一）等。

（四）学名的重新组合

在植物学名的两个命名人中，前者加以括号，表示该学名为重新组合而成。重新组合时，保留的原命名人被置于括号之内。如紫金牛 *Ardisia japonica*（Hornst.）Blume 的学名，括号内为原命名人，曾建立 *Bladhia japonica* Hornst 作为紫金牛的学名，后来 Karl

Ludwig von Blume 将紫金牛列入 *Ardisia* 属中，经重新组合而成现在的学名。

第四节 植物分类方法简介

药用植物分类研究，是通过利用植物分类学的原理和一系列方法和技术手段，对药用植物进行鉴定、归类、命名并建立系统，便于认识、研究和利用药用植物。植物分类的传统方法主要建立在植物的外部形态上，包括生殖器官和营养器官的形态。通过观察植物和标本的形态，辅以生态和习性的了解，可以判断植物的类群归属。现代科学新技术的发展，尤其是显微技术、化学技术及分子技术的发展，被引入植物分类领域，使其方法更趋科学和完善，解决了传统分类方法难以解决的问题。现将用于药用植物分类的方法简介如下。

一、宏观形态分类方法

宏观形态分类研究方法是植物分类最传统而常用的方法，是指根据外部形态特征进行分类，主要包括采集、观察、记录、制作标本等野外工作和实验室研究，在此基础上寻找形态变化规律，结合植物的生态环境及植物对环境反应的生物学习性及动态变化，阐释药用植物疑难种的归属和范围，可使分类鉴定更为准确，揭示形态变化和中药材质量变异的关系。目前这方面的主要研究集中在重要药用植物疑难物种的划分和药用植物种质资源的分类鉴定。

药用植物形态直观，易于辨认。但在辨认中，应先观察植株整体再注意器官细部，可先营养器官，按根、茎、叶之序；后生殖器官，按花、果实、种子之序。通过整体判断，有利于抓住主要特征而辨清容易混淆的植物。如：乌头，是喻其植物根的形态如乌鸦之头，表面乌黑，中部粗，两端一为尖嘴，一为颈。钩藤，木质茎藤的节上有刺，刺与其他植物均不同，弯弯似钩等。

生长在不同的生态环境中的药用植物，形态有所区别。一般来说，水生与湿生的药用植物多有根状茎，阴生植物如八角莲、七叶一枝花等叶大，阳生植物如黄芩、龙胆等叶多偏窄小，沙生或旱生植物如麻黄、柽柳等叶甚至全部退化。海拔高度与药用植物形态建成也密切相关，如同属 3 种大黄，随着海拔高度增高，叶的分裂程度逐渐加大，唐古特大黄叶裂最深，药用大黄叶裂最浅，掌叶大黄则居其中。生态环境还影响药用植物的生长习性，如同属植物水菖蒲和石菖蒲，水菖蒲生于水中，植株高大，冬季休眠，分布范围广；而石菖蒲分布于亚热带以南区域，生长于山涧流水的石上，植株矮小，常绿。

被子植物生殖器官中的花，被认为是比较稳定的器官，因而被植物分类学家运用于被子植物分类。很多科花的特征都可作为分类的重要依据，如木兰科植物雄蕊和雌蕊多数而螺旋状排列；蔷薇科植物的花具有特殊的被丝托；伞形科植物的复伞形花序、唇形科植物的轮伞花序、天南星科植物的肉穗花序、百合科植物典型三基数的花、兰科植物的两侧对称花和合蕊柱等特征对药用植物分类有着特殊的重要价值。另外果实类型也是分类的重要依据，如桑科的隐花果、豆科的角果、十字花科的荚果、葫芦科的瓠果、伞形科的双悬果、芸香科的柑果等。

野外观察植物，最易见到的是营养器官，具备识别植物营养器官的能力，能够在野外迅速而准确地识别药用植物。在营养器官中，叶的特征最多，叶序、托叶、叶柄、叶片的颜色、形态、附属物等，非常有利于野外鉴定。同时叶也随着生长发育的时间和空间不断变化，因此又必须抓住叶的变化规律，才能有效地利用叶来进行分类鉴定。

二、微观形态分类方法

随着现代的光学显微镜的发明，电子显微镜的出现，对植物体的微观形态有了深入了解，如植物的器官、组织和细胞的形态；植物的性器官孢子、花粉的形态；植物的染色体等。植物的微观形态把握是对宏观形态的补充。

1. 显微结构分类法

该方法是利用光学显微镜观察植物器官外部或内部的显微特征，提供药用植物分类鉴定依据。如对植物叶的表皮、气孔轴式、腺毛、非腺毛、根茎、叶、花、果实、种子等器官的内部结构等的观察。

2. 孢粉分类法

孢粉分类方法是通过孢子或花粉的性状、表面纹饰、孔沟的类型、孔沟的位置等特征提供分类依据的方法。在植物分门中，孢粉结构特征明显，如裸子植物门花粉为单沟型，萌发器官常位于远极，而被子植物门的花粉为单孔、三孔、三沟、三孔沟等类型，萌发器官多位于赤道。

3. 细胞分类法

细胞分类学是利用染色体资料探讨植物分类问题的学科，它的研究内容包括染色体的结构特征和数量特征。

染色体的结构特征包括染色体的核型和带型。核型是指染色体的长度、着丝点的位置和随体的有无等，由此可以反映染色体的缺失、重复和倒位、移位等遗传变异，核型通常通过照片、绘图将染色体按照大小排列起来的核型图表示；带型是指染色体经特殊染色显带后带的颜色深浅、宽窄和位置顺序等，由此可以反映常染色质和异染色质的分布差异；染色体的数目通常用基数 X 表示，X 即配色体的染色体数目。例如芍药属以前放在毛茛科中，但该属染色体 X=5，较大，这和毛茛科其他属 X=6~9 不同，这是芍药属从毛茛科分出成立芍药科的依据之一。

三、化学分类法

植物化学分类学是以植物化学成分为依据，以经典植物分类为基础，研究植物化学成分在植物类群中的分布规律，探讨植物演化的一门科学。植物化学分类学可用于探讨物种形成、种下变异；还可用于研究个体发育过程中化学成分的合成、转化和积累动态；还可以解决从种下等级到目级水平的分类问题。

植物化学分类学已广泛应用于濒危珍稀药用植物替代品的寻找等方面。例如，具有降压与安定作用的蛇根碱自印度的夹竹桃科萝芙木属植物蛇根木 *Raubolfia serpenitina* (L.) Benth ex Kurz 中发现后，根据植物化学分类学方法，从该属的其他约 20 种植物中亦发现了利血平，并从萝芙木属的两个近缘属中也找到了同类生物碱。

另外，植物化学分类学还可辅助植物系统分类研究，例如，石竹科、粟米草科和商陆科、紫茉莉科、番杏科、仙人掌科、马齿苋科、落葵科、藜科、苋科、刺戟草科形态相似，曾认为它们均属于中央种子目，但化学分类研究发现，石竹科、粟米草科不含甜菜拉因而含花青苷，而其他科含甜菜拉因而不含花青苷，因而将石竹科、粟米草科从中央种子目分出，另立为石竹目。

四、数值分类法

数值分类学以形态特征为基础，利用所有可以得到的数据，按一定的数学模型，应用计算得出结果，从而作出定量比较，客观地反映类群之间的关系。主要包括主成分分析、聚类分析和分支分析。例如，根据人参属 52 个形态性状、细胞学性状和化学性状，对中国人参属 10 个种和变种进行数值分类学研究，结果说明，把人参属分为两个类群是合理的。再如利用数值分类方法将鼠尾草属药用植物资源划分为 3 类——高山丹参类、低山丹参类和非丹参类，为鼠尾草属植物分类鉴定、资源开发及丹参药材道地性研究提供了依据。

五、分子系统法

分子系统学是利用分子生物学研究植物系统学，在大分子水平探讨植物系统发育和演化的科学。研究的主要对象包括蛋白质（同工酶、种子蛋白等）、基因组（核基因组、叶绿体基因组）等。目前分子系统学的研究热点是叶绿体基因组和核基因组。

1. 同工酶

同工酶是指具有相同催化功能而结构及理化性质不同的一类酶，其结构的差异来源于基因类型的差异，因此并不一定是同一基因的产物、每一种酶不同电泳酶谱表现型可能是由于不同的基因座引起的，也可能是同一基因座上的不同的等位基因引起的，后一类等位酶特称为等位酶。同工酶差异可以用于种下、种间的分类学研究。

2. 叶绿体基因

被子植物的叶绿体基因组的大小、组成是相当一致的。叶绿体基因组由很多基因组成，其中一些基因可以用作分类群之间亲缘关系的研究，如 rbcL 基因和 matK 基因等。

rbcL 基因是编码 1,5 - 二磷酸核酮糖羧化酶大亚基的基因，适用于科及科级以上、属、亚属、种间的研究。matK 基因位于 trnK 基因的内含子中，是叶绿体基因组中进化速率最快的基因之一，具有重要的系统学价值，常用于科内、属内甚至种间亲缘关系研究。

3. 核基因组

常用于植物系统学研究的核基因组基因或基因间区有很多，如 18S、5S 基因、ITS 序列等。

核基因组的内转录间隔区（internal transcribed spacer，ITS）是位于18S－26S rRNA基因之间，被5.8S rRNA基因分为两段，即ITS1和ITS2，ITS区适用于被子植物分类研究，适用于科内，尤其是近缘属间及种间关系的分类研究。

无论是核基因组还是叶绿体基因组，都是利用PCR技术对其进行扩增，进而测序，通过分析软件进行排序、比较，然后进行系统学研究。PCR（Polymerase Chain Reaction）是将所要研究的DNA片段在数小时内扩增到肉眼能直接观察和判断的技术，包括变性、复性（退火）、延伸3个步骤，完成这三个步骤称为一个循环，一般要进行35个循环左右。PCR扩增需在PCR仪中进行，反应体系由模板DNA、dNTPs、Taq DNA聚合酶、镁离子、引物组成。

PCR技术可和电泳技术结合，对基因组DNA多态性进行研究，目前常用的有RAPD（random anplified polymophism DNA）、AFLP（amplified restriction fragment polymorphism）、SSR（length polymophism of simple sequence repeat）等。

（1）RAPD（Random anplified polymophism DNA）

RAPD是利用一个10个碱基的随机引物，通过PCR扩增来检测DNA多态性的技术。RAPD只需一个引物，长度为10个核苷酸，扩增时引物必须在两条链上都找到结合位点，并且这两个结合位点之间的距离在PCR扩增范围之内（Taq DNA聚合酶通常为1kB左右），这段DNA片段才能被扩增出来。

（2）AFLP（amplified restriction fragment polymorphism）

AFLP是利用限制性内切酶对基因组DNA进行酶切，然后对酶切片段进行选择性扩增，以检测DNA多态性的方法。进行AFLP时，首先用限制性内切酶将基因组DNA切割成长短不一的片段，但由于片段太多，所以看不到能够分开的谱带，为将谱带分开，利用连接酶将这些片段和接头（一段人工合成的DNA）连接，根据接头序列和酶切位点序列，再加上1～3个选择性碱基设计引物，选择性扩增这些酶切片段。AFLP技术可以进行种间、居群、品种的分类学研究。

4. SSR（simple sequence repeat）

SSR也被称为微卫星DNA，是植物基因组中由1～6个核苷酸为基本单元组成的串联重复序列，常见的是由2个核苷酸组成的串联重复序列，如（AT）n。因为不同物种的SSR长度和重复的单位数都不同，可根据不同种的SSR指纹图谱进行分类学研究。

5. ISSR（inter simple sequence repeat）

ISSR是利用在SSR序列的3′端或5′端加上2～4个随机核苷酸作为引物，选择性扩增SSR之间DNA的技术。由于药用植物基因组中SSR非常多，改变引物中选择性碱基的数目可调节谱带数目，以增加或减少多态性。ISSR结合了RAPD和SSR的优点，引物设计简单，重复性好，多态性高，是药用植物品种选育、种质资源研究的有力工具。

第五节　植物分类检索表

植物分类检索表是鉴定植物的重要工具，在植物志和植物分类学专著中都列为重要内容之一。使用和编制植物分类检索表也是药用植物学的重要技能之一。

一、植物分类检索表的编制

植物分类检索表采用二歧归类方法进行编制，在充分了解植物分类群的形态特征基础上，选择某些类群与另一类群的主要区别特征编成相对应的序号，然后又分别在所属项下再选择主要区别特征编列成相对应的序号，如此类推直至一定的分类等级。植物分类检索表的编排方式常见的有 3 种：定距式、平行式和连续平行式。

（一）定距式检索表

将一对相区别的特征分开编排在一定的距离处，标以相同的序号，每下一序号后缩 1 格排列。如：

植物界部分植物门分门检索表

1. 植物体无根、茎、叶的分化。无胚。
　2. 植物体不为藻类和菌类的共生体。
　　3. 植物体内含叶绿素，自养式生活。
　　　4. 植物体的细胞无细胞核 ………………………… 蓝藻门
　　　4. 植物体的细胞有细胞核。
　　　　5. 植物体绿色，贮藏营养物质是淀粉 ………………………… 绿藻门
　　　　5. 植物体红色或褐色，贮藏营养物质为红藻淀粉或褐藻淀粉。
　　　　　6. 植物体红色，贮藏营养物质是红藻淀粉 ………………………… 红藻门
　　　　　6. 植物体褐色，贮藏营养物质是褐藻淀粉 ………………………… 褐藻门
　　3. 植物体无叶绿素，异养式生活。
　　　7. 植物体细胞无细胞核 ………………………… 细菌门
　　　7. 植物体细胞有细胞核。
　　　　8. 营养体细胞无细胞壁 ………………………… 黏菌门
　　　　8. 营养体细胞有细胞壁 ………………………… 真菌门
　2. 植物体为藻类和菌类的共生体 ………………………… 地衣门
1. 植物体有根、茎、叶的分化。有胚。
　9. 植物体内无维管组织。在生活史中，配子体占优势 ………………………… 苔藓植物门
　9. 植物体内有维管组织。在生活史中，孢子体占优势。
　　10. 无花，用孢子进行繁殖 ………………………… 蕨类植物门
　　10. 有花，用种子进行繁殖。
　　　11. 胚珠裸露，无果实 ………………………… 裸子植物门
　　　11. 胚珠被心皮包被，形成果实 ………………………… 被子植物门

（二）平行式检索表

将一对相区别的特征编以同样的序号，并紧接并列，不同的序号排列不退格，每条之后标明应查的下序号或已查到的分类群。如：

高等植物分门检索表（平行式）

1. 植物体有茎、叶，而无真根 …………………………………… 苔藓植物门
1. 植物体有茎、叶和真根 ……………………………………………… 2
2. 植物以孢子繁殖 ……………………………………………… 蕨类植物门
2. 植物以种子繁殖 ……………………………………………………… 3
3. 胚珠裸露，不为心皮包被 ……………………………………… 裸子植物门
3. 胚珠被心皮构成的子房包被 …………………………………… 被子植物门

（三）连续平行式检索表

将一对互相区别的特征用两个不同的序号表示，其中后一序号加括号，以表示是相互对应关系。如：

高等植物分门检索表

1. （2）植物体有茎、叶，而无真根 ……………………………… 苔藓植物门
2. （1）植物体有茎、叶和真根。
3. （4）植物以孢子繁殖 ………………………………………… 蕨类植物门
4. （3）植物以种子繁殖。
5. （6）胚珠裸露，无果实 ………………………………………… 裸子植物门
6. （5）胚珠包被于子房内，有果实 ……………………………… 被子植物门

二、植物分类检索表的应用

当遇到未知植物需要鉴定时，植物分类检索表有助于较快而准确地鉴定出其名称。应用植物分类检索表要注意以下几点。

1. 选择适合鉴定要求的检索表

针对所需鉴定的未知植物类群，要选择不同的植物分类检索表。如鉴别较大的植物分类等级要选用植物分门、分纲、分目和分科检索表；鉴别种级分类等级，需查阅分种检索表；鉴别不同地区的植物类群，需选择不同地区的植物分类检索表；研究已知科、属的植物分类群，可查阅分科、分属植物专著，如《中国植物志》等工具书。

2. 全面观察标本

在使用分类检索表之前，必须对所需要鉴定的植物分类群进行全面观察，包括植物的营养器官和生殖器官，种子植物尤其注重生殖器官，花的结构最为重要。经过细心解剖，认真观察，然后再查阅检索表。查阅过程仍需核对标本特征。查阅过程中，根据标本的特征与检索表上所记载的特征进行比较；若标本特征与记载相符合，则按序号逐次查阅，如其特征不符，则查阅同序号的另一项，如此逐条查阅，直至查出该分类等级的名称。当查阅到某一分类等级名称时，还要将标本特征与该分类等级的特征进行全面核

对，若两者相符合，才表示所查阅的结果是正确的。

第六节　植物的分门别类

在植物界各分类群中，最大的分类等级是门。由于不同的植物学家对分门有不同的观点，产生了16门、18门等不同的分法。另外，人们还习惯于将具有某种共同特征的门归成更大的类别，如藻类植物、菌类植物、颈卵器植物、维管植物、孢子植物、种子植物、低等植物、高等植物等。

根据目前植物学常用的分类法，将药用植物的门排列如下：

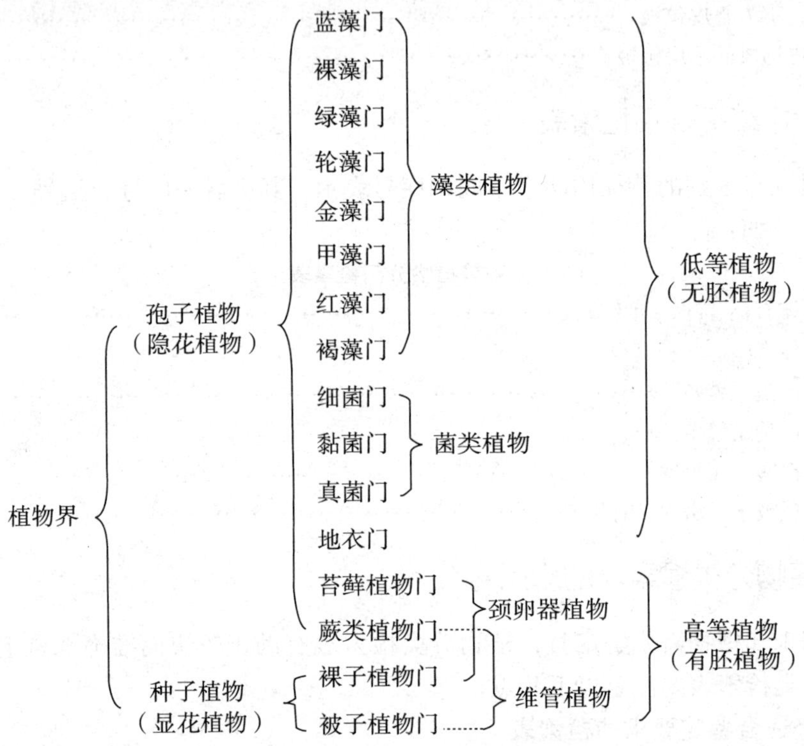

孢子植物（spore plant）和种子植物（seed plant）：在植物界，藻类、菌类、地衣门、苔藓植物门、蕨类植物门的植物都能产生孢子并用孢子进行有性生殖，不开花结果，因而称为孢子植物或隐花植物（cryptogamia）；裸子植物门和被子植物门的植物有性生殖开花，形成种子并用种子进行繁殖，所以称种子植物或显花植物（phanetogams）。

低等植物（lower plant）和高等植物（higher plant）：在植物界，藻类、菌类及地衣门的植物在形态上无根、茎、叶的分化，构造上一般无组织分化，生殖器官是单细胞，合子发育时离开母体，不形成胚，称为低等植物或无胚植物（non－embryophyte）；自苔藓植物门开始，包括蕨类植物门、裸子植物门、被子植物门的植物在形态上有根、茎、叶的分化，构造上有组织的分化，生殖器官是多细胞，合子在母体内发育成胚，称为高等植物或有胚植物（embryophyte）。

颈卵器植物（archegoniatae）和维管植物（vascular plant）：在高等植物的苔藓植物门和蕨类植物门的植物有性生殖过程中，在配子体上产生多细胞构成的精子器（antheridium）和颈卵器（archegoniatae），因而将这两类植物称为颈卵器植物（而裸子植物也具有颈卵器构造，但其结构简单，埋藏于配囊中）；从蕨类植物门开始，包括裸子植物门和被子植物门植物，植物体内有维管系统，其他植物则无维管系统，故称具维管系统的植物为维管植物，不具维管系统的植物为非维管植物（non－vascular plant）。

第九章 藻类植物

藻类植物是植物界最低级的植物类群，植物体称藻体，无根、茎、叶的分化，与菌类植物、地衣植物同属于低等植物。

第一节 藻类植物概述

藻类（algae）是主要生活在水中的一类植物，形态、结构和生理等方面都比较原始。

1. 藻类是自养性原植体植物

藻类植物体的形态和大小千差万别，有单细胞、多细胞群体、丝状体或叶状体等；小的只有几微米，在显微镜下才能看到它们的形态构造；体形较大的肉眼可见，如褐藻和红藻，一般从数厘米到十余厘米；最大的体长可达100m以上，藻体结构也比较复杂，如生长于太平洋中的巨藻。尽管藻类植物体有大与小、简单与复杂的区别，但是它们没有真正的根、茎、叶分化，属于原植体植物（thallophytes）。

藻类植物具有光合色素，能利用光能把无机物合成有机物，供自身需要，能独立生活，是自养（autotrophic）植物。不同的藻类植物细胞内所含叶绿素和其他色素的成分和比例不同，从而使藻体呈现不同的颜色。色素通常分布于载色体（色素体 chromatophore）上，也有少数不形成载色体的；藻类植物载色体的形状大小多种多样，有小盘状、杯状、网状、星状、带状等。各种藻类通过光合作用制造的养分以及所贮藏的营养物质也是不同的。

2. 藻类繁殖方式多样，发育过程中不形成胚

藻类可通过营养繁殖、无性生殖和有性生殖，产生下一代。营养繁殖是单细胞个体通过细胞分裂或出芽，多细胞个体通过营养体的一部分从母体分离、断裂产生新个体的繁殖方式。

无性生殖和有性生殖的过程均产生生殖细胞。无性生殖过程中产生一种称为孢子（spore）的生殖细胞，孢子的产生是不经过减数分裂的；通常多数孢子集生于孢子囊（sporangium）中，单个孢子即可发育成一个新的植物体。

而有性生殖过程中有减数分裂现象的出现，产生的生殖细胞称为配子（gamete）；一般情况下，配子必须两两结合成为合子（zygote），合子直接萌发成新个体，或形成孢子发育成新个体。根据相结合的两个配子的大小、形状、行为，可分为同配生殖（isogamy）、异配生殖（heterogamy）和卵配生殖（oogamy）。同配生殖指相结合的两个配子的大小、形状、行为完全一样；异配生殖指相结合的两个配子的形状一样，但大小和行为有些不同，大的不活泼，称为雌配子（female gamete），小的比较活泼，称为雄配子（male gamete）；卵配生殖指相结合的两个配子的大小、形状、行为都不相同，大的无鞭毛，圆球形，不能游动，特称为卵（egg），小的具鞭毛，很活泼，特称为精子（sperm）。卵和精子的结合称为受精作用（fertilization），形成受精卵（fertilized egg），即合子。

藻类的生殖器官多数是单细胞，虽然有些高等藻类的生殖器官是多细胞的，但其中的每个细胞都直接参加生殖作用，形成孢子或配子，其外围也无不孕细胞层包围。藻类植物的合子不在生殖器官内发育成多细胞的胚，而是直接形成新个体，因而是无胚植物。

3. 藻类古老原始，分布广泛

藻类是极古老的植物。化石记录表明，大约35～33亿年前，地球上的水体中就出现了原核蓝藻。现存的藻类在自然界中几乎到处都有分布。绝大多数是水生的（海水或淡水），但在潮湿的岩面、墙壁和树干上、土壤表面和内部，甚至某些动植物体内，都有它们的踪迹。藻类植物适应能力强，可以在营养贫乏、光照微弱的环境中生长。有的海藻可以在100m深的海底生活，有些藻类能忍受极地或终年积雪的高山严寒，有些蓝藻可生存于高达85℃的温泉中。藻类还通常是自然灾害后形成的新鲜无机质上率先生长的先锋植物。

4. 藻类植物的经济价值

藻类植物种类繁多，资源丰富。我国有着漫长的海岸线，利用藻类供食用、药用的历史悠久，在历代本草中均有记载，如海藻、昆布、紫菜、石莼、鹧鸪菜、葛仙米等。据全国中药资源调查资料显示，我国的药用藻类资源达115种之多。

藻类植物营养价值很高，含丰富的蛋白质、氨基酸、维生素、矿物质等营养成分。有些藻类中含有较高的蛋白质，在开发蛋白质等营养源方面受到人们的关注。如蓝藻门螺旋藻属（*Spirulina*）的极大螺旋藻 *S. maxima*（Setch. et Gard.）Geitl. 和钝顶螺旋藻 *S. platensis*（Nordst.）Geitl. 蛋白质含量达到干重的56%，比酵母（48%）、大豆粉（48%）、干乳（30%）和小麦（12%）都高，其中含有多种重要的氨基酸，如天冬氨酸、酪氨酸等可同奶酪媲美。海洋中生长的藻类，通常含有许多盐类，特别是碘盐，如昆布属的碘含量为干重的0.08%～0.76%；海藻也是维生素的来源，如维生素C、D、E和K等，紫菜的维生素C的含量为柑橘类的一半左右；海藻中还含有丰富的微量元素，如硼、钴、铜、锰、锌等。

近年来，从藻类中寻找新的药物或先导化合物，成为研究的热点。陆续发现了一些化合物，具有抗肿瘤、抗菌、抗病毒、抗真菌、降血压、降胆固醇、防止冠心病和慢性气管炎、抗放射性等广泛生物活性。如从培养的椭孢念珠藻 *Nostoc ellipsosporum* 中获得的蛋白质蓝藻抗病毒蛋白－N（Cyanovirin－N），具有抗HIV活性；从眉藻（*Calothrix*）

中获得的生物碱 Calothrixin－A 能抑制 RNA 和蛋白质的合成，具有抗疟和抗癌活性。在一些藻类类群如绿藻、金藻、硅藻、隐藻中，二十碳五烯酸（eicosapentanoic acid, EPA）含量丰富，纯度高；EPA 可以降低血浆中低密度脂蛋白的水平，预防动脉粥样硬化；并具有抗炎活性，可用于类风湿关节炎和免疫缺陷疾病。对藻类进行深入研究，寻找新的药物资源，发展保健食品，前景广阔。

第二节 藻类植物的分类及主要药用植物

藻类植物有 3 万余种，广布于全球。通常分为蓝藻门、裸藻门、绿藻门、轮藻门、金藻门、甲藻门、褐藻门、红藻门等 8 个门。分门的主要依据是光合作用色素的种类和贮存营养物质的类别；其次是细胞核的构造和细胞壁的成分、鞭毛的数目及着生的位置和类型、生殖方式和生活史等。药用植物种类较多的是蓝藻门、绿藻门、红藻门和褐藻门（表 9－1）。

表 9－1 藻类植物四个门的主要特征比较

门	色素成分	贮藏物质	细胞壁的主要成分	繁殖方式	鞭毛	生境	种数
蓝藻门	叶绿素 a；藻蓝素；胡萝卜素；叶黄素	蓝藻淀粉	糖原	营养繁殖 无性生殖	无	多生于海洋和污水，少陆生	约 1500
绿藻门	叶绿素 a、b；胡萝卜素；叶黄素	淀粉	纤维素	营养繁殖 无性生殖 有性生殖（同配、异配、卵配）	2～8 根相等鞭毛，顶生	分布广泛	约 6700
红藻门	叶绿素 a、d；藻红素；胡萝卜素；叶黄素	红藻淀粉 红藻糖	纤维素 藻胶	营养繁殖 无性生殖 有性生殖（卵配）	无	绝大多数生于浅海中	约 3500
褐藻门	叶绿素 a、c；胡萝卜素；墨角藻黄素	褐藻淀粉 甘露醇	纤维素及褐藻糖胶	营养繁殖 无性生殖 有性生殖（同配、异配、卵配）	2 根不等长鞭毛	绝大多数生于浅海中	约 1500

一、蓝藻门

蓝藻门（Cyanophyta）植物是一类原始的低等植物，藻体为单细胞或是由许多细胞组成的丝状体或群体。蓝藻植物细胞里的原生质体分化为中心质（centroplasm）和周质（periplasm）两部分。中心质又称中央体（central body），在细胞中央，其中含有 DNA；蓝藻细胞中无组蛋白，不形成染色体，DNA 以细纤丝状存在，无核膜和核仁的结构，但有核的功能，称为原始核。蓝藻细胞与细菌细胞的构造相同，两者都是原始核，而无真正的细胞核或没有定形的核，故称它们为原核生物；因此，蓝藻有时也称为蓝细菌（cyanobacteria）。周质在中心质的四周，又称色素质（chromatoplasm），其中含有叶绿素a、藻蓝素、藻红素及一些黄色色素，以藻蓝素占优势，使得藻体多呈蓝绿色。蓝藻细胞没有分化成载色体；在电子显微镜下观察，周质中有光合片层，单条有规律地排列，色素即分布于这些片层的表面。蓝藻光合作用的产物为蓝藻淀粉（cyanophycean starch）和蓝藻颗粒体（cyanophycin granules），这些营养物质分散在周质中。周质中有气泡，充满气体，使得蓝藻细胞适应于浮游生活，在显微镜下观察呈黑色、红色或紫色。蓝藻细胞的壁分两层，内层由纤维素构成，外层是大部分由果胶质组成的胶质鞘。

蓝藻以细胞直接分裂的方法繁殖，即营养繁殖。丝状体种类能分裂成若干小段，每小段各自成长为新个体。

蓝藻除了进行营养繁殖外，还可以产生孢子，进行无性生殖。丝状类型多数可产生厚壁孢子，此种孢子可长期休眠，以渡过不良环境。环境适宜时孢子萌发，分裂形成新的丝状体。

蓝藻有150属，约1500种。蓝藻分布很广，从两极到赤道，从高山到海洋，到处都有它们的踪迹。主要是生活在淡水中，海水中也有。此外，在潮湿土壤上、岩石上、树干上以及建筑物上也常见。温泉也生有蓝藻。有些种与真菌共生形成地衣。也有些蓝藻与某些苔藓植物、蕨类植物及裸子植物共生。

【药用植物】

葛仙米 *Nostoc commune* Vauch. 念珠藻科。植物体为由许多圆球形细胞组成不分枝的单列丝状体，形如念珠。丝状体外面有一个共同的胶质鞘，形成片状或团块状的胶质体。在丝状体上相隔一定距离产生一个异型胞（heterocyst），异型胞壁厚。在两个异型胞之间，或由于丝状体中某些细胞死亡，将丝状体分为许多小段，每小段即形成藻殖段（homogonium）。异型胞和藻殖段的产生有利于丝状体的断裂和繁殖（图9-1）。

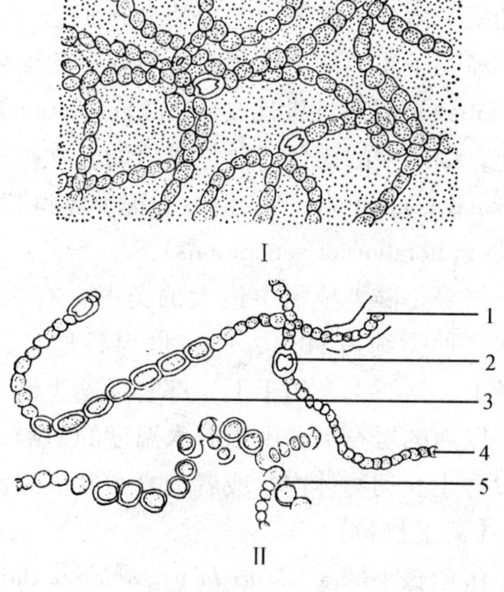

图9-1 葛仙米

I. 植物体的一部分 II. 藻丝 1. 胶质鞘 2. 异型胞 3. 厚壁孢子 4. 营养细胞 5. 厚壁孢子萌发

分布于各地，生长于潮湿土壤上或地下水位较高的草地上。民间习称“地木耳”，可供食用。藻体药用，能清热，收敛，明目。

本门主要药用植物还有：发菜 *Nostoc flagilliforme* Born. et Flah. 是我国西北地区可供食用的一种蓝藻。海雹菜 *Brachytrichia quoyi*（C. Ag.）Born. et Flah. 能解毒利水。苔垢菜 *Calothrix crustacea*（Chanv.）Thur.，能利水，解毒。螺旋藻 *Spirulina platensis*（Nordst.）Geitl. 藻体富含蛋白质、维生素等多种营养物质，可治疗营养不良及增强免疫力。

二、绿藻门

绿藻门（Chlorophyta）植物体的形态是多种多样的，有单细胞、群体、丝状体和叶状体。少数单细胞和群体类型的营养细胞前端有鞭毛，终生能运动。绝大多数绿藻的营养体不能运动，只在繁殖时形成的游动孢子和配子有鞭毛，能运动。

绿藻细胞的细胞壁分两层，内层主要成分为纤维素，外层是果胶质，常常黏液化。细胞中有载色体，呈各种形状，如杯状、环带状、星状、螺旋带状、网状等；电子显微镜下观察，其结构和高等植物的叶绿体类似，有双层膜包围，光合片层为3~6条叠成束排列。载色体中所含色素也与高等植物相同，主要有叶绿素a和b、α-胡萝卜素和β-胡萝卜素以及一些叶黄素类；载色体中还含有DNA。在载色体内通常有1至数枚蛋白核。同化产物是淀粉，其组成与高等植物的淀粉类似，淀粉多贮存于蛋白质核周围；有时也贮存蛋白质和油。细胞核1至多数，为真核，具核膜、核仁，通常位于靠壁的原生质中；单核种类细胞核常位于中央，悬在原生质丝上（如水绵属）。

绿藻的繁殖方式多种多样。群体和丝状体绿藻可通过断裂并发育成新个体进行营养繁殖。有些绿藻依靠细胞分裂产生孢子进行无性生殖，如单细胞的衣藻产生游动孢子，而小球藻产生静孢子等。三种不同形式的有性生殖方式（同配、异配和卵配）在绿藻中都有发现。

不少种类绿藻的生活史中，有两种植物体，即孢子体和配子体。孢子体的细胞形成孢子囊，孢子母细胞经减数分裂，形成单倍体的游动孢子，游动孢子萌发成配子体；成熟的配子体产生配子，配子结合形成合子，合子萌发，又形成孢子体。从游动孢子开始，经配子体到配子结合前，细胞中的染色体数是单倍的，称配子体世代（gametophyte generation）或有性世代（sexual generation）；从结合的合子起，经过孢子体到孢子母细胞止，细胞中的染色体数是双倍的，称孢子体世代（sporophyte generation）或无性世代（asexual generation）。二倍体的孢子体世代和单倍体的配子体世代互相更替，称为世代交替（alteration of generations）。

绿藻是藻类植物中最大的类群，有350属，约6700种。淡水和海水中均有分布。淡水产种类约占90%，广布世界各地，江河、湖泊、池塘、沟渠，潮湿的土壤表面、墙壁上、岩石上、树干上，都有绿藻生活。海产种多分布在海洋沿岸，往往附着在水深10m以内的岩石上；由于海水温度的影响，许多海产种有一定的地理分布。有的绿藻也可以寄生在动物体内，或者与真菌共生形成地衣。

【药用植物】

蛋白核小球藻 *Chlorella pyrenoidosa* Chick.　小球藻科。浮游植物，藻体微小，单细胞，圆球形或卵圆形，细胞壁很薄，细胞内除细胞核外，有1个近似杯状的载色体和1个蛋白核。小球藻进行无性生殖。繁殖时，原生质体在壁内分裂1~4次，产生2~16个不能游动的孢子。这些孢子形态与母细胞相同而略小，称似亲孢子。母细胞壁破裂时，孢子释出，成为新的植物体（图9－2）。

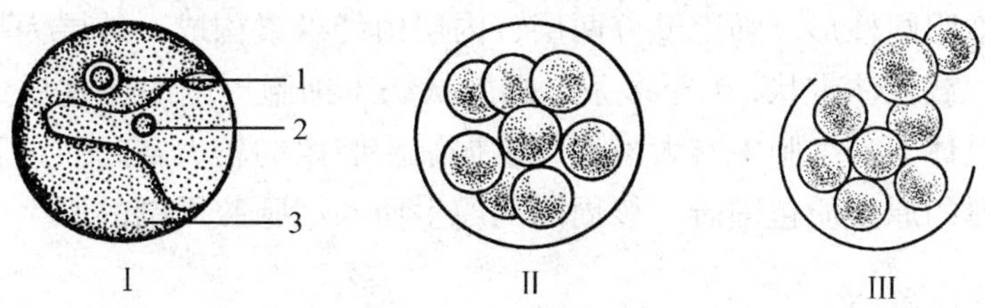

图9－2 蛋白核小球藻

Ⅰ. 蛋白核小球藻的构造（1. 淀粉核 2. 细胞核 3. 载色体）Ⅱ、Ⅲ. 不动孢子的形成和释放

小球藻多生于小河、沟渠、池塘中，分布很广。藻体富含蛋白质，过去用于治疗水肿、贫血，现在有用作保健食品。

石莼 *Ulva lactuca* L. 石莼科。植物体为较大形的多细胞片状体，呈椭圆形、披针形、带状等，黄绿色，边缘波状，基部有假根丝紧密交织而成的固着器。藻体由两层细胞构成；细胞单核，载色体片状，有1枚蛋白核。石莼有明显的世代交替，孢子体和配子体在形态构造上基本相同，只是体内细胞的染色体数目不同；这种类型的世代交替称为同型世代交替（isomorphic alternation of generations）（图9－3）。

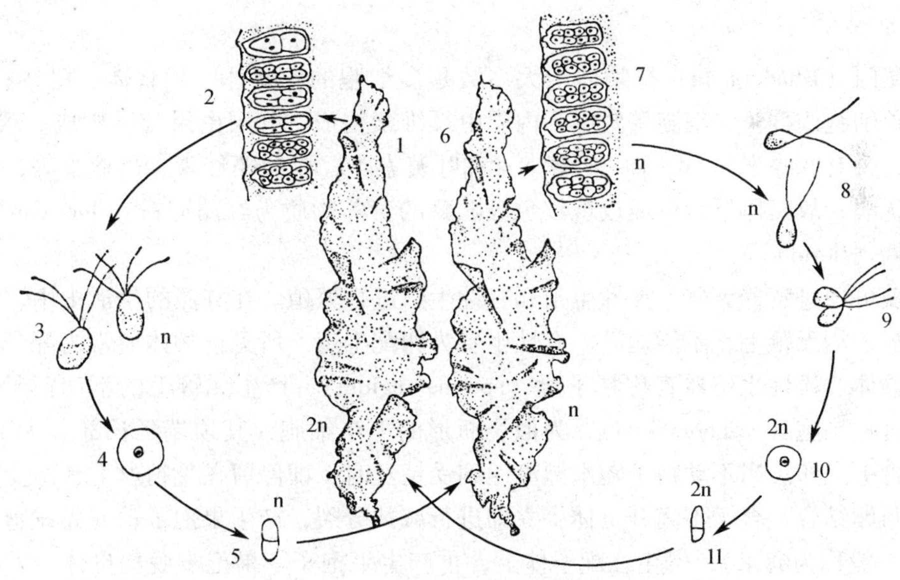

图9－3 石莼的形态构造和生活史

1. 孢子体（2n） 2. 游动孢子囊的切面（减数分裂） 3. 游动孢子（n）
4. 游动孢子静止期（n） 5. 孢子萌发（n） 6. 配子体（n） 7. 配子囊的切面（n）
8. 配子（n） 9. 配子结合 10. 合子（2n） 11. 合子萌发（2n）

生于浅海水中岩石上。分布于浙江至海南沿海。供食用，称“海白菜”。藻体药用能软坚散结，清热祛痰，利水解毒。

水绵 *Spirogyra nitida*（Dillow.）Link.　双星藻科。植物体是由 1 列细胞构成的不分枝的丝状体，细胞圆柱形。细胞壁分两层，内层由纤维素构成，外层为果胶质。壁内有一薄层原生质，载色体带状，1 至多条，螺旋状绕于细胞周围的原生质中，有多数的蛋白核纵列于载色体上。细胞中有大液泡，占据细胞腔内的较大空间。细胞单核，位于细胞中央，被浓厚的原生质包围着。核周围的原生质与细胞腔周围的原生质之间有原生质丝相连。

水绵具有特殊的有性生殖方式——接合生殖（conjugation）。生殖时，两条丝状体平行靠近，在两细胞相对一侧相互产生突起，突起渐伸长而接触，接触处的壁溶解，形成连通两个细胞的短管，即接合管（conjugation tube）。此时，细胞内的原生质体形成配子，经接合管移至相对的另一条丝状体的细胞中，形成合子。两条丝状体及接合管外观如梯子一样，故称梯状接合。合子为椭圆形、有厚壁，壁上具各种纹饰。合子从母细胞分离后，待环境适宜时萌发成新的植物。

水绵是常见的淡水绿藻，在小河、池塘或水田、沟渠中均可见到，繁盛时大片漂浮水面或生于水底，以手触及感觉黏滑。藻体能治疮疡及烫伤。

另外，松藻科刺海松 *Codium fragile*（Sur.）Hariot 的藻体能清暑解毒，利水消肿，驱虫。

三、红藻门

红藻门（Rhodophyta）植物体绝大多数是多细胞的丝状体、片状体、树枝状体等，少数为单细胞或群体。细胞壁两层，内层由纤维素构成，外层由果胶质构成。载色体 1 至多数，含有叶绿素 a、d，β-胡萝卜素和叶黄素类，以及藻红素、藻蓝素等，一般藻红素占优势，故藻体呈紫色或玫瑰红色。贮藏的营养物质为红藻淀粉（floridean starch）和红藻糖（floridose）。

红藻可通过营养繁殖、无性生殖和有性生殖进行繁殖。在红藻的生活史中，产生的孢子或配子均无鞭毛，不能运动。有性生殖为卵配生殖。所见植物体通常为配子体，多数雌雄异体。雄性生殖器官称精子囊（spermatangium），产生无鞭毛的不动精子。雌性生殖器官称果胞（carporgonium），为似烧瓶形的 1 个细胞，其顶端延长部分为受精丝；果胞中含 1 个卵。当不动精子随水漂流遇到受精丝时，即停留在受精丝上，经受精丝进入果胞与卵结合。合子不离开母体，立即进行减数分裂，产生果孢子；或先发育成果孢子体（一般称为囊果），寄生在配子体上，再产生果孢子。果孢子脱离母体后发育成新植物体。

红藻有 560 属，约 3500 种，除少数属种生长在淡水中外，绝大多数分布于海水中，固着在岩石等物体上。

【药用植物】

石花菜 *Gelidium amansii* Lamx.　石花菜科。藻体扁平直立，丛生，四至五次羽状分枝，小枝对生或互生。藻体紫红色或棕红色。分布于渤海、黄海、台湾北部。可供提取琼胶（琼脂），用于医药、食品和作细菌培养基。亦可食用。入药有清热解毒和缓泻作用。

甘紫菜 *Porphyra tenera* Kjellm. 红毛菜科。藻体薄叶片状，卵形或不规则圆形，通常高20~30cm，宽10~18cm，基部楔形、圆形或心形，边缘多少具皱褶，紫色或微带蓝色。生长在浅海潮间带的岩石上；分布于辽东半岛至福建沿海，并有大量栽培。全藻供食用。入药能清热利尿，软坚散结，消痰。坛紫菜 *P. haitanensis*、条斑紫菜 *P. yezoensis* 具有类似功效。

海人草 *Digenea simplex*（Wulf.）C. Ag. 松节藻科。藻体直立丛生，高5~25cm，暗紫色，软骨质。固着器圆盘状。不规则叉状分枝，枝圆柱状，顶端如狐尾；全体密被毛状小枝。藻体药用能驱蛔虫、鞭虫、绦虫（图9-4）。

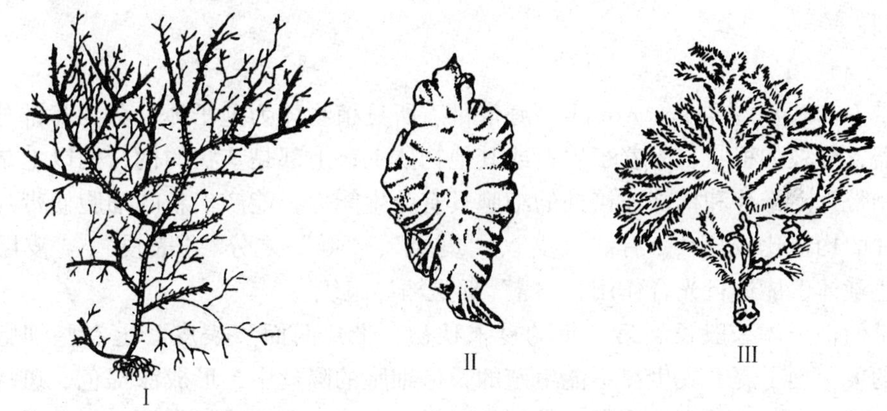

图9-4 常见的药用红藻

Ⅰ. 石花菜 Ⅱ. 甘紫菜 Ⅲ. 海人草

另外，红叶藻科鹧鸪菜（美舌藻、乌菜）*Caloglossa leprieurii*（Mont.）J. Ag. 全藻含美舌藻甲素（海人草酸）及甘露醇甘油酸钠盐（海人草素），能驱蛔，化痰，消食。

四、褐藻门

褐藻门（Phaeophyta）的植物体是多细胞的，是藻类植物中形态构造分化最高级的一类，有丝状体、叶状体或树枝状。有的种类具有类似于高等植物根、茎、叶的固着器、柄和叶状片，内部也出现了组织分化。多数藻体的内部分化成表皮层、皮层和髓3部分：表皮层的细胞较多，内含许多载色体；皮层细胞较大，有机械固着作用，接近表皮层的几层细胞也含有载色体，含载色体的部分有同化作用；髓在中央，由无色的长细胞组成，有输导和贮藏作用。

褐藻细胞壁内层为纤维素，外层由藻胶组成；细胞壁内还含有褐藻糖胶，在表面形成黏液质，可使暴露的藻体免于干燥。细胞内有细胞核1枚，及形态不一的载色体；载色体内有叶绿素a和c、β-胡萝卜素和6种叶黄素；叶黄素中含量最高的是墨角藻黄素，掩盖了叶绿素，使藻体常呈褐色。光合作用积累的贮藏物质是褐藻淀粉和甘露醇。许多褐藻细胞中含有大量的碘和维生素，如海带的藻体中碘占鲜重的0.3%，因此海带可作为提取碘的原料。

褐藻的繁殖有营养繁殖、无性生殖和有性生殖。营养繁殖以藻体断裂的方式进行；无性生殖是以游动孢子和静孢子繁殖；有性生殖是在配子体上产生配子囊，配子囊内具有不同性别的配子（即雄配子和雌配子），配子结合有同配、异配和卵配。在褐藻的生活史中，多数具有明显的世代交替。

褐藻门有250属，约1500种。褐藻是附着生活的植物，绝大部分生活在海水中，常以固着器固着于岩石上，少数种类漂浮于海面，仅有几个稀有种生活在淡水中。褐藻可从潮间线一直分布到低潮线下约30m处，是构成海底森林的主要类型。褐藻属于冷水藻类，寒带海中分布最多。褐藻的分布与海水盐的浓度、温度，以及海潮起落暴露在空气中的时间长短都有很密切的关系，因此，在寒带、亚寒带、温带、热带分布的种类各有不同。

【药用植物】

海带 *Laminaria japonica* Aresch　海带科。所见植物体为孢子体，分为3部分：基部为固着器，分枝如根状，固着于岩石或其他物体上；上部是茎状的柄，柄以上是扁平叶状的大型带片。带片和柄部连接处的细胞具有分生能力，能产生新的细胞使带片不断延长。带片的构造比较复杂，有"表皮"、"皮层"、"髓"之分。"表皮"、"皮层"的细胞具有色素体，能进行光合作用，"髓"部是输导组织。

海带的孢子体一般长到第二年的夏末秋初，带片两面"表皮"上有些细胞发展成为棒状的单室孢子囊，夹生在不能生殖的长形细胞的隔丝中，形成深褐色、斑块状的孢子囊群区域。在隔丝的顶端有无色透明的胶质，形成一层胶质保护层——胶质冠。在棒状的孢子囊内，孢子母细胞经过减数分裂和有丝分裂，产生32个具侧生不等长双鞭毛的游动孢子。孢子成熟后，囊壁破裂，孢子散出，附在岩石上萌发成极小的丝状体——雌、雄配子体。雄配子体细胞较小，数目较多，多分枝，分枝顶端的细胞发育成精子囊，每囊产生1个具侧生鞭毛的游动精子。雌配子体细胞较大，数目较少，不分枝，顶端的细胞膨大成为卵囊，每囊产生1卵，留在卵囊顶端。游动精子与卵结合成合子，合子逐渐发育成新的孢子体，细小的孢子体在短短的几个月内即成为大型的海带。海带的孢子体和配子体是异型的，属于异型世代交替（heteromorphic alteration of generations）（图9－5）。

原特产于俄罗斯远东地区、日本和朝鲜北部沿海，1927年前后由日本传布到旅大海滨，并逐渐在辽东和山东半岛海区生长。生于辽宁、河北、山东沿海。现人工养殖已扩展到广东沿海，产量居世界首位。海带除食用外，藻体（昆布）药用，能软坚散结，消痰利水。用于治疗缺碘性甲状腺肿大等病。

昆布 *Ecklonia kurome* Okam.　翅藻科。植物体明显区分为固着器、柄和带片3部分。带片为单条或羽状，边缘有粗锯齿。分布于辽宁、浙江、福建、台湾海域。藻体能镇咳平喘，软坚散结。同科植物作昆布用的还有裙带菜 *Undaria pinnatifida*（Harv.）Suringar，藻体大型，带片单条，中部有隆起的中肋，两侧形成羽状裂片。分布于辽宁、山东、浙江、福建沿海地区。

海蒿子 *Sargassum pallidum*（Turn.）C. Ag.　马尾藻科。藻体直立，高30～60cm，

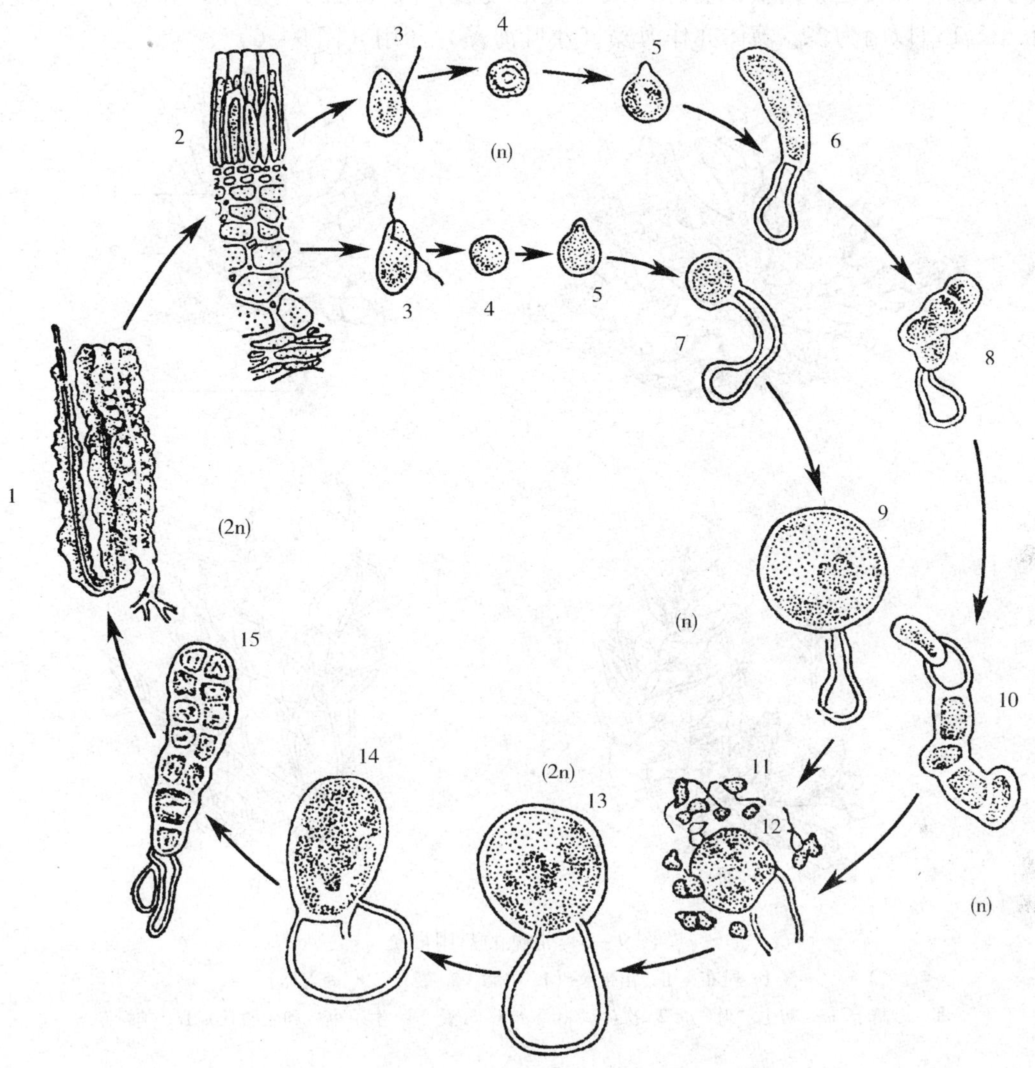

图9-5　海带生活史

1. 孢子体　2. 孢子体横切，示孢子囊　3. 游动孢子　4. 游动孢子静止状态　5. 孢子萌发　6. 雄配子体初期　7. 雌配子体初期　8. 雄配子体　9. 雌配子体　10. 精子自精子囊放出　11. 停留在卵囊孔上的卵和聚集在周围的精子　12. 卵　13. 合子　14. 合子萌发　15. 幼孢子体

褐色。固着器盘状，主干多单生，圆柱形，两侧有羽状分枝。藻“叶”形态变化很大，初生“叶”披针形、倒卵形或倒披针形，长5～7cm，宽2～12mm，边缘有疏锯齿，具中肋和散生毛窠斑点，但生长不久即凋落；次生“叶”线形至披针形，有时羽状分裂。侧枝自次生“叶”的叶腋间生出，枝上又生出狭线形“叶”，其“叶”腋又长出具丝状“叶”的小枝，小枝末端常有气囊，气囊圆球形。生殖托单生或呈总状排列于生殖小枝上，长卵形至棍棒状。分布于我国黄海、渤海沿岸。生于潮线下1～4m的海水激荡处的岩石上。藻体（海藻；大叶海藻）药用，能软坚散结，消痰，利水。

同属植物羊栖菜 *S. fusiforme*（Harv.）Setch. 固着器假须根状；藻体主轴周围有短

的分枝及棒状突起，其腋部有球形或纺锤形气囊和圆柱形的生殖托。分布于辽宁至海南，长江口以南为多。藻体亦作海藻（小叶海藻）药用（图9-6）。

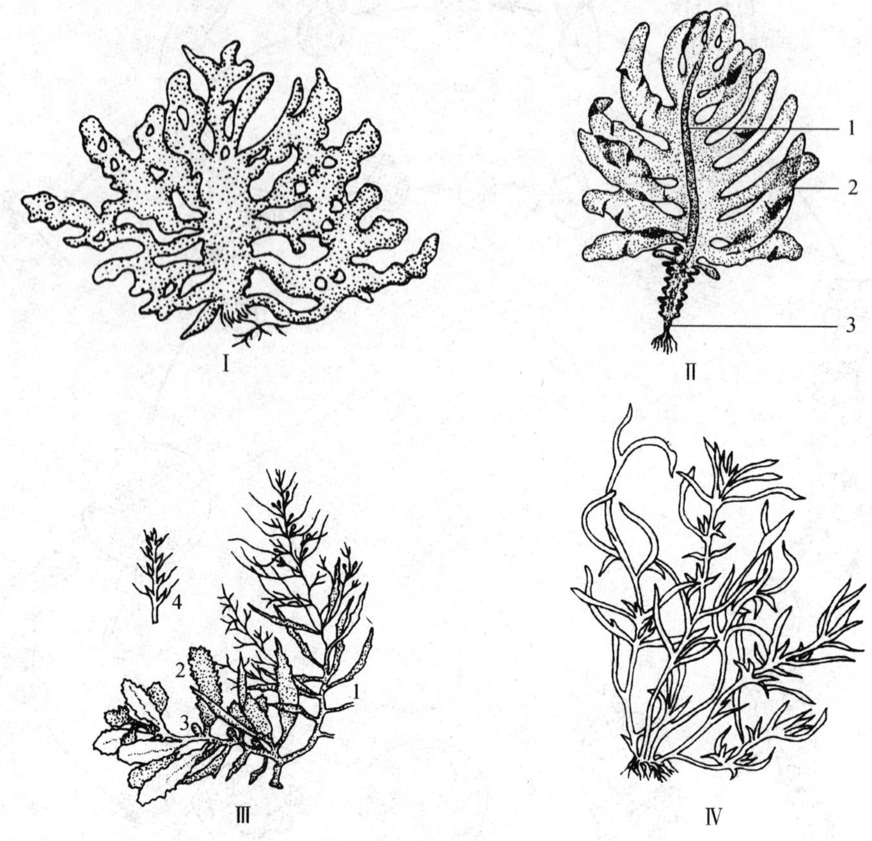

图9-6 常见的药用褐藻

Ⅰ. 昆布 Ⅱ. 裙带菜（1. 中肋 2. 裂片 3. 固着器）

Ⅲ. 海蒿子（1. 初生“叶” 2. 次生“叶” 3. 气囊 4. 生殖小枝和生殖托）Ⅳ. 羊栖菜

第十章　菌类植物

第一节　菌类植物概述

菌类本来属于微生物的范畴。1735年瑞典生物学家林奈（Linneaus）把整个生物分成相应的两大类：植物界和动物界，即所谓的二界分类系统。该系统把细菌类、藻类和真菌类归入植物界，把原生动物类归入动物界。在分类上，这个系统自问世以来，一直沿用到20世纪50年代。在二界分类系统中，菌类因为有细胞壁，不能自由走动，无神经系统，对刺激反应缓慢等特点而被划分到植物界，统称菌类植物（Fungi）。随着科学研究的深入开展，相继有学者提出了三界分类系统（1866年，E. H. Haeckel）、四界分类系统（1959年，R. H. Whittaker）、五界分类系统（1969年，R. H. Whittaker）、六界分类系统（1975年，C. R. Woese；1977年，王大耜）以及三原界学说等等。为便于初学者的阅读和理解，本教材仍沿用二界分类系统，把菌类还是归属到植物界中。

菌类植物和藻类植物一样，没有根、茎、叶分化，一般无光合作用色素，是靠现存的有机物质而生活的一类低等植物。异养（heterotrophy），方式多样。有从活的动植物吸取养分的寄生（parasitism）；有从死的动植物或无生命的有机物吸取养分的腐生（saprophytism）；也有从活的动植物体上吸取养分同时又提供该活体有利的生活条件，从而彼此间互相受益、互相依赖的共生（symbiosis）。

有很多菌类植物在现代医学上具有很高的药用价值。这些药用菌类植物在中国都有上千年的应用历史，近代医学研究表明，它们不仅有传统的益气、强身、祛病、通经、益寿等功能，还具增强人体免疫力，抗肿瘤抗癌的功效。

真菌入药在我国有悠久的历史，最早的药物书《神农本草经》及以后的其他许多本草均有记载，如灵芝、茯苓、冬虫夏草等，至今仍广泛应用。自然界的真菌种类繁多，我国已被研究过且有文献可查的种类约有12000种，因此真菌所蕴藏的药物资源是很丰富的。根据不完全统计，已知药用真菌约300种，其中具有抗癌作用的达100种以上。如云芝中的蛋白多糖、猪苓中猪苓多糖、香菇多糖、银耳酸性异多糖、茯苓多糖和甲基茯苓多糖、裂褶菌多糖、雷丸多糖、蝉花多糖等，均有抗癌作用。此外，竹黄多糖、香菇多糖治疗肝炎有一定疗效。灵芝多糖对心血管系统的作用能降低整体耗氧量，增强冠状动脉流量。银耳多糖治疗慢性肺源性心脏病和冠心病方面都有一定的效果。随着科学水平不断提高，真菌的研究工作不断深入，从其中寻找新的治疗疑难病的药物和保健药物是很有希望的。

由于菌类植物生活方式的多样性，它们的分布也就非常广泛，在土壤中、水里、空气中、人及动植物体内、食物上均有它们的踪迹，广布于全球。

第二节　菌类植物的分类及主要药用植物

菌类植物的种类极为繁多，它们有9万余种，在分类上常分为3个门：细菌门、黏菌门和真菌门。由于细菌门一般在微生物学中介绍，黏菌和医药关系不大，因此本节着重介绍真菌门，同时还简单介绍与医药关系密切的放线菌。

一、放线菌的特征及常见的放线菌

放线菌（Actinomycete）是细菌和真菌之间的过渡类型。放线菌也是单细胞的菌类，其基本形态是分枝的无隔的菌丝，菌丝在培养基上以放射状生长，因此称为放线菌。细胞的内部结构类似细菌，没有定形的核，也没有核膜、核仁、线粒体等，细胞壁是由黏肽（peptidoglycan）复合物构成，这些都与细菌相似，因此放线菌和细菌同属于原核生物。放线菌的菌丝分为气生菌丝和营养菌丝两部分。营养菌丝匍匐生长，在培养基表面或深入培养基内部吸取营养，从营养菌丝延伸到空气中的菌丝称气生菌丝，其顶端形成不同形状（直立、弯曲、螺旋、轮生等）的孢子丝，孢子丝上长有单个、双个或成串状的不同形状、不同颜色的孢子。放线菌主要以产生大量分生孢子进行繁殖（图10-1）。

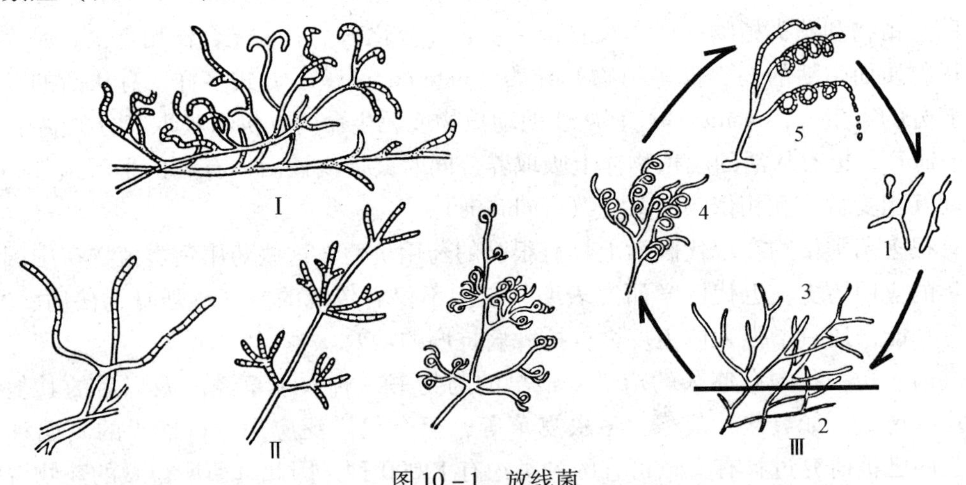

图10-1　放线菌

Ⅰ. 放线菌的形态　Ⅱ. 放线菌的孢子丝　Ⅲ. 链霉菌的生活史简图

1. 孢子的萌发　2. 基内菌丝体　3. 气生菌丝体　4. 孢子丝　5. 孢子丝分化为孢子

放线菌在自然界分布极为广泛，在空气中、土壤里、水中都有它们的存在。一般在土壤中较多，尤其在富含有机质的土壤里。放线菌大多为腐生菌，少数为寄生菌，往往引起人、动物、植物的病害。

放线菌是抗生素的重要产生菌，它们能产生各种抗生素，因而引起人们的重视。现在生产的抗生素的种类很多，除部分由细菌、真菌产生之外，大部分是由放线菌产生的，常用于医疗上的如灰色链霉菌 *Streptomyces griseus*（Krainsky）Waksman et Henrici 能生产链霉素，对结核杆菌有较强的抑制作用；金霉素链霉菌 *S. aureofaciens* Duggar 不仅能产生金霉素，同时也可产生四环素，治疗由伤寒杆菌、大肠杆菌、溶血性链球菌、金黄色葡萄球菌、肺炎球菌等引起的疾病；龟裂链霉菌 *S. rimosus* Sobin et Al. 能产生土霉素，抗菌效能和金霉素大致相似，并能治疗阿米巴痢疾和由病毒引起的肺炎、梅毒等；氯霉素链霉菌（委内瑞拉链霉菌）*S. venezuelae* Ehtlich et Al. 产生的氯霉素能抑制大肠杆菌、伤寒杆菌的生长；卡那霉素链霉菌 *S. kanamyceticus* Okami et Umezawa 产生卡那霉素；红霉素链霉菌 *S. erythreus* Waksman et Henrici 产生红霉素；棘孢小单孢菌绛红变种 *Micromonospora echinospora* var. *purpurea* Yan 产生庆大霉素（正泰霉素）等，这些都是医药上常用的抗生素。

二、真菌门

真菌（Fungus）是一群数目庞大的生物类群，大约有 7 万种。真菌分布非常广泛，遍布全球，从动植物活体到它们的尸体均有真菌的踪迹，从空气、水域到陆地都有它们存在，尤以土壤中最多。

（一）真菌门的特征

真菌门（Eumycophyta）的真菌是一类不含叶绿素、典型的异养真核生物。它们从动物、植物的活体、死体和它们的排泄物，以及断枝、落叶和土壤的腐殖质中来吸收和分解其中的有机物，作为自己的营养。它们贮存的养分主要是肝糖，还有少量的蛋白质和脂肪，以及微量的维生素。除少数例外，它们都有明显的细胞壁，通常不能运动。以孢子的方式进行繁殖。真菌常为丝状和多细胞的有机体，其营养体除大型菌外，分化很小。高等大型真菌有定形的子实体。真菌的异养方式有寄生和腐生。

1. 真菌的营养体

除少数种类的单细胞真菌外，绝大多数的真菌是由菌丝（hyphae）构成的。菌丝是纤细的管状体，分枝或不分枝。组成 1 个菌体的全部菌丝称菌丝体（mycelium）。菌丝一般直径在 10μm 以下，最细的不到 0. 5μm，最粗的可超过 100μm。菌丝分无隔菌丝（non - septatehypha）和有隔菌丝（septatehypha）两种。无隔菌丝呈长管形细胞，有分枝或无，大多数是多核的。有隔菌丝有横隔壁把菌丝隔成许多细胞，每个细胞内含 1 或 2 个核，菌丝中的横隔上有小孔，原生质可以从小孔流通（图 10 - 2）。

菌丝细胞内含有原生质、细胞核和液泡。贮存的营养物质是肝糖、油脂和菌蛋白，不含淀粉。原生质通常无色透明，有些种属因含有种种色素（特别是老化菌丝），呈现不同的颜色。细胞核在营养细胞中很小，不易观察到，但在繁殖细胞中大而明显，并易于染色。

菌丝又是吸收养分的结构。腐生菌可由菌丝直接从基质中吸取养分，或产生假根吸取养分。寄生菌在寄主细胞内寄生，直接和寄主的原生质接触而吸收养分；胞间寄生的真菌从菌丝上分生的吸器伸入寄主细胞内吸取养料。吸收养料的方式借助于多种水解酶，均是胞外酶，把大分子物质分解为可溶性的小分子物质，然后借助于较高的渗透压吸收。寄生真菌的渗透压一般比寄主高 2~5 倍，腐生菌的渗透压更高。

绝大部分真菌均有细胞壁，细胞壁的成分极其复杂，可随着年龄和环境条件经常变化。某些低等真菌的细胞壁的成分为纤维素，高等真菌的细胞壁主要成分为几丁质（chitin）。有些真菌的细胞壁因含各种物质，使细胞壁和菌体呈黑色、褐色或其他颜色。

真菌的菌丝在正常生活条件下，一般是很疏松的，但在环境条件不良或繁殖的时候，菌丝相互紧密交织在一起形成各种不同的菌丝组织体。常见的有根状菌索、子实体、子座和菌核。

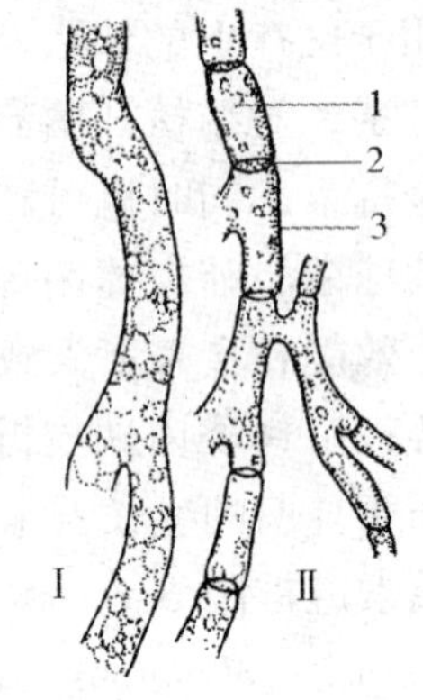

图 10-2　真菌的菌丝
Ⅰ. 无隔菌丝　Ⅱ. 有隔菌丝
1. 原生质　2. 横膈膜　3. 细胞壁

①根状菌索（rhizomorph）：高等真菌的菌丝密结成绳索状，外形似根。颜色较深，根状菌索有的较粗，长达数尺。它能抵抗恶劣环境，环境恶劣时生长停止，适宜时再恢复生长。在木材腐朽的担子菌中根状菌索很普遍。

②子实体（sporophore）：很多高等真菌在生殖时期形成有一定形状和结构、能产生孢子的菌丝体，称子实体，如蘑菇的子实体呈伞状，马勃的子实体近球形。

③子座（stroma）：子座是容纳子实体的褥座，是从营养阶段到繁殖阶段的一种过渡形式，由拟薄壁组织和疏丝组织构成。在子座上面产生许多子囊壳和子囊孢子，随即产生子实体。

④菌核（sclerotium）：菌核是由菌丝密结成的颜色深、质地坚硬的核状体。有些种类的菌核有组织的分化，外层为拟薄壁组织，内部为疏丝组织。有的菌核无分化现象。菌核中贮有丰富的养分，对于干燥和高、低温环境抵抗力很强，是渡过不良环境的休眠体，在条件适宜时可以萌发为菌丝体或产生子实体。

2. 真菌的繁殖

通常有营养繁殖、无性生殖和有性生殖 3 种。

营养繁殖通过细胞分裂而产生子细胞。大部分真菌的营养菌丝可以通过芽生孢子（blastospore）、厚壁孢子（chlamydospore）、节孢子（arthrospore）等方式增殖，如裂殖酵母以细胞分裂方式形成节孢子，酿酒酵母从母细胞上以出芽方式形成芽孢子。有些真菌在不良环境中，其菌丝中间个别细胞膨大，细胞质变浓形成 1 种休眠细胞，即厚壁孢子。

无性生殖以产生各种类型的孢子，如游动孢子、孢囊孢子、分生孢子等繁殖形成新个体。

有性生殖有多种方式，如同配生殖、异配生殖、接合生殖、卵式生殖等产生各种类型的孢子。真菌在产生各种有性孢子之前，一般经过 3 个不同阶段。第一是质配阶段，由两个带核的原生质相互结合为同一个细胞。第二是核配阶段，由质配带入同一细胞内的两个细胞核的融合。在低等真菌中，质配后立即进行核配。但在高等真菌中，双核细胞要持续到相当长的时间才发生细胞核的融合。第三是减数分裂，重新使染色体数目减为单倍体，形成4个单倍体的核，产生4个有性孢子。

真菌的生活史是从孢子萌发开始，经过生长和发育阶段，最后又产生同样孢子的全部过程。孢子在适当的条件下便萌发形成芽管，再继续生长形成 新菌丝体，在1个生长季节里可以再产生无性孢子若干代，产生菌丝体若干代，这是生活史中的无性阶段。真菌在生长后期，开始有性阶段，从菌丝上发生配子囊，产生配子，一般先经过质配形成双核阶段，再经过核配形成双相核的细胞，即合子。低级的真菌质配后随即核配，双核阶段很短。高等真菌质配以后，有1个明显的较长的双核时期，然后再进行核配。通常合子迅速减数分裂，而回到单倍体的菌丝体时期，在真菌的生活史中，双相核的细胞是1个合子而不是1个营养体。只有核相交替，因此没有世代交替现象。

（二）真菌门的分类及主要药用植物

依据能动孢子的有无、有性阶段的有无以及有性阶段的孢子类型，真菌门分成5个亚门，即鞭毛菌亚门、接合菌亚门、子囊菌亚门、担子菌亚门和半知菌亚门。据统计，世界上已被描述的真菌有1万多属、12万余种，我国约有4万种。本节只介绍与医药有密切联系的子囊菌亚门、担子菌亚门和半知菌亚门。

真菌门的亚门检索表

1. 有能动细胞（游动孢子），有性阶段的孢子为典型的卵孢子 ……… 鞭毛菌亚门 Mastigomycotina
1. 无能动细胞。
  2. 具有性阶段。
    3. 有性阶段孢子为接合孢子 …………………………………………… 接合菌亚门 Zygomycotina
    3. 无接合孢子。
      4. 有性阶段孢子为子囊孢子（由合子在子囊中分裂产生）…… 子囊菌亚门 Ascomycotina
      4. 有性阶段孢子为担孢子（由合子在担子果中分裂产生） ………………………………
      ………………………………………………………………………… 担子菌亚门 Basidiomycotina
  2. 无有性阶段 ………………………………………………………… 半知菌亚门 Deuteromycotina

1. 子囊菌亚门（Ascomycotina）

子囊菌亚门是真菌中种类最多的1个亚门，全世界有2720属，28650种。除少数低等子囊菌为单细胞外，绝大多数有发达的菌丝，菌丝具有横隔，并且紧密结合成一定的形状。

子囊菌的无性生殖特别发达，有裂殖、芽殖，或形成各种孢子，如分生孢子、节孢子、厚垣孢子（厚壁孢子）等。

子囊菌最主要的特征是有性生殖产生子囊，内生8个子囊孢子。除少数原始种类子囊裸露不形成子实体外（如酵母菌），绝大多数子囊菌都产生子实体，子囊包于子实体内。子囊菌的子实体又称子囊果（ascocarp）。子囊果的形态是子囊菌分类的重要依据，常见以下3种类型（图10-3）：

子囊盘（apothecium）：子囊果盘状、杯状或碗状，子囊盘中的许多子囊和隔丝

（不育菌丝）垂直排列在一起，形成子实层（hymenium）。子实层完全暴露在外面，如盘菌类。

闭囊壳（cleistothecium）：子囊果完全闭合成球形，无开口，待其破裂后子囊孢子才能散出。

子囊壳（perithecium）：子囊果呈瓶状或囊状，先端开口，这一类子囊果多埋生于子座内，如麦角、冬虫夏草菌。

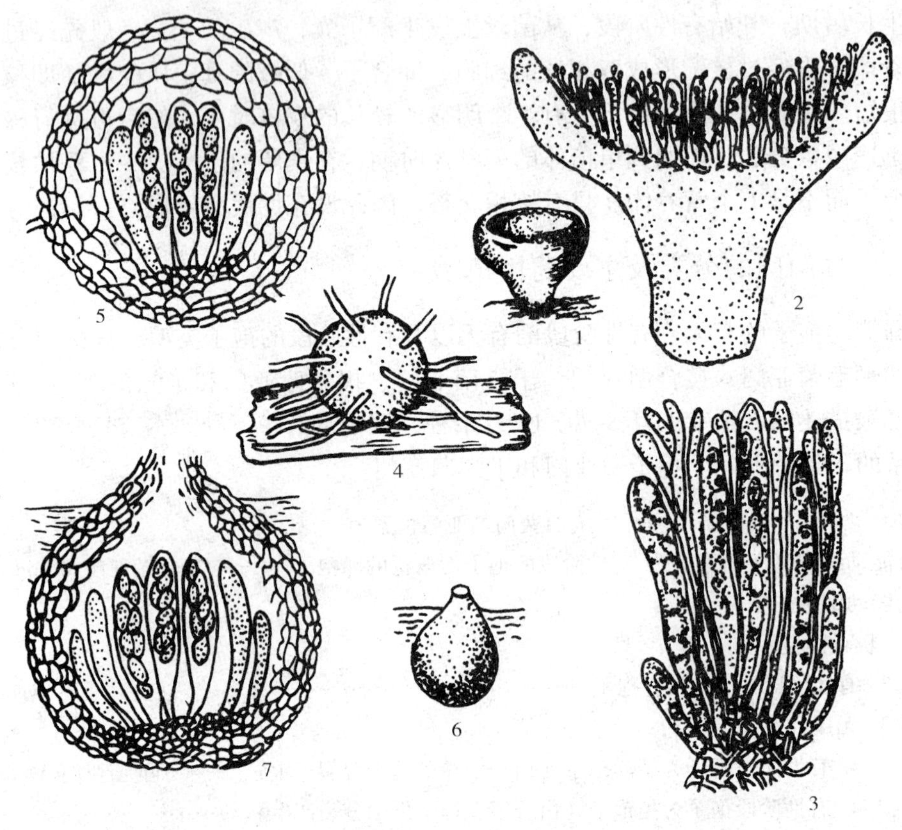

图 10－3　子囊果类型

1. 子囊盘　2. 子囊盘纵切放大　3. 子囊盘中子实层一部分放大
4. 闭囊壳　5. 闭囊壳纵切放大　6. 子囊壳　7. 子囊壳纵切放大

【药用植物】

酿酒酵母菌 *Saccharomyces cerevisiae* Hansen　酵母菌科。菌体为单细胞，卵圆形或球形。繁殖方式为出芽繁殖、孢子繁殖和接合生殖（图 10－4）。酵母菌形态虽然简单，但生理却比较复杂，种类也比较多，应用也是多方面的。在工业上用于酿酒，酵母菌将葡萄糖、果糖、甘露糖等单糖吸入细胞内，在无氧的条件下，经过内酶的作用，把单糖分解为二氧化碳和酒精。此作用即发酵。在医药上，因酵母菌富含维生素 B、蛋白质和多种酶，菌体可制成酵母片，治疗消化不良。并可从酵母菌中提取生产核酸类衍生物、辅酶 A、细胞色素 C、谷胱甘肽和多种氨基酸的原料。

麦角菌 *Claviceps purpurea*（Fr.）Tul.　麦角菌科。寄生在禾本科等植物的子房内，

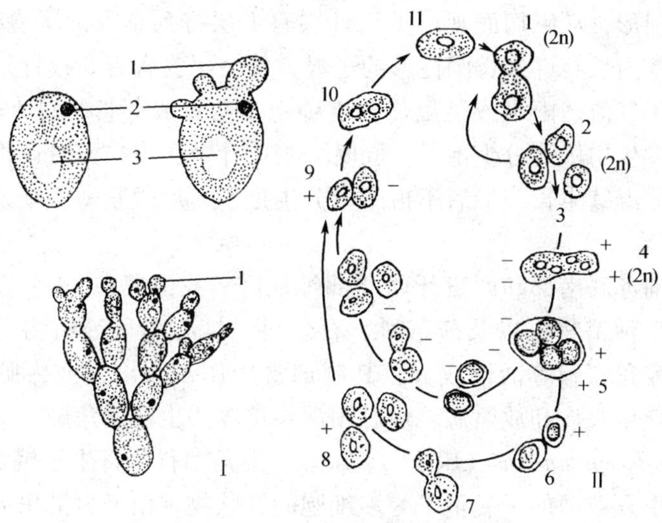

图 10－4　酵母菌

Ⅰ. 酵母菌属的形态（1. 芽孢子　2. 核　3. 液泡）

Ⅱ. 酿酒酵母菌生活史（1. 芽殖　2. 二倍体细胞　3. 减数分裂　4. 幼小子囊　5. 成熟子囊　6. 子囊孢子　7. 芽殖　8. 营养细胞　9. 结合　10. 质配　11. 核配）

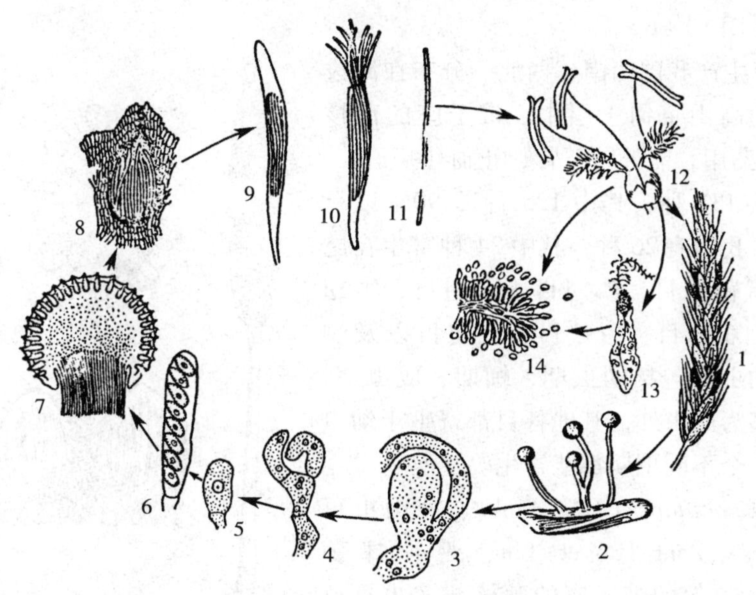

图 10－5　麦角菌的生活史

1. 麦穗上的菌核　2. 菌核萌发产生子座　3. 产囊体受精　4. 顶端的产囊菌丝　5. 双核结合（核配）6. 子囊孢子形成　7. 子座纵切，示子囊壳的排列　8. 子囊壳放大　9. 子囊和子囊孢子　10. 子囊孢子从子囊散出　11. 子囊孢子　12. 子囊孢子浸染麦花　13. 为菌丝浸染的麦花子房　14. 菌丝顶端分生孢子梗溢出的孢子

菌核形成时露出子房外，呈紫黑色，质较坚硬，形状像动物的角，故称麦角。麦角落地过冬，春季寄主开花时，菌核萌发生成红头紫柄的子座，每个菌核可生出 20 ~ 30 个子

座；子座头部近圆形，从纵切面观可见沿外层有 1 层排列整齐的子囊壳，子囊壳瓶状，孔口略露于外，其内长有许多长圆柱形的子囊，每个子囊含有 8 枚针形的子囊孢子。孢子散出后，借助于气流、雨水或昆虫传到麦穗上，萌发成芽管，浸入子房，长出菌丝，菌丝充满子房而发生出极多分生孢子，同时分泌蜜汁，昆虫采蜜时遂将分生孢子带至其他麦穗上。菌丝体继续生长，最后不再产生分生孢子，形成紧密坚硬紫黑色的菌核即麦角（图 10 – 5）。

麦角主产于前苏联南部和西班牙西北部等地区。我国曾在 19 个省发现过，寄生于禾本科 35 属约 70 种植物上以及莎草科、石竹科、灯心草科等植物上。麦角含有麦角胶、麦角毒碱、麦角新碱等活性成分，其制剂常用作子宫出血或内脏器官出血的止血剂。麦角胺可治疗偏头痛和放射病。现已用深层培养法生产麦角碱。

冬虫夏草 *Cordyceps sinensis*（Berk.）Sacc.　麦角菌科。寄生于蝙蝠蛾科昆虫幼虫体上的子囊菌。冬虫夏草菌的子囊孢子为多细胞的针状物，由子囊散出后分裂成小段，每段萌发，产生芽管，侵入昆虫的幼虫体内，蔓延发展，破坏虫体内部的结构，把虫体变成充满菌丝的僵虫，冬季形成菌核，夏季自幼虫体的头部长出棍棒状的子座，子座上端膨大，近表面生有许多子囊壳，壳内生有许多长形的子囊，每个子囊具 2 ~ 8 个子囊孢子，通常只有 2 个成熟，子囊孢子细长、有多数横隔，它从子囊壳孔口散射出去，又继续侵害幼虫（图 10 – 6）。

冬虫夏草主产我国西南、西北。分布在海拔 3000m 以上的高山草甸土层中。带子座的菌核（冬虫夏草）药用，能补肺益肾，止血化痰。

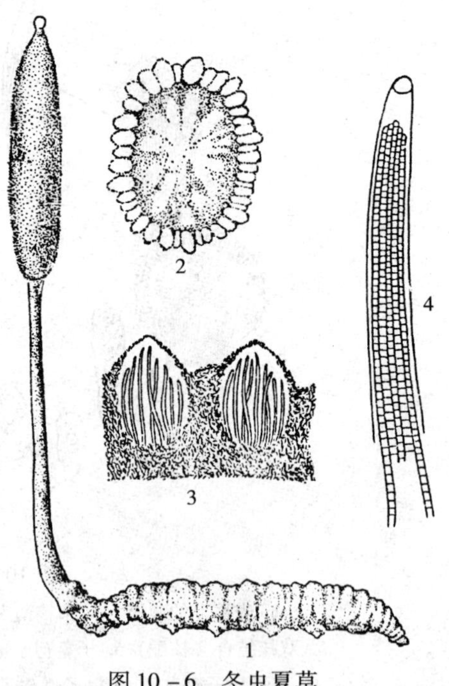

图 10 – 6　冬虫夏草

1. 植物体的全形，上部为子座，下部为已死的幼虫　2. 子座的横切面观　3. 子囊壳（子实体）放大　4. 子囊及子囊孢子

虫草属共 137 种，其中 125 种即 90% 以上寄生于昆虫。我国有 26 种，其中 24 种寄生在昆虫上。寄主有鞘翅目、鳞翅目、同翅目、半翅目、膜翅目、双翅目、白蚁目、直翅目以及蜘蛛。所寄生的虫期包括幼虫期、蛹期、成虫期，但除膜翅目多为成虫外，其他各目都寄生于幼虫期，有少数 2 个不同虫期都能寄生。

蛹草菌 *C. militaris*（L.）Link.、凉山虫草 *C. liangshanensis* Zang. Hu et Liu、亚香棒菌 *C. hawkesii* Gray. 等的带子座的菌核与冬虫夏草有相似的疗效，带子座菌核的蝉花菌 *C. sobolifera* Hill Berk. et Br. 能清热祛风，可以从蛹草菌的培养物中得到虫草素。近年来从新鲜的冬虫夏草菌中分离得到虫草菌——蝙蝠蛾拟青霉菌株，经纯化，人工发酵培养，加工而成蝙蝠蛾拟青霉新药，用于治疗慢性气管炎、慢性肾功能不全，预防心脑血管疾病。此外还有竹黄 *Shiraria bambusicola* P. Henn. 用于治疗风湿性关节炎、胃病及小儿百日咳等。

2. 担子菌亚门（Basidiomycotina）

担子菌亚门是一群种类繁多的陆生高等真菌，全世界有1100属，22000多种。其中多种是植物的专性寄生菌和腐生菌，还有许多担子菌具食用或药用价值，有毒的种也很多。

担子菌的主要特征是有性生殖过程中形成的担子（basidium）、担孢子（basidiospore）。担孢子是外生的，与子囊孢子生于子囊内不同。

担子菌营养体全是多细胞菌丝体，菌丝发达，有横隔，并有分枝。在整个生活史中有两种菌丝体，即初生菌丝、次生菌丝。初生菌丝是由担孢子萌发形成具有单核的菌丝，在生活史中生命周期很短。次生菌丝的细胞2核，又称双核菌丝，在生活史中周期很长，这是担子菌的特点之一。两条初生菌丝生长不久，即进行配合，一条菌丝的每个细胞的原生质，流入另一条菌丝的每个细胞中，只质配，不核配，每个细胞中保持双核。两个核同时分裂为4个核，其中1对核（雌、雄各1对）进入所繁殖的新细胞中，并始终保持着2个核。次生菌丝往往有锁状联合。

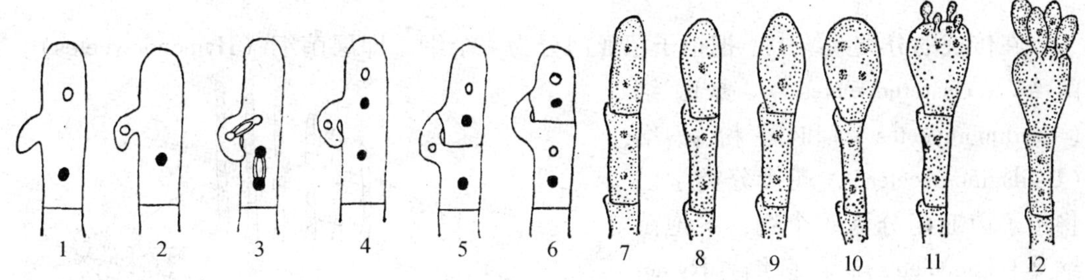

图10-7　锁状连合、担子、担孢子的形成

1～6. 锁状连合　7～12. 担子、担孢子的形成

多种担子菌在形成担子的过程中，先在细胞中央生长出1个喙状突起，向下弯曲，双核中的一个核移入喙突的基部，另一个核在它的附近，两核同时分裂为4个核；其中2个核留在细胞上部，一个留在下部，另一个进入喙突中。这时细胞中生出横隔，将上下分割为2部及喙突共形成3个细胞。上部细胞核、下部细胞及喙突都是单核，接着喙突的尖端与下部的细胞接触并沟通，喙突中的核流入下部细胞内，又形成双核细胞，经过这一番变化，1个双核细胞分裂成2个双核细胞，在2个细胞之间残留1个喙状的痕迹。这种特殊的细胞分裂过程称为锁状联合。这时顶端细胞膨大成为担子，担子上很快生出4个小梗，4个小核分别各移入小梗内，发育形成4个担孢子（图10-7）。形成担孢子的菌丝体称为担子果（basidiocarp），实际就是担子菌的子实体。其形态、大小、颜色各不相同，如伞状、扇状、球状、头状、笔状等（图10-8）。

有性过程为冬孢子、厚壁孢子或担子内的双核结合，形成双核的担子，经减数分裂后，产生4个单核的担孢子，着生于担子柄上。冬孢子和厚壁孢子萌发后产生担孢子。

典型的双核菌丝、特殊的锁状联合以及形成担子和担孢子，是担子菌的3个明显特征。

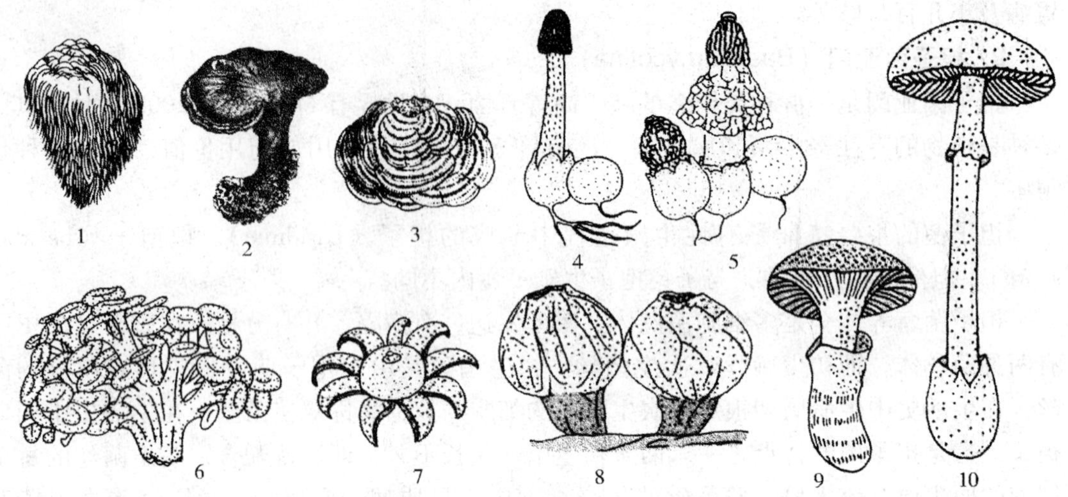

图 10－8　担子菌子实体形态图

1. 猴头菌　2. 灵芝　3. 云芝　4. 鬼笔　5. 竹荪　6. 猪苓　7. 地星　8. 马勃　9. 松口蘑　10. 白毒伞

在传统的分类系统中，把担子菌亚门分为 4 个纲，即层菌纲（Hymenomycetes）、腹菌纲（Gasteromycetes）、锈菌纲（Urediniomycetes）和黑粉菌纲（Ustilaginomycetes），现代分类学已将担子菌亚门分为 3 个纲：冬孢菌纲（Teliomycetes）；层菌纲（Hymenomycetes），如银耳、黑木耳、蘑菇、灵芝等；腹菌纲（Gasteromycetes），如马勃、地星、鬼笔等。药用、食用担子菌尤以层菌纲为主。

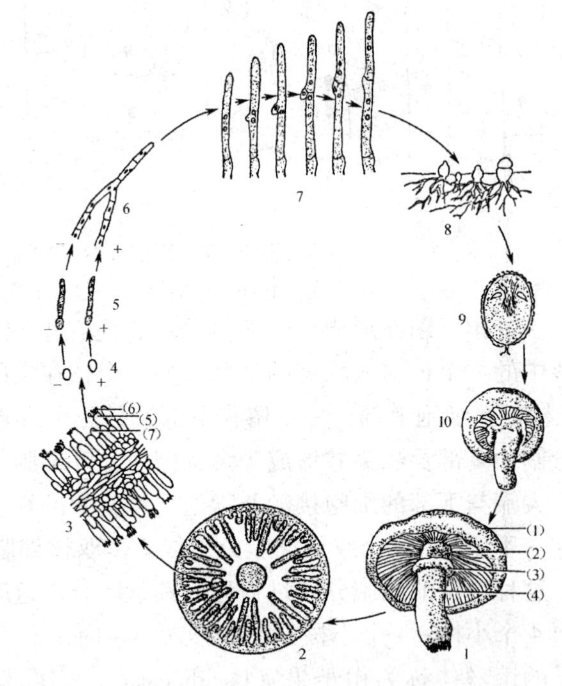

图 10－9　伞菌的形态和生活史

1. 成熟的担子果［（1）菌盖（2）菌褶（3）菌环（4）菌柄］　2. 菌盖横切面（示菌褶）　3. 菌褶一部分放大（示子实层）［（5）担子（6）担孢子（7）侧丝］　4. 担孢子　5. 初生菌丝体　6. 次生菌丝体　7. 双核菌丝的细胞分裂　8. 菌蕾　9. 菌蕾开始分化　10. 双核菌丝体发育成幼担子果

层菌纲中最常见的一类是伞菌类，此类担子菌具有伞状或帽状的子实体。上面展开的部分叫菌盖（pileus）。菌盖下面自中央到边缘有许多呈辐射状排列的片状物，称为菌褶（gills）。用显微镜观察菌褶时，可见棒状细胞称为担子，顶端有 4 个小梗，每个小梗上生 1 个担孢子。夹在担子之间有一些不产生担孢子的菌丝叫侧丝，担子和侧丝构成子实层（hymenium）。菌褶的中部是菌丝交织的菌髓，有些伞菌，在菌褶之间还有少数横列的大型细胞称为隔胞（囊状体），隔胞将菌褶撑开，有利于担孢子的散布。菌盖的下面是细长的柄，称菌柄（stipe）。有些伞菌的子实体幼小时，连在菌盖边缘和菌柄间有 1 层膜，叫内菌幕（parial veil），在菌盖张开时，内菌幕破裂，遗留在菌柄上的部分构成菌环（annulus）。有些子实体幼小时外面有 1 层膜包被，叫外菌幕（universal veil），当菌柄伸长时，包被破裂，残留在菌柄的基部的一部分而成菌托（volva）（图10－9）。这些结构的特征是鉴别伞菌的重要依据。很多种伞菌可供食用，少数极毒。

【药用植物】

银耳（白木耳）*Tremella fuciformis* Berk.　银耳科。腐生真菌。子实体纯白色、胶质，半透明，由许多薄而皱褶的菌片组成，呈菊花状或鸡冠状。银耳的担子每个纵裂为 4 个细胞，4 个细胞的下半部在横切面上连成“田”字形，上半部各个细胞形成细长的管，管顶伸出子实体表面，再生小梗，小梗上着生 1 个担孢子（图 10－10）。

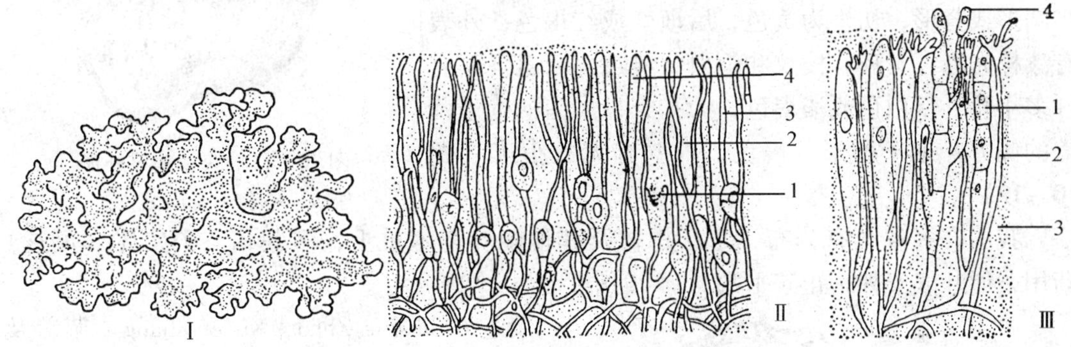

图 10－10　银耳、木耳子实层外形及切面

Ⅰ. 银耳的外形　Ⅱ. 银耳子实层的垂直切面　1. 担子　2. 胶质　3. 侧丝　4. 隔胞

Ⅲ. 木耳子实层的垂直切面　1. 分隔担子　2. 侧丝　3. 胶质　4. 担孢子

分布于福建、四川、贵州、江苏、浙江等地。生于阴湿山区，栎属及其他阔叶树木上。各地多栽培。银耳是一种营养丰富的滋养补品，能滋阴、养胃、润肺、生津、益气和血、补脑强心。

木耳（黑木耳）*Auricularia auricula*（L. ex Hook.）Underw.　木耳科。子实体叶状或耳状，半透明，胶质，有弹性，深褐色至黑色。黑木耳的担子每个横裂分隔成 4 个细胞，每个细胞生出细长的小梗，小梗上着生担孢子（图 10－10）。

分布于全国各地。腐生于柞、槭、榆、榕树等砍伐段木和树桩上，也有人工栽培。木耳含有麦角甾醇、脑磷脂、卵磷脂、甘露糖等，能补气益血，润肺止血。

猴头菌 *Hericium erinaceus*（Bull.）Pers.　齿菌科。腐生真菌。子实体外形似猴头，肉质，块状，直径 5～20cm。除基部外，表面均生白色肉刺状菌针，长 2～6cm，下垂，干后变黄色或黄褐色（图 10－8 之 1）。孢子球形至近球形，透明无色。

分布于黑龙江至广西等十余省区。生于栎、胡桃等立木及腐木上；也有栽培。猴头菌含多糖类和氨基酸，为常见的食用菌，入药有利五脏、助消化、滋补和抗癌作用。

茯苓 *Poria cocos* (Schw.) Wolf. 多孔菌科。菌核球形，或不规则块状，大小不一，小的如拳头，大的可达数十斤。表面粗糙，呈瘤状皱缩，灰棕色或黑褐色，内部白色或淡棕色，粉粒状，由无数菌丝及贮藏物质聚集而成。子实体无柄，平伏于菌核表面，呈蜂窝状，厚3~10mm，幼时白色，成熟后变为浅褐色(图10-11)。

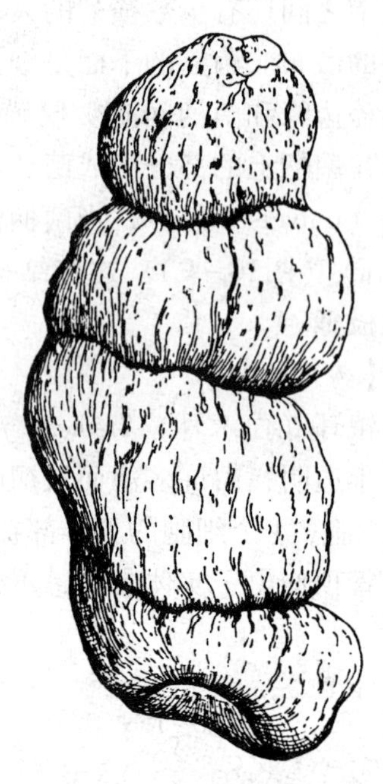

图10-11 茯苓菌核外形

全国大部分地区均有分布，现多栽培。寄生于赤松、马尾松、黄山松、云南松等的根上。菌核（茯苓）药用，能利水渗湿，健脾宁心。

灵芝 *Ganoderma lucidum* (Leyss ex Fr.) Karst. 多孔菌科，腐生真菌。子实体木栓质。菌盖（菌帽）半圆形或肾形，初生为黄色，后渐变成红褐色，外表有漆样光泽，具环状棱纹和辐射状皱纹，菌盖下面有许多小孔，呈白色或淡褐色，为孔管口。菌柄生于菌盖的侧方。孢子卵形，褐色，内壁有无数小疣（图10-12)。

我国许多省区有分布，生于栎树及其他阔叶树木桩上，多栽培。子实体（灵芝）药用，能补气安神，止咳平喘。

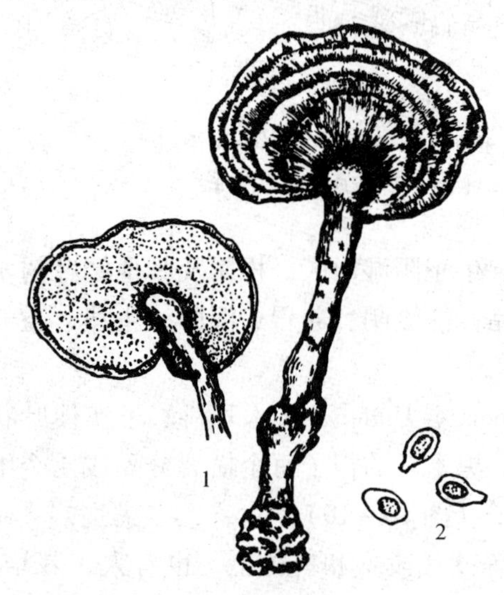

图10-12 灵芝
1. 子实体 2. 孢子

紫芝 *G. sinense* Zhao, Xu et Zhang 菌盖及菌柄黑色，表面光泽如漆。孢子内壁有显著的小疣。

分布于浙江、江西、福建、湖南、广东、广西等省区。生于腐木桩上。子实体入药，亦作灵芝用。

猪苓 *Polyporus umbellatus* (Pers.) Fr. 多孔菌科。菌核呈长块状或扁块状，有的有分枝，表面凹凸不平，皱缩或有瘤状突起。由于不同的生长发育阶段，表面有白色、灰色和黑色3种颜色，称为白苓、灰苓和黑苓，内面白色。子实体自地下菌核内生子实体由菌核上生长，伸出地面，菌柄往往于基部相连，上部多分枝，形成1丛菌盖。菌盖肉质，伞形或伞状半圆形，干后坚硬而脆。担孢子卵圆形（图10-13)。

我国许多省区有分布，主产于山西及陕西。寄生于枫、槭、柞、桦、柳及山毛榉等树木的根上。菌核（猪苓）药用，能利水渗湿。猪苓含多糖，有抗癌作用。

云芝 *Polysticus versicolor* (L.) Fr. 多孔菌科。子实体革质，菌盖覆瓦状叠生，无柄，平伏而反卷，半圆形至贝壳状，有细长毛或绒毛，颜色多样，有光泽，表面有狭窄的同心环带，边缘薄，波状，菌肉白色，孢子圆筒形。

分布于全国各地山区，生于杨、柳、桦、栎、李、苹果等阔叶树的朽木上。子实体药用，能清热，消炎。云芝多糖有抗癌活性。

蜜环菌 *Armillaria mellea*（Vahl ex Fr.）Kummer. 白蘑科。子实体丛生；菌盖圆形，肉质，直径5～10cm，黄白色，菌褶白色，中央常有暗褐色鳞片，四周有放射状条纹，菌柄长8～13cm，海绵质或中空，中上部具菌环，菌环较厚，有时为双环。孢子球形或椭圆形，透明无色（图10－14）。

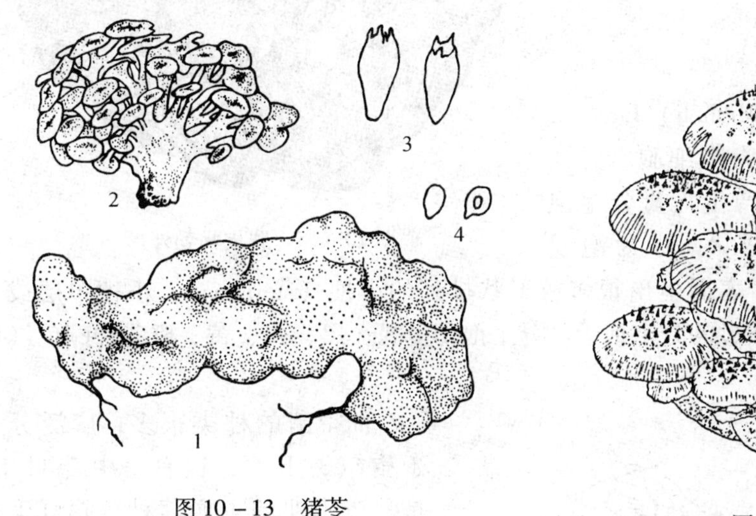

图10－13 猪苓

1. 菌核 2. 子实体 3. 担子 4. 担孢子

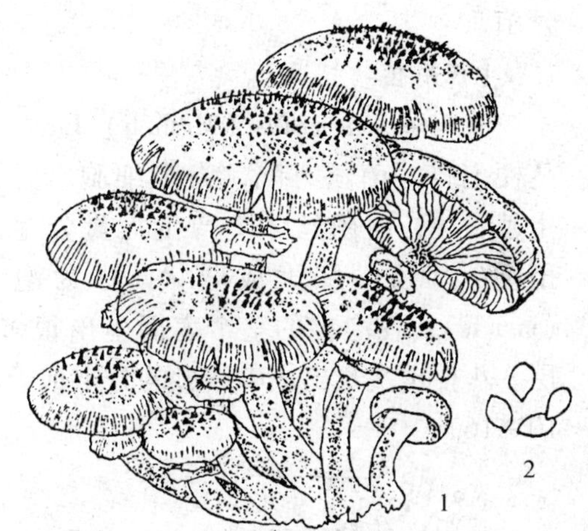

图10－14 蜜环菌

1. 子实体 2. 孢子

我国许多省区有分布。多生长在针叶树及阔叶树的树干基部，或生于被火烧过的树根上，形成根腐病，其菌丝体能在腐木上发光；也常生长在活树上，产生根状菌索。子实体是著名的食用菌之一，药用能明目，利肺，益肠胃。蜜环菌与天麻的生长发育有共生关系，天麻种子靠吸取“共生萌发菌”提供营养而萌发，天麻块茎也靠此营养而生长，当天麻完成周年生长过程进入休眠时，蜜环菌菌丝又分解天麻块茎的皮层和中柱组织得到营养，故可利用蜜环菌人工培育天麻。同属还有假蜜环菌 *A. tabescens*（Scop. ex Fr.）Singer. 含亮菌甲素，能消炎解毒。

脱皮马勃 *Lasiosphaera fenzlii* Reich. 马勃科，腐生真菌。子实体近球形至长圆形，直径15～30cm，幼时白色，成熟时渐变浅褐色，外包被薄，成熟时呈碎片状剥落；内包被纸质，浅烟色，熟后全部破碎消失，仅留1团孢体。其中孢丝长，有分枝，多数结合成紧密团块。孢子球形，外具小刺，褐色（图10－15）。

分布于西北、华北、华中、西南等地区，生于山地腐殖质丰富的草地上。子实体（马勃）药用，能清热，利咽，止血；外用可消炎止血。同科的大马勃 *Calvatia gigantea*（Batsch ex Pers.）Lloyd.、紫色马勃 *C. lilacina*（Mont. et Berk.）Lloyd. 的子实体同等入药。

香菇 *Lentius edodes*（Berk.）Sing. 含丰富的蛋白质、脂肪和 B 族维生素，具香味。可降低胆固醇；含有的香菇多糖，经动物实验证实具有抗癌作用。

3. 半知菌亚门

半知菌亚门（Deuteromycotina）是一类有性阶段尚未发现的类群，故称半知菌。这个类群绝大多数都具有隔菌丝，仅以分生孢子进行无性繁殖，无有性阶段。一旦发现有性孢子后，多数属于子囊菌。

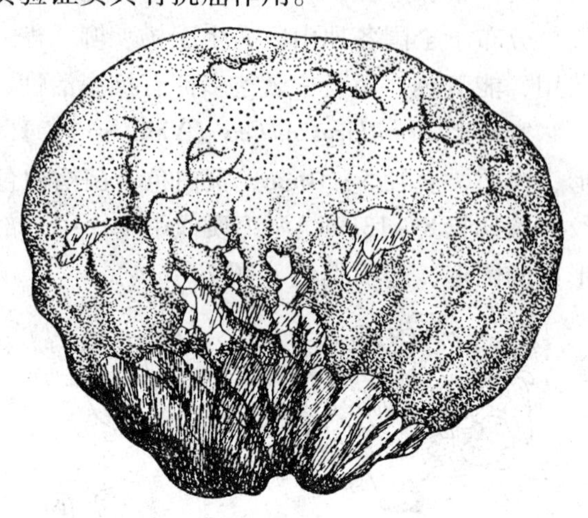

图 10－15 脱皮马勃外形

【药用植物】

曲霉菌 *Aspergillus*（Micheli）Link. 丛梗孢科。菌丝有隔，为多细胞。无性生殖发达，由菌丝体上产生大量分生孢子梗，其顶端膨大成球状，称为泡囊（visicle），在泡囊的整个表面生出很多放射状排列的小梗（sterigma），小梗单层或多层，小梗顶端长出成串球形的分生孢子。分生孢子呈绿、黑、褐、黄、橙各种颜色（图 10－16）。

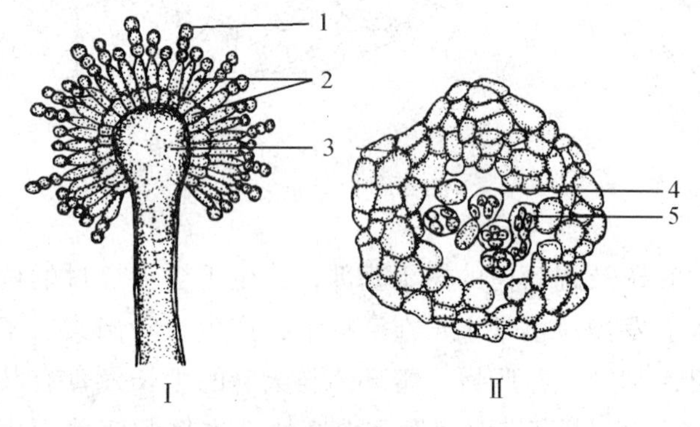

图 10－16 曲霉菌

Ⅰ. 分生孢子梗 1. 分生孢子 2. 小梗 3. 泡囊

Ⅱ. 闭囊壳 4. 子囊 5. 子囊孢子

曲霉菌的种类很多，广泛分布于空气、土壤、粮食、中药材上，是酿造工业的重要菌种，并可生产柠檬酸、葡萄糖酸及其他有机酸。但有的种类对农作物及人类的身体健康有很大的危害，如黑曲霉 *A. niger* Van Tieghen 能引起粮食和中药材霉变，杂色曲霉 *A. versicolor*（Vuill.）Tirab. 能引起桃的果实腐烂和中药材霉变，赭曲霉 *A. ochraceus* Wilhelm 则能引起苹果、梨的果实腐烂。其中杂色曲霉产生的杂色曲霉素（sterigatocystin）可致肝脏损坏。特别是黄曲霉 *A. flavus* Link，能产生毒性很强的黄曲霉素（aflatoxin），能引起肝癌。

青霉菌（Penicilliun）丛梗孢科。菌丝体由多数具有横隔的菌丝所组成，常以产生分生孢子进行繁殖。产生孢子时，菌丝体顶端产生多细胞的分生孢子梗，梗的顶端分枝 2～3 次，每枝的末端细胞分裂成串的分生孢子，形成扫帚状。分生孢子一般呈蓝绿色，成熟后随风飞散，遇适宜环境萌发成菌丝（图 10－17）。

青霉菌的种类很多，常在蔬菜、粮食、肉类、柑橘类水果以及皮革和食物上分布。如产黄青霉 *Penicillium chrysogenum* Thom、特异青霉 *P. notatum* Westling 均能产生青霉素。黄绿青霉 *P. citreo－viride* Biourge、岛青霉 *P. islandicum* Sopp 引起大米霉变，产生

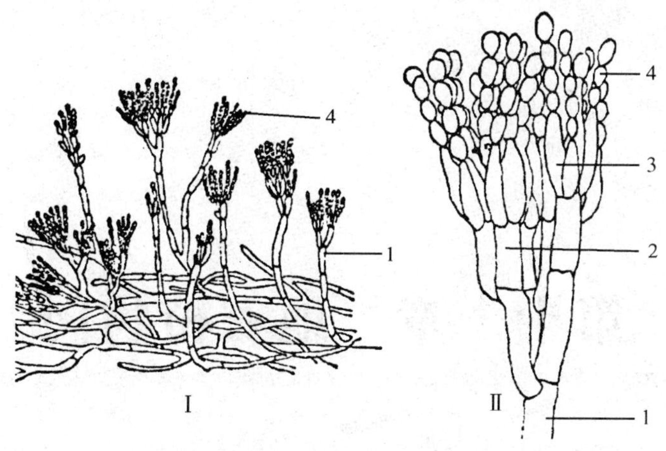

图 10－17　青霉菌

Ⅰ. 从营养菌丝上长出分生孢子梗　Ⅱ. 分生孢子梗

1. 分生孢子梗　2. 梗基　3. 小梗　4. 分生孢子　5. 营养菌丝

"黄变米"，它们产生的霉素如黄绿青霉素（citreoviridin）对动物神经系统有损害，岛青霉产生的黄天精、环氯素、岛青霉素均对肝脏产生毒性。柑橘青霉 *P. citrinum* Thom、意大利青霉 *P. italicum* Wehmer 能引起柑橘果实软腐。橘青霉产生的橘青霉素（citrinin）能损害肾脏。

球孢白僵菌 *Beauveria bassiana*（Bals.）Vuill. 属于链孢霉科。寄生于家蚕幼虫体内（可寄生于 60 多种昆虫体上），使家蚕病死。尸体（僵蚕）药用，能祛风，镇惊。由于加强防治，近年来白僵菌对家蚕的感染大为减少。为解决僵蚕的药源问题，以蚕蛹为原料接入白僵菌，所得蚕蛹可代僵蚕用。

第十一章　地衣植物门

第一节　地衣植物概述

地衣植物门（Lichens）植物是由1种真菌和1种藻类共生的复合有机体。因为两种植物长期紧密地联合在一起，无论在形态、构造、生理和遗传上都形成一个单独的固定有机体，成为独立的地衣门。地衣门有500余属，25000余种。

地衣体体中的真菌绝大部分属于子囊菌亚门的盘菌纲（Discomycetes）和核菌纲（Pyrenomycetes），少数为担子菌亚门的伞菌目和非褶菌目（多孔菌目），极少数属于半知菌亚门。藻类多为绿藻和蓝藻，如绿藻门的共球藻属（*Trebouxia*）、橘色藻属（*Trentepohlia*）和蓝藻门的念珠藻属（*Nostoc*），约占全部地衣体藻类的90%。地衣体中的菌丝缠绕藻细胞，并从外面包围藻类，地衣体的形态几乎完全由真菌决定。藻类通过光合作用制造的有机物大部分被菌类所利用，而自身生活所需的水分、无机盐和二氧化碳等依靠菌类供给，两者形成一种特殊的共生关系。

地衣进行营养繁殖和有性生殖。营养繁殖主要是地衣体的断裂，1个地衣体分裂为数个裂片，每个裂片均可发育为新个体。此外，粉芽、珊瑚芽和碎裂片等都是用于繁殖新的个体。有性生殖由地衣体中的子囊菌和担子菌进行，产生子囊孢子或担孢子。前者称子囊菌地衣，占地衣种类的绝大部分；后者为担子菌地衣，为数很少。

大部分地衣喜光和新鲜空气，是空气质量指示植物。地衣一般生长很慢，数年内才长几厘米。地衣能忍受长期干旱，干旱时休眠，雨后恢复生长，因此可以在峭壁、岩石、树皮或沙漠生长。地衣耐寒性很强，在高山带、冻土带和南、北极地区也能生长和繁殖。

地衣含有多种药用成分，据估计有50%以上的地衣种类含有多种类型的抗菌成分地衣酸（lichenicacids），如松萝酸（usnic acid）、地衣硬酸（lichesterinic acid）等，对革兰阳性菌和结核杆菌有抗菌活性。近年来发现绝大多数地衣种类中所含的地衣多糖（lichenin，lichenan）和异地衣多糖（isolichenin，isolichenan）等具有极高的抗癌活性。有些地衣还是生产高级香料的原料。

我国地衣资源相当丰富，有200属，近2000种，全国均有分布，而新疆、贵州、云南等地因其独特的气候和地貌类型，成为我国地衣资源的主要分布区。人们药用和食用地衣的历史悠久，其中我国药用地衣有70多种，自古就有用地衣中的松萝治疗肺病，用石耳来止血或消肿；李时珍在《本草纲目》中就记载了石蕊的药用价值；石耳不仅是山珍之一，而且具有抗癌作用。地衣还可以用作饲料，是饲养鹿和麝的良好饲料。

一、地衣的形态

（一）壳状地衣

壳状地衣（crustose lichens）的地衣体是颜色多样的壳状物，菌丝与基质紧密相连接，有的还生假根伸入基质中，因此很难剥离。壳状地衣约占全部地衣的80%。如生于岩石上的茶渍衣属（*Lecanora*）和生于树皮上的文字衣属（*Graphis*）。

（二）叶状地衣

叶状地衣（foliose lichens）的地衣体呈叶片状，四周有瓣状裂片，常由叶片下部生出一些假根或脐，附着于基质上，易与基质剥离。如生在草地上的地卷衣属（*Peltigera*）、生在岩石上的石耳属（*Umbilicaria*）和生在树皮上的梅衣属（*Parmelia*）。

（三）枝状地衣

枝状地衣（fruticose lichens）的地衣体呈树枝状，直立或下垂，仅基部附着于基质上。如直立地上的石蕊属（*Cladonia*）、石花属（*Ramalina*）及悬垂分枝生于云杉、冷杉树枝上的松萝属（*Usnea*）。

三种类型的区别不是绝对的，其中有不少是过渡或中间类型，如标氏衣属（*Buelliu*）由壳状到鳞片状；粉衣科（Caliciaceae）地衣由于横向伸展，壳状结构逐渐消失，呈粉末状（图11－1）。

图11－1　地衣的形态

1、2. 壳状地衣（1. 茶渍衣属　2. 文字衣属）　3. 叶状地衣（梅衣属）　4～6. 枝状地衣（4. 长松萝　5. 松萝　6. 雪茶）

二、地衣的构造

不同类型的地衣其内部构造也不完全相同。从叶状地衣的横切面观可分为4层，即上皮层、藻层或藻胞层、髓层和下皮层。上皮层和下皮层是由菌丝紧密交织而成，也称假皮层；藻胞层是在上皮层之下由藻类细胞聚集成的1层；髓层是由疏松排列的菌丝组成。根据藻类细胞在地衣体中的分布情况，通常又将地衣体的结构分成2个类型（图11－2）：

(一) 异层地衣

异层地衣（heteromerous lichens）的藻类细胞排列于上皮层和髓层之间，形成明显的1层，即藻胞层。如梅衣属（*Parmelia*）、蜈蚣衣属（*Physcia*）、地茶属（*Thamnolia*）、松萝属（*Usnea*）等。

(二) 同层地衣

同层地衣（homoenmerous lichens）的藻类细胞分散于上皮层之下的髓层菌丝之间，没有明显的藻层与髓层之分，这种类型的地衣较少。如胶衣属（*Collema*）、猫耳衣属（*Leptogium*）。

叶状地衣大多数为异层型，从下皮层生出许多假根或脐固着于基物上。壳状地衣多数无下皮层，或仅具上皮层，髓层菌丝直接与基物密切紧贴。枝状地衣都是异层型，与异层叶状地衣的构造基本相同，但枝状地衣各层的排列是圆环状，中央有的有1条中轴，如松萝属，有的是中空的，如地茶属。

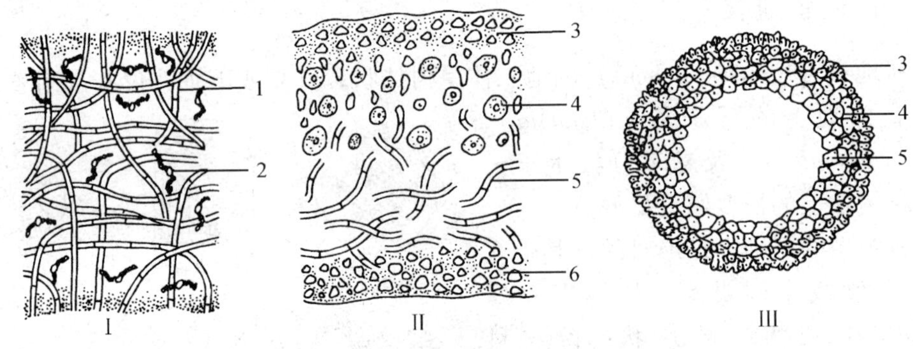

图11-2 地衣的构造

Ⅰ. 同层地衣（胶质衣属） Ⅱ、Ⅲ. 异层地衣（Ⅱ. 蜈蚣衣属 Ⅲ. 地茶属）

1. 菌丝 2. 念珠藻 3. 上皮层 4. 藻胞层 5. 髓层 6. 下皮层

第二节 地衣的分类及主要药用植物

通常将地衣分为3纲：子囊衣纲（Ascolichens）、担子衣纲（Basidiolichens）及半知衣纲（Deuterolichens）。

一、子囊衣纲

子囊衣纲地衣体中的真菌属于子囊菌，本纲地衣的数量占地衣总数量的99%。

二、担子衣纲

担子衣纲地衣体菌类多为非褶菌目的伏革菌科（Corticiaceae）菌类，其次为伞菌目口蘑科（Tricholomataceae）的亚脐菇属（*Omphalina*）菌类，还有的属于珊瑚菌科（Clavariaceae）菌类；组成地衣体的藻类为蓝藻，多分布于热带，如扇衣属（*Cora*）。

三、半知衣纲

根据半知衣纲地衣体的构造和化学成分，其属子囊菌的某些属。未见到它们产生子囊和子囊孢子，是1种无性地衣。

【药用植物】

松萝（节松萝、破茎松萝）*Usnea diffracta* Vain.　　菘萝科。植物体丝状，长15～30cm，呈二叉式分枝，基部较粗，分枝少，先端分枝多。表面灰黄绿色，具光泽，有明显的环状裂沟，横断面中央有韧性丝状的中轴，具弹性，可拉长，由菌丝组成，易与皮部分离；其外为藻环，常由环状沟纹分离或呈短筒状。菌层产生少数子囊果。子囊果盘状，褐色，子囊棒状，内生8个椭圆形子囊孢子。

分布于全国大部分省区。生于深山老林树干上或岩壁上。全草药用，能止咳平喘，活血通络，清热解毒。含有菘萝酸、环萝酸、地衣聚糖。菘萝酸有抗菌作用。在西南地区常作“海风藤”入药。

同属植物长松萝（老君须）*U. longissima* Ach.，全株细长不分枝，长可达1.2m，两侧密生细而短的侧枝，形似蜈蚣。分布和功用同上种。

雪茶（地茶）*Thamnolia vermicularis*（Sw.）Ach. ex Schaer.　　地茶科。地衣体树枝状，白色至灰白色，长期保存则变橘黄色。高3～6cm，直径1～2mm，常聚集成丛，分枝单一或顶端二至三叉，长圆条形或扁带形。表面有皱纹凹陷，纵裂或小穿孔，中空。表层厚约16.8μm，藻层厚约67.2μm，髓层厚约84μm。

分布于四川、陕西、云南等省。生于高寒山地或积雪处。全草药用，能清热解毒，平肝降压，养心明目。

石耳 *Umbilicaria esculenta*（Miyoshi）Minks　石耳科。地衣体叶状，近圆形，边缘有波状起伏，浅裂，直径2～15cm。表面褐色，平滑或有剥落粉屑状小片，下面灰棕黑色至黑色，自中央伸出短柄（脐）。

分布于我国中部及南部各省。生于悬岩石壁上。全草可供食用，含有石耳酸、茶渍衣酸。全草药用，能清热解毒，止咳祛痰，利尿。

地衣入药的还有：石蕊 *Cladonia rangiferina*（L.）Web.，全草药用，能祛风，镇痛，凉血止血。冰岛衣 *Cetraria islandica*（L.）Ach.，全草药用，能调肠胃，助消化。肺衣 *Lobaria pulmonaria* Hoffm.，全草药用，能健脾，利水，解毒，止痒。

第十二章　苔藓植物门

第一节　苔藓植物概述

苔藓植物门（Bryophyta）植物是最原始的高等植物。由于苔藓植物的生殖过程依赖于水，所以它们虽然脱离水生环境进入陆地生活，但大多数仍需生活在潮湿地区。因此苔藓植物是从水生到陆生过渡的代表类型。

苔藓植物生活史中具有明显的世代交替现象。常见的植物体是配子体（有性世代），构造简单而矮小，较低等的苔藓植物常为扁平的叶状体，较高等的则有茎叶分化，但无真正的根，仅有单列细胞构成的假根。茎中尚未分化出维管束的构造；具有叶绿体，自养生活。孢子体（无性世代）不发达，不能独立生活，寄生在配子体上。孢子体由孢蒴、蒴柄和基足3部分构成。由基足自配子体获得营养物质。

生殖过程产生多细胞的雌、雄生殖器官。雌性生殖器官颈卵器（archegonirm）呈长颈花瓶状，上部细狭称颈部，中间有1条沟称颈沟，下部膨大称腹部，腹部中间有1个大型的细胞称卵细胞。雄性生殖器官精子器（antheridium）一般呈棒状或球状，精子具2条等长的鞭毛（图12－1），以水为媒介游到颈卵器内，与卵结合，卵细胞受精后成为合子，合子在颈卵器内发育成胚，胚依靠配子体的营养发育成孢子体。孢子体最主要部分是孢蒴，孢蒴内的孢原组织细胞多次分裂后再经减数分裂，形成孢子，孢子散出后，在适宜的环境中萌发成丝状或片状的原丝体（protonema），由原丝体发育成配子体。

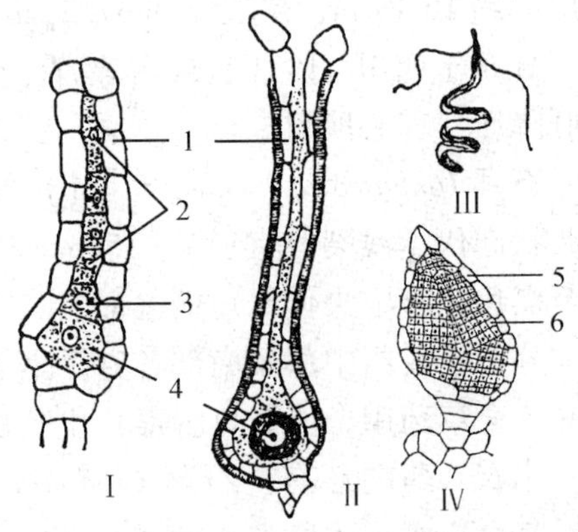

图12－1　苔纲中的钱苔属的颈卵器和精子器

Ⅰ、Ⅱ. 不同时期的颈卵器

Ⅲ. 精子　Ⅳ. 精子器

1. 颈卵器壁　2. 颈沟细胞　3. 腹沟细胞　4. 卵　5. 精子器壁　6. 产生精子的细胞

在苔藓植物的生活史中，从孢子萌发到形成配子体，配子体产生雌雄配子，这一阶段为有性世代；从受精卵发育成胚，由胚发育形成孢子体的阶段称为无性世代。配子体世代在生活史中占优势，且能独立生活；而孢子体不能独立生活，只能寄生在配子体上，这是苔藓植物的显著特征之一。

苔藓植物含有脂类、烃类、脂肪酸、萜类、黄酮类等化学成分。黄酮类化合物在苔纲和藓纲植物中都有分布，但藓纲中更为广泛，有单黄酮、双黄酮及少量的三黄酮类化合物，如双黄酮类化合物在藓纲植物中广泛存在，有苔藓黄酮（bryoflavone）、异苔藓黄酮（heterobry of lavone）等；苔纲植物中普遍存在联苄和双联苄化合物；许多苔藓植物因含有挥发性单萜而具有特殊的强烈气味。苔藓植物在医药方面的应用已有悠久的历史，如《嘉祐本草》已记载土马骔能清热解毒。近年来我国又发现大叶藓属（*Rhodobryum*）的一些种类治疗心血管病有较好的疗效。

第二节　苔藓植物的分类及主要药用植物

苔藓植物门约有40000种植物，广布世界各地。根据其营养体的形态构造分为苔纲（Hepaticae）和藓纲（Musci）。也有把苔藓植物分为三个纲，即苔纲、角苔纲（Anthocerotae）和藓纲。

我国约有2800种，已知药用50余种；如泥炭藓目（Sphagnales）在我国主要分布于东北、西北和西南高寒沼泽地区，常见的有泥炭藓；黑藓目（Andreaeales）多为生于高山寒地岩石上的小型藓类植物，我国云南、西藏有分布，多见于海拔3500～4000m以上高山岩面；真藓目（Bryales）分布较广，我国常见的有葫芦藓，多生于田园路旁等潮湿土壤上。黑藓科（Andreaeaceae）形态特征特殊，与藻藓、泥炭藓等藓类植物在系统学研究领域方面，均有各自独特的系统学位置。

一、苔纲

苔纲植物体无论是叶状体或是茎叶体多为两侧对称。多有背腹之分。假根为单细胞构造，茎通常不分化成中轴，叶多数只有1层细胞，不具中肋。孢子体的蒴柄柔弱，孢蒴的发育在蒴柄延伸生长之前，孢蒴成熟后多呈4瓣纵裂，孢蒴内多无蒴轴，除形成孢子外，还形成弹丝，以助孢子的散放。原丝体不发达，每1原丝体通常只发育成1个植株。苔类植物一般要求较高的温、湿度条件，在热带和亚热带常绿林内种类尤为丰富。苔纲植物体内含有芪类、单萜及倍半萜类。

【药用植物】

地钱 *Marchantia polymorpha* L.　地钱科。植物体（配子体）呈扁平二叉分枝的叶状体，匍匐生长，生长点在二叉分枝的凹陷中，叶状体分为背腹两面，背面深绿色，腹面生有紫色鳞片和假根，具有吸收、固着和保持水分的作用。雌雄异株，雌托形状像伞，具柄，边缘深裂，呈星芒状，腹面倒悬许多颈卵器。颈卵器分颈、腹两部，颈部外壁是1层细胞，腹部外壁由许多细胞构成，为颈沟细胞、腹沟细胞和卵细胞。雄托边缘浅裂，形如盘状，在盘状体背面生有许多小腔，每个小腔里有1个精子器，精子器呈卵圆形，内有许多顶端具有两根等长鞭毛的游动精子，游动精子借助于水游至颈卵器内，与卵细胞融合，形成受精卵。受精卵在颈卵器内发育成胚，胚进一步发育成具短柄的孢子体，其孢蒴内孢原组织的一部分细胞形成四分孢子，另一部分细胞延长，细胞壁呈螺纹加厚，在不同的湿度条件下发生伸屈运动，称弹丝。孢子体成熟时孢蒴裂开，孢子借弹丝的力量散出，在适宜条件下萌发形成配子体。

地钱的营养繁殖是由叶状体表面产生胞芽杯，杯中产生若干枚绿色带柄的胞芽，胞芽脱落后发育成新植物体（图 12－2）。

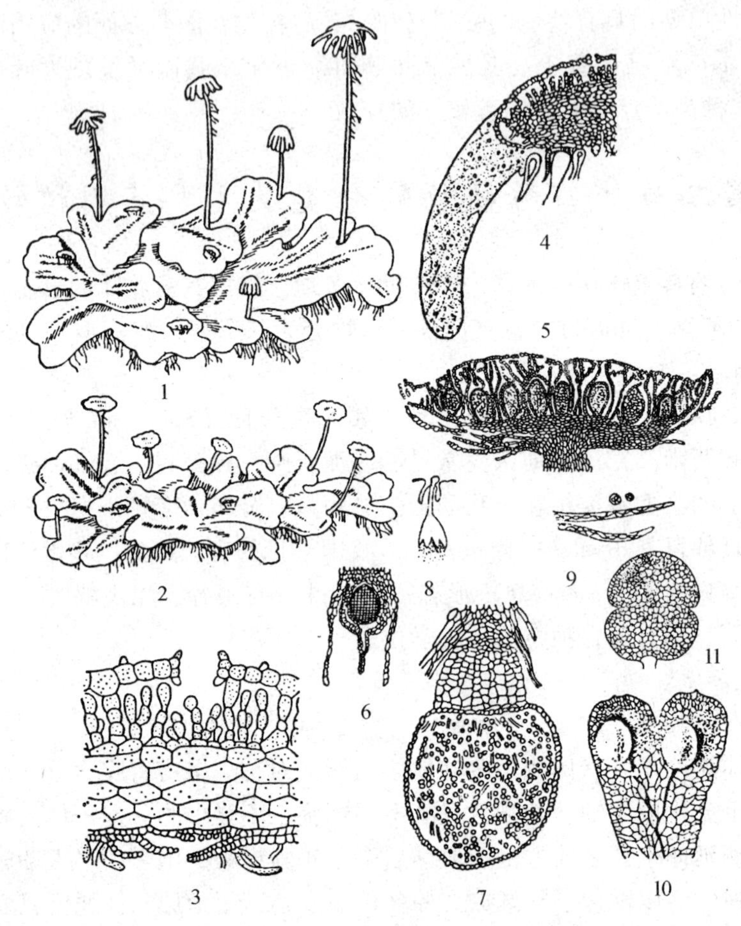

图 12－2 地钱

1. 雌株 2. 雄株 3. 配子体切面 4. 颈卵器托切面 5. 精子器托切面 6. 孢子体 7. 孢子体切面 8. 孢子囊破裂 9. 孢子和弹丝 10. 胞芽杯 11. 胞芽

地钱分布全国各地。生于阴湿的土坡或微湿的岩石及墙基。全草药用，味淡，性凉。能清热，生肌，拔毒。

苔纲的药用植物还有蛇地钱（蛇苔）*Conocephalum conicum*（L.）Dum.，全草药用，能清热解毒，消肿止痛；外用可治疔疮，蛇咬伤。

二、藓纲

植物体多为辐射对称、无背腹之分的茎叶体。假根由单列细胞构成，分枝或不分枝。茎内多有中轴分化，叶常具中肋。孢子体一般都有坚挺的蒴柄，孢蒴的发育在蒴柄延伸生长之后。孢蒴外常有蒴帽覆盖，成熟的孢蒴多为盖裂，常有蒴齿构造。孢蒴内一般有蒴轴，只形成孢子而不产生弹丝。原丝体通常发达，每一原丝体常发育成多个植株（图 12－3）。藓类植物比苔类植物要求较为低的温、湿度条件。在温带和寒带、高山冻原和森林沼泽常成为大片群落。

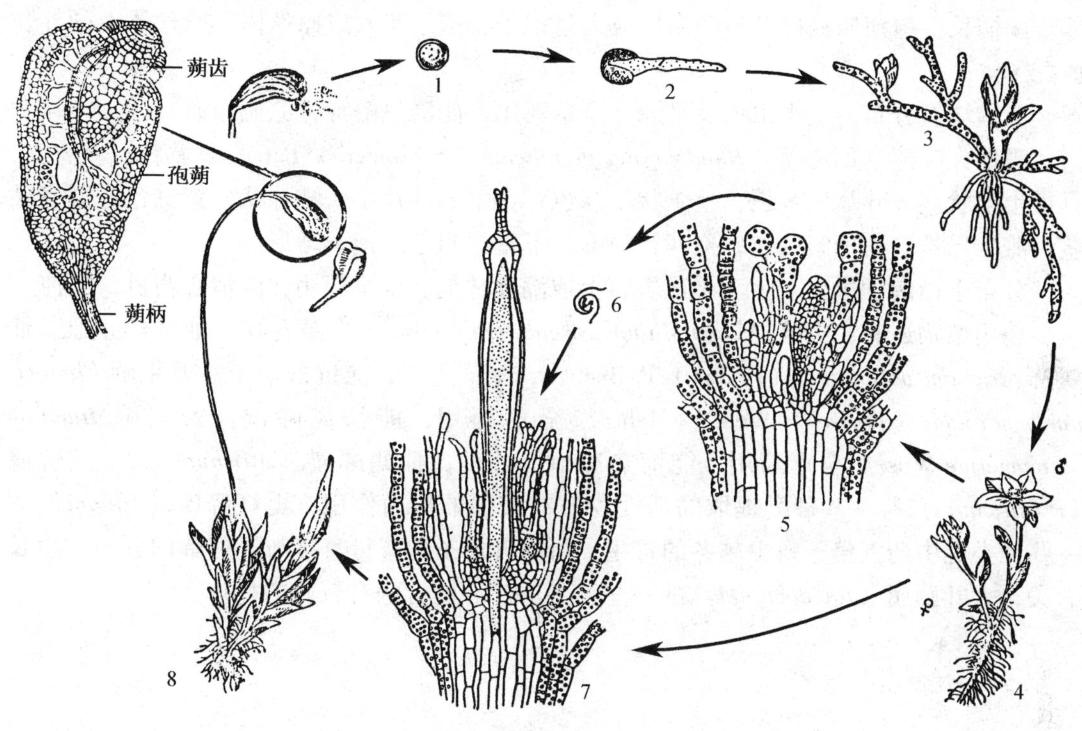

图 12－3　藓的生活史

1. 孢子　2. 孢子萌发　3. 原丝体上有芽及假根　4. 配子体上的雌雄生殖枝
5. 雄器孢纵切面，示精子器和隔丝，外有苞叶　6. 精子
7. 雌器孢纵切面，示颈卵器和正在发育的孢子体　8. 成熟的孢子体仍生于配子体上

【药用植物】

葫芦藓 *Funaria hygrometrica* Hedw.　葫芦藓科。植物体（配子体）矮小直立，有茎、叶分化。茎细而短，基部分枝，下生有多细胞假根。叶小而薄，具中肋，生于茎上。配子体为雌雄同株，雌雄性生殖器官分别生于不同的枝顶。生有精子器的枝顶周围密生叶片，形如花蕾状，称为雄苞。精子器丛生在雄苞内，为棒状，内有许多精子，精子呈螺旋状弯曲，前端具两根鞭毛。在精子器的周围生长多数隔丝，隔丝顶端常膨大呈球形。生有颈卵器的枝顶称为雌苞，叶片紧密包被，形状如芽。雌苞内生有许多颈卵器，颈卵器呈花瓶状，构造与地钱相似，其间生有隔丝。

分布全国各地。生于平原、田圃、村舍周围及火烧后的林地。全草药用，味辛、涩，性平。能除湿、止血。

大金发藓（土马骔）*Polytrichum commune* L. ex Hedw.　金发藓科。植物体高 10 ~

30cm，常丛集成大片群落。幼时深绿色，老时呈黄褐色。有茎、叶分化。茎直立，下部有多数假根。叶丛生于茎上部，渐下渐稀而小，鳞片状，长披针形，边缘有齿，中肋突出，由几层细胞构成，叶缘则由一层细胞构成，叶基部鞘状。颈卵器和精子器分别生于两株植物体（即配子体）茎顶。早春精子器中的成熟精子在水中游动，与颈卵器中的卵细胞结合，成为合子，合子萌发而形成孢子体，孢子体的足部伸入颈卵器中吸收营养。蒴柄长，孢蒴四棱柱形，蒴内形成大量孢子，孢子萌发成原丝体，原丝体上的芽长成配子体。

全国均有分布，生于山地及平原。全草药用，能清热解毒，凉血止血。

暖地大叶藓（回心草）*Rhodobryum giganteum*（Schwaegr.）Par.　真藓科。茎直立，具横生根状茎，叶丛生茎顶，呈伞状，绿色，茎下部叶片小，鳞片状，紫红色，紧密贴茎。雌雄异株。蒴柄紫红色，孢蒴长筒形，下垂，褐色。孢子球形。

分布于西南、华南。生于溪边岩石上或潮湿林地。全草药用，能清心明目，安神。

药用植物还有：尖叶提灯藓 *Mnium cuspidatum* Hedw.，全草药用，能清热止血。仙鹤藓 *Atrichum undulatum*（Hedw.）P. Beauv.，全草药用，能抗菌消炎。万年藓 *Climacium dendroides*（Hedw.）Web. et Mohr.，全草药用，能祛风除湿。大灰藓 *Hupnum plumaeforme* Wils.，全草药用，能清热凉血。此外，仙鹤藓属（*Atrichum*）、金发藓属（*Polytrichum*）等一些种类提取的活性物质有较强的抗菌作用；提灯藓属（*Mnium*）的一些种类是中药五倍子蚜虫越冬的寄主，所以五倍子的产量直接与提灯藓的分布、生长有关；大叶藓属（*Rhodobryum*）的一些种类治疗心血管病有较好的疗效。

第十三章　蕨类植物门

第一节　蕨类植物概述

蕨类植物门（Pteridophyta）植物以其特有的羽片状叶被称为羊齿植物。它和苔藓植物一样，无性生殖产生孢子，有性生殖形成精子器和颈卵器。但蕨类植物以其孢子体发达，有根、茎、叶的分化和较为原始的维管系统（vascular system）而有别于苔藓植物，又以不产生种子而区别于种子植物。配子体和孢子体均能独立生活，是蕨类植物生活史的最显著特点。因此，蕨类植物较苔藓植物进化，而较种子植物原始，既是高等的孢子植物，又是原始的维管植物。

蕨类植物的最原始或共同祖先很可能是起源于藻类，它们都具有二叉分枝，相似的世代交替，相似的多细胞性器官，游动细胞具有等长鞭毛，相似的叶绿素，以及贮藏营养是淀粉类物质等。蕨类植物的藻类祖先多数研究认为是绿藻类型。

蕨类植物于古生代后期、石炭纪和二叠纪曾在地球上盛极一时，被称为蕨类植物时代，原有的大型种类现已绝迹，其遗体是构成化石植物和煤层的重要来源。

蕨类植物分布很广，以热带、亚热带为其分布中心。适于在林下、山野、溪旁、沼泽等较为阴湿的地方生长，少数生长于水中和较干燥的地方，常为森林中草本层的重要组成部分。有的蕨类植物是土壤的指示植物，如石松指示土壤的酸性，铁线蕨指示土壤的钙性等。

地球上现有蕨类植物12000多种，广布于世界各地。我国有2600多种，多数分布于西南地区和长江流域以南地区。其中可供药用的蕨类植物有39科，400余种。常见的药用蕨类有贯众、金毛狗脊、海金沙、石松、卷柏、石韦、骨碎补等。还有的可作为蔬菜食用并可作园艺观赏。

一、蕨类植物的特征

（一）孢子体

蕨类植物的孢子体发达，通常有根、茎、叶的分化，常为多年生或一年生草本。

1. 根

除了极少数原始的类型仅具假根外，蕨类植物的根均为吸收能力较强的不定根。

2. 茎

蕨类植物的茎多为根状茎，少数为直立的树干状或其他形式的地上茎，较原始的种类兼具气生茎和根状茎。原始类型的蕨类植物茎既无毛也无鳞片，较为进化的蕨类常有毛而无鳞片，高级的蕨类才有大型的鳞片，如真蕨类的石韦、槲蕨等（图 13－1）。

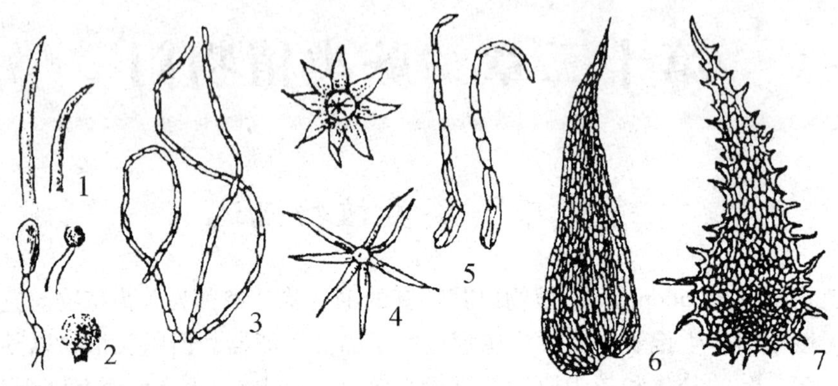

图 13－1 蕨类植物的毛和鳞片的类型

1. 单细胞毛 2. 腺毛 3. 节状毛 4. 星状毛 5. 鳞毛 6. 细筛孔鳞片 7. 粗筛孔鳞片

茎内维管系统形成中柱，主要类型有原生中柱（protostele）、管状中柱（siphonostele）、网状中柱（dictyostele）和散状中柱（atactostele）等。其中原生中柱为原始类型，在木质部中主要为管胞及薄壁组织，在韧皮部中主要为筛胞及韧皮薄壁组织，一般无形成层结构（图 13－2）。

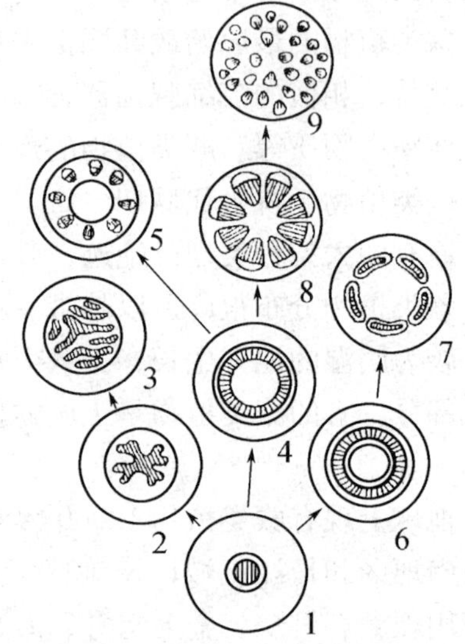

图 13－2 中柱类型及演化

1. 原生中柱 2. 星状中柱 3. 编织中柱 4. 外韧管状中柱 5. 具节中柱 6. 双韧管状中柱 7. 网状中柱 8. 真正中柱 9. 散状中柱

蕨类植物的各种中柱类型常是蕨类植物鉴别的依据之一。真蕨类植物很多是根状茎入药，而根状茎上常带有叶柄残基，其叶柄中的维管束的数目、类型及排列方式都有明显的不同。如贯众类药材中，粗茎鳞毛蕨 *Dryopteris crassirhizoma* Nakai，叶柄的横切面有维管束 5～13 个，大小相似，排成环状；荚果蕨 *Matteuccia struthiopteris*（L.）Todaro，叶柄横切面维管束 2 个，呈条形，排成八字形；狗脊 *Woodwardia japonecum*（L. f.）Sm.，叶柄横切面维管束 2～4 个，呈肾形，排成半圆形；紫萁 *Osmunda japonica* Thunb.，叶柄横切面维管束 1 个，呈 U 字型。可作为中药“贯众”的鉴别根据（图13－3）。

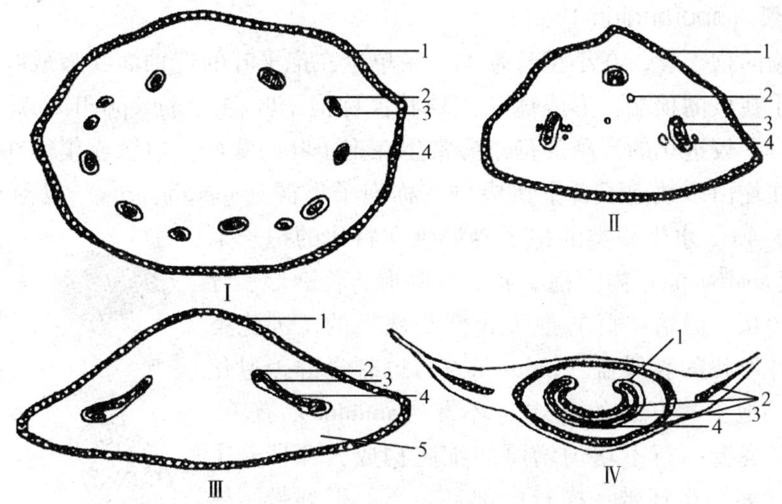

图 13－3　4 种贯众原植物叶柄基部横切面简图

Ⅰ. 粗茎鳞毛蕨　1. 厚壁组织　2. 内皮层　3. 韧皮部　4. 木质部

Ⅱ. 荚果蕨　1. 厚壁组织　2. 内皮层　3. 韧皮部　4. 木质部

Ⅲ. 狗脊　1. 厚壁组织　2. 分泌组织　3. 韧皮部　4. 木质部　5. 薄壁组织

Ⅳ. 紫萁　1. 内皮层　2. 厚壁组织　3. 木质部　4. 韧皮部

3. 叶

蕨类植物的叶有小型叶（microphyll）与大型叶（macrophyll）2 种类型。小型叶只有 1 个单一的不分枝的叶脉，没有叶隙（leaf gap）和叶柄（stipe），是由茎的表皮突出形成，为原始类型。大型叶有叶柄和叶隙，叶脉多分枝，是由多数顶枝经过扁化而形成的。真蕨纲植物的叶均为大型叶。大型叶幼时拳卷（circinate），成长后常分化为叶柄和叶片两部分。叶片有单叶或一回到多回羽状分裂或复叶；叶片的中轴称叶轴，第一次分裂出的小叶称羽片（pinna），羽片的中轴称羽轴（pinna rachis），从羽片分裂出的小叶称小羽片，小羽片的中轴称小羽轴，最末次裂片上的中肋称主脉或中脉。

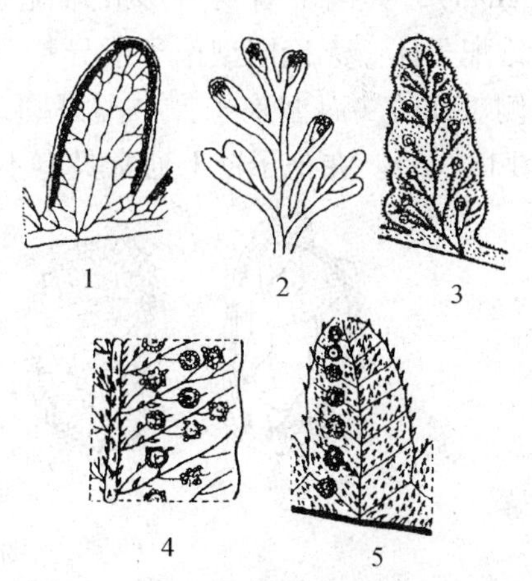

图 13－4　孢子囊群在孢子叶上着生的位置

1. 边生孢子囊群（凤尾蕨属）　2. 顶生孢子囊群（骨碎补属）　3. 脉端孢子囊群（肾蕨属）　4. 有盖孢子囊群（贯众属）　5. 脉背生孢子囊群（鳞毛蕨属）

蕨类植物的叶仅能进行光合作用而不产生孢子囊和孢子的称为营养叶或不育叶（foliage leaf, sterile frond）；产生孢子囊和孢子的叶称为孢子叶或能育叶（sporophyll, fertile frond）；有些蕨类的营养叶和孢子叶形状相同，称同型叶（homomorphic leaf）；也有孢子叶和营养叶形状完全不同，称异型叶（heteromorphic leaf）。

4. 孢子囊（sporangium）

蕨类植物的孢子囊，在小型叶蕨类中是单生在孢子叶的近轴面叶腋或叶的基部，孢子叶通常集生在枝的顶端，形成球状或穗状，称孢子叶穗（sporophyll spike）或孢子叶球（strobilus）。较进化的真蕨类孢子囊常生在孢子叶的背面、边缘或集生在 1 个特化的孢子叶上，往往由多数孢子囊聚集成群，称孢子囊群（sporangiorus）或孢子囊堆（sorus）（图 13－4）。水生蕨类的孢子囊群生在特化的孢子果（或称孢子荚 sporocape）内。孢子囊群有圆形、长圆形、肾形、线形等形状。原始类群的孢子囊群是裸露的，进化类型通常有各种形状的囊群盖（indusium），也有囊群盖退化以至消失的。孢子囊开裂的方式与环带（annulus）有关。环带是由孢子囊壁一行不均匀增厚的细胞构成，环带着生有多种形式，如顶生环带、横行中部环带、斜形环带、纵行环带等（图 13－5），对孢子的散布有重要的作用。

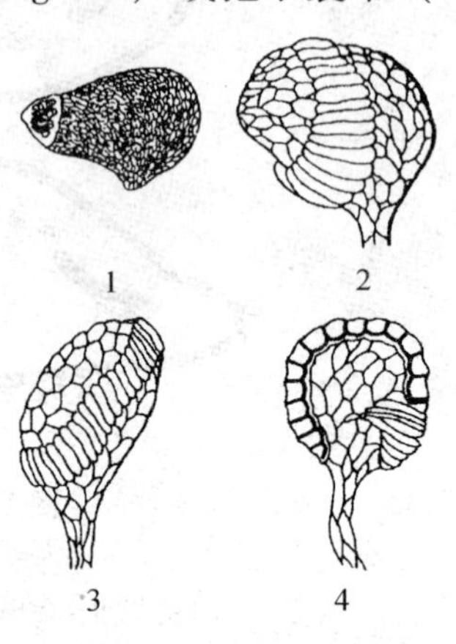

图 13－5 孢子囊的环带
1. 顶生环带（海金沙属）
2. 横行中部环带（芒萁属）
3. 斜行环带（金毛狗脊属）
4. 纵行环带（水龙骨属）

5. 孢子

多数蕨类植物产生的孢子大小相同，称孢子同型（isospore），卷柏属植物和少数水生蕨类的孢子有大小不同，即有大孢子（macrospore）和小孢子（microspore）之分，称孢子异型（heterospoe）。产生大孢子的囊状结构称大孢子囊（megasporangium），产生小孢子的称小孢子囊（mirosporangium），大孢子萌发后形成雌配子体，小孢子萌发后形成雄配子体。无论同型孢子或异型孢子，在形态上都分为 2 类，一类是肾形、单裂缝、两侧对称的二面型孢子，一类是圆球形或钝三角形、3 裂缝、辐射对称的四面型孢子（图 13－6）。在孢子壁上通常具有不同的突起或纹饰。有的孢壁上具弹丝。

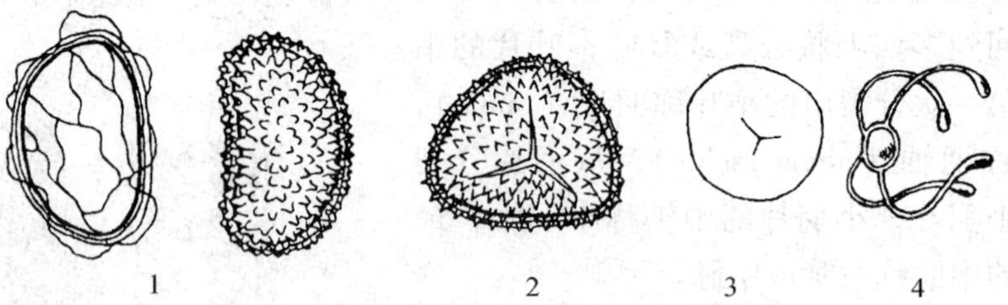

图 13－6 孢子的类型
1. 两面型孢子（鳞毛蕨属）2. 四面形孢子（海金沙属）
3. 球状四面形孢子（瓶尔小草科）4. 弹丝形孢子（木贼科）

（二）配子体

蕨类植物的孢子成熟后落到适宜的环境中即萌发成小型、结构简单、生活期短的配子体，又称原叶体（prothallus）。大多数蕨类的配子体为绿色、具有腹背分化的叶状体，能独立生活，在腹面产生颈卵器和精子器，分别产生卵和带鞭毛的精子，受精过程依赖于水的环境。受精卵发育成胚，幼时胚暂时寄生在配子体上，配子体不久死亡，孢子体即行独立生活。

（三）生活史

蕨类植物从单倍体的孢子开始到精子和卵结合前的阶段，称配子体世代（有性世代），其细胞染色体数目是单倍性的（n）。从受精卵开始到孢子体上产生的孢子囊中孢子母细胞进行减数分裂之前，这一阶段称孢子体世代（无性世代），其细胞的染色体数目是二倍性的（2n）。这两个世代有规律地交替完成其生活史。蕨类植物和苔藓植物的生活史主要的不同有两点，一是孢子体和配子体都能独立生活；二是孢子体发达，配子体弱小，所以蕨类植物的生活史为孢子体占优势的异型世代交替（图 13－7）。

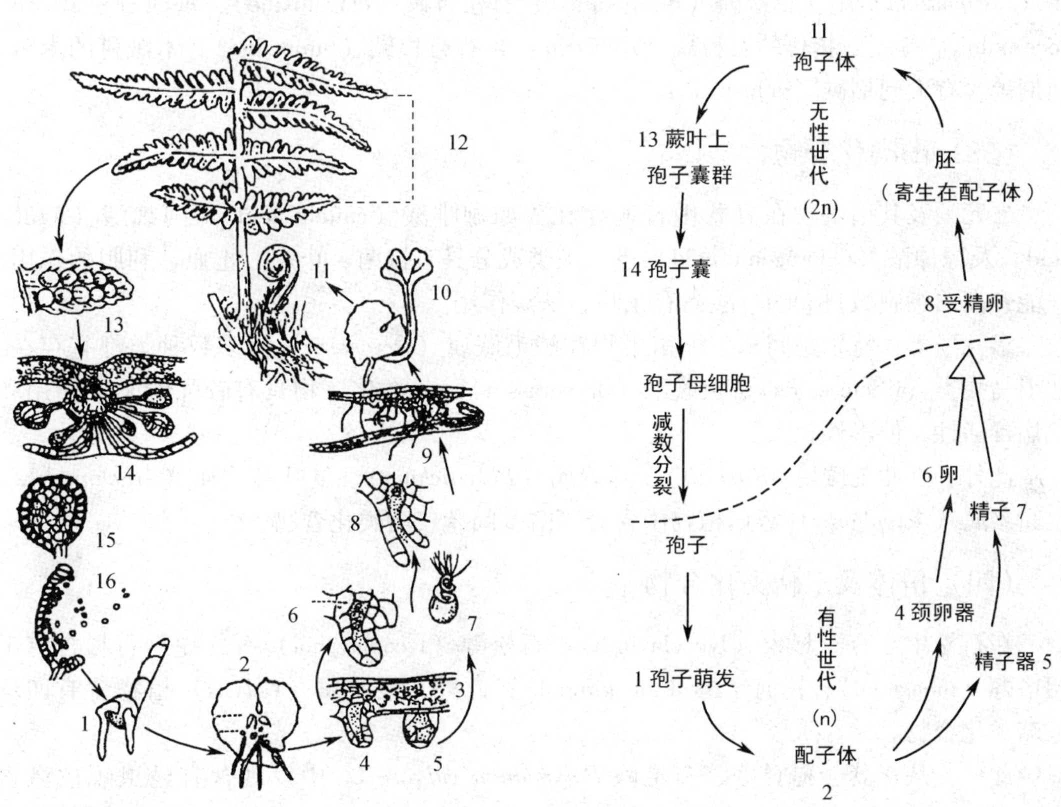

图 13－7　蕨类植物的生活史

1. 孢子的萌发　2. 配子体　3. 配子体切面　4. 颈卵器　5. 精子器　6. 雌配子（卵）7. 雄配子（精子）　8. 受精作用　9. 合子发育成幼孢子体　10. 新孢子体　11. 孢子体　12. 蕨叶一部分　13. 蕨叶上孢子囊群　14. 孢子囊群切面　15. 孢子囊　16. 孢子裂及孢子散出

二、蕨类植物的化学成分

蕨类植物化学成分主要有以下几类：

（一）黄酮类

广泛存在于蕨类植物中，如问荆含有异槲皮苷（isoquercitrin）、问荆苷（equicerin）、山柰酚（kaempferal）等；卷柏、节节草含有芹菜素（apigenin）及木犀草素（luteolin）；槲蕨含橙皮苷（hesperidin）、柚皮苷（naringin）；过山蕨 *Camptosorus sibiricus* Rupr. 含多种山柰酚衍生物；石韦属（*Pyrosia*）含 β－谷甾醇及芒果苷（mangiferin）、异芒果苷（isomangiferin）等。

（二）生物碱类

广泛地存在于小叶型蕨类石松科及木贼科植物中，一般含量较低，如石松科的石松属（*Lycopodium*）中含石松碱（lycopodine）、石松毒碱（clavatoxine）、垂穗石松碱（lycocernuine）等。石杉科的石杉属（*Huperzia*）含有石杉碱（huperzine）。木贼科的木贼、问荆等含有犬问荆碱（palustrine）。

（三）酚类化合物

二元酚及其衍生物在真蕨中普遍存在，如咖啡酸（caffeic acid）、阿魏酸（ferulic acid）及绿原酸（chlorogenic acid）等。该类成分具有抗菌、止痢、止血、利胆的作用，并能升高白细胞数目。咖啡酸尚有止咳、祛痰作用。

多元酚类，特别是间苯三酚衍生物在鳞毛蕨属（*Dryopteris*）大多数种类都有存在，如绵马酸类（filicic acids）、粗蕨素（dryocrassin），此类化合物具有较强的驱虫作用和抗病毒活性，但毒性较大。

此外，在肋毛蕨属（*Ctenitis*）、耳蕨属（*Polystichum*）、复叶耳蕨属（*Arachniodes*）、鱼鳞蕨属（*Acrophorus*）等属植物中含有丁酰基间苯三酚类化合物。

（四）甾体及三萜类化合物

在石松中含有石杉素（lycoclavinin）、石松醇（lycoclavanol）等，蛇足石杉含有千层塔醇（tohogenol）、托何宁醇（tohogininol）；此外，线蕨属（*Colysis*）植物含有四环三萜类化合物。

此外，从紫萁、狗脊蕨、多足蕨 *Polypodium vulgare* L. 中发现含有昆虫蜕皮激素（insect moulting hormones），该类成分有促进蛋白质合成、排除体内胆固醇、降血脂及抑制血糖上升等活性。含甾体化合物有水龙骨属（*Polypodium*）、荚果蕨属（*Matteuccia*）、球子蕨属（*Onoclea*）、紫萁属（*Osmnuda*）等。

（五）其他成分

蕨类植物中含有鞣质。在石松、海金沙等孢子中还含有大量脂肪。鳞毛蕨属的地下部分含有微量的挥发油。金鸡脚蕨 *Phymatopsis hastate*（Thunb.）Kitag. 的叶中含有香豆素。木贼科植物含有大量硅化合物，水溶性硅化合物对动脉硬化、高血压、冠心病、甲状腺肿等症有一定疗效。

第二节　蕨类植物的分类及主要药用植物

地球上现存蕨类植物11500多种，形态各异，分类时常依据下列主要特征：

1. 茎、叶的种类、外部形态及内部构造（包括中柱类型、维管束排列）。
2. 孢子和孢子囊的形态。
3. 孢子囊的环带有无、位置和发育顺序。
4. 孢子囊群的形状、生长部位及有无囊群盖。
5. 植物体表皮附属物（如毛茸和鳞片）的形态。

蕨类植物门原分为松叶蕨纲（Psilotinae）、石松纲（Lycopodinae）、水韭纲（Isoetinae）、楔叶纲（Sphenopinae）以及真蕨纲（Filicinae）5个纲。前4纲都是小型叶蕨类，是一些较原始而古老的蕨类植物，现存的代表甚少。真蕨纲是大型叶蕨类，是最进化的蕨类植物，也是现代最繁茂的蕨类植物。1978年我国蕨类植物学家秦仁昌教授把5个纲分别提升为亚门。本书采用5个亚门的分类系统。

蕨类植物广泛分布于世界各地，尤以热带和亚热带最为丰富。中国约有2000种，是世界最丰富的地区，多数分布于西南和长江流域以南地区。其中药用蕨类植物有48科，108属，400余种。

一、松叶蕨亚门

松叶蕨亚门（Psilophytina）为最原始的蕨类，孢子体无真根，基部为根状茎，向上生出气生枝。根状茎匍匐生于腐殖质土壤、岩石隙或大树干上，表面具毛状假根；气生枝直立或悬垂，其内有原生中柱或原始管状中柱。叶小，无叶脉或仅有单一不分枝的叶脉。孢子囊2或3个聚生成1个二或三室孢子囊，孢子同型。本亚门植物绝大多数已绝迹。

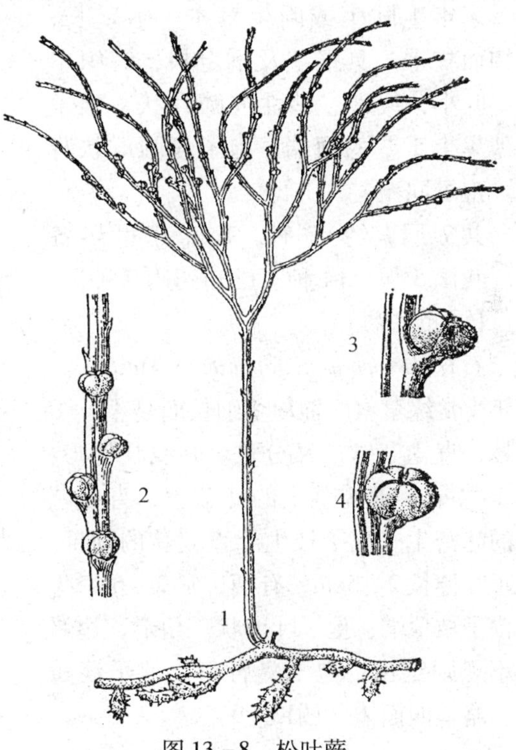

图13－8　松叶蕨
1. 孢子体外形　2. 孢子囊着生情况
3. 未开裂的孢子囊　4. 开裂的孢子囊

仅存1目，1科，2属。广布于热带及亚热带地区。我国自大巴山脉至南方各省区有分布。

1. 松叶兰科 Psilotaceae

形态特征同亚门。本科有松叶蕨属（*Psilotum*）和梅溪蕨属（*Tmesipteris*）2属。我国仅有松叶蕨属。

分布于热带及亚热带，我国仅1种。北自大巴山脉，南至海南省均有分布。

【药用植物】

松叶蕨（松叶兰）*Psilotum nudum*（L.）Griseb. 附生植物，根状茎匍匐，棕褐色，表面生有毛状假根。地上茎直立或下垂，高 15 ~ 80cm，上部二至五回二叉分支。叶极小，厚革质，三角形或针形，尖头。孢子叶阔卵形，顶端 2 叉。孢子囊球形，3 个聚生成 1 个 3 室孢子囊，生于叶腋内的短柄上（图 13 –8）。

分布于我国东南、西南、江苏、浙江等地区。全草（松叶蕨）药用，能祛风湿，舒筋活血，化瘀。

二、石松亚门

石松亚门（Lycophytina）的孢子体有根、茎、叶的分化。茎具二叉式分枝。原生中柱或管状中柱。小型叶，常螺旋状排列。孢子叶常聚生枝顶形成孢子叶穗，孢子囊生于孢子叶腹面，孢子同型或异型。

本亚门仅存 2 目，3 科。

2. 石松科 Lycopodiaceae

多年生陆生或附生草本。主茎长，匍匐而扩展，具根茎及不定根，编织中柱。叶小，线性、钻性或鳞片状。孢子叶穗集生于茎的顶端，孢子囊圆球状肾形。孢子同型。

共 7 属，约 60 种，广布于世界各地。我国 5 属，14 种，已知药用 9 种。

【药用植物】

石松 *Lycopodium japonicum* Thunb. 多年生常绿草本。匍匐茎细长而蔓生，多分枝；直立茎常二叉分枝。叶线状钻形，长 3 ~4cm；匍匐茎上的叶疏生，直立茎上的叶密生。孢子枝生于直立茎的顶部。孢子叶穗长 2 ~5cm，有柄，常 2 ~6 个生于孢子枝顶端；孢子叶卵状三角形，边缘有不规则锯齿；孢子囊肾形，孢子淡黄色，略呈四面体（图13 –9）。

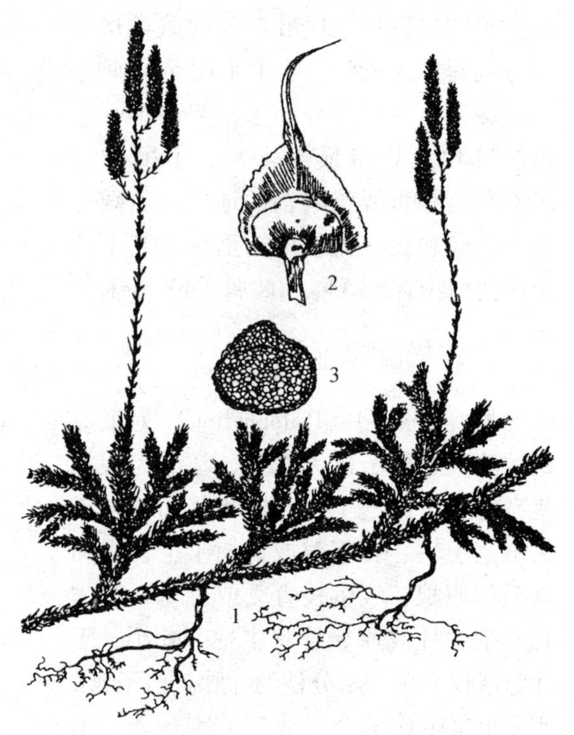

图 13 –9 石松

1. 植株一部分 2. 孢子叶和孢子囊 3. 放大的孢子

分布于东北、内蒙古、河南和长江以南各地区，生于疏林下阴坡的酸性土壤上。全草（伸筋草）药用，能祛风除湿，舒筋活络，利尿通经。孢子可作丸剂包衣。

同属药用植物垂穗石松（铺地蜈蚣、灯笼草）*L. cernuum* L. 主茎直立（基部有次生匍匐茎）。孢子叶穗长 8 ~20mm，无柄，常下垂，单生于小枝顶端。孢子囊圆形。

分布于西南、华东、华南等地。生于山区林缘阴湿处。全草（伸筋草）药用，能祛风湿，舒筋活血，镇咳，利尿。

地刷子石松 *L. complanatum* L.　匍匐茎蔓生。直立茎侧生营养枝多回分枝，扁平。孢子枝远高于营养枝，孢子囊穗1个；孢子叶边缘有细齿，基部有柄，孢子囊圆肾形。

分布于东北、华东、华南、西南等地。生于海拔850～1000m的疏林下和阴坡上。功效同石松。

石杉科 Huperziaceae 是由石松科中独立出的科，其与石松科的主要区别是：植株附生于岩石、树干及苔藓层中。茎短，直立或斜升，有规律地等位二叉分枝，具星芒状中柱。孢子叶与营养叶同型，不形成明显的孢子叶穗。孢子具蜂窝状孔穴型纹饰。

石杉科的常见药用植物有：蛇足石杉 *Huperzia serratum* Thunb.，分布于长江以南各地，全草药用，能清热凉血，生肌，灭虱。华南马尾杉 *Phlegmariurus fordii*（Bak.）Ching，分布于浙江、福建、广西、广东、台湾、贵州、云南等地，全草药用，能清热解毒，消肿止痛。

3. 卷柏科 Selaginellaceae

陆生草本。茎常背腹扁平，匍匐或直立。具原生中柱至多环管状中柱。叶细小，无柄，鳞片状，同型或异型，背腹各2列，交互对生，背叶大而阔，近平展，腹叶贴生并指向枝的顶端。腹面基部有一枚叶舌。孢子叶穗生于枝的顶端。孢子囊异型，单生于孢子叶基部，孢子异型；大孢子囊有大孢子1～4枚，小孢子囊有小孢子多数。均为球状四面形。

仅1属，约700种，广布于世界各地，多产于热带、亚热带、我国有50余种，已知药用25种。

【药用植物】

卷柏（还魂草）*Selaginella tamariscina*（Beauv.）Spring　多年生草本。高5～15cm，干旱时枝叶向内卷缩，遇雨时又展开。腹叶斜向上，不平行，背叶斜展，长卵形，孢子叶卵状三角形，龙骨状，锐尖头，4列交互排列。孢子囊圆肾形（图13－10）。

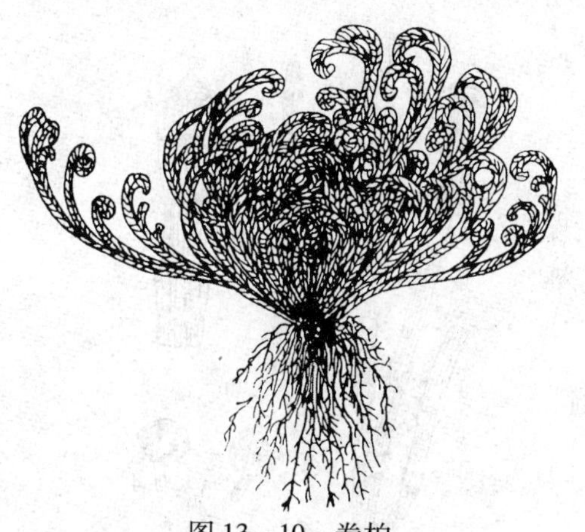

图13－10　卷柏

分布于全国各地。生于向阳山坡或岩石上。全草（卷柏）药用，能活血通经；炒炭（卷柏炭）能化瘀止血。

同属药用植物垫状卷柏 *S. pulvinata*（Hook. et Grev.）Maxim.，似卷柏，但腹叶并行，指向上方，肉质，全缘。产于全国各地。全草亦作卷柏用。翠云草 *S. uncinata*（Desv.）Spring，分布于安徽、浙江、福建、台湾、湖南等地，全草药用，能清热解毒，利湿，通络，止血生肌。深绿卷柏 *S. doederleinii* Hieron.，分布于浙江、江西、湖南、四川、福建、台湾、广东、广西、贵州、云南，全草能消肿，祛风。江南卷柏 *S. moellendorfii* Hieron，分布于长江以南各省区，全草药用，能清热，止血，利湿。

三、楔叶亚门

楔叶亚门（Spheinophytina）的孢子体有根、茎、叶的分化。茎具节和节间，节间中空，表面有纵棱，表面细胞常矿质化，含有硅质，茎内具管状中柱。小型叶，环生节上。孢子囊生于特殊的孢子叶上（又称孢囊柄），孢子叶在枝顶聚生成孢子叶球（穗）。孢子同型或异型，周壁具弹丝。

楔叶亚门植物在古生代石炭纪时曾盛极一时，既有高大木本，也有矮小草本，喜生于沼泽多水地区，现大多已绝迹。

仅存1目，1科，2属。

4. 木贼科 Equisetaceae

多年生草本。根状茎横走，棕色；地上茎直立，具明显的节及节间，有纵棱。叶小，轮生于节上，基部连合成鞘状，边缘齿状。孢子叶盾形，聚生于枝顶成孢子叶穗。孢子圆球形，孢壁具十字形弹丝4条。

共2属，30余种。分布于热带、温带和寒带。我国2属，10余种，已知药用8种。

【药用植物】

木贼（笔头草）*Hippochaete hiemale* L.　多年生草本。地上茎单一，直立，中空，有纵脊棱20~30条。叶鞘基部和鞘齿成黑色两圈。鞘齿顶部尾尖早落而形成钝头，鞘片背上有两条棱脊，形成浅沟。孢子叶穗生于茎顶，无柄，长圆形具小尖头。孢子同型（图13-11）。

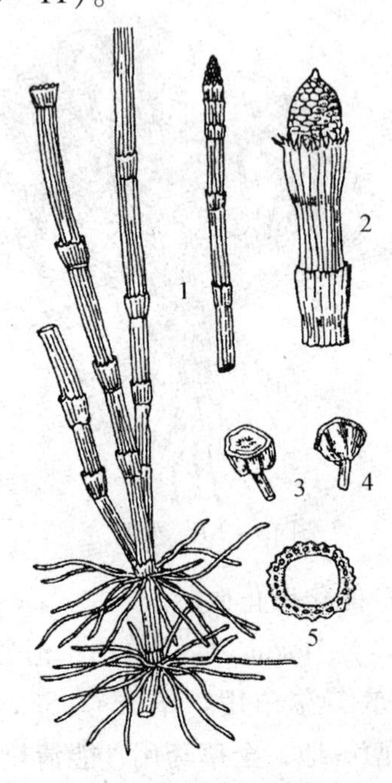

图13-11　木贼

1. 植株全形　2. 孢子叶穗
3. 孢子囊与孢子叶正面观
4. 孢子囊与孢子叶背面观　5. 茎横切面

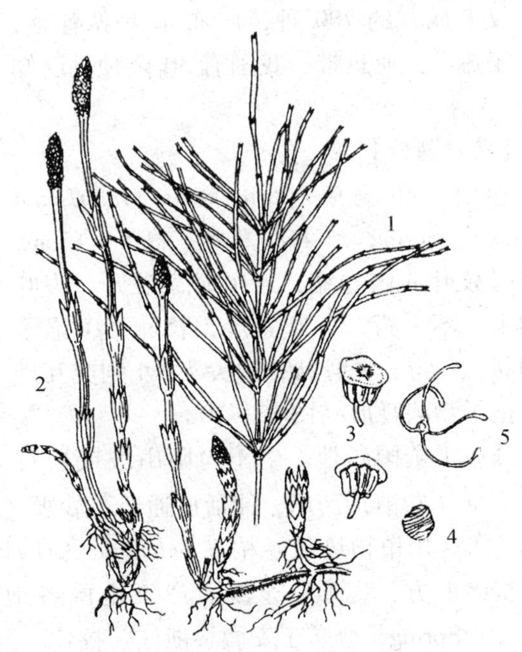

图13-12　问荆

1. 营养茎　2. 孢子茎　3. 孢子囊与孢子叶正面观和侧面观　4. 孢子，示弹丝收卷　5. 孢子，示弹丝松展

分布于东北、华北、西北、四川等省区。生于山坡湿地或疏林下。地上部分（木贼）药用，能收敛止血，利尿，明目退翳。

同属药用植物笔管草 *H. debils*（Roxb.）Ching 与木贼的主要区别是：地上茎有分枝，小枝光滑。叶鞘基部有黑色圈，鞘齿非黑色，鞘片背上无浅沟。分布于华南、西南、长江中下游各省区。

节节草 *H. ramsissima*（Desf.）Boerner 地上茎多分枝，各分枝中空，有纵棱 3～20 条，粗糙。鞘片背上无棱脊，叶鞘基部无黑色圈，鞘齿黑色。

分布于全国各地。以上 2 种的地上部分药用，功效和木贼相似。

问荆 *Equisetum arvense* L. 多年生草本。地上茎直立，二型。孢子茎紫褐色，肉质，上部分枝；叶膜质，下部联合成鞘状，具较粗大的鞘齿。孢子叶穗顶生，孢子叶六角形，盾状，生 6～8 个长形的孢子囊。孢子茎枯萎后长出营养茎，分枝多数，轮生，下部叶联合成鞘状，鞘齿披针形，黑色（图 13－12）。

分布于东北、华北、西北、西南各省区。生于田边、沟旁。地上部分能利尿，止血，清热，止咳。

四、真蕨亚门

真蕨亚门（Filicophytina）的孢子体有根、茎、叶的分化。根为不定根。茎除树蕨外，均为根状茎，细长横走或短而直立或倾斜，常被鳞片或毛。幼叶常拳卷，叶形多样，单叶，掌状、二歧或羽状分裂，叶簇生、远生或近生。孢子囊形态多样，有柄或无柄，环带有或无，常聚生成孢子囊群，有盖或无盖。

5. 紫萁科 Osmundaceae

陆生草本，根状茎粗壮，直立，有宿存的叶柄基部，无鳞片及真正的毛。叶片幼时被棕色黏质腺状绒毛，老时脱落，叶柄长而尖突，叶片大，一至二回羽状，叶脉二叉分枝。孢子囊大，圆球形，裸露，着生于孢子叶羽片边缘。孢子为四面型。

3 属，22 种，分布于温带及热带。我国 1 属，9 种。已知药用 6 种。

【药用植物】

紫萁 *Osmunda japonica* Thunb. 多年生草本。根状茎短块状，斜生，集有残存叶柄，无鳞片。叶丛生，二型，营养叶三角状阔卵形，顶部以下二回羽状，叶脉叉状分离；孢子叶小羽片狭窄，卷缩成线状，沿主脉两侧密生孢子囊，成熟后枯死（图 13－13）。

分布于秦岭以南温带及亚热带地区，生于山坡林下、溪边、山脚路旁。根状茎及叶柄残基（紫萁贯众）药用，有小毒。能清热解毒，止血杀虫。

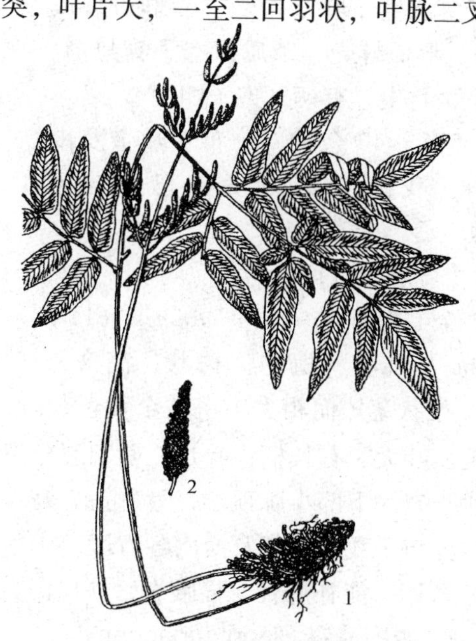

图 13－13 紫萁

1. 植株全形 2. 孢子叶的羽片和孢子囊的放大

6. 海金沙科 Lygodiaceae

陆生缠绕植物。根状茎横走，具原生中柱，有毛而无鳞片。叶轴细长，从其两侧发生一对羽片，羽片一至二回，二叉状或一至二回羽状，近二型，不育羽片生于叶轴下部，能育羽片生于叶轴上部。孢子囊穗生于能育羽片边缘的顶部，环带顶生。孢子四面型。

1 属，45 种。分布于热带、亚热带。我国 10 种，已知药用 5 种。

【药用植物】

海金沙 *Lygodium japonicum*（Thunb.）Sw. 缠绕草质藤本。根状茎横走，羽片近二型，纸质，连同叶轴和羽轴均有疏短毛，不育羽片尖三角形。孢子囊穗生于能育羽片边缘的顶端，暗褐色。孢子表面有瘤状突起（图 13－14）。

分布于长江流域及南方各省区。多生于山坡林边，灌木丛，草地。地上部分（海金沙藤）药用，能清热解毒，利湿热，通淋。孢子（海金沙）药用，能清利湿热，通淋止痛，并可作丸剂包衣。

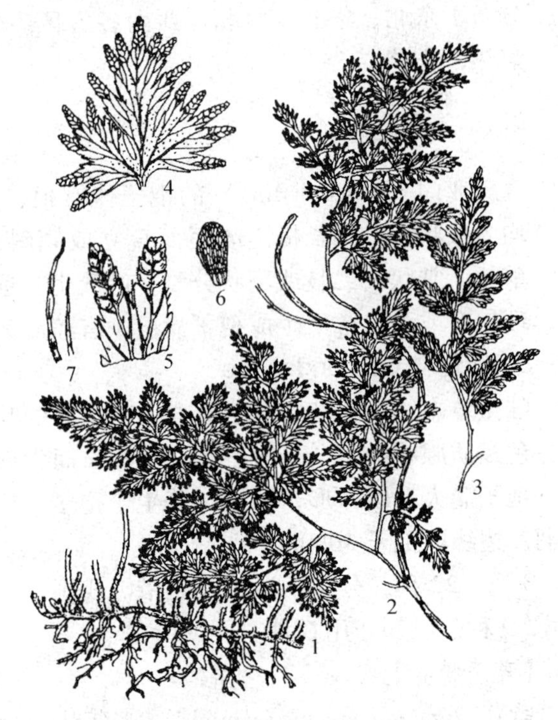

图 13－14 海金沙

1. 地下茎 2. 地上茎与孢子叶 3. 营养叶 4. 孢子叶放大 5. 孢子囊穗放大 6. 孢子囊 7. 地下茎所生的节毛

7. 蚌壳蕨科 Dicksoniaceae

陆生，根状茎直立或平卧，具复杂的网状中柱，密被金黄色长柔毛，无鳞片。叶片大型，三至四回羽状。孢子囊群生于叶背边缘，囊群盖裂成 2 瓣，形似蚌壳，革质；孢子囊梨形，环带稍斜生，有柄。孢子四面型。

5 属，40 余种，分布于热带及南半球。我国 1 属，2 种。已知药用 1 种。

【药用植物】

金毛狗脊 *Cibotium barometz*（L.）J. Sm. 陆生，植物体树状，高 2～3m。根状茎短而粗大，密被金黄色长柔毛。叶大，有长柄，叶片三回羽裂分裂，末回裂片狭披针形，边缘有粗锯齿。孢子囊群生于裂片下部小脉顶端，囊群盖 2 瓣，成熟时似蚌壳（图13－15）。

分布于我国南部及西南各省区。生于山麓沟边及林下阴湿酸性土壤中。根状茎（狗脊）药用，能补肝肾，强腰脊，祛风湿。

8. 中国蕨科 Sinopteridaceae

陆生草本。根状茎直立或斜生，少横卧，具管状中柱，被栗褐色披针形鳞片。叶簇生，一至三回羽状分裂。孢子囊群小，圆形有盖，囊群盖为反折的叶边部分变质所形成；孢子囊球状梨形。孢子四面型或二面型。

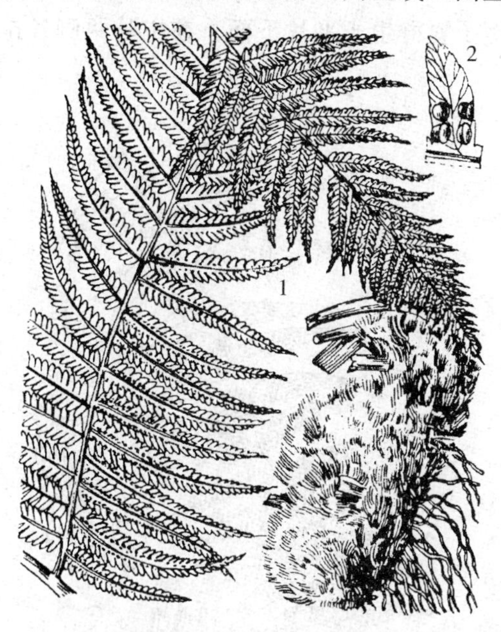

图 13－15　金毛狗脊

1. 植株全形　2. 孢子囊着生位置

图 13－16　野鸡尾

1. 植株全形　2. 孢子叶，示孢子囊群

14 属，300 多种，分布于全国各地。已知药用 16 种。

【药用植物】

野鸡尾（金花草）*Onychium japonicum*（Thunb.）Kunze.　多年生草本。根状茎横走，被棕色披针形鳞片。叶二型，叶柄细弱，光滑，叶片四至五回羽状分裂。孢子囊群生裂片背面边缘横脉上，与裂片的中脉平行（图 13－16）。

分布于长江流域各省。生于阴湿林下、路边、沟边或阴湿石上。全草（野鸡尾）药用，能清热解毒，止血生肌，退黄，利尿。

9. 鳞毛蕨科 Dryopteridaceae

陆生草本。根状茎粗短，直立或斜生，连同叶柄多被鳞片，具网状中柱。叶一型，叶轴上面有纵沟，叶片一至多回羽状或羽裂。孢子囊群圆形，背生或顶生于叶脉上，囊群盖盾形或圆形，有时无盖。孢子囊扁圆形。孢子两面型，表面有疣状突起或有翅。

20 属，1700 余种，分布于温带、亚热带地区。我国 13 属，700 多种。分布于全国各地。已知药用 60 种。

【药用植物】

粗茎鳞毛蕨（绵马鳞毛蕨，东北贯众）*Dryopteris crassirhizoma* Nakai　多年生草本，根状茎直立，粗壮，连同叶柄密生棕色大鳞片。叶簇生，叶片二回羽状全裂，叶轴上密被黄褐色鳞片。孢子囊群生于叶片中部以上的羽片背面，囊群盖肾圆形，棕色（图13－17）。

分布于东北及河北省。生于林下阴湿处。根状茎连同叶柄残基（贯众）药用，能清热解毒，驱虫，止血。

贯众 *Cyrtomium fortunei* J. sm.　多年生草本。根状茎短。叶丛生，叶柄基部密生黑褐色大鳞片；叶一回羽状分裂，叶脉网状。孢子囊群生于羽片下面，在主脉两侧各排列成不整齐的3～4行（图13－18）。

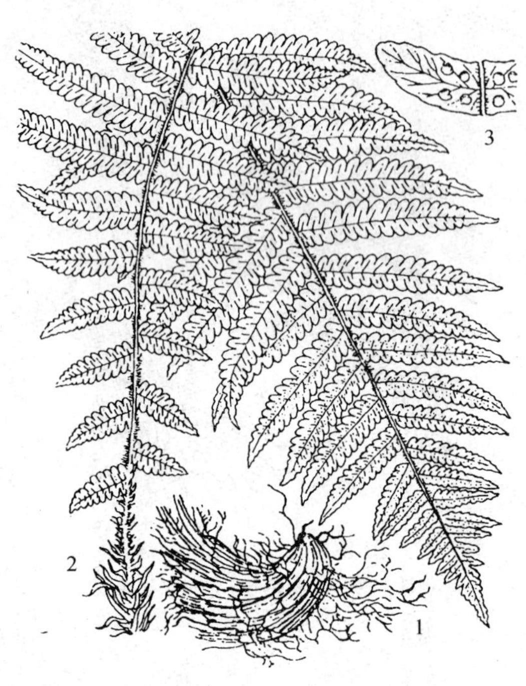

图13－17　绵马鳞毛蕨

1. 根茎　2. 叶　3. 羽片局部，示孢子囊群

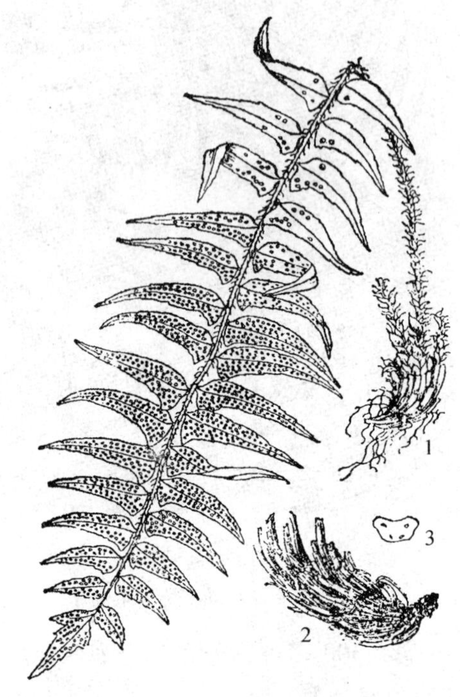

图13－18　贯众

1. 植株全形　2. 根状茎和叶柄残基　3. 叶柄基部横切面

分布于华北、西北及长江以南各省区。生于山坡林下、溪沟边、石缝中以及墙角等阴湿处。根状茎及叶柄残基药用，能驱虫，清热解毒。

10. 水龙骨科 Polypodiaceae

陆生或附生，根状茎横走，被鳞片，具网状中柱。叶一型或二型；叶柄基部具关节。单叶，全缘或多少深裂，或羽裂，叶脉网状。孢子囊群圆形或线形，或有时布满叶背，无囊群盖，孢子囊梨形或球状梨形。孢子两面型。

50属，600余种，主要分布于热带和亚热带。我国27属，150种，产于长江以南各省区。已知药用86种。

【药用植物】

石韦 *Pyrrosia lingua*（Thunb.）Farwell　多年生常绿草本。高10～30cm。根状茎横走，密生鳞片。叶近二型，革质，叶片披针形，背面密被灰棕色星状毛，叶柄基部具关节。孢子囊群在侧脉间紧密而整齐排列，幼时为星状毛包被，成熟时露出，无囊群盖（图13－19）。

分布于长江以南各省区。生于岩石或树干上。地上部分（石韦）药用，能清热止血，利尿通淋。

作石韦入药的还有：庐山石韦 *P. Sheareri*（Bak.）Ching，多年生草本，高30～60cm。根状茎粗短，横走，密被鳞片。叶片阔卵披针形，革质，叶基不对称，背面密

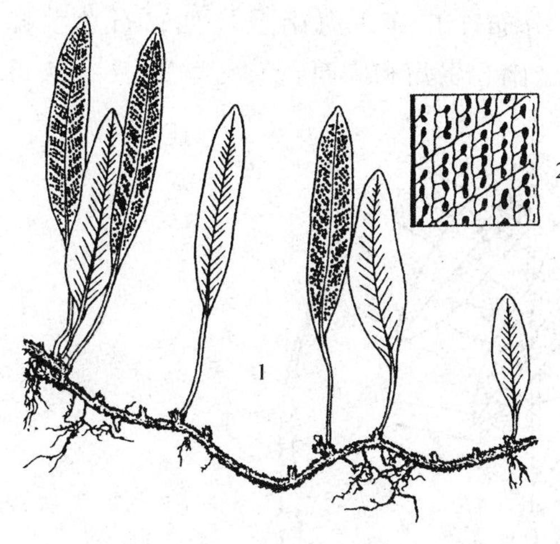

图 13－19　石韦
1. 植株全形　2. 叶片局部，示孢子囊群托

生黄色星状毛及孢子囊群。分布于长江以南各省区。有柄石韦 *P. petiolosa*（Christ.）Ching，多年生草本，高 10～15cm。根状茎横走。叶二型，不育叶长为能育叶的 2/3 至 1/2，叶脉不明显，孢子囊群成熟时满布叶下面。分布于东北、华北、西南、长江中下游地区。

水龙骨 *Polypodium niponicum* Mett. 多年生草本，高 15～40cm。根状茎横走，顶部有圆卵状披针形鳞片。叶远生，两面密生灰白色短柔毛，叶柄长，叶片长圆状披针形，羽状深裂几达叶轴。孢子囊群生于主脉两侧，各排成 1 行，无囊群盖（图 13－20）。

分布于长江以南各省区。生于林下阴湿的岩石上。根状茎药用，能清热解毒，平肝明目，祛风利湿，止咳化痰。

11. 槲蕨科 Drynariaceae

陆生植物。根状茎横走，粗壮，肉质，具穿孔的网状中柱；密被鳞片，鳞片通常大而狭长。叶常二型，叶片深羽裂或羽状，叶脉粗而明显，一至三回形成大小四方形的网眼。孢子囊群圆形，无盖。孢子囊梨形。孢子四面性。

8 属，25 种。分布于亚热带、马来西亚、菲律宾至澳大利亚。我国 3 属，约 15 种。分布于长江以南，已知药用 7 种。

【药用植物】

槲蕨 *Drynaria fortunei*（Kze.）J. Sm. 多年生常绿附生草本。根状茎肉质，粗壮，长而横走，密被钻状披针形鳞片。叶二型，营养叶革质，无柄；孢子叶绿色，羽状深裂，叶柄短，有狭齿。孢子囊群生于叶背主脉两侧，各成 2～3 行，无囊群盖（图13－21）。

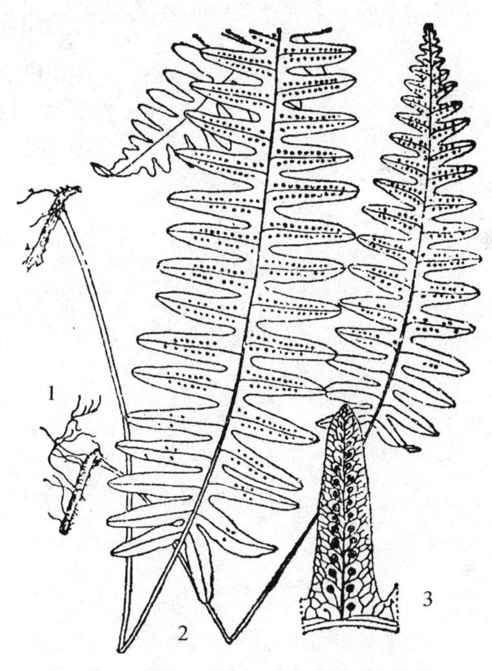

图 13－20　水龙骨
1. 根茎　2. 叶　3. 羽片局部，示叶脉孢子囊群

分布于长江以南各省区及台湾省。附生与于树干或山林石壁上。根状茎（骨碎补）药用，能补肾坚骨，活血止痛。

具有类似功效的有：中华槲蕨 *D. baronii*（Christ.）Diels，分布于陕西、甘肃、四川、云南及西藏；团叶槲蕨 *D. bonii* Christ，分布于广东、海南及广西；石莲姜槲蕨 *D. propinqua* （Wall.）J. Sm.，分布于四川、云南、贵州和广西。

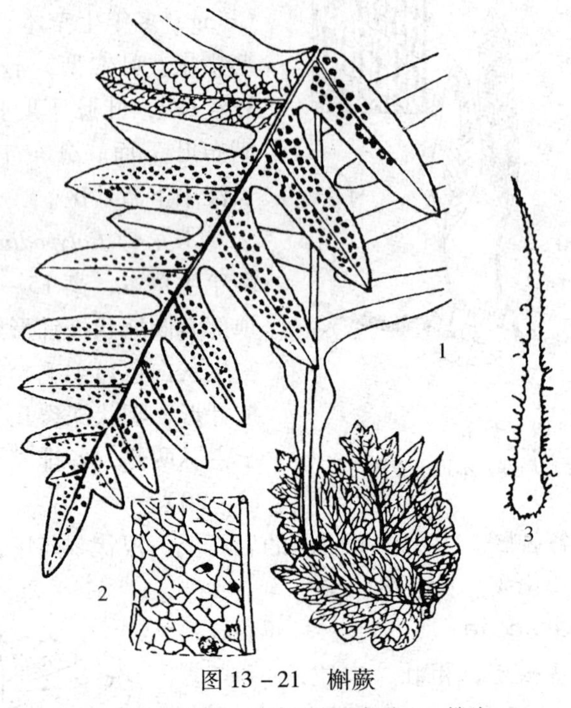

图 13－21　槲蕨

1. 植株全形　2. 叶脉及孢子囊群　3. 鳞片

第十四章　裸子植物门

第一节　裸子植物概述

裸子植物门（Gymnospermae）的植物大多数具有颈卵器构造，又产生种子，因此既属颈卵器植物，又是种子植物，是介于蕨类植物与被子植物之间的一个类群。

裸子植物最早出现在距今约3亿5千万年的古生代泥盆纪，到了古生代二叠纪，银杏、松柏等裸子植物的出现，逐渐取代了古生代盛极一时的蕨类植物，由古生代末期的二叠纪到中生代的白垩纪早期，这长达1亿年的时间是裸子植物的繁盛时期。由于地史和气候经过多次重大变化，古老的种类相继灭绝，新的种类陆续演化出来。现存裸子植物中不少种类是从新生代第三纪出现的，又经过第四纪冰川时期保留下来，繁衍至今。如银杏、油杉、铁杉、水松、水杉、红豆杉、榧树等，都是第三纪的孑遗植物。

地球上现存的裸子植物近800种，广布世界各地，是世界森林的主要组成树种，经济价值较高。我国裸子植物资源丰富，是森林工业、林产化工的重要来源，可提供木材、纤维、栲胶、松脂等多种产品。裸子植物如侧柏、马尾松、麻黄、银杏、香榧、金钱松的枝叶、花粉、种子及根皮可供药用。裸子植物常作为绿化观赏树种供庭园栽培，世界著名的五大园林观赏树种松科的雪松和金钱松、南洋杉科的南洋杉、杉科的金松、北美红杉均为裸子植物。

一、裸子植物的一般特征

1. 孢子体发达

孢子体几乎都为木本，且多为常绿，少落叶，极少为亚灌木。分枝常有长、短枝之分，茎内无限外韧型维管束呈环状排列成网状中柱，次生构造发达，木质部多为管胞，只有麻黄科和买麻藤科植物具导管，韧皮部为筛胞，无筛管及伴胞。叶片多针形、条形或鳞片形，稀为扁平的阔叶，在长枝上常螺旋状排列，在短枝上簇生。

2. 花单性，胚珠裸露，不形成果实

裸子植物的花单性同株或异株，无花被（仅麻黄科、买麻藤科有类似花被的盖被）；雄蕊（小孢子叶 microsporophyll）聚生成雄球花（staminate cone）或小孢子叶球（male cone）；雌蕊心皮（大孢子叶 megasporophyl 或珠鳞 cone - scale）呈叶状而不包卷成子房，常聚生成雌球花（female cone）或大孢子叶球；胚珠（后发育成种子）裸露于心皮上，所以称裸子植物。

3. 生活史具明显的世代交替现象

世代交替中孢子体占优势，配子体极其退化（雄配子体为萌发后的花粉粒，雌配子体由胚囊及胚乳组成），寄生在孢子体上。

4. 具颈卵器构造

大多数裸子植物具颈卵器构造，但颈卵器结构简单，埋于胚囊中，仅有 2～4 个颈壁细胞露在外面，颈卵器内有 1 个卵细胞和 1 个腹沟细胞，无颈沟细胞，比蕨类植物的颈卵器更为退化。受精作用不需要在有水的条件下进行。

5. 常具多胚现象

大多数裸子植物出现多胚现象（polyembryony），这是由于 1 个雌配子体上有若干个颈卵器，其内的卵细胞均受精形成多胚，或由 1 个受精卵在发育过程中发育成胚原，再由胚原组织分裂为几个胚而形成多胚。

根据裸子植物和蕨类植物生殖器官形态发生的紧密同源关系，表明裸子植物是由蕨类植物演化而来，在描述两者的生殖器官特征时所用的形态术语略有不同，其对应关系为（表 14－1）：

表 14－1 裸子植物与蕨类植物生殖器官形态术语的关系

蕨类植物	裸子植物
大（小）孢子叶球	雌（雄）球花
小孢子叶	雄蕊
小孢子囊	花粉囊
小孢子	花粉粒（单核期）
大孢子叶	珠鳞（心皮或雌蕊）
大孢子囊	珠心
大孢子	胚囊（单细胞期）

二、裸子植物的化学成分

从整体上看，裸子植物的化学成分较被子植物简单。裸子植物普遍含多种黄酮类，另有生物碱类、萜类及挥发油、树脂等。

1. 黄酮类

黄酮类在裸子植物中普遍存在，尤其是多具有除蕨类植物外很少发现的双黄酮类化合物，是裸子植物的特征性成分。

2. 生物碱类

生物碱在裸子植物中分布不普遍，结构也不复杂。现知的仅存于三尖杉科、红豆杉科、罗汉松科、麻黄科及买麻藤科。

3. 萜类及挥发油、树脂等

萜类及挥发油和树脂等在裸子植物中普遍存在，如松香、松节油、土槿皮酸（金钱松根皮含有）。

第二节　裸子植物的分类及主要药用植物

现存的裸子植物分为5纲，9目，12科，71属，近800种。我国有5纲，8目，11科，41属，约236种（包括引种栽培的1科7属51种）。已知药用的有10科，25属，100余种。银杏科、银杉属、金钱松属、水杉属、水松属、侧柏属、白豆杉属等类群为我国特有。

一、苏铁纲

苏铁纲（Cycadopsida）仅1目，1科。

1. 苏铁科 Cycadaceae

常绿木本。树干圆柱形，常不分枝，髓部大，树皮有黏液道。叶螺旋状排列，有鳞片叶和营养叶之分，两者交互成环着生。鳞片状小叶密被褐色绒毛，营养叶大，深裂成羽状，革质，集生于茎的顶部。雌雄异株。小孢子叶密集螺旋状排列成球状，顶生，木质，直立，具柄，由多数鳞片状或盾状的小孢子叶构成。大孢子叶叶状或盾状，丛生于茎顶的羽状叶与鳞片叶之间。种子核果状，有3层种皮，胚乳丰富，子叶2枚。

9属，110余种，分布于热带、亚热带地区。我国仅有苏铁属（*Cycas*），8种，分布于西南、华南、华东等地。已知药用1属，4种。

【药用植物】

苏铁 *Cycas revoluta* Thunb.　形态特征与科同。茎干上有明显的叶柄残基。营养叶一回羽状深裂，叶柄基部两侧有刺，裂片条状披针形，质坚硬，边缘反卷。大孢子叶柄的两侧各生1～5枚胚珠。种子核果状，熟时橙红色（图14－1）。

分布于四川、台湾、福建、广东、广西、云南等省区。种子及种鳞药用，能理气止痛，益肾固精。叶味甘、淡，性平，有小毒。能收敛、止痛、止痢。根能祛风、活络、补肾。

图14－1　苏铁

1. 植株　2. 小孢子叶　3. 花药　4. 大孢子叶

本科药用植物还有：华南苏铁（刺叶苏铁）*C. rumphii* Miq.，华南各地有栽培，根药用，味甘、淡，性平。治无名肿毒。云南苏铁 *C. siamensis* Miq.，云南、广东、广西有栽培，根、叶药用，味苦、酸，性平。根治黄疸型肝炎。茎、叶治慢性肝炎、难产、癌症，叶还可治高血压。齿叶苏铁 *C. pectinata* Griff.，产于云南，功效同苏铁。

二、银杏纲

银杏纲（Ginkgopsida）仅1目，1科。

2. 银杏科 Ginkgoaceae

落叶乔木，叶在长枝上螺旋状排列，稀疏，叶柄较长，在短枝上簇生。叶片扇形，顶端2浅裂。雄球花葇荑花序状，雄蕊多数，具短柄，花药2室；雌球花具长柄，柄端有2个杯状心皮，又称珠托（collar），其上各生1直立胚珠，常1个发育。种子核果状；外种皮肉质，成熟时橙黄色；中种皮白色，骨质；内种皮淡红色，纸质。胚乳肉质，子叶2枚。

仅1属，1种，原产我国。

【药用植物】

银杏 *Ginkgo biloba* L. 我国特产。形态特征与科同（图14－2）。

北自辽宁，南至广东，东起浙江，西南至贵州、云南都有栽培。去掉肉质外种皮的种子（白果）药用，味甘、苦、涩，性平，有小毒。能敛肺定喘，止带浊，缩小便。叶药用，能益气敛肺，化湿止咳，止痢。从叶中提取的总黄酮能扩张动脉血管，用于治疗冠心病。

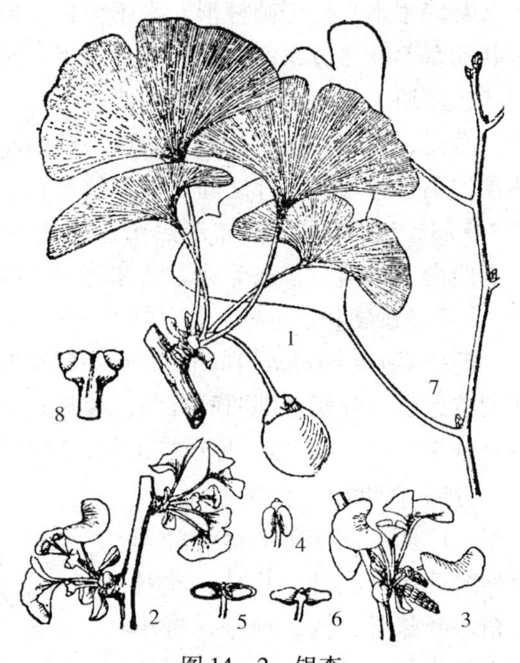

图14－2 银杏

1. 着种子的枝 2. 着雌花的枝 3. 着雄花序的枝 4. 雄蕊，示未展开之二花粉囊 5. 雄蕊正面 6. 雄蕊背面 7. 着冬芽的长枝 8. 胚珠生于杯状心皮上

三、松柏纲

松柏纲（Coniferopsida）植物为木本，多常绿。茎多分枝，常有长短枝之分；具树脂道。叶单生或成束，针形、条形、钻形或鳞片形，多具单脉，少数为平行脉。球花常排成球果状，单性同株或异株。花粉粒有气囊或无，萌发时精子无纤毛。

现代松柏纲植物有4科，44属，400余种，分布于南、北两半球，以北半球温带、寒温带的高山地带最为普遍。我国是松柏纲植物最古老的起源地，也是松柏植物最丰富的国家，并富有特有的属、种和第三纪孑遗植物，有3科，23属，约150种，为国产裸子植物中种类最多，经济价值最大的1个纲，分布几遍全国。另引入栽培1科，7属，50种，多为庭园绿化及造林树种。

3. 松科 Pinaceae

常绿乔木，稀落叶性，具长、短枝。叶在长枝上螺旋状排列，在短枝上簇生，针形或条形。雌雄同株；雄球花穗状，腋生或生于枝顶；雄蕊多数，每雄蕊具2药室，花粉粒具气囊；雌球花球状，由多数螺旋状排列的珠鳞（心皮）组成，每个珠鳞的腹面基部有2枚倒生胚珠，背面有1个苞片（苞鳞），与珠鳞分离。珠鳞在结果时称种鳞，聚成木质球果，直立或下垂。种子具单翅；有胚乳，子叶2～15枚（图14－3）。

10属，230余种。广布于全世界。我国10属，约130种（包括变种），分布全国各地。已知药用8属，40余种。

【药用植物】

马尾松 *Pinus massoniana* Lamb.　常绿乔木。小枝轮生，长枝上叶鳞片状；短枝上叶针状，2针1束，稀3针，细长柔软，长12～20cm，树脂道4～8个，边生。雄球花圆柱形、聚生于新枝下部成穗状；雌球花常2个生于新枝的顶端；种鳞的鳞盾菱形，鳞脐微凹，无刺头。球果卵圆形或圆锥状卵圆形，成熟后栗褐色。种子长卵形，子叶5～8枚（图14－4）。

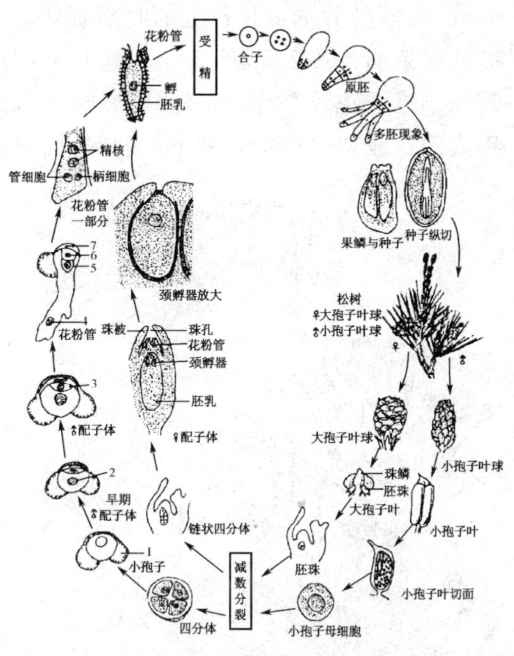

图14－3　松属生活史

1. 气囊　2. 核　3. 生殖细胞　4. 管细胞　5. 精细胞　6. 柄细胞　7. 营养细胞

分布于淮河和汉水流域以南各地，西至四川、贵州和云南。生于阳光充足的丘陵山地酸性土壤。松节药用，能祛风燥湿，活血止痛。树皮（松树皮）药用，味苦，性温。能收敛生肌。叶（松针）药用，味苦，性温。能祛风活血，安神，解毒止痒。花粉（松花粉）药用，味甘，性温。能收敛，止血。种子（松子仁）药用，能润肺滑肠。松香药用，味苦、甘，性温。能燥湿祛风，生肌止痛。

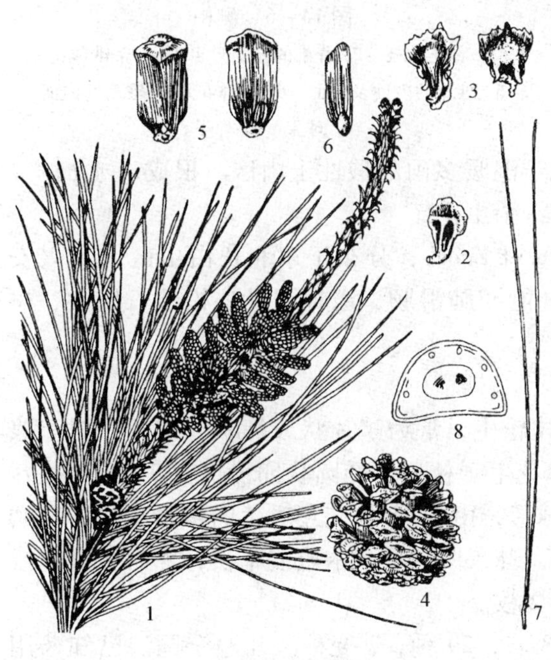

图14－4　马尾松

1. 球花枝　2. 雄花　3. 苞鳞和珠鳞背腹面　4. 球果　5. 种鳞背腹面　6. 种子　7. 一束针叶　8. 针叶的横切面

同属植物油松 *P. tabulaeformis* Carr.，针叶较粗硬，长10～15cm，2针1束，树脂道边生，约10个。球果卵圆形，成熟时淡黄褐色，鳞盾肥厚隆起，鳞脐凸起有刺尖。种子褐色，有斑纹。为我国特有种，分布于我国北部和西部。生于干燥的山坡上。云南松 *P. yunnanensis* Franch.，分布于西南地区及广西。两者功效同马尾松。

金钱松 *Pseudolarix amabilis*（Nelson）

Rehd. 落叶乔木。长枝上的叶螺旋状散生，短枝上的叶15~30枚簇生，叶片条状或倒披针状条形，长2.5~5.5cm，宽1.5~4mm，辐射平展，秋后呈金黄色，似铜钱。雌雄同株，雄球花数个簇生于短枝顶端，雌球花单生于短枝的顶端，苞鳞大于珠鳞，球果当年成熟，成熟时种鳞和种子一起脱落，种子具翅（图14-5）。

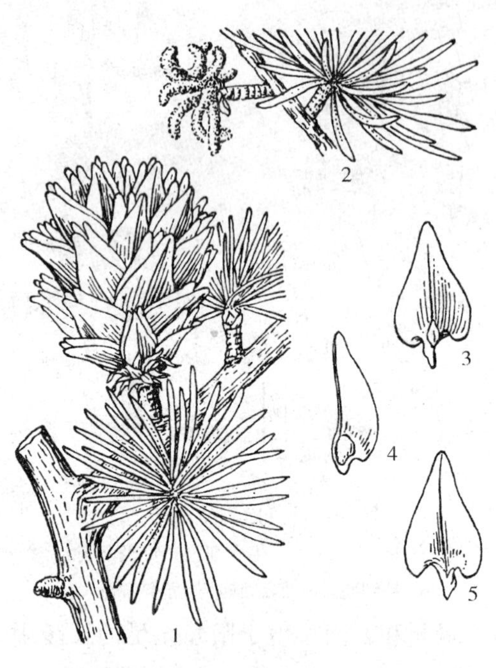

图14-5 金钱松

1. 球果枝 2. 小孢子叶球枝 3. 种鳞背面及苞鳞 4. 种鳞腹面 5. 种子

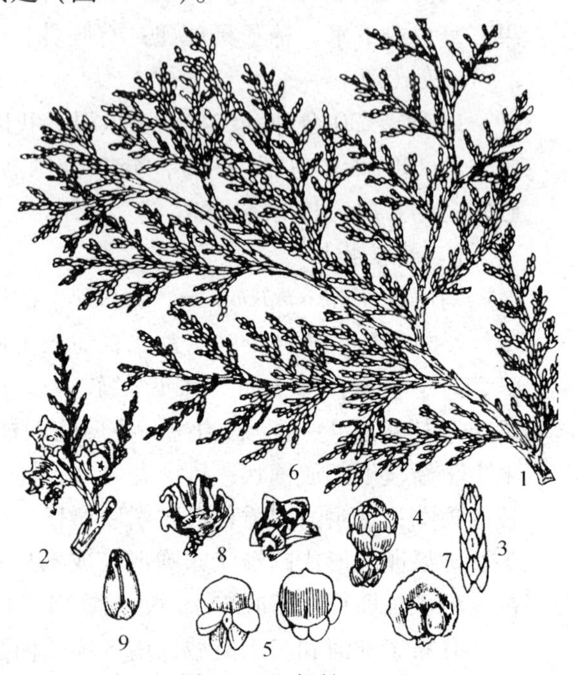

图14-6 侧柏

1. 着花的枝 2. 着果的枝 3. 小枝 4. 雄球花 5. 雄蕊的内面及外面 6. 雌球花 7. 雌蕊的内面 8. 球果 9. 种子

分布于我国长江流域以南各省区。喜生于温暖多雨的酸性土山区。根皮（土荆皮）药用，味辛、苦，性温，有毒。能祛风除湿，杀虫止痒。

本科药用植物还有红松 *P. koraiensis* Sieb. et Zucc.，分布于东北长白山区及小兴安岭。种子（海松子）药用，味甘，性微温。能润肺滑肠，滋补强壮。松节、松尖、树脂均有舒筋止痛、祛风除湿功效。

4. 柏科 Cupressaceae

常绿乔木或灌木。叶交互对生或3~4枚轮生，常为鳞片状或针状，或同一树上兼有二型叶。球花小，单性同株或异株；雄球花生于枝顶，椭圆状卵形，有3~8对交互对生的雄蕊，每雄蕊有2~6药室；雌球花球形，由3~6枚交互对生的珠鳞组成，珠鳞与下面的苞鳞合生，每珠鳞有1至数枚胚珠。球果圆球形，木质或革质，熟时张开，或为肉质浆果状不开裂。种子具有胚乳，子叶2枚。

共22属，约150种。世界广布。我国8属，29种，7变种。几遍全国。已知药用20种。

【药用植物】

侧柏 *Platycladus orientalis*（L.）Franco 常绿乔木，小枝扁平，排成一平面，直展。

叶鳞片状，交互对生，贴生于小枝上。球花单性同株。球果具种鳞4对，扁平，木质，蓝绿色，被白粉，覆瓦状排列，有反曲尖头，熟时木质，开裂，中部种鳞各有种子1~2枚，种子卵形，无翅（图14－6）。

为我国特有种，除新疆、青海外，分布几遍全国。具叶小枝（侧柏叶）药用，味苦、涩，性微寒。能凉血止血，祛风消肿，清肺止咳。种子（柏子仁）药用，味甘，性平。能养心安神，润肠通便。

本科药用植物还有：柏木 *Cupressus funebris* Endl.，为我国特有种，枝、叶（柏树叶）药用，味苦、涩，性平。能凉血，祛风，安神。圆柏 *Sabina chinensis*（L.）Ant.，枝、叶、树皮药用，能祛风散寒，活血消肿，解毒利尿。

四、红豆杉纲（紫杉纲）

红豆杉纲（Taxopsida）植物为常绿乔木或灌木。叶条形、披针形，稀鳞形、钻形或退化成叶状枝。雌雄异株，稀同株，胚珠生于盘状或漏斗状的珠托上，或由囊状、杯状的套被所包围，不形成球果。种子包于肉质或干而薄的假种皮（由套被增厚形成）中。

5. 红豆杉科（紫杉科）Taxaceae

常绿乔木或灌木。叶条形或披针形，螺旋状排列或交互对生，基部常扭转排成2列，叶表面中脉凹陷，背面有2条气孔带。雌雄异株，稀同株；雄球花常单生叶腋或苞腋，或成穗状花序状球序，雄蕊多数，具3~9个花药，花粉粒无气囊；雌球花单生或2~3对组成球序，生于叶腋或苞腋；胚珠1枚，基部具盘状或漏斗状珠托。种子核果状，全部（无梗者）或部分（具长梗者）包于肉质的假种皮中。胚乳丰富；子叶2枚。

5属，23种，主要分布于北半球。我国4属，12种，已知药用3属，10种。

【药用植物】

榧树 *Torreya grandis* Fort. ex Lindl. 常绿乔木，树皮有纵条纹状纵裂。小枝近对生或轮生。叶螺旋状排列，由于叶柄的扭转而成2列，条形，革质，先端有刺状短尖，上面深绿色，无明显中脉，下面淡绿色，有两条粉白色气孔带。雌雄异株，雄球花单生叶腋，圆柱状，雄蕊多数，各有4个药室；雌球花成对生于叶腋。种子椭圆形或卵形，成熟时核果状，由珠托发育成的假种皮所包被，假种

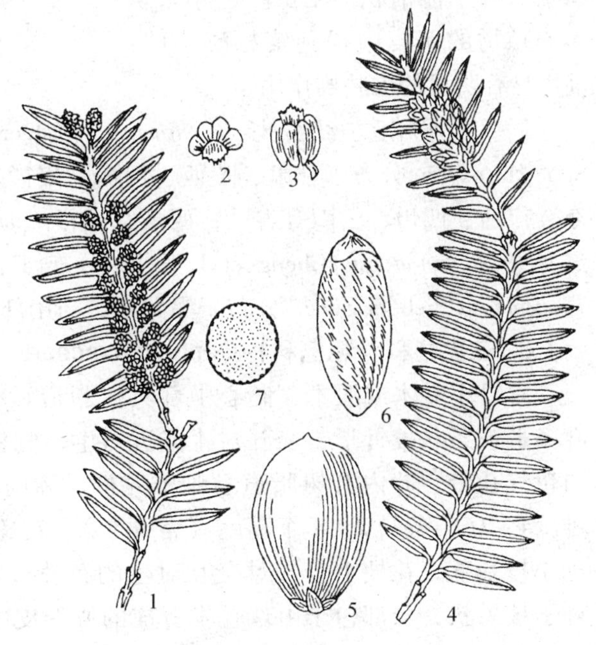

图14－7 榧树

1. 雄球花枝 2、3. 雄蕊 4. 雌球花枝 5. 种子 6. 去假种皮的种子 7. 去假种皮与外种皮的种子横切面

皮淡紫红色，肉质（图 14－7）。

我国特有种，分布于江苏、浙江、安徽南部、福建西北部、江西及湖南等省。种子（香榧子）药用，味甘、涩，性平。能杀虫消积，润燥通便。

红豆杉 *Taxus chinensis*（Pilger）Rehd. 常绿乔木，树皮裂成条片剥落。叶条形，微弯或直，排成2列，长1～3cm，宽2～4mm，先端具微突尖头，叶上面深绿色，下面淡黄色，有2条气孔带。种子卵圆形，上部渐窄，先端微具2钝纵脊，先端有突起的短尖头，种脐近圆形或宽椭圆形，生于杯状红色肉质的假种皮中（图 14－8）。

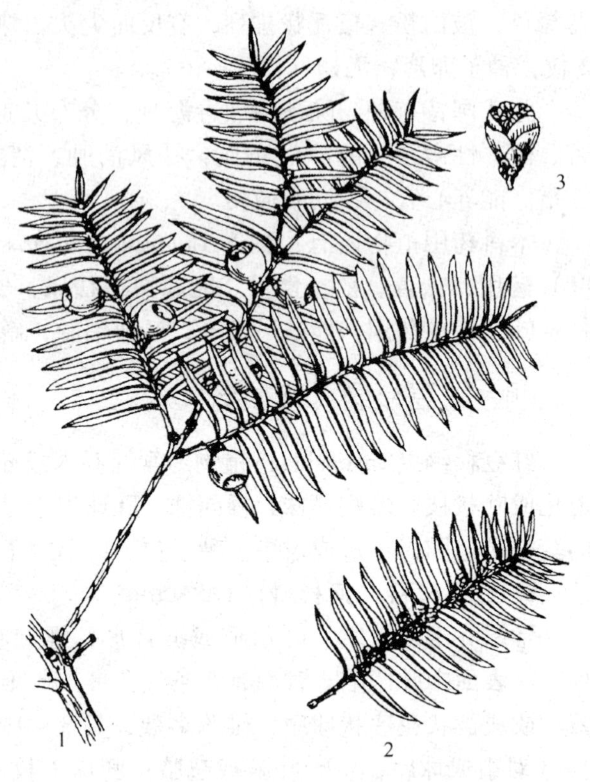

图 14－8 红豆杉

1. 种子枝 2. 雄球花枝 3. 雄球花

我国特有种，分布于甘肃、陕西、安徽、湖北、湖南、广西、贵州、四川、云南等省区。生于海拔1000～1500m 石山杂木林中。叶能治疥癣。种子能消积，驱虫。近年来从本属植物的茎皮中得到紫杉醇（taxol）具有明显的抗肿瘤作用。

同属植物南方红豆杉 *T. chinensis*（Pilger）Reld. var. *mairei*（Lemée et Lévl.）S. Y. Hu ex Liu 分布于甘肃、陕西、河南、安徽、浙江、江西、湖北、台湾、福建、广东、广西、四川、云南等省区，西藏红豆杉 *T. wallichiana* Zucc. 分布于西藏南部，云南红豆杉 *T. yunnanesis* Cheng et L. K. Fu 分布于四川、云南、西藏等地，东北红豆杉 *T. cuspidata* Sieb. et Zucc. 分布于黑龙江，药用部位和功效与红豆杉相似。

6. 三尖杉科（粗榧科）Cephalotaxaceae

常绿小乔木或灌木，髓心中部具树脂道。小枝近对生或轮生，基部有宿存芽鳞。叶条形或条状披针形，交互对生或近对生，侧枝叶在基部扭转而成2列，叶背有2条白色气孔带，叶内有树脂道。雌雄异株，稀同株；雄球花有雄花6～11，聚成头状，雄蕊4～16，各具2～4个药室（常3个），花粉粒球形，无气囊；雌球花具长梗，生于小枝基部，花梗上有数对交互对生的苞片，每苞片基部生2枚胚珠，仅1枚发育。种子核果状，全部包于由珠托发育成的假种皮中，外种皮质硬，内种皮薄膜质。子叶2枚。

从本科植物的枝叶中提取的三尖杉总碱对淋巴肉瘤、肺癌有较好疗效，对胃癌、上颚窦癌、食道癌有一定的疗效。

仅1属，9种，主要分布于东亚。我国7种，3变种，分布于黄河以南及西南各省区。已知药用9种（包括变种）。

【药用植物】

三尖杉 *Cephalotaxus fortunei* Hook. f. 常绿乔木，树皮红褐色，片状脱落。叶片螺旋状着生，排成2行，披针状条形，常弯曲，长4～13cm，上面中脉隆起，下面中脉两侧有2条白色气孔带。雄球花8～10，聚生成头状，生于叶腋，每个雄球花有雄蕊6～16，生于苞片上；雌球花总梗长15～20mm，生于小枝基部，有数对交互对生的苞片。种子4～8枚，长卵形，核果状，假种皮熟时紫色（图14－9）。

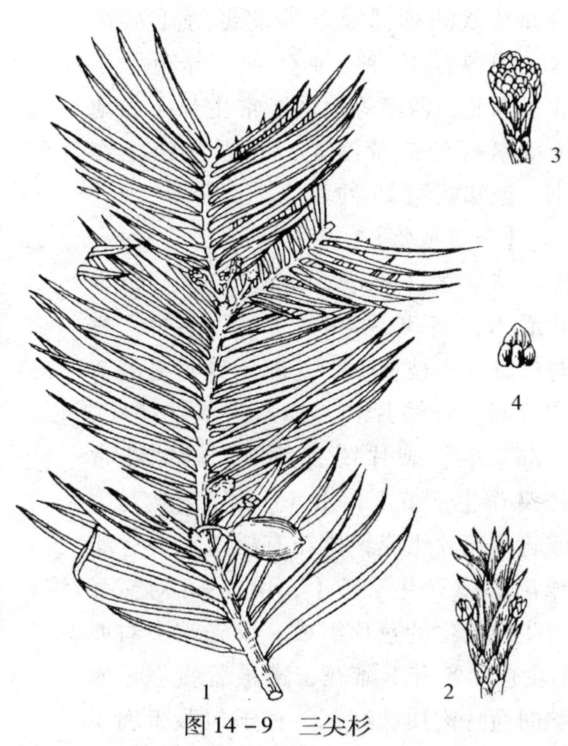

图14－9 三尖杉

1. 种子及大孢子叶球枝 2. 大孢子叶球
3. 小孢子叶球 4. 小孢子叶

分布于陕西、甘肃及华东、华南、西南地区。生于山林疏林、溪谷等湿润而排水良好处。种子（三尖杉）药用，能润肺，消积，杀虫；枝叶药用，味苦、涩，性寒。用于治疗癌症。

同属植物中国粗榧 *C. sinensis*（Rehd. et Wils）Li、蓖子三尖杉 *C. oliveri* Mast、台湾三尖杉 *C. sinensis*（Rehd. et wils）Li var. *wilsoniana*（Hayata）L. K. Fu et Nan Li具有抗癌的作用。

五、买麻藤纲

买麻藤纲（Gnetopsida，倪藤纲）植物为灌木或木质藤本。木质部有导管，无树脂道。叶对生，鳞片状或阔叶状。球花单性，雌雄异株或同株，有类似花被的盖被（称假花被）；胚珠1枚，具1～2层珠被，具珠孔管，精子无鞭毛；颈卵器极退化或无。成熟雌球花球状或浆果状，种子包被于由盖被发育成的假种皮中，胚乳丰富。子叶2枚。

7. 麻黄科 Ephedraceae

小灌木或亚灌木。分枝多，小枝对生或轮生，绿色，具节，节间有多条细纵槽纹，横断面常有棕红色髓心。叶小，鳞片状，对生或轮生，2～3片合生成鞘状。雌雄异株，稀同株。雄球花卵形或椭圆形，由2～8对交互对生或轮生的苞片组成，每苞片中有雄花1朵，外包假花被，膜质，先端2裂，每花有雄蕊2～8个，花丝合成1束，花药2～3室；雌球花由2～8对交互对生或轮生的苞片组成，仅顶端1～3枚苞片内生有雌花，雌花由顶端开口的囊状的假花被包围。胚珠1，具1层珠被，上部延长成珠被管，由假花被开口处伸出，假花被发育成革质假种皮，包围种子，最外为苞片，成熟时变成肉质，红色或橘红色。种子浆果状，胚乳丰富，子叶2枚。

仅1属，约40种，分布于亚洲、美洲及欧洲东部及非洲北部等干旱地区。我国有12种，4变种，分布于东北、西北、西南等地区。常生长于山地土壤贫瘠处或荒漠中，有固沙保土作用。已知药用15种。

【药用植物】

草麻黄 *Ephedra sinica* Stapf　草本状灌木，高30～40cm，木质茎短，有时横卧，小枝丛生于基部。具明显的节和节间。叶鳞片状，膜质，基部鞘状，上部2裂，裂片锐三角形。雄球花常2～3个生于节上，由5～7片交互对生或轮生苞片组成，雄花有雄蕊5～8；雌球花2～3个生于节上，由3～5对交互对生或轮生的苞片组成，仅先端1对或1轮苞片各有1雌花，珠被管直立，成熟时苞片肉质，红色。种子包藏于肉质的苞片内（图14－10）。

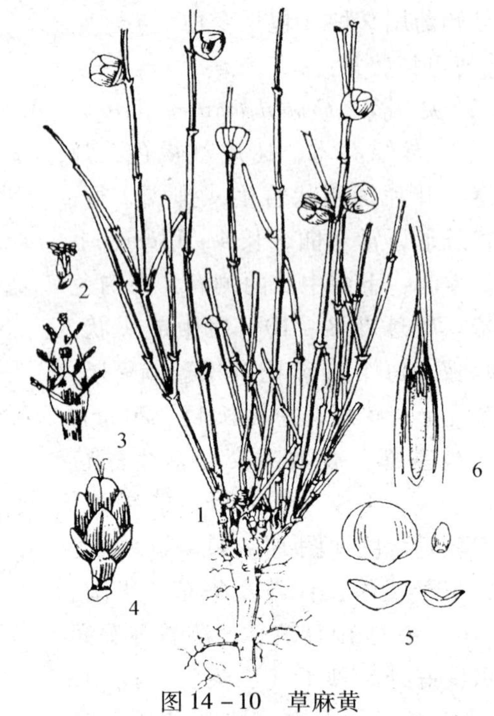

图14－10　草麻黄

1. 雌株　2. 雄花　3. 雄花序　4. 雌花序　5. 种子及苞片　6. 雌花纵切面

分布于东北、内蒙古、陕西、河北、山西等省区。生于沙质干燥地带，常见于山坡、河床和干旱草原，常组成大面积纯群落，有固沙作用。草质茎（麻黄）药用，味辛、微苦，性温。能发汗散寒，平喘，利尿。并作为提取麻黄碱原料。

同属植物中麻黄 *E. intermedia* Schr. et Mey. 和木贼麻黄 *E. equisetina* Bge. 的草质茎同等入药。

8. 买麻藤科 Gnetaceae

多为常绿木质大藤本，节由上下2部分接合而成，膨大。单叶对生，全缘，革质，具羽状网脉。雌雄异株，稀同株，伸长成穗状，顶生或腋生，具多轮合生环状总苞；雄球花序生于小枝上，各轮总苞内有多数雄花，排成2～4轮，上端常有一轮不育雌花，雄花具杯状假花被，雄蕊常2枚，花丝合生；雌球花序生于老枝上，每轮总苞内有4～12朵雌花，假花被囊状，紧包于胚珠之外，胚珠具2层珠被，内珠被顶端延长成珠被管。从假花被顶端开口处伸出，外珠被的肉质外层、骨质内层与假花被合生成假种皮。种子核果状，包于红色或橘红色肉质假种皮中。胚乳丰富，子叶2枚。

仅1属，30多种，分布于亚洲、非洲及南美洲等热带及亚热带地区，以亚洲大陆南部、经马来群岛至菲律宾群岛为分布中心。我国有10种，分布于华南等地区。已知药用有8种。

【药用植物】

小叶买麻藤 *Gnetum parvifolium* (Warb.) C. Y. Cheng ex Chun　常绿木质大藤本。茎枝圆形，有明显皮孔，节膨大。叶对生，革质，椭圆形至狭椭圆形或倒卵形，长4～10cm。花单性，雌雄同株；雄球花序不分枝或1次（三出或成对）分枝，其上有5～13轮杯状总苞，每轮总苞有雄花40～70朵，上端有不育雌蕊10～12枚；雌球花序多生于老枝上，1次三出分枝，每轮总苞有雌花5～7朵。种子核果状，无柄。成熟时肉质假种皮呈红色或黑色（图14－11）。

图14－11　小叶买麻藤
1. 缠绕茎及雌花序　2. 种子枝

分布于华南。生于山谷、山坡疏林中。茎、叶（麻骨风）药用，味苦，性微温。能祛风除湿，活血祛瘀，消肿止痛，行气健胃，接骨。

同属植物买麻藤 *G. montanum* Markgr. 的成熟种子具短柄，茎叶等同入药。

第十五章　被子植物门

被子植物门（Angiospermae）拥有当今植物界中进化程度最高，种类最多，分布最广的类群。全世界共有被子植物约 25 万种，是构成大地植被的主要类群；我国 3 万余种。被子植物为人类提供了丰富多样的生活和生产资源，如粮食、果蔬、纤维、饲料及香料，也提供了万余种药用资源，据记载我国有 213 科，1957 属，10027 种（含种下分类等级）被子植物供药用，约占全国中药资源总数的 90%。

第一节　被子植物概述

一、被子植物主要特征

与其他植物类群相比，被子植物的生态习性和形态结构更加多样化，生殖器官和生殖过程进一步特化，使被子植物对地球上的各种生态环境有更强的适应能力，成为现今植物界的最为进化的绝对优势类群。

1. 孢子体发达，配子体简化

被子植物的孢子体具有习性的多样化。木本植物有乔木、灌木和木质藤木，有常绿种，也有落叶种；草本植物有一年生、二年生和多年生。植物体的组织构造及其功能更趋细微合理，维管系统高度完善，木质部有多种类型导管，韧皮部筛管有伴胞，极大地增强了水分和营养物质的运输能力。配子体极度简化，雌配子体由 8 个细胞组成，寄生在孢子体内。

2. 生殖器官特化，生殖过程进化

被子植物具有真正的花并通过传粉、受精形成果实。花的组成高度特化或简化以及开花过程是被子植物外形的最显著特征；胚珠包被在心皮内，受精后发育成种子，包藏在心皮形成的果实内，既受到良好的保护，也有利于种子的传播。

被子植物具有特有的双受精现象。受精过程中，一个精子与卵细胞结合，形成合子，发育成胚；另一个精子与 2 个极核结合，发育成三倍体的胚乳，为幼胚提供了具有双亲特性的优良孕育环境，增强了后代的自养生活和环境适应能力，同时也为后代提供了可能出现变异的基础。

3. 营养方式多样

被子植物普遍含有叶绿素，营养方式主要是自养，但也出现其他生活方式。如：

（1）寄生与半寄生　有些种类的营养完全来自寄主，如菟丝子、肉苁蓉、锁阳等寄生植物；也有些寄生种类含有叶绿素，可以进行光合作用，如桑寄生、槲寄生、百蕊草等半寄生植物。

（2）腐生　依靠腐烂的有机物供给营养，如天麻、珊瑚兰等腐生植物，它们本身不含光合色素，腐生往往需借助真菌的帮助。

（3）共生　有的种类与真菌或细菌形成共生关系，如豆科植物与根瘤菌共生，兰科植物与一些真菌共生。

（4）捕食　如猪笼草、茅膏菜等捕虫植物。

4. 适应性强

被子植物的生活环境极其多样，既有生活在平原、丘陵、高原、高山、荒漠、盐碱地的陆生种类；有生活在湖泊、河流、沟渠、池塘、沼泽、海洋中的水生种类；甚至于还有依附其他植物，利用雨露、空气中的水汽及有限的腐殖质为生的附生种类。

二、被子植物的起源与演化规律

1. 被子植物的起源

对于被子植物起源，流行着真花说与假花说。

（1）真花说（Euanthium Theory）　真花说认为被子植物起源于原始的已灭绝了的裸子植物，这种裸子植物有两性的孢子叶球（strobile），符合这一条件的化石裸子植物，只有本内苏铁目。其中拟苏铁的茎、叶像现代的苏铁，每一小枝上有生殖器官，即孢子叶球，孢子叶球两性，下部有许多苞片，螺旋形排列，形似花被，上部膨大呈半球形或圆锥形似花托，花托基部有1圈小孢子叶，每一小孢子叶呈大型羽状，有约20对分枝，每分枝有两行小孢子囊，小孢子叶下部相连成1圈。花托上部密生大孢子叶，每一大孢子叶呈柄状，柄上端生1胚珠。在大孢子叶之间有不生胚珠的棒状物，顶部膨大，叫做种鳞，有保护胚珠的作用，膨大部分护卫胚珠，上部有1孔，珠孔管可伸出以接受花粉。当种子成熟时，小孢子叶已凋落，种子的胚有2枚子叶，无胚乳。两性孢子叶球与现存的原始被子植物木兰属（*Magnolia*）的花［典型的如玉兰（*M. denudata* Desr.）］有相似处。如本内苏铁①有两性孢子叶球；②有不育的苞片；③花托柱状突出；④小孢子叶多个；⑤大孢子叶多数，螺旋排列；⑥胚有2枚子叶。而玉兰为①两性花；②有花被；③花托柱状；④雄蕊多个，分离；⑤心皮多数，分离，螺旋排列；⑥胚有2枚子叶。

（2）假花说（Pseudo－anthium Theory）　假花说认为被子植物的1朵花是由裸子植物花序内数花相合而生成。设想裸子植物麻黄属的雄性花序，其最外方有2苞叶，对生，花生于苞腋，由2花被，2个2室的雄蕊组成。如果两对生的花由于花轴缩短而位于同一平面时，由2雄蕊相合生成4室的花药。这种形状的雄花即似现今被子植物木麻黄属（*Casuarina*）的雄花。如果苞片演化成花被，原来有的花被都退化消失，则有4花被4雄蕊的雄花。如果雄蕊分裂而增倍为8，4个雄蕊退化呈花瓣状，则有萼片4，花瓣4，雄蕊4。

雌花的演变由裸子植物麻黄的雌性花序内2个心皮合成1子房。又或有数个子房合于1处，则成被子植物的雌花。如果在裸子植物花序中，有雌、雄二者同生，则二者偶然相合，就形成了被子植物的两性花。

假花说认为首先演化出来的是单性花，单性花原始，两性花是由单性花演变来的。真花说恰好相反，认为两性花原始，单性花是由两性花演变来的。

2. 被子植物的演化规律

植物的分类是以植物的形态特征，包括营养器官和生殖器官，特别是花和果的形态特征为主要分类依据。由于被子植物几乎在距今1.3亿年的白垩纪同时兴盛起来，所以就难以根据化石的年龄去判断谁比谁更原始，特别是几乎找不到有关花的化石，而花部的特点又是被子植物演化分类的重要方面，这就使得研究被子植物的演化和亲缘关系相当困难。表15－1是一般公认的被子植物形态构造的主要演化规律。

表15－1 被子植物形态构造的主要演化规律

器官	初生的、原始性状	次生的、进化性状
根	主根发达（直根系）	主根不发达（须根系）
茎	乔木、灌木	多年生或一、二年生草本
	直立	藤本
	无导管，有管胞	有导管
叶	单叶	复叶
	互生或螺旋排列	对生或轮生
	常绿	落叶
	有叶绿素、自养	无叶绿素，腐生，寄生
花	单生	形成花序
	各部螺旋排列	各部轮生
	两被花	单被花或无被花
	各部离生	各部合生
	各部多数而不固定	各部有定数（3、4或5）
	辐射对称	两侧对称或不对称
	子房上位	子房下位
	两性花	单性花
	花粉粒具单沟	花粉粒具3沟或多孔
	虫媒花	风媒花
果实	单果、聚合果	聚花果
	蓇葖果、蒴果、瘦果	核果、浆果、梨果
种子	胚小、有发达胚乳	胚大、无胚乳
	子叶2片	子叶1片

应该注意不能孤立地只根据某一条规律来判定某一植物是进化还是原始，因为同一植物形态特征的演化不是同步的，同一性状在不同植物的演化意义也非绝对的，而应该综合分析，如唇形科植物的花冠不整齐，合瓣，雄蕊 2～4，都表现出高级虫媒植物协调演化特征，但它具子房上位，又是原始性状。

三、被子植物的分类原则及分类系统

长期以来，人们在观察和研究植物的各种特性和特征中，掌握了植物间的异同点，将植物区分为不同的分类群，并对这些分类群按等级排列形成了分类系统。

早期，人们对植物进行分类仅局限在形态、习性、用途上，往往用 1 个或少数几个性状作为分类依据，而未能考虑植物的亲缘和演化关系，这样的分类系统即是人为分类系统（argifical system）。如李时珍在《本草纲目》中依据植物的外形及用途将其分为草部、木部、谷部、果部和菜部，又进一步根据习性等在草部下细分为山草类、芳草类、隰草类、毒草类、蔓草类、水草类、石草类、苔类及杂草类等；瑞典植物学家林奈根据植物雄蕊的有无、数目及着生情况分为 24 纲，第 1～23 纲为显花植物，第 24 纲为隐花植物。人为分类系统有利于某些方面的应用，在经济植物学中经常使用，如将植物分为油料植物、纤维植物、香料植物、药用植物、淀粉植物等。

随着科学技术的发展，人们对植物知识的理解愈加深入，不断探索客观反映植物亲缘关系和演化发展的规律，据此建立的分类系统被称为自然分类系统或系统发育分类系统（phylogenetic system）。如在蕨类植物的分类系统中，我国著名植物学家秦仁昌先生 1978 年发表的秦仁昌系统被国际蕨类学界所公认；在裸子植物的分类系统中，我国著名植物学家郑万钧系统被广泛采用；被子植物的分类系统较多，其主要的分类依据是花、果实的形态特征。随着近代植物解剖学、细胞学、分子生物学和植物化学等学科的进展，促进了植物分类学研究的深入，也出现了许多不同的被子植物分类系统。具代表性的有：

1. 恩格勒系统

1897 年，德国植物学家恩格勒（A. Engler）和柏兰特（K. Prantl）在《植物自然分科志》（Die Naturlichen Pflanzenfamilien）中发表了该系统，它是植物分类史上第一个比较完整的系统。该系统把植物界分为 13 门，被子植物是第 13 门（种子植物门）中的一个亚门，该亚门分为单子叶植物纲和双子叶植物纲，共 45 目，280 科。该系统经过多次修改，至 1964 年的第 12 版《植物分科志要》已将被子植物列为门，并将原置于双子叶植物前的单子叶植物移至双子叶植物之后，共有 62 目，344 科。

恩格勒系统是以假花学说为理论基础。在该系统中，具柔荑花序类植物被当作被子植物中最原始类型，排列在前；木兰目和毛茛目被作为较进化的类型。

恩格勒系统包括了全世界植物的纲、目、科、属，各国沿用历史已久，为许多植物学工作者所熟悉，在世界范围内使用广泛。我国的《中国植物志》基本按恩格勒系统排列，本教材也采用了恩格勒系统，只是变动了部分内容。但恩格勒系统所依据的假花学说已不被当今大多数分类学家所接受。我们将一些非国产的科，或在我国分布狭窄、药用价值种类不多的科删去，简编了恩格勒的被子植物分类系统，供学习时参考（表15-2）。表中序号仍为原系统的序号。

表15-2 恩格勒系统的被子植物主要药用植物的纲、目、科排序表

Dicotyledoneae 双子叶植物纲

Choripetalae 离瓣花亚纲

1. Casuarinales 木麻黄目
    1. Casuarinaceae 木麻黄科
2. Juglandales 胡桃目
    2. Myricaceae 杨梅科
    3. Juglandaceae 胡桃科
5. Salicales 杨柳目
    7. Salicaceae 杨柳科
6. Fagales 壳斗目
    8. Betulaceae 桦木科
    9. Fagaceae 壳斗科
7. Urticales 荨麻目
    11. Ulmaceae 榆科
    12. Eucommiaceae 杜仲科
    13. Moraceae 桑科
    14. Urticaceae 荨麻科
9. Santalales 檀香目
    20. Santalaceae 檀香科
    22. Lorantllaceae 桑寄生科
10. Balanophorales 蛇菰目
    23. Balanophoraceae 蛇菰科
12. Polygonales 蓼目
    25. Polygonaceae 蓼科
13. Centrospermae 中子目
    26. Phytolaccaceae 商陆科
    29. Nyctaginaceae 紫茉莉科
    32. Portulacaceae 马齿苋科
    33. Basellaceae 落葵科
    34. Caryophyllaceae 石竹科
    36. Chenopodiaceae 藜科
    37. Amaranthaceae 苋科
14. Cactal es 仙人掌目
    39. Cactaceae 仙人掌科
15. Magnoliales 木兰目
    40. Magnoliaceae 木兰科
    44. Annonaceae 番荔枝科
    46. Myristicaceae 肉豆蔻科
    48. Schisandraceae 五味子科
    49. Illiciaceae 八角科
    54. Calycanthaceae 蜡梅科
    56. Lauraceae 樟科
16. Ranunculales 毛茛目
    62. Ranunculaceae 毛茛科
    63. Berberidaceae 小檗科
    64. Sargentodoxaceae 大血藤科
    65. Lardizabalaceae 木通科
    66. Menispermaceae 防己科
    67. Nymphaeaceae 睡莲科
17. Piperales 胡椒目
    69. Saururaceae 三白草科
    70. Piperaceae 胡椒科
    71. Chloranthaceae 金粟兰科
18. Aristolochiales 马兜铃目
    73. Aristolochiaceae 马兜铃科
19. Guttiferales 藤黄目
    77. Paeoniaceae 芍药科
    81. Actinidiaceae 猕猴桃科
    85. Dipterocarpaceae 龙脑香科
    86. Theaceae 茶科
    90. Guttiferae 藤黄科
20. Sarraceniales 管叶草目（瓶子草目）
    93. Nepenthaceae 猪笼草科
    94. Droseraceae 茅膏菜科
21. Papaverales 罂粟目
    95. Papaveraceae 罂粟科
    96. Capparaceae 白花菜科
    97. Cruciferae 十字花科
23. Rosales 蔷薇目
    102. Platanaceae 悬铃木科
    103. Hamainelidaceae 金缕梅科
    105. Crassulaceae 景天科
    107. Saxifragaceae 虎耳草科
    111. Pittosporaceae 海桐科
    115. Rosaceae 蔷薇科
    119. Leguminosae 豆科
26. Geraniales 牻牛儿苗目
    124. Oxalidaceae 酢浆草科
    125. Geraniaceae 牻牛儿苗科
    126. Tropaeolaceae 旱金莲科

127. Zygophyllaceae 蒺藜科
128. Linaceae 亚麻科
129. Erythroxylaceae 古柯科
130. Euphorbiaceae 大戟科
27. Rutales 芸香目
132. Rutaceae 芸香科
134. Simaroubaceae 苦木科
136. Burseraceae 橄榄科
137. Meliaceae 楝科
143. Polygalaceae 远志科
28. Sapindales 无患子目
144. Coriariaceae 马桑科
145. Anacardiaceae 漆树科
146. Aceraceae 槭树科
148. Sapindaceae 无患子科
149. Hippocastanaceae 七叶树科
150. Sabiaceae 清风藤科
153. Balsaminaceae 凤仙花科
30. Celastrales 卫矛目
157. Aquifoliaceae 冬青科
160. Celastraceae 卫矛科
161. Staphyleaceae 省沽油科
165. Buxaceae 黄杨科
31. Rhamnales 鼠李目
168. Rhamnaceae 鼠李科
169. Vitaceae 葡萄科
32. Malvales 锦葵目
173. Tiliaceae 椴树科
174. Malvaceae 锦葵科
175. Bombacaceae 木棉科
176. Sterculiaceae 梧桐科
33. Thymelaeales 瑞香目
181. Thymelaeaceae 瑞香科
182. Elaeagnaceae 胡颓子科
34. Violales 堇菜目
185. Violaceae 堇菜科
186. Stachyuraceae 旌节花科
190. Passifloraceae 西番莲科
195. Tamaricaceae 柽柳科
198. Caricaceae 番木瓜科
201. Begoniaceae 秋海棠科
35. Cucurbitales 葫芦目
202. Cucurbitaceae 葫芦科
36. Myrtiflorae 桃金娘目
203. Lythraceae 千屈菜科
204. Trapaceae 菱科
206. Myrtaceae 桃金娘科
209. Punicaceae 石榴科
211. Melastomataceae 野牡丹科
212. Rhizophoraceeae 红树科
213. Combretaceae 使君子科
214. Onagraceae 柳叶菜科
216. Haloragaceae（Halorrhagidaceae）小二仙草科
219. Cynomoriaceae 锁阳科
37. Umbelliflorae 伞形目
220. Alangiaceae 八角枫科
221. Nyssaceae 紫树科
222. Davidiaceae 珙桐科
223. Cornaceae 山茱萸科
225. Araliaceae 五加科
226. Umbelliferae 伞形科

Sympetalae 合瓣花亚纲

2. Ericales 杜鹃花目
3. Pyrolaceae 鹿蹄草科
4. Ericaceae 杜鹃花科
3. Primulales 报春花目
8. Myrsinaceae 紫金牛科
9. Primulaceae 报春花科
4. Plumbaginales 白花丹目
10. Plumbaginaceae 白花丹科
5. Ebehales 柿树目
11. Sapotaceae 山榄科
13. Ebenaceae 柿树科
14. Styracaceae 野茉莉科
16. Symplocaceae 山矾科
6. Oleales 木犀目
18. Oleaceae 木犀科
7. Gentianales 龙胆目
19. Loganiaceae 马钱科
21. Gentianaceae 龙胆科
22. Menyanthaceae 莕菜科
23. Apocynaceae 夹竹桃科
24. Asclepiadaceae 萝藦科
25. Rubiaceae 茜草科
8. Tubiflorae 管花目
28. Convolvulaceae 旋花科
30. Boraginaceae 紫草科
32. Verbenaceae 马鞭草科

34. Labiatae 唇形科
36. Solanaceae 茄科
38. Buddlejaceae 醉鱼草科
39. Scrophulariaceae 玄参科
41. Bignoniaceae 紫葳科
43. Acanthaceae 爵床科
44. Pedaliaceae 胡麻科
46. Gesneriaceae 苦苣苔科
48. Orobanchaceae 列当科
51. Phrymaceae 透骨草科

9. Plantaginales 车前目
52. Plantaginaceae 车前科

10. Dipsacales 川续断目
53. Caprifoliaceae 忍冬科
55. Valerianaceae 败酱科
56. Dipsacaceae 川续断科

11. Campanulales 桔梗目
57. Campanulaceae 桔梗科
64. Compositae 菊科

Monocotyledoneae 单子叶植物纲

1. Helobiae 沼生目
1. A1ismataceae 泽泻科
7. Potamogetonaceae 眼子菜科

3. Liliiflorae 百合目
11. Liliaceae 百合科
13. Stemonaceae 百部科
14. Agavaceae 龙舌兰科
17. Amaryllidaceae 石蒜科
21. Dioscoreaceae 薯蓣科
22. Pontederiaceae 雨久花科
23. Iridaceae 鸢尾科

4. Juncales 灯心草目
28. Juncaceae 灯心草科

5. Bromeliales 凤梨目
30. Bromeliaceae 凤梨科

6. Commelinales 鸭跖草目
31. Commelinaceae 鸭跖草科
35. Eriocaulaceae 谷精草科

7. Graminales 禾本目
39. Gramineae 禾本科

8. Principes 棕榈目
40. Palmae 棕榈科

10. Spathiflorae 佛焰花目
42. Araceae 天南星科
43. Lemnaceae 浮萍科

11. Pandanales 露兜树目
44. Pandanaceae 露兜树科
45. Sparganiaceae 黑三棱科
46. Typhaceae 香蒲科

12. Cyperales 莎草目
47. Cyperaceae 莎草科

13. Scitamineae 蘘荷目
48. Musaceae 芭蕉科
49. Zingiberaceae 姜科
50. Cannaceae 美人蕉科

14. Microspermae 微子目
53. Orchidaceae　兰科

2. 哈钦松系统

1926 年和 1934 年，英国植物学家哈钦松（J. Hutchinson）在《有花植物科志》（The Families of Flowering Plants）中发表了被子植物分类系统，在 1973 年修订版中共有 111 目，411 科。

哈钦松系统以真花学说（euanthium theory）为理论基础，因此认为被子植物的无被花是有被花退化而来，单性花是两性花退化而来，花各部原始性状为多数、分离和螺旋状排列。基于此，则木兰目、毛茛目是被子植物的原始类型。该系统还认为草本植物和木本植物是两支平行发展的类群。

哈钦松系统被我国华南、西南、华中的一些植物研究所、标本馆采用，并为近年来建立的塔赫他间系统、克朗奎斯特系统奠定了基础。但哈钦松系统中过分强调了木本和草本两个来源，人为因素很大，不被大多数植物学者所接受。

3. 塔赫他间系统

1954 年，前苏联植物学家塔赫他间（A. L. Takhtajan）在《被子植物的起源》（Origins of the Angiospermous Plants）中公布了该系统。后经 1966 年、1968 年、1980 年和 1986 年数次修改。该系统将被子植物分为木兰纲和百合纲，纲下再分亚纲、超目、目和科。1986 年的系统共有 461 科。

塔赫他间系统亦主张真花学说，认为木兰目是最原始的被子植物类群，首次打破了把双子叶植物分为离瓣花亚纲和合瓣花亚纲的传统分类方法，并在分类等级上设立了“超目”。

4. 克朗奎斯特系统

1968 年美国植物学家克朗奎斯特（A. Cronquist）在《有花植物的分类和演化》（The Evolution and Classification of Flowering Plants）中发表了新的被子植物分类系统。克朗奎斯特系统称被子植物为木兰植物门，分为木兰纲和百合纲。1981 年进行了修订，木兰纲包括 6 亚纲，64 目，318 科；百合纲包括 5 亚纲，19 目，65 科。共 83 目，383 科。

克朗奎斯特系统接近于塔赫他间系统，但取消了“超目”，科的数目也有了压缩。该系统在各级分类的安排上比前几个系统似乎更合理，因而逐渐被人们所采用。

5. 被子植物主要分类系统比较（表 15－3）

表 15－3　被子植物主要分类系统比较

分类系统	超目	目数	科数	双子叶植物纲（木兰纲） 最原始（上）和最进化（下）类群	单子叶植物纲（百合纲） 最原始（上）和最进化（下）类群
恩格勒系统 （1964 年）	无	62	344	木麻黄目木麻黄科 桔梗目菊科	沼生目泽泻科 微子目兰科
哈钦松系统 （1973 年）	无	111	411	木本支：木兰目木兰科 马鞭草目透骨草科 草本支：毛茛目芍药科 唇形目唇形科	花蔺目花蔺科 禾本目禾本科
塔赫他间系统 （1986 年）	有	92	461	木兰目单心木兰科 菊目菊科	泽泻目泽泻科 雨久花目雨久花科
克朗奎斯特系统 （1981 年）	无	83	383	木兰目假八角科 菊目菊科	泽泻目花蔺科 兰目兰科

第二节　被子植物的分类及主要药用植物

本教材的被子植物分类采用了修改后的恩格勒系统，将被子植物门分为双子叶植物纲（Dicotyledoneae）和单子叶植物纲（Monocotyledoneae），在双子叶植物纲中又再分为离瓣花亚纲（原始花被亚纲）和合瓣花亚纲（后生花被亚纲）。它们的主要区别特征见表 15－4。

表 15 – 4 被子植物门两个纲的主要区别

器官	双子叶植物纲	单子叶植物纲
根	直根系	须根系
茎	维管束环列，具形成层	维管束散生，无形成层
叶	网状脉	平行脉
花	通常为 5 或 4 基数，花粉粒具 3 个萌发孔	3 基数，花粉粒具单个萌发孔
胚	2 片子叶	1 片子叶

上表中的区别特征是 2 纲植物的基本特征，并不排除少数例外。如双子叶植物纲中有具须根系、散生维管束的植物，也有具 3 基数花、有 1 片子叶的植物。单子叶植物纲中有具网状脉、具 4 基数花的植物。

一、双子叶植物纲

（一）离瓣花亚纲

离瓣花亚纲（Choripetalae），又称原始花被亚纲或古生花被亚纲（Archichlamydeae），花无被、单被或重被，花瓣分离，雄蕊和花冠离生；胚珠多具 1 层珠被。

1. 胡椒科 Piperaceae

⚥ $P_0A_{1\sim10}\underline{G}_{(2\sim5:1:1)}$；♂ $P_0A_{1\sim10}$；♀ $P_0\underline{G}_{(2\sim5:1:1)}$

藤本或肉质草本，常具香气或辛辣气。藤本者节常膨大。单叶，常互生，全缘。基部两侧常不对称；托叶与叶柄合生或无托叶。花小，密集成穗状花序，两性或单性异株；苞片盾状或杯状；无花被；雄蕊 1 ~ 10；心皮 2 ~ 5，合生，子房上位，1 室，有 1 直生胚珠，柱头 1 ~ 5。浆果，球形或卵形。种子 1 枚，有丰富的外胚乳。

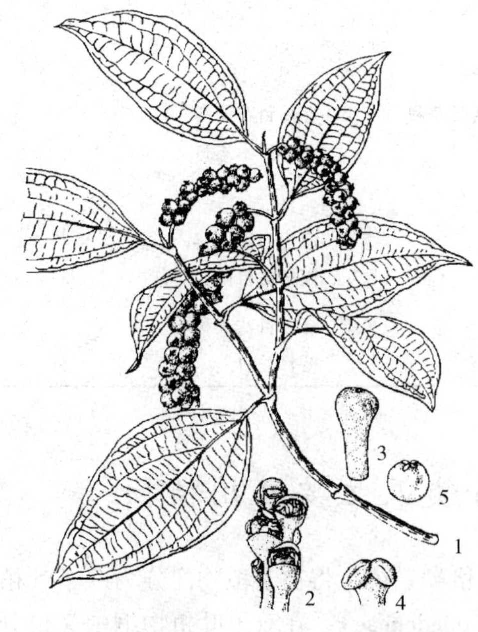

图 15 – 1 胡椒

1. 果枝一部分 2. 花序 3. 苞片 4. 雄蕊 5. 果实

8 属，3000 多种，分布热带及亚热带地区。我国 4 属，70 余种，分布东南部至西南部。已知药用 2 属，34 种。

【药用植物】

胡椒 *Piper nigrum* L. 木质藤本。节膨大。叶互生，近革质，卵状椭圆形；托叶稍短于叶柄。花单性异株；穗状花序与叶对生；雄蕊 2；子房 1 室，胚珠 1 枚。浆果球形，成熟时红色（图 15 – 1）。

原产于东南亚，我国广西、云南、海南、台湾等省区有栽培。近成熟果实晒干为黑胡椒，成熟果实去果肉晒干为白胡椒。味辛，性热。能温中散寒，下气止痛，止泻，开胃，解毒。

荜茇 *Piper longum* L.　草质藤本。枝有棱沟。叶互生。花单性异株；雌花序果期延长，苞片长圆形；雄蕊 2；子房倒卵形。浆果卵形，基部与花序轴合生。

分布于云南，广西、广东、福建有栽培。生于疏林中。果穗（荜茇）药用，味辛，性热。能温中散寒，下气止痛。

风藤（细叶青蒌藤）*Piper kadsura*（Choisy）Ohwi　木质藤本。叶革质，卵形至卵状披针形，上面主脉附近有白色斑纹。花单性异株；穗状花序；雄蕊 3。浆果球形，褐黄色。

分布于浙江、福建、广东、台湾等地。生于低海拔林中。藤茎（海风藤）药用，味辛、苦，性微温。能祛风湿，通经络，理气止痛。

本科常用药用植物还有：石南藤 *Piper wallichii*（Miq.）Hand. – Mazz.，茎叶或全株（南藤）药用，味辛，性温。能祛风湿，强腰膝，补肾壮阳，止咳平喘。山蒟 *P. hancei* Maxim.，茎叶或根药用，味辛，性温。能祛风除湿，活血消肿，行气止痛、化痰止咳。毛蒟 *P. puberlum*（Benth.）Maxim.，全株药用，味辛，性温。能祛风散寒，行气活血，除湿止痛。荜澄茄 *P. cubeba* L.，果实（荜澄茄）药用，为温里药，味辛，性温。能温中散寒，行气止痛，暖肾。

2. 金粟兰科 Chloranthaceae

$⚥ P_0 A_{(1\sim3)} \overline{G}_{(1:1:1)}$

草本或灌木，稀为小乔木。节常膨大。单叶对生，叶柄基部常合生；托叶小。花两性或单性；穗状、头状或圆锥花序；花小，无花被；两性花具雄蕊 1 ~ 3，合生成 1 体，常贴生在子房的 1 侧；单心皮，子房下位，1 室，胚珠单生，顶生胎座。核果卵形或球形。

5 属，约 70 种，分布于热带和亚热带。我国 3 属，17 种，多分布于长江以南各省，其中西南地区最多。药用 3 属，12 种。

【药用植物】

草珊瑚（肿节风、接骨金粟兰）*Sarcandra glabra*（Thunb.）Nakai　常绿草本或亚灌木。叶边缘齿端有 1 个腺体；托叶鞘状。穗状花序顶生。浆果核果状，球形，熟时鲜红色（图 15 – 2）。

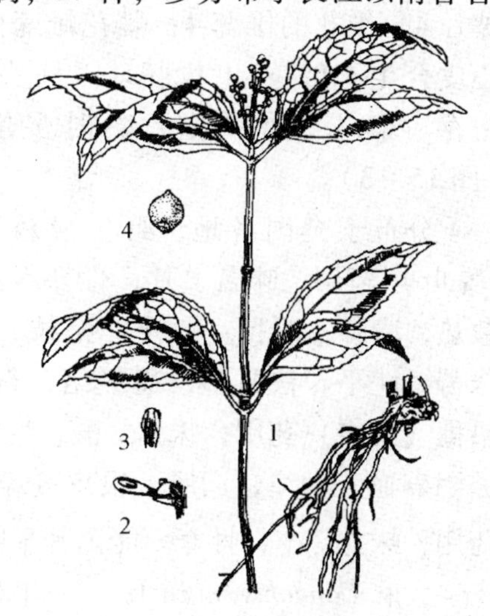

图 15 – 2　草珊瑚

1. 植株全形　2. 花　3. 雄蕊　4. 果实

分布于长江以南，生于常绿阔叶林下。根及全草药用，味辛、苦，性平。能祛风除湿，活血散瘀，清热解毒。

及己 *Chloranthus serratus*（Thnub.）Roem. et Schult.　多年生草本。根状茎粗短，单叶对生，常 4 片生于茎顶。穗状花序单一或 2 ~ 3 生于茎顶。核果球形。

分布于长江以南各省区。全草药用，味苦，性平，有毒。能活血散瘀，祛风止痛，解毒杀虫。

同属植物银线草 *C. japonicus* Sieb.，全草药用，味辛，苦，性温，有毒。能活血行瘀，祛风除湿，解毒。金粟兰（珠兰）*C. spicatus*（Thunb.）Makino，全草药用，味辛、甘，性温。能祛风湿，活血止痛，杀虫。宽叶金粟兰 *C. henryi* Hemsl.，全草药用，味辛，性温。能祛风除湿，活血散瘀，解毒。丝穗金粟兰（剪草）*C. fortunei*（A. Gray）Solms－Laub.，全草药用，味辛、苦，性平，有毒。能祛风活血，解毒消肿。

3. 桑科 Moraceae

♂$P_{4\sim6}A_{4\sim6}$；♀$P_{4\sim6}\underline{G}_{(2:1:1)}$

多为木本，稀草本和藤本。常有乳汁。单叶互生，稀对生；托叶早落。花小，单性，雌雄异株或同株，葇荑、穗状、头状或隐头花序；单被花，花被4～6片；雄花的雄蕊与花被片同数而对生，雌花花被有时肉质；子房上位，稀下位，2心皮合生，通常1室1胚珠。小瘦果或核果，集成聚花果，或瘦果包藏于肉质的花序托内内壁上，形成聚花果，称“隐花果”。

本科植物体内具乳汁管，叶内常有钟乳体。本科的化学成分主要有酚类化合物、三萜类化合物、皂苷类化合物、强心苷类、生物碱类等。

53属，1400种，分布于热带和亚热带，少数在温带。我国12属153种，分布全国。药用12属，约80种。

【药用植物】

桑 *Morus alba* L.　落叶乔木，有乳汁。单叶互生，卵形，边缘有粗锯齿。花单性，雌雄异株，葇荑花序腋生；花被片4，雄花的雄蕊4；雌花雌蕊由2个心皮合生，1室，1枚胚珠，柱头2裂，宿存。聚花果（桑椹）熟时多黑紫色（图15－3）。

图15－3　桑

1. 雌花枝　2. 雄花枝　3. 雄花　4. 雌花

分布于全国各地，野生或栽培。叶（桑叶）药用，味苦、甘，性寒。能疏风散热，清肺，明目。嫩枝（桑枝）药用，味苦，性平。祛风湿，通经络，行水气。果穗（桑椹）药用，味甘、酸，性寒。能滋阴养血，生津，润肠。根皮（桑白皮）药用，味甘、辛，性寒。能泻肺平喘，利水消肿。

大麻 *Cannabis sativa* L.　一年生高大草本。叶下部对生，上部互生，掌状全裂。花单性，雌雄异株；雄花排成圆锥花序，花被片5，雄蕊5；雌花丛生叶腋，苞片1，卵形，花被1，膜质，雌蕊2心皮1室，花柱2；瘦果扁卵形（图15－4）。

图 15－4　大麻

1. 根　2. 雄花枝　3. 雌花枝　4. 雄花，示萼片与雄蕊　5. 雌花，示雌蕊小苞片与苞片　6. 果实外苞片　7. 果实

原产于亚洲西部，我国各地有栽培。果实（火麻仁）药用，味甘，性平。能润肠通便，利水通淋，活血，雌花序或幼嫩的果序（麻蕡）药用，味辛，性平，有毒。能祛风镇痛，定惊安神。

无花果 *Ficus carica* L.　落叶灌木。叶互生，厚纸质，广卵圆形，3～5 裂；托叶卵状披针形。雌雄异株，隐头花序，花序托单生叶腋，雄花和瘿花同生于 1 花序托内壁；雌花生于另一花序托内，2 个心皮合生，花柱侧生，柱头 2 裂。隐花果梨形，熟时呈紫红色或黄色。

原产于亚洲西部地中海地区。我国各地有栽培。隐花果（无花果）药用，味甘，性凉。能清热生津，健脾开胃，解毒消肿。

同属植物薜荔 *F. pumila* L.　常绿攀援灌木。具白色乳汁。叶互生，营养枝上叶小而薄革质，基部偏斜；生殖枝上叶大而厚革质。隐头花序单生于生殖枝叶腋，熟时黄绿色。

分布于华东、华南和西南。生于丘陵地区。隐花果（木馒头）药用，味甘，性平。能补肾固精，清热利湿，活血通经，催乳。茎、叶（薜荔）药用，味酸，性平。能祛风除湿，活血通络，解毒消肿。

本科常用药用植物还有：构树 *Broussonetia papyrifera*（L.）Vent.，果实（楮实子）药用，味甘，性寒。能补肾清肝，明目，利尿。啤酒花（忽布）*Humulus lupulus* L.，未成熟带花的果穗药用，味苦，性微凉。能健胃消食，利尿安神。葎草 *H. scandens*（Lour.）Merr.，全草药用，味甘、苦，性寒。能清热解毒，利尿通淋。柘树 *Cudrania tricuspidata*（Carr.）Bur.，去栓皮的根皮和茎皮药用，味甘、微苦，性平。能补肾固精，利湿解毒，止血，化瘀。

4. 马兜铃科 Aristolochiaceae

$⚥ * \uparrow P_{(3)} A_{6\sim12} \overline{G}_{(4\sim6:4\sim6:\infty)} \underline{\overline{G}}_{(4\sim6:4\sim6:\infty)}$

多为草本或藤本。单叶互生，叶基多为心形；无托叶。花两性；辐射对称或两侧对称；花单被，下部常合生成各式花被管，顶端 3 裂或向 1 侧扩大；雄蕊 6～12，花丝短，分离或与花柱合生；雌蕊 4～6 心皮，合生，子房下位或半下位，4～6 室，中轴胎座，柱头 4～6 裂。果实为蒴果。种子多数，有胚乳。

本科主要化学成分为挥发油类和马兜铃酸。其中马兜铃酸（aristolochic acid）及其衍生物是马兜铃科植物的化学特征，临床试验表明马兜铃属植物中普遍存在的马兜铃酸具有抗癌、抗感染及增强吞噬细胞等活性，但对肝、肾有毒性。近年来又发现在细辛属、马蹄香属、线果兜铃属中也有分布。

8属，约600种，分布于热带和亚热带，温带较少。我国4属，71种，分布全国。药用3属，65种。

【药用植物】

北细辛（辽细辛）*Asarum heterotropoides* Fr. Schmidt. var. *mandshuricum*（Maxim.）Kitag. 多年生草本。根状茎横走，不定根细长肉质，有强烈辛香气味。叶2枚，基生，具长柄，叶片肾状心形，全缘。花单生叶腋；花被紫棕色，花被管壶形或半球形，顶端3裂，裂片外卷；雄蕊12，着生子房中部；子房半下位，花柱6，顶端2裂。蒴果半球形，浆果状（图15－5）。

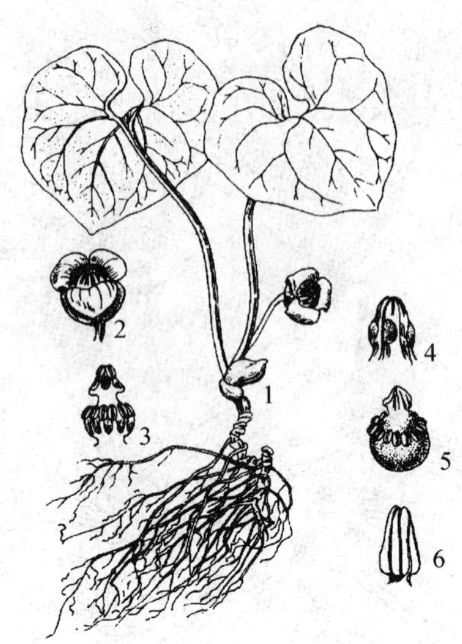

图15－5 北细辛
1. 全株 2. 花 3. 雄蕊及雌蕊 4. 柱头 5. 去花被的花 6. 雄蕊

分布于东北。生于林下阴湿处。根与根状茎（细辛）药用，味辛，性温，有小毒。能祛风散寒，止痛，温肺化饮，通窍。

同属植物华细辛 *A. sieboldii* Miq. 和汉城细辛 *A. sieboldii* Miq. f. *seoulense*（Nakai）C. Y. Cheng et C. S. Yang 的根与根状茎同等入药。

马兜铃 *Aristolochia debilis* Sieb. et Zucc. 草质藤本。叶互生，三角状狭卵形，基部心形。花单生叶腋，花被管基部球形，中部稍弯曲，上部扩大成斜喇叭状，雄蕊6；子房下位，6室。蒴果近球形，基部室间开裂（图15－6）。

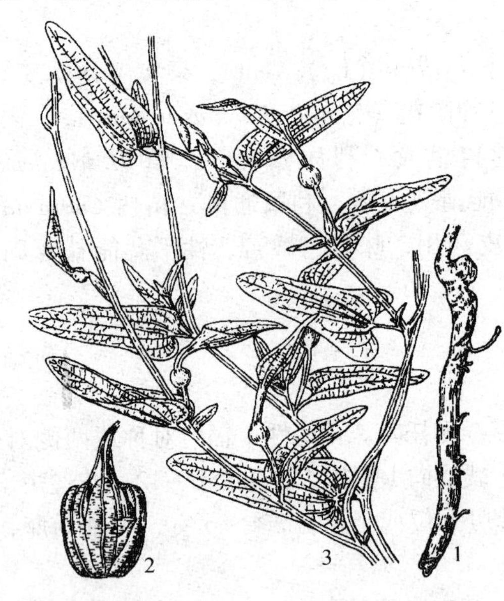

图15－6 马兜铃
1. 根 2. 果实 3. 花枝

分布于山东、河南及长江流域和以南地区。生于沟边阴湿处及山坡灌丛中。果实（马兜铃）药用，味苦，性微寒。能清肺降气，止咳平喘，清肠消痔。根（青木香）药用，味辛、苦，性寒。能平肝止痛，行气消肿。茎（天仙藤）药用，味苦，性温。能行气活血，利水消肿，解毒。

同属植物北马兜铃 *A. contorta* Bunge 的果实、根和茎同等入药。

本科常用药用植物还有：杜衡 *Asarum forbesii* Maxim. 和小叶马蹄香 *A. ichangense* C. Y. Cheng et C. S. Yang，根状茎及根或全草药用，味辛，性温。散风逐寒，消痰行水，活血止痛。寻骨风 *Aristolochia mollissima* Hance，全草药用，味苦，性平。能祛风除湿，活血通络，止痛。

5. 蓼科 Polygonaceae

⚥ $* P_{3\sim6,(3\sim6)} A_{3\sim9} \underline{G}_{(2\sim4:1:1)}$

多年生草本或藤本。茎节常膨大。单叶互生；有膜质托叶鞘。花两性，稀为单性；常排成总状、穗状、圆锥状或头状花序；单被花，花被片 3～6，常花瓣状，宿存；雄蕊 3～9；子房上位，2～3 心皮合生成 1 室，1 胚珠，基生胎座。瘦果或小坚果，常包于宿存的花被内，多有翅。种子有胚乳。

本科植物以普遍含蒽醌类、黄酮类和鞣质类成分为其化学特征。

50 属，1200 种，分布全球。我国 11 属 230 余种，分布全国。药用 10 属，136 种。

蓼科主要药用属检索表

1. 瘦果不具翅。
  2. 花被片 6，果时内轮花被片增大 ………………………………………………… 酸模属 *Rumex*
  2. 花被片 5 或 4，果时通常不增大。
    3. 瘦果具三棱或凸镜状，比宿存的花被短 ……………………………… 蓼属 *Polygonum*
    3. 瘦果具三棱，明显比宿存的花被长 ………………………………… 荞麦属 *Fagopyrum*
1. 瘦果具翅。花被 6 裂，果时不增大 ………………………………………………… 大黄属 *Rheum*

【药用植物】

掌叶大黄 *Rheum palmatum* L.　多年生高大草本。根茎内面黄色。基生叶大，宽卵形，掌状深裂，裂片 3～5，裂片有时再羽裂；托叶膜质。圆锥花序大型；花小，花被紫红色。瘦果具 3 棱，有翅（图 15－7）。

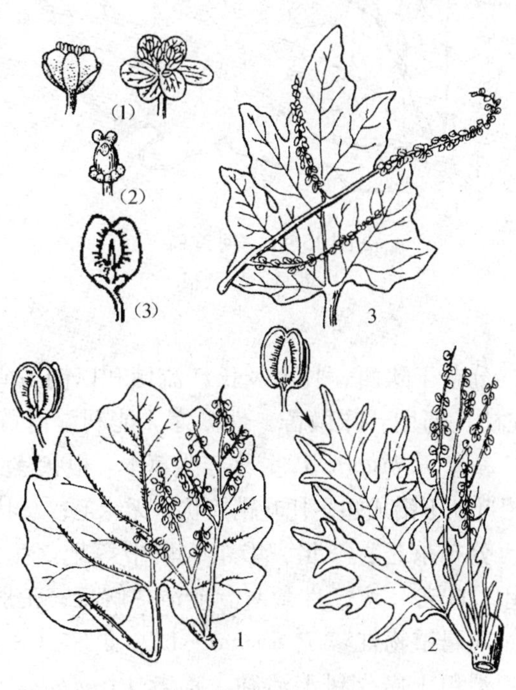

图 15－7　大黄属植物

1. 药用大黄　2. 唐古特大黄　3. 掌叶大黄（1）花（2）雌蕊（3）果实

分布于陕西、甘肃、青海、四川和西藏等地。生于山地林缘或草坡，亦有栽培。根及根状茎（大黄）药用，味苦，性寒。能泻下攻积，清热泻火，凉血解毒，逐瘀通经，利湿退黄。同属植物药用大黄 *R. officinale* Baill. 和唐古特大黄 *R. tanguticum* Maxim. ex Regel 的根及根状茎同等入药。

何首乌 *Polygunum multiflorum* Thunb. 多年生缠绕草本。块根纺锤形或不规则形，红褐色，断面有异型维管束形成的“云锦花纹”。叶卵状心形，托叶鞘短筒状，膜质。圆锥花序顶生或腋生；花小，白色，花被 5，外侧 3 片背部有翅。瘦果具 3 棱（图 15－8）。

分布于全国各地。生于灌丛、山坡阴湿处或石缝中。块根（何首乌）药用，味苦、甘、涩，性温。生用能解毒，消痈，润肠通便；制用能补肝肾，益精血，强筋骨，乌须发。茎藤（首乌藤，夜交藤）药用，味甘，性平。能养血安神，祛风通络。

《中国植物志》已将何首乌列为何首乌属 *Fallopia*，学名改为：*F. multiflora* (Thunb.) Harald.，该属约20种，我国7种，2变种。

虎杖 *P. cuspidatum* Sieb. et Zucc. 多年生粗壮草本。茎中空，幼时有紫色斑点。叶卵状椭圆形；托叶鞘短筒状。花小，单性异株，白色，圆锥花序。果卵形，外有3枚由宿存花被扩大的翅，瘦果卵形（图15-9）。

图15-8 何首乌

1. 花枝 2. 块根

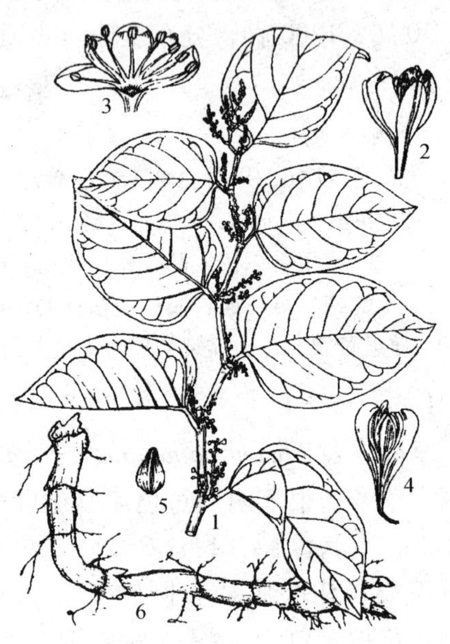

图15-9 虎杖

1. 花枝 2. 花的侧面 3. 花被展开，示雄蕊 4. 包在花被内的果实 5. 果实 6. 根状茎

分布于陕西、甘肃及长江流域和以南各省。生于山坡、路旁的阴湿处。根及根状茎（虎杖）药用，味微苦，性微寒。能利湿退黄，清热解毒，散瘀止痛，止咳化痰。

拳参 *P. bistorta* L. 多年生草本。根状茎肥厚；茎直立。基生叶宽披针形或狭卵形，基部沿叶柄下沿成翅；托叶鞘筒状，无缘毛；总状花序穗状，顶生，紧密；花白色或淡红色。

分布东北、华北、华东、华中等地。生于山坡草地、山顶草甸。根状茎（拳参）药用，味苦、涩，性微寒。能清热解毒，消肿止痛。

同属植物红蓼 *P. orientale* L.，果实（水红花子）药用，味咸，性微寒。能散血消癥，消积止痛，利水消肿。萹蓄 *P. aviculare* L.，全草（萹蓄）药用，味苦，性微寒。能利尿通淋，杀虫止痒。杠板归 *P. perfoliatum* L.，全草药用，味酸，性微寒。能清热解毒，利水消肿。蓼蓝 *P. tinctorium* Ait.，叶（蓼大青叶）药用，味苦，性寒。能清热解毒，凉血消斑。

本科常用药用植物还有：金荞麦 *Fagopyrum dibotrys* (D. Don) Hara，根状茎药用，味微辛、涩，性凉。能清热解毒，排脓祛瘀。羊蹄 *Rumex japonicus* Houtt.，根药用，味苦，性寒。能清热解毒，杀虫止痒，通便。金线草 *Antenoron filiforme*（Thunb.）Rob. et Vaut.，全草药用，味辛、涩，性温。能祛风除湿，理气止痛，止血，散瘀。

6. 苋科 Amaranthaceae

⚥ $* P_{3\sim5}A_{3\sim5}\underline{G}_{(2\sim3:1:1\sim\infty)}$

多年生草本。单叶互生或对生，常全缘；无托叶。花小，常两性，稀单性；排成穗状、头状或圆锥花序；单被花，花被片3~5，干膜质，每花下常有1枚干膜质苞片及小苞片；雄蕊常和花被片同数且对生，多为5枚，花丝分离或基本连合成杯状；子房上位，由2至3心皮组成1室，1枚胚珠，基生胎座。果多为胞果，稀为小坚果或浆果。

65属，约900种，分布热带和温带地区。我国13属，39种，分布全国。药用9属，28种。

【药用植物】

牛膝 *Achyranthes bidentata* Bl.　多年生草本。根长圆柱形。茎四棱形，节膨大。叶对生，椭圆形至椭圆状披针形，全缘。穗状花序；苞片1，干膜质，小苞片硬刺状；花被片膜质；雄蕊5，花丝下部连合。胞果长圆形，包于宿存花被内，向下折贴近花序轴（图15－10）。

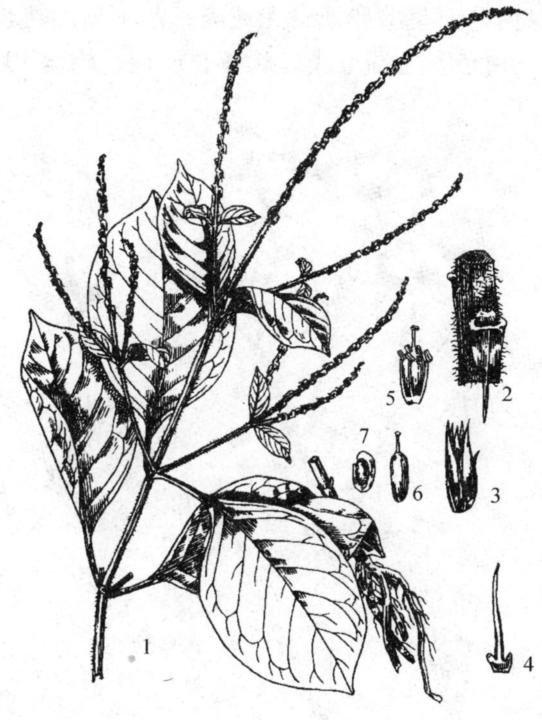

图15－10　牛膝

1. 植株　2. 花纵剖　3. 花　4. 小苞片　5. 去花被的花　6. 雌蕊　7. 胚

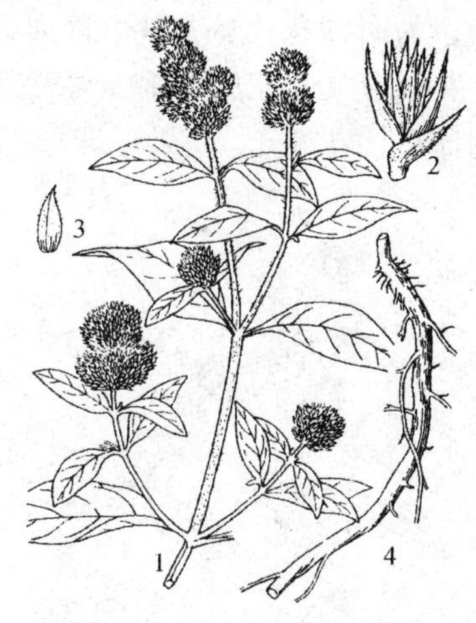

图15－11　川牛膝

1. 花枝　2. 花　3. 苞片　4. 根

分布于全国各地。主要栽培于河南。根（牛膝）药用，味苦、甘、酸，性平。能逐瘀通经，补肝肾，强筋骨，利尿通淋，引血下行。

川牛膝 *Cyathula officinalis* Kuan　多年生草本。根长圆柱形。茎中部以上近四棱形，疏被糙毛，节处略膨大。叶对生，椭圆形或长椭圆形。花小，密集圆头状花序；两性花居中，不育花居两侧。胞果长椭圆形，略压扁，暗灰色（图15－11）。

分布于我国西南。生于林缘或山坡草丛中，多为栽培。根（川牛膝）药用，味甘、微苦，性平。能逐瘀通经，通利关节，利尿通淋。

本科常用药用植物还有：鸡冠花 *Celosia cristata* L.，花序药用，味甘、涩，性凉。能收敛止血，止带，止痢。青葙 *C. argentea* L.，种子药用，味苦，性微寒。能清肝泻火，明目退翳。

7. 石竹科 Caryophyllaceae

⚥ $* K_{4\sim5,(4\sim5)} C_{4\sim5,0} A_{8,10} \underline{G}_{(2\sim5:1:\infty)}$

草本。节常膨大。单叶对生，全缘；无托叶。花两性，单生或聚伞花序；萼片4～5，分离或连合；花瓣4～5，常具爪；雄蕊为花瓣的倍数，8或10枚；子房上位，心皮2～5，合生，1室，特立中央胎座。蒴果齿裂或瓣裂，稀浆果。

75属，约2000种，分布全球。我国30属，388种，分布全国。药用21属，106种。

【药用植物】

孩儿参 *Pseudostellaria heterophylla*（Miq.）Pax　多年生草本。块根肉质，纺锤形。单叶对生，茎下部的叶倒披针形，顶端两对叶片较大，排成十字状。花2型，近地面的花小，为闭锁花，萼片4，背面紫色，边缘白色而呈薄膜质，无花瓣；茎顶上的花较大，花时直立，花后下垂，萼片5，花瓣5，白色，先端呈浅齿状2裂或钝；雄蕊10；子房卵形，花柱3。蒴果近球形（图15－12）。

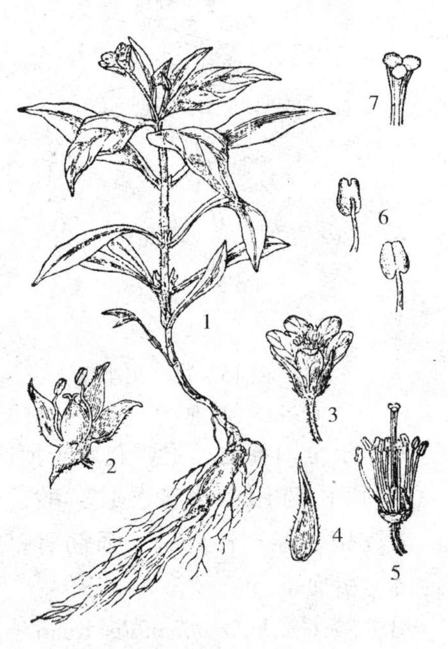

图15－12　孩儿参

1. 植株　2. 茎下部的花　3. 茎顶部的花　4. 萼片　5. 雄蕊与雌蕊　6. 花药　7. 柱头

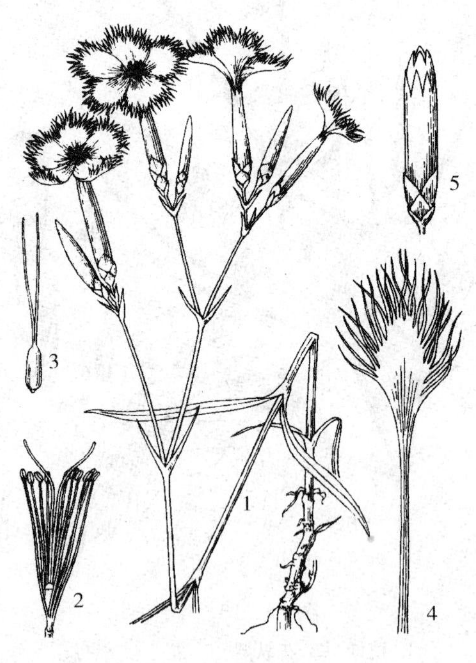

图15－13　瞿麦

1. 植株　2. 雄蕊与雌蕊　3. 雌蕊　4. 花瓣　5. 蒴果及宿存萼片和苞片

分布于华东、华中、华北、东北和西北等地。生于山谷林下阴处，现贵州、安徽、福建有栽培。块根（太子参）药用，味甘、微苦，性平。能益气健脾，生津润肺。

王不留行（麦蓝菜）*Vaccaria segetalis*（Neck.）Garcke　一年生或二年生草本。茎直立，上部叉状分枝，节稍膨大。叶对生，粉绿色，卵状披针形或卵状椭圆形，基部稍连合而抱茎。聚伞花序顶生，花梗细长；萼筒壶状，有5条绿色宽脉，并具5棱；花瓣5，淡红色，基部有长爪。蒴果卵形，4齿裂，包于宿萼内。

分布于华南地区以外的全国各地，生于路旁、山坡，尤以麦田中生长最多。种子药用，味苦，性平。能活血调经，下乳消肿，利尿通淋。

瞿麦 *Dianthus superbus* L.　多年生草本。茎直立，节膨大。叶对生，线形至线状披针形，全缘。花单生或成聚伞花序，小苞片4～6，长约为萼筒的1/4；花萼圆筒状，细长，先端5裂；花瓣粉紫色，先端深细裂成丝状、喉部有须毛。蒴果长筒形，4齿裂，有宿萼（图15－13）。

分布于全国，生于山野、草丛等处。地上部分（瞿麦）药用，味苦，性寒。能利尿通淋，活血通经。

同属植物石竹 *D. chinensis* L. 的地上部分同等入药。

本科常用药用植物还有：银柴胡 *Stellaria dichotoma* L. var. *lanceolata* Bge.，根药用，味甘，性微寒。能清虚热，除疳热。

8. 睡莲科 Nymphaeaceae

⚥ $* K_{3\sim\infty} C_{3\sim\infty} A_{\infty} \underline{G}_{3\sim\infty,(3\sim\infty)} \overline{G}_{3\sim\infty,(3\sim\infty)}$

水生草本。根状茎横走，粗大。叶基生，常盾状，近圆形。花单生，两性。辐射对称；萼片3至多数；花瓣3至多数；雄蕊多数；雌蕊由3至多数离生或合生心皮组成，子房下位或上位，胚珠多数。坚果埋于膨大的海绵状花托内或为浆果状。

8属，约100种，分布全球。我国5属，13种，分布全国。已知药用5属，10种。

【药用植物】

莲 *Nelumbo nucifera* Gaetn.　多年生水生草本。具肥大的根状茎。叶片圆盾形，柄长，有刺毛。花单生；萼片4～5，早落；花瓣多数，粉红色或白色；雄蕊多数。坚果椭圆形，嵌生于海绵质的花托内（图15－14）。

图15－14　莲

1. 叶　2. 花　3. 花托　4. 果实和种子　5. 雄蕊　6. 根茎的一部分

全国各地均有栽培。生于水泽、池塘、湖沼或水田内。根状茎的节部（藕节）药用，味甘、涩，性平。能消瘀止血。叶（荷叶）药用，味苦、涩，性平。能清暑利湿。叶柄（荷梗）药用，能通气宽胸，和胃安胎。花托（莲房）药用，能化瘀止血。雄蕊

（莲须）药用，能固肾涩精。种子（莲子）药用，味甘、涩，性平。能补脾止泻，益肾安神。莲子中的绿色胚（莲子心）药用，味苦，性寒。能清心安神，涩精止血。

芡实（鸡头米）*Euryale ferox* Salisb.　一年生大型水生草本。全株具尖刺。根状茎短。叶盾圆形或盾状心形，上面多皱折，脉上有刺。果实浆果状，海绵质，紫红色，形如鸡头，密生硬刺。种子球形，黑色。

分布于全国各地。生于湖塘池沼中。种仁（芡实）药用，味甘、涩，性平。能益肾固精，补脾止泻。

9. 毛茛科 Ranunculaceae

$⚥ * \uparrow K_{3\sim\infty} C_{3\sim\infty,0} A_{\infty} \underline{G}_{1\sim\infty:1:1\sim\infty}$

草本或藤本。单叶或复叶，互生或基生，少数对生；无托叶。花两性，单生或排成聚伞花序、总状花序和圆锥花序；重被或单被，萼片3至多数，常成花瓣状；花瓣3至多数或缺；雄蕊和心皮多数，离生，螺旋状着生凸起的花托上，稀定数，子房上位，1室，含1至多数胚珠。聚合蓇葖果或聚合瘦果，稀为浆果。

毛茛科植物中最具特征性的化学成分是毛茛苷（rarunculin），易酶解为原白头翁素，并进一步聚合成白头翁素，这些成分在本科之外的植物中尚未发现。

50属，约2000种，分布全球。我国42属，800余种，分布全国。药用30属，500种。

毛茛科主要药用属检索表

1. 草本；叶互生或基生。
　2. 花辐射对称。
　　3. 瘦果，每心皮有1胚珠。
　　　4. 有2枚对生或3枚以上轮生苞片形成的总苞；叶均基生。
　　　　5. 果期花柱不延长 …………………………………………………… 银莲花属 *Anemone*
　　　　5. 果期花柱强烈延长成羽毛状 ……………………………………… 白头翁属 *Pulsatilla*
　　　4. 无总苞；叶基生或茎生。
　　　　6. 无花瓣 ………………………………………………………………… 唐松草属 *Thalictrum*
　　　　6. 有花瓣。
　　　　　7. 花瓣有蜜腺 ……………………………………………………… 毛茛属 *Ranunculus*
　　　　　7. 花瓣无蜜腺 ……………………………………………………… 侧金盏花属 *Adonis*
　　3. 有蓇葖果，每心皮有2枚以上胚珠。
　　　8. 有退化雄蕊。
　　　　9. 总状或复总状花序；无花瓣；退化雄蕊在发育雄蕊外侧 ……… 升麻属 *Cimicifuga*
　　　　9. 单花或单歧聚伞花序；花瓣下部筒状，上部近二唇形；退化雄蕊在发育雄蕊内侧
　　　　　………………………………………………………………………… 天葵属 *Semiaquilegia*
　　　8. 无退化雄蕊 ……………………………………………………………… 黄连属 *Coptis*
　2. 花两侧对称，花瓣具长爪 ………………………………………………… 乌头属 *Cannabis*
1. 常为藤本；叶对生 …………………………………………………………… 铁线莲属 *Clematis*

【药用植物】

毛茛 *Ranunculus japonicus* Thunb.　多年生草本。全植株被粗毛。叶片五角形，3裂，

中裂片有3浅裂，侧裂片2裂。聚伞花序顶生；花瓣黄色带蜡样光泽。聚合瘦果近球形（图15－15）。

分布于全国各地。生于山沟、水田边、湿地。全草药用，味辛，性温，有毒。能利湿，消肿，止痛，退翳，杀虫。

同属植物小毛茛 *R. ternatus* Thunb.　多年生小草本。簇生多数肉质小块根。茎铺散，多分枝，基生叶有长柄；单叶3裂或三出复叶；茎生叶细裂。聚伞花序具少数花，花瓣黄色带蜡样光泽。

分布于华东及河南、浙江、台湾、湖北、湖南、广西。生于郊野、路旁湿地。块根（猫爪草）药用，味甘、辛，性温。能化痰散结，解毒消肿。

图15－15　毛茛

1. 植株　2. 花瓣　3. 聚合瘦果　4. 瘦果

乌头 *Aconitum carmichaeli* Debx.　多年生草本。块根通常2～3个连生在一起，呈圆锥形或卵形，母根称乌头，旁生侧根称附子。叶互生，卵圆形，掌状2至3回分裂，裂片有缺刻。总状花序，萼片5，蓝紫色，上萼片盔帽状，花瓣2有长爪；心皮3，离生。聚合蓇葖果（图15－16）。

分布于长江中下游，华北、西南亦产。生于山坡草地、灌丛中，四川、陕西有大量栽培。母根（川乌）药用，味辛、苦，性热，有大毒。能祛风除湿，温经止痛。侧生子根（附子）药用，味辛、甘，性大热。能回阳救逆，补火助阳，散寒止痛。

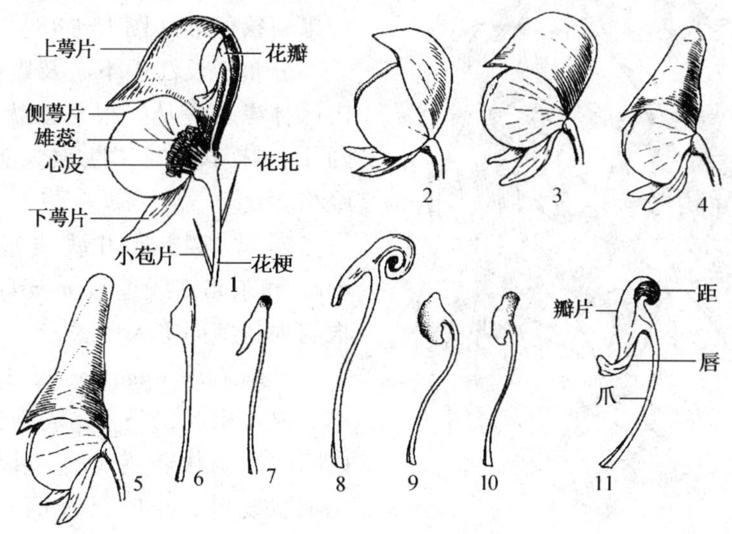

图15－16　乌头属花的解剖

1. 花的纵剖面模式图　2～5. 花的外形　6～11. 花瓣

黄连 *Coptis chinensis* Franch.　多年生草本。根茎黄色，分枝成簇。叶基生，3 全裂，中间裂片卵状菱形具细柄，3~5 羽状深裂，边缘有锐锯齿。花小，黄绿色，萼片 5 个，狭卵形，辐射对称；花瓣条状披针形，中央有蜜腺；雄蕊 20 枚；心皮 8~12，基部有明显的柄。聚合蓇葖果有柄（图 15-17）。

图 15-17　黄连

1~4. 黄连（1. 着花植株　2. 萼片　3. 花瓣　4. 聚合蓇葖果）5~7. 三角叶黄连（5. 叶片　6. 萼片　7. 花瓣）8~10. 云南黄连（8. 叶片　9. 萼片　10. 花瓣）

分布于陕西、湖北、湖南、贵州、四川等。生于海拔 500~2000m 间山林阴湿处，现四川、湖北有大量栽培。根状茎（味连）药用，味苦，性寒。能清热燥湿，泻火解毒。

同属植物三角叶黄连 *C. deltoidea* C. Y. Cheng et Hsiao 和云南黄连 *C. teeta* wall. 的根状茎同等入药，分别称为"雅连"和"云连"。

威灵仙 *Clematis chinensis* Osbeck　藤本。茎和叶干燥后变黑色。一回羽状复叶，对生；小叶 3~5，狭卵形或三角形卵形。圆锥状聚伞花序，萼片 4，花瓣状，白色；无花瓣。雄蕊多数；心皮多数，离生；花柱细长，有白色长毛。聚合瘦果，瘦果扁狭卵形（图 15-18）。

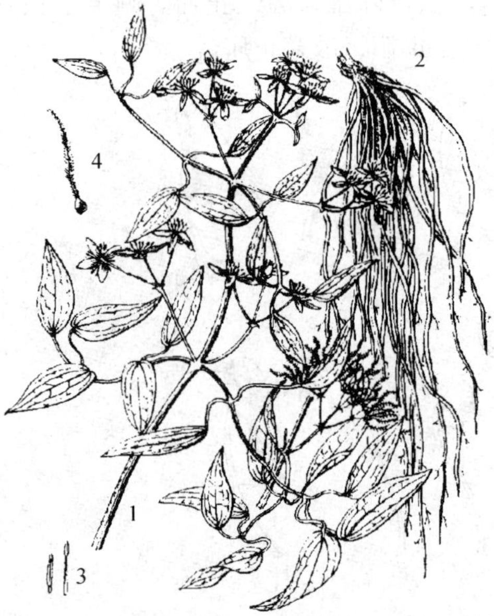

图 15-18　威灵仙

1. 花枝　2. 根　3. 雄蕊　4. 瘦果

分布于长江中下游及以南地区。生于山区林缘及灌丛。根与根状茎（威灵仙）药用，味辛、咸，性温。能祛风湿，通经络。

同属植物棉团铁线莲 *C. hexapetala* Pall. 和东北铁线莲 *C. manshurica* Rupr. 的根与根状茎同等入药。

升麻 *Cimicifuga foetida* L.　多年生草本。根茎粗壮，坚实，表面黑色，有许多内陷的圆洞状老茎残迹。叶为二至三回三出羽状复叶，小叶具长柄，菱形或卵形，边缘有锯齿。圆锥花序，密被灰色或锈色腺毛及短柔毛；萼片 5，花瓣状，白色或绿白色，无花瓣；雄蕊多数，退化雄蕊宽椭圆形；心皮 2~5。蓇葖果，有柔毛。

分布于甘肃、青海、四川和云南。生于海拔1700～2300m 的林缘和草丛。根状茎（升麻）药用，味辛、微甘，性微寒。能发表透疹，清热解毒，升举阳气。

白头翁 *Pulsatilla chinensis*（Bge.）Regel　宿根草本，根圆锥形。全株密被白色长柔毛。基生叶4～5片，3全裂，有时为三出复叶。花单朵顶生，萼片花瓣状，6片排成2轮，蓝紫色，外被白色柔毛；雄蕊多数，鲜黄色；聚合瘦果，密集成头状，宿存花柱，羽毛状，下垂如白发。

分布于东北、华北、华东和河南、陕西、四川。生于山坡草地、林缘。根（白头翁）药用，味苦，性寒。能清热解毒，凉血止痢。

本科常用药用植物还有：大叶唐松草 *Thalictrum faberi* Ulbr.、华东唐松草 *T. fortunei* S. Moore 和东亚唐松草 *T. minus* L. var. *hypoleucum*（Sieb. et Zucc.）Miq.，根及根状茎药用，味苦，性寒。能清热，泻火，解毒。小木通 *Clematis armandii* Franch. 和绣球藤 *C. montana* Buch. – Ham. ex DC.，茎藤（川木通）药用，味苦，性寒。能利尿通淋，清心除烦，通经下乳。天葵 *Semiaquilegia adoxoides*（DC.）Mak.，块根药用，味甘、苦，性寒。能清热解毒，消肿散结。北乌头 *Aconitum kusnezoffii* Reichb.，块根（草乌）药用，味辛、苦，性热，有大毒。能祛风除湿，温经止痛。黄花乌头 *A. coreanum*（Lévl.）Rapaics，块根（关白附）药用，味辛、甘，性温，有大毒。能祛风痰，逐寒湿，定惊痫。阿尔泰银莲花 *Anemone altaica* Fisch. ex C. A. Mey.，根状茎（九节菖蒲）药用，味辛，性温。能化痰开窍，安神，宣湿醒脾，解毒。多被银莲花 *A. raddeana* Regel，根状茎（竹节香附）药用，味辛，性热。能祛风湿，散寒止痛，消痈肿。

10. 芍药科 Paeoniaceae

⚥ $* K_5 C_{5\sim10} A_{\infty} \underline{G}_{2\sim5:1:1\sim2}$

多年生草本或灌木。根肥大，叶互生，通常为二回三出羽状复叶。花大，1至数朵顶生；萼片通常5，宿存；花瓣5～10，红、黄、白、紫色；雄蕊多数，离生；花盘杯状或盘状，包裹心皮；心皮2～5，离生。聚合蓇葖果。

本科原归属毛茛科，但因其在一系列外部形态和内部构造上与毛茛科存在明显差异，如薄壁细胞普遍含草酸钙簇晶等；本科的化学成分也较毛茛科不同，主要含单萜类化合物芍药苷及其衍生物，此外还含有酚类成分丹皮酚及没食子酰鞣质类成分，故从毛茛科中分出而独立成科。

图15－19　芍药

1. 植株　2. 小叶边缘放大　3. 雄蕊　4. 蓇葖果

1属，约35种，分布欧亚大陆、北

美西部温带地区。我国有17种，分布东北、华北、西北、长江流域及西南。几乎全部药用。

【药用植物】

芍药 *Paeonia lactiflora* Pall. 多年生草本。根粗壮，圆柱形。二回三出复叶，小叶窄卵形，叶缘具骨质细乳突。花白色、粉红色或红色，顶生或腋生；花盘肉质，仅包裹心皮基部。聚合蓇葖果，卵形，先端钩状外弯（图15－19）。

分布于我国北方。生于山坡草丛，各地有栽培。刮去栓皮的根（白芍）药用，味苦、酸，性微寒。能养血调经，敛阴止汗，柔肝止痛，平抑肝阳。不去栓皮的根（赤芍）药用，味苦，性微寒。能清热凉血，散瘀止痛。

同属植物川赤芍 *P. veitchii* Lynch 的不去栓皮的根同等药用。凤丹 *P. ostii* T. Hong et J. X. Zhang 的根皮（牡丹皮）药用，味苦、辛，性微寒。能清热凉血，活血化瘀。牡丹 *P. suffruticosa* Andr. 的根皮同等药用。

11. 小檗科 Berberidaceae

⚥ $* K_{3+3,\infty} C_{3+3,\infty} A_{3\sim9} \underline{G}_{1:1:1\sim\infty}$

灌木或草本。草本常具根状茎或块茎。单叶或复叶；互生。花两性，辐射对称，单生、簇生或为总状、穗状花序。萼片与花瓣相似，各2～4轮，每轮常3片，花瓣常具蜜腺。雄蕊3～9，常与花瓣同数且与之对生，花药瓣裂，有时纵裂。子房上位，常由1枚心皮组成1室，花柱极短或缺，柱头常为盾形，胚珠1至多数。浆果、蒴果或蓇葖果。

本科木本类群中多含草酸钙方晶，草本类群多含草酸钙簇晶。化学成分类别众多，包括生物碱类、三萜皂苷类、黄酮类、蒽醌类、香豆素类、木脂素类、糖类、脂类等，其中最显著特征是木本类群中多含苄基异喹啉类生物碱，草本类群中明显减少或缺。

17属，约650种，分布北温带和亚热带高山地区。我国11属，320余种，分布全国。药用11属，140余种。

【药用植物】

箭叶淫羊藿 *Epimedium sagittatum* (Sieb. et Zucc.) Maxim. 多年生常绿草本。基生叶1～3，三出复叶，小叶长卵形，基部深心形，两侧小叶基部呈不对称的箭状心形，叶革质。圆锥花序或总状花序，顶生。萼片4，2轮，外轮早落，内轮花瓣状，白色；花瓣4，黄色，有距；雄蕊4。蓇葖果（图15－20）。

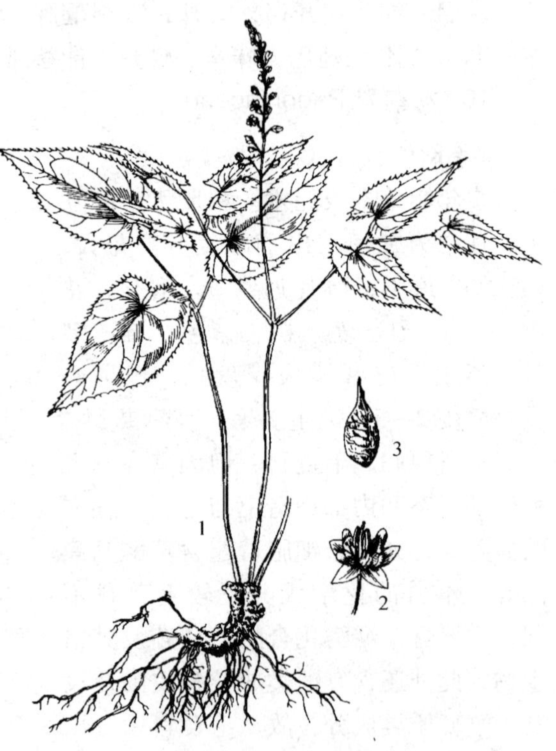

图15－20 箭叶淫羊藿

1. 植株 2. 花 3. 果实

分布于长江以南各地。生于山坡、林

下、溪边等潮湿处。枝叶（淫羊藿）药用，味辛、甘，性温。能补肾阳，强筋骨，祛风湿。

同属植物淫羊藿 *E. brevicornum* Maxim.、朝鲜淫羊藿 *E. koreanum* Nakai 和柔毛淫羊藿 *E. pubescens* Maxim. 的枝叶同等入药。

八角莲 *Dysosma versipellis*（Hance）M. Cheng ex Ying 多年生草本。根状茎粗壮，横生，具明显的碗状节。茎生叶 1～2 片，盾状着生；叶片圆形，掌状深裂。花5～8 朵排成伞形花序，着生叶柄上方近叶处；花下垂，深红色，萼片 6，花被 6，匀状倒卵形，柱头大，盾状。浆果（图 15－21）。

图 15－21 八角莲

1. 花枝 2. 根状茎

分布于长江以南各地。生于山坡林下阴湿处。根和根状茎药用，味苦、辛，性凉，有毒。能化痰散结，祛瘀止痛，清热解毒。

同属植物六角莲 *D. pleiantha*（Hance）Woods. 和川八角莲 *D. Veitchii*（Hemsl. et Wils）Fu ex Ying 的根和根状茎同等入药。

阔叶十大功劳 *Mahonia bealei*（Fort.）Carr. 常绿灌木。奇数羽状复叶，互生，厚革质；小叶卵形，边缘有刺状锯齿。总状花序丛生茎顶；花黄色；萼片 9，3 轮；花瓣 6；雄蕊 6，花药瓣裂。浆果，熟时暗蓝色，有白粉。

分布于长江流域及陕西、河南、福建。茎（功劳木）药用，味苦，性寒。能清热燥湿，泻火解毒。叶药用，味苦，性寒。能清虚热，燥湿，解毒。

同属植物细叶十大功劳 *M. fortunei*（Lindl.）Fedde 的茎和叶同等入药。

本科常用药用植物还有：南天竺 *Nandina domestica* Thunb.，果实药用，味酸、甘，性平，有毒。能敛肺止咳，平喘。桃儿七 *Sinopodophyllum hexandrum*（Royle）Ying，根和根状茎药用，味苦、微辛，性温，有毒。能祛风除湿，活血止痛，祛痰止咳。果实，味甘、酸，性平，有小毒。能活血调经，止咳平喘，健脾利湿。豪猪刺 *Berberis julianae* Schneid.，根或茎药用，味苦，性寒。能清利湿热，泻火解毒。黄芦木 *B. amurensis* Ropr. 和庐山小檗 *B. virgetorum* Schneid. 的根和茎同等入药。

12. 防己科 Menispermaceae

$♂ * K_{3+3}C_{3+3}A_{3\sim6,\infty}$；$♀ K_{3+3}C_{3+3}\underline{G}_{3\sim6:1:1}$

多年生草质或木质藤本。单叶互生，叶片常盾状着生，掌状叶脉；无托叶。花单性异株，聚伞花序或圆锥花序；萼片和花瓣均为 6 枚，2 轮，每轮 3 片；雄蕊通常 6，稀 3 至多数，花丝分离至合生；心皮多为 3，离生，每室 2 胚珠，仅 1 枚发育。核果，果核木质或骨质，马蹄形或肾形，表面有各式雕纹。

65 属，约 350 余种，分布全世界的热带和亚热带地区。我国 19 属，78 种，主要分

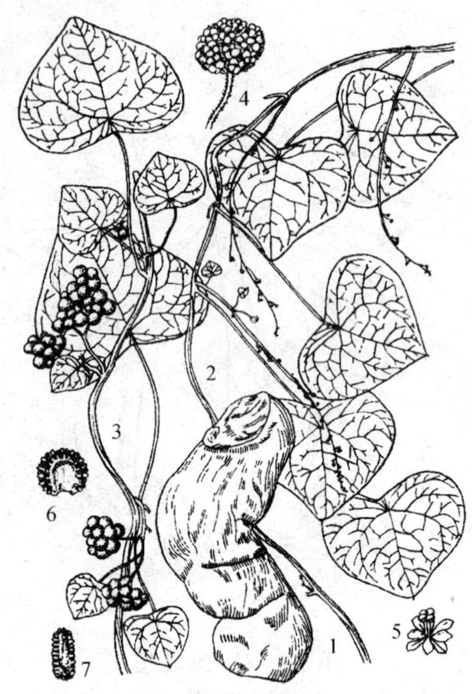

图 15-22 粉防己

1. 根 2. 雄花被 3. 果枝 4. 雄花序 5. 雄花 6. 果核正面 7. 果核侧面

布于长江流域及其以南各省区。药用 15 属，67 种。

【药用植物】

粉防己 *Stephania tetrandra* S. Moore 多年生缠绕藤本。叶阔三角状卵形，全缘，叶片盾状着生。花单性，雌雄异株；萼片、花瓣均为 4，雄蕊 4，花丝连成柱状体，上部盘状；雌花萼片和花瓣与雄花同数，子房上位，花柱 3。核果红色（图 15-22）。

分布于我国东部及南部。生于山坡、林缘及草丛等处。根（防己）药用，味苦，性寒。能祛风止痛，利水消肿。

蝙蝠葛 *Menispermum dauricum* DC. 多年生藤本。根状茎细长，圆柱形。单叶互生，叶片肾形至心形，边缘有 3~7 浅裂，裂片三角形，盾状着生。花单性，雌雄异株，圆锥花序腋生；萼片、花瓣均为 6，2 轮；雄花有雄蕊 10~16；雌花子房上位。核果肾圆形，熟时黑紫色（图 15-23）。

分布于东北、华北及华东地区。生于沟谷、灌丛。根（北豆根）药用，味苦，性寒，有小毒。能清热解毒、祛风止痛。

青藤 *Sinomenium acutum*（Thunb.）Rehd. et Wils. 缠绕藤本。叶近圆形或卵圆形，基部心形或近截形，全缘或 5~7 浅裂。花单性，雌雄异株，圆锥花序；花萼、花瓣均为 6，2 轮；雄花雄蕊 8~12；雌花 3 心皮，离生。核果扁球形，熟时蓝黑色。

分布于长江流域及其以南各地。茎藤（青风藤）药用，味苦、辛，性平。能祛风湿，通经络，利小便。

同属植物毛青藤 *S. acutum*（Thunb.）Rehd. et Wils. var. *cinereum* Rehd. et Wils. 的茎藤同等入药。

本科常用药用植物还有：青牛胆 *Tinospora sagittata*（Oliv.）Gagnep.，块根（金果榄）药用，味苦，性寒。能清热解毒，利咽，止痛。木防己 *Cocculus orbiculatus*（L.）

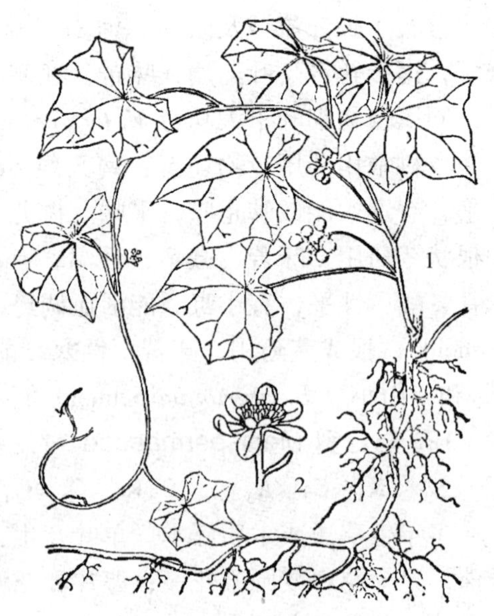

图 15-23 蝙蝠葛

1. 植株 2. 雄花

DC.，根药用，味苦、辛，性寒。能祛风除湿，通络活血，解毒消肿。金线吊乌龟 *Stephania cepharantha* Hayata，块根（白药子）药用，味苦、辛，性凉，有小毒。能清热解毒，祛风止痛，凉血止血。地不容 *S. epigaea* L.，块根药用，味苦，性寒。能涌吐痰食，截疟，解疮毒。锡生藤 *Cissampelos pareira* L. var. *hirsuta*（Buch. ex DC.）Forman，全株药用，味甘、苦，性温。能消肿止痛，止血，生肌。

13. 木兰科 Magnoliaceae

⚥ $* P_{6\sim12} A_{\infty} \underline{G}_{\infty:1:1\sim2}$

木本；常具油细胞，有香气。单叶互生，常全缘，稀分裂；托叶大，包被幼芽，早落，在节上留下环状托叶痕。花大，单生于枝顶或叶腋；辐射对称，两性；花被片 3 基数，6～12，每轮 3 片；雄蕊与雌蕊多数，分离，螺旋状排列在凸起的花托上；每心皮含胚珠 1～2。聚合蓇葖果，稀为具翅的小坚果。

本科植物以含有挥发油、异喹啉类生物碱、木脂素、倍半萜及挥发油为化学特征。

15 属，约 250 种，主要分布于北美和南美南回归线以北和亚洲的热带和亚热带至温带地区。我国有 11 属，100 余种，主要分布华南与西南地区。药用 5 属，约 45 种。

【药用植物】

厚朴 *Magnolia officinalis* Rehd. et Wils.　落叶乔木。叶大，革质，顶端圆。花白色；花被 9～12。聚合蓇葖果木质，长椭圆状卵形（图 15－24）。

图 15－24　厚朴

1. 花枝　2. 去花被的花，示雄蕊和雌蕊　3. 果实　4. 树皮的一部分

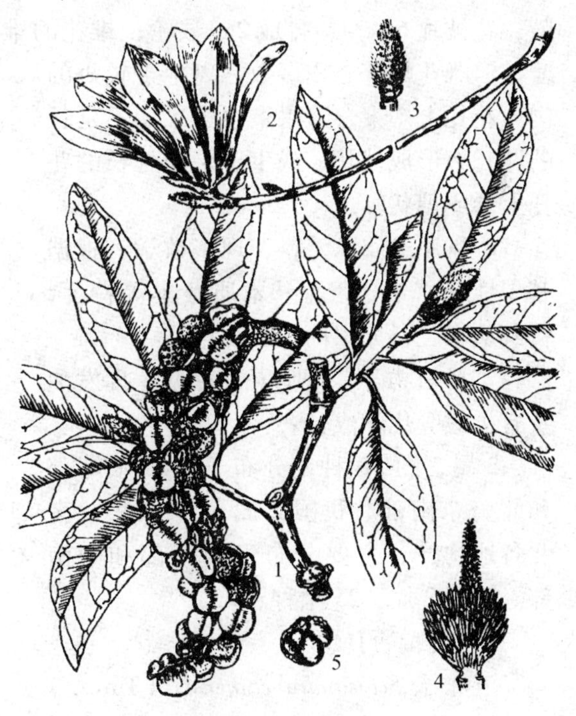

图 15－25　望春花

1. 果枝　2. 花枝　3. 花蕾　4. 雄蕊群和雌蕊群　5. 蓇葖果及种子

分布于陕西、甘肃、河南、湖北、湖南、四川、贵州。多为栽培。根皮、干皮和枝

皮（厚朴）药用，味苦、辛，性温。燥湿消痰，下气除满。花蕾（厚朴花）药用，味苦，性温。芳香化湿，理气宽中。

同属植物凹叶厚朴 *M. officinalis* Rehd. et Wils. var. *biloba* Rehd. et Wils. 的根皮、干皮和枝皮和花蕾同等药用。

望春花 *Magnolia biondii* Pamp.　落叶乔木，叶互生，长圆状披针形，先端急尖，基部楔形。花大，先叶开放，钟形；花被片 9，白色，外面基部带紫红色。聚合果圆柱形。种子深红色（图 15－25）。

分布于陕西、甘肃，湖北、四川等省。生于山坡或山沟杂木林中。花蕾（辛夷）药用，味辛，性温。能散风寒，通鼻窍。

同属植物玉兰 *M. denudata* Desr.、武当玉兰 *M. sprengeri* Pamp.、紫玉兰 *M. liliflora* Desr. 的花蕾同等药用。

本科常用药用植物还有：木莲 *Manglietia fordiana* Oliv.，果实药用，味辛，性凉。能通便，止咳。白兰花 *Michelia alba* DC.，花药用，味苦、辛，性微温。能化湿，行气，止咳。

14. 五味子科 Schisandraceae

♂ $* P_{6\sim24}A_{\infty}$； ♀ $P_{6\sim24}\underline{G}_{\infty:1:1\sim2}$

木质藤本。单叶互生，在短枝上聚生。花单性，雌雄异株；单生或数朵簇生于叶腋；花被片 6～24，排成 2～数轮；雄花的雄蕊多数，分离或聚合成头状或圆锥状的雄蕊柱；雌花雌蕊心皮多数，离生于较短的肉质花托上。聚合浆果聚生于果期不延长的花托上形成球状，或生于果期延长的花托上形成穗状。

本科原隶属木兰科，现多数学者根据其单性花、聚合浆果、木质藤本等特征，将其从木兰科分出而独立为科。

本科植物含有木脂素、三萜、挥发油及有机酸等化学成分。

2 属，约 50 种，分布于亚洲东南部和北美东南部。我国 2 属，33 余种，南北各地均产，主要分布于西南部和中南部。药用 2 属，25 余种。

【药用植物】

五味子 *Schisandra chinensis*（Turcz.）Baill.　落叶木质藤本。叶近膜质，边缘具腺齿。花单性异株。聚合浆果排成穗状，熟时红色（图 15－26）。

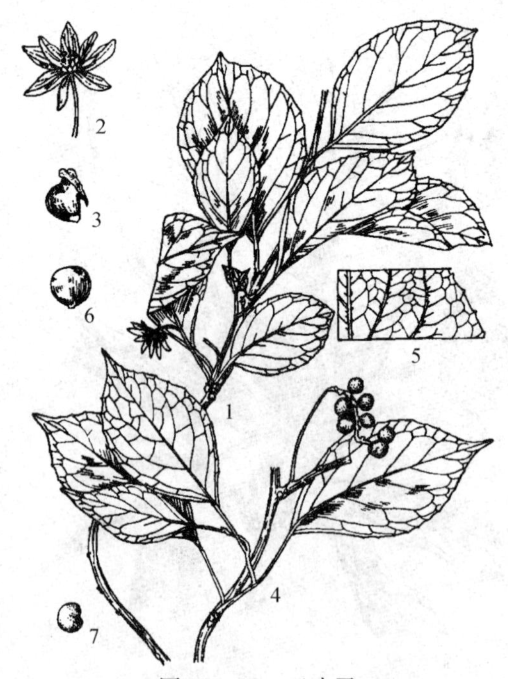

图 15－26　五味子

1. 雌花枝　2. 雌花　3. 心皮　4. 果枝　5. 叶缘放大，示腺状小齿　6. 果实　7. 种子

分布于东北、华北及宁夏、甘肃、山

东。生于沟谷、溪边及山坡。果实（北五味子）药用，味酸、甘，性温。能收敛固涩，益气生津，补肾宁心。

同属植物华中五味子 *S. sphenanthera* Rehd. et Wils. 的果实（南五味子）同等药用。

本科常用药用植物还有：南五味子 *Kadsura longipedunculata* Finet et Gagn.，根或根皮（红木香）药用，味辛、苦，性温。能理气止痛，祛风通络，活血消肿。

15. 樟科 Lauraceae

$⚥ * P_{(6,9)} A_{(3,6,9,12)} \underline{G}_{(3:1:1)}$

多为常绿乔木；有香气。单叶，常互生；全缘，羽状脉或三出脉；无托叶。花序多种；花小，两性，少单性；辐射对称；花单被，通常3基数，排成2轮，基部合生；雄蕊3～12枚，通常9，排成3轮，第一、第二轮花药内向，第三轮外向，花丝基部常具腺体，花药2～4室，瓣裂；子房上位，1室，具1顶生胚珠。核果或浆果状，有时被宿存花被形成的果托包围基部。种子1粒。

本科植物具油细胞。主要化学特征是普遍含有挥发油和异喹啉类生物碱，另外尚含倍半萜、黄酮、木脂素等成分。

45属，2000余种，分布热带、亚热带地区。我国20属，400余种，主要分布长江以南各省区。已知药用13属，110种。

【药用植物】

肉桂 *Cinnamomum cassia* Presl.　常绿乔木，全株有香气。叶互生，长椭圆形，革质，全缘，具离基三出脉。圆锥花序腋生或近顶生；花小，黄绿色，花被6，基部合生。核果椭圆形，黑紫色，宿存的花被管浅杯状，边缘截形或稍齿裂（图15－27）。

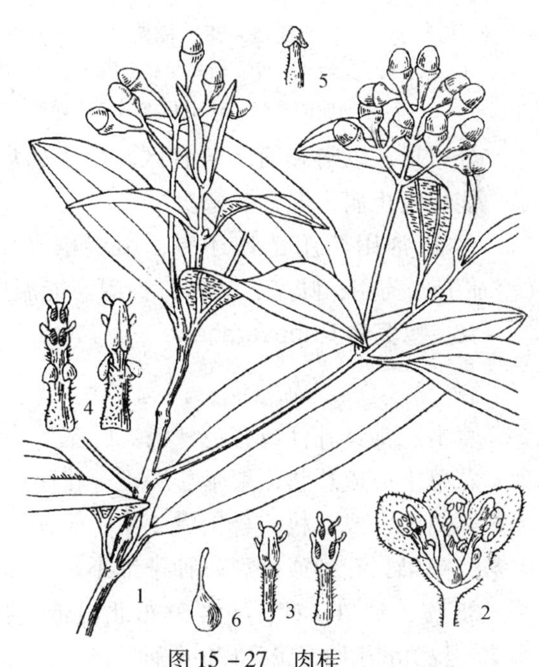

图15－27　肉桂

1. 果枝　2. 花纵剖面　3. 第一、第二轮雄蕊　4. 第三轮雄蕊　5. 第四轮退化雄蕊　6. 雌蕊

分布于福建、广东、广西、云南。多为栽培。树皮（肉桂）药用，味辛、甘，性热。能温肾壮阳，散寒止痛。嫩枝（桂枝）药用，味辛、甘，性温。能解表散寒，温经通络。

樟树（香樟）*C. camphora*（L.）Presl　常绿乔木，全体具樟脑味。叶互生，薄革质，卵形或卵状椭圆形，离基三出脉，脉腋有腺体。圆锥花序腋生；花被片6，淡黄绿色，内面密生短柔毛；雄蕊12，花药4室，花丝基部有2个腺体。果球形，紫黑色，果托杯状（图15－28）。

分布长江流域以南及西南各省区。生于山坡、疏林、村旁。根、木材及叶的挥发油主含樟脑，味辛，性热，有小毒。能通关窍，利滞气，杀虫止痒，消肿止痛。

乌药 *Lindera aggregata*（Sims.）Kosterm.　常绿灌木。根木质，膨大呈结节状。叶互生，革质，叶片椭圆形，背面密生灰白色柔毛，先端长渐尖或短尾尖，三出脉。花单性，异株；花小，伞形花房腋生；花药 2 室；雌花有退化雄蕊。核果椭圆形或圆形，半熟时红色，熟时黑色（图 15－29）。

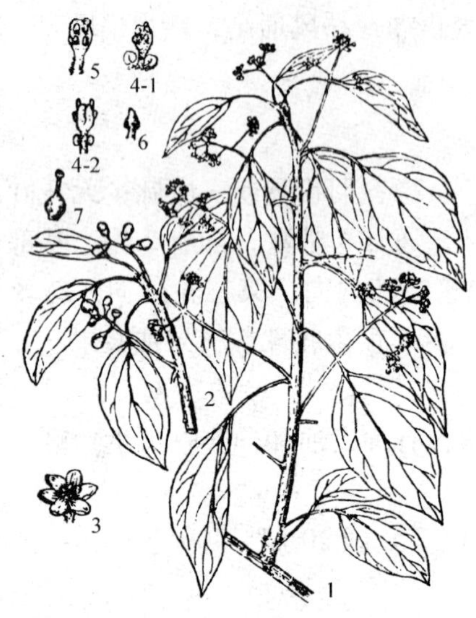

图 15－28　樟树

1. 花枝　2. 果枝　3. 花　4. 第三轮雄蕊（示正、背面）　5. 外两轮的雄蕊　6. 退化雄蕊　7. 雌蕊

图 15－29　乌药

1. 果枝　2. 根　3. 花　4. 雄蕊

分布长江以南和西南各省区。生于山坡灌丛或林缘。根（乌药）药用，味辛，性温。能行气止痛，温肾散寒。

本科常用药用植物还有：山鸡椒（山苍子）*Litsea cubeba*（Lour.）Pers.，果实（澄茄子）药用，味辛，微苦，性温。能温中止痛，行气活血，平喘，利尿。

16. 罂粟科 Papaveraceae

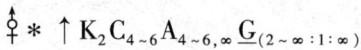

⚥ $* \uparrow K_2C_{4\sim6}A_{4\sim6,\infty}\underline{G}_{(2\sim\infty:1:\infty)}$

草本。常具乳汁或有色汁液。叶基生或互生，无托叶。花两性，辐射对称或两侧对称；花单生或成总状，聚伞、圆锥等花序；萼片常 2，早落；花瓣 4～6，偶较多；雄蕊多数，离生，或 6 枚，合生成 2 束；子房上位，2 至多数心皮，1 室，侧膜胎座，胚珠多数。蒴果，孔裂或瓣裂。种子细小。

38 属，约 700 种，主要分布北温带。我国 18 属，362 种，分布全国，以西南地区为多。已知药用 15 属，130 余种。

【药用植物】

延胡索 *Corydalis yanhusuo* W. T. Wang ex Z. Y. Su et C. Y. Wu　多年生草本。块茎球形。叶二回三出全裂，二回裂片近无柄或具短柄，常 2～3 深裂，末回裂片披针形。总状花序顶生；苞片全缘或有少数牙齿；萼片 2，早落；花冠两侧对称，花瓣 4，紫红色，上面花瓣基部有长距；雄蕊 6，花丝联合成 2 束；2 心皮。蒴果条形（图 15－30）。

分布于安徽、江苏、浙江、湖北、河南。生于丘陵林阴下，多栽培。块茎（延胡索、元胡）药用，味辛、苦，性温。能行气止痛，活血散瘀。

同属植物齿瓣延胡索 *C. turtschaninovii* Bess. 的块茎是我国明代以前药材延胡索的正品，目前在当地仍作延胡索应用。伏生紫堇 *C. decumbens* (Thunb.) Pers.，块茎（夏天无）药用，味苦、微辛，性凉。能舒筋活络、活血止痛。布氏紫堇 *Corydalis bungeana* Turcz.，全草（苦地丁）药用，味苦，性寒。能清热毒，消痈肿。

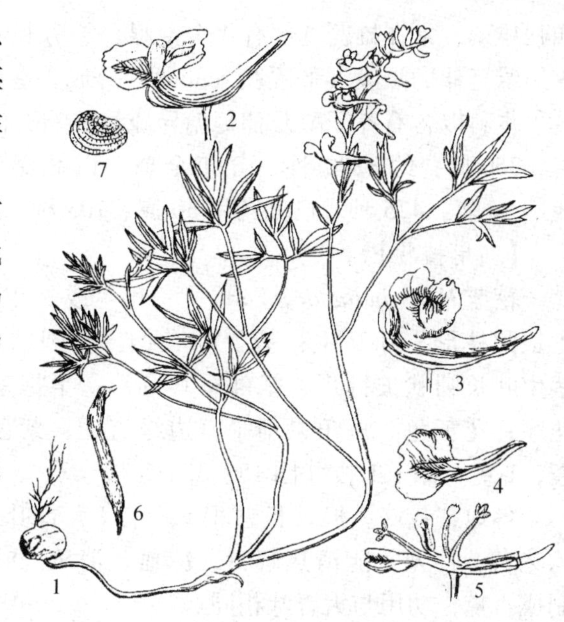

图 15－30　延胡索

1. 植株　2. 花　3. 花冠的上瓣和内瓣　4. 花冠的下瓣　5. 内瓣展开，示二体雄蕊及雌蕊　6. 果实　7. 种子

罂粟 *Papaver somniferum* L.　一年生或二年生草本，全株粉绿色，有白色乳汁。叶互生，长椭圆形，基部抱茎，边缘有缺刻。花单生，蕾时弯曲，开放时向上；花瓣 4，白、红、淡紫等色；雄蕊多数，离生；心皮多数，侧膜胎座，无花柱，柱头具 8～12 辐射状分枝。蒴果近球形，于柱头分枝下孔裂（图 15－31）。

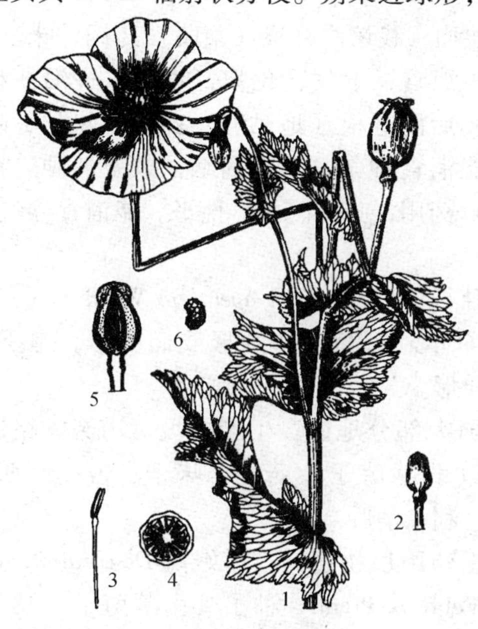

图 15－31　罂粟

1. 花、果枝　2. 雌蕊　3. 雄蕊　4. 未成熟果实的横切面　5. 未成熟果实纵切面　6. 种子

原产于南欧。本品严禁非法种植，仅特许某些单位栽培以供药用。果壳（罂粟壳）药用，味酸、涩，性微寒。能敛肺，涩肠，固肾，止痛。果实中的乳汁（鸦片）药用，味苦，性温，有毒。能镇痛，止咳，止泻。

本科常用药用植物还有：白屈菜 *Chelidonium majus* L.，全草药用，味苦，性凉，有毒。能镇痛，止咳，利尿，解毒。博落回 *Macleaya cordata* (Willd.) R. Br.，根或全草药用，味苦、辛，性寒，有大毒，禁内服。外用能散瘀，祛风，解毒，止痛，杀虫。虞美人 *Papaver rhoeas* L.，全草药用，味苦，性凉，有毒。能镇咳，镇痛，止泻。

17. 十字花科 Cruciferae

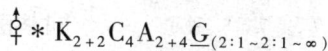

$$⚥ * K_{2+2} C_4 A_{2+4} \underline{G}_{(2:1\sim2:1\sim\infty)}$$

草本。单叶互生；无托叶。花两性，辐射对称，多排成总状花序；萼片 4，2 轮；花瓣 4，十字形排列；雄蕊 6，4 长 2 短，为

四强雄蕊，常在雄蕊基部有4个蜜腺；子房上位，由2心皮合生，侧膜胎座，中央有心皮边缘延伸的隔膜（假隔膜 replum）分成2室。长角果或短角果，多2瓣开裂。

本科以含有芥子酸及葡萄糖异硫氰酸酯类化合物为其化学特征。

350属，约3200种，分布全球，以北温带为多。我国96属，425种。已知药用30属，103种。

【药用植物】

菘蓝 *Isatis indigotica* Fort. 一年生或二年生草本。主根圆柱形。叶互生；基生叶有柄，长圆状椭圆形；茎生叶长圆状披针形，基部垂耳圆形，半抱茎。圆锥花序；花黄色。短角果扁平，边缘有翅，紫色，不开裂，1室。种子1枚（图15-32）。

图15-32 菘蓝

1. 根 2. 花、果枝 3. 花 4. 果实

各地有栽培。根（板蓝根）、叶（大青叶）药用，均味苦，性寒。能清热解毒，凉血，消斑。叶可加工制成青黛，功用与大青叶相同。

莱菔（萝卜）*Raphanus sativus* L. 一年生或二年生草本。根，肉质，长圆形、球形或圆锥形，外皮绿色、白色或红色。基生叶和下部茎生叶大头羽状半裂，上部叶长圆形。花白色、紫色或粉红色。长角果圆柱形，在种子间缢缩。种子卵形，微扁（图15-33）。

图15-33 莱菔

1. 花枝 2. 叶 3. 花 4. 花瓣 5. 雄蕊 6. 雌蕊 7. 果实 8. 种子

全国各地均有栽培。鲜根（莱菔）药用，味辛、甘，性凉。能消食，下气，化痰，止血，解渴，利尿。开花结实后的老根（地骷髅）药用，味甘、微辛，性平。能消食理气，清肺利咽，散瘀消肿。种子（莱菔子）药用，味辛、甘，性平。能消食导气，降气化痰。

葶苈（独行菜）*Lepidium apetalum* Willd. 一年生或二年生草本。短角果卵圆形或椭圆形，扁平。种子椭圆状卵形。

分布全国大部分地区。生于山坡、沟旁、路边等地。种子（北葶苈子）药用，味辛、苦，性寒。能祛痰平喘，利水消肿。

本科常用药用植物还有：播娘蒿 *Descurainia sophia*（L.）Webb ex Prantl，种子（南葶苈子）功效同葶苈子。白芥 *Sinapis alba* L.，种子（白芥子）药用，味辛，性温。能化痰逐饮，散结消肿。荠菜 *Capsella bursa-pastoris*（L.）Medic.，全草药用，味甘、淡，性凉。能凉肝止血，平肝明目，清热利湿。菥蓂 *Thlaspi arvense* L.，全草（菥蓂）药用，味苦、甘，性寒。能清热解毒，利水消肿。蔊菜 *Rorippa indi-*

ca（L.）Hiern，全草药用，味辛、苦，性微温。能祛痰止咳，解表散寒，活血解毒，利湿退黄。

18. 景天科 Crassulaceae

$⚥ * K_{4\sim5,(4\sim5)} C_{4\sim5,(4\sim5)} A_{4\sim5,8\sim10} \underline{G}_{4\sim5:1:\infty}$

多年生肉质草本或亚灌木。多单叶，互生、对生或轮生。花多两性，辐射对称；聚伞花序或单生；萼片与花瓣均4～5，分离或合生；雄蕊与花瓣同数或为其2倍；子房上位，心皮4～5，离生，胚珠多数，每心皮基部有1鳞片状腺体。蓇葖果。

35属，约1600种，广布全球。我国约10属，260种，广布全国。已知药用8属，68种。

【药用植物】

垂盆草 *Sedum sarmentosum* Bunge 多年生肉质草本。全株无毛。不育茎匍匐，接近地面的节处易生根。叶常为3片轮生；叶片倒披针形至长圆形，先端近急尖，基部下延，全缘。聚伞花序顶生，有3～5分枝；花瓣5，黄色；雄蕊10，2轮；鳞片5，楔状四方形；心皮5，长圆形，略叉开。蓇葖果（图15－34）。

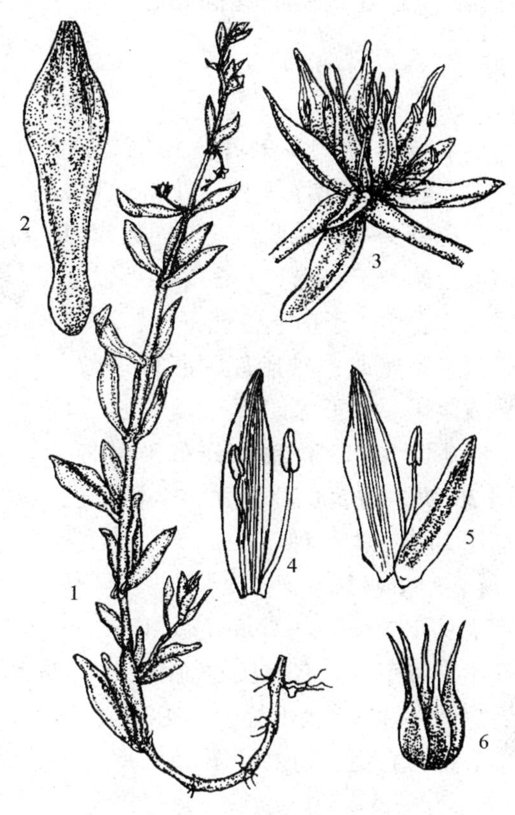

图15－34 垂盆草

1. 植株 2. 叶 3. 花 4. 花瓣与雄蕊 5. 花瓣、雄蕊与萼片 6. 雌蕊，示5个分离心皮

分布全国大部分地区。生于山坡、石隙、沟旁及路边湿润处。全草（垂盆草）药用，味甘，微辛、涩，性凉。能清热利湿，解毒消肿。

同属植物景天三七 *S. aizoon* L.，全草（景天三七）药用，味甘、微酸，性平。能散瘀止血，宁心安神，解毒。

大花红景天 *Rhodiola crenulata*（Hook. f. et Thoms.）H. ohba 多年生草本。根粗壮；不育枝高5～17cm，先端密生叶，叶片宽卵圆形；花茎多数，直立或呈扇形排列。叶片椭圆状长圆形或近圆形。伞房状花序，多花，有萼片；雌雄异株；花大型，有长柄；萼片5；花瓣5，红色，倒披针形，有长爪；心皮5。蓇葖果直立。

分布于四川、云南、西藏等地。生于海拔2800～5600m山坡草地、草丛中、石缝中。根及根状茎（红景天）药用，味甘、涩，性寒。能益气活血，通脉平喘。

同属植物狭叶红景天 *R. kirilowii*（Regel.）Regil.、唐古特红景天 *R. algida*（Lédeb.）Fisch. et Mey. var. *tangutica*（Maxim.）S. H. Fu的全草同等入药。

本科常用药用植物还有：瓦松 *Orostachys fimbriatus*（Turcz.）Berger，全草药用，味酸、苦，性凉。有毒。能凉血止血，清热解毒，收湿敛疮。

19. 虎耳草科 Saxifragaceae

$⚥ * \uparrow K_{4\sim5}C_{4\sim5,0}A_{4\sim5,8\sim10}\bar{G}_{(2\sim5:2\sim5:\infty)}, \underline{G}_{(2\sim5:2\sim5:\infty)}$

草本或木本。多单叶，互生或对生；常无托叶。花序种种；花常两性；萼片、花瓣4～5；雄蕊与花瓣同数或为其倍数，着生于花瓣上；心皮2～5，全部或基部合生，子房上位至下位，2～5室，侧膜胎座或中轴胎座，胚珠多数。蒴果或浆果。种子常具翅。

80属，约1250种，分布于温带。我国28属，约500种，分布全国。已知药用24属，155种。

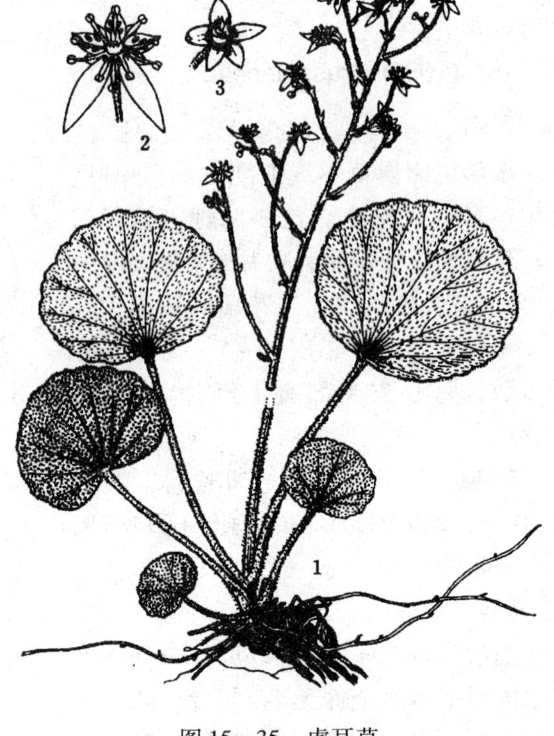

图15－35　虎耳草

1. 植株　2. 花　3. 雌蕊和花萼

【药用植物】

虎耳草 *Saxifraga stolonifera* Curt. 多年生常绿草本。有细长的匍匐茎。叶基生。肾状心形，两面被长柔毛，具长叶柄。圆锥花序；萼片5，稍不等大；花瓣5，白色，上方3枚较小，有红色斑点；雄蕊10；雌蕊2心皮，合生。蒴果（图15－35）。

分布于河南、陕西及长江以南地区。生于山地阴湿处。全草（虎耳草）药用，味苦、辛，性寒。能疏风清热，凉血解毒。

图15－36　落新妇

1. 根状茎　2. 复叶　3. 花序　4. 花　5. 果实

落新妇 *Astilbe chinensis*（Maxim.）Franch. et Sav.　多年生草本。茎直立，根状茎横走，粗大呈块状。基生叶为二至三回三出复叶。花两性或单性；圆锥花序；花瓣5，淡紫色或紫红色；雄蕊10；心皮2，基部连合。子房半下位。蒴果（图15－36）。

分布于长江中下游至东北地区。生于山谷溪边和林缘。根状茎（红升麻）药用，味苦，性凉。能活血止痛，祛风除湿，强筋健骨，解毒。

本科常用药用植物还有：岩白菜 *Ber-*

genia purpurascens (Hook. f. et Thoms) Engl.，全草药用，味甘、涩，性凉。能滋补强壮，止咳止血。黄常山 *Dichroa febrifuga* Lour.，根（常山）药用，味苦、辛，性寒。能截疟、涌吐痰涎。西南鬼灯擎 *Rodgersia sambucifolia* Hemsl.，根状茎（岩陀）药用，味微涩，性凉。能活血调经，祛风除湿，收敛止泻。

20. 蔷薇科 Rosaceae

⚥ $* K_5 C_5 A_{4\sim\infty} \underline{G}_{1\sim\infty:1:1\sim\infty} \overline{G}_{(2\sim5:2\sim5:2)}$

草本或木本。常具刺。单叶或复叶，多互生，常有托叶。花两性，辐射对称；单生或排成伞房、圆锥花序；花托凸起或凹陷，花被与雄蕊合成一碟状、杯状、坛状或壶状的托杯（hypanthium），又称被丝托，萼片、花瓣和雄蕊均着生托杯的边缘；萼片5；花瓣5，分离，稀无瓣；雄蕊通常多数；心皮1至多数，分离或结合，子房上位至下位，每室1至多数胚珠。蓇葖果、瘦果、核果或梨果。

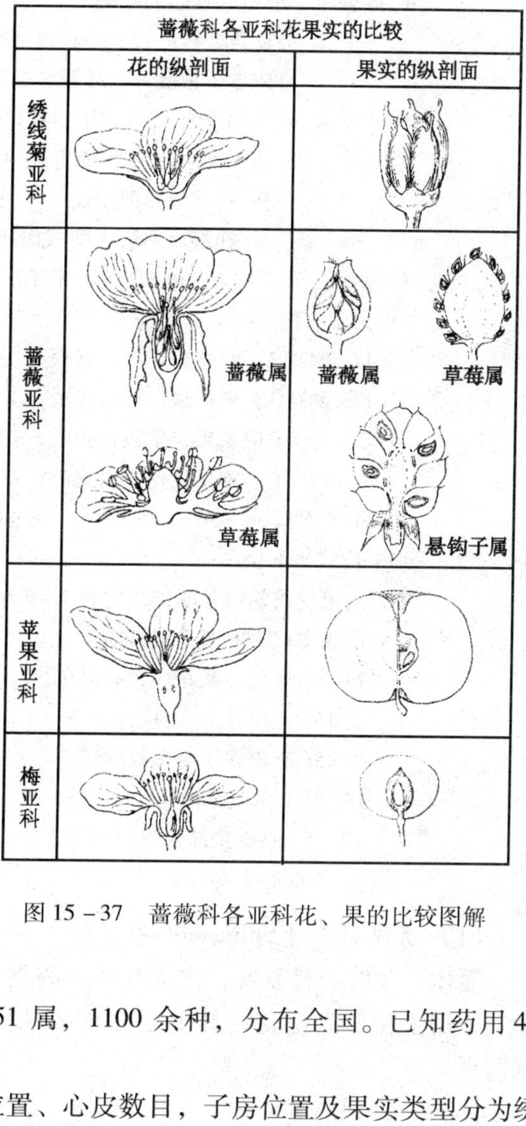

本科植物主要含有多种酚类、有机酸、氰苷、香豆素类及三萜类化合物。

蔷薇科各亚科花果实的比较

	花的纵剖面	果实的纵剖面
绣线菊亚科		
蔷薇亚科	蔷薇属 草莓属	蔷薇属　草莓属 悬钩子属
苹果亚科		
梅亚科		

图15－37　蔷薇科各亚科花、果的比较图解

124属，3300余种，分布全球。我国51属，1100余种，分布全国。已知药用48属，400余种。

蔷薇科根据花托、托杯的形态，花部位置、心皮数目，子房位置及果实类型分为绣线菊亚科、蔷薇亚科、苹果亚科和梅亚科（图15－37）。

蔷薇科的亚科及主要药用属检索表

1. 果开裂；多无托叶……………………………………………… 亚科 Spiraeoideae 绣线菊属 *Spiraea*
1. 果不开裂；有托叶。
  2. 子房上位。
    3. 心皮通常多数，分离；聚合瘦果或聚合小核果；萼宿存；多为复叶……………………………………………………………………………………… 蔷薇亚科 Rosoideae
      4. 雌蕊由杯状或坛状的托杯包围。
        5. 雌蕊多数；托杯成熟时肉质而有色泽；灌木 ……………………… 蔷薇属 *Rosa*
        5. 雌蕊1～3；托杯成熟时干燥坚硬；草本。
          6. 有花瓣；萼裂片5；托杯上部有钩状刺毛 …………………… 龙牙草属 *Agrimonia*
          6. 无花瓣；萼裂片4；托杯无钩状刺毛 ………………………… 地榆属 *Sanguisorba*

4. 雌蕊生于平坦或隆起的托杯上。

7. 心皮含2枚胚珠；小核果成聚合果；植株有刺 ……………… 悬钩子属 *Rubus*

7. 心皮含1枚胚珠；瘦果，分离；植株无刺。

8. 花柱顶生或近顶生，在果期延长 ……………… 路边青（兰布政）属 *Geum*

8. 花柱侧生，基生或近顶生，在果期不延长。

9. 托杯成熟时干燥 …………………………………………… 委陵菜属 *Potentilla*

9. 托杯成熟膨大变成肉质 ……………………………………… 蛇莓属 *Duchesnea*

3. 心皮常1，稀2或5；核果；萼不宿存；单叶 ………………………… 梅亚科 Prunoideae

10. 果实有沟。

11. 侧芽3，两侧为花芽，具顶芽；核常有孔穴 ………………………… 桃属 *Amygdalus*

11. 侧芽1，顶芽缺；核常光滑。

12. 子房和果实常被短柔毛，花先叶开 ……………………………… 杏属 *Armeniaca*

12. 子房和果实均光滑无毛，花叶同开 ……………………………………… 李属 *Prunus*

10. 果实无沟 ………………………………………………………………………… 樱属 *Cerasus*

2. 子房下位或半下位 …………………………………………………………… 苹果亚科 Maloideae

13. 内果皮成熟时骨质，果实含1~5小核 ………………………………… 山楂属 *Crataegus*

13. 内果皮成熟时革质或纸质，每室含1至多数种子。

14. 伞形或总状花序，有时单生。

15. 心皮含1~2枚种子 ………………………………………………………… 梨属 *Pyrus*

15. 心皮含3至多枚种子 …………………………………………………… 木瓜属 *Chaenomeles*

14. 复伞房或圆锥花序。

16. 心皮全部合生，子房下位；叶常绿 ……………………………… 枇杷属 *Briobotrya*

16. 心皮部分合生，子房半下位；常绿或落叶 ………………………… 石楠属 *Photinia*

（1）绣线菊亚科 Spiraeoideae

灌木。单叶，稀复叶；多无托叶。心皮1~5，离生；子房上位，周位花；具2至多数胚珠。蓇葖果，稀蒴果。

【药用植物】

绣线菊 *Spiraea salicifolia* L. 叶互生，长圆状披针形至披针形，边缘有锯齿。圆锥花序长圆形或金字塔形；花粉红色。蓇葖果直立，常具反折裂片（图15-38）。

图15-38 绣线菊

1. 花枝 2. 花纵剖面 3. 果实

分布东北、华北。生于河流沿岸，湿草原或山沟。全株药用，味辛，性平。能通经活血，通便利水。

（2）蔷薇亚科 Rosoideae

灌木或草本。多为羽状复叶，有托叶。托杯壶状或凸起；心皮多数，分离，子房上位，周位花。聚合瘦果或聚合小核果。

【药用植物】

龙牙草（仙鹤草）*Agrimonia pilosa* Ledeb.　多年生草本，全株密生长柔毛。奇数羽状复叶，小叶5~7，在每对小叶之间夹有小型小叶（间隙性羽状复叶）；托叶近卵形。圆锥花序顶生；托杯外方有槽，顶生1圈钩状刺毛；花瓣5，黄色；雄蕊10；子房上位，心皮2。瘦果（图15-39）。

图15-39　龙牙草

1. 植株下部　2. 植株上部　3. 花

分布全国各地。生于山坡、草地、路边。全草（仙鹤草）药用，味苦、涩，性平。能止血，补虚，泻火，止痛。带短小根状茎的冬芽（鹤草芽）药用，味苦、涩，性凉。能驱虫，解毒消肿。

掌叶覆盆子 *Rubus chingii* Hu　落叶灌木，有皮刺。单叶互生，掌状深裂，边缘有重锯齿；托叶条形。花单生于短枝顶端，白色。聚合小核果，球形，红色（图15-40）。

分布于江苏、安徽、浙江、江西、福建等省。生于山坡林边或溪边。果实（覆盆子）药用，味甘、酸，性微温。能补肝益肾，固精缩尿，明目。

金樱子 *Rosa laevigata* Michx.　常绿攀援有刺灌木。羽状复叶；小叶3，稀5，椭圆状卵形，叶片近革质。花大，白色，单生于侧枝顶端。蔷薇果倒卵形，密生直刺，顶端具宿存萼片（图15-41）。

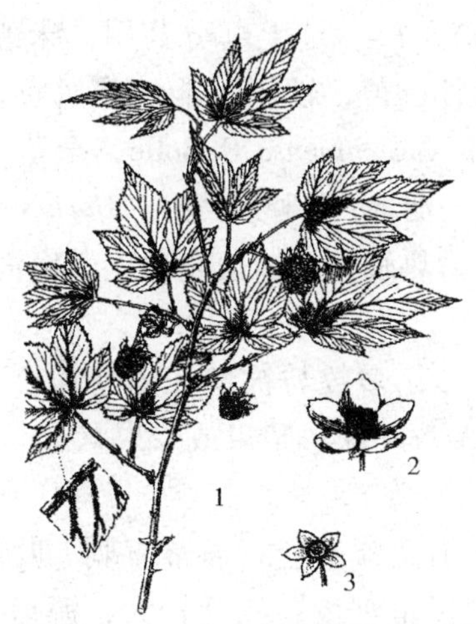

图15-40　掌叶覆盆子

1. 果枝　2. 花

3 花去花瓣、雄蕊和雌蕊后，示花萼

图15-41　金樱子

1. 果枝　2. 花枝

3. 萼筒纵切，示萼筒内的雌蕊　4. 雄蕊

5. 雌蕊

分布华东、华中及华南地区。生于向阳山野。果实（金樱子）药用，味酸、涩，性平。能涩精益肾，固肠止泻。

同属植物月季花 *R. chinensis* Jacq.，花（月季花）药用，味甘、微苦，性温。能活血调经，解毒消肿。玫瑰花 *R. rugosa* Thunb.，花（玫瑰花）药用，味甘、微苦，性温。能理气解郁，和血调经。

地榆 *Sanguisorba officinalis* L. 多年生草本。根粗壮，多呈纺锤状。奇数羽状复叶，基生叶，小叶片卵形或长圆形，先端圆钝，基部心形或浅心形。穗状花序椭圆形、圆柱形或卵球形，紫色或暗紫色，从花序顶端向下开放；萼片4，紫红色；无花瓣；雄蕊4。瘦果褐色，外有4棱（图15－42）。

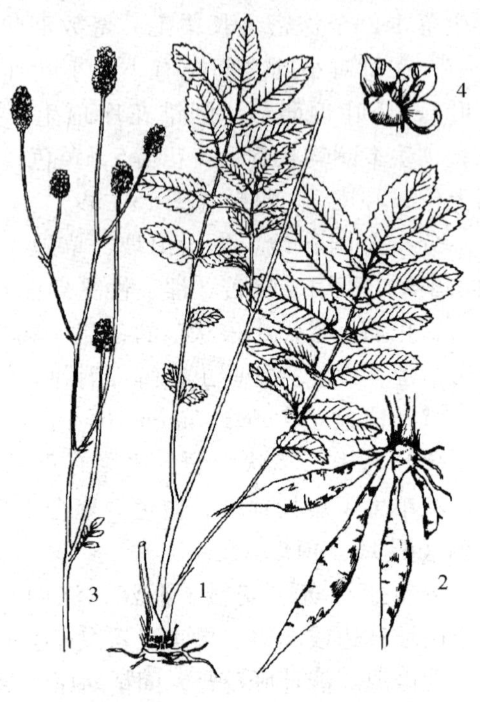

图15－42 地榆

1. 植株一部分 2. 根 3. 花枝 4. 花

分布全国大部分地区。生于山坡、草地。根（地榆）药用，味苦、酸，性微寒。能凉血止血，清热解毒，消肿敛疮。

地榆变种长叶地榆 *S. officinalis* L. var. *longifolia*（Bertol.）Yu et Li 的根同等入药。

本亚科常用药用植物还有：委陵菜 *Potentilla chinensis* Ser.，带根全草药用，味苦，性寒。能凉血止痢，清热解毒。翻白草 *P. discolor* Bunge，带根全草药用，味甘、微苦，性平。能清热解毒，凉血止血。茅莓 *Rubus parvifolius* L.，地上部分药用，味苦，性凉。能清热解毒，散瘀止血，杀虫疗疮。根药用，味甘、苦，性平。能清热解毒，祛风利湿，活血凉血。柔毛路边青 *Geum japonicum* Thunb. var. *chinense* F. Bolle，全草（柔毛水杨梅）药用，味苦、辛，性寒。能补肾平肝，活血消肿。蛇莓 *Duchesnea indica*（Andr.）Focke，全草药用，味甘、苦，性寒。能清热解毒，凉血止血，散瘀消肿。

（3）苹果亚科（梨亚科）Maloideae

灌木或乔木。单叶或复叶；有托叶。心皮2～5，多数与被丝托内壁连合；子房下位，上位花；2～5室，各具2胚珠，少数具1至多数胚珠。梨果或浆果状。

【药用植物】

山楂 *Crataegus pinnatifida* Bunge 落叶乔木。小枝紫褐色，通常有刺。叶宽卵形至菱状卵形，两侧各有3～5羽状深裂片，边缘有尖锐重锯齿；托叶较大，镰形。伞房花序；花白色。梨果近球形，直径1～1.5cm，深红色，有灰白色斑点（图15－43）。

分布于东北、华北及陕西、河南、江苏。生于山坡林缘。果实（山楂）药用，味酸、甘，性微温。能消食积，化滞瘀。

山楂变种山里红 *C. pinnatifida* Bunge var. *major* N. E. Br. 的果实同等入药。同属植物

野山楂 *Crataegus cuneata* Sieb. et Zucc.，果实（南山楂）药用，味酸、甘，性微温。能消食健胃，行气散瘀。

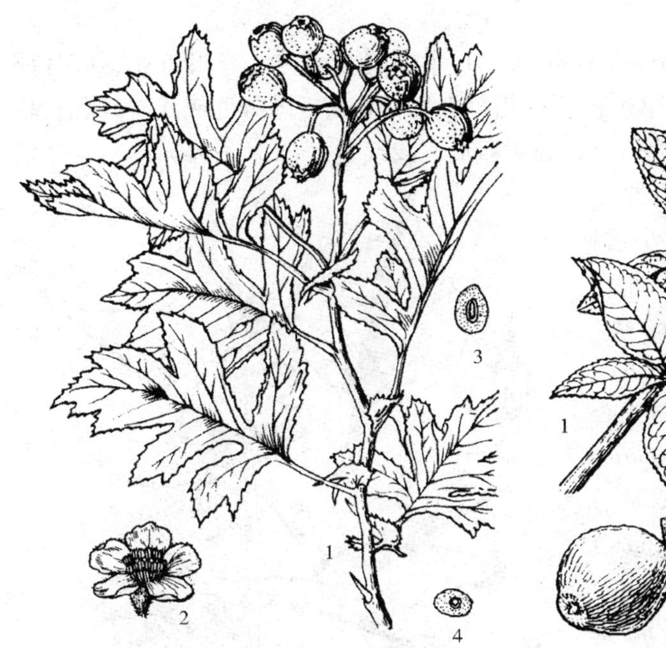

图 15－43　山楂

1. 果枝　2. 花　3. 种子纵切　4. 种子横切

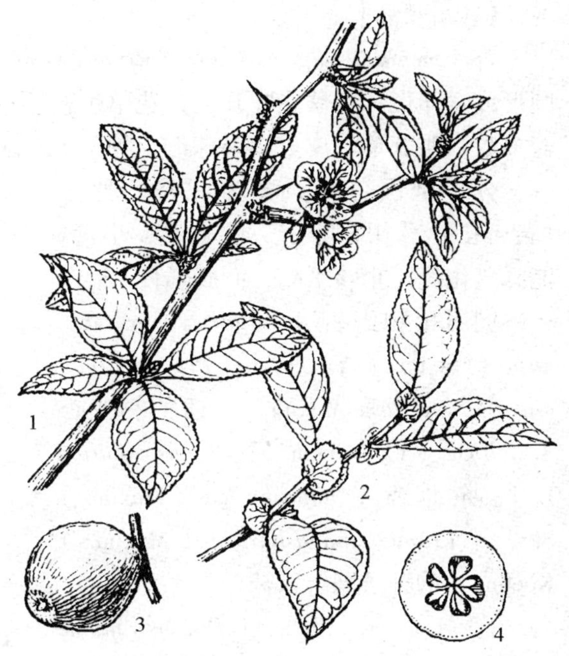

图 15－44　贴梗海棠

1. 花枝　2. 带托叶枝条　3. 果实　4. 果实横切

贴梗海棠 *Chaenomeles speciosa*（Sweet）Nakai　落叶灌木。枝有刺。叶卵形至长椭圆形，叶缘有尖锐锯齿；托叶大型，肾形或半圆形。花先叶开放，猩红色，稀淡红色或白色，3～5 朵簇生；花梗粗短；被丝托钟状。梨果球形或卵形，直径 4～6cm，黄色或黄绿色，芳香（图 15－44）。

分布华东、华中及西南各地。多栽培。果实（木瓜、皱皮木瓜）药用，味酸，性温。能舒筋活络，和胃化湿。

枇杷 *Eriobotrya japonica*（Thunb.）Lindl.　常绿小乔木。小枝粗壮，密生锈色或灰棕色绒毛。叶片革质，披针形或倒卵形；上部边缘有疏锯齿；上面光亮，下面密生灰棕色绒毛。圆锥花序顶生；花瓣白色；雄蕊 20；花柱 5。果实球形或长圆形，直径 3～5cm，黄色或橘红色。种子 1～5，球形或扁球形，褐色，光亮。

分布长江流域及以南地区。常栽种于村边、山坡。叶（枇杷叶）药用，味苦、微辛，性微寒。能清肺止咳，和胃降逆，止渴。

本亚科常用药用植物还有：榠楂 *Chaenomeles sinensis*（Thouin）Koehne，果实（光皮木瓜）药用，味酸、涩，性平。能和胃舒筋，祛风湿，消痰止咳。石楠 *Photinia serrulata* Lindl.，叶（石南）药用，味辛、苦，性平。能祛风湿，止痒，强筋骨，益肝肾。白梨 *Pyrus bretschneideri* Rehd.、沙梨 *P. pyrifolia*（Burm. f.）Nakai 和秋子梨 *P. ussuriensis* Maxim. 的果实均药用，味甘、微酸，性凉。能清肺化痰，生津止渴。

(4) 梅亚科 Prunoideae

木本。单叶；有托叶。心皮1，子房上位，周位花；1室，胚珠2。核果，肉质。

【药用植物】

杏 *Armeniaca vulgaris* Lam. [*Prunus armeniaca* L.] 落叶乔木。单叶互生；叶片卵圆形或宽卵形。春季先叶开花，花单生枝顶；花萼5裂；花瓣5，白色或浅粉红色；雄蕊多数；雌蕊单心皮。核果球形。种子1，心状卵形，浅红色（图15-45）。

分布全国各地。多为栽培。种子（苦杏仁）药用，味苦，性微温，小毒。能降气化痰，止咳平喘，润肠通便。

同属植物野杏 *A. vulgaris* Lam. var. *ansu* (Maxim.) Yu et Lu [*Prunus armeniaca* L. var. *ansu* Maxim.]、西伯利亚杏 *A. sibirica* (L.) Lam. [*Prunus sibirica* L.]、东北杏 *A. mandshurica* (Maxim.) Skv. [*Prunus mandshurica* (Maxim.) Koehne] 的种子同等入药。

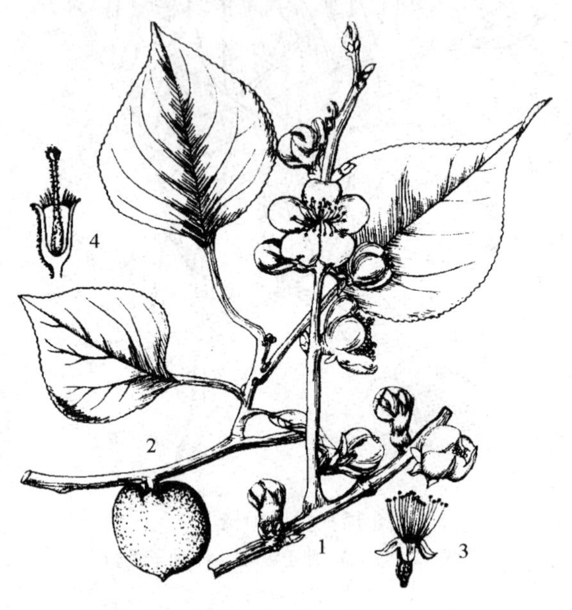

图15-45 杏

1. 花枝 2. 果枝 3. 花 4. 花部纵切，示杯状花托

梅 *A. mume* Sieb. [*Prunus mume* (Sieb.) Sieb. et Zucc.] 近成熟果实经熏焙后（乌梅）药用，味酸，性平。能敛肺止咳，涩肠止泻，止血，生津，安蛔，治疮。其变种绿萼梅 *A. mume* Sieb. f. *viridicalyx* (Makino) T. Y. Chen 的花蕾（梅花）药用，味苦、微甘、微酸，性凉。能疏肝解郁，开胃生津，化痰。

桃 *Amygdalus persica* L. [*Prunus persica* (L.) Batsch.] 落叶小乔木。叶互生，在短枝上呈簇生状；叶柄常有1至数枚腺体；叶片椭圆状披针形至倒卵状披针形。花先叶开放；花瓣倒卵形，粉红色。核果近球形，表面有短绒毛。种子1，扁卵状心形。

我国各地栽培。种子（桃仁）药用，味苦、甘，性平，有小毒。能活血祛瘀，润肠通便。

同属植物山桃 *A. davidiana* (Carr.) C. de Vos ex Henry [*Prunus davidiana* (Carr.) Franch.] 的种子同等入药。

本亚科常用药用植物还有：郁李 *Cerasus japonica* (Thunb.) Lois [*Prunus japonica* Thunb.]、欧李 *C. humilis* (Bunge) Sok. [*Prunus humilis* Bunge]、长梗扁桃 *Amygdalus pedunculata* Pall. [*Prunus pedunculata* (Pall.) Maxim.]，三者的种子（郁李仁）药用，味辛、苦、甘，性平。能润燥滑肠，下气利水。

注：《中国植物志》将原先广义的李属 *Prunus* 分为桃属 *Amygdalus*、杏属 *Armeniaca*、李属 *Prunus*、樱属 *Cerasus* 等，《中华本草》采纳了这个观点。本教材采用《中国植物志》的系统，在梅亚科有关种的中括号里列出的学名，为目前有关文献尚在使用的

学名。

21. 豆科 Leguminosae

$⚥ * \uparrow K_{5,(5)} C_5 A_{(9)+1,10,\infty} \underline{G}_{1:1:1\sim\infty}$

草本、木本或藤本。叶互生，多为复叶，有托叶，有叶枕（叶柄基部膨大的部分）。花序各种；花两性；花萼5裂，花瓣5，多为蝶形花，少数为假蝶形花和辐射对称花；雄蕊10，多二体雄蕊，少数分离或下部合生，稀多数；心皮1，子房上位，胚珠1至多数，边缘胎座。荚果。种子无胚乳。

本科植物化学成分类型丰富，含有黄酮类、生物碱类、萜类、香豆素类、蒽醌类、甾类、鞣质类、氨基酸类、脂肪酸类、多糖类等。

684属，约18000种，广布全球。我国169属，1576种，分布全国。药用109属，600余种。

豆科根据花的对称特征、花冠形态、雄蕊数目与类型分为含羞草亚科、云实亚科和蝶形花亚科等3亚科（表15-5）。

表15-5　豆科3亚科的分类特征

	含羞草亚科	云实亚科	蝶形花亚科
花瓣	镊合状排列	覆瓦状排列	覆瓦状排列
花对称	辐射对称	两侧对称	两侧对称
雄蕊	多数	10枚，花丝分离	(9)+1，常二体

豆科亚科和主要药用属检索表

1. 花辐射对称；花瓣镊合状排列；雄蕊多数或有定数 …………………… 含羞草亚科 Mimosoideae
 2. 雄蕊多数；荚果不横列为数节。
  3. 花丝连合成管状 ………………………………………………… 合欢属 *Albizia*
  3. 花丝分离 ………………………………………………………… 金合欢属 *Acacia*
 2. 雄蕊5或10；荚果成熟时裂为数节 ……………………………… 含羞草属 *Mimosa*
1. 花两侧对称；花瓣覆瓦状排列；雄蕊常为10。
 4. 花冠假蝶形；雄蕊分离 ……………………………………… 云实亚科 Caesalpinioideae
  5. 单叶 ……………………………………………………………… 紫荆属 *Cereis*
  5. 羽状复叶。
   6. 茎枝或叶轴有刺。
    7. 小叶边缘有齿；花杂性或单性异株 ……………………………… 皂荚属 *Gleditsia*
    7. 小叶全缘；花两性 ………………………………………… 云实属 *Caesalpinia*
   6. 植株无刺 ………………………………………………………… 决明属 *Cassia*
 4. 花冠蝶形；雄蕊分离或合生 ………………………………… 蝶形花亚科 Papilionoideae
  8. 雄蕊10，分离或仅基部合生 …………………………………… 槐属 *Sophora*
  8. 雄蕊10，合生成单体或二体，多具明显的雄蕊管。
   9. 单体雄蕊。
    10. 藤本；三出复叶。

11. 花萼钟形；具块根 …………………………………………………… 葛属 *Pueraria*
11. 花萼二唇形；不具块根 ……………………………………………… 刀豆属 *Canavalia*
10. 草本；单叶。
12. 荚果不肿胀，常含1枚种子，不开裂 ………………………… 补骨脂属 *Psoralaea*
12. 荚果肿胀，含种子2枚以上，开裂 ………………………… 猪屎豆属 *Crotalaria*
9. 二体雄蕊。
13. 小叶1~3片。
14. 叶缘有锯齿；托叶与叶柄连合 ……………………………… 胡芦巴属 *Trigonella*
14. 叶全缘或具裂片；托叶不与叶柄连合。
15. 花轴延续一致而无节瘤 ……………………………………… 大豆属 *Glycine*
15. 花轴于花着生处常凸出为节，或隆起如瘤。
16. 花柱无须毛。
17. 枝条有刺；旗瓣大于翼瓣和龙骨瓣 ………………… 刺桐属 *Erythrina*
17. 无刺；所有花瓣长度几相等 ………………… 密花豆属 *Spatholobus*
16. 花柱上部具纵列的须毛，或于柱头周围具毛茸。
18. 柱头倾斜 …………………………………………………… 豇豆属 *Vigna*
18. 柱头顶生 …………………………………………………… 扁豆属 *Dolichos*
13. 小叶5至多片。
19. 木质藤本；圆锥花序 ……………………………………………… 鸡血藤属 *Millettia*
19. 草本；总状、穗状或头状花序。
20. 荚果通常肿胀，常因背缝线深延而纵隔为2室 ………… 黄芪属 *Astragalus*
20. 荚果通常有刺或瘤状突起，1室 ……………………… 甘草属 *Glycyrrhiza*

（1）含羞草亚科 Mimosoideae

多木本，稀草本。二回羽状复叶。花辐射对称；穗状或头状花序；花瓣镊合状；雄蕊多数。荚果。

【药用植物】

合欢 *Albizia julibrissin* Durazz. 落叶乔木。二回羽状复叶，小叶镰刀状，两侧不对称。头状花序，伞房状排列；雄蕊多数，花丝细长，淡红色。荚果扁条形（图15－46）。

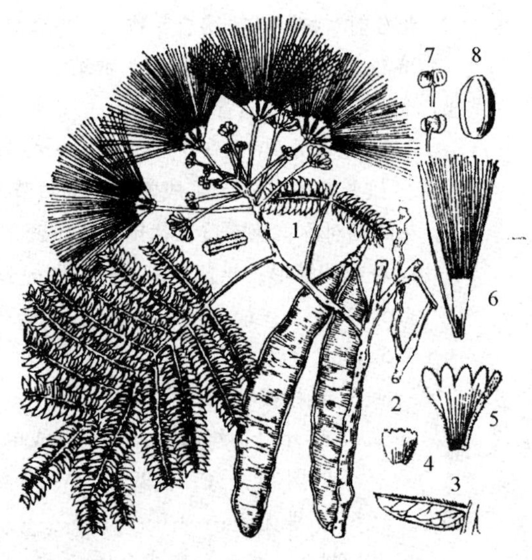

图15－46 合欢

1. 花枝 2. 果枝 3. 小叶下面 4. 花萼 5. 花冠 6. 雄蕊和雌蕊 7. 花粉囊 8. 种子

分布全国各地。常见栽培。树皮（合欢皮）药用，味甘，性平。能安神解郁，活血消痈。花（合欢花）药用，味甘，性平。能解郁安神。

（2）云实亚科 Caesalpinioideae

木本，稀草本。花多为偶数羽状复叶；两侧对称；萼片5，常分离。荚果。

【药用植物】

决明 *Cassia obtusifolia* L.　一年生半灌木状草本。叶互生；羽状复叶，小叶6，倒卵形。花成对腋生；萼片、花瓣均为5，花冠黄色；雄蕊10，发育雄蕊7。荚果细长，近四棱形，长15～20cm。种子棱柱形，淡褐色，有光泽（图15－47）。

图15－47　决明

1. 着果的枝　2. 花　3. 种子

分布全国。种子（决明子）药用，味甘、苦、咸，性微寒。能清肝明目，利水通便。

同属植物小决明 *C. tora* L. 的种子同等入药。

（3）蝶形花亚科 Papilionoideae

草本或木本。多复叶（羽状或三出复叶）；常有托叶。花两侧对称，蝶形花冠；二体雄蕊。

【药用植物】

膜荚黄芪 *Astragalus membranaceus*（Fisch.）Bunge　多年生草本。主根粗长，圆柱形。羽状复叶，小叶9～25，卵状披针形或椭圆形，两面被白色长柔毛。总状花序腋生；花黄白色；雄蕊10，二体；子房被柔毛。荚果膜质，膨胀，卵状矩圆形，有长柄，被黑色短柔毛（图15－48）。

分布东北、华北及甘肃、四川、西藏等地。根（黄芪）药用，味甘，性微温。能补气固表，利水排脓。

同属植物蒙古黄芪 *A. membranaceus*（Fisch.）Bunge var. *mongholicus*（Bunge）Hsiao 的根同等入药。

甘草 *Glycyrrhiza uralensis* Fisch　多年生草本。根状茎横走；主根粗长，外皮红棕色或暗棕色。全株被白色短毛及刺毛状腺体。羽状复叶，小叶5～17，卵形至宽卵形。总状花序腋生；花冠蓝紫色；雄蕊10，二体。荚果镰刀状或环状弯曲，密被刺状腺毛及短毛（图15－49）。

分布东北、华北、西北。根和根状茎（甘草）药用，味甘，性平。能补脾益气，清热解毒，祛痰止咳，缓急止痛，调和诸药。

同属植物胀果甘草 *G. inflata* Batalin 和光果甘草 *G. glabra* L. 的根和根状茎同等入药。

槐 *Sophora japonica* L.　落叶乔木。奇数羽状复叶，小叶7～15。圆锥花序顶生；花乳白色。荚果肉质，串珠状。种子间极缢缩。

分布全国。果实药用，味苦，性微寒。能凉血止血，清肝明目。花蕾（槐米）、开放后的花（槐花）药用，味苦，性微寒。能凉血止血，清肝明目。

同属植物苦参 *S. flavescens* Ait.，根药用，味苦，性寒。能清热燥湿，祛风杀虫。

图 15-48 膜荚黄芪

1. 花枝 2. 根 3. 花 4. 花瓣展开
5. 雄蕊 6. 雌蕊 7. 果实 8. 种子

图 15-49 甘草

1. 花枝 2. 果实 3. 根

补骨脂 *Psoralea corylifolia* L. 一年生草本。全株被白色柔毛和黑色腺点。单叶互生。花多数密集成穗状的总状花序。荚果，种子1枚，有香气。

分布于秦岭—淮河以南，多栽培。果实（补骨脂）药用，味苦、辛，性温。能补肾助阳，纳气平喘，温脾止泻。

皂荚 *Gleditsia sinensis* Lam. 落叶乔木。棘刺粗壮，常有分枝。小枝无毛。一回偶数羽状复叶；小叶6～14，卵状矩圆形，边缘有圆锯齿。总状花序，花杂性；花萼钟状；花瓣白色；子房条形。荚果条形，黑棕色，有白色粉霜。

分布于我国大部分地区。不育果实（猪牙皂）药用，味辛、咸，性温。能祛痰止咳，开窍通闭，杀虫散结。棘刺（皂角刺）药用，味辛，性温。能消肿透脓，搜风，杀虫。

野葛 *Pueraria lobata*（Willd.）Ohwi 藤本。全株被黄色长硬毛。三出复叶，顶生小叶菱状卵形。总状花序腋生；花密集，花冠紫色。荚果条形，扁平（图15-50）。

分布全国。根（葛根）药用，味甘、辛，性凉。能解肌退热，生津止渴，升阳止泻。

同属植物粉葛 *P. thomsonii* Benth. 的根同等入药。

密花豆 *Spatholobus suberectus* Dunn 木质藤本，长达数十米。老茎砍断后可见数圈偏心环，鸡血状汁液从环处渗出。圆锥花序腋生。荚果舌形，种子1枚。

分布于福建、广东、广西和云南。藤茎（鸡血藤）药用，味苦、微甘，性温。能活血舒经，养血调经。

本科常用药用植物还有：刀豆 *Canavalia gladiata*（Jacq.）DC.，种子药用，味甘，性温。能温中下气，益肾补元。扁豆 *Dolichos lablab* L.，种子药用，味甘，性微温。能健脾化湿，消暑。绿豆 *Vigna radiata*（L.）R. Wilczak，种子药用，味甘，性寒。能清热消暑，利水，解毒。赤小豆 *V. umbellata*（Thunb.）Ohwi et Ohashi 和赤豆 *V. angularis*（Willd.）Ohwi et Ohashi，种子药用，味甘，性平。能利水消肿，清热解毒。大豆 *Glycine max*（L.）Merr.，种子药用，经蒸罨发酵后入药，称淡豆豉，味苦、辛，性凉。能解肌发表，宣郁除烦。苏木 *Caesalpinia sappan* L.，心材药用，味甘、咸、辛，性平。能活血祛瘀，消肿定痛。刺桐 *Erythrina variegata* L.，树皮或根皮（海桐皮）药用，味苦、辛，性平。能祛风湿，舒经活络。儿茶 *Acacia catechu*（L. f.）Willd.，心材煎制的浸膏，味苦、涩，性凉。能收湿敛疮，止血定痛，清热化痰。胡芦巴 *Trigonella foenum-graecum* L.，种子药用，味苦，性温。能温肾阳，逐寒湿。越南槐 *Sophora tonkinensis* Gapnep.，根及根状茎（山豆根）药用，味苦，性寒。能泻火解毒，利咽消肿，止痛杀虫。含羞草 *Mimosa pudica* L.，全草药用，味甘，性寒，有毒。能安神，散瘀，止痛。云实 *Caesalpinia decapetala*（Roth）Alston，种子药用，味辛，性温，有毒。能解毒除积、止咳化痰、杀虫。

图 15-50　野葛

1. 花枝　2. 根　3. 花　4. 果实

22. 芸香科 Rutaceae

⚥ $* K_{3\sim5}C_{3\sim5}A_{3\sim\infty}\underline{G}_{(2\sim\infty:2\sim\infty:1\sim2)}$

木本，稀草本。有时具刺。叶、花、果常有透明腺点。叶常互生；多为复叶或单身复叶，少单叶；无托叶。花多两性；辐射对称；单生或排成各式花序；萼片 3~5；花瓣 3~5；雄蕊与花瓣同数或为其倍数，生于花盘基部；子房上位，心皮 2~5 或更多，多合生，每室胚珠 1~2。柑果、蒴果、核果和蓇葖果，稀翅果。

本科植物含有多种化学成分，主要有生物碱类、木脂素类、黄酮类、萜类、香豆素类及酰胺类化合物。

150 属，约 1700 种，分布热带和温带。我国 28 属，150 余种，分布全国。已知药用 23 属，105 种。

【药用植物】

橘 *Citrus reticulata* Blanco　常绿小乔木。枝细，多有刺。叶互生；叶柄有窄翼，顶端有关节；叶片披针形或椭圆形，有半透明油点。花单生或数朵丛生于枝端或叶腋；花萼5裂；花瓣5，白色或带淡红色；雄蕊15～30；柑果球形或扁球形，果皮薄而易剥离，囊瓣7～12（图15－51）。

分布于长江流域及以南地区。广泛栽培。成熟果皮（陈皮）药用，味辛、苦，性温。能理气降逆，调中开胃，燥湿化痰。幼果或未成熟果皮（青皮）药用，味苦、辛，性温。能疏肝破气，消积化滞。外层果皮（橘红）药用，味辛、苦，性温。能散寒燥湿，理气化痰、宽中健胃。果皮内层筋络（橘络）药用，味甘、苦，性平。能通络，理气，化痰。种子（橘核）药用，味苦，性平。能理气，散结，止痛。叶（橘叶）药用，味苦、辛，性平。能疏肝行气，化痰散结。

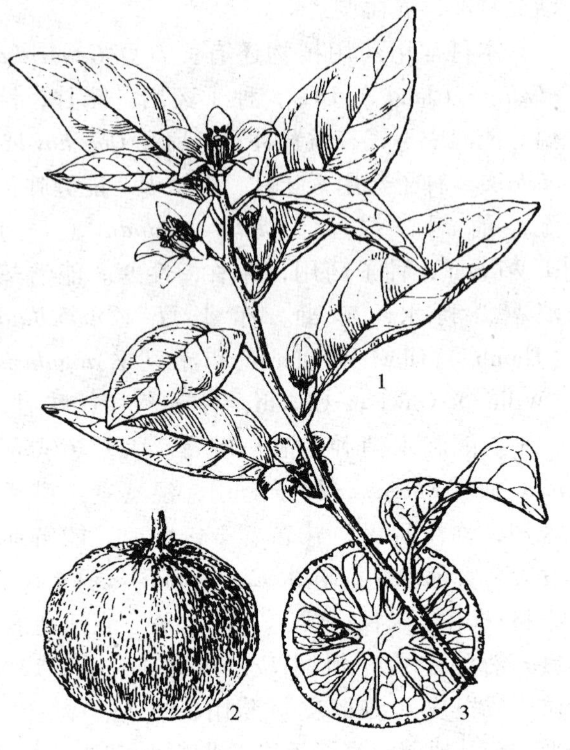

图15－51 橘
1. 花枝 2. 果实 3. 果实横切

橘的栽培变种茶枝柑 *C. reticulata* ‘*Chachi*’、大红袍 *C. reticulata* ‘*Dahongpao*’、温州蜜柑 *C. reticulata* ‘*Unshiu*’、福橘 *C. reticulata* ‘*Tangerina*’ 各药用部分均与橘同等入药。

酸橙 *C. aurantium* L. 常绿小乔木。枝3棱形，有长刺。叶互生；叶柄有狭长形或狭长倒心形的叶翼；叶片革质，倒卵状椭圆形或卵状长圆形，具半透明油点。花单生或数朵聚生，白色，芳香；花萼5裂；花瓣5；雄蕊20以上；雌蕊短于雄蕊。柑果近球形，熟时橙黄色。

我国长江流域及以南各地有栽培。幼果（枳实）药用，味苦、辛，性寒。能破气消积，化痰除痞。未成熟果实（枳壳）药用，味苦、酸，性微寒。能理气宽胸，行滞消积。

同属植物甜橙 *C. sinensis*（L.）Osbeck 的幼果同等入药。

黄檗 *Phellodendron amurense* Rupr. 落叶乔木。树皮厚，木栓发达，内皮鲜黄色。奇数羽状复叶对生；小叶5～15，披针形至卵状长圆形，边缘有细钝齿，齿缝有腺点。雌雄异株；圆锥状聚伞花序；花小，黄绿色；雄蕊5；雌蕊柱头5浅裂。浆果状核果，球形，熟时紫黑色，内有种子2～5（图15－52）。

分布于东北及华北。生于山地杂木林中。树皮（黄柏、关黄柏）药用，味苦，性寒。能清热燥湿，泻火解毒。

同属植物黄皮树 *P. chinense* Schneid. 树皮同等入药，习惯称“川黄柏”。

吴茱萸 *Evodia rutaecarpa*（Juss.）Benth. 常绿灌木或小乔木。有特殊气味。羽状复叶互生；小叶5～9，椭圆形至卵形，下面有透明腺点。花单性异株；圆锥状聚伞花序顶生；果实扁球形，成熟时裂开呈5个果瓣，呈蓇葖果状，紫红色，表面有粗大油腺点。

分布华东、中南、西南等地区。生于山区疏林或林缘，现多栽培。未成熟果实（吴茱萸）药用，味辛、苦，性热，有小毒。能散寒止痛，疏肝下气，温中燥湿。

吴茱萸的2个变种石虎*E. rutaecarpa*（Juss.）Benth. var. *officinalis*（Dode）Huang和疏毛吴茱萸*E. rutaecarpa*（Juss.）Benth. var. *bodinieri*（Dode）Huang的未成熟果实同等入药。

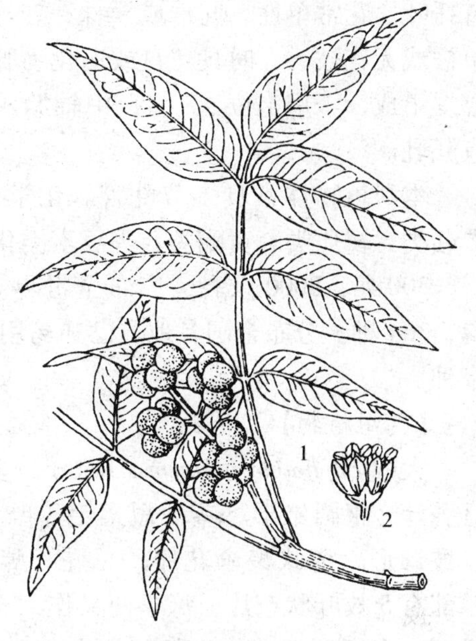

图15－52 黄檗
1. 果枝 2. 雄花

白鲜*Dictamnus dasycarpus* Turcz. 多年生草本。全株有特殊香味。根肉质，外皮黄白色至黄褐色。奇数羽状复叶，互生；叶轴有狭翼；小叶9～13，卵形至椭圆形；总状花序顶生；萼片5；花瓣5，淡红色；雄蕊10；子房5室。蒴果，密被腺毛。

分布于东北、华北、华东及陕西、甘肃、河南、四川、贵州。生山坡及灌丛中。根皮（白鲜皮）药用，味苦、咸，性寒。能清热燥湿，祛风止痒，解毒。

花椒*Zanthoxylum bungeanum* Maxim. 落叶灌木或小乔木。茎干具增大的皮刺。奇数羽状复叶，叶轴腹面两侧有狭小叶翼；小叶5～11，边缘齿缝有大而透明的腺点。圆锥状聚伞花序顶生；花单性；花被4～8；雄花雄蕊通常3～7；雌花心皮通常3～4；成熟心皮通常2～3。蓇葖果，球形，红色或红紫色，密生粗大而凸出的腺点。

分布于华东、中南、西南及辽宁、河北、陕西、甘肃等地。生于路边、山坡灌丛中，常见栽培。果皮（花椒）药用，味辛，性温，小毒。能温中止痛，除湿止泻，杀虫止痒。种子（椒目）药用，味苦、辛，性温，小毒。能利水消肿，祛痰平喘。

本科常用药用植物还有：代代花*Citrus aurantium* L. var. *amara* Engl.，花蕾（代代花）药用，味辛、甘、微苦，性平。能理气宽胸，和胃止呕。柚*C. grandis*（L.）Osbeck、化州柚*C. grandis*（L.）Osbeck var. *tomentosa* Hort.，两者的近成熟外层果皮（化橘红）药用，味苦、辛，性温。能燥湿化痰，理气，消食。枸橼*C. medica* L.、香圆*C. wilsonii* Tanaka，两者成熟果实（香橼）药用，味辛、苦、酸，性温。能理气降逆，宽胸化痰。佛手柑*C. medica* L. var. *sarcodactylis*（Noot.）Swingle，果实（佛手）药用，味辛、苦，性温。能舒肝理气，和胃化痰。枸橘*Poncirus trifoliata*（L.）Raf.，幼果（绿衣枳实）与未成熟果实（绿衣枳壳）药用，味辛、苦，性温。能疏肝和胃，理气止痛，消积化滞。

23. 大戟科 Euphorbiaceae

♂ $* K_{0\sim5} C_{0\sim5} A_{1\sim\infty}$；♀ $* K_{0\sim5} C_{0\sim5} \underline{G}_{(3:3:1\sim2)}$

草本、灌木或乔木，有时成肉质植物，常含乳汁。单叶，互生，叶基部常有腺体，有托叶。花常单性，同株或异株，花序各式，常为聚伞花序，或杯状聚伞花序；重被、单被或无花被，有时具花盘或退化为腺体；雄蕊1至多数，花丝分离或连合；雌蕊由3心皮组成，子房上位，3室，中轴胎座，每室1～2胚珠。蒴果，稀浆果或核果。种子有胚乳。

本科植物体常具多节乳管。化学成分主要有二萜类、鞣质类、黄酮类、香豆素类化合物等。

300属，8000余种，广布全世界。我国有66属，364种。分布全国各地。已知药用39属，160余种。

【药用植物】

大戟 *Euphorbia pekinensis* Rupr. 多年生草本，具乳汁。根圆锥形。茎被短柔毛。叶互生，矩圆状披针形。杯状聚伞花序；总花序常有5伞梗，基部有5枚叶状苞片；每伞梗又作1至数回分叉，最后小伞梗顶端着生1杯状聚伞花序；杯状总苞顶端4裂，腺体4。蒴果表皮有疣状突起（图15－53）。

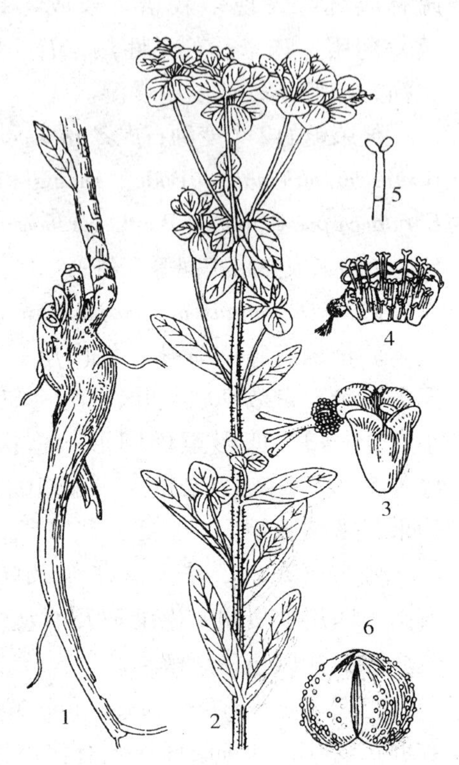

图15－53 大戟

1. 根 2. 花枝 3. 总苞，示腺体、雄蕊及雌蕊 4. 总苞剖开，示雄蕊、雌蕊 5. 雄蕊，示花药和关节 6. 果实

全国各地多有分布。生于山坡及田野湿润处。根（京大戟）药用，味苦、辛，性寒，有毒。能泻水逐饮。

同属药用植物甘遂 *E. kansui* T. N. Liou ex S. H. Ho，根（甘遂）药用，味苦，性寒，有毒。功效同大戟。续随子（千金子）*E. lathyris* L.，种子（续随子）药用，味辛，性温，有毒。能逐水消肿，破血消癥。地锦 *E. humifusa* Willd.，全草（地锦草）药用，味辛，性平。能清热解毒，凉血止血。狼毒大戟 *E. fischeriana* Steud.，根（狼毒）药用，味辛，性寒，有小毒。能散结杀虫。飞扬草（大飞扬）*E. hirta* L.，全草药用，味辛、酸，性凉，小毒。能收敛解毒，利尿消肿。

叶下珠 *Phyllanthus urinaria* L. 一年生小草本，高10～40cm。茎直立，分枝，通常带赤红色。单叶互生，呈2列，极似羽状复叶，具短柄或近于无柄；叶片长椭圆形，全缘。秋季开花，花单性，雌雄同株，无花瓣；雄花2～3朵，簇生于叶腋，雌花单性生于叶腋。蒴果扁球形，红棕色，表面有小凸刺或小瘤体（图15－54）。

分布于长江流域至南部各省区。生于山坡、路边或田坎壁上，较干燥的地方则呈赤红色。全草入药，味微苦，性凉。能清热利尿，明目，消积。

巴豆 *Croton tiglium* L. 常绿灌木或小乔木，幼枝、叶有星状毛。叶互生，卵形至长圆卵形，两面疏生星状毛，叶基两侧近叶柄处各有1无柄腺体。花小，单性同株；总状花序顶生，雄花在上，雌花在下；萼片5；花瓣5，反卷；雄蕊多数；雌花常无花瓣，子房上位，3 室，每室有 1 胚珠。蒴果卵形，有 3 钝棱。

分布于长江以南。野生或栽培。种子（巴豆）药用，味辛，性热，有大毒。外用蚀疮；其炮制加工品巴豆霜能峻下积滞，逐水消肿。

蓖麻 *Ricinus communis* L.　一年生草本或在南方常成小乔木。叶互生，盾状。花单性同株，圆锥花序，花序下部生雄花，上部生雌花；花萼 3～5 裂；无花瓣；雄花雄蕊多数，花丝树状分枝；雌花子房上位，3 室，花柱 3，各 2 裂。蒴果常有软刺。种子有种阜。

全国均有栽培。种子（蓖麻子）药用，味甘、辛，性平，有毒。能消肿拔毒，泻下通滞；蓖麻油为刺激性泻药。

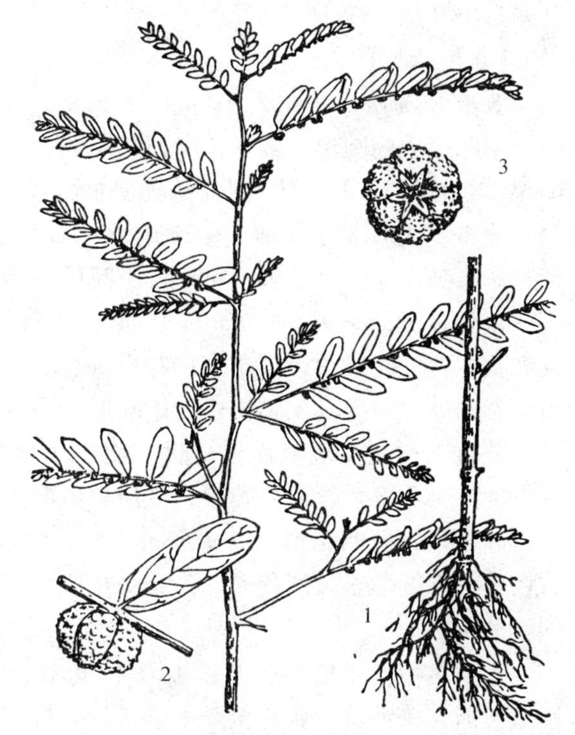

图 15－54　叶下珠

1. 植株　2. 果枝　3. 果实

余甘子 *Phyanthus emblica* L.　乔木或小灌木。单叶互生，2 列，极似羽状复叶，条状长圆形。花小，单性同株；簇生叶腋，具多数雄花和 1 朵雌花；萼片 6；无花瓣；雄花具腺体，雄蕊 3，花丝合生；雌花花盘杯状：包围子房大半部。蒴果球形。

分布于西南、福建等省区。生于疏林、山坡向阳处。果实（余甘子）药用，味苦、甘、酸，性凉。能清热凉血，消食健胃，生津止渴。

本科常用药用植物还有：乌桕 *Sapium sebiferum*（L.）Roxb.，根皮、叶药用，味苦，性微温，有小毒。能清热解毒，止血止痢。一叶萩 *Securinega suffruticosa*（Pall.）Rehd.，枝条、根、叶和花药用，味辛、苦，性微温，有小毒。能活血通络。黑面神 *Breynia fruticosa*（L.）Hook. f.，根、叶药用，味苦，性寒凉，有毒。能清热解毒，散瘀止痛。算盘珠 *Glochidion puberum*（L.）Hutch.，全株药用，味苦，性凉，有小毒。能活血散瘀，清热解毒，止痢。

24. 卫矛科 Celastraceae

$⚥ * K_{(4\sim5)} C_{4\sim5} A_{(4\sim5)} \underline{G}_{(2\sim5:2\sim5:2)}$

灌木或乔木，常攀援状。单叶对生或互生。花两性，有时单性，辐射对称，单生或成聚伞、总状花序；萼小，宿存；花盘发达，雄蕊生于花盘上；子房上位，与花盘分离或藏于花盘内，花柱短或缺，柱头 3～5 裂。蒴果、浆果、核果或翅果，种子常有红色假种皮。

60 属，约 850 种，分布于热带和温带。我国有 12 属，201 种，分布于全国各地。

已知药用 9 属，99 种。

【药用植物】

卫矛 *Euonymus alatus*（Thunb.）Sieb.　灌木，小枝有 2～4 条木栓质阔翅。叶对生，倒卵形或椭圆形。聚伞花序；花 4 数；花盘肥厚方形；雄蕊具短花丝。蒴果通常 4 瓣裂，有时只 1～3 瓣裂，种子成熟具橘红色假种皮。

分布于我国南北各地。生于山坡丛林中。带翅的枝（鬼箭羽）药用，味苦、辛，性寒。能破血通经，杀虫，止痒；民间用于治漆疮。

雷公藤 *Tripterygium wilfordii* Hook. f.　藤状灌木，小枝有 4～6 细棱，密生锈色短毛及瘤状皮孔。圆锥状聚伞花序；花白绿色；花萼浅 5 裂；花瓣 5；雄蕊 5，着生于花盘边缘裂凹处。蒴果具 3 膜质翅，矩圆形。

分布于长江流域至西南地区。生于山地林内阴湿处。根（雷公藤）药用，味苦、辛，性凉，大毒。含雷公藤素，主治类风湿关节炎。

同属植物昆明山海棠 *T. hypoglaucum*（Levl.）Hutch. 与雷公藤区别主要是叶背面有白粉，卵圆形至长圆状卵形，聚伞花序长 10cm 以上。根亦含雷公藤素。分布和效用同雷公藤。

本科常用药用植物还有：美登木 *Maytenus hookeri* Loes.，根、茎、果药用，味苦，性寒。能化瘀消癥。含有美登木碱，具有抗癌作用。

25. 无患子科 Sapindaceae

⚥ ＊ ↑ $K_{4\sim5}C_{4\sim5}A_{8\sim10}\underline{G}_{(2\sim4:2\sim4:1\sim2)}$

木本，稀为具卷须藤本。叶互生，常为羽状复叶，多无托叶。花两性、单性或杂性，辐射对称或两侧对称，常成总状或圆锥花序；花小，萼片 4～5；花瓣 4～5 或缺；雄蕊 8～10；花盘发达，子房上位，2～4 心皮组成 2～4 室，每室有胚珠 1～2 枚；中轴胎座。核果、蒴果、浆果或翅果。种子常有假种皮。

150 属，约 2 000 种，广布于热带和亚热带。我国有 25 属，56 种，主要分布于长江以南。已知药用 11 属，19 种。

【药用植物】

龙眼（桂圆）*Dimocarpus longan* Lour.　常绿乔木。双数羽状复叶互生，小叶 2～6 对，长椭圆形至矩圆状披针形。圆锥花序；花杂性，黄白色；萼 5 深裂；花瓣 5；雄蕊 8；子房通常仅 1 室发育。果球形，核果状，外果皮黄褐色，具扁平瘤点；鲜假种皮白色半透明，肉质味甜。种子黑色，有光泽（图 15－55）。

图 15－55　龙眼
1. 花枝　2. 花　3. 果实

分布于华南、西南地区。均为栽培。假种皮（龙眼肉）药用，味甘，性温。能补益心脾，养血安神。

荔枝 *Litchi chinensis* Sonn. 常绿乔木。双数羽状复叶。圆锥花序顶生；花小，绿白色或淡黄色；花萼杯状；无花瓣；雄蕊常为8枚；花盘肉质，杯状。核果近球形，果皮暗红色，有瘤状突起。假种皮白色肉质。种子黄褐色，长圆形，略扁（图15－56）。

分布于华南、西南地区。种子（荔枝核）药用，味甘、酸，性温。能行气散结，祛寒止痛。

本科常用药用植物还有：无患子 *Sapindus mukorossi* Gaertn.，根与果药用，能清热解毒，止咳化痰。

26. 鼠李科 Rhamnaceae

$⚥ * K_{(4-5)} C_{(4-5)} A_{4\sim5} \underline{G}_{(2\sim4:2\sim4:1)}$

乔木或灌木，直立或攀援，常有刺。单叶，多互生，有托叶，有时变为刺状。花小，两性，稀单性，辐射对称，排成聚伞花序或簇生；萼片、花瓣及雄蕊均4～5枚，有时无花瓣；雄蕊与花瓣对生，花盘肉质；雌蕊由2～4心皮组成；子房上位，或部分埋藏于花盘中，2～4室，每室胚珠1。多为核果，有时为蒴果或翅果状。

58属，约900种，广布世界各地。我国有15属，135种，分布南北各地。已知药用12属，77种。

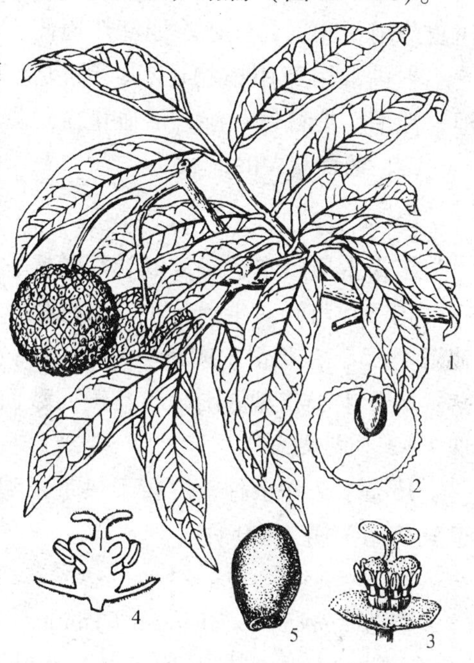

图15－56 荔枝

1. 果枝 2. 果实纵剖，示种子及假种皮 3. 花 4. 花纵剖 5. 种子

【药用植物】

枣 *Ziziphus jujuba* Mill. 落叶小乔木或灌木。小枝有2个托叶刺，长刺粗壮，短刺钩状。叶互生，卵形，基生3出脉。聚伞花序腋生，花小，黄绿色；萼片、花瓣及雄蕊均5枚；花盘圆形，边缘波状。核果深红色；核两端尖锐。

各地有栽培。果（大枣）药用，味甘，性温。能补中益气，养血安神。

酸枣 *Z. jujuba* Mill. var. *spinosa*（Bge.）Hu ex H. F. Chow 常为灌木，叶较小；果也较小，短矩圆形，果皮薄，味酸；核两端钝。

主要分布于长江以北，除黑龙江、吉林、新疆外的广大地区。生于向阳或干燥山坡、丘陵、平原。种子（酸枣仁）药用，味甘，性平。能补肝肾，养血安神，敛汗生津。

枳椇（拐枣）*Hovenia dulcis* Thunb. 落叶乔木。单叶互生；叶片基出3脉。复聚伞花序顶生或腋生；花5数；子房上位，3室，1胚珠。果实近球形，灰褐色，果梗肥厚扭曲，肉质，红褐色，味甜，种子扁圆形，暗褐色。

分布于东北、西北、中南、西南等地。生于阳光充足的沟边、路边或山谷中。果梗连同果实药用，味甘，性平。能健胃补血。种子药用，能止渴除烦，清湿热，解酒毒。

鼠李 *Rhamnus davurica* Pall.　小乔木或灌木。单叶近于对生或丛生于枝顶。花单性，2～5朵成1簇，生于短枝叶腋。花萼4裂，雄蕊4。核果近球形，成熟时黑棕色，每果含2粒卵圆形种子，背面有沟不开裂。

分布于东北、华北及宁夏、河南等省区。生于山间沟旁或杂木林及林缘灌木丛中。树皮药用，味苦，性寒。能清热通便。果实药用，味苦、甘，性凉。能消炎，止咳。

本科常用药用植物还有：铁包金 *Berchemia lineata*（L.）DC.，根药用，味苦、微涩，性平。能祛风利湿，活血止血。

27. 葡萄科 Vitaceae

$⚥ * K_{(4\sim5)} C_{4\sim5} A_{4\sim5} \underline{G}_{(2\sim6:2\sim6:1\sim2)}$

多为木质藤本，通常以卷须攀援它物上升，卷须和叶对生。叶互生。花集成聚伞花序，花序常与叶对生；花小，淡绿色；两性或单性，有时杂性；花萼不明显，4～5裂；花瓣4～5，在花蕾中成镊合状排列，分离或基部连合，有时顶端黏合成帽状而整个脱落；雄蕊生于花盘周围，与花瓣同数而对生；子房上位，通常2心皮构成2室，每室胚珠1～2。浆果。

16属，700余种，广布于热带及温带。我国有9属，约150种，分布于南北各地。已知药用7属，100种。

【药用植物】

白蔹 *Ampelopsis japonica*（Thunb.）Mak.　攀援藤本，全体无毛。根块状，多为纺锤形。掌状复叶，小叶3～5片，小叶片羽状分裂至羽状缺刻，叶轴有阔翅。聚伞花序；花小，黄绿色。浆果球形，熟时白色或蓝色。

分布于东北南部、华北、华东、中南地区。生于山坡林下。根（白蔹）药用，味苦、辛，性微寒。能清热解毒，消肿止痛。

乌蔹莓 *Cayratia japonica*（Thunb.）Gagnep.　多年生蔓生草本，茎有卷须。复叶呈鸟趾状。聚伞花序；花小，淡绿色。浆果黑色。

分布于华东和中南各地。生于山坡草丛或灌木中。全草药用，味苦、酸，性寒。能凉血解毒，利尿消肿，凉血散瘀。

本科常用药用植物还有：三叶崖爬藤（三叶青）*Tetrastigma hemsleyanum* Diels et Gilg，块根及全株药用，味苦、辛，性凉。能清热解毒，祛风化痰，活血止痛。葡萄 Vitis vinifera L.，根、茎藤药用，味甘，性平。能祛风湿，利水。叶药用，能止呕。果味甘、酸，性平。能解表透疹，利尿。

28. 锦葵科 Malvaceae

$⚥ * K_{5,(5)} C_5 A_{(\infty)} \underline{G}_{(3\sim\infty:3\sim\infty:1\sim\infty)}$

木本或草本。植物体多具黏液细胞；韧皮纤维发达。幼枝、叶表面常有星状毛。单叶互生，有托叶。花两性，单生或聚伞花序；辐射对称，单生或成聚伞花序；萼片5，分离或合生，其外常有苞片称副萼，萼宿存；花瓣5，旋转状排列；雄蕊多数，单体雄蕊，花粉具刺；子房上位，由 3 至多数心皮合生，3 至多室，中轴胎座。蒴果（图15－57）。

本科植物多含黏液质、苷类、生物碱类、酚类化合物以及脂肪酸等化学成分。

50 属，1000 余种，广布于温带和热带。我国 16 属，80 多种，分布南北各地。已药用的有 12 属，60 种。

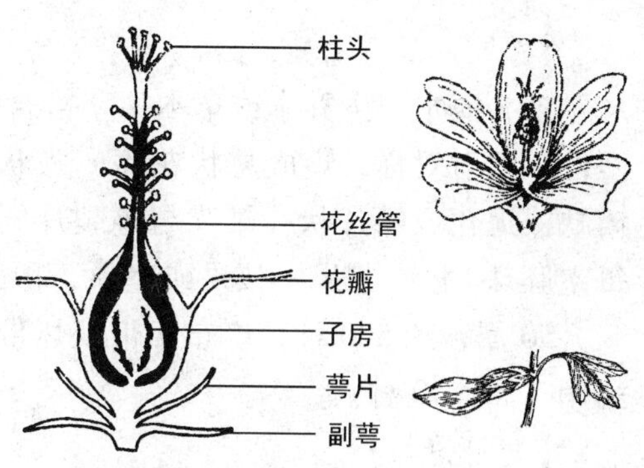

图 15－57 锦葵科花的形态

【药用植物】

木槿 *Hibiscus syriacus* L. 落叶灌木。单叶互生，菱状卵圆形，常 3 裂；托叶条形。花单生于叶腋，副萼片 6 或 7，条形，有星状毛；萼钟形，裂片 5；花冠淡紫、白、红色，花瓣 5 或为重瓣；单体雄蕊；花柱 5。蒴果卵圆形，密生星状毛。种子稍扁，黑色，具白色长绒毛（图 15－58）。

全国各地栽培。根皮和茎皮（木槿皮）药用，味甘、苦，性微寒。能清热润燥，杀虫，止痒。花药用，能清热，止痢。果实（朝天子）药用，味甘，性寒。能清肺化痰，解毒止痛。

苘麻 *Abutilon theophrasti* Medic. 一年生大草本，全株有星状毛。叶互生，圆心形。花单生叶腋，黄色；无副萼；单体雄蕊；心皮 15～20，排成轮状。蒴果半球形，分果瓣 15～20，有粗毛，顶端有 2 长芒。

图 15－58 木槿

1. 花枝 2. 果枝 3. 花纵切 4. 叶背及星状毛 5. 果瓣 6. 种子

全国广布。常见于荒地、田野，也多栽培。种子（苘麻子）药用，味苦，性平。能清热利湿，解毒，退翳。

冬葵（冬苋菜）*Malva verticillata* L. 一年生或多年生草本，全株被星状柔毛。单叶互生，基部心形。花数朵至十数朵簇生叶腋；萼杯状；花淡粉紫色，花瓣5。蒴果扁球形，熟后心皮彼此分离并与中轴脱离，形成分果。

分布于吉林、辽宁、河北、陕西、甘肃、青海、江西、湖南、四川、重庆、贵州和云南等地。生于村旁、路旁、田埂草丛中，也有栽培。果（冬葵子）药用，味甘，性寒。能清热利尿，消肿。

本科常用药用植物还有：木芙蓉 *Hibiscus mutabilis* L.，叶、花及根皮药用，味辛、微苦，性凉。能清热凉血，消肿解毒。玫瑰茄 *Hibiscus sabdariffa* L.，根、种子药用，味酸，性凉。能利尿、强壮功能。

29. 瑞香科 Thymelaeaceae

⚥ $* K_{(4\sim5),(6)}C_0A_{4\sim5,8\sim10,2}\underline{G}_{(2:1\sim2:1)}$

多为灌木，少乔木或草本。茎富含韧皮纤维。单叶互生或对生，全缘，无托叶。花两性，辐射对称，集成总状花序、头状花序或成束；花萼管状，4～5裂，花瓣状，花瓣缺或退化成鳞片状；雄蕊与萼裂片同数或为其2倍，稀为2枚；子房上位，1～2室，每室胚珠1枚。浆果、核果或坚果，稀蒴果。

50属，约500种，广布温带及热带地区。我国有9属，约90种，广布全国。已知药用7属，40种。

【药用植物】

芫花 *Daphne genkwa* Sieb. et Zucc.　落叶灌木。叶对生，偶互生，椭圆状矩圆形至卵状披针形。花先叶开放，淡紫色或淡紫红色，3～7朵簇生叶腋；花萼管状，外被绢毛，花冠状，裂片4；雄蕊8，呈2轮着生花萼管中部及上部，花盘环状；子房1室。核果白色（图15－59）。

图15－59　芫花

1. 花枝及果枝　2. 花萼管剖开，示雄蕊　3. 雌蕊

分布于长江流域及山东、河南、陕西。生于山坡和路旁。花蕾（芫花）药用，味辛、苦，性温，有毒。能泻水逐饮，解毒杀虫。

同属植物黄芫花 *D. giraldii* Nitsche，分布于我国西北、西南等地区。生于山坡林边或疏林中。茎皮、根皮（祖师麻）药用，味辛、苦，性温，有小毒。能麻醉止痛，祛风通络。甘肃瑞香 *D. tangutica* Maxim. 和凹叶瑞香 *D. retusa* Hemsl.，均同等入药。

白木香 *Aquilaria sinensis*（Lour.）Gilg　常绿乔木。叶互生。伞形花序顶生或腋生；花黄绿色；花萼浅钟状，裂片5；花瓣10；雄蕊10，子房2室，每室1胚珠。蒴果木质，被灰黄色短柔毛。

分布于广东、广西、福建、台湾。生于山坡丘陵地。含有树脂的木材（沉香）药用，味辛、苦，性温。能行气止痛，温中止呕，纳气平喘。

本科常用药用植物还有：狼毒 *Stellera chamaejasme* L.，根（狼毒）药用，味苦、辛，性平，有毒。能散结，逐水，止痛，杀虫。了哥王 *Wikstroemia indica*（L.）C. A. Mey.，全株药用，味苦、辛，性寒，有毒。能消肿散结，泻下逐火，止痛。

30. 桃金娘科 Myrtaceae

⚥ $* K_{(4\sim5)} C_{4\sim5} A_{(2\sim\infty)} \overline{G}_{(2\sim5:1\sim5:\infty)}$

常绿乔木或灌木，多含挥发油。单叶对生，有透明油腺点。花两性，辐射对称，单生于叶腋或成各式花序；萼4~5裂，萼筒略与子房合生；花瓣4~5，覆瓦状排列或与萼片连成一帽状体，花开时横裂，整个帽状体脱落；雄蕊多数，常成束着生花盘边缘；心皮2~5，合生，子房下位或半下位，2~5室，每室有1至多数胚珠。浆果、蒴果、稀核果。

约100属，3000余种，分布于热带、亚热带地区。我国原产及驯化9属，126种，分布于江南地区。已知药用10属，31种。

【药用植物】

丁香 *Eugenia caryophyllata* Thunb.　常绿乔木。叶对生，长椭圆形，先端渐尖，全缘，具透明油腺点。顶生聚伞花序；萼筒顶端4裂，肥厚；花瓣4，淡紫色，有浓烈香气；雄蕊多数；子房下位，2室。浆果长倒卵形，红棕色，顶端有宿存萼片。

分布于印尼、东非沿海等地。我国广东有栽培。花蕾（公丁香）、果实（母丁香）药用，均味辛，性温。能温中降逆，补肾助阳。并供提取丁香油，可治牙痛及作香料。

桃金娘（岗稔）*Rhodomyrtus tomentosa*（Ait.）Hassk.　常绿灌木。叶对生，离基三出脉。聚伞花序腋生；花瓣5，紫红色；子房下位，3室。浆果球形，熟时暗紫色。

分布于南部各省。生于丘陵、旷野、灌木丛中。根药用，味辛、甘，性平。能祛风活络，收敛止泻，止血；叶药用，味甘，性平。能收敛，止血；果药用，味甘、涩，性平。能补血，滋养，安胎。

本科常用药用植物还有：大叶桉 *Eucalyptus robusta* Smith. 叶药用，味辛、苦，性凉。能疏风清热，抑菌消炎，止痒，又是提取桉叶油的原料。蓝桉 *E. globulus* Labill.，药用部分和功效与大叶桉相同。白千层 *Melaleuca leucadendron*（L.）L.，树皮（白千层皮）药用，味淡、性平，能安神解毒。

31. 五加科 Araliaceae

⚥ $* K_5 C_{5\sim10} A_{5\sim10} \overline{G}_{(2\sim15:2\sim15:1)}$

木本，稀多年生草本。茎常有刺。叶多互生，常为掌状复叶或羽状复叶，少为单叶。花小，两性，稀单性，辐射对称；伞形花序或集成头状花序，常排成总状或圆锥状；萼齿5，小形，花瓣5~10，分离；雄蕊5~10，生于花盘边缘，花盘生于子房顶部；子房下位，由2~15心皮合生，通常2~5室，每室1胚珠。浆果或核果。

本科植物富含三萜类皂苷、黄酮类、香豆素类及聚炔类化合物。

80属，900多种，广布于热带和温带。我国有23属，172种，除新疆外，几全国均有分布。已知药用19属，112种。

五加科主要药用属检索表

1. 叶互生，木本，稀多年生草本。
  2. 单叶或掌状复叶。

3. 单叶。

4. 叶片掌状分裂。

5. 植物体无刺；花柱离生，子房2室，有托叶 …………………… 通脱木属 *Tetrapanax*

5. 植物体有刺；花柱合生或成柱状；无托叶 ………………………… 刺楸属 *Kalopanax*

4. 叶片不裂，或在同一株上有不裂和分裂的两种叶片 ……………… 树参属 *Dendropanax*

3. 掌状复叶 ……………………………………………………………… 五加属 *Acanthopanax*

2. 羽状复叶，有托叶；茎通常有刺；木本或多年生草本 ……………………… 楤木属 *Aralia*

1. 叶轮生，掌状复叶；草本植物 ………………………………………………… 人参属 *Panax*

【药用植物】

人参 *Panax ginseng* C. A. Mey.　多年生草本。主根肉质，圆柱形或纺锤形，下面稍有分枝，根状茎（芦头）短，每年增生1节，有时其上生出不定根，习称“艼”。掌状复叶轮生茎端，通常一年生者生1片三出复叶，二年生者生1片掌状五出复叶，三年生者生2片掌状五出复叶，以后每年递增1片复叶，最多可达6片复叶；小叶片椭圆形或卵形，中央1片较大。伞形花序单个顶生，总花梗长于总叶柄。浆果状核果扁球形，熟时红色（图15－60）。

分布于东北。现多为栽培。根（人参）药用，味甘、微苦，性微温。能大补元气，复脉固脱，补气益血，生津，安神。叶（人参叶）药用，能清肺，生津，止渴。花药用，有兴奋功效；果实药用，能发痘。

西洋参 *P. quinquefolium* L.　形态和人参很相似，但本种的总花梗与叶柄近等长或稍长，小叶片上面脉上几无刚毛，边缘的锯齿不规则且较粗大而容易区分。

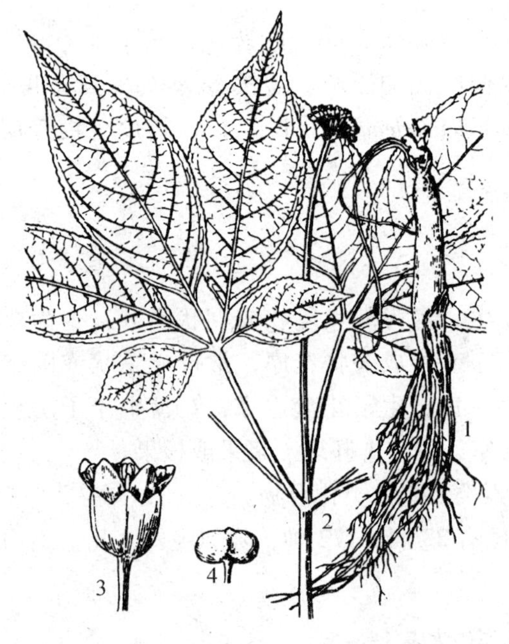

图15－60　人参

1. 根　2. 花枝　3. 花　4. 果实

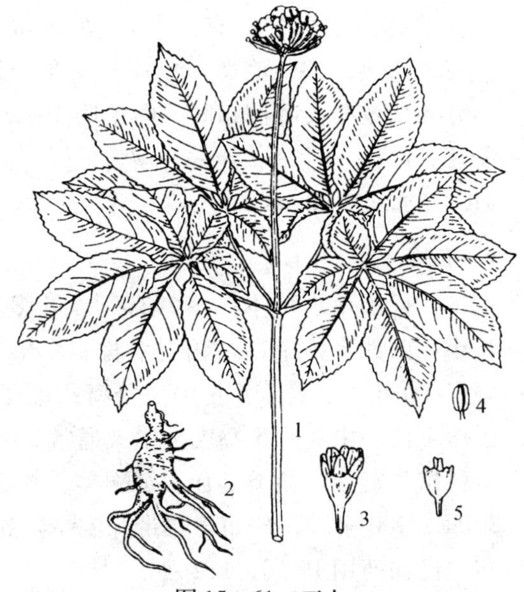

图15－61　三七

1. 着果的植株　2. 根状茎及根　3. 花　4. 雄蕊

5. 去花瓣及雄蕊后的花，示花柱及花萼

原产于加拿大和美国，我国部分省区引种栽培。根（西洋参）药用，味甘、微苦，性寒。能补气养阴，清热生津。

三七 *P. notoginseng*（Burk.）F. H. Chen　多年生草本。主根肉质，倒圆锥形或圆柱形。掌状复叶，小叶通常3～7片，形态变化较大，中央1片最大，长椭圆形至倒卵状长椭圆形，两面脉上密生刚毛（图15－61）。

主要栽培于云南、广西，种植在海拔400～1800m林下或山坡上人工荫棚下。根（三七）药用，味甘、微苦，性温。能散瘀止血，消肿定痛。花药用，能清热，平肝，降压。

同属植物竹节参 *P. japonicus* C. A. Mey.，根状茎药用，味甘、微苦，性微温。能滋补强壮，散瘀止痛，止血祛痰。珠子参 *P. japonicus* C. A. Mey. var. *major*（Burk.）C. Y. Wu et K. M. Feng，根状茎药用，能补肺，养阴，活络，止血。

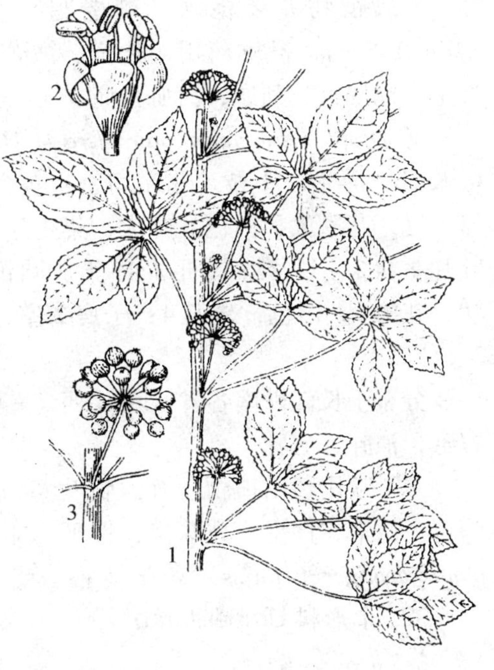

图15－62　细柱五加
1. 花枝　2. 花　3. 果序

细柱五加 *Acanthopanax gracilistylus* W. W. Smith.　灌木，有时蔓生状，无刺或在叶柄基部单生扁平的刺。掌状复叶，小叶通常5片，在长枝上互生，短枝上簇生。叶无毛或沿脉疏生刚毛。伞形花序常腋生；花黄绿色；花柱2，分离。果扁球形，黑色（图15－62）。

分布于南方各省。生于林缘或灌丛。根皮（五加皮）药用，味辛、苦、微甘，性温。能祛风湿，补肝肾，强筋骨。

刺五加 *Acanthopanax senticosus*（Rupr. et Maxim.）Harms.　灌木，枝密生针刺。掌状复叶，小叶五，椭圆状倒卵形，幼叶下面沿脉密生黄褐色毛。伞形花序单生或2～4个丛生茎顶；花瓣黄绿色；花柱5，合生成柱状，子房5室。浆果状核果，球形，有5棱，黑色（图15－63）。

分布于东北及河北、山西。生于林缘、灌丛中。根及根状茎或茎（刺五加）药用，味微苦、辛，性温。能益气健脾，补肾安神。

同属其他多种植物的根皮或茎皮民间亦作"五加皮"用，如短梗五加（无梗五加）*A. sessiliflorus*（Rupr. et Maxim.）Seem.，分布于东北及河北等地。红毛五加 *A. giraldii* Harms，分布于华北、西北及四川、湖北等地。

土当归（九眼独活）*Aralia cordata* Thunb.　多年生草本。根状茎粗壮，横走，有多数结节，每节有一内凹的茎痕，侧根肉质，圆锥状。二至三回羽状复叶，小叶茎部心形。伞形花序集成圆锥状。

分布于我国中部以南的各省区。根状茎（九眼独活）药用，味辛、苦，性温。能祛风燥湿，活血止痛，消肿。

楤木 *A. chinensis* L. 灌木或小乔木。枝干多刺，小枝有黄棕色柔毛。叶二至四回羽状复叶，小叶卵形至长卵形，被毛。圆锥花序；花5数，花柱5。

分布于华北、华中、华东和西南。根皮药用，味辛、苦，性平。能活血散瘀，健胃，利尿。

同属植物龙牙楤木（刺老鸦）*A. elata*（Miq.）Seem. 根皮药用，味辛、微苦、甘，性平。能健胃，利尿，活血止痛。

通脱木 *Tetrapanax papyrifera*（Hook.）K. Koch 灌木。小枝、花序均密生黄色星状厚绒毛。茎髓大，白色。叶大，集生于茎顶，叶片掌状5～11裂。伞形花序集成圆锥花序状；花瓣4，白色；雄蕊4；子房2室，花柱2，分离。

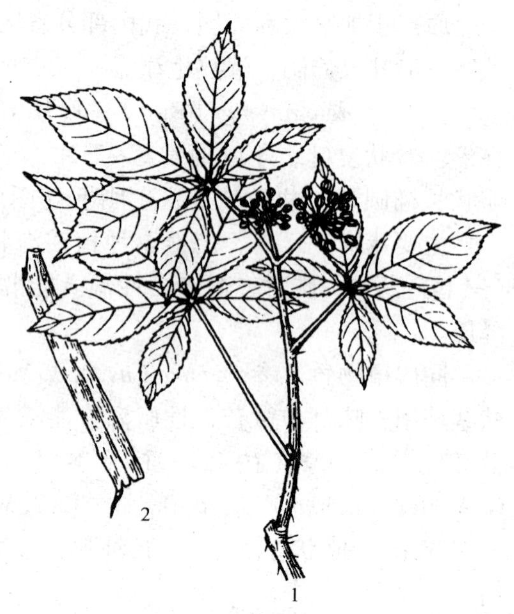

图15－63 刺五加

1. 花枝 2. 根皮

分布于长江以南各省区及陕西。茎髓（通草）药用，味甘、淡，性微寒。能清热解毒，消肿，通乳。

本科常用药用植物还有：刺楸 *Kalopanax septemlobus*（Thunb.）Koidz.，根皮药用，味苦、微辛，性平。枝味辛、性平。能祛风除湿，解毒杀虫。树参（半枫荷）*Dendropanax dentiger*（Harms）Merr.，根、茎、叶药用，能祛风活络，舒筋活血。

32. 伞形科 Umbelliferae

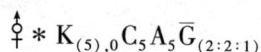

$⚥ * K_{(5),0}C_5A_5\overline{G}_{(2:2:1)}$

草本，常含挥发油。茎有纵棱，常中空。叶互生，通常分裂或为多裂的复叶，少数为单叶；叶柄基部扩大成鞘状。复伞形花序，稀为伞形花序，常具总苞片；花小，两性；花萼5，与子房贴生；花瓣5；雄蕊5；子房下位，花柱2，具上位花盘。双悬果，每分果有5条主棱（中间背棱1条，两边侧棱各1条，两侧棱和背棱间各有中棱1条），主棱下面有维管束，棱槽内及合生面有纵走的油管1至多条；分果背腹压扁或两侧压扁（图15－64）。

本科植物的化学成分主要有苯丙酸衍生物包括香豆素类、黄酮类和色原酮类、挥发油及与其生源有关的非挥发性成分、三萜与三萜皂苷、聚炔类、脂肪油、酚性成分与生物碱等。

280属，约2500种。我国97属，590种，分布全国。药用55属，234种。

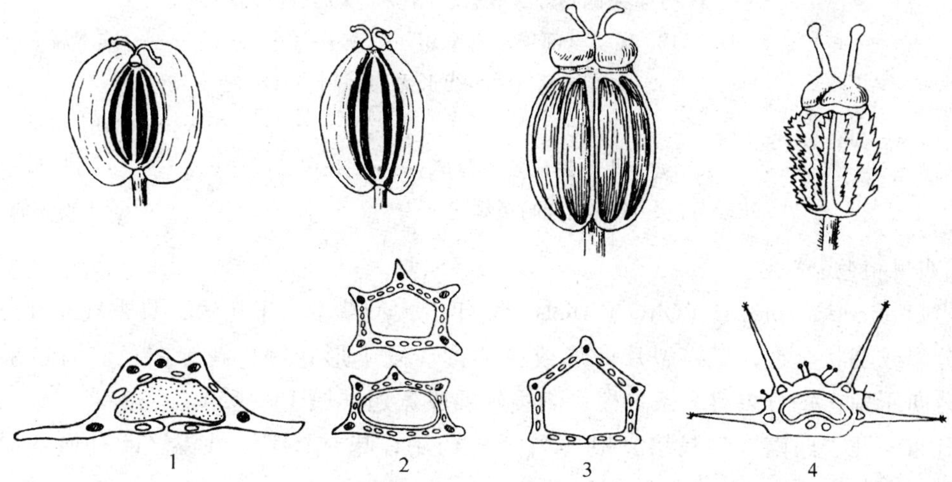

图 15－64　伞形科部分属植物果实外形和横切面

1. 当归属　2. 藁本属　3. 柴胡属　4. 野胡萝卜属

伞形科主要药用属检索表

1. 单叶，全缘或有缺刻。
  2. 直立草本；叶片披针形或条形；复伞形花序 ………………………………… 柴胡属 *Bupleurum*
  2. 匍匐草本；叶片圆肾形；伞形花序。
    3. 叶片有裂齿或掌状分裂 ……………………………………………………… 天胡荽属 *Hydrocotyle*
    3. 叶片无裂齿或有浅齿 ………………………………………………………… 积雪草属 *Centella*
1. 复叶，或单叶近全裂。
  4. 果有刺或小瘤。
    5. 全体被白色粗硬毛；具总苞片；果有刺 ……………………………………… 胡萝卜属 *Daucus*
    5. 全体无毛；无总苞片；果有小瘤 …………………………………………… 防风属 *Saposhnikovia*
  4. 果无刺或瘤。
    6. 叶近革质；果有绒毛 ………………………………………………………… 珊瑚菜属 *Glehnia*
    6. 叶非革质；果无绒毛。
      7. 果棱无明显的翅。
        8. 小伞形花序外缘花瓣为辐射瓣；果皮薄而坚硬，果实成熟后不分离 ……………………………………………………………………… 芫荽属 *Coriandrum*
        8. 小伞形花序外缘花瓣不为辐射瓣；果皮薄而柔软，果实成熟后分离。
          9. 叶的末回裂片线形；花金黄色；具强烈香味 ………………… 茴香属 *Foeniculum*
          9. 叶的末回裂片楔形；花白色；不具香味 ……………………… 明党参属 *Changium*
      7. 果棱全部或部分有翅。
        10. 萼齿明显，三角形 …………………………………………………… 羌活属 *Notopterygium*
        10. 萼齿无，或极不明显，少数为线形、钻形。
          11. 花瓣白色、粉红色、淡红色或紫色。
            12. 分生果棱等宽，横剖面近五角形 ………………………… 蛇床属 *Cnidium*
            12. 分生果背棱较主棱宽 1 倍以上，横剖面扁圆形或甚扁。

13. 分生果侧翅外缘联合，围绕果实形成侧翅环。

14. 果实全部果棱有窄翅 ………………………… 藁本属 *Ligusticum*

14. 果实背棱、中棱线形无翅，侧棱有窄翅 ………………………………………………… 前胡属 *Peucedanum*

13. 分生果侧翅成熟时分离………………………………… 当归属 *Angelica*

11. 花瓣黄色、淡黄色或暗黄绿色 ………………………………… 阿魏属 *Ferula*

【药用植物】

当归 *Angelica sinensis*（Oliv.）Diels　多年生大型草本。根粗短，具香气。叶三出式羽状分裂或羽状全裂，最终裂片卵形或狭卵形。复伞形花序，花绿白色。双悬果椭圆形，背向压扁，每分果有5条果棱，侧棱延展成宽翅（图15－65）。

分布西北、西南，多栽培。根（当归）药用，味甘、辛，性温。能补血活血，调经止痛，润肠通便。

杭白芷 *A. dahurica* ‘*Hangbaizhi*’　多年生高大草本。根长圆锥形。叶三出二回羽状分裂，最终裂片卵形至长卵形。复伞形花序，花黄绿色（图15－66）。

图15－65　当归

1. 叶枝　2. 果枝　3. 根

图15－66　杭白芷

1. 叶　2. 果枝　3. 花　4. 果实

浙江、安徽、四川等地多栽培。根药用，味辛，性温。能散风除湿，通窍止痛，消肿排脓。

同属植物祁白芷 *A. dahurica* ‘*Qibaizhi*’ 的根同等入药。重齿当归 *A. biserrata*（Shan et Yuan）Yuan et Shan，根（独活）药用，味辛、苦，性微温。能祛风除湿，通痹止痛。

白花前胡 *Peucedanum praeruptorum* Dunn.　多年生草本。主根粗壮，圆锥形。茎直立，上部叉状分枝，基部残留褐色叶鞘纤维。基生叶为二至三回羽状分裂，最终裂片菱状倒卵形，叶柄基部有宽鞘。复伞形花序，花白色。双悬果椭圆形或卵形，侧棱有窄而厚的翅（图 15－67）。

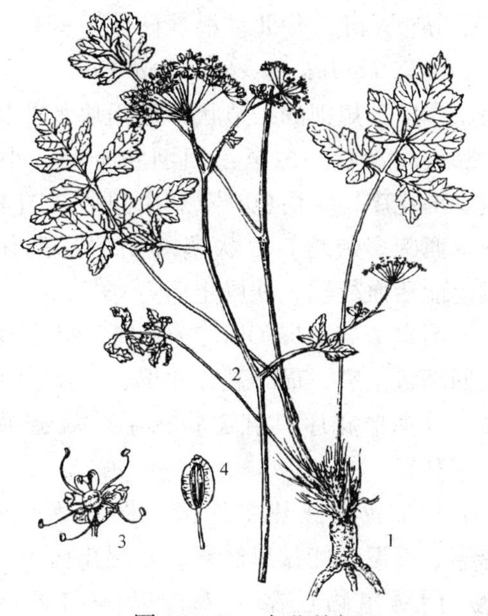

图 15－67　白花前胡

1. 植株　2. 果枝　3. 花　4. 果实

分布华东、华中、西南等地。根（前胡）药用，味苦、辛，性微寒。能散风清热，降气化痰。

柴胡 *Bupleurum chinense* DC.　多年生草本。主根粗大而坚硬。茎直立，上部分枝较多，略呈“之”字形。基生叶早枯，中部叶倒披针形或狭椭圆形，全缘，平行脉。复伞形花序，花黄色。双悬果宽椭圆形（图 15－68）。

分布于东北、华北、西北、华东和华中。根（柴胡）药用，味苦、辛，性微寒。能和表解里，疏肝升阳。

同属植物狭叶柴胡 *B. scorzonerifolium* Willd. 的根同等入药。

防风 *Saposhnikovia divaricata*（Turcz.）Schischk.　多年生草本。根粗壮。茎基残留褐色叶柄纤维。基生叶二回或近三回羽状全裂，最终裂片条形至倒披针形，顶生叶简化成叶鞘。复伞形花序，花白色。双悬果矩圆状宽卵形（图 15－69）。

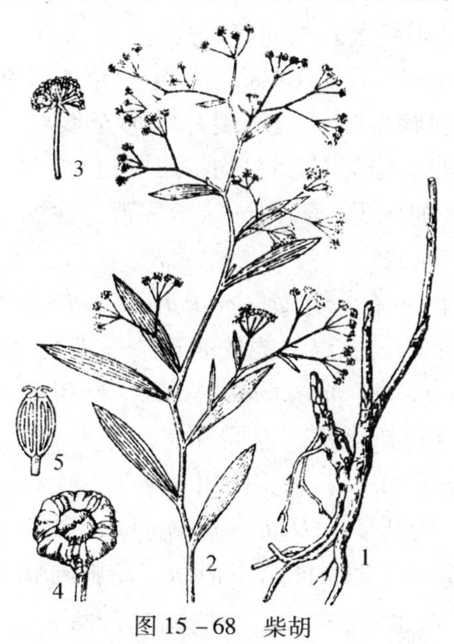

图 15－68　柴胡

1. 根　2. 花枝　3. 伞形花序　4. 花　5. 果实

图 15－69　防风

1. 根　2. 花枝　3. 根出叶　4. 花　5. 双悬果

分布东北、华北。根（防风）药用，味辛、甘，性微温。能解表祛风，胜湿止痉。

川芎 *Ligusticum chanxiong* Hort. 多年生草本。根状茎呈不规则的结节状拳形团块。茎丛生，基部的节膨大成盘状。二至三回羽状复叶，小叶 3～5 对。复伞形花序，花白色。双悬果卵形（图 15－70）。

西南多栽培。根状茎（川芎）药用，味辛，性温。能活血行气，祛风止痛。

藁本 *L. sinense* Oliv. 根状茎呈不规则团块。叶二回羽状全裂，最终裂片卵形，边缘为不整齐羽状深裂。复伞形花序具乳突状粗毛。双悬果宽卵形（图 15－71）。

分布我国亚热带地区。根状茎（藁本）药用，味辛，性温。能祛风散寒，除湿止痛。

同属植物辽藁本 *L. jeholense*（Nakai et Kitag.）Nakai et Kitag. 的根状茎同等入药。

宽叶羌活 *Notopterygium forbesii* H. de Boiss. 多年生草本，根状茎不规则团块状。叶三出二至三回羽状复叶，一回羽片 2～3 对。果近球形，果棱均成宽翅，常发育不均匀。

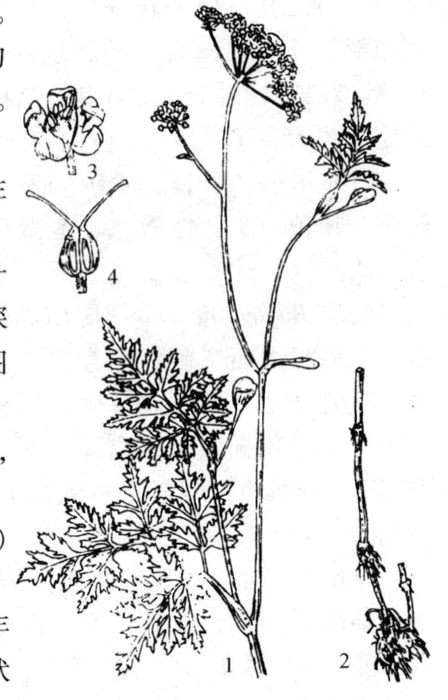

图 15－70 川芎

1. 花枝 2. 茎与根茎及根 3. 花 4. 果实

分布于青海、甘肃、四川和云南。根状茎及根（羌活）药用，味辛、苦，性温。能祛风散寒，除湿止痛。

同属植物羌活 *N. incisum* Ting ex H. T. Chang 的根状茎及根同等入药。

图 15－71 藁本

蛇床 *Cnidium monnieri*（L.）Cuss. 一年生草本。茎下部叶二至三回三出式羽状全裂，最终裂片线形至线状披针形。分果横剖面近五角形，具主棱 5，均扩展成翅。

分布全国。果实（蛇床子）药用，味辛、苦，性温。能温肾壮阳，祛风燥湿，杀虫。

本科常用药用植物还有：芫荽 *Coriandrum sativum* L.，全草（胡荽）药用，味辛，性温。能发表透疹，消食开胃、止痛解毒。明党参 *Changium smyrnioides* Wolff，根药用，味甘、微苦，性微寒。能润肺化痰，养阴和胃，平肝，解毒。小茴香 *Foeniculum vulgare* Mill.，果实药用，味辛，性温。能散寒止痛，理气和胃。野胡萝卜 *Daucus carota* L.，果实（南鹤虱）药用，味苦、辛，性平。能杀虫消积。新疆阿魏 *Ferula sinkiangensis* K. M. Shen 和阜康阿魏 *F. fukanensis* K. M. Shen，树脂药用，味苦、辛，性温。能消积散痞，杀虫。珊瑚菜 *Glehnia littoralis*（A. Gray）Fr. Schmidt et Miq.，根（北沙参）药用，味甘、微苦，性微寒。能养阴清肺，益胃生津。

（二）合瓣花亚纲

合瓣花亚纲（Sympetalae），又称后生花被亚纲（Metachlamydeae），花瓣多少连合，形成各种形状的花冠，更加有利于昆虫传粉，同时雄蕊和雌蕊得到更好的保护；花的轮数由5轮减至4轮，且各轮数目也逐步减少；通常无托叶；胚珠具1层珠被。

33. 杜鹃花科 Ericaceae

⚥ $* K_{(4\sim5)} C_{(4\sim5)} A_{(8\sim10,4\sim5)} \underline{G}_{(4\sim5:4\sim5:\infty)}, \overline{G}_{(4\sim5:4\sim5:\infty)}$

多为常绿灌木。叶互生，常革质。花两性，辐射对称或略两侧对称；花萼4~5裂，宿存；花冠4~5裂；雄蕊常为花冠裂片数的2倍，着生花盘基部，花药2室，多顶孔开裂，部分属具尾状或芒状附属物；子房上位或下位，常4~5心皮，4~5室，中轴胎座，胚珠多数。蒴果，少浆果或核果。植物体具盾状腺毛或非腺毛。

103属，约3350种，除沙漠地区外，广布全球，尤以亚热带地区为多。我国约有15属757种，分布全国，以西南各省区为多。已知药用12属，127种，多为杜鹃花属（*Rhododendron*）植物。

【药用植物】

兴安杜鹃 *Rhododendron dahuricum* L.　半常绿灌木。多分枝，小枝具鳞片和柔毛。单叶互生，常集生小枝上部，近革质，矩圆形，下面密被鳞片。花生枝端，先花后叶；花紫红或粉红，外具柔毛；雄蕊10；蒴果矩圆形（图15-72）。

分布于东北、西北、内蒙。生于干燥山坡、灌丛中。叶（满山红）药用，味辛、苦，性寒，小毒。能祛痰止咳；根治肠炎痢疾。

图15-72　兴安杜鹃

1. 花枝　2. 花

图15-73　羊踯躅

1. 花枝　2. 果枝

羊踯躅 *R. molle*（Bl.）G. Don　落叶灌木。嫩枝被短柔毛及刚毛。单叶互生，纸质，长椭圆形或倒披针形，下面密灰色柔毛。伞形花序顶生，先花后叶或同时开放；花冠宽钟状，黄色，5 裂，反曲，外被短柔毛；雄蕊 5。蒴果长圆形（图 15 - 73）。

分布于长江流域及华南。生于山坡、林缘、灌丛、草地。花（闹羊花）药用，性温，味辛，有毒。能祛风胜湿，散瘀止痛。成熟果实（八厘麻子）药用，能活血散瘀，止痛。

同属植物烈香杜鹃 *R. anthopogonoides* Maxim.，叶药用，味辛、苦，性微温。能祛痰，止咳，平喘。照山白 *R. micranthum* Turcz.，枝、叶药用，味苦、辛，性温，有大毒。能祛风，通络，止痛，化痰止咳。岭南杜鹃 *R. mariae* Hance，全株药用，味苦，性平。能止咳，祛痰。杜鹃 *R. simsii* Planch.，根、叶、花、果药用，味甜，性温。根有毒，能活血，止血，祛风，止痛；叶能止血、清热解毒；花、果能活血，调经，祛风湿。

本科常用药用植物还有：滇白珠 *Gaultheria leucocarpa* Bl. var. *crenulata*（Kurz）T. Z. Hsu，全株药用，味辛，性温，有小毒。能祛风湿，舒筋络，活血止痛，是提取水杨酸甲酯（冬绿油）的原料。南烛 *Vaccinium bracteatum* Thunb.，叶、果药用，味辛、微苦，性温，有毒。具有益精气，强筋骨，止泻功效。根药用，能消肿止痛。岩须 *Cassiope selaginoides* Hook. f. et Thoms.，全草药用，味辛、微苦，性平。用于肝胃气痛，食欲不振，神经衰弱。

34. 木犀科 Oleaceae

$⚥ * K_{(4)} C_{(4),0} A_2 \underline{G}_{(2:2:2)}$

灌木或乔木。叶常对生，单叶、三出复叶或羽状复叶。圆锥、聚伞花序或花簇生，偶单生；花常两性，稀单性异株，辐射对称；花萼、花冠常 4 裂，稀无花瓣；雄蕊常 2 枚；子房上位，2 室，每室常 2 胚珠，花柱 1，柱头 2 裂。核果、蒴果、浆果、翅果。

本科植物含有酚化合物、木脂素类、苦味素类、苷类、香豆素类等，尚含有挥发油。

29 属，约 600 种，广布于温带和亚热带地区。我国约有 12 属，200 种，南北均产。已知药用，8 属，89 种。

【药用植物】

连翘 *Forsythia suspense*（Thunb.）Vahl. 落叶灌木。茎直立，枝条具 4 棱，小枝中空。单叶对生，叶片完整或 3 全裂，卵形或长椭圆状卵形。春季先叶开花，1 ~ 3 朵簇生叶腋；萼 4 深裂；花冠黄色，深 4 裂，花冠管内有橘红色条纹；雄蕊 2；子房上位，2 室。蒴果狭卵形，木质，表面有瘤状皮孔；种子多数，有翅（图15 - 74）。

图 15 - 74 连翘

1. 花枝 2. 叶枝 3. 果实

分布于东北、华北等地。生于荒野山坡或栽培。果实（连翘）药用，味苦，性微寒。能清热解毒，消痈散结。种子（连翘心）药用，能清心火，和胃止呕。

梣（白蜡树）*Fraxinus chinensis* Roxb.　落叶乔木。叶对生，单数羽状复叶，小叶 5 ~ 9 枚，常 7 枚，椭圆形或椭圆状卵形。圆锥花序侧生或顶生；花萼钟状，不规则分裂；无花冠。翅果倒披针形（图 15 – 75）。

分布中国南北大部分地区。生山间向阳坡地湿润处；并有栽培，以养殖白蜡虫生产白蜡。茎皮（秦皮）药用，味苦，性寒。能清热燥湿，清肝明目。

同属植物花曲柳 *F. rhynchophylla* Hance、尖叶梣 *F. szaboana* Lingelsh.、宿柱梣 *F. stylosa* Lingelsh. 的树皮同等入药。

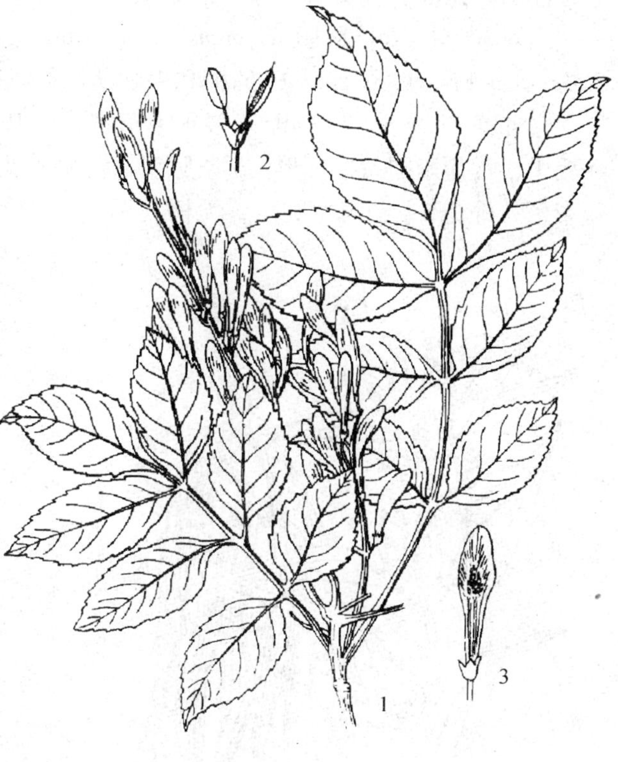

图 15 – 75　梣

1. 着果的枝　2. 花　3. 翅果

女贞 *Ligustrum lucidum* Ait.　常绿乔木，全体无毛。单叶对生，革质，卵形或椭圆形，全缘。花小，密集成顶生圆锥花序；花冠白色，漏斗状，先端 4 裂；雄蕊 2；子房上位。核果矩圆形，微弯曲，熟时紫黑色，被白粉。

分布于长江流域以南，生于混交林或林缘、谷地。果实（女贞子）药用，味甘、苦，性凉。能补肾滋阴，养肝明目；枝、叶、树皮药用，能祛痰止咳。

35. 龙胆科 Gentianaceae

⚥ $* K_{(4\sim5)} C_{(4\sim5)} A_{4\sim5} \underline{G}_{(2:1:\infty)}$

草本。单叶对生，全缘，无托叶。聚伞花序或花单生；花两性，辐射对称；花萼筒状，常 4 ~ 5 裂，花冠筒状、漏斗状或辐状，常 4 ~ 5 裂，多旋转状排列，雄蕊与花冠裂片同数且互生，生于花冠管上；子房上位，2 心皮，1 室，侧膜胎座，胚珠多数。蒴果 2 瓣裂，种子多数。

80 属，约 700 种，广布全球，主产于北温带。我国约 22 属 400 余种，供药用 15 属，108 种。

【药用植物】

龙胆 *Gentiana scabra* Bunge　多年生草本。根细长，簇生。单叶对生，无柄，卵形或卵状披针形，全缘，主脉 3 ~ 5 条。聚伞花序密生于茎顶或叶腋；萼 5 深裂；花冠蓝紫色，钟状，5 浅裂，裂片间有褶，短三角形；雄蕊 5，花丝基部有翅；子房上位，1 室。蒴果长圆形，种子具翅（图 15 – 76）。

分布于东北及华北等地。生于草地、灌丛、林缘。根及根状茎（龙胆）药用，味苦，性寒。能清肝胆实火，除下焦湿热。

同属植物条叶龙胆 *G. manshurica* Kitag.、三花龙胆 *G. triflora* Pall.、坚龙胆 *G. rigescens* Franch. ex Hemsl. 的根和根状茎同等入药。

秦艽 *G. macrophylla* Pall. 多年生草本，茎基部有残叶的纤维。茎生叶对生，基生叶簇生，常为矩圆状披针形，5 条脉明显。聚伞花序顶生或腋生；花萼 1 侧开展；花冠蓝紫色；雄蕊 5；蒴果矩圆形，无柄（图 15－77）。

图 15－76 龙胆

1. 花枝 2. 根

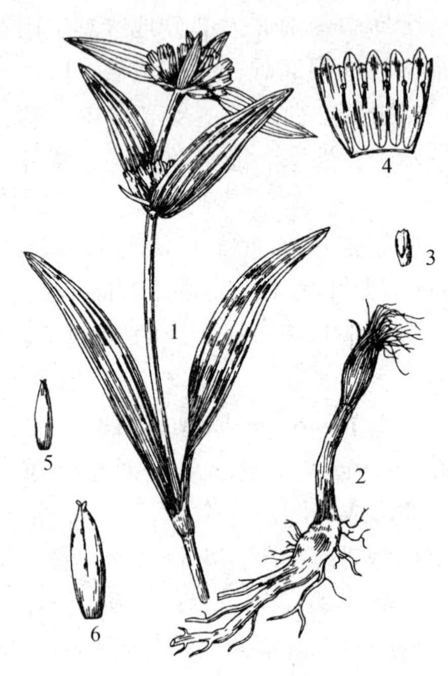

图 15－77 秦艽

1. 植株上部 2. 植株下部 3. 花萼 4. 展开的花冠 5. 子房 6. 果实

分布于西北、华北、东北及四川等地。生于高山草地及林缘。根（秦艽）药用，味辛、苦，性平。能祛风除湿，退虚热，舒筋止痛。

同属植物粗茎秦艽 *G. crassicaulis* Duthia ex Burk.、小秦艽 *G. dahurica* Fisch. 等的根同等入药。

本科常用药用植物还有：青叶胆 *Swertia mileensis* T. N. Ho et W. L. Shi，全草药用，味苦，性寒。能利肝胆湿热。瘤毛獐牙菜 *S. pseudochinensis* Hara，全草药用，味苦，性寒。能清热利湿，健脾。双蝴蝶 *Tripterospermum chinense*（Migo）H. Smith，全草药用，味辛、甘，性寒。能清肺止咳，解毒消肿。

36. 夹竹桃科 Apocynaceae

⚥ $* K_{(5)} C_{(5)} A_5 \underline{G}_{(2:1\sim2:1\sim\infty)} \overline{G}_{2:1\sim2:1\sim\infty}$

木本或草本，具白色乳汁或水汁。单叶对生或轮生，稀互生，全缘；无托叶，稀有假托叶。花单生或聚伞花序，顶生或腋生；花两性，辐射对称；花萼合生成筒状或钟状，常 5 裂，基部内面常有腺体；花冠高脚碟状、漏斗状、坛状，常 5 裂，旋转覆瓦状排列，喉部常有副花冠或附属体（鳞片或膜质或毛状）；雄蕊5，着生在花冠筒上或花冠喉部；花盘环状、杯状或舌状；子房上位，稀半下位，心皮2，离生或合生，1或2室，中轴胎座或侧膜胎座，胚珠1至多颗；花柱常为1。蓇葖果，稀浆果、核果、蒴果；种子常一端被毛（图15－78）。

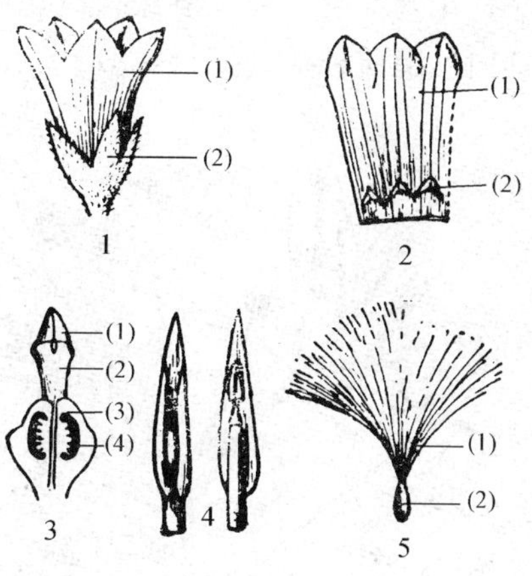

图15－78　夹竹桃科花的构造

1. 花（1）花冠（2）花萼　2. 花冠部分展开（1）花冠（2）花萼　3. 雌蕊（1）柱头（2）花柱（3）子房（4）胚珠　4. 雄蕊　5. 种子（1）种毛（2）种子

本科植物茎常具双韧型维管束。植物体常含生物碱（如吲哚类生物碱、甾体类生物碱）、强心苷类（如强心苷、C_{21}甾苷）、倍半萜类及木脂素等。

250属，约2000种，分布于热带亚热带地区，少数在温带地区。我国有46属，176种，33变种，主要分布于长江以南各省区及台湾省等沿海岛屿，华南与西南地区为中国的分布中心。已知药用35属，95种。

【药用植物】

罗布麻 *Apocynum venetum* L.　半灌木，具乳汁。枝条常对生，光滑无毛，带红色。单叶对生，椭圆状披针形至卵圆状长圆形，两面无毛，叶缘有细齿。花冠圆筒状钟形，紫红色或粉红色，筒内基部具副花冠；雄蕊5，花药箭形，基部具耳；花盘肉质环状；心皮2，离生。蓇葖果双生，下垂（图15－79）。

图15－79　罗布麻

1. 花枝　2. 花　3. 花萼展开　4. 花冠部分，示副花冠　5. 花盘展开　6. 雄蕊和雌蕊　7. 雄蕊背面观　8. 雄蕊腹面观　9. 果实　10. 子房纵切面　11. 种子

分布于北方各省区及华东。生于盐碱荒地和沙漠边缘及河流两岸。叶（罗布麻）药用，味甘、苦，性凉。能清热平肝，熄风，强心，利尿，安神，降压，平喘。

萝芙木 *Rauvolfia verticillata*（Lour.）Baill.　灌木，多分枝，具乳汁，全体无毛。单叶对生或3～5叶轮生，长椭圆状披针形。聚伞花序顶生；花冠白色，高脚碟状，花冠筒中部膨大；雄蕊5；心皮2，离生。核果2，离生，卵形或椭圆形，熟时由红变黑（图15－80）。

分布于西南、华南地区。生于潮湿的山沟、坡地的疏林下或灌丛中。全株药用，味苦，性寒。能镇静，降压，活血止痛，清热解毒。为提取"降压灵"和"利血平"的原料。

络石 *Trachelospermum jasminoides*（Lindl.）Lem.　常绿攀援灌木，全株具白色乳汁；嫩枝被柔毛。叶对生；叶片椭圆形或卵状披针形。聚伞花序；花萼5裂，裂片覆瓦状；花冠高脚碟状，白色，顶端5裂。蓇葖果双生。种子顶端具白色绢质种毛（图15－81）。

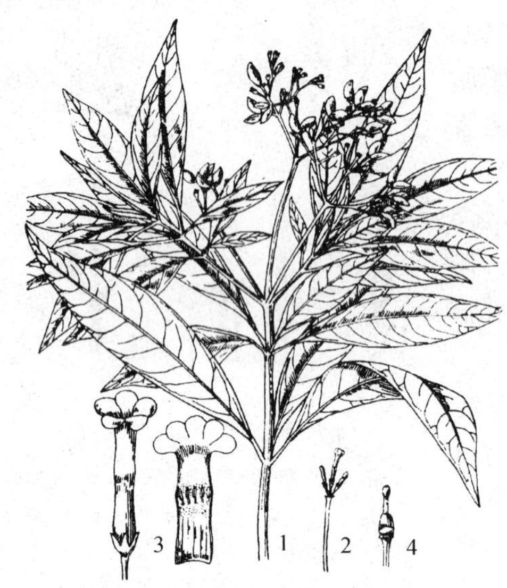

图15－80　萝芙木

1. 果枝　2. 花序

3. 花及花冠纵剖面，示雄蕊　4. 雌蕊

图15－81　络石

1. 花枝　2. 果枝

3. 花蕾　4. 花　5. 种子

分布于除新疆、青海、西藏及东北地区以外的各省区。生于山野、溪边、沟谷、林下，攀援于岩石、树木及墙壁上。茎叶（络石藤）药用，味甘，性平。能祛风湿，凉血，通络。

本科常用药用植物还有：长春花 *Catharanthus roseus*（L.）G. Don，全株药用，性凉，味微苦，有毒。能凉血降压，镇静安神；为提取长春碱和长春新碱的原料。羊角拗 *Strophanthus divaricatus*（Lour.）Hook. et Arn.，叶与种子药用，味苦，性寒，有大毒。能活血消肿，止痒杀虫；种子为提取羊角拗苷的原料。杜仲藤 *Parabarium micranthum*（A. DC.）Pierre，树皮（红杜仲）药用，味苦、微辛，性微温，小毒。能祛风活络，强筋壮骨。黄花夹竹桃 *Thevetia peruviana*（Pers.）K. Schum.，种子药用，味辛、苦，性温，有大毒。能解毒消肿，可提取黄夹苷（强心灵）。

37. 萝藦科 Asclepiadaceae

$⚥ * K_{(5)} C_{(5)} A_5 \underline{G}_{2:1:\infty}$

草本、藤本或灌木，有乳汁。单叶对生，少轮生或互生，全缘；叶柄顶端常具腺体；无托叶。聚伞花序；花两性，辐射对称，5基数；花萼筒短，5裂，裂片重覆瓦状或镊合状排列，内面基部常有腺体；花冠常辐状或坛状，裂片5，覆瓦状或镊合状排列；副花冠由5枚离生或基部合生的裂片或鳞片所组成，生于花冠筒上或雄蕊背部或合蕊冠上；雄蕊5，与雌蕊贴生成中心柱，称合蕊柱；花丝合生成一个有蜜腺的筒包围雌蕊，称合蕊冠，或花丝离生；花药合生成一环而贴生于柱头基部的膨大处；花粉粒联

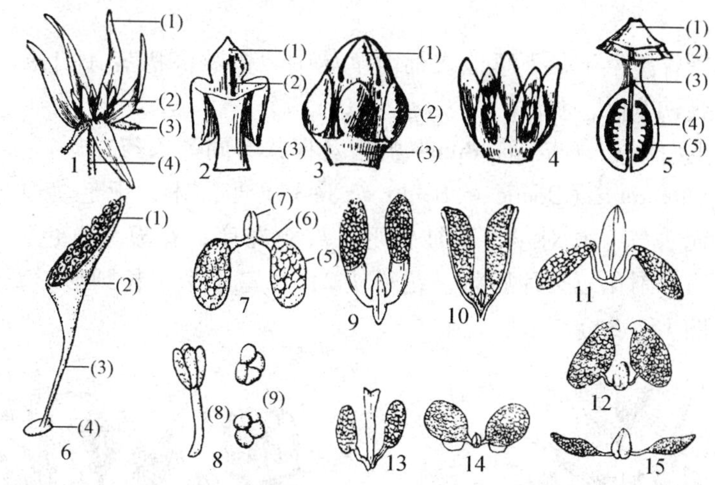

图 15 - 82　萝藦科花及花粉器的形态和结构

1. 花（1）花冠裂片（2）副花冠裂片（3）萼片（4）花梗　2. 雄蕊（1）膜片（2）药隔（3）花丝　3. 合蕊柱和副花冠（1）雄蕊（2）副花冠裂片（3）合蕊冠　4. 副花冠　5. 雌蕊（1）柱头（2）柱基盘（3）花柱（4）子房纵切面（5）胚珠　6. 杠柳亚科的花粉器　（1）四合花粉（2）载粉器（3）载粉器柄（4）黏盘　7 ~ 15. 萝藦科其他亚科的花粉器（5）花粉块（6）花粉块柄（7）着粉腺（8）载粉器（9）四合花粉

合，包在1层柔韧的薄膜内而成块状，称花粉块，每花药有2或4个花粉块，或花粉器匙形，直立，其上为载粉器，内藏四合花粉，载粉器下面有1载粉器柄，基部有1黏盘，粘于柱头上，与花药互生；无花盘；子房上位，心皮2，离生；花柱2，合生，柱头基部具5棱，顶端各2；胚珠多数。蓇葖果双生，或因1个不育而单生。种子多数，顶端具丝状长毛（图15 - 82）。

本科特征与夹竹桃科相近，主要区别是本科具花粉块或四合花粉、合蕊柱。另外，在叶柄的顶端（即叶片基部与叶柄相连处）有丛生的腺体。而夹竹桃科没有花粉块和合蕊柱，腺体在叶腋内或叶腋间。

萝藦科的化学成分主要有 C_{21} 甾体、强心苷类、生物碱类、三萜类和黄酮类等。

180属，约2200种，分布于热带、亚热带、少数温带地区。中国有45属，245种，分布几遍全国，以西南、华南最集中。已知药用33属，112种。

【药用植物】

白薇 *Cynanchum atratum* Bunge　多年生草本，有乳汁；全株被绒毛。根须状，有香气。茎直立，中空。叶对生；叶片卵形或卵状长圆形。聚伞花序，无花序梗；花深紫色。蓇葖果单生。种子一端有长

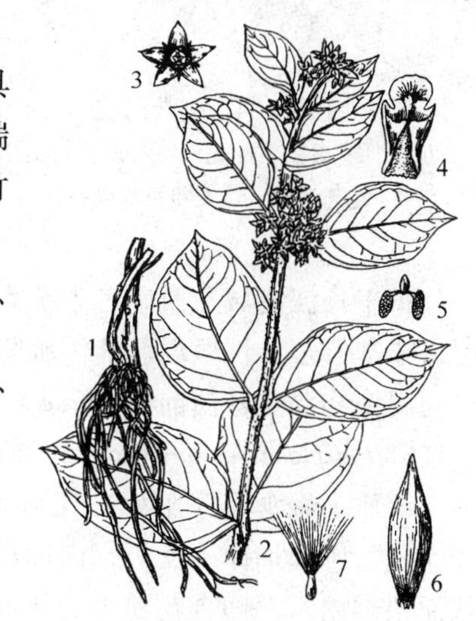

图 15 - 83　白薇

1. 根　2. 花枝　3. 花　4. 雄蕊　5. 花粉块　6. 果实　7. 种子

毛（图 15－83）。

分布于南北各省。生于林下草地或荒地草丛中。根及根状茎（白薇）药用，味苦、咸，性寒。能清热，凉血，利尿。

同属植物蔓生白薇 *C. versicolor* Bunge 的根及根状茎同等入药。

柳叶白前 *C. stauntonii*（Decne.）Schltr. ex lévl.　半灌木，无毛。根茎细长，匍匐，节上丛生须根，无香气。叶对生，狭披针形。聚伞花序；花冠紫红色，花冠裂片三角形，内面具长柔毛；副花冠裂片盾状；花粉块 2，每室 1 个，长圆形。蓇葖果单生。种子顶端具绢毛（图 15－84）。

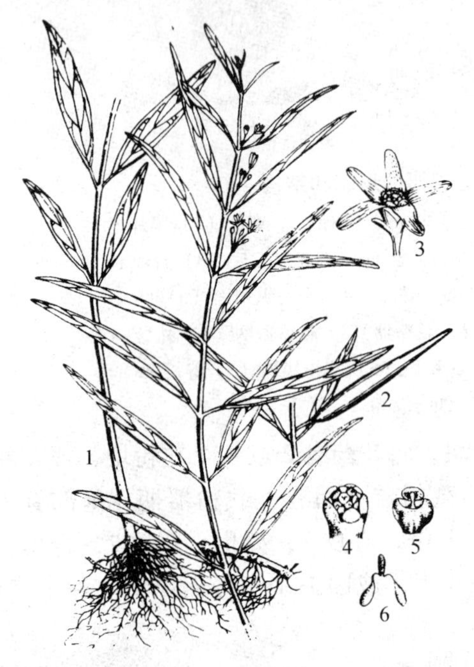

图 15－84　柳叶白前

1. 花枝　2. 果枝　3. 花　4. 合蕊柱及副花冠　5. 花药剖面　6. 花粉块和载粉器

图 15－85　杠柳

1. 花枝　2. 花萼裂片内侧，示基部两侧的腺体　3. 花冠裂片内面　4. 合蕊柱及副花冠　5. 果实　6. 种子　7. 根皮

分布于长江流域及西南各省。生于低海拔山谷、湿地、溪边。根及根状茎（白前）药用，味辛、苦，性微温。能泻肺降气，化痰止咳，平喘。

同属植物芫花叶白前 *C. glaucescens*（Decne.）Hand. -Mazz. 的根及根状茎同等入药。

杠柳 *Periploca sepium* Bunge　落叶蔓生灌木，具白色乳汁，全株无毛。叶对生，披针形，革质。聚伞花序腋生；花萼 5 深裂，其内面基部有 10 个小腺体；花冠紫红色，裂片 5 枚，中间加厚，反折，内面被柔毛；副花冠环状，顶端 10 裂，其中 5 裂延伸成丝状而顶部内弯；四合花粉承载于基部有黏盘的匙形载粉器上。蓇葖果双生，圆柱状。种子顶部有白色绢毛（图 15－85）。

分布于长江以北及西南地区。生于平原及低山丘林缘、山坡。根皮（香加皮、北五加皮）药用，味辛、苦，性温，有毒。能祛风除湿，强壮筋骨，利水消肿。

本科常用药用植物还有：徐长卿 *Cynanchum paniculatum*（Bunge）Kitag.，根及根状茎（徐长卿）药用，味辛，性温。能解毒消肿，痛经活络，止痛。白首乌 *C. bungei* Decne.，块根（白首乌）药用，性微温，味甘、微苦。能补肝肾，益经血，强筋骨，止心痛。耳叶牛皮消 *C. auriculatum* Royle ex Wight，块根（隔山消）药用，性微温，味甘、微苦。有小毒，能健脾益气，补肝肾，益经血，强筋骨。娃儿藤 *Tylophora ovata*（Lindl.）Hook. ex Steud.，根或全草药用，味辛，性温，有小毒。能祛风除湿，散瘀止痛，止咳定喘，解蛇毒；此外根和叶含娃儿藤碱，有抗癌作用。马利筋 *Asclepias curassavica* L. 全株药用，味甘，性凉，有毒。能调经止血，清火退热，消肿止痛，止咳化痰，驱虫。

38. 旋花科 Convolvulaceae

⚥ $* K_5 C_{(5)} A_5 \underline{G}_{(2:1\sim 4:1\sim 2)}$

草质缠绕藤本，稀木本，常具乳汁。叶互生，单叶，全缘或分裂，偶为复叶；无托叶。花两性，辐射对称，5 基数；单花腋生或聚伞花序；萼片常宿存；花冠漏斗状、钟状、坛状等，冠檐常全缘或微 5 裂，开花前成旋转状；雄蕊着生于花冠管上；花盘环状或杯状；子房上位，常被花盘包围，心皮 2，合生成 2 室，胚珠 2。蒴果，稀浆果。

56 属，约 1800 种，广布全世界，主产于美洲和亚洲热带和亚热带地区。中国有 22 属，约 128 种，南北均产，主产于西南与华南。已知药用 16 属，54 种。

【药用植物】

裂叶牵牛 *Pharbitis nil*（L.）Choisy 一年生缠绕草本，全株被粗硬毛。叶互生，叶片近卵状心形、阔卵形或长椭圆形，常 3 裂。花单生或 2～3 朵着生花梗顶端；萼片狭披针形；花冠漏斗状，紫红色或浅蓝色；雄蕊 5 枚；子房上位，3 室，每室有胚珠 2 颗。蒴果球形。种子卵状三棱形，黑褐色或淡黄白色（图 15－86）。

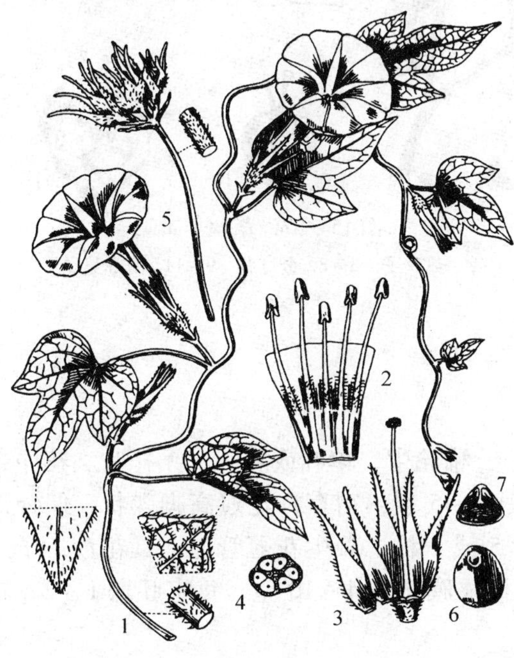

图 15－86 裂叶牵牛

1. 植株一段 2. 花冠一部分，示雄蕊 3. 花萼展开，示雌蕊 4. 子房横切面 5. 花序 6～7. 种子

分布于我国大部分地区或栽培。种子（牵牛子）药用，味苦，性寒，有毒。能逐水消肿，杀虫。

同属植物圆叶牵牛 *P. purpurea*（L.）Voigt 的种子同等入药。

菟丝子 *Cuscuta chinensis* Lam. 一年生缠绕性寄生草本。茎纤弱，多分枝，黄色。叶退化成鳞片状。花簇生成近球状的短总状花序；花萼 5 裂；花冠黄白色或白色，壶状，5 裂，花冠内面基部有鳞片 5，边缘呈长流苏状；雄蕊 5；子房上位，2 室，花柱 2，蒴果近球形，成熟时被宿存的花冠全部包住，盖裂；种子 2～4 颗，淡褐色（图 15－87）。

分布于全国大部分地区。寄生于豆科、菊科等多种植物体上。种子（菟丝子）药用，味甘，性温。能补肝肾，明目，益精，安胎。

同属植物南方菟丝子 *C. australis* R. Br. 和金灯藤 *C. japonica* Choisy 的种子同等入药。

本科常用药用植物还有：丁公藤 *Erycibe obtusifolia* Benth.，茎藤药用，性温，味辛，有小毒。能祛风除湿、消肿止痛，是制冯了性药酒的主药。光叶丁公藤 *E. schmidtii* Graib 的根和茎亦作药材丁公藤入药。马蹄金 *Dichondra repens* Forst.，全草药用，味辛，性平。能清热利湿，解毒消肿。甘薯 *Ipomoea batatas* (L.) Lam.，块根药用，味甘，性平。能补虚乏，益气力，坚脾胃，强肾阴。

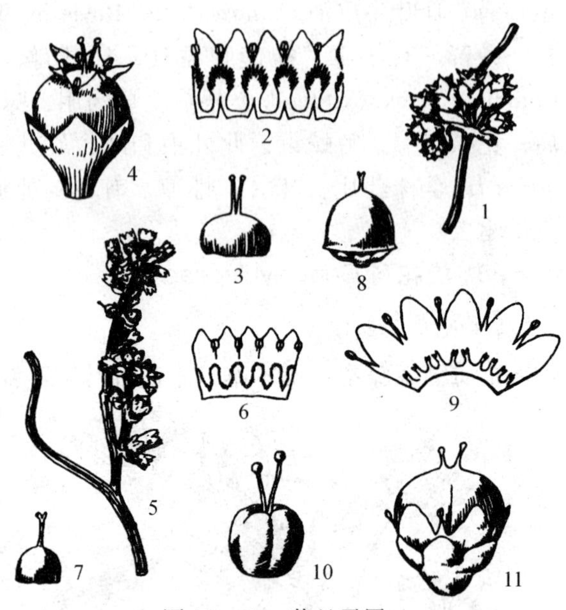

图 15－87 菟丝子属

1～4. 菟丝子 5～8. 金灯藤 9～11. 南方菟丝子

39. 马鞭草科 Verbenaceae

⚥ $\uparrow K_{(4\sim5)}C_{(4\sim5)}A_4\underline{G}_{(2:4:1\sim2)}$

木本，稀草本，常具特殊的气味。叶对生，稀轮生，单叶或复叶；无托叶。花序各式；花两性，常两侧对称，稀辐射对称；花萼 4～5 裂，宿存；花冠高脚碟状，偶钟形或二唇形，常 4～5 裂；雄蕊 4 枚，二强，少 5 或 2 枚，着生花冠管上；具花盘；子房上位，全缘或稍 4 裂，心皮 2，2 或 4 室，因假隔膜而成 4～10 室，每室胚珠 1～2，花柱顶生，柱头 2 裂。核果或蒴果状。

本科植物的毛基部周围或顶端的细胞中普遍存在钟乳体。主要化学成分为黄酮类、三萜类、二萜类化合物及挥发油。

80 属，3000 余种，分布于热带和亚热带地区，少数延至温带。中国有 20 属，174 种，主要分布于长江以南各省。已知药用 15 属，101 种。

【药用植物】

马鞭草 *Verbena officinalis* L. 多年生草本。茎四方形。叶对生；基生叶边缘常有粗锯齿及缺刻；茎生叶常 3 深裂。花小，穗状花序细长；花萼先端 5 齿；花冠淡紫色，5 裂，略二唇形；雄蕊二强；子房 4 室，每室 1 胚珠。果包藏于萼内，熟时分裂成 4 个小坚果（图 15－88）。

分布于全国各地。生于山野或荒地。全草（马鞭草）药用，味苦，性凉。能清热解毒，利尿消肿，通经，截疟。

海州常山 *Clerodendrum trichotomum* Thunb.　灌木或小乔木，枝、叶等部具臭气。枝具片状髓。叶对生，广卵形或卵状椭圆形，全缘或微波状，两面被柔毛。伞房状聚伞花序；花萼紫红色；花冠由白转为粉红色。核果蓝紫色，包藏于增大的宿萼内（图15－89）。

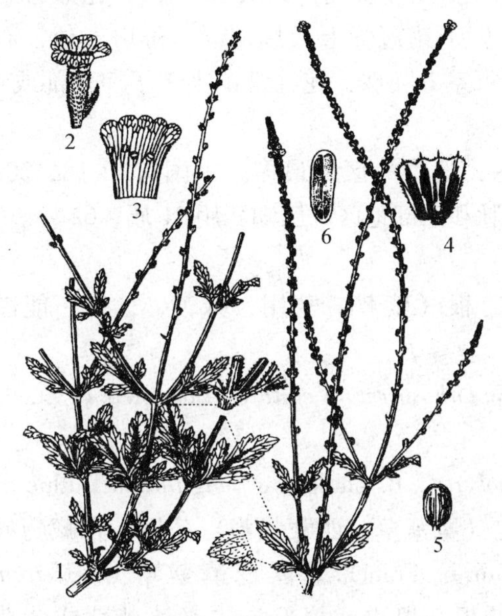

图15－88　马鞭草

1. 开花植株　2. 花　3. 花冠剖面，示雄蕊　4. 花萼剖面，示雌蕊　5. 果实　6. 种子

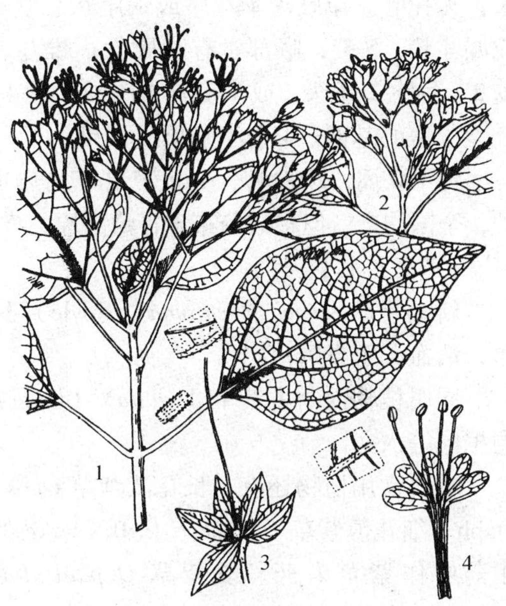

图15－89　海州常山

1. 花枝　2. 果枝　3. 花萼及雌蕊　4. 花冠剖面，示雄蕊

分布于华北、华东、中南、西南各省区。生于山坡林缘、溪边丛林中。叶（臭梧桐）药用，味辛、苦、甘，性凉。能祛风除湿，降血压；外洗治痔疮、湿疹。

本科常用药用植物还有：蔓荆 *Vitex trifolia* L.，果实（蔓荆子）药用，味辛、苦，性微寒。能疏风散热，清利头目。叶治跌打损伤。单叶蔓荆 *V. trifolia* L. var. *simplicifolia* Cham. 的果实同等入药。牡荆 V. *negundo* L. var. *cannabifolia*（Sieb. et Zucc.）Hand. －Mazz.，根、茎药用，味甘，性平。能祛风解表，清热止咳，解毒消肿。叶、果含挥发油，味苦、性寒。叶能祛风解表，化痰止咳，理气和胃。果能止咳平喘，理气止痛。黄荆 *V. negundo* L. 和荆条 *V. negundo* L. var. *heterophylla*（Franch.）Rehd. 的根、茎、叶、果同等入药。大青 *Clerodendrum cyrtophyllum* Turcz.，根、茎、叶药用，味苦，性寒。能清热解毒，祛风除湿，消肿止痛。我国历史上作“大青叶”入药。臭牡丹 *C. bungei* Steud.，根、叶药用，味辛、苦，性平。能祛风利湿，活血消肿；叶外用治痈疮。紫珠 *Callicarpa bodinieri* Lévl.，根、茎、叶药用，味苦、涩，性平。能止痛，散瘀，消肿，止血。大叶紫珠 *C. macrophylla* Vahl、裸花紫珠 *C. nudiflora* Hook. et Arn. 的根、茎、叶同等入药。兰香草 *Caryopteris incana*（Thunb.）Miq.，全草药用，味辛，性温。能疏风解表，祛寒除湿，散瘀止痛。马缨丹（五色梅）*Lantana camara* L.，根药用，味苦，性寒。能解毒，散结止痛。枝、叶药用，有小毒。能祛风止痒，解毒消肿。

40. 紫草科 Boraginaceae

⚥ $* K_{5,(5)} C_{(5)} A_5 \underline{G}_{(2:2\sim4:2\sim1)}$

草本或亚灌木，少为灌木或乔木，常被粗硬毛。单叶互生，稀对生或轮生，常全缘；无托叶。单歧聚伞花序或蝎尾状总状花序；花两性，辐射对称；萼片5；花冠管状或漏斗状，5裂，喉部常有附属物；雄蕊5，着生于花冠管上；具花盘；子房上位，心皮2，每室2胚珠，或子房常4深裂而成4室，每室1胚珠，花柱常单生于子房顶部或4分裂子房的基部。4个小坚果或核果。

约100属，2000种，分布于温带及热带地区，地中海区域最多。中国有51属，209种，全国均产，但多数分布于青藏高原、横断山脉和西部地区。已知药用21属，62种。

【药用植物】

新疆紫草 *Arnebia euchroma*（Royle）Johnst　根（紫草）药用，味苦，性寒。能凉血，活血，解毒透疹。

同属植物内蒙古紫草 *A. guttata* Bunge、紫草 *Lithospermum erythrorhizon* Sieb. et Zucc. 的根同等入药。

本科常用植物还有：长花滇紫草 *Onosma hookeri* C. B. Clarke var. *longiflorum* Duthie ex Staph、细花滇紫草 *O. hookeri* C. B. Clarke 的根皮（藏紫草、西藏紫草）药用，在藏药或中药中作紫草入药。滇紫草 *O. paniculatum* Bur. et Franch.、露蕊滇紫草 *O. exsertum* Hemsl.、密花滇紫草 *O. confertum* W. W. Smith 的根、根皮或根部栓皮（滇紫草或紫草皮）药用，在四川、云南、贵州亦作紫草入药。

41. 唇形科 Labiatae

⚥ $\uparrow K_{(5)} C_{(5)} A_{4,2} \underline{G}_{(2:4:1)}$

草本，稀木本，多具挥发油。茎四棱形。叶对生或轮生。轮伞花序，常再组成总状、穗状或圆锥状的混合花序；花两性，两侧对称；花萼5裂，常二唇形，宿存；花冠5裂，二唇形，少为假单唇形或单唇形；雄蕊4枚，二强，或退化为2枚；花盘下位，肉质，全缘或2～4裂；子房上位，2心皮，常4深裂形成假4室，胚珠1，花柱常着生于4裂子房的底部。4枚小坚果（图15－90）。

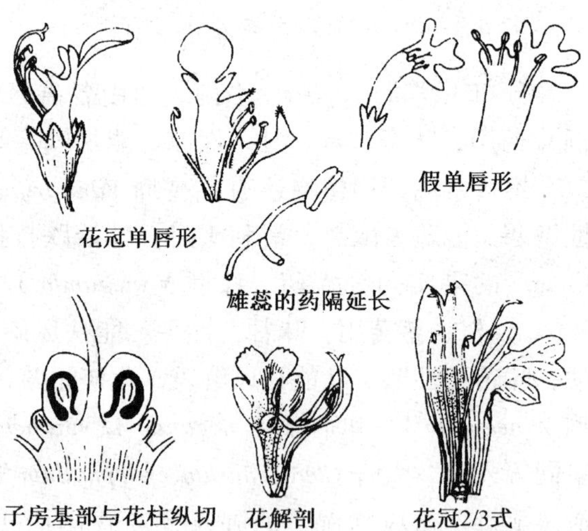

图15－90　唇形科花的解剖

唇形科是进化较高级的一个类群，化学成分类型多样，除富含挥发油外，还含有萜类；部分类群富含芹菜素、木犀草素衍生的黄酮类；部分类群含有环烯醚萜类成分，缺少生物碱类成分，常含乙酰化的花青素类成分，但缺少鞣质、鞣花酸及原花青素。

220属，约3500种。全球广布，主产地为地中海及中亚地区。中国约有99属，808种，全国均产。已知药用75属，436种。

唇形科主要药用属检索表

1. 花冠单唇形或假单唇形。
  2. 花冠假单唇，上唇很短，2深裂或浅裂，下唇3裂，花冠管内有毛状环。根生叶丛生，全缘 …………………………………… 筋骨草属 *Ajuga*
  2. 花冠单唇，下唇5裂，花冠管内平滑。叶有齿 …………… 香科科属（草石蚕属）*Teucrium*
1. 花冠二唇形或整齐。
  3. 花萼唇形，有宽钝裂片，全缘，上萼片有盾状附属物，花冠上唇成盔瓣状 …………………………………… 黄芩属 *Scutellaria*
  3. 花萼常4~5裂，或二唇形，无附属物。
    4. 花冠下裂片为船形，比其他裂片长，不外折，上唇具4圆裂片，花冠管基部为囊状，聚伞花序组成圆锥花序或穗状花序 …………………… 香茶菜属 *Isodon*（*Rabdosia*）
    4. 花冠下裂片不为船形。
      5. 花冠管包于萼内；花柱顶端等分为钻状裂片2。单叶不分裂 ………… 罗勒属 *Ocimum*
      5. 花冠管不包于萼内。
        6. 花冠为明显的二唇形，有不相等的裂片；上唇盔瓣状、镰刀形或弧形等。
          7. 雄蕊4，花药卵形。
            8. 后对（上侧）雄蕊比前对（下侧）雄蕊长。
              9. 药室初平行，后叉开状；后对雄蕊下倾，前对雄蕊上升，两者交叉。茎粗大，直立。叶心状卵圆形。花序密穗状 ………………… 藿香属 *Agastache*
              9. 药室初略叉开，以后平叉开。
                10. 后对雄蕊直立，前对雄蕊多少向前直伸。叶有缺刻或半裂 …………………………………… 裂叶荆芥属 *Schizonepeta*
                10. 4枚雄蕊均上升。叶肾形或肾状心形，边缘有齿 …………………………………… 活血丹属 *Glechoma*
            8. 后对雄蕊比前对雄蕊短。
              11. 萼为二唇，果成熟时闭合，上唇顶端截形，上部凹陷，有3短齿；轮伞花序排成假穗状花序 …………………………………… 夏枯草属 *Prunella*
              11. 萼不分为二唇，果成熟时张开，上唇上部不凹陷，轮伞花序不排成假穗状花序。
                12. 小坚果多少呈三角形，顶平截。
                  13. 花冠上唇穹窿成盔状；萼齿顶端无刺。叶全缘或具齿牙 …………………………………… 野芝麻属 *Lamium*
                  13. 花冠上唇直立；萼齿顶有刺。叶有裂片刻 …………………………………… 益母草属 *Leonurus*
                12. 小坚果倒卵形，顶端钝圆；通常花冠管内有柔毛环，顶生假穗状花序 …………………………………… 水苏属 *Stachys*
          7. 雄蕊2枚，药隔延长，线形，和花丝有关节相连 ……………… 鼠尾草属 *Salvia*
        6. 花冠近辐射对称；有上唇则扁平或略弯窿。

14. 雄蕊4，几相等，非二强雄蕊。
    15. 能育雄蕊2，生前边，药室略叉开 ………………………… 地瓜儿苗属 *Lycopus*
    15. 能育雄蕊4，药室平行 …………………………………………… 薄荷属 *Mentha*
14. 雄蕊2或二强雄蕊。
    16. 能育雄蕊4 ………………………………………………………… 紫苏属 *Perilla*
    16. 能育雄蕊2 ……………………………………………………… 石荠苧属 *Mosla*

【药用植物】

益母草 *Leonurus japonicus* Houtt.　一年生或二年生草本。叶二型；基生叶有长柄，叶片卵状心形或近圆形，边缘5~9浅裂；中部叶菱形，掌状3深裂，柄短；顶生叶近于无柄，线形或线状披针形。轮伞花序腋生；花冠淡红紫色；小坚果长圆状三棱形（图15-91）。

分布全国。多生于旷野向阳处，海拔可高达3400m。全草（益母草）药用，味苦、辛，性微寒。能活血调经，利尿消肿；含益母草碱，其注射液作子宫收缩药，能止血调经，降压。果实（茺蔚子）药用，能清肝明目，活血调经。

丹参 *Salvia miltiorrhiza* Bunge　多年生草本，全株密被长柔毛及腺毛。根肥壮，外皮砖红色。羽状复叶对生；小叶常3~5，卵圆形或椭圆状卵形。轮伞花序组成假总状花序；花萼二唇形；花冠紫色（图15-92）。

图15-91　益母草

1. 花枝　2. 花　3. 花冠剖面　4. 花萼
5. 雌蕊　6~7. 雄蕊　8. 基生叶

图15-92　丹参

1. 根　2. 枝条　3. 花枝
4. 花冠剖面，示雄蕊　5. 雌蕊

全国大部分地区有分布，也有栽培。生于向阳山坡草丛、沟边、林缘。根（丹参）药用，味苦，性微寒。能活血调经，祛瘀生新，清心除烦。

黄芩 *Scutellaria baicalensis* Georgi　多年生草本。主根肥厚，断面黄色。茎基部多分枝。叶对生，具短柄，披针形至条状披针形，下面被下陷的腺点。总状花序顶生；苞片叶状；雄蕊4枚，二强。小坚果卵球形（图15－93）。

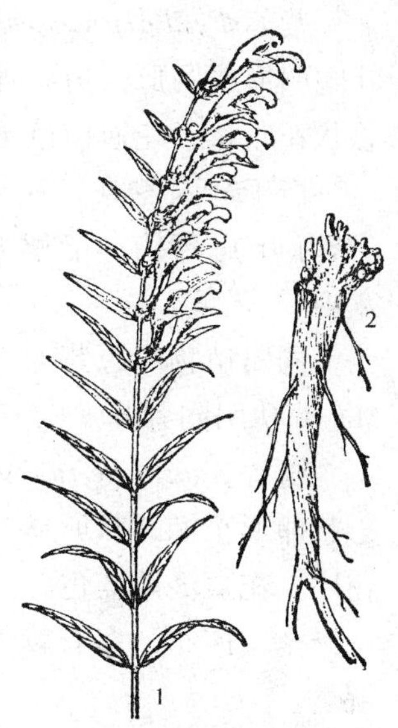

图15－93　黄芩

1. 花枝　2. 根

分布于北方地区。生于向阳山坡、草原。根（黄芩）药用，味苦，性微寒。能清热燥湿，泻火解毒，安胎。

同属植物滇黄芩（西南黄芩）*S. amoena* C. H. Wright、黏毛黄芩 *S. viscidula* Bunge、甘肃黄芩 *S. rehderiana* Diels 和丽江黄芩 *S. likiangensis* Diels 的根在不同的地区亦作黄芩入药。半枝莲 *S. barbata* D. Don，全草（半枝莲）药用，性凉，味微苦。能清热解毒，活血消肿。

薄荷 *Mentha haplocalyx* Briq.　多年生草本，有清凉浓香气。茎四棱。叶对生，叶片卵形或长圆形，两面均有腺鳞及柔毛。轮伞花序腋生；花冠淡紫色或白色。小坚果椭圆形（图15－94）。

分布于南北各省。生于潮湿地方，全国各地均有栽培。主产于江苏、江西及湖南等省。全草（薄荷）药用，味辛，性凉。能疏散风热，清利头目。

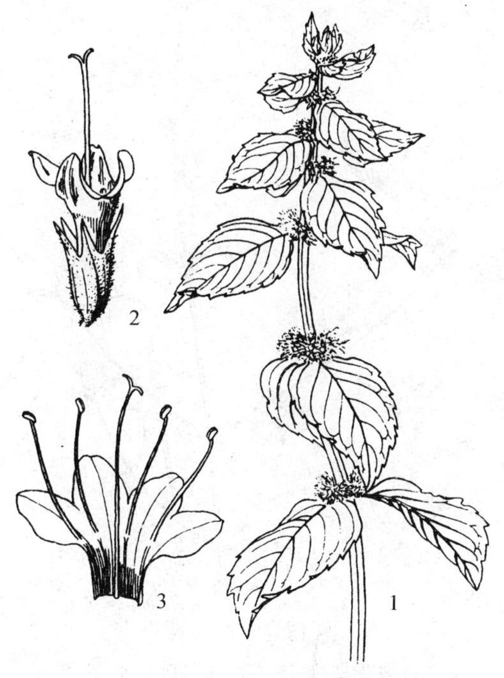

图15－94　薄荷

1. 花枝　2. 花　3. 花冠展开，示雄蕊和雌蕊

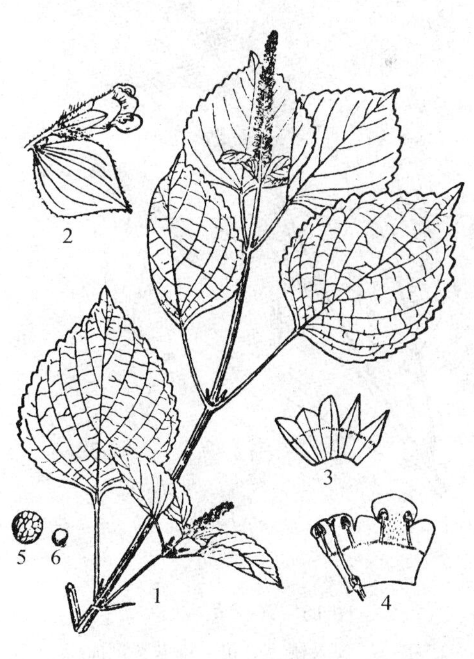

图15－95　紫苏

1. 花枝　2. 花　3. 花萼　4. 花冠展开，示雄蕊和雌蕊　5. 果实　6. 种子

紫苏 *Perilla frutescens*（L.）Britt.　一年生草本，具香气。茎方形，绿色或紫色。叶阔卵形或圆形，边缘有粗锯齿，两面紫色或仅下面紫色，两面有毛。由轮伞花序集成总状花序状；花冠白色至紫红色。小坚果球形（图 15－95）。

产于全国各地，多为栽培。果实（紫苏子）药用，味辛，性凉。能降气消痰。叶（紫苏叶）药用，能解表散寒，行气和胃，解鱼蟹毒。茎（紫苏梗）药用，能理气宽中。

同属植物鸡冠紫苏（回回苏）*P. frutescens*（L.）Britt. var. *crispa*（Thunb.）Hand－Mazz. 功用同紫苏。

藿香 *Agastache rugosa*（Fisch. et Meyer）O. Ktze.　多年生草本，具香气。叶对生，心状卵形至椭圆状卵形，散生透明腺点，下面多具短柔毛。轮伞花序集成顶生的假穗状花序；花冠淡紫蓝色；二强雄蕊。小坚果卵状长圆形（图 15－96）。

全国广布，多有栽培。茎叶药用，味辛，性微温。能芳香化湿，健胃止呕，发表解暑。

石香薷 *Mosla chinensis* Maxim.　一年生草本。茎纤细，四棱，多分枝。叶对生，条形至条状披针形。头状或假穗状花序；苞片覆瓦状排列；花冠紫红色至白色（图 15－97）。

图 15－96　藿香

1. 根　2. 花果枝　3. 花　4. 花萼剖面　5. 花冠展开，示雄蕊和雌蕊　6. 果实

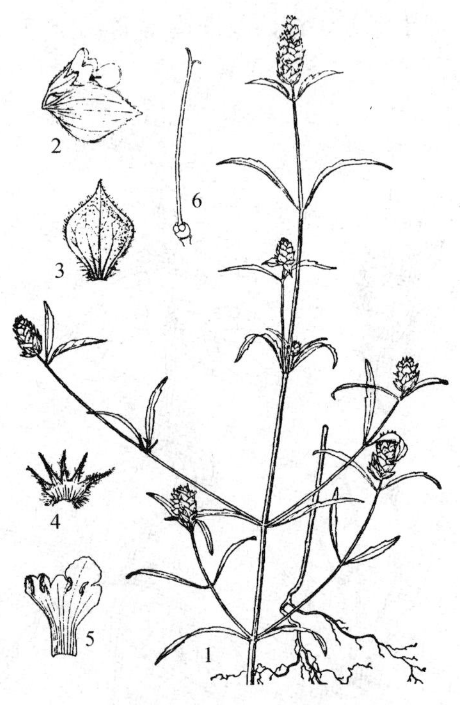

图 15－97　石香薷

1. 花期植株　2. 花　3. 苞叶　4. 花萼　5. 花冠展开，示雄蕊　6. 雌蕊

分布于华东、中南、台湾、贵州。生于草坡、林下，也有栽培。全草（香薷）药用，味辛，性微温。能发汗解表，祛暑利湿，利尿。

本科常用药用植物还有：荆芥 *Schizonepeta tenuifolia*（Benth.）Briq.，地上部分（荆芥）药用，味辛，性微温。花序（荆芥穗）药用，生用能解表散风，透疹；炒炭能止血。夏枯草 *Prunella vulgaris* L.，果穗（夏枯草）药用，味苦、辛，性寒。能清肝火，散郁结，降压。广藿香 *Pogostemon cablin*（Blanco）Benth.，地上部分（广藿香）药用，味辛，性微温。能芳香化湿，健胃止呕，发表解暑。毛叶地瓜儿苗 *Lycopus lucidus* Turcz. var. *hirtus* Regel，全草（泽兰）药用，味甘、辛，性平。能活血，通经，利尿。碎米桠 *Isodon rubescens*（Hemsl.）Hara，地上部分（冬凌草）药用，味苦、甘、性微寒。能清热解毒，活血止痛。金疮小草（白毛夏枯草、筋骨草）*Ajuga decumbens* Thunb.，全草（筋骨草）药用，味辛，性寒。能清热解毒，止咳祛痰，活络止痛。活血丹 *Glechoma longituba*（Nakai）Kupr.，全草（连钱草）药用，味苦、辛，性凉。能清热解毒，利尿排石，散瘀消肿。

42. 茄科 Solanaceae

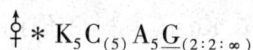

⚥ $* K_5 C_{(5)} A_5 \underline{G}_{(2:2:\infty)}$

草本或灌木，稀乔木。叶互生；全缘或分裂或为复叶；无托叶。花单生、簇生或排成聚伞花序；两性或稀杂性，辐射对称；花萼常5裂，宿存，花后常增大；花冠钟状、漏斗状、辐状，裂片5，镊合状或折叠式排列；雄蕊常与花冠裂片同数而互生，着生在花冠管上；具下位花盘。子房上位，由2心皮合生成两室，中轴胎座。浆果或蒴果。

本科植物茎常具双韧型维管束。植物体富含生物碱，其中主要是莨菪烷型（tropane）、吡啶型和甾体类生物碱。

80属，约3000种，分布于温带至热带地区。中国有26属，107种，各省区均有分布。已知药用25属，84种。

【药用植物】

白花曼陀罗 *Datura metel* L.　一年生草本。叶互生；叶片卵形至宽卵形，先端渐尖或锐尖，基部楔形，不对称，全缘或具稀疏锯齿。花单生枝叉间或叶腋，直立；花萼圆筒状，无5棱角，先端5裂；花冠漏斗状，白色，裂片5，三角状；雄蕊5；子房不完全，4室。蒴果，种子扁平（图15-98）。

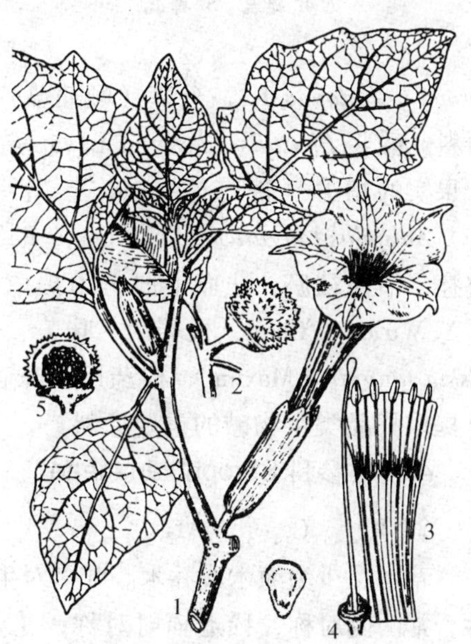

图15-98　白花曼陀罗

1. 花枝　2. 果枝　3. 花冠展开，示雄蕊　4. 雌蕊　5. 果实纵剖面

分布于华东和华南。多为栽培。花（洋金花）药用，味辛，性温，有毒。能平喘止咳，镇痛，解痉。

宁夏枸杞 *Lycium barbarum* L.　有刺灌木，分枝披散或稍斜上。单叶互生或丛生；叶片披针形至卵状长圆形。花腋生或数朵簇生短枝上；花萼常2中裂；花冠漏斗状，粉红色或紫色，5裂，花冠管部明显长于檐部裂片，裂片无毛；雄蕊5。浆果倒卵形，成熟时鲜红色（图15－99）。

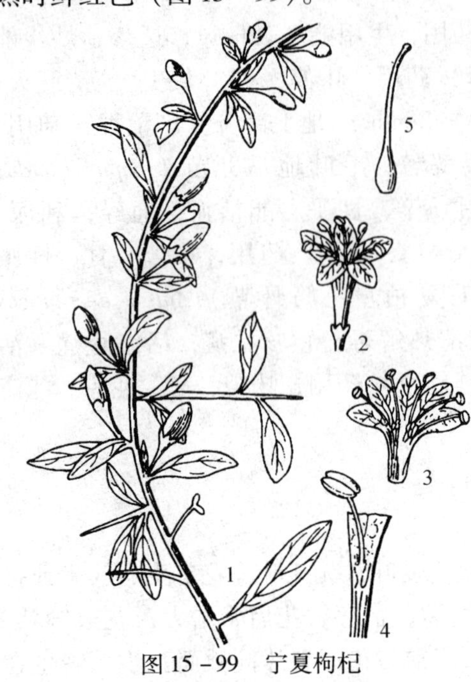

图15－99　宁夏枸杞

1. 果枝　2. 花　3. 花冠展开，示雄蕊　4. 雄蕊　5. 雌蕊

分布于西北和华北。生于向阳潮湿沟岸、山坡。主产于宁夏、甘肃。产地有栽培，现已在中国中部、南部许多省区引种栽培。果实（枸杞子）药用，味甘，性平。能滋补肝肾，益精明目；根皮（地骨皮）药用，味甘，性寒。能凉血除蒸，清肺降火。

同属植物枸杞 *L. chinense* Mill. 的根皮作为地骨皮入药。

本科常用药用植物还有：天仙子 *Hyoscyamus niger* L.，种子（天仙子）药用，味苦、辛，性温，有大毒。能定惊止痛。漏斗泡囊草 *Physochlaina infudibularis* Kuang，根（华山参）药用，味甘、微苦，性热，有毒。能温中，安神，补虚，定喘；为提取阿托品类生物碱的原料。龙葵 *Solanum nigrum* L.，全草药用，味苦，性寒，有小毒。能清热解毒，活血消肿。白英 *S. lyratum* Thunb.，全草药用，味苦，性平，有小毒。能清热解毒，熄风，利湿。颠茄 *Atropa belladonna* L.，全草（颠茄草）药用，味苦、辛。为抗胆碱药；是提取阿托品的原料。酸浆 *Physalis alkekengi* L. var. *franchetii*（Mast.）Mokino，根及全草药用，宿萼或带果实的宿萼（锦灯笼），味苦，性大寒。能清热，利咽，化痰，利尿。山莨菪（樟柳）*Anisodus tanguticus*（Maxim.）Pascher，根药用，味苦、辛，性温，有大毒。能镇痛解痉，活血祛瘀，止血生肌；为提取莨菪碱、樟柳碱等的原料。三分三 *A. acutangulus* C. Y. Wu et C. Chen，根药用，味苦、辛，性温，有大毒。能解痉，镇痛。马尿泡 *Przewalskia tangutica* Maxim.，根药用，味苦、辛，性寒，有毒。能解痉，镇痛，解毒消肿；是提取托品类生物碱的重要原料。

43. 玄参科 Scrophulariaceae

⚥ $\uparrow K_{(4\sim5)} C_{(4\sim5)} A_{4,2} \underline{G}_{(2:2:\infty)}$

草本，少为灌木或乔木。叶多对生，稀互生或轮生；无托叶。总状或聚伞花序；花两性，常两侧对称，稀近辐射对称；花萼常4～5裂，宿存；花冠4～5裂，常多少呈二唇形；雄蕊常4枚，二强，着生于花冠管上；花盘环状或一侧退化；子房上位，2心皮，2室，中轴胎座，每室胚珠多数。蒴果，2或4瓣裂，稀为浆果，常具宿存花柱。种子多数。

本科植物茎常具双韧型维管束。植物体通常含各类环烯醚萜和苯丙素类，部分类群含强心苷类、醌类成分，仅很少类群含生物碱。

200属，约3000种，遍布于世界各地。中国有约60属，634种，分布于南北各地，主产于西南。已知药用45属，233种。

【药用植物】

玄参 *Scrophularia ningpoensis* Hemsl. 多年生高大草本。根数条，纺锤形，干后变黑色。茎方形。茎叶下部对生，上部有时互生；叶片卵形至披针形。聚伞花序组成大而疏散的圆锥花序；花萼5裂几达基部；花冠褐紫色，管部多壶状；二强雄蕊。蒴果卵形（图15－100）。

图15－100　玄参

1. 植株　2. 果枝　3. 蒴果　4. 花　5. 花冠展开，示雄蕊

分布于华东、华中、华南、西南等地。生于溪边、丛林、高草丛中，各省区多有栽培。根（玄参）药用，味甘、苦、咸，性微寒。能滋阴降火，生津，消肿散结、解毒。

同属植物北玄参 *S. buergeriana* Miq. 的根同等入药。

地黄 *Rehmannia glutinosa* (Gaertn.) Libosch. ex Fish. et Mey.　多年生草本，全株密被灰白色长柔毛及腺毛。根状茎肥大呈块状。叶基生，成丛，叶片倒卵形或长椭圆形。总状花序顶生；花冠管稍弯曲，外面紫红色，内面常有黄色带紫的条纹，顶端5浅裂，略呈二唇形；雄蕊4；子房上位，2室。蒴果卵形（图15－101）。

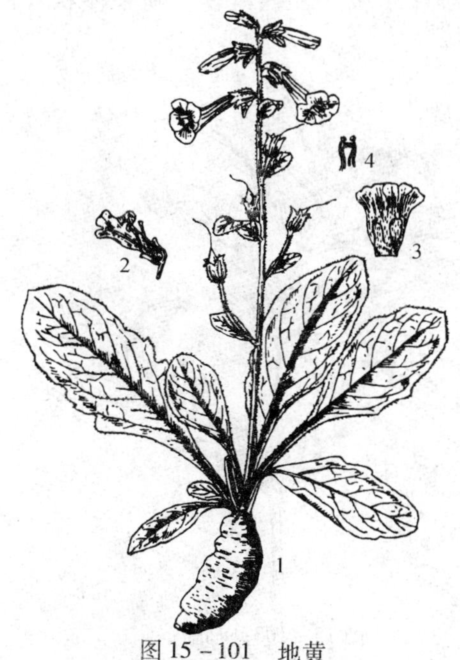

图15－101　地黄

1. 植株　2. 花纵剖面　3. 花冠纵剖，示雄蕊着生　4. 雌蕊

分布于辽宁和华北、西北、华中、华东等地，各省多栽培。主产于河南。块根（鲜地黄、生地黄）药用，味甘、苦，性寒。能清热凉血，养阴生津。加工炮制后的称为熟地黄，味甘，性温。能滋阴补肾，补血调经。

本科常用药用植物还有：胡黄连 *Picrorhiza scrophulariiflora* Pennell，根状茎（胡黄连）药用，味苦，性寒。能清虚热，燥湿，消疳。阴行草 *Siphonostegia chinensis* Benth.，全草（北刘寄奴）药用，味苦，性寒。能清热利湿，凉血止血，祛瘀止痛。洋地黄 *Digitalis purpurea* L.，叶药用，味苦，性温。为强心药。

44. 爵床科 Acanthaceae

$⚥ \uparrow K_{(4\sim5)} C_{(4\sim5)} A_{4,2} \underline{G}_{(2:2:1\sim\infty)}$

草本或灌木。茎节常膨大，单叶对生。花两性，两侧对称，每花下通常具 1 苞片和 2 小苞片；聚伞花序排列圆锥状，少为单生或呈总状；花萼 4 ~5 裂；花冠 4 ~5 裂，二唇形；雄蕊 4 或 2 枚，4 枚则为二强雄蕊；子房上位，中轴胎座。蒴果，室背开裂，种子常着生于胎座的钩状物上。

本科植物叶、茎的表皮细胞常含钟乳体。化学成分主要有酚类化合物和黄酮类。

250 属，约 3450 种，广布于热带及亚热带地区。我国有 68 属，311 种，多产于长江流域以南各省区。已知药用 32 属，70 余种。

【药用植物】

穿心莲 *Andrographis paniculata*（Burm. f.）Nees　一年生草本。茎四棱形，下部多分枝，节膨大。叶对生，叶片卵状长圆形至披针形。总状花序；苞片和小苞片微小；花冠白色，二唇形，下唇带紫色斑纹；雄蕊 2 枚，药室一大一小。蒴果长椭圆形（图 15 -102）。

原产于热带地区，我国南方有栽培。全草（穿心莲）药用，味苦，性寒。能清热解毒，抗菌消炎，消肿止痛。

马蓝 *Baphicacanthus cusia*（Nees）Bremek.　草本或小灌木。多分枝，茎节膨大。单叶对生，叶片卵形至披针形。总状花序，2 ~3 节，每节具 2 朵对生的花；苞片具柄，卵形，常脱落。花萼 5 裂，花冠 5 裂，淡紫色；雄蕊 4 枚，二强雄蕊。蒴果棒状（图 15 -103）。

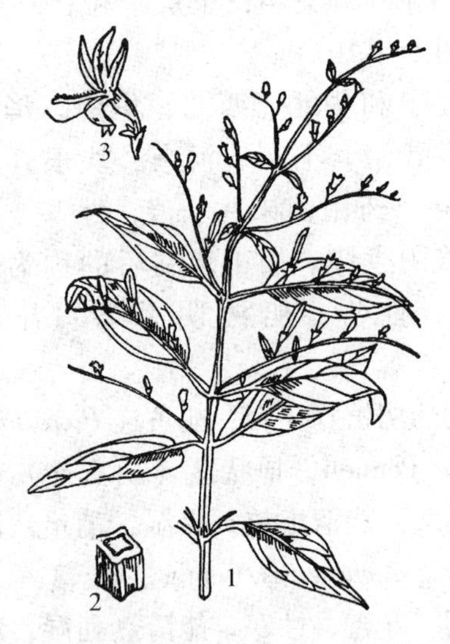

图 15 -102　穿心莲

1. 花枝　2. 茎　3. 花

图 15 -103　马蓝

1. 花枝　2. 花冠剖开后，示雄蕊着生状态　3. 雄蕊

分布于华北、华南、西南地区，台湾亦产。叶（大青叶）药用，叶可加工制成青黛，为中药青黛的原料来源之一，味咸，性寒。能清热解毒，凉血消斑。根及根状茎

（南板蓝根）药用，味苦，性寒。能凉血止血，清热解毒，消肿。

水蓑衣 *Hygrophila salicifolia*（Vahl）Nees 湿生草本，茎节着地生根；叶窄披针形；花无柄，蓝紫色，2～6 朵簇生于叶腋内；苞片椭圆形至披针形。花冠二唇形，雄蕊 4 枚，二强；蒴果长 1.1cm，种子多个。

分布于江苏、江西、湖南、湖北、四川、贵州、云南、广东、广西等省区。生于水沟边、潮湿处。全草药用，味甘、微苦，性凉。能止咳化痰，消炎解毒，凉血，健胃消食。种子（南天仙子）药用，味苦，性寒。能清热解毒，消肿止痛。

爵床 *Rostellularia procumbens*（L.）Nees 一年生小草本。茎常簇生，基部匍匐，上部斜升，节部膨大成膝状。叶对生，椭圆形或卵形。穗状花序；花萼裂片 4 枚；花冠粉红色，二唇形；雄蕊 2 枚，药室 2；子房 2 室。果为蒴果。

分布于我国西南部和南部各省。生于旷野、林下。全草（爵床）药用，味苦、咸、辛，性寒。能清热解毒，利尿消肿，活血止痛。

本科常用药用植物还有：九头狮子草 *Peristrophe japonica*（Thunb.）Bremek.，全草药用，味辛、微苦、甘，性凉。能清热解毒，发汗解表，降压。白接骨 *Asystasiella neesiana*（Wall.）Lindau，全草药用，味苦，性凉。能止血祛瘀，清热解毒。狗肝菜 *Dicliptera chinensis*（L.）Juss.，全草药用，味甘，微苦，性寒。能清热解毒，凉血，利尿。孩儿草 *Rungia pectinata*（L.）Nees，全草药用，味微苦、辛，性凉。能清肝，明目，消积，止痢。

45. 茜草科 Rubiaceae

$⚥ * K_{(4\sim6)} C_{(4\sim6)} A_{4\sim6} \overline{G}_{(2:2:1\sim\infty)}$

草本，灌木或乔木，有时攀援状。单叶对生或轮生，全缘；托叶 2 枚，分离或合生，常宿存。花两性，二歧聚伞花序排成圆锥状或头状，少为单生。花辐射对称，花萼 4～5，花冠 4～5 裂，稀 6 裂；雄蕊 5 枚；子房下位，2 心皮合生，常 2 室，每室 1 至多数胚珠。蒴果、浆果或核果。

本科植物以生物碱、环烯醚萜类及蒽醌类等为主要特征性成分。

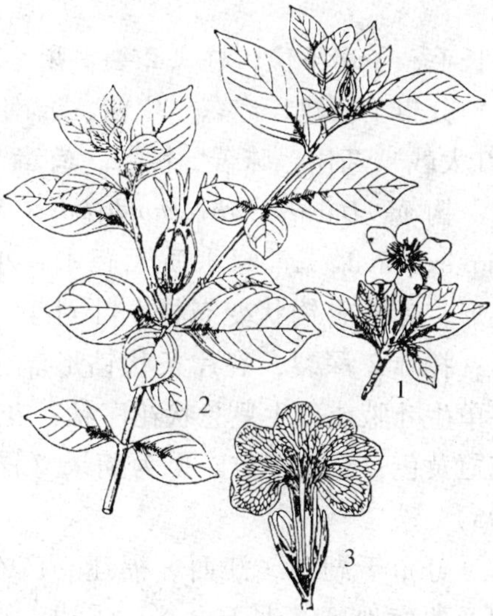

图 15－104 栀子

1. 花枝 2. 果枝 3. 花纵剖面

500 属，6000 余种，广布于热带和亚热带，少数分布至温带，是合瓣花亚纲中的第二大科。我国有 98 属，676 种，主要分布于西南至东南部，西北至北部较少。已知药用 59 属，210 余种。

【药用植物】

栀子 *Gardenia jasminoides* Ellis 常绿灌木。叶对生或 3 叶轮生，有短柄；革质，椭圆状倒卵形至倒阔披针形；上面光亮，下面脉腋内簇生短毛；托叶在叶柄内合成鞘。花大，白色，芳香，单生枝顶；花部常 5～7 数，萼筒有翅状直棱，花冠高脚碟状；子房下位，1 室，胚珠多数。果肉质，外果皮略带革质，熟时黄色，具翅状棱 5～8 条（图 15－104）。

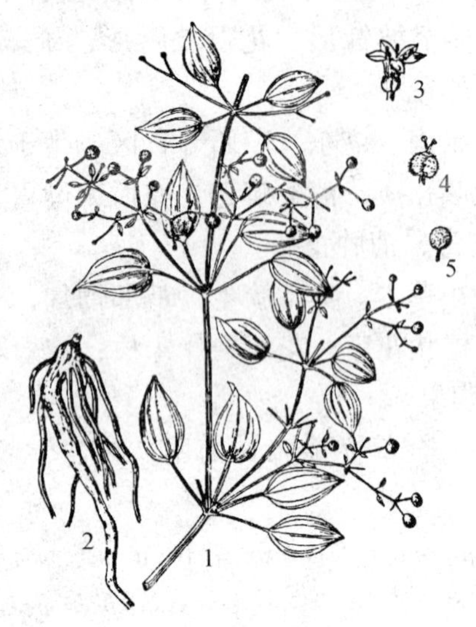

图 15－105　茜草

1. 果枝　2. 根　3. 花　4. 雌蕊　5. 浆果

分布于我国南部和中部。生于山坡树林中，各地有栽培。果实（栀子）药用，味苦，性寒。能泻火解毒，清利湿热，利尿。

茜草 *Rubia cordifolia* L.　多年生攀援草本。根丛生，橙红色。枝 4 棱，棱上具倒生刺。叶 4 片轮生，有长柄；卵形至卵状披针形，下面中脉及叶柄上有倒刺。聚伞花序呈疏松的圆锥状；花小，5 数，黄白色，子房下位，2 室。果为浆果，成熟时呈黑色（图 15－105）。

全国广布，生于灌丛中。根（茜草）药用，味苦，性寒。能凉血，止血，祛瘀，通经。

红大戟 *Knoxia velerianoides* Thorel ex Pitard　多年生草本。常具 1～3 个纺锤状块根，表面红褐色。叶对生，无柄，长椭圆形，全缘。聚伞花序密生成头状；花小，淡紫红色，花 4 数，花冠喉部有密生的长毛；子房下位，柱头 2 裂。果小，球形。

分布于福建、广东、广西、云南等省区。生于低山坡地半阳半阴处的草丛中。块根（红大戟）药用，味苦、性寒，有毒。能泻水逐饮，攻毒，消肿散结。

钩藤 *Uncaria rhynchophylla*（Miq.）Miq. ex Havil.　常绿木质大藤本。小枝四棱形，叶腋有钩状变态枝。叶对生，椭圆形；托叶 2 深裂，裂片条状钻形。头状花序单生叶腋或顶生呈总状花序状；花 5 数，花冠黄色；子房下位。果为蒴果（图 15－106）。

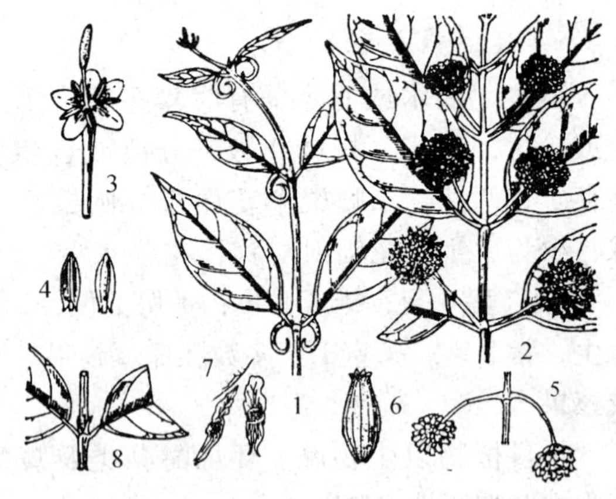

图 15－106　钩藤

1. 具钩的枝　2. 具花序的枝　3. 花（去花萼和部分花冠管）　4. 雄蕊　5. 节上着生的果序　6. 蒴果　7. 种子　8. 枝的一节，示托叶

分布于湖南、江西、福建、广东、广西及西南地区。生于山谷、溪边、湿润灌丛中。带钩的茎枝（钩藤）药用，味甘，性凉。能清热平肝，熄风定惊。

同属植物华钩藤 *U. sinensis*（Oliv.）Havil.、大叶钩藤 *U. macrophylla* Wall. 的茎枝同等入药。

巴戟天 *Morinda officinalis* How　缠绕性草质藤本。根肉质，有不规则的连续膨大部分。小枝及叶幼时有短粗毛。叶对生；矩圆形，托叶鞘状。数个头状花序呈伞形排列；花 4 数，花冠白色；子房下位，柱头 2 深裂。果为核果，红色。

分布于华南地区。生于疏林下或林缘。根药用，味甘、辛，性微温。能补肾壮阳，强筋骨，祛风湿。

鸡矢藤 *Paederia scandens*（Lour.）Merr.　缠绕草质藤本，全株揉之具鸡屎臭味。卵形至椭圆状披针形。聚伞花序；花冠管外面灰白色，内面紫色，5 裂；雄蕊 5 枚；花柱 2。果为核果。

分布于长江流域及以南各省，生于山坡荒野灌丛杂草中。全草（鸡矢藤）药用，味甘、苦，性微温。能消食化积，祛风利湿，止咳，止痛。其变种毛鸡矢藤 *P. scandens*（Lour.）Merr. var. *tomentosa*（Bl.）Hand – Mazz. 的全草同等入药。

本科常用药用植物还有：白花蛇舌草 *Hedyotis diffusa* Willd.，全草（白花蛇舌草）药用，味苦、甘，性寒。能清热解毒，活血散瘀。咖啡 *Coffea arabica* L.，种子药用，味微苦、涩，性平。能兴奋神经，强心，健胃，利尿。白马骨 *Serissa serissoides*（DC.）Druce，全株药用，味苦、辛，性凉。能清热解毒，祛风除湿，健脾，止血。虎刺（绣花针）*Damnacanthus indicus*（L.）Gaertn. f.，根药用，味苦、甘，性平。能祛风除湿，活血止血。金鸡纳树 *Cinchona ledgeriana*（Howard）Moens ex Trim.，树皮药用，味苦，性寒。能抗疟，退热。

46. 忍冬科 Caprifoliaceae

$⚥ * \uparrow K_{(4\sim5)} C_{(4\sim5)} A_{4\sim5} \overline{G}_{(2\sim5:1\sim5:1\sim\infty)}$

木本，稀草本。叶对生，单叶，少为羽状复叶；常无托叶。聚伞花序；花两性，辐射对称或两侧对称；花萼 4 ~ 5 裂；花冠管状，通常 5 裂，有时二唇形；雄蕊和花冠裂片同数而互生，着生于花冠管上；子房下位，2 ~ 5 心皮合生，常为 3 室，每室胚珠 1 枚，有时仅 1 室发育。浆果、核果或蒴果。

15 属，约 500 种，分布于北温带。我国 12 属，260 余种，全国广布。已知药用的有 9 属，100 余种。

【药用植物】

忍冬 *Lonicera japonica* Thunb.　半常绿缠绕灌木。幼枝密生柔毛和腺毛。单叶对生，卵状椭圆形，幼时两面被短毛。总花梗单生叶腋，花成对，苞片叶状；花萼 5 裂，无毛；花冠白色，后转黄色，故称“金银花”，具芳香，外面被有柔毛和腺毛，二唇形；雄蕊 5 枚；子房下位。果为浆果，熟时黑色（图 15 – 107）。

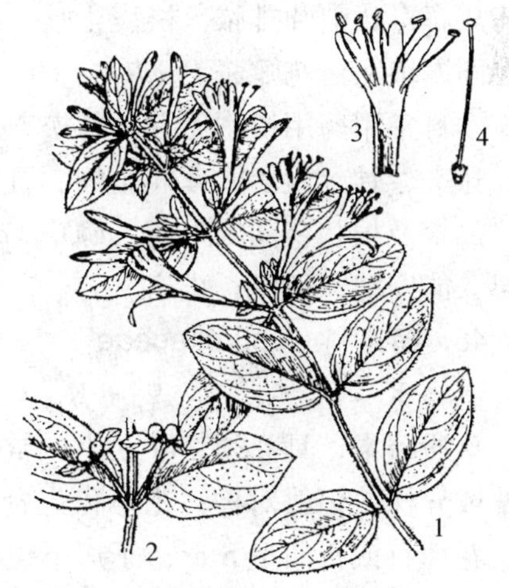

图 15 – 107　忍冬

1. 着花的枝　2. 果枝　3. 花冠纵剖　4. 雄蕊

除新疆外，全国广布。生于山坡灌丛中。花蕾或刚开的花（金银花）药用，味甘，性寒。能清热解毒，凉散风热。茎枝（忍冬藤）药用，味甘，性寒。能清热解毒，疏风通络。

同属植物灰毡毛忍冬 *L. macrathoides* Hand. Mazz.、红（菰）腺忍冬 *L. hypoglauca* Miq.、黄褐毛忍冬 *L. fulvotnetosa* Hsu et S. C. Cheng. Ms、山忍冬（山银花）*L. confusa*（Sweet）DC.、毛花柱忍冬 *L. dasystyla* Rehd. 的花和茎枝同等入药。

本科常用药用植物还有：陆英（接骨草）*Sambucus chinensis* Lindl.，全草药用，味甘淡、微苦，性平。能散瘀消肿，祛风活络，续骨止痛。接骨木 *S. williamsii* Hance，全株药用，味甘、苦，性平。能接骨续筋，活血止血，祛风利湿。荚蒾 *Viburnum dilatatum* Thunb.，根药用，味辛、涩，性微寒。能祛瘀消肿。枝、叶能清热解毒，疏风解表。

47. 败酱科 Valerianaceae

$⚥\uparrow K_{5\sim15,0}C_{(3\sim5)}A_{3\sim4}\overline{G}_{(3:3:1)}$

多年生草本，常具特殊气味，干后尤为明显。叶对生或基生，常羽状分裂，无托叶。聚伞花序呈各种排列；花小，常两性，稍不整齐；花萼呈各种形状；花冠筒状，基部常呈囊状或有距，上部3~5裂；雄蕊常3或4枚，着生于花冠筒上；子房下位，3心皮合生，3室，仅1室发育，内含1胚珠，悬垂于室顶。瘦果。

13属，400余种，大部分分布于北温带。我国有3属，40余种，南北均有分布，已知药用3属，24种。

【药用植物】

黄花败酱 *Patrinia scabiosaefolia* Fisch. ex Trev.　多年生草本，根状茎横卧或斜生，节处生多数细根；基生叶丛生，不分裂或羽状分裂；茎生叶羽状深裂或全裂。聚伞花序组成伞房花序；花冠钟形，黄色；瘦果长圆形。

全国广布。生于山坡草丛、灌木丛中。全草（败酱草）药用，味辛、苦，微寒。能清热解毒，消肿排脓，祛痰止咳。根及根状茎能治疗神经衰弱等症。

同属植物白花败酱 *P. villosa*（Thunb.）Juss. 的全草同等入药。

本科常用药用植物还有：甘松 *Nardostachys chinensis* Batal.，根及根状茎（甘松）药用，味辛、甘、温。能理气止痛，开郁醒脾。同属植物匙叶甘松 *N. jatamansi*（D. Don）DC. 的根及根状茎同等入药。缬草 *Valeriana officinalis* L.，根及根状茎药用，味辛、苦，性温。能安神，理气，止痛。

48. 葫芦科 Cucurbitaceae

$♂ * K_{(5)}C_{(5)}A_{5,(3\sim5)}$；$♀ * K_{(5)}C_{(5)}\overline{G}_{(3:1:\infty)}$

草质藤本，具卷须。叶互生；常为单叶，掌状分裂，有时为鸟趾状复叶。花单性，同株或异株，辐射对称；花萼和花冠裂片5，稀为离瓣花冠；雄蕊3或5枚，分离或合生，花药直或折曲呈S形；子房下位，由3心皮组成，1室，侧膜胎座。瓠果。

本科植物茎具双韧型维管束。植物体富含葫芦烷型、达玛烷型四环三萜和齐墩果烷型等五环三萜及其糖苷成分，同时还有个别属含有木脂素和酚性化合物。

113属，约800种，大多数分布于热带和亚热带地区。我国有32属，155种，全国均有分布，以南部和西部最多。已知药用约25属，92余种。

【药用植物】

栝楼 *Trichosanthes kirilowii* Maxim.　多年生草质藤本。块根肥厚，圆柱状。叶常近心形，掌状 3 ~ 9 裂至中裂，边缘常再浅裂或有齿。雌雄异株，雄花组成总状花序，雌花单生；花萼、花冠均 5 裂，花冠白色，中部以上细裂成流苏状。雄花有雄蕊 3 枚。瓠果椭圆形，熟时果皮果瓤橙黄色。种子椭圆形、扁平，浅棕色。

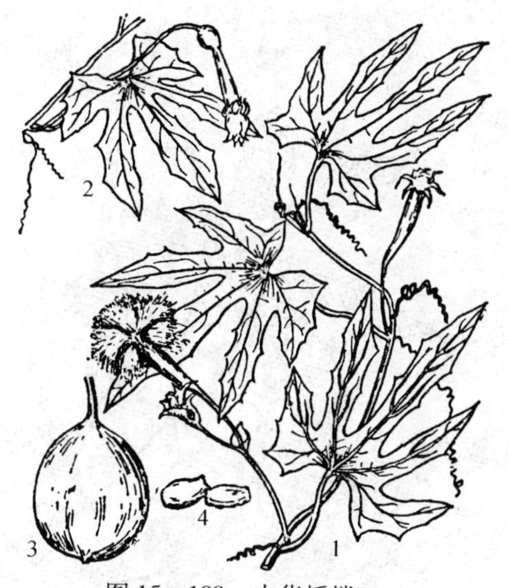

图 15 – 108　中华栝楼

1. 具雄花的枝　2. 具雌花的枝　3. 果实　4. 种子

分布于长江以北，江苏、浙江亦产。生于山坡、林缘。果实（瓜蒌）药用，味甘、微苦，性寒。能清热涤痰，宽胸散结，润燥滑肠。果皮（瓜蒌皮）药用，味甘、微苦，性寒。能清肺化痰，利气宽胸。种子（瓜蒌子）药用，味甘，性寒。能润肺化痰，润肠通便。块根（天花粉）药用，味甘、微苦，性微寒。能生津止渴，降火润燥。天花粉蛋白还能引产。

同属植物中华栝楼 *T. rosthornii* Harms 与栝楼近似，主要区别是：叶常 5 深裂几达基部，中部裂片 3 枚，裂片条形或倒披针形。种子深棕色，有一圈与边缘平行的明显棱线（图 15 – 108）。果实、种子、块根同等入药。

图 15 – 109　绞股蓝

1. 雄花枝　2. 果枝　3. 雄花　4. 雄蕊　5. 雌花　6. 柱头　7. 果　8. 种子

王瓜 *Trichosanthes cucumeroides*（Ser.）Maxim. 块根药用，味苦，性寒，有小毒。能清热利尿，解毒消肿，散瘀止痛。果实及种子药用，味酸苦，性平。能清热，生津，消瘀，通乳。种子能清热凉血。

绞股蓝 *Gynostemma pentaphyllum*（Thunb.）Makino　草质藤本。卷须 2 叉，着生叶腋；叶鸟足状复叶，有 5 ~ 7 小叶，具柔毛。雌雄异株；雌雄花序均圆锥状；花小，萼、冠均 5 裂；雄蕊 5 枚；子房 2，常 3 室，稀为 2 室。瓠果球形，大如豆，熟时黑色（图 15 – 109）。

分布于陕西南部及长江以南各省区。生于林下、沟旁。全草（绞股蓝）药用，性寒，味苦。能清热解毒，止咳祛痰。本种含有多种人参皂苷类成分，具有类似人参的功能。

雪胆 *Hemsleya chinensis* Cogn. ex Forbes et Hemsl. 草质藤本。块根肥大。复叶鸟趾状，具 5 ~ 7 小叶；小叶片宽披针形。雌雄异株；雌、雄花都排成圆锥花序；花冠橙黄色，裂片向后反折状；雄蕊 5 枚，分离；花柱 3，柱头 2 裂。蒴果倒卵形，基部渐狭；种子四边有膜状翅（图 15 – 110）。

分布于浙江、湖北、湖南、四川、广西等省区。生于山地、沟旁、林中或灌丛中。

图 15-110 雪胆

1. 花枝 2. 块根（药用部分）
3. 雄花花萼 4. 雄蕊 5. 雌花

块根药用，味苦，性寒。有小毒。能清利湿热，解毒，消肿，止痛。

罗汉果 *Siraitis grosvenorii*（Swingle）C. Jeffrey ex Lu et Z. Y. Zhang 草质藤本，全体被白色或黑色短柔毛。根块状。卷须 2 裂几达基部。叶常心状卵形。雌雄异株；雄花为总状花序；花梗有时在中部以下有微小苞片，萼 5 裂，花瓣 5，黄色，雄蕊 3 枚；雌花序总状，子房密被短柔毛。瓠果淡黄色。

分布于广东、海南、广西及江西。果实（罗汉果）药用，味甘，性凉。能清热凉血，润肺止咳，润肠通便。块根能清利湿热，解毒。

本科常用药用植物还有：木鳖 *Momordica cochinchinensis*（Lour.）Spreng.，种子（木鳖子）药用，味苦、微甘，性凉，有毒。能化积利肠；外用能消肿、透毒生肌。丝瓜 *Luffa cylindrica*（L.）Roem.，干燥成熟果实的维管束（丝瓜络）药用，味甘，性平。能通络，清热化痰。根能通络消肿。果能清热化痰，凉血解毒。冬瓜 *Benincasa hispida*（Thunb.）Cogn.，干燥的外层果皮（冬瓜皮）药用，味甘，性凉。能清热利尿，消肿。种子（冬瓜子）药用，味甘，性微寒。能清热利湿，排脓消肿。

49. 桔梗科 Campanulaceae

⚥ $* \uparrow K_{(5)} C_{(5)} A_5 \overline{G}_{(2\sim5:2\sim5:\infty)} \underline{\overline{G}}_{(2\sim5:2\sim5:\infty)}$

草本，常具乳汁。单叶互生，少为对生或轮生，无托叶。花单生或成各种花序；花两性，辐射对称或两侧对称；花萼 5 裂，宿存；花冠常钟状或管状，5 裂；雄蕊 5 枚；雌蕊常由 3 心皮合生，中轴胎座，常 3 室，子房常下位或半下位。蒴果，稀浆果。

本科植物体薄壁细胞常含菊糖；具乳汁管。植物体所含化学成分主要为菊糖、多炔类、三萜类、倍半萜类、甾醇类、苯丙素类和生物碱类化合物等。

60 属，约 2000 种，分布全球，以温带和亚热带为多。我国有 16 属，172 种，全国分布，以西南地区为多。已知药用 13 属，111 种。

桔梗科主要药用属检索表

1. 直立大草本或缠绕草本。
   2. 直立大草本。花冠钟状。雌蕊 3 心皮合生，3 室。蒴果 3 裂。
      3. 总状或圆锥花序。子房下位，花柱基部具圆筒状的花盘或腺体 ……… 沙参属 *Adenophora*
      3. 花单生。花萼 5 裂，筒部与子房贴生，宿存。子房下位或半下位 …… 党参属 *Codonopsis*
   2. 缠绕草本。花冠阔钟状。花单生或数朵生于枝顶。子房半下位，5 心皮合生，5 室。蒴果 5 裂 ……………………………………………………………… 桔梗属 *Platycodon*
1. 直立小草本。主茎平卧，分枝直立。花单生于叶腋。花冠二唇形，裂片偏向一侧，花丝上部与

花药合生。子房下位，2心皮合生，2室。蒴果2分裂 ………………………… 半边莲属 *Lobelia*

【药用植物】

图15－111　桔梗

1. 植株　2. 去花萼及花冠后的雄蕊和雌蕊　3. 蒴果

桔梗 *Platycodon grandiflorum*（Jacq.）A. DC.　多年生草本，具白色乳汁。根肉质，长圆锥状。叶对生、轮生或互生。花单生或数朵生于枝顶；花萼5裂，宿存；花冠阔钟状，蓝色，5裂；雄蕊5枚；子房半下位，雌蕊5心皮合生，5室，中轴胎座，柱头5裂。蒴果顶部5裂（图15－111）。

全国广布，生于山地草坡或林缘。根（桔梗）药用，味苦、辛，性平。能宣肺祛痰，排脓消肿。

沙参 *Adenophora stricta* Miq.　多年生草本，具白色乳汁。根圆锥形，质地较泡松。茎生叶互生，无柄，狭卵形。茎、叶、花萼均被短硬毛。花序狭长；花5数；花冠钟状，蓝紫色；花丝基部边缘被毛；花盘宽圆筒状；子房下位，花柱与花冠近等长。蒴果（图15－112）。

分布于四川、贵州、广西、湖南、湖北、河南、陕西、江西、浙江、安徽、江苏。生于山坡草丛中。根（南沙参）药用，味甘，性微寒。能养阴清肺，祛痰止咳。

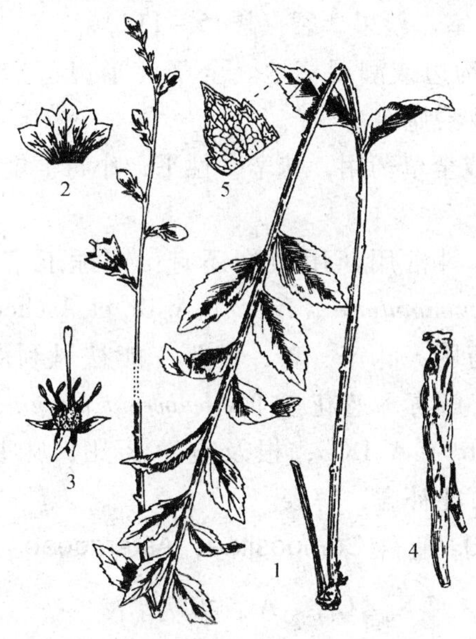

图15－112　沙参

1. 花枝　2. 花冠展开　3. 去花冠后，示花萼、雄蕊、雌蕊　4. 根　5. 叶背部分放大，示叶脉和短毛

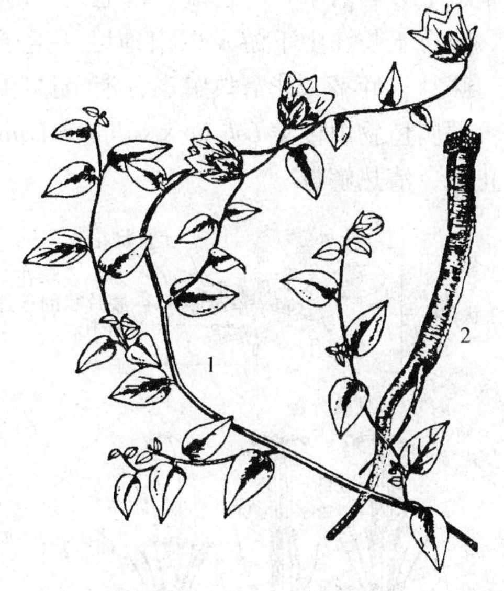

图15－113　党参

1. 花枝　2. 根

同属植物轮叶沙参 *A. tetraphylla*（Thunb.）Fisch.、杏叶沙参 *A. hunanensis* Nannf. 等种的根同等入药。

党参 *Codonopsis pilosula*（Franch.）Nannf. 多年生缠绕草质藤本，具白色乳汁。根圆柱状，具多数瘤状茎痕，常在中部分枝。叶互生，常卵形，老时仍两面有毛。花 1～3 朵生于分枝顶端；花 5 数，萼裂片狭矩圆形；花冠淡绿色，略带紫晕，阔钟状；子房半下位，3 室。蒴果 3 瓣裂（图 15－113）。

分布于陕西、甘肃、山西、内蒙古、四川、东北，生于林边或灌丛中。全国均有栽培。根（党参）药用，味甘，性平。能补脾，益气，生津。

同属植物素花党参 *C. pilosula*（Franch.）Nannf. var. *modesta*（Nannf.）L. T. Shen、管花党参 *C. tubulosa* Kom. 等的根同等入药。羊乳 *C. lanceolata*（Sieb. et Zucc.）Trautv.，根药用，味甘，性微温。能补虚通乳，排脓解毒。

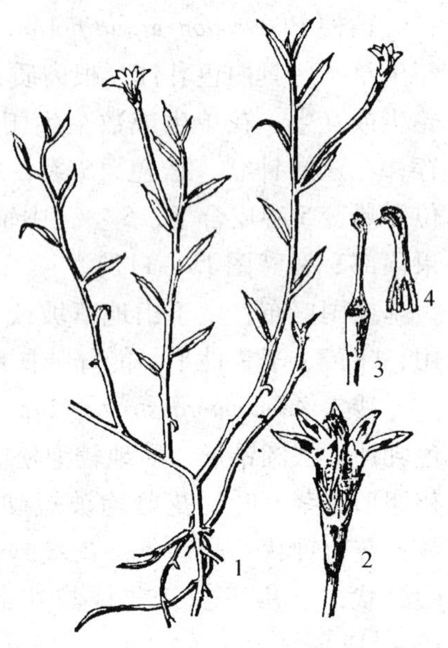

图 15－114 半边莲

1. 植株 2. 花 3. 雌蕊 4. 雄蕊

半边莲 *Lobelia chinensis* Lour. 多年生小草本，具白色乳汁。主茎平卧，分枝直立。叶互生，近无柄，狭披针形。花单生于叶腋；花冠粉红色，二唇形，裂片偏向一侧；花丝上部与花药合生，下方的两个花药近端有髯毛；子房下位，2 室。蒴果 2 裂（图15－114）。

分布于长江中下游及以南地区。生于水边、沟边或潮湿草地。全草（半边莲）药用，味甘，性平。能清热解毒，消瘀排脓，利尿及治蛇伤。

同属植物山梗菜 *Lobelia sessilifolia* Lamb.，根或全草药用，味辛，性平，小毒。能祛痰止咳，清热解毒。

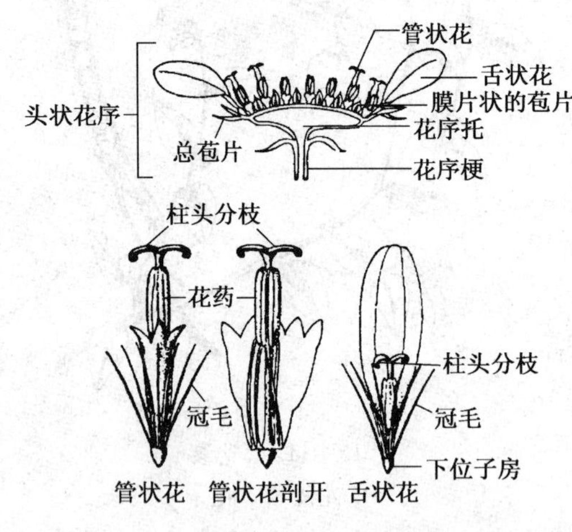

图 15－115 菊科花的解剖

本科常用药用植物还有：铜锤玉带草 *Pratis nummularia*（Lam.）A. Br. et Aschers，全草药用，味辛、苦，性平。能祛风利湿，活血，解毒。蓝花参 *Wahlenbergia marginata*（Thunb.）A. DC.，根及全草药用，味甘，性平，能补虚，解表。

50. 菊科 Compositae，Asteraceae

$⚥ * \uparrow K_{0,\infty} C_{(3\sim5)} A_{(4\sim5)} \overline{G}_{(2:1:1)}$

常为草本，稀灌木。有的具乳汁或树脂道。头状花序，外为总苞围绕，头状花序再集总状、伞房状等；常由多朵小花集生于花序托上组成头状花序；花序托即是缩短的花序轴；花有管状花和舌状花两种类型，故花序中的小花同型或异型，即头状花序中均为管状花或均为舌状花或花序的周围为舌状花（称边花），中央是管状花（称盘花）；每朵花的基部具苞片 1 枚，称托片，呈毛状或缺；花两性；萼片常变成冠毛，或呈针状、鳞片状、或缺。花冠常为管状、舌状。雄蕊 5 枚，聚药雄蕊。雌蕊由 2 心皮合生，1 室，子房下位，柱头 2 裂。果为连萼瘦果，又称菊果（图 15－115）。

本科植物体内薄壁细胞中常含菊糖。植物体化学成分主要有黄酮类、生物碱类、聚炔类、香豆素类、倍半萜内酯类三萜类等。

菊科是被子植物第一大科，约 1000 属，25000～30000 种。全球广布，主要产于温带地区。我国有 227 属，2300 余种，全国广布。已知药用 155 属，778 种。

本科通常根据分为 2 个亚科，即舌状花亚科（Liguliflorae，Cichorioicleae）和管状花亚科（Asteroideae，Tubuliflorae，Curduoideae）（表 15－6）。

表 15－6　舌状花亚科和管状花亚科的区别

舌状花亚科	管状花亚科
植物体具乳汁管	植物体无乳汁管
头状花序全部由舌状花组成	头状花序全部由管状花组成，或由边花和盘花组成
花柱分枝细长条形，无附器	花序圆柱状，有附器

菊科舌状花亚科主要药用属检索表

1. 冠毛有细毛，瘦果粗糙或平滑，有喙或无喙部。
  2. 叶基生，头状花序单生于花葶上，有多数小花，总苞 1 层，另有多数小的外苞片，瘦果有向基部渐厚的长喙 ………………………………………… 蒲公英属 *Taraxacum*
  2. 叶基生，头状花序有 80 个以上至极多数的小花，冠毛具极细的柔毛杂以较细的直毛，果极扁压，上端狭窄，无喙部 ………………………………………… 苦苣菜属 *Sonchus*
1. 冠毛有糙毛、瘦果极扁或近圆柱形。
  3. 瘦果极扁平或较扁，具两个较强的侧肋或翅，两面又有细纵肋，喙部短或长，顶端有羽毛盘………………………………………… 莴苣属 *Lactuca*
  3. 瘦果近圆柱形，果腹背稍扁。
    4. 瘦果具不等形的纵肋，常无明显的喙部 ……………………… 黄鹌菜属 *Youngia*
    4. 瘦果具 10 翅，花序少，总苞片显然无肋 ……………………… 苦荬菜属 *Ixeris*

管状花亚科主要药用属检索表

1. 头状花序仅有管状花（两性或单性）。
  2. 叶对生，或下部对生，上部互生；总苞片多层；每花序常有 5 朵管状花；瘦果有冠毛 ……………………………………………… 泽兰属 *Eupatorium*
  2. 叶互生，总苞片 2 至多层。
    3. 无冠毛。
      4. 头状花序单性，雌花序仅有 2 朵小花，总苞外多钩刺 ……………… 苍耳属 *Xanthium*
      4. 头状花序外层雌性花，内层两性花，头状花序排成总状或圆锥状 …… 蒿属 *Artemisia*
    3. 有冠毛。
      5. 叶缘有刺。

6. 冠毛羽状，基部连合成环。

7. 花序基部有叶状苞1～2层，羽状深裂，花两性或单性；果多柔毛 …………………………………………………………………… 苍术属 *Atractylodes*

7. 花序基部无叶状苞；花序全为两性花；果无毛 ………………………… 蓟属 *Cirsium*

6. 冠毛呈鳞片状或缺，总苞片外轮叶状，边缘有刺，内轮微有齿，花红色 …………………………………………………………………… 红花属 *Carthamus*

5. 叶缘无刺。

8. 根具香气。

9. 多年生高大草本。基生叶互生，上面有糙短毛，下面无毛。花序轴有刚毛状托片。冠毛羽毛状 ………………………………………………… 云木香属 *Aucklandia*

9. 多年生低矮草本。茎缩短，叶呈莲座状丛生；叶两面被糙伏毛。冠毛刚毛状 …………………………………………………………………… 川木香属 *Vladimiria*

8. 根不具香气。

10. 总苞片顶端呈针刺状，末端钩曲；冠毛多而短，易脱落 ………… 牛蒡属 *Arctium*

10. 总苞片顶端无钩刺；冠毛长，不易脱落 ………………… 祁州漏芦属 *Rhaponticum*

1. 头状花序有管状花和舌状花（单性或无性）两种。

11. 冠毛较果实长，有时单性花无冠毛或基短。

12. 舌状花、管状花均为黄色，冠毛1轮；总苞片数层，舌状花较多 …… 旋覆花属 *Inula*

12. 舌状花白色或蓝紫色，管状花黄色，冠毛1～2轮，外轮短，膜片状 …… 紫菀属 *Aster*

11. 冠毛较果实短，或缺。

13. 叶对生，冠毛缺。

14. 舌状花1层，先端3裂；外轮总苞片5枚，线状匙形，有黏质腺 …………………………………………………………………… 豨莶草属 *Siegesbeckia*

14. 舌状花2层，先端全缘或2裂；总苞片数层 …………………… 鳢肠属 *Eclipta*

13. 叶互生，无冠毛，总苞片边缘干膜质。花序轴顶端无托片；果有4～5棱 …………………………………………………………………… 菊属 *Dendranthema*

（1）管状花亚科 Tubuliflorae

【药用植物】

菊 *Dendranthema morifolium*（Ramat.）Tzvel. 多年生草本，基部木质，全体被白色绒毛。叶片卵形至披针形，叶缘有粗大锯齿或羽裂。头状花序直径2.5～20mm；总苞片多层；缘花舌状、雌性、形色多样；盘花管状、两性、黄色，具托片。瘦果无冠毛（图15－116）。

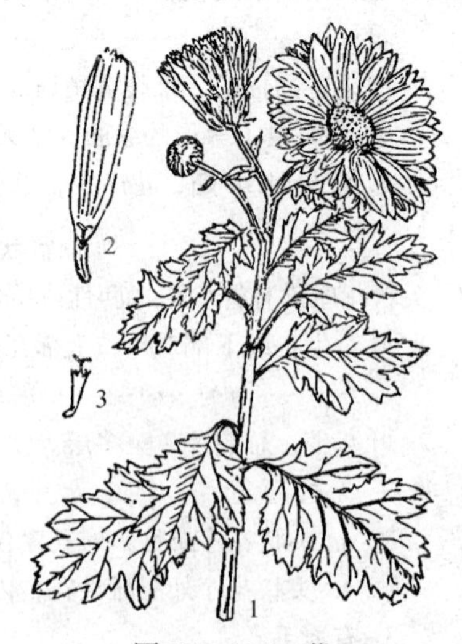

图15－116 菊

1. 花枝 2. 舌状花 3. 管状花

全国各地栽培。头状花序（菊花）药用，味甘、苦，性微寒。能散风清热，平肝明目。因产地和加工方法不同，有贡菊、亳菊、滁菊、杭菊、怀菊等商品。

同属植物野菊 *D. indicum*（L.）Des Moul.

头状花序（野菊花）药用，味苦、辛，性微寒。能清热解毒，泻火平肝。

红花 *Carthamus tinctorius* L.　一年生草本。叶互生，长椭圆形或卵状披针形，叶缘齿端有尖刺。头状花序具总苞片 2 ~ 3 列，卵状披针形，上部边缘有锐刺，内侧数列卵形，无刺；花序全由管状花组成，初开时黄色，后变为红色。瘦果无冠毛（图 15 – 117）。

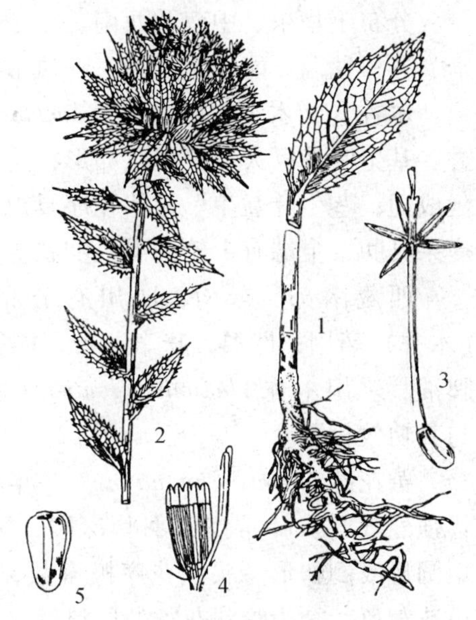

图 15 – 117　红花

1. 根　2. 花枝　3. 花　4. 聚药雄蕊剖开后，示药室及雌蕊的一部分　5. 瘦果

我国东北、华北、西北及山东、浙江、四川、贵州、西藏等地广泛栽培。花（红花）药用，味辛，性温。能活血通经，祛瘀止痛。

白术 *Atractylodes macrocephala* Koidz.　多年生草本。根状茎肥大，略呈骨状，有不规则分枝。叶具长柄，3 裂，稀羽状 5 深裂，裂片椭圆形至披针形，边缘有锯齿。头状花序直径约 2.5 ~ 3.5cm；苞片叶状，羽状分裂刺状；全为管状花，紫红色。瘦果密被柔毛，冠毛羽状（图 15 – 118）。

分布于陕西、湖北、湖南、江西、浙江。生于山坡林地，亦多栽培。根状茎（白术）药用，味苦、甘，性温。能补脾健胃，燥湿化痰，利水止汗，安胎。

图 15 – 118　白术

1. 花枝　2. 管状花　3. 花冠剖开，示雄蕊　4. 雌蕊　5. 瘦果　6. 根状茎

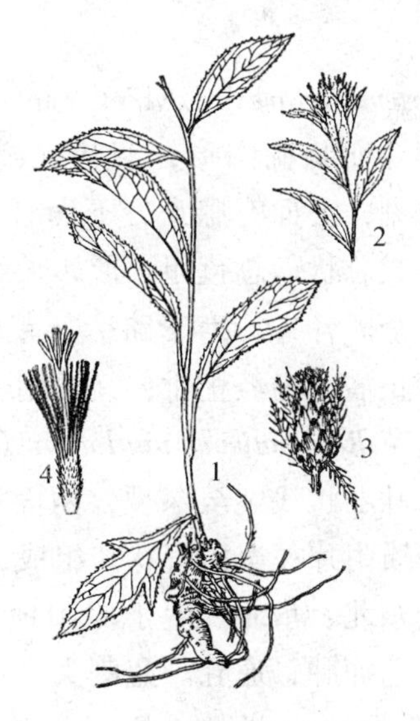

图 15 – 119　苍术

1. 根状茎及部分茎叶　2. 花枝　3. 头状花序，示总苞及羽裂的叶状苞片　4. 管状花

苍术 *Atractylodes lancea*（Thunb.）DC.　多年生草本。根状茎粗肥，结节状，横断面有红棕色油点，具香气。叶无柄，下部叶常 3 裂，两侧裂片较小，顶裂片大，卵形。

头状花序直径1~2cm；花冠白色而与白术区别（图15-119）。

分布于华东、中南及西南。生于山坡草丛中。根状茎（苍术、南苍术）药用，味辛、苦，性温。能燥湿健脾，祛风散寒，明目。

木香（云木香、广木香）*Aucklandia lappa* Decne 多年生草本。主根粗壮，干后芳香。基生叶片巨大，三角状卵形，边缘具不规则浅裂或呈波状，疏生短齿，叶片基部下延成翅；茎生叶互生。头状花序具总苞片约10层；托片刚毛状；全为管状花，暗紫色。瘦果具肋，上端有1轮淡褐色羽状冠毛（图15-120）。

西藏南部、云南、四川有分布或栽培。根（木香）药用，性温，味辛、苦。能行气止痛，健脾消食。川木香 *Vladimiria souliei*（Franch.）Ling 与其功效相同。

黄花蒿 *Artemisia annua* L. 一年生草本，全株具强烈气味。叶常三回羽状深裂，裂片及小裂片矩圆形或倒卵形。头状花序极多数，排成圆锥状；小花黄色，全为管状花；外层雌性，内层两性。

广布于全国各地。生于山坡、荒地。地上部分（青蒿）药用，味辛、苦，性凉。能清热祛暑，凉血，截疟。茎叶提制的青蒿素可治疗间日疟，恶性疟。

同属植物青蒿 *A. caruifolia* Buch-Ham. 全草同等入药。

艾蒿 *Artemisia argyi* Levl. et Vant. 多年生草本。中下部叶卵状椭圆形，羽状深裂，裂片有粗齿或羽状缺刻，上面有腺点，下面有灰白色绒毛。头状花序排成总状；总苞卵圆形，长约3mm。

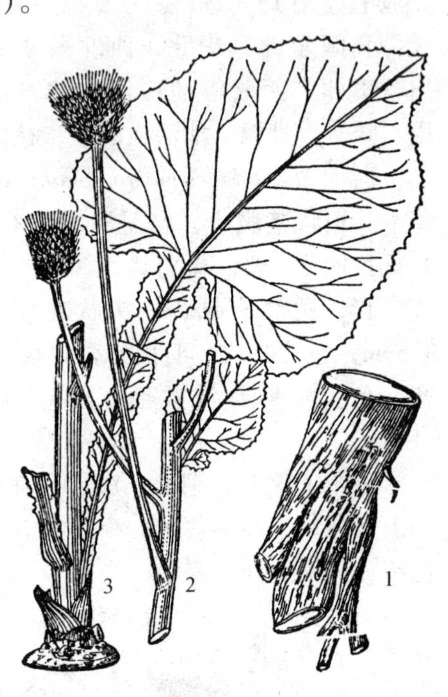

图15-120 木香

1. 根 2. 花枝 3. 基生叶

广布于全国各省。生于路旁、荒野，亦有栽培。叶（艾叶）药用，味辛、苦，性温。能散寒止痛，温经止血；又常用于灸法。

祁州漏芦 *Rhaponticum uniflorum*（L.）DC. 多年生草本。主根圆柱状，顶端密被残存叶柄。叶羽状浅裂至深裂，两面被毛。头状花序单一顶生；总苞片多层，干膜质，先端有干膜质附片；全由管状花组成，紫红色。瘦果具羽毛状冠毛。

分布于东北、华北。生于向阳地、干燥山坡。根（漏芦）药用，味苦，性寒。能清热解毒，消痈肿，通乳。蓝刺头（禹州漏芦）*Echinops latifolius* Tausch 与其功效相同。

苍耳 *Xanthium sibiricum* Patr. ex Widder 一年生草本。叶三角状心形或卵形，基出3脉，被糙毛。雄头状花序球状；雌头状花序球状、椭圆状，内层总苞片结成囊状。瘦果熟时总苞变硬，外面疏生具钩的刺。

全国各地均有分布。生于低山丘陵和平原。果实（苍耳子）药用，味苦、甘、辛，性温，小毒。能祛风湿，止痛，通鼻窍。

牛蒡 Arctium lappa L.　二年生草本。根肉质。基生叶丛生，茎生叶互生；阔卵形或心形。头状花序丛生或排成伞房状；总苞片披针形，顶端钩状弯曲；全为管状花，淡紫色。瘦果扁卵形，冠毛短刚毛状。

分布于全国各地。生于路旁、山坡、草地或栽培。种子（牛蒡子）药用，味辛、苦，性寒。能疏散风热，宣肺透疹，利咽消肿。根、茎、叶入药，能祛风热，活血止痛。

豨莶草 *Siegesbeckia orienthalis* L.　一年生草本。全体被白色柔毛。茎中部叶卵状披针形，边缘具不规则齿，下面有腺点。头状花序排成圆锥状；总苞片背面有紫褐色头状有梗腺毛。雌花舌状、黄色，两性花管状。

秦岭及长江流域以南广布。生于林缘及荒野。全草（豨莶草）药用，味苦，性寒。能祛风湿，利关节，解毒。

同属植物腺梗豨莶 *S. pubescens*（Makino）Makino、毛梗豨莶 *S. glabrescens* Makino 全草同等入药。

本亚科常用药用植物还有：川木香 *Vladimiria souliei*（Franch.）Ling，根（川木香）药用，味辛、苦，性温。能行气止痛。祁木香 *Inula helenium* L.，根（土木香）药用，味辛、苦，性温。能健脾和胃，调气解郁，止痛安胎。茵陈蒿 *Artemisia capillaris* Thunb.，幼苗（茵陈）药用，味辛、苦，性微寒。能清湿热、退黄疸。紫菀 *Aster tataricus* L. f.，根状茎及根（紫菀）药用，味辛、苦，性温。能润肺，祛痰，止咳。旋覆花 *Inula japonica* Thunb.，幼苗（金佛草）和头状花序（旋覆花）药用，味苦、辛、咸，性微温。两者功效相似，能化痰降气，软坚行水。鳢肠 *Eclipta prostrata*（L.）L.，全草（墨旱莲）药用，味甘、酸，性寒。能滋补肝肾，凉血止血。蓟 *Cirsium japonicum* Fisch. ex DC.，全草（大蓟）药用，味甘、苦，性凉。能散瘀消痈，凉血止血。刺儿菜 *C. setosum*（Willd.）Bieb.，全草（小蓟）药用，味甘、苦，性凉。能凉血止血，消散痈肿。鼠曲草 *Gnaphalium affine* D. Don，全草药用，味甘、微酸，性平。能止咳平喘，除风湿。佩兰 *Eupatorium fortunei* Turcz.，全草药用，味辛，性平。能醒脾开胃，化湿解暑。一枝黄花 *Solidago decurrens* Lour.，全草药用，味微苦，性平。能疏风清热，解毒消肿。千里光 *Senecio scandens* Buch - Ham. ex D. Don，全草药用，味苦、辛，性寒。能清热解毒，明目，祛腐生肌。

（2）舌状花亚科 Liguliflorae

【药用植物】

山莴苣 *Lactuca indica* L.　多年生草本，具乳汁。叶无柄，条形、长椭圆状条形，不分裂而基部扩大，戟形半抱茎，或羽状或倒羽状全裂或深裂；头状花序有小花 25 个，在茎枝顶端排成圆锥状；舌状花淡黄色或白色；冠毛白色；瘦果压扁，顶端具短而明显的喙。

全国广布。生于山坡林下。嫩茎药用，味微苦，性凉。能清热解毒，利尿通乳。果实（莴苣子）药用，能活血祛瘀，通乳。

苦荬菜 *Ixeris denticulata*（Houtt.）Stebb　多年生草本，具乳汁，多分枝，紫红色，

基生叶花期枯萎；茎生叶舌状卵形，无柄，叶基耳状，边缘具不规则锯齿。头状花序排成伞房状，总苞为两层，内层为 8 枚，条状披针形，舌状花黄色，顶端齿裂；瘦果纺锤形，具喙，长约 0.8mm，冠毛白色。

全国广布。生于山坡疏林下、荒野、田野、路边、宅旁。全草药用，味苦，性凉。能清热解毒，消痈散结。

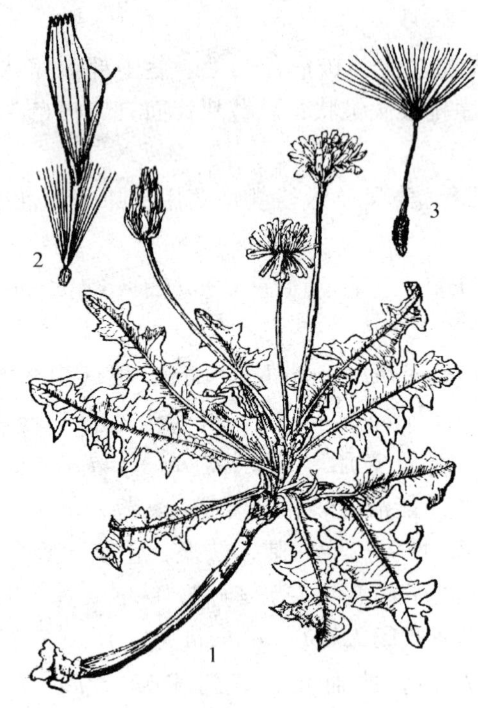

图 15－121　蒲公英
1. 植株　2. 花　3. 果实

黄鹌菜 *Youngia japonica*（L.）DC. 一年生草本，具乳汁，基生叶丛生，倒披针形，琴状或羽状深裂，叶柄具翅；茎生叶少，1～2 枚。头状花序小，由 10～20 朵小花组成，排成聚伞状；总苞 2 层，外层 5 枚，卵形或三角形，内层 8 枚，披针形；舌状花黄色；瘦果纺锤形，稍扁，具 11～13 条粗细不等的纵肋，冠毛白色。

全国广布。生于山坡荒地、荒野、林缘、沟谷及路边。根或全草药用，味甘、微苦，性凉。能清热解毒，利尿消肿，止痛。

蒲公英 *Taraxacum mongolicum* Hand－Mazz　多年生草本，有乳汁。根垂直生。叶莲座状生，倒披针形，羽状深裂，顶裂片较大。花葶数个，外层总苞片先端常有小角状突起，内层总苞片远长于外层，先端有小角；全为黄色舌状花。瘦果先端具细长的喙，冠毛白色（图 15－121）。

全国广布。生于田野、山坡、草地。带根全草（蒲公英）药用，味苦、甘，性寒。能清热解毒，消肿散结。

本亚科常用药用植物还有：苦苣菜 *Sonchus oleraceus* L.，全草药用，味苦，性寒。能清热解毒、凉血。

二、单子叶植物纲

51. 禾本科 Gramineae，Poaceae

$⚥ * P_{2\sim3}A_{3\sim6}\underline{G}_{(2\sim3:1:1)}$

草本或木本。茎特称为秆（culm），多直立，节和节间明显。单叶互生，2 列；常由叶片、叶鞘和叶舌组成，叶片常带形或披针形，基部直接着生在叶鞘顶端；在叶片、叶鞘连接处的近轴面常有膜质薄片，称为叶舌；在叶鞘顶端的两侧各有 1 附属物，称为叶耳。花序以小穗（spikelet）为基本单位，然后再排成各种复合花序；小穗轴（花序轴）基部的苞片称为颖（glume）；花常两性，小穗轴上具小花 1 至多数；小花基部的 2

枚苞片，特称为外稃（lemma）和内稃（palea）；花被片退化为鳞被（浆片），常2~3枚；雄蕊多为3~6，少为1枚，花药常丁字状着生；雌蕊1，子房上位，1室，胚珠1，花柱2~3，柱头羽毛状。颖果（图15-122）。

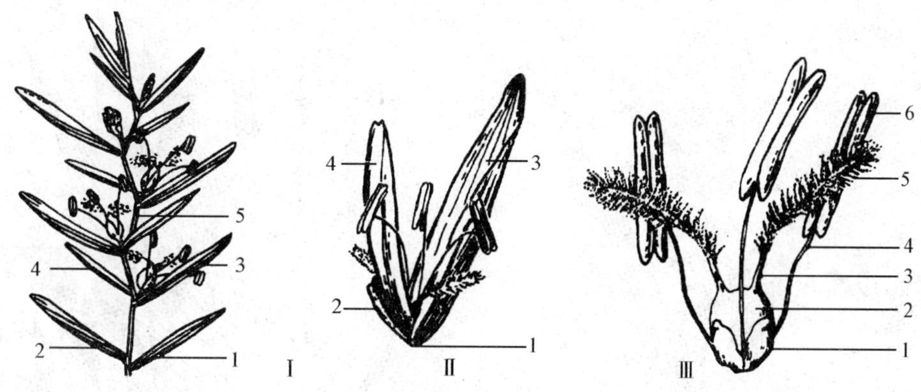

图15-122 禾本科植物小穗、小花及花的构造

Ⅰ.小穗解剖 1.外颖 2.内颖 3.外稃 4.内稃 5.小穗轴 Ⅱ.小花 1.基部 2.小穗轴节间 3.外稃 4.内稃 Ⅲ.花的解剖 1.鳞被 2.子房 3.花柱 4.花丝 5.柱头 6.花药

本科的果实中含有大量的糖类、淀粉、蛋白质等营养成分，是人类作为主要粮食作物栽培的主要目的。非营养成分主要有生物碱类、三萜及其苷类、黄酮及其苷类、挥发油类、香豆素类、有机酸类等。

700属，近10000种，广泛分布于世界各地。我国200多属，1500多种，全国各省区均有分布。本科是被子植物中的大科之一，具有重要的经济价值与药用价值。已知药用85属，173种。

禾本科主要药用属检索表

1. 乔木或灌木状 …… 刚竹属 *Phyllostachys*
1. 草本。
  2. 雌小穗包于骨质总苞内 …… 薏苡属 *Coix*
  2. 非上述情况。
    3. 雄蕊2 …… 淡竹叶属 *Lophatherum*
    3. 雄蕊3或6。
      4. 雄蕊3 …… 芦苇属 *Phragmites*
      4. 雄蕊6 …… 稻属 *Oryza*

【药用植物】

薏苡 *Coix lacryma-jobi* L. var. *ma-yuen*（Roman.）Stapf 一年生草本。秆高1~1.5m，多分枝。总状花序，雄花序位于雌花序上部，具5~6对雄小穗；雌小穗位于花序下部，为甲壳质的总苞所包被。颖果长圆形（图15-123）。

全国大部分地区有分布。种仁（薏苡仁）药用，味甘、淡，性凉。能利水渗湿，健脾止泻，除痹，排脓，解毒散结。

淡竹（毛金竹）*Phyllostachys nigra*（Lodd. ex Lindl.）Munro var. *henonis*（Mitford）

Stapf ex Rendle　竿高 7～18m，竿壁厚，箨鞘顶端极少有深褐色微小斑点。小穗披针形，具 2～3 朵小花，小穗轴具柔毛；颖 1～3 片；外稃密生柔毛，内稃短于外稃；柱头 3，羽毛状（图 15－124）。

图 15－123　薏苡

1. 植株　2. 雄花　3. 雌花

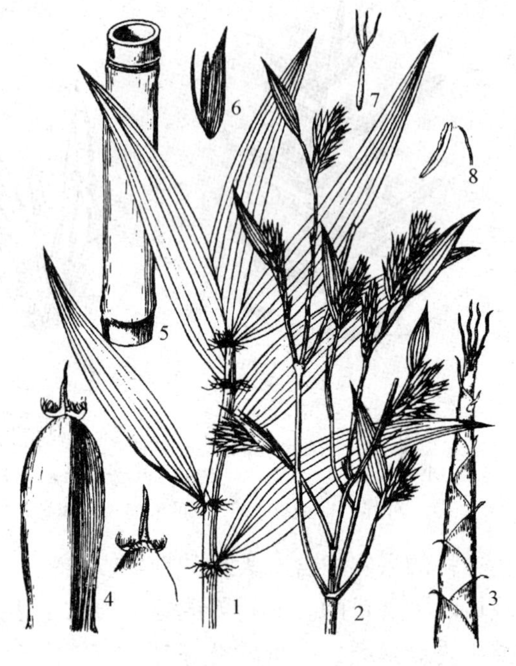

图 15－124　淡竹

1. 叶枝　2. 花枝　3. 笋　4. 秆箨　5. 秆的一节　6. 花的外形　7. 雌蕊　8. 雄蕊

原产于我国，分布于黄河流域以南。秆的中间层（竹茹）药用，味甘，性微寒。能清热化痰，除烦，止呕。

青竿竹 *Bambusa tuldoides* Munro、大头典竹 *Bambusa beecheyana* Munro var. *pubescens*（P. F. Li）W. C. Lin（*Sinocalamus beecheyanus*（Munro）McClure var. *pubescens* P. F. Li）秆的中间层同等入药。

芦苇 *Phragmites australis*（Cav.）Trin. ex Steud.（*P. communis* Trin.）　多年生草本；根状茎发达。秆直立。叶片披针状线形；叶舌边缘密生一圈长约 1mm 的短纤毛。圆锥花序，小穗具 4 花；颖具 3 脉；雄蕊 3。

全国各地区均有分布。根状茎（芦根）药用，味甘，性寒。能清热泻火，生津止渴，除烦，止呕，利尿。

稻 *Oryza sativa* L.　一年生水生草本。秆直立。叶舌披针形；具 2 枚镰形报茎的叶耳。圆锥花序，成熟期向下弯垂；小穗含 1 成熟花；退化外稃 2，锥刺状；雄蕊 6。

全国各地多有栽培。发芽果实（稻芽）药用，味甘，性温。能消食和中，健脾开胃。

淡竹叶 *Lophatherum gracile* Brongn.　多年生草本；须根中部膨大呈纺锤形小块根。叶舌质硬，褐色，背有糙毛；叶片披针形。圆锥花序，小穗线状披针形；颖具 5 脉，边缘膜质；雄蕊2。颖果长椭圆形（图15－125）。

分布于华东、华南、西南等地区。茎叶（淡竹叶）药用，味甘、淡，性寒。能清热泻火，除烦止渴，利尿通淋。

本科常用药用植物还有：白茅 *Imperata cylindrica*(L.)Beauv. var. *major*（Nees)C. E. Hubb.，根状茎（白茅根）药用，味甘，性寒。能凉血止血，清热利尿。大麦 *Hordeum vulgare* L.，发芽果实（麦芽）药用，味甘，性平。能行气消食，健脾开胃，回乳消胀。青皮竹 *Bambusa textilis* McClure，秆内分泌物（天竺黄）药用，味甘，性寒。能清热豁痰，凉心定惊。薄竹（华思劳竹）*Schizostachyum chinense* Rendle 的秆内分泌物同等入药。

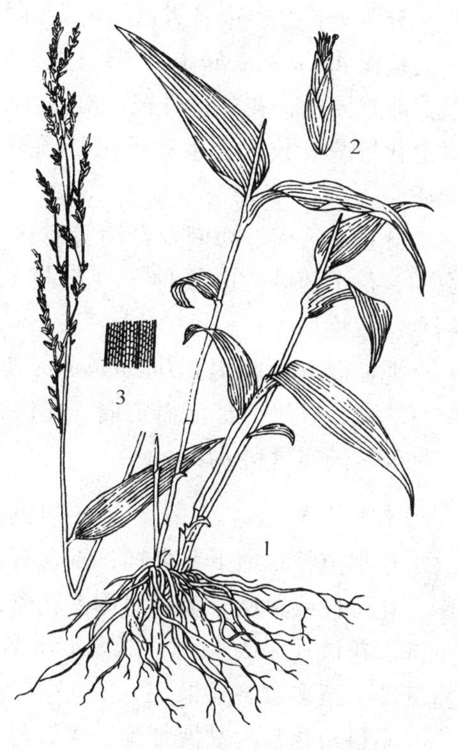

图15－125　淡竹叶

1. 植株　2. 小穗　3. 叶脉放大

52. 棕榈科 Palmae

⚥ $* P_{3+3}A_{3+3}\underline{G}_{(3:1\sim3:1)}$；

♂ $* P_{3+3}A_{3+3}$，♀ $* P_{3+3}\underline{G}_{(3:1\sim3:1)}$

乔木、灌木或藤本。茎通常不分枝。叶互生，多为羽状或掌状分裂；叶柄基部常扩大成具纤维的鞘。花两性或单性，雌雄同株或异株，有时杂性，组成肉穗花序；花序通常大型多分枝，具1个或多个佛焰苞；萼片3，花瓣3，离生或合生；雄蕊多为6枚，2轮；子房上位，心皮3，离生或基部合生，子房1～3室，柱头3，每心皮内有胚珠1～2。核果或浆果。

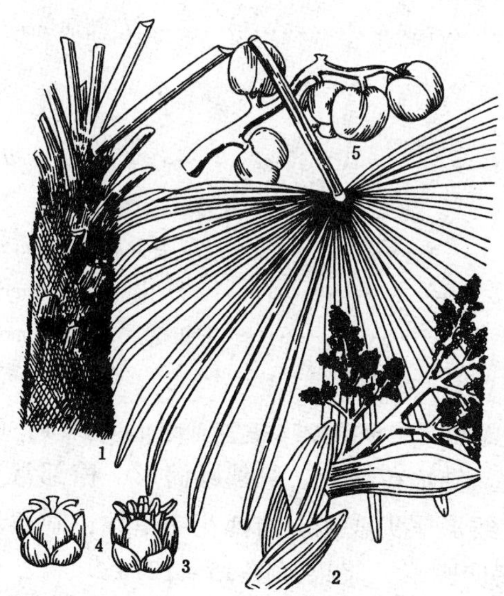

图15－126　棕榈

1. 茎干顶部与叶　2. 花序　3. 雄花　4. 雌花　5. 果实

210属，约2800种，分布于热带、亚热带地区。我国约28属，100多种，分布于西南至东南部各省区。已知药用16属，25种。

【药用植物】

棕榈 *Trachycarpus fortunei*（Hook.）H. Wendl.　乔木状，树干被老叶柄基部和密集的网状纤维。叶片近圆形，掌状深裂，裂片30～50，先端浅2裂或具2齿；叶柄两侧具细圆齿，顶端有明显的戟突。花序粗壮，多次分枝；花单性，雌雄异株。雄花具雄蕊6枚，花药卵状箭头形。雌花心皮被银色毛。果实阔肾形，有脐，成熟时淡蓝色，被白粉（图15－126）。

分布于长江以南各省区。叶柄（棕榈）药用，味苦、涩，性平。能收涩止血。

槟榔 *Areca catechu* L. 茎直立，乔木状，有明显的环状叶痕。叶簇生茎顶，羽片多数。雌雄同株，花序多分枝；雄花小，具雄蕊6枚；退化雌蕊3枚，线形。雌花较大，具退化雄蕊6枚，合生；子房长圆形。果实长圆形或卵球形，橙黄色，中果皮厚，纤维质。

分布于云南、海南及台湾等省区。果皮（大腹皮）药用，味辛，性微温。能行气宽中，行水消肿。成熟种子（槟榔）药用，味苦、辛，性温。能杀虫，消积，行气，利水，截疟。

龙血藤（麒麟竭）*Daemonorops draco* Bl. 果实渗出的树脂，经加工后为中药血竭，味甘、咸，性平。能活血定痛，化瘀止血，生肌敛疮。

53. 天南星科 Araceae

$♂ * P_0A_{(1\sim8),(\infty),1\sim8,\infty}$；$♀ * P_0\underline{G}_{1\sim\infty:1\sim\infty}$；$⚥ * P_{4\sim6}A_{4\sim6}\underline{G}_{1\sim\infty:1\sim\infty}$

草本植物；地下茎多样；常含有乳汁。叶常基生。肉穗花序，花序外面有佛焰苞包围；花两性或单性，辐射对称。花雌雄同序者，雌花位于花序轴下部，雄花位于花序轴上部。花被片无或4~6；雄蕊1至多数；子房上位，心皮1至数枚，组成1至数室，每室胚珠1至多数。浆果。

本科植物常含黏液细胞、含针晶束。植物体所含化学成分主要为挥发油、苷类、生物碱类及多糖类。

115属，2000多种，分布于热带及亚热带地区。我国35属，200多种，多分布于西南、华南各省区。已知药用22属，106种。

天南星科主要药用属检索表

1. 花两性 ………………………………………………………… 菖蒲属 *Acorus*
1. 花单性。
    2. 肉穗花序有顶生附属器。
        3. 佛焰苞管喉部闭合 ………………………………………… 半夏属 *Pinellia*
        3. 佛焰苞管喉部张开。
            4. 雌雄同株 ………………………………………… 犁头尖属 *Typhonium*
            4. 雌雄异株 ………………………………………… 天南星属 *Arisaema*
    2. 非上述情况 ………………………………………… 千年健属 *Homalomena*

【药用植物】

天南星（一把伞南星）*Arisaema erubescens*（Wall.）Schott 块茎扁球形。叶1，叶柄中部以下具鞘，叶片放射状分裂，裂片无定数。佛焰苞绿色，管部圆筒形，檐部常三角状卵形至长圆状卵形，先端渐狭，略下弯，有线形尾尖或无。肉穗花序单性；附属器棒状，圆柱形，直立。雄花雄蕊2~4。雌花子房卵圆形。浆果（图15-127）。

全国大部分地区有分布。块茎（天南星）药用，味苦、辛，性温。能散结消肿。

同属植物异叶天南星 *A. heterophyllum* Blume、东北天南星 *A. amurense* Maxim. 的块茎同等入药。

半夏 *Pinellia ternata*（Thunb.）Breit. 块茎圆球形。叶 2～5，有时 1。叶柄上具珠芽。幼苗叶片为全缘单叶；老株叶片 3 全裂。佛焰苞绿色或绿白色，管部狭圆柱形。肉穗花序，雌花集中在花轴下部，雄花集中在花轴上部，中间间隔约 3mm；附属器细柱状，长达 10cm。浆果（图15－128）。

全国大部分地区有分布。块茎（半夏）药用，味辛，性温。能燥湿化痰，降逆止呕，消痞散结。

同属植物掌叶半夏 *P. pedatisecta* Schott，块茎（虎掌南星）药用。能燥湿化痰，降逆止呕，消痞散结。

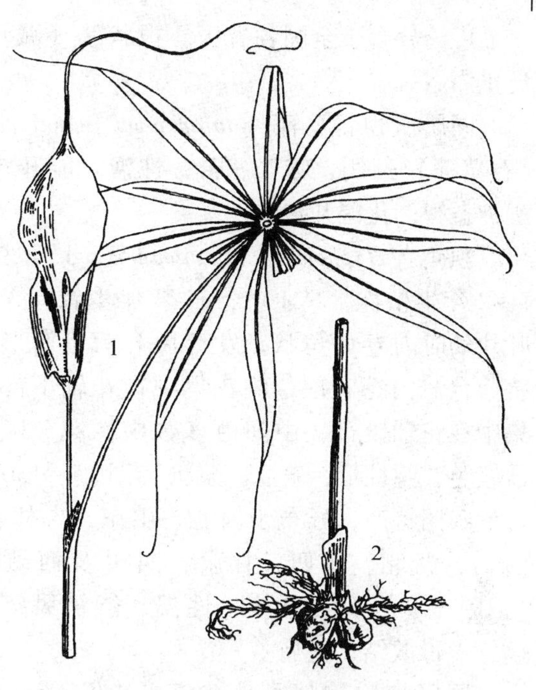

图 15－127　天南星

1. 肉穗花序和叶　2. 块茎

菖蒲（藏菖蒲）*Acorus calamus* L. 多年生草本；根茎横走，芳香。叶自根茎端丛生，叶片剑状线形，长 50～150cm，中脉显著突起。佛焰苞叶状，剑状线形；肉穗花序。两性花，花黄绿色。浆果（图 15－129）。

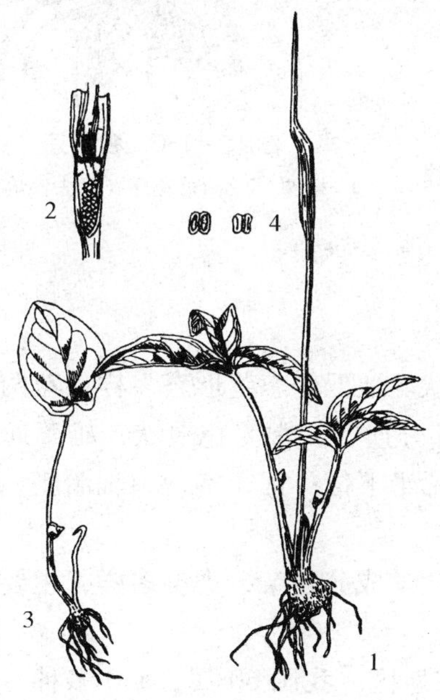

图 15－128　半夏

1. 植株　2. 肉穗花序上的雄花（上）和雌花（下）　3. 幼苗　4. 雄蕊

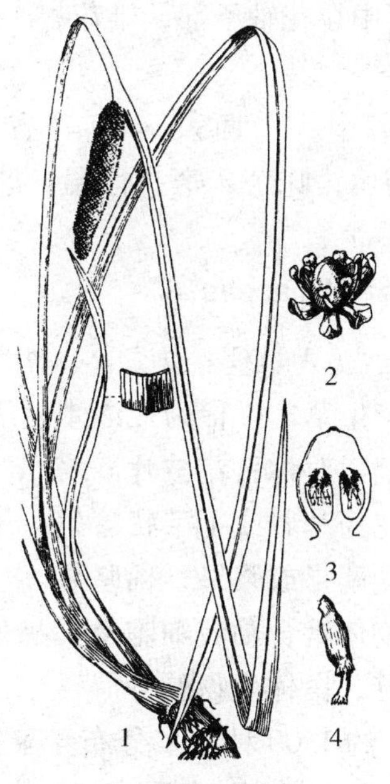

图 15－129　菖蒲

1. 植株　2. 花　3. 子房纵切面　4. 胚珠

广泛分布于全国各省区。根状茎（藏菖蒲）药用，味苦、辛，性温。能温胃，消炎止痛。

同属植物石菖蒲 *A. tatarinowii* Schott，根状茎（石菖蒲）药用，味辛、苦，性温。能开窍豁痰，醒神益智，化湿开胃。

独角莲 *Typhonium giganteum* Engl. 具块茎。1～2年生植株常具1叶，3～4年生者有3～4叶；叶片幼时内卷如角状，发育展开后呈箭形。佛焰苞紫色。肉穗花序，雌花集中在花轴下部，雄花集中在花轴上部，中间由多数中性花分隔；附属器紫色，圆柱形，直立。浆果（图15－130）。

我国特产，分布于河北、山东、吉林、辽宁、河南、湖北、陕西、甘肃、四川及西藏。块茎（白附子）药用，味辛，性温。能祛风痰，定惊搐，解毒散结，止痛。

同属植物鞭檐犁头尖 *T. flagelliforme*（Lodd.）Bl.，块茎（水半夏）为半夏的地区习用品。

千年健 *Homalomena occulta*（Lour.）Schott 具根状茎。叶片箭状心形至心形。佛焰苞绿白色。肉穗花序，雌花集中在花轴下部，雄花集中在花轴上部。浆果。

分布于海南、广西及云南等省区。根状茎（千年健）药用，味苦、辛，性温。能祛风湿，健筋骨。

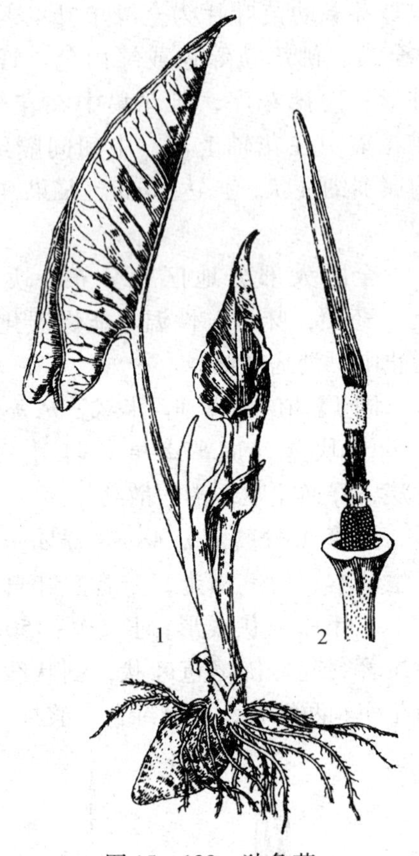

图15－130 独角莲

1. 植株 2. 肉穗花序（已去佛焰苞）

54. 百合科 Liliaceae

⚥ $* P_{3+3,(3+3)} A_{3+3} \underline{G}_{(3:3:1\sim\infty)}$

常为多年生草本，稀为亚灌木、灌木或乔木状。地下变态茎形态多样。花两性，稀单性；常为辐射对称；花被片6，2轮，离生或部分连合，常为花冠状；雄蕊通常与花被片同数，花药基着或丁字状着生；子房上位，稀半下位；常3室，中轴胎座，每室胚珠1至多数。蒴果或浆果，稀坚果。

本科植物体常含黏液细胞及针晶束。本科的化学成分复杂，类型多样，主要含甾体皂苷，强心苷，甾体生物碱等。

230属，约3500种，多分布于亚热带及温带地区。我国60属，560多种，全国各地均有分布。已知药用52属，374种。

百合科主要药用属检索表

1. 植株无鳞茎。

  2. 叶轮生茎顶端；花顶生……………………………………………… 重楼属 *Paris*

2. 非上述情况。
  3. 植株具叶状枝……………………………………………………………… 天门冬属 *Asparagus*
  3. 植株无叶状枝。
    4. 成熟种子小核果状。
      5. 子房上位 ………………………………………………………………… 山麦冬属 *Liriope*
      5. 子房半下位 ……………………………………………………………… 沿阶草属 *Ophiopogon*
    4. 浆果或蒴果。
      6. 叶肉质肥厚 ……………………………………………………………… 芦荟属 *Aloe*
      6. 叶非上述情况。
        7. 花单性 ………………………………………………………………… 菝葜属 *Smilax*
        7. 花两性。
          8. 雄蕊3枚 ……………………………………………………………… 知母属 *Anemarrhena*
          8. 雄蕊6枚。
            9. 蒴果 ……………………………………………………………… 萱草属 *Hemerocallis*
            9. 浆果 ……………………………………………………………… 黄精属 *Polygonatum*
1. 植株具鳞茎。
  10. 伞形花序；植株常具葱蒜味………………………………………………… 葱属 *Allium*
  10. 非上述情况。
    11. 花被片基部有蜜腺窝……………………………………………………… 贝母属 *Fritillaria*
    11. 花被片基部无蜜腺窝 ……………………………………………………… 百合属 *Lilium*

【药用植物】

卷丹 *Lilium lancifolium* Thunb.　具鳞茎。茎具白色绵毛。叶散生，矩圆状披针形或披针形，上部叶腋有珠芽。花下垂，花被片披针形，反卷，橙红色，有紫黑色斑点。蒴果（图15－131）。

全国大部分地区有分布。肉质鳞叶（百合）药用，味甘，性寒。能养阴润肺，清心安神。

同属植物山丹（细叶百合）*L. pumilum* DC.、百合 *L. brownii* F. E. Brown ex Miellez var. *viridulum* Baker 的肉质鳞叶同等入药。

浙贝母 *Fritillaria thunbergii* Miq.　具鳞茎。叶常对生、散生或轮生，近条形至披针形。花1～6朵，淡黄色，叶状苞片先端卷曲。蒴果具棱，棱上有宽约6～8mm的翅（图15－132）。

分布于浙江、江苏及湖南。鳞茎（浙贝母）药用，味苦，性寒。能清热化痰止咳，解毒散结消痈。

图15－131　卷丹

同属植物甘肃贝母 *F. przewalskii* Maxim. ex Batal.、暗紫贝母 *F. unibracteata* Hsiao et K. C. Hsia、川贝母 *F. cirrhosa* D. Don、梭砂贝母 *F. delavayi* Franch.、太白贝母 *F. taipaiensis* P. Y. Li、瓦布贝母 *F. unibracteata* Hsiao et K. C. Hsia var. *wabuensis* (S. Y. Tang et S. C. Yue) Z. D. Liu, S. Wang et S. C. Chen 的鳞茎（川贝母）药用，味苦、甘，性微寒。能清热润肺，化痰止咳，散结消痈。伊贝母 *F. pallidiflora* Schrenk 分布于新疆西北部。鳞茎（伊贝母）药用，味苦、甘，性微寒。能清热润肺，化痰止咳。新疆贝母 *F. walujewii* Regel 的鳞茎同等入药。平贝母 *F. ussuriensis* Maxim. 的鳞茎（平贝母）药用，味苦、甘，性微寒。能清热润肺，化痰止咳。湖北贝母 *F. hupehensis* Hsiao et K. C. Hsia 的鳞茎（湖北贝母）药用，味微苦，性凉。能清热化痰，止咳，散结。

华重楼（七叶一枝花）*Paris polyphylla* Smith var. *chinensis* (Franch.) Hara　具根状茎。茎直立，不分枝。叶常 7 枚，轮生。花单生，外轮花被片绿色，狭卵状披针形，内轮花被片狭条形；雄蕊 8～10 枚，药隔突出部分长 1～1.5mm。蒴果（15－133）。

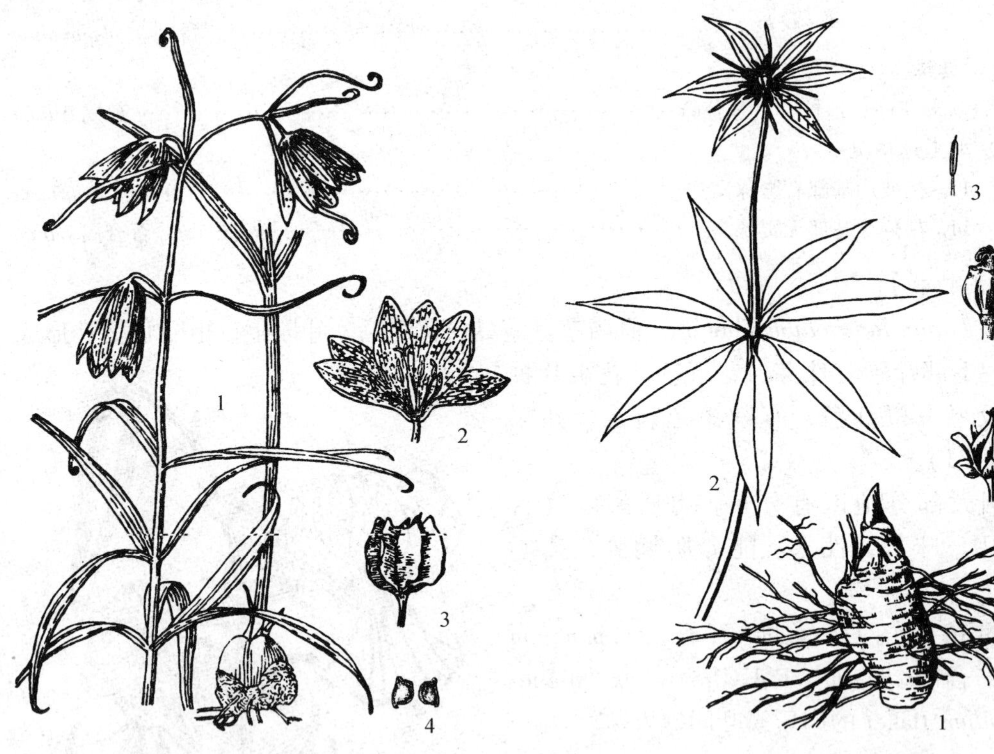

图 15－132　浙贝母
1. 植株　2. 花　3. 果实　4. 种子

图 15－133　华重楼
1. 根状茎　2. 花枝　3. 雄蕊　4. 雌蕊　5. 果实

分布于华东、华南及西南等各省区。根状茎（重楼）药用，味苦，性微寒。能清热解毒，消肿止痛，凉肝定惊。

同属植物宽瓣重楼（云南重楼）*P. polyphylla* Smith var. *yunnanensis* (Franch.) Hand. －Mazz. 的根状茎同等入药。

薤白（小根蒜）*Allium macrostemon* Bunge　鳞茎近球形。叶 3～5 枚，半圆柱状，

中空，上面具沟槽。花葶圆柱状；伞形花序花密集，常间具珠芽；花淡紫色或淡红色。蒴果。

除新疆、青海外，广泛分布于全国其他各省区。鳞茎（薤白）药用，味辛、苦，性温。能通阳散结，行气导滞。

同属植物薤 *A. chinense* G. Don 的鳞茎同等入药。

黄精 *Polygonatum sibiricum* Delar. ex Redoute　根状茎圆柱形，节间两头不等膨大。叶4～6枚轮生，条状披针形，先端稍卷曲。花序伞形状，下垂，花梗基部有膜质苞片。浆果球形，成熟时黑色（图15－134）。

分布于东北、华北、西北、华东等各省区。根状茎（黄精）药用，味甘，性平。能补气养阴，健脾，润肺，益肾。

同属植物滇黄精 *P. kingianum* Coll. et Hemsl.、多花黄精 *P. cyrtonema* Hua 的根状茎同等入药。玉竹 *P. odoratum*（Mill.）Druce，根状茎（玉竹）药用，味甘，性微寒。能养阴润燥，生津止渴。

图15－134　黄精

1. 果枝　2. 根状茎　3. 花序

天门冬 *Asparagus cochinchinensis*（Lour.）Merr.　攀援植物。根在中部或近末端成纺锤状膨大。叶状枝常每3枚成簇。花淡绿色，单性。浆果，熟时红色，有种子1枚。

全国大部分地区有分布。块根（天冬）药用，味甘、苦，性寒。能养阴润燥，清肺生津。

知母 *Anemarrhena asphodeloides* Bunge　具根状茎。叶基生，禾叶状。总状花序；花粉红色、淡紫色至白色；花被片6，基部稍合生；雄蕊3；子房3室，每室胚珠2枚。蒴果。

分布于华北、西北及东北等各省区。根状茎（知母）药用，味苦、甘，性寒。能清热泻火，滋阴润燥。

麦冬 *Ophiopogon japonicus*（L. f.）Ker－Gawl.　具椭圆形或纺锤形的小块根。叶基生成丛，禾叶状。总状花序；花被片常稍下垂而不展开，披针形，白色或淡紫色；花柱基部宽阔，向上渐狭。种子球形（图15－135）。

全国大部分地区有分布。块根（麦冬）药用，味甘、微苦，性微寒。能养阴生津，润肺清心。

短葶山麦冬 *Liriope muscari*（Decne.）Bailey　具肉质小块根。叶密集成丛，禾叶状。总状花序；花被片紫色或红紫色；子房近球形。种子球形，成熟时黑紫色。

全国大部分地区有分布。块根（山麦冬）药用，味甘、微苦，性微寒。能养阴生津，润肺清心。

同属植物湖北麦冬 *L. spicata*（Thunb.）Lour. var. *prolifera* Y. T. Ma 的块根同等入药。

菝葜 *Smilax china* L. 攀援灌木；根状茎粗厚，坚硬。叶薄革质或坚纸质，圆形、卵形或其他形状；叶柄几乎全有卷须。伞形花序；花绿黄色，单性，雌雄异株。浆果。

全国大部分地区有分布。根状茎（菝葜）药用，味甘、微苦、涩，性平。能利湿去浊，祛风除痹，解毒散瘀。

土茯苓（光叶菝葜）*S. glabra* Roxb. 攀援灌木。根状茎肥厚，粗糙。叶互生，全缘，卵状披针形，下面被白粉，具托叶卷须。伞形花序；单性异株；花被6；雄花雄蕊3枚。浆果球形，熟时紫黑色（图15-136）。

分布于长江流域以南各省区，甘肃南部亦有分布。根状茎（土茯苓）药用，味甘、淡，性平。能解毒，除湿，通利关节。

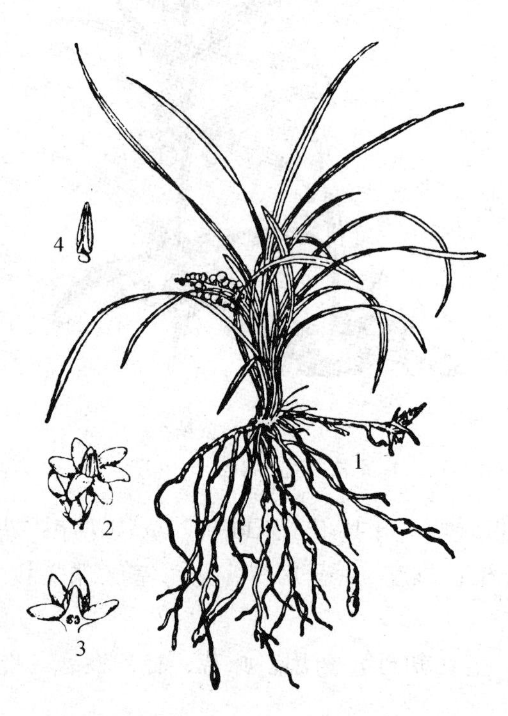

图15-135 麦冬
1. 植株 2. 花 3. 花的纵剖 4. 雄蕊

图15-136 土茯苓
1. 果枝 2. 根状茎

本科常用药用植物还有：库拉索芦荟 *Aloe barbadensis* Miller，叶的汁液浓缩干燥物（芦荟）药用，味苦，性寒。能泻下通便，清肝泻火，杀虫疗疳。芦荟 *A. vera* L. var. *chinensis*（Haw.）Berg.，全草药用，味苦，性寒。能清热，利湿，解毒。萱草 *Hemerocallis fulva*（L.）L. 根状茎及根药用，味甘，性凉，有毒。能清热利湿，凉血止血，解毒消肿；民间用于治疗扁桃体炎、乳腺炎等症。

55. 薯蓣科 Dioscoreaceae

$♂ * P_{3+3,(3+3)} A_6$；$♀ * P_{3+3,(3+3)} \overline{G}_{(3:3:2)}$

缠绕草质或木质藤本；地下变态茎形态多样。叶互生，有时中部以上对生，单叶或掌状复叶，基出脉 3～9，侧脉网状；叶柄扭转，有时基部有关节。花单性或两性，常雌雄异株。雄花花被片 6，2 轮，离生或基部合生；雄蕊 6，有时其中 3 枚退化。雌花花被片与雄花相似；子房下位，3 室，每室常有胚珠 2，花柱 3，分离。蒴果，浆果或翅果，蒴果三棱形，每棱扩大呈翅状。

9 属，650 多种，分布于全球的热带和温带地区。我国 1 属，约 50 种，主要分布于西南至东南各省区。已知药用 37 种。

【药用植物】

薯蓣 *Dioscorea opposita* Thunb.　缠绕草质藤本；根状茎长圆柱形，垂直生长。茎右旋。单叶，茎下部互生，中部以上对生，稀 3 叶轮生，叶卵状三角形至宽卵形或戟形，边缘常 3 裂；叶腋内常有珠芽。雌雄异株。穗状花序。蒴果 3 棱状扁圆形或 3 棱状圆形。种子四周有膜质翅（图 15－137）。

全国大部分地区有分布。根状茎（山药）药用，味甘，性平。能补脾养胃，生津益肺，补肾涩精。

同属植物穿龙薯蓣（穿山龙）*D. nipponica* Makino，根状茎（穿山龙）药用，味甘、苦，性温。能祛风除湿，舒筋通络，活血止痛，止咳平喘。粉背薯蓣 *D. collettii* Hook. f. var. *hypoglauca*（Palibin）Péi et C. T. Ting（*D. hypoglauca* Palibin），根状茎（粉萆薢）药用，味苦，性平。能利湿去浊，祛风除痹。绵萆薢 *D. septemloba* Thunb.（*D. spongiosa* J. Q. Xi, M. Mizuno et W. L. Zhao），根状茎（绵萆薢）药用，味苦，性平。能利湿去浊，祛风除痹。福州薯蓣 *D. futschauensis* Uline ex Knuth 的根状茎同等入药。黄山药（黄姜）*D. panthaica* Prain et Burkill，根状茎（黄山药）药用，味苦、微辛，性平。能理气止痛，解毒消肿。

图 15－137　薯蓣

1. 根状茎　2. 雄枝　3. 雄花　4. 雌花　5. 果枝

56. 鸢尾科 Iridaceae

$⚥ * \uparrow P_{(3+3)} A_3 \overline{G}_{(3:3:\infty)}$

常为多年生草本。地下变态茎形态多样。叶多基生，条形、剑形或为丝状，基部鞘状，互相套迭。花两性，常辐射对称，单生或组成各种花序；花被裂片 6，2 轮排列；雄蕊 3；花柱 1，上部多有 3 个分枝，分枝圆柱形或扁平呈花瓣状，柱头 3～6，子房下

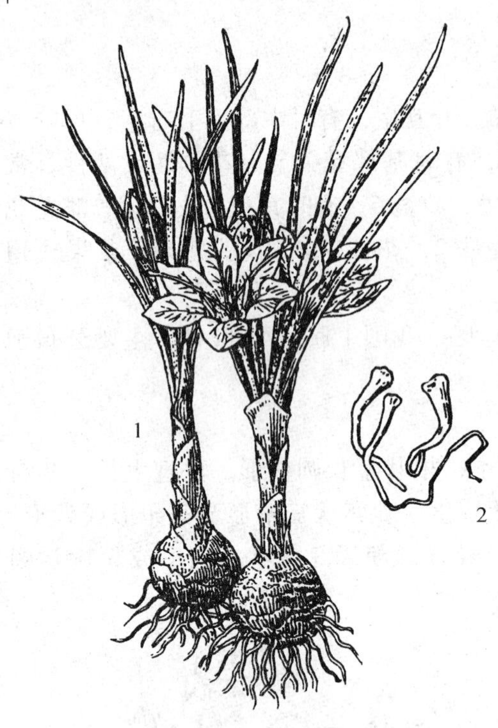

图 15-138 番红花

1. 植株 2. 花柱

位，3室，中轴胎座，胚珠多数。蒴果，成熟时室被开裂。

60属，约800种，广泛分布于热带、亚热带及温带地区。我国11属，70多种（主要为鸢尾属植物），多分布于西南、西北及东北各地。已知药用8属，39种。

【药用植物】

番红花 *Crocus sativus* L. 多年生草本。球茎扁圆球形，外有黄褐色的膜质包被。叶基生，条形；叶丛基部包有4~5片膜质的鞘状叶。花茎极短；花紫红色。花被管细长，裂片6，2轮排列，上有紫色脉纹；雄蕊3；花柱细长，大部分橙黄色，上部3分枝，柱头3，略扁，顶端有齿，橙红色。蒴果（图15-138）。

原产于欧洲南部，国内有栽培。柱头（西红花）药用，味甘，性平。能活血化瘀，凉血解毒，解郁安神。

射干 *Belamcanda chinensis*（L.）DC. 多年生草本。具根状茎；须根多数，带黄色。叶互生，嵌迭状排列，剑形，基部鞘状抱茎。花序顶生；花橙色，散生深红色斑点；花被裂片6，2轮排列，内轮裂片较外轮裂片略小；雄蕊3；花柱顶端3裂，裂片边缘向外翻卷。子房下位，3室，胚珠多数。蒴果（图15-139）。

全国大部分地区均有分布。根状茎（射干）药用，味苦，性寒。能清热解毒，消痰，利咽。

本科常用药用植物还有：鸢尾 *Iris tectorum* Maxim.，根状茎（川射干）药用，味苦，性寒。能清热解毒，祛痰，利咽。蝴蝶花 *I. japonica* Thunb.，全草药用，味苦，性寒。能清热解毒，消肿止痛。根状茎药用，能泻下通便。

图 15-139 射干

57. 姜科 Zingiberaceae

⚥ $\uparrow K_{(3)}C_{(3)}A_1\overline{G}_{(3:1\sim3:\infty)}$

多年生草本，通常具特殊香味。地下变态茎明显。叶通常2行排列，羽状平行脉；具叶鞘及叶舌。花序种种；花两性，常两侧对称；花被片6，2轮，外轮萼状，常合生成管，1侧开裂，顶端常又3齿裂，内轮花冠状，基部合生，上部3裂，通常位于后方的1枚裂片较两侧的为大；侧生退化雄蕊2，花瓣状、或极小或缺；唇瓣1，形态与色彩多样；发育雄蕊1；子房下位，3室，中轴胎座，或1室，侧膜胎座，胚珠常多数。蒴果或浆果状。种子有假种皮。

本科植物以含有二芳基庚烷类、半日花烷型二萜、多种类型倍半萜及黄酮类化合物为其化学特征。

50属，1300种，主要分布于热带、亚热带地区。我国20属，200多种，分布于东南至西南各地。已知药用15属，100余种。

姜科主要药用属检索表

1. 侧生退化雄蕊花瓣状 ………………………………………… 姜黄属 *Curcuma*
1. 侧生退化雄蕊小或不存在。
  2. 花序顶生 ………………………………………… 山姜属 *Alpinia*
  2. 花序单独自根茎发出。
    3. 侧生退化雄蕊与唇瓣分离 ………………………………………… 豆蔻属 *Amomum*
    3. 侧生退化雄蕊与唇瓣连合 ………………………………………… 姜属 *Zingiber*

【药用植物】

姜 *Zingiber offlcinale* Rosc.　根茎肥厚，多分枝，有特殊辛辣味。叶片披针形或线状披针形。总花梗长达25cm，穗状花序球果状；苞片卵形，顶端有小尖头；花冠黄绿色；唇瓣中裂片长圆状倒卵形，有紫色条纹及淡黄色斑点，侧裂片较小；药隔附属体钻状（图15－140）。

图15－140　姜

1. 花序　2. 叶枝　3. 根状茎

我国大部分地区有栽培。干燥根茎（干姜）药用，味辛，性热。能温中散寒，回阳通脉，温肺化饮。新鲜根状茎（生姜）药用，味辛，性微温。能解表散寒，温中止呕，化痰止咳，解鱼蟹毒。

草豆蔻 *Alpinia katsumadai* Hayata　多年生草本，植株高达3m。叶片线状披针形。总状花序顶生；小苞片乳白色，壳状；侧生退化雄蕊小，钻状；唇瓣顶端微2裂，具红、黄条纹；子房有毛。蒴果球形。

广东、广西及海南等地有分布。近成熟种子（草豆蔻）药用，味辛，性温。能燥湿行气，温中止呕。

同属植物红豆蔻（大高良姜）*A. galanga*（L.）Willd.，果实（红豆蔻）药用，味辛，性温。能散寒燥湿，醒脾消食。高良姜 *A. officinarum* Hance，根茎（高良姜）药用，味辛，性热。能温胃止呕，散寒止痛。益智 *A. oxyphylla* Miq.，果实（益智）药用，味辛，性温。能暖肾固精缩尿，温脾止泻摄唾。山姜 *A. japonica*（Thunb.）Miq.，果实

图 15－141 姜黄
1. 根状茎 2. 叶及花序 3. 花 4. 雄蕊与花柱

在福建做砂仁用，称建砂仁。

姜黄 *Curcuma longa* L. 根茎橙黄色；不定根末端膨大呈块根。叶片长圆形或椭圆形。花葶由叶鞘内抽出；穗状花序；苞片淡绿色，上部无花的较窄，白色，边缘淡红色；花冠淡黄色；唇瓣倒卵形，淡黄色，中部深黄，药室基部有距（图 15－141）。

多为栽培。根状茎（姜黄）药用，味辛、苦，性温。能破血行气，通经止痛。

同属植物广西莪术 *C. kwangsiensis* S. G. Lee et C. F. Liang 的块根（郁金）药用，味辛、苦，性寒。能活血止痛，行气解郁，清心凉血，利胆退黄。温郁金 *C. wenyujin* Y. H. Chen et C. Ling、姜黄 *C. longa* L.、蓬莪术 *C. phaeocaulis* Val. 的块根同等入药。上述 3 种植物的根状茎（莪术）药用，味辛、苦，性温。能行气破血，消积止痛。

砂仁（阳春砂仁）*Amomum villosum* Lour. 茎散生。中部叶片长披针形，上部叶片线形。穗状花序；唇瓣圆匙形，具瓣柄；药隔附属体 3 裂；子房被白色柔毛。蒴果椭圆形，成熟时紫红色，干后褐色，表面被柔刺（图 15－142）。

分布于福建、广东、广西及云南。果实（砂仁）药用，味辛，性温。能化湿开胃，温脾止泻，理气安胎。

同属植物缩砂密（绿壳砂仁）*A. villosum* Lour. var. *xanthioides*（Wall. ex Bak.）T. L. Wu et Senjen、海南砂 *A. longiligulare* T. L. Wu 的果实同等入药。草果 *A. tsao－ko* Crevost et Lemaire 的果实（草果）药用，味辛，性温。能燥湿温中，截疟除痰。白豆蔻 *A. kravanh* Pierre ex Gagnep. 的果实（豆蔻）药用，味辛，性温。能化湿行气，温中止呕，开胃消食。爪哇白豆蔻 *A. compactum* Soland. ex Maton 的果实同白豆蔻入药。

图 15－142 阳春砂
1. 根状茎及果序 2. 叶枝 3. 花 4. 雌蕊

58. 兰科 Orchidaceae

⚥ ↑ $P_{3+3}A_{1\sim2}\overline{G}_{(3:1:\infty)}$

多为陆生或附生草本。地下变态茎多样。总状花序、圆锥花序，稀头状花序或花单生。花两性，常两侧对称；花被片6，2轮；萼片3，离生或合生；花瓣3，中央1枚特化为唇瓣（由于花作180°扭转，常位于下方），形态变化多样；花柱、柱头与雄蕊完全合生成1柱状体，特称为合蕊柱；蕊柱顶端常具药床和1花药，腹面有1柱头穴，柱头与花药之间有1舌状物，称蕊喙（rostellum）；花粉常黏合成团块状，并进一步特化成花粉块；子房下位，常1室而具侧膜胎座，胚珠多数；常为蒴果。种子细小，极多。

兰科大多数为虫媒花，其花粉块的精巧结构与传粉机制的多样性，植物与真菌之间的共生关系等，都达到了极高的地步，因此说兰科是被子植物进化最高级，花部结构最为复杂的科之一（图15－143）。

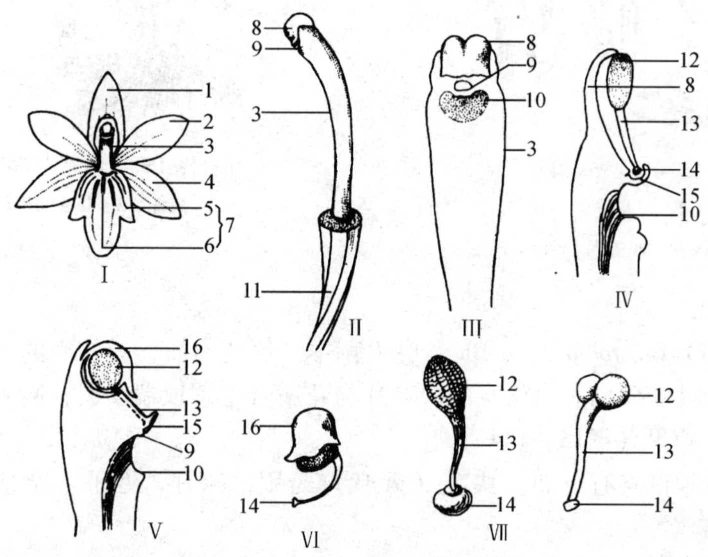

图15－143　兰花的构造

Ⅰ. 兰花的花被片各部分示意　Ⅱ. 子房及合蕊柱　Ⅲ. 合蕊柱全形　Ⅳ、Ⅴ. 合蕊柱纵切　Ⅵ. 花药　Ⅶ. 花粉块

1. 中萼片　2. 花瓣　3. 合蕊柱　4. 侧萼片　5、6. 侧裂片及中裂片　7. 唇瓣　8. 花药

9. 蕊喙　10. 柱头　11. 子房　12. 花粉团　13. 花粉块柄　14. 黏盘　15. 黏囊　16. 药帽

本科植物体常具有黏液细胞，内含草酸钙针晶。本科的主要化学成分有生物碱类化合物、芪类化合物、酚类化合物、苷类化合物、多糖类成分、菲醌类化合物等。

700属，约20000种，多分布于热带、亚热带地区。我国171属，1200多种，多分布于云南、台湾及海南等地。已知药用76属，287种。

兰科主要药用属检索表

1. 腐生草本；萼片与花瓣合生成筒 ……………………………………………… 天麻属 *Gastrodia*

1. 陆生或附生草本；萼片与花瓣分离。

　2. 无蕊柱足 ……………………………………………………………………… 白及属 *Bletilla*

2. 具蕊柱足 ………………………………………………………………… 石斛属 *Dendrobium*

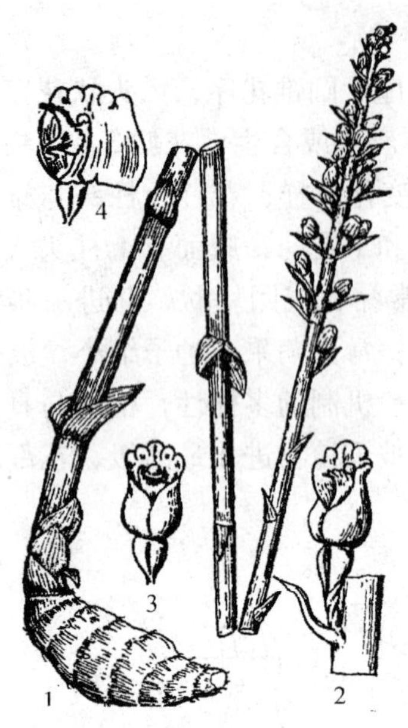

图 15-144 天麻

1. 植株 2. 花及苞片 3. 花
4. 花被展开，示唇瓣和合蕊柱

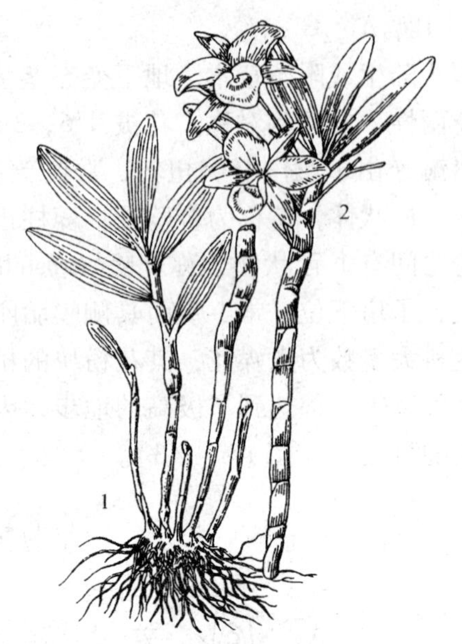

图 15-145 石斛

1. 植株 2. 带花的植株

【药用植物】

天麻（赤箭）*Gastrodia elata* Bl. 腐生草本。块茎肉质，具较密的节。茎直立，无绿叶，下部被数枚膜质鞘。总状花序；萼片与花瓣合生，顶端5裂；唇瓣3裂；合蕊柱有短的蕊柱足。蒴果（图15-144）。

全国大部分地区均有分布。块茎（天麻）药用，味甘，性平。能息风止痉，平抑肝阳，祛风通络。

石斛（金钗石斛）*Dendrobium nobile* Lindl. 附生草本。茎直立，肉质状肥厚，干后金黄色。叶革质，长圆形，先端不等侧2裂。总状花序；萼囊圆锥形；唇瓣宽卵形，基部两侧具紫红色条纹，唇盘中央具1个紫红色大斑块；蕊柱足绿色（图15-145）。

分布于我国台湾、香港、湖北、海南、广西、四川、贵州、云南及西藏等省区。茎（石斛）药用，味甘，性微寒。能益胃生津，滋阴清热。

同属植物鼓槌石斛 *D. chrysotoxum* Lindl.、流苏石斛 *D. fimbriatum* Hook. 及其同属近似种的茎同等入药。

铁皮石斛 *D. officinale* Kimura et Migo 分布于安徽、浙江、福建、广西、四川、云南。茎（铁皮石斛）药用，味甘，性微寒。能益胃生津，滋阴清热。

白及 *Bletilla striata*（Thunb. ex A. Murray）Rchb. f. 陆生草本。块茎肥厚，多分枝，表面有环纹。叶退化成鳞片叶。总状花序顶生；花被合生成筒，粉紫色，顶端5裂，唇瓣生于筒内；花粉块2（图15-146）。

分布于陕西、甘肃、江苏、安徽、浙江、江西、湖南、湖北、广东、广西、福建、四川、贵州等省区。块茎（白及）药用，味苦、甘、涩，性微寒。能收敛止血，消肿生肌。

本科常用药用植物还有：绶草（盘龙参）*Spiranthes sinensis*（Pers.）Ames，根和全草药用，味甘、苦，性平。能益气养阴，清热解毒。手参 *Gymnadenia conopsea*（L.）R. Br.，块茎药用，性味甘，微苦，性凉。能补益气血，生津止渴等。

图 15－146 白及

1. 植株 2. 唇瓣 3. 合蕊柱
4. 合蕊柱顶端的药床及雄蕊背面
5. 花粉块 6. 蒴果

三、被子植物其他科常用药用植物

（一）双子叶植物纲

1. 胡桃科 Juglandaceae 植物胡桃 *Juglans regia* L. 落叶乔木；树皮灰白色。奇数羽状复叶，互生，长 25 ~ 30cm。花单性同株；雄花为葇荑花序；雌花单生或 2 ~ 3 聚生。坚果近球形。分布西北及秦岭—淮河以北。种仁（胡桃仁）药用，能补肾固精，温肺定喘，润肠通便。

2. 杜仲科 Eucommiaceae 植物杜仲 *Eucommia ulmoides* Oliver 落叶木本。单叶互生，卵形或椭圆形，无托叶。树皮与叶折断有白色胶丝。花单性异株，无花被；花丝极短。坚果具翅。中国特有，广泛栽培。树皮（杜仲）药用，能补肝肾，强筋骨，安胎。

3. 荨麻科 Urticaceae 植物苎麻 *Boehmeria nivea*（L.）Gaud. 多年生草本。茎具纤维。单叶互生，叶背密被白色绵毛。花单性同株，腋生圆锥状聚伞花序；雄花萼片 4，雄蕊 4；雌花萼片 4。瘦果集合成小球状。分布秦岭—淮河以南，现多栽培。根和根状茎（苎麻根）药用，能凉血止血，清热安胎，利尿，解毒。

4. 檀香科 Santalaceae 植物檀香 *Santalum album* L. 常绿半寄生小乔木。叶对生，椭圆状卵形。三歧聚伞式圆锥花序；花被管钟状；花被 4 裂；花柱深红色。核果成熟时深紫红色或紫黑色。分布于澳大利亚、印度尼西亚。心材（檀香）药用，能行气，散寒，止痛。

5. 桑寄生科 Loranthaceae 植物桑寄生 *Taxillus chinensis*（DC.）Danser. 常绿小灌木。嫩枝、叶密被锈色星状毛。叶对生，厚纸质，卵形。伞形花序，具花 1 ~ 4 朵；花冠狭管状，紫红色，裂片 4；花柱线形。浆果椭球形或近球形。分布于福建、台湾、广东、广西等地。枝叶（桑寄生）药用，能补肝肾，强筋骨，祛风湿，安胎。同科植物槲寄生 *Viscum coloratum*（Kom.）Nakai 的枝叶同等入药。

6. 商陆科 Phytolaccaceae 植物商陆 *Phytolacca acinosa* Roxb. 多年生草本。根肥大，肉质，圆锥形。单叶互生，全缘，无托叶。总状花序，花被 5，花后常反折；雄蕊 8 ~

10；心皮5~8，离生。浆果，熟时呈深紫色或黑色。分布于全国。垂序商陆 *Phytolacca americana* L. 的根同等入药。根（商陆）药用，能逐水消肿，通利二便，解毒散结。

7. 马齿苋科 Portulacaceae 植物马齿苋 *Portulaca oleracea* L.　一年生草本。茎平卧或斜倚，多分枝。叶互生，肥厚多汁，似马齿状。萼片2，花瓣4~5，雄蕊通常8；柱头4~6裂。蒴果盖裂。分布全国。地上部分（马齿苋）药用，能清热解毒，凉血止血。

8. 藜科 Chenopodiaceae 植物地肤 *Kochia scoparia*（L.）Schrad.　一年生草本。单叶互生，无柄。花两性，常1~3朵集于叶腋；花被5，雄蕊5。胞果，果皮与种子离生，种子1颗。分布于全国各地。果实（地肤子）药用，能清热利湿，祛风止痒。

9. 肉豆蔻科 Myristicaceae 植物肉豆蔻 *Myristica fragrans* Houtt.　常绿小乔木。单叶互生。花单性异株，总状花序；无花瓣，花被3裂；雄蕊花丝合生成柱状；子房上位，1室。果单生，成熟时纵裂成2瓣，具红色肉质假种皮。分布于台湾、广东和云南等地。种仁（肉豆蔻）药用，能温中行气，涩肠止泻。

10. 三白草科 Saururaceae 植物蕺菜 *Houttuynia cordata* Thunb.　多年生草本，有鱼腥气。单叶互生，托叶线形。穗状花序；总苞片4，白色花瓣状。蒴果，顶端开裂。分布于陕西、甘肃和长江流域及以南各地。全草（鱼腥草）药用，能清热解毒，排脓消痈，利尿通淋。

11. 蒺藜科 Zygophyllaceae 植物蒺藜 *Tribulus terrestris* L.　一年生草本。茎平卧地面，全株被绢丝状柔毛。叶对生；小叶6~8对。花萼5，花瓣5，雄蕊10，子房5心皮。果瓣具长短棘刺各1对。分布全国各地。果实（刺蒺藜）药用，能平肝解郁，活血明目。

12. 苦木科 Simaroubaceae 植物鸦胆子 *Brucea javanica*（L.）Merr.　常绿灌木，全株被黄色柔毛。奇数羽状复叶互生，通常7片小叶。聚伞状圆锥花序腋生；花单性，萼片、花瓣均4。核果椭球形。分布于福建、台湾、海南、广西、贵州、云南等地。果实（鸦胆子）药用，能清热解毒，杀虫截疟，腐蚀赘疣。

13. 楝科 Meliaceae 植物楝 *Melia azedarach* L.　落叶乔木。二至三回奇数羽状复叶，小叶卵圆形至椭圆形，边缘有钝尖锯齿。圆锥花序与羽叶近等长。核果。分布全国大部分地区。树皮及根皮（苦楝皮）药用，能驱虫疗癣。有毒。

14. 远志科 Polygalaceae 植物远志 *Polygala tenuifolia* Willd.　多年生草本。主根粗壮。叶互生，线形，全缘。总状花序；花萼5，花瓣3，雄蕊8，花丝基部合生。蒴果。分布我国温带地区中东部。根（远志）药用，能安神益智，祛痰，消肿。卵叶远志 *P. sibirica* L. 的根同等入药。

15. 七叶树科 Hippocastanaceae 植物七叶树 *Aesculus chinensis* Bunge　落叶乔木。冬芽有树脂。掌状复叶对生，小叶5~7枚，长披针形或长倒披针形。聚伞圆锥花序顶生；花瓣4或5，不等大，具爪；子房上位，3心皮，3室，胚珠2，花盘位于雄蕊外侧。蒴果球形，黄褐色，密被斑点。种子1~2。分布中南和西南山区。种子（娑罗子）药用，能理气宽中，和胃止痛。

16. 凤仙花科 Balsaminaceae 植物凤仙花 *Impatiens balsamina* L.　一年生草本。茎肉

质。叶片披针形，叶基有数对黑色腺体。花单生或簇生；单瓣或重瓣，萼片 3，后面 1 枚较大，具距，花瓣 5，成对合生则成 3 片；雄蕊 5，花丝上部与花药连合包围雌蕊；子房上位，5 室。蒴果纺锤形，熟时触之即裂，密生茸毛。各地有栽培。种子（急性子）药用，能破血，软坚消积。

17. 堇菜科 Violaceae 植物紫花地丁 *Viola philippica* Cav.　多年生草本。叶基生，有长柄，叶片狭卵状披针形，边缘具圆齿。花紫色或淡紫色；花萼 5，花瓣 5，下面 1 枚较大，基部成囊距；雄蕊 5，下面 2 枚有距状蜜腺，药隔延伸于药室外，肥大；子房上位，侧膜胎座。蒴果瓣裂。分布我国大部分地区。全草（紫花地丁）药用，能清热解毒，凉血消肿。

18. 柽柳科 Tamaricaceae 植物柽柳 *Tamarix chinensis* Lour.　落叶小乔木或灌木。幼枝纤细下垂，红紫色。叶鳞片状，钻形或卵状披针形。每年开花 2 ~ 3 次；总状花序；花 5 数。蒴果 3 瓣裂。分布长江以北。细嫩枝叶（西河柳）药用，能散风，解表，透疹，解毒。

19. 石榴科 Punicaceae 植物石榴 *Punica granatum* L.　落叶灌木或乔木。枝顶常成尖锐长刺。叶常对生，矩圆状披针形。花大，1 ~ 5 朵生枝顶；两性；萼筒钟状，肉质肥厚，裂片 5 ~ 7；花瓣 5 ~ 7，有皱纹；雄蕊多数，生于萼筒内；子房下位。浆果。种子多数，外种皮肉质。南北均有栽培。果皮（石榴皮）药用，能涩肠止泻，止血驱虫。

20. 锁阳科 Cynomoriaceae 植物锁阳 *Cynomorium songaricum* Rupr.　多年生肉质寄生草本。茎红棕色，具鳞片状叶。肉穗花序生于茎顶，棒状，长 5 ~ 16cm；花杂性，花被片 4 ~ 6；雄花雄蕊 1 和蜜腺 1；雌花雌蕊 1，子房下位，1 室，两性花具雄蕊和雌蕊各 1 枚。果为小坚果状。分布西北沙漠地区。肉质茎（锁阳）药用，能补肾阳，益精血，润肠通便。

21. 山茱萸科 Cornaceae 植物山茱萸 *Cornus officinalis* Sieb. et Zucc.　落叶灌木或小乔木。叶对生，卵形至长椭圆形。花先叶开放，簇生枝顶成伞形花序状；花两性；花萼裂片和花瓣 4；子房下位，2 室，花柱单一，花盘生于花柱基。核果长椭圆形。分布黄河流域至长江流域，浙江、河南、安徽多栽培。果肉（山茱萸）药用，能补益肝肾，涩精固脱。

22. 鹿蹄草科 Pyrolaceae 植物鹿蹄草 *Pyrola calliantha* H. Andres　常绿草本。根状茎细长。叶基生，革质。总状花序；花两性，5 基数；花白色；雄蕊 10 枚，花丝有毛或附属物；子房上位，花柱宿存；中轴胎座。蒴果扁圆球形。分布全国大部分地区。全草（鹿蹄草）药用，能祛风除湿，强筋健骨，收敛止血。同属植物普通鹿蹄草 *P. decorata* H. Andres 的全草同等入药。

23. 紫金牛科 Myrsinaceae 植物紫金牛 *Ardisia japonica*（Thunb.）Bl.　常绿矮小灌木。根状茎横走，地上茎直立。单叶对生或聚生茎端，具腺点。花序近伞形；花两性，辐射对称；萼宿存，5 裂，花冠 5 裂；雄蕊与花冠裂片同数且对生；子房上位，特立中央胎座。核果球形，红色。分布长江流域及以南各地。全株（矮地茶）药用，能祛痰止咳，利水渗湿。

24. 报春花科 Primulaceae 植物过路黄 *Lysimachia christinae* Hance　多年生草本。茎匍匐地面，节上生根。叶、花萼和花冠具点状及条状黑色腺条纹。叶对生。花腋生，两两相对；萼5裂，宿存，花冠5裂，黄色；雄蕊与花冠裂片同数且对生；子房上位，特立中央胎座。蒴果。分布长江流域及以南各地。全草（金钱草）药用，能清利湿热，通淋消肿。

25. 柿科 Ebenaceae 植物柿 *Diospyros kaki* Thunb.　树皮鳞片状开裂。单叶互生，全缘，革质，无托叶。雄花成聚伞花序，雌花单生叶腋；花萼果熟时增大并宿存；花冠白色，3~7 浅裂，有毛；子房上位，2~16 室。浆果扁球形，黄色。宿存花萼（柿蒂）药用，能降逆下气，止呃止呕。

26. 安息香科 Styracaceae 植物白花树 *Styrax tonkinensis*（Pierre）Craib ex Hartw.　乔木，叶互生，全缘，背面密被灰色至粉绿色星状绒毛。圆锥花序；萼杯状，花冠白色，管状，被柔毛；花丝下部连合成筒。果实球形，外被绒毛，种子卵形，褐色，被小瘤状突起和星状毛。分布华南各地。树脂（安息香）药用，能开窍清神，行气活血，止痛。

27. 紫草科 Boraginaceae 植物新疆紫草 *Arnebia euchroma*（Royle）Johnst.　多年生草本，被白色糙毛。须根多条，肉质紫色。基生叶条形，茎生叶变小。花序近球形；花5基数；花冠紫色；子房4 裂。小坚果有瘤状突起。分布于西藏、新疆。根（紫草）药用，能凉血活血，解毒透疹。

28. 胡麻科 Pedaliaceae 植物芝麻 *Sesamum indicum* L.　一年生草本。茎四棱。叶对生或上部互生。花单生或2~3 朵生于叶腋；花白色；雄蕊4，心皮2，子房初期呈假4室，成熟后为2 室。蒴果纵裂。南北各地多栽培。种子（黑芝麻）药用，能补肝肾，益精血，润肠燥。

29. 列当科 Orobanchaceae 植物肉苁蓉 *Cistanche deserticola* Y. C. Ma　多年生草本。茎肉质，扁平。鳞片状叶螺旋排列。穗状花序；花萼、花冠均钟状，5 裂；雄蕊4 枚，二强；子房上位。蒴果，2 瓣裂。分布于内蒙古、甘肃、陕西、宁夏、青海、新疆等省区。带鳞叶肉质茎（肉苁蓉）药用，能补肾助阳，润肠通便。

30. 车前科 Plantaginaceae 植物车前 *Plantago asiatica* L.　多年生草本。具须根。叶基生，常有5~7 条弧形脉。穗状花序；花小，两性，4 基数，花冠膜质；雄蕊4 枚，子房上位。蒴果周裂。分布全国。全草（车前草）药用，能清热利尿，凉血解毒。种子（车前子），能清热利尿，渗湿通淋，明目祛痰。同属植物平车前 *P. depressa* Willd.、大车前 *P. major* L. 同等入药。

31. 川续断科 Dipsacaceae 植物川续断 *Dipsacus asperoides* C. Y. Cheng et T. M. Ai　多年生草本。根圆柱形。茎具6~8 棱，棱上有刺毛。基生叶琴状羽裂；茎生叶羽状深裂，中央裂片特长，披针形。花序头状球形，总苞5~7；花两性；花萼宿存；雄蕊4；子房下位，1 室。瘦果。分布秦岭以南、云贵高原以北地区。根（续断）药用，能补肝益肾，疗伤续折。

（二）单子叶植物纲

32. 泽泻科 Alismataceae 植物泽泻 *Alisma orientaleis*（Sam.）Juz. 具块茎。叶基生，挺水叶宽披针形或椭圆形。花序具 3 ~ 9 轮分枝；两性花；花被片 2 轮，内轮较大，常白色；雄蕊 6；心皮排列不整齐。瘦果。分布全国，福建、四川多栽培。块茎（泽泻）药用，能利小便，清湿热。

33. 百部科 Stemonaceae 植物直立百部 *Stemona sessilifolia*（Miq.）Miq. 草本，直立。具多数须根。3 ~ 4 叶轮生。花单生于茎基部的鳞片叶腋；花被片 4；雄蕊 4；子房上位。蒴果 2 瓣裂。分布于华东地区。块根（百部）药用，能润肺止咳，平喘。

34. 石蒜科 Amaryllidaceae 植物仙茅 *Curculigo orchioides* Gaertn. 根状茎直生。叶线形至披针形。总状花序多少呈伞房状，4 ~ 6 朵；两性花；花被片 6，2 轮，黄色，离生；雄蕊 6；子房下位，3 室，胚珠 1 至多数，柱头头状或 3 裂。浆果。分布长江以南。根状茎（仙茅）药用，能补肾阳，强筋骨。

35. 灯心草科 Juncaceae 植物灯心草 *Juncus effusus* L. 多年生草本。根状茎横走。茎簇生，充满白色髓。叶片退化成刺芒状。聚伞状花序；花两性，辐射对称；花被 6 枚，2 轮。蒴果矩圆状。广布全国。茎髓（灯心草）药用，能利水通淋，清心除烦。

36. 鸭跖草科 Commelinaceae 植物鸭跖草 *Commelina communis* L. 一年生草本。叶卵形至披针形，无柄，叶鞘近膜质，抱茎。聚伞花序，单生枝端；总苞片心状卵形；萼片白色，花瓣 3，后方 2 枚较大，蓝色，前方 1 枚较小，白色；发育雄蕊 2 ~ 3 枚；子房 2 室，每室 2 胚珠。蒴果。分布我国大部分地区。全草（鸭跖草）药用，能清热解毒，凉血利水。

37. 谷精草科 Eriocaulaceae 植物谷精草 *Eriocaulon buergerianum* Koern. 一年生草本。须根。叶线形，丛生。头状花序；花小，单性，3 或 2 基数，常雌花、雄花同序；花萼 3 浅裂，花冠 3 裂，或花瓣 3，近顶处各有 1 黑色腺体和白短毛；雄花雄蕊 6 枚，花药黑色；雌花子房 3 室，花柱分枝 3。分布于陕西及长江以南。带花茎的头状花序（谷精草）药用，能祛风散热，明目退翳。

38. 浮萍科 Lemnaceae 植物紫萍 *Spirodela polyrrhiza*（Linn.）Schleid. 一年生浮水小草本。根丝状。茎不发育，叶状体扁平，阔倒卵形，表面绿色，背面紫色，具掌状脉 5 ~ 11 条，背面中央生 5 ~ 11 条根。肉穗花序有 2 个雄花和 1 个雌花。分布全国。全草（浮萍）药用，能宣散风热，透疹利尿。

39. 黑三棱科 Sparganiaceae 植物黑三棱 *Sparganium stoloniferum*（Graebn.）Buch. - Ham. ex Juz. 水生草本。茎直立，挺水。叶基部鞘状。圆锥花序。花单性；雄花被片膜质，雄蕊 3 枚；雌花被片 4 ~ 6 枚，宿存，雌蕊 1，1 室，胚珠 1。果实倒圆锥形，上部常膨大呈冠状，具棱，褐色。分布西南、长江流域及以北各地。块茎（三棱）药用，能破血行气，消积止痛。

40. 香蒲科 Typhaceae 植物水烛香蒲 *Typha angustifolia* Linn. 沼生草本，高约 2m，

具根状茎。叶2列，互生，叶片长达120cm。花单性同株，构成蜡烛状穗状花序；雄花序轴具褐色扁柔毛，雌花序基部具1枚叶状苞片；雄花常由3枚雄蕊合生；雌花具小苞片，子房纺锤形；具不孕雌花。小坚果。分布全国。花粉（蒲黄）药用，能止血化瘀，通淋。同属植物东方香蒲 *T. orientalis* Presl 或同属其他植物的花粉亦做蒲黄入药。

41. 莎草科 Cyperaceae 植物香附 *Cyperus rotundus* L. 多年生草本。具细长横走的根状茎，末端常膨大成纺锤形的块茎，黑褐色，有芳香味。秆三棱形。叶基生，叶片狭条形。聚伞花序，苞片叶状，2～3枚；花无被，两性。小坚果3棱。分布全国大部分地区。块茎（香附）药用，能疏肝理气，调经止痛。

附录一　药用植物的宏观形态分类方法

宏观形态分类是植物分类中传统而实用的方法，通过对野生环境的植株和制成的植物标本的形态观察，根据其关键特征，结合植物的生态环境和植物对环境反应的生物学习性及其动态变化，确定其分类位置和种类，使分类鉴定更为快速和准确。

一、形态分类鉴别基本要求

（一）植物形态的观察顺序

药用植物的形态较为直观，易于辨识。观察时应先整体，后器官。对某一器官观察，也应有序有度，可先按根、茎、叶之序观察营养器官，再按花、果实、种子之序观察生殖器官。按序观察，不会丢失关键特征。如观察某种草本植物，有条件可挖出地下根部观察，再依次观察茎、叶、花、果；观察木本植物，根难以挖取且特征较少，则可重点看叶，有花看花，有果看果，综合辨识。

（二）整体形态辨别

辨别药用植物必须从整体开始，千万不可抓住一片小叶在那里琢磨。是木本还是草本、生长年限一年还是多年、叶常绿还是落叶，以免犯一些常识性的错误。如有 3 种豆科植物，同是二回偶数羽状复叶，从整体去看，是直立乔木可能是合欢，是木质大藤本就有可能是云实，如果是草本，就可能是含羞草。再如同为具平行脉的披针形单叶的数种植物，如果叶革质，植株直立高大，应为禾本科竹类植物；若是生于池塘中的大草本，则可能为禾本科的芦苇；若是生于林下的多年生小草本，且茎呈丛生状，则可能为淡竹叶；若为茎匍匐生根，根纤细的一年生草本，就可能是鸭跖草。通过整体判断，易于抓住主要特征而辨识容易混淆的药用植物。

（三）抓住关键特征

辨认药用植物，在整体观察的基础上抓住关键特征并加以归纳非常重要。古人往往用非常简明扼要的叙述，甚至少数几个字组成的名称，就能活灵活现地体现该植物的关键特征，使后人一目了然，永不忘记。如“乌头”喻其植物的根表面乌黑，中部粗，一端为尖嘴，一端为颈如乌鸦之头。“钩藤”指节上有弯弯似钩的刺，明显有别于其他植物。“半边莲”的花开花期长，花冠五裂片仅在一侧，另一侧裂开，形象逼真。“木瓜”果形圆大而长似瓜，挂于树上，故名；该植物因花艳似海棠，无花柄，贴于茎上而有“贴梗海棠”之名，结“瓜”时，果同样无柄。很多药用植物有形象逼真的名称，只要留心，有助于理解和掌握关键特征，如人参、狗脊、拳参、玉竹、百部、贝母、百合等均是对植物根和地下茎的形象描述；重楼、连钱草、五加、垂盆草等则是对地上茎叶特征的精辟诠释；马兜铃、白头翁、佛手、锦灯笼等则是对其特殊果形果色的形象总结。

二、营养器官辨别

生殖器官是植物分类的重要依据，但因为植物开花时期短暂，一年之中多数时间不易看到。虽然富有经验时可以在标本室中凭借生殖器官给标本定名，而野外辨识药用植物则应训练根据营养器官辨认植物的能力，否则到野外工作一事无成。野外观察植物，最易见到的是营养器官，尤其是叶，因为植物只要不休眠，都可以看到它们为光合作用而伸展的叶子。在亚热带以南，大多数植物无休眠期，一年四季均可见到这些常绿植物。只有具备识别植物营养器官的能力，才能准确识别药用植物。

1. 植物的生长型

生长型是以体态为标准划分的植物生活型，对于常见的药用植物，有木本、藤本、草本和叶状体植物之分。利用生长型可从整体判别植物。如对两种生活在一起的菊科植物千里光和野菊花，都属于草质茎，叶非常相似，但若知野菊花是直立草本，而千里光是草质藤本，就很方便分辨。再如同为豆科槐属的槐、越南槐、苦参、苦豆子 4 种植物，其叶、花、果实均相似，但生长型有明显区别：槐为落叶乔木，越南槐是小灌木，苦参为宿根大草本，而苦豆子是生长于干旱地区的典型灌木，从生长型判断很容易将 4 种植物分辨清楚。

2. 植物的地下部分

药用植物地下部分的特征辨识也很重要，尤其是草本植物地下部分的颜色、形态、质地、气味等。如同属植物黄精与玉竹，两者的地上茎叶相似，但黄精的根状茎色黄而粗细不匀，玉竹色白而纤细均匀。车前属植物车前、大车前均是须根系，而平车前为直根，是只生长一年的草本。鼠尾草属多种植物地上部分相似，而华鼠尾地下部分是黄白色须根，皖鄂丹参、南丹参、丹参等地下均为粗壮的直根，但只有丹参之根颜色深红而均匀，其他同属种类根均红中夹黑，或淡红夹黄。鸢尾科的射干与鸢尾，地上茎叶相似，但射干根状茎断面深黄色，鸢尾则为白色。

3. 植物的叶

在植物各器官中，叶的特征最复杂，信息最丰富，如叶有叶序、托叶、叶柄、叶片等的颜色、形态、附属物等等。同时叶也随着生长发育的时间和空间不断变化，因此必须经叶入手，抓住叶的变化规律，利用叶有效地鉴别药用植物。

(1) 叶序　识叶首先根据叶序、单复叶及有无托叶 3 类特征，将待辨识的植物分为

8类。以常见的30多种植物为例：①复叶、互生、有托叶：槐、合欢、月季。②复叶、互生、无托叶：臭椿、香椿、苦楝、无患子。③复叶、对生、有托叶：接骨木、陆英。④复叶、对生、无托叶：白蜡树、迎春。⑤单叶、互生、有托叶：葡萄、白玉兰、桑、构树（顶生枝）。⑥单叶、互生、无托叶：棕榈、鸭跖草、马齿苋、菊花、丝瓜。⑦单叶、对生、有托叶：栀子、猪殃殃、构树（侧生枝）。⑧单叶、对生、无托叶：桂花、女贞、石榴、忍冬、金钟花、夹竹桃。明确大类，再细分之，就能很方便的执简驭繁了。

（2）叶形　植物的叶形与叶脉有关。叶形辨识先辨叶脉：脉分掌状脉、羽状脉、平行脉3类。再分叶形大小：小型叶（指鳞片状或针状叶），中型叶（指一般常见叶），大型叶（直径或长度超过30cm以上的单叶，复叶则指小叶）；再将叶形分为：圆形（包括椭圆形和卵形）、条形（包括披针形），及多角形（包括箭形、戟形、三角形，菱形等）。掌握以上叶形的特征，辨识植物就更方便了。

（3）叶缘　叶之边缘包括叶端、叶基和叶缘3部分。通过整个叶缘有无锯齿，是否分裂，叶基、叶端的特殊形态，作为更进一步辨识植物的参考。如对桑、樟、乌药、杜仲、杏、梅、枇杷、玉兰、凹叶厚朴、厚朴等药用植物进行辨认，它们均是木本，叶互生，单叶。根据叶缘、叶端和叶基的特征，可将它们分辨清楚。其中樟、乌药、玉兰、凹叶厚朴、厚朴叶为全缘，余者叶缘有锯齿或分裂。叶全缘的厚朴叶端钝圆，凹叶厚朴叶端凹缺，乌药叶端尾尖，玉兰叶端宽圆而具急短尖头，樟叶端急尖。非全缘的枇杷叶片上部边缘有锯齿，基部全缘，与其他4种不同；梅叶先端尾状渐尖，与其他3种不同；桑叶卵形或广卵形，折断有乳汁，与其他2种有别；杜仲之叶椭圆形或矩圆形，折断有丝相连，与杏之叶宽心形，无丝、明显可分。

（4）附属特征　叶的有些附属特征，如质地（肉质、膜质、纸质）、颜色、气味、乳汁、腺点、毛茸等也可作为辨识植物的有价值特征，如杜仲的叶撕裂可见白丝相连，蒲公英、桔梗、沙参、大戟、乌桕、楮树、桑树的叶扯断流出白色乳汁，景天科植物叶多肉质，菊科蒿属植物多有丁字毛，芸香科植物多有香气，叶中可见透明腺点，而马鞭草科植物及臭椿的叶多有臭气等等。抓住这些特征，对这些植物识别就更有把握了。

（5）叶的变化

①叶随功能的变化：植物生长过程中，营养枝和生殖枝上的叶形有别，如中华常春藤营养枝匍匐、叶片为三角状卵形或戟形；而生殖枝直立，叶片披针形至长椭圆形。有的蕨类植物更典型，有孢子叶与营养叶之分，如紫萁、瓶尔小草等就是典型的两型叶。

②叶随物候的变化：一年有四季，植物叶也随着季节的变化和不同的生长期而发生变化。有的植物早春的叶为紫色，如乌头、石楠，后随着叶片展开，气温升高紫色褪去而呈浅绿之色。也有的植物，为避早春寒冷，着上厚厚一层茸毛，如白毛夏枯草，早春发出的茎、叶均有密密麻麻的白色绒毛，到了夏天开花结果之后，花枝枯萎，因而被称为“白毛夏枯草”，但花枝枯萎之后，仍有贴近地面进行营养生长的匍匐茎，此茎的叶毛绒少见，因夏秋生长不再需要厚厚的毛绒来御寒了。中药断血流基原植物有两种，一为风轮菜，植株茎上只有两侧有柔毛；另一为荫风轮，茎上四面均有柔毛。其实它们的

茎在开花前四面均有柔毛，随着开花结果，茎上的柔毛渐脱落。

③叶随空间的变化：叶在空间的排布，是为了更好接受光照，植物会根据每片叶所在的空间位置而精心设计，以共同利用阳光。吴茱萸、楮树、卫矛等侧枝照顾主枝，中心叶谦让侧叶，枝的下部叶让上部叶，以便大家共同获取阳光。细加注意还会发现，植物地上的叶与地下的根或根状茎也有对应关系，如长梗黄精，地上有12片叶，地下根状茎也有12节。这种全息现象是由我国全息生物学创始人张颖清先生提出，并得到了广泛的应用。

④叶随环境的变化：叶在不同环境下，会发生不同的变化，如生于阴湿处的植物，叶往往大、薄而光滑，叶色深绿；阳生植物则叶小而厚，叶色较浅。生于干旱处的植物，往往需要毛茸来保护，而湿生之处的植物，叶多光滑。在高海拔生长的植物，需要有抗紫外线的能力，有很多植物叶变紫色，甚至幼嫩的茎也变紫色。有的植物叶子被其他生物寄生会产生变化，如中药五倍子就是盐肤木、青麸杨等植物被五倍子蚜虫寄生后在叶子上产生的虫瘿。

三、生殖器官辨别

被子植物的花，被认为是比较稳定的生殖器官，因而被植物分类学家运用于被子植物分类。花的组成部分及其特征在不同的植物类群中从层数、个数、排列位置均有序地排列，由单花组成不同类型的花序，均成为植物分类较可靠的依据。如双子叶植物纲的花各部分多是四或五基数，单子叶植物纲的花各部分则多是三基数；离瓣花亚纲的花被从无到有，从单被到重被，但即使是重被，内轮花被分离而不连合，合瓣花亚纲的花则为重被，内轮花被连合。每个科的花往往均有特定的构成和类型，都可作为分类的重要依据。如菊科植物头状花序，花冠有舌状和管状两种，聚药雄蕊，子房下位，可以区别于其他类群的植物。木兰科植物的花被，雄蕊和雌蕊多数而螺旋状排列；蔷薇科植物的花具有特殊的被丝托，花萼、花瓣、雄蕊群均着生于被丝托的边缘；豆科植物的蝶形花亚科为蝶形花，雄蕊10枚，其中9枚雄蕊合生，1枚分离，雌蕊单心皮，边缘胎座；十字花科植物为十字花冠，雄蕊6枚，四强雄蕊，二心皮合生，侧膜胎座；伞形科植物为复伞形花序，子房下位，二心皮合生；唇形科植物轮伞花序，唇形花冠，二强雄蕊，子房深4裂；天南星科植物的肉穗花序，佛焰苞；百合科植物的花为典型的三基数，花被6枚，二轮，雄蕊6枚，二轮，三心皮合生，子房上位；兰科植物则为两侧对称花，雄蕊和雌蕊合生成合蕊柱，子房下位，侧膜胎座。此外，果实在一些分类群中也是重要特征，如桑科的隐花果，苋科和藜科的胞果，豆科的荚果，十字花科的角果，蔷薇科的梨果、蔷薇果，葫芦科的瓠果，伞形科的双悬果，芸香科的柑果，睡莲科的聚合坚果等。

四、熟悉植物自然分布与生长环境

真正认识药用植物，不能局限于书本和课堂，也不是在药用植物园的人工环境下。那样的环境中，看到的只是药用植物固定的“形”，而缺少很多动态变化之“神”。只有在原生态下观察药用植物，不仅能观察到形态，同时还获取了许多特异的环境信息，形神同具，难以忘怀。如在茫茫沙漠之中，可见到纤弱、无叶而抗旱的麻黄；在深山密林中，可见到只有北坡才能生长的矮小常绿的黄连；在青藏高原的边缘海拔3000多米的环境中，可见到植株高、叶片大、根粗黄的大黄；在草原上，可见到开着黄色复伞形花序、矮小像禾草的柴胡；在长满荆棘的丘陵岩石上，可见到满身是刺，挂着红红果实的酸枣；在南方山涧之中流水的石头上，可见到成片生长的常绿而全身散发香气的草本植物石菖蒲等，只要实地见过，极易记住。

药用植物生长在不同的生态环境中，形态有所区别，这也有助于识别。水生或湿生植物多有根状茎，如莲、泽泻、泽兰、芦苇、灯心草等；阴生植物叶大，如八角莲、七叶一枝花、天南星、人参、商陆等；阳生植物叶多偏窄小，如黄芩、龙胆、柴胡等；沙生或旱生植物甚至叶全部退化，如麻黄、柽柳、仙人掌等。有些中药来源于同属不同种类，它们的生态不同，形态也有差异，如中药大黄，同属3种植物随着海拔高度增强，叶的分裂程度逐渐加大，唐古特大黄叶裂最深，药用大黄叶裂最浅，掌叶大黄则居其中。中药淫羊藿，药用同属多种植物，它们分布从温带的东北直至亚热带的贵州等地，随着分布与气候的不同，叶的大小、厚度，植株的高度均有区别。温带分布的植株矮小，叶小而薄，冬天休眠，如朝鲜淫羊藿；而亚热带分布的叶则大而质硬，常绿，植株高大，如巫山淫羊藿；其他几种分布其间，形态也逐渐过渡。中药石斛也来源于同属多种植物，分布亚热带北缘的则为植株矮小的霍山石斛，生于石上；而分布亚热带南部的一些种类，如美花石斛、束花石斛等植株高大，多生于树上，被认为是药用质量较次的“木斛”；中部地区分布的种类、形态、习性则在南北之间。中药菖蒲有同属水菖蒲和石菖蒲，水菖蒲生于水中，植株高大，冬季休眠，分布范围广；而石菖蒲分布于亚热带以南区域，生长于山涧流水的石头上，植株矮小，常绿。

五、生物学习性与辨认植物

药用植物对生态环境的适应，会形成各种不同的习性，对这些习性的把握，可以更准确地识别植物。一般药用植物均属于自养，但有些却与其他生物采取不同方式共同生活。如真菌类的灵芝、茯苓、马勃等属于寄生；地衣类石耳、松萝等属于藻、菌共生；兰科的天麻与蜜环菌属于共生，它们又同时依靠树木腐烂提供营养；桑寄生长在树上，有自己的绿叶，但也离不了寄主的营养，属于半寄生植物；中药菟丝子来源于旋花科植物，无叶，也无光合色素，一旦萌发之后，根也消失，完全依靠其他植物生活，成为全寄生植物；冬虫夏草的生活习性更特殊，它们是一个复合体，真菌的冬虫夏草菌寄生在蝙蝠蛾幼体上，然后以虫体为营养，产生大量的菌丝，高山冰雪开始融化时，从虫的头部生出子实体，长出土壤成为可见之“草”，高山冰雪融化正是中原的夏季，“夏草”之名也就产生了。药用植物繁殖要选择不同季节，如梅花早春，枇杷秋冬，菊则深秋，中药款冬花能止咳喘，就是冬天开花。此外，药用植物也随着分布气候带的不同，水分不同，采取不同的休眠方式，如温带植物多采取冬眠的方式，如人参、细辛、五味子、黄芪、黄芩、甘草等；亚热带北缘有些植物则夏眠而早春生长，如延胡索、贝母等；亚热带地区及以南的热带药用植物多为常绿，如肉桂、栀子、络石、槟榔、黄连等。还有一些植物对水分有特殊的耐受性，保水能力不强，随着环境的变化，可失去体内大部分水分而卷缩成团，一旦再度有水，又可吸水伸展而生活，这是蕨类植物卷柏的特殊习性。

附录二 药用植物学名索引及种加词释义

拉丁名	中文名	种加词释义	页码
Abutilon theophrasti Medic.	苘麻	人名	263
Acacia catechu（L. f.）Willd.	儿茶	一种植物的东印度土名	255
A. gracilistylus W. W. Smith.	细柱五加	细长花柱的	267
A. giraldii Harms	红毛五加	人名	267
Acanthopanax senticosus（Rupr. et Maxim.）Harms.	刺五加	多刺的	267
A. sessiliflorus（Rupr. et Maxim.）Seem.	短梗五加（无梗五加）	无花柄的	267
Achyranthes bidentata Bl.	牛膝	二齿的	227
Aconitum carmichaeli Debx.	乌头（川乌）	人名	231
A. coreanum（Lévl.）Rapaics	黄花乌头（关白附）	高丽的	233
Aconitum kusnezoffii Reichb.	北乌头（北草乌）	人名	233
Acorus calamus L.	菖蒲（藏菖蒲）	像棕榈科中的一属	311
A. tatarinowii Schott	石菖蒲	人名	312
Adenophora hunanensis Nannf.	杏叶沙参	湖南省的	300
A. stricta Miq.	沙参	直立的	299
A. tetraphylla（Thunb.）Fisch.	轮叶沙参（四叶沙参）	四叶的	300
Aesculus chinensis Bunge	七叶树	中国的	324
Agastache rugosa（Fisch. et Meyer）O. Ktze.	藿香	具皱纹的	288
Agrimonia pilosa Ledeb.	龙牙草（仙鹤草）	具疏柔毛的	247
Ajuga decumbens Thunb.	金疮小草（白毛夏枯草、筋骨草）	外倾着的	289
Albizia julibrissin Durazz.	合欢	纪念人名	252
Alisma orientaleis（Sam.）Juz.	泽泻	东方的	327
Allium chinense G. Don	薤	中国的	315
A. macrostemon Bunge	薤白（小根蒜）	长的雄蕊	314
Aloe barbadensis Miller	库拉索芦荟	巴巴多斯岛的（西印度群岛）	316
Aloe vera L. var. *chinensis*（Haw.）Berg.	芦荟	中国的	316
Alpinia galanga（L.）Willd.	红豆蔻（大高良姜）	为印度马拉巴的土名	319
A. japonica（Thunb.）Miq.	山姜	日本的	319
A. katsumadai Hayata	草豆蔻	人名	319
A. officinarum Hance	高良姜	药用的	319

续表

拉丁名	中文名	种加词释义	页码
A. oxyphylla Miq.	益智	尖叶的	319
Amomum compactum Soland ex Maton	爪哇白豆蔻	紧密的、密聚的	320
A. kravanh Pierre ex Gagnep.	白豆蔻	土名	320
A. longiligulare T. L. Wu	海南砂	长舌的	320
A. tsao－ko Crevost et Lemaire	草果	果（中国土名，一种姜科植物）	320
A. villosum Lour.	砂仁（阳春砂仁）	具长软毛的	320
A. villosum Lour. var. *xanthioides* (Wall. ex Bak.) T. L. Wu et Senjen	缩砂密（绿壳砂仁）	具长柔毛的，如苍耳的	320
Ampelopsis japonica (Thunb.) Mak.	白蔹	日本的	262
Amygdalus davidiana (Carr.) C. de Vos ex Henry [*Prunus davidiana* (Carr.) Franch.]	山桃	纪念人名	250
Amygdalus pedunculata Pall. [*Prunus pedunculata* (Pall.) Maxim.]	长梗扁桃	具有花序梗的	250
A. persica L. [*Prunus persica* (L.) Batsch.]	桃	属于波斯的	250
Andrographis paniculata (Burm. f.) Nees	穿心莲（一见喜）	圆锥花序的	292
Anemarrhena asphodeloides Bunge	知母	像百合科中一属 *Asphodelus*	315
Anemone altaica Fisch. ex C. A. Mey	阿尔泰银莲花	阿尔泰山脉的（中亚细亚）	233
A. raddeana Regel	多被银莲花（两头尖、竹节香附）	人名	233
Angelica biserrata (Shan et Yuan) Yuan et Shan	重齿当归	有重齿的	270
A. dahurica ‘*Hangbaizhi*’	杭白芷	达呼里的	270
A. dahurica ‘*Qibaizhi*’	祁白芷	达呼里的	270
Angelica sinensis (Oliv.) Diels	当归	中国的	270
Anisodus acutangulus C. Y. Wu et C. Chen	三分三	锐棱的	290
A. tanguticus (Maxim.) Pascher	山莨菪（樟柳）	唐古特的	290
Antenoron filiforme (Thunb.) Rob. et Vaut.	金线草	丝形的	227
Apocynum venetum L.	罗布麻（红麻）	蓝色的	277
Aquilaria sinensis (Lour.) Gilg	白木香（土沉香）	中国的	264
Aralia cordata Thunb.	土当归（九眼独活）	心形的	267
A. chinensis L.	楤木	中国的	268
A. elata (Miq.) Seem.	龙牙楤木（刺老鸦）	高的	268
Arctium lappa L.	牛蒡	有芒刺的（果皮）	305
Ardisia japonica (Hornst.) Blume	紫金牛（平地木、矮地茶）	日本的	325
Areca catechu L.	槟榔	土名（东印度加当）	310
Arisaema amurense Maxim.	东北天南星	黑龙江流域的	310
A. erubescens (Wall.) Schott	天南星（一把伞南星）	变红色的、玫瑰红色的	310
A. heterophyllum Blume	异叶天南星	异叶的	310

续表

拉丁名	中文名	种加词释义	页码
Aristolochia contorta Bunge.	北马兜铃	旋转的	224
Aristolochia mollissima Hance	寻骨风	极软的	224
A. debilis Sieb. et Zucc.	马兜铃（青木香）	柔弱的	224
Armillaria mellea（Vahl ex Fr.）Kummer.	蜜环菌	蜜味的、蜡黄色的	173
Armeniaca mandshurica（Maxim.）Skv. [*Prunus mandshurica*（Maxim.）Koehne]	东北杏	满洲的	250
A. mume Sieb. [*Prunus mume*（Sieb.）Sieb. et Zucc.]	梅	梅（日本土名）	250
A. mume Sieb. f. *viridicalyx*（Makino）T. Y. Chen	绿萼梅	绿色的花萼	250
A. sibirica（L.）Lam. [*Prunus sibirica* L.]	西伯利亚杏	西伯利亚的	250
A. vulgaris Lam. [*Prunus armeniaca* L.]	杏	一般的、普通的	250
A. vulgaris Lam. var. *ansu*（Maxim.）Yu et Lu [*Prunus armeniaca* L. var. *ansu* Maxim.]	野杏	一般的、普通的	250
Arnebia euchroma（Royle）Johnst	新疆紫草	常染色的、美色的	326,284
A. guttata Bunge	内蒙古紫草	有滴状斑点的	284
Artemisia annua L.	黄花蒿	一年生的	304
Artemisia argyi Levl. et Vant.	艾蒿	人名	304
Artemisia caruifolia Buch – Ham.	青蒿		304
Artemisia capillaris Thunb.	茵陈蒿	微毛状的	305
Asarum forbesii Maxim.	杜衡		224
Asarum heterotropoides Fr. Schmidt. var. *mandshuricum*（Maxim.）Kitag.	北细辛（辽细辛）	似 *Heterotrop* 属的，满洲里的	224
A. ichangense C. Y. Cheng et C. S. Yang	小叶马蹄香	宜昌的（地名）	224
A. sieboldii Miq.	细辛	人名	224
A. sieboldii Miq. f. *seoulense*（Nakai）C. Y. Cheng et C. S. Yang	汉城细辛	汉城的（韩国首都）	224
Asclepias curassavica L.	马利筋	地名	281
Aspergillus（Micheli）Link.	曲霉菌		174
Aspergillus niger Van Tieghen	黑曲霉	黑色的	174
A. ochraceus Wilhelm	赭曲霉	淡黄褐色的、似黄赭土的	174
A. Versicolor（Vuill.）Tirab.	杂色曲霉	杂色的	174
Asparagus cochinchinensis（Lour.）Merr.	天门冬	印度支那	315
Aster tataricus L. f.	紫菀	鞑靼族的	305
Astilbe chinensis（Maxim.）Franch. et Sav.	落新妇	中国的	244
Astragalus membranaceus（Fisch.）Bunge	膜荚黄芪	膜质的	253
A. menbranaceus（Fisch.）Bunge var. *mongholicus*（Bunge）Hsiao	蒙古黄芪	蒙古的	253

续表

拉丁名	中文名	种加词释义	页码
Asystasiella chinensis (Wall.) Lindau	白接骨	中国的	293
Atractylodes macrocephala Koidz.	白术	大头的	303
Atractylodes lancea (Thunb.) DC.	苍术	披针形的	303
Atrichum undulatum (Hedw.) P. Beauv.	仙鹤藓	具波的、波形的	184
Atropa belladonna L.	颠茄	美女的	290
Aucklandia lappa Decne	木香（云木香、广木香）	有芒刺的	304
Auricularia auricula (L. ex Hook.) Underw.	木耳（黑木耳）	耳状的	171
Bambusa textilis McClure	青皮竹	织成的、编成的	309
Bambusa tuldoides Munro	青竿竹		308
Baphicacanthus cusia (Nees) Bremek.	马蓝		292
Beauveria bassiana (Bals.) Vuill.	球孢白僵菌	人名	175
Belamcanda chinensis (L.) DC.	射干	中国的	318
Benincasa hispida (Thunb.) Cogn.	冬瓜	巨硬毛的	298
Berberis amurensis Ropr.	黄芦木（狗奶子）	黑龙江流域的	235
B. julianae Schneid.	豪猪刺（九连小檗、三颗针）	地名	235
B. virgetorum Schneid.	庐山小檗	绢柳林的	235
Berchemia lineata (L.) DC.	铁包金	具线条的	262
Bergenia purpurascens (Hook. f. et Thoms) Engl.	岩白菜	淡红紫色的	244
Bletilla striata (Thunb. ex A. Murray) Rchb. f.	白及	具条纹的	322
Boehmeria nivea (L.) Gaud.	苎麻	雪白色的	323
Brachytrichia quoyi (C. Ag.) Born. et Flah.	海雹菜	人名	153
Breynia fruticosa (L.) Hook. f.	黑面神	灌木状的	259
Broussonetia papyrifera (L.) Vent.	构树	可制纸的	223
Brucea javanica (L.) Merr.	鸦胆子	爪哇的	324
Bupleurum chinense DC.	柴胡（北柴胡）	中国的	271
B. scorzonerifolium Willd.	狭叶柴胡	像鸦葱叶的	271
Caesalpinia decapetala (Roth) Alston	云实	十个花瓣的	255
Caesalpinia sappan L.	苏木	一年生植物的马来土名	255
Callicarpa bodinieri Lévl.	紫珠		283
C. macrophylla Vahl	大叶紫珠	大叶的	283
C. nudiflora Hook. et Arn.	裸花紫珠	裸花的	283
Caloglossa leprieurii (Mont.) J. Ag.	鹧鸪菜（美舌藻、乌菜）	人名	157
Calothrix crustacea (Chanv.) Thur.	苔垢菜	壳质的、似硬薄而脆的外壳	153
Calvatia gigantea (Batsch ex Pers.) Lloyd.	大马勃	巨人	173
Calvatia lilacina (Mont. et Berk.) Lloyd.	紫色马勃	紫丁香的、淡紫色的	173
Canavalia gladiata (Jacq.) DC.	刀豆	剑状的	255

续表

拉丁名	中文名	种加词释义	页码
Cannabis sativa L.	大麻	栽培的	222
Capsella bursa - pastoris (L.) Medic.	荠菜	牧人的钱包	242
Catharanthus roseus (L.) G. Don	长春花	玫瑰红的	278
Carthamus tinctorius L.	红花	染料用的	303
Caryopteris incana (Thunb.) Miq.	兰香草	被灰白色毛的	283
Cassia obtusifolia L.	决明	地名（东印度的）	253
Cassiope selaginoides Hook. f. et Thoms.	岩须	似卷柏的	274
Cayratia japonica (Thunb.) Gagnep.	乌蔹莓	日本的	262
Celosia cristata L.	鸡冠花	鸡冠状	228
C. argentea L.	青葙	银色的	228
Cephalotaxus fortunei Hook. f.	三尖杉	人名	209
C. oliveri Mast.	蓖子三尖杉	人名	209
C. sinensis (Rehd. et Wils) Li	中国粗榧	中国的	209
C. wilsoniana Hayata	台湾三尖杉	人名	209
Cerasus humilis (Bunge) Sok.	欧李	低矮的、矮生的	250
[*Prunus humilis* Bunge]			
C. japonica (Thunb.) Lois	郁李	日本的	250
[*Prunus japonica* Thunb.]			
Cetraria islandica (L.) Ach.	冰岛衣	岛生的	179
Chaenomeles sinensis (Thouin) Koehne	榠樝	中国的	249
Chaenomeles speciosa (Sweet) Nakai	贴梗海棠	美丽的	249
Changium smyrnioides Wolff	明党参	像伞形科 *Smyrnium* 属的	272
Chelidonium majus L.	白屈菜	大的	241
Chloranthus fortunei (A. Gray) Solms - Laub.	丝穗金粟兰（剪草）		222
C. henryi Hemsl.	宽叶金粟兰	人名	222
C. japonicus Sieb.	银线草	日本的	222
C. serratus (Thnub.) Roem. et Schult.	及己	有锯齿的	221
C. spicatus (Thunb.) Makino	金粟兰（珠兰）	穗状的、具穗状花序的	222
Chlorella pyrenoidosa Chick	蛋白核小球藻	似梨气味的	154
Cibotium barometz (L.) J. Sm.	金毛狗脊	土名（多塔儿）	196
Cimicifuga foetida L.	升麻	烈味的、臭味的	232
Cinchona ledgeriana (Howard) Moens ex Trim.	金鸡纳树	人名（英国）	295
Cinnamomum cassia Presl.	肉桂	指剥皮入药的	239
C. camphora (L.) Presl	樟树（香樟）	樟脑	239
Cirsium japonicum Fisch. ex DC.	蓟（大蓟）	日本的	305
C. setosum (Willd.) Bieb.	刺儿菜（小蓟）	生于谷田的	305

续表

拉丁名	中文名	种加词释义	页码
Cistanche deserticola Y. C. Ma	肉苁蓉	生沙漠的	326
Citrus aurantium L.	酸橙	橙黄色的	256
C. aurantium L. var. *amara* Engl.	代代花	橘色	257
C. grandis（L.）Osbeck	柚	大角的	257
C. grandis（L.）Osbeck var. *tomentosa* Hort.	化州柚	大角的，被绒毛的	257
C. medica L.	枸橼	药用的、治疗	257
C. medica L. var. *sarcodactylis*（Noot.）Swingle	佛手柑	药用的、指状的	257
Citrus reticulata Blanco	橘	网状的	255
C. reticulata '*Chachi*'	茶枝柑	网状的	256
C. reticulata '*Dahongpao*'	大红袍	网状的	256
C. reticulata '*Tangerina*'	福橘	网状的	256
C. reticulata '*Unshiu*'	温州蜜柑	网状的	256
C. sinensis（L.）Osbeck	甜橙	中国的	256
Cissampelos pareira L. var. *hirsuta*（Buch. ex DC.）Forman	锡生藤	（亚乎奴）人名、有硬毛的	237
C. wilsonii Tanaka	香圆（香橼）	人名	257
Cladonia rangiferina（L.）Web.	石蕊	铺展的	179
Claviceps purpurea（Fr.）Tul.	麦角菌	紫色的	166
Clematis armandii Franch.	小木通	人名	233
Clematis chinensis Osbeck	威灵仙	中国的	232
C. hexapetala Pall.	棉团铁线莲	六瓣的	232
C. manshurica Rupr.	东北铁线莲	满洲里的	232
C. montana Buch. – Ham.	绣球藤	山地的	233
Clerodendrum bungei Steud.	臭牡丹	人名	283
Clerodendrum cyrtophyllum Turcz.	大青	弯叶的	283
Clerodendrum trichotomum Thunb.	海州常山	三出的	283
Climacium dendroides（Hedw.）Web. et Mohr.	万年藓	如树木状的	184
Cnidium monnieri（L.）Cuss.	蛇床	人名	272
Cocculus orbiculatus（L.）DC.	木防己	三裂的	236
Codium fragile（Sur.）Hariot	刺海松	易碎的、脆的	156
Codonopsis lanceolata（Sieb. et Zucc.）Trautv.	羊乳（四叶参）	披针形的	300
Codonopsis pilosula（Franch.）Nannf.	党参	具疏长毛的	300
C. pilosula（Franch.）Nannf. var. *modesta*（Nannf.）L. T. Shen	素花党参	具疏长毛的，平静的、适度的	300
C. tubulosa Kom.	管花党参	管花的	300
Coffea arabica L.	咖啡	阿拉伯的	295

续表

拉丁名	中文名	种加词释义	页码
Coix lacryma－jobi L. var. *ma－yuen*（Roman.）Stapf	薏苡	泪滴	307
Commelina communis L.	鸭跖草	共同的、共有的	327
Conocephalum conicum（L.）Dum.	蛇地钱（蛇苔）	圆锥形的	182
Coptis chinensis Franch.	黄连	中国的	232
C. deltoidea C. Y. Cheng et Hsiao	三角叶黄连	三角形的	232
C. teeta wall.	云南黄连	裂齿的	232
Cordyceps hawkesii Gray.	亚香棒菌	人名	168
C. liangshanensis Zang. Hu et Liu	凉山虫草	凉山（四川地名）	168
C. militaris（L.）Link.	蛹草菌	如武器的	168
C. sinensis（Berk.）Sacc.	冬虫夏草	中国的	168
C. sobolifera Hill Berk. et Br.	蝉花菌	根出枝的	168
Coriandrum sativum L.	芫荽	栽培的	272
Cornus officinalis Sieb. et Zucc.	山茱萸	药用的	325
Corydalis bungeana Turcz.	布氏紫堇	人名	241
C. decumbens（Thunb.）Pers.	伏生紫堇（夏天无）	伏生的	241
C. turtschaninovii Bess.	齿瓣延胡索	分散的	241
Corydalis yanhusuo W. T. Wang ex Z. Y. Su et C. Y. Wu	延胡索（元胡）	延胡索（中国音的）	240
Crataegus cuneata Sieb. et Zucc.	野山楂	楔形的	249
Crataegus pinnatifida Bunge	山楂	羽状浅裂的	248
C. pinnatifida Bunge var. *major* N. E. Br.	山里红	羽状浅裂的、大的	248
Crocus sativus L.	番红花	栽培的	318
Croton tiglium L.	巴豆	凶猛的	258
Cudrania tricuspidata（Carr.）Bur.	柘树	具三硬尖的	223
Cupressus funebris Endl.	柏木	埋葬的、出殡的	207
Curculigo orchioides Gaertn.	仙茅	像红门兰 Orchis	327
Curcuma kwangsiensis S. G. Lee et C. F. Liang	广西莪术	广西的	320
C. longa L.	姜黄	长的	320
C. phaeocaulis Val.	蓬莪术	绿青色的	320
C. wenyujin Y. H. Chen et C. Ling	温郁金	温郁金	320
Cuscuta australis R. Br.	南方菟丝子	南方的	282
C. chinensis Lam.	菟丝子	中国的	281
C. japonica Choisy	金灯藤（大菟丝子）	日本的	282
Cyathula officinalis Kuan	川牛膝	药用的	227
Cycas pectinata Griff.	齿叶苏铁	梳形的、梳状的	203
C. revoluta Thunb.	苏铁	反卷的	203

续表

拉丁名	中文名	种加词释义	页码
C. rumphii Miq.	华南苏铁（刺叶苏铁）	人名	203
Cynanchum atratum Bunge	白薇	变黑的	279
C. bungei Decne.	白首乌	人名	281
C. glaucescens (Decne.) Hand. – Mazz.	芫花叶白前	变粉绿色的	280
Cynanchum paniculatum (Bunge) Kitag.	徐长卿	圆锥花序的	281
C. stauntonii (Decne.) Schltr. ex lévl.	柳叶白前	人名	280
C. versicolor Bunge	蔓生白薇	变色的（异色的）	280
Cynomorium songaricum Rupr.	锁阳	准噶尔的	325
Cyperus rotundus L.	莎草（香附）	圆形的	328
Cyrtomium auriculatum Royle ex Wight	耳叶牛皮消	耳状、有耳垂的	281
C. fortunei J. sm.	贯众	人名	198
Daemonorops draco Bl.	龙血藤（麒麟竭）	土名	310
Damnacanthus indicus (L.) Gaertn. f.	虎刺（绣花针）	印度的	295
Daphne genkwa Sieb. et Zucc.	芫花	土名（芫花的日本语）	264
D. giraldii Nitsche	凹叶瑞香	微凹的	264
D. tangutica Maxim.	甘肃瑞香	唐古特	264
Datura metel L.	白花曼陀罗（洋金花）	白花的	289
Daucus carota L.	野胡萝卜	拉丁名（胡萝卜）	272
Dendranthema indicum (L.) Des Moul.	野菊	印度的	302
Dendranthema morifolium ‘Boju’	亳菊	如桑叶的	302
Dendranthema morifolium ‘Chuju’	滁菊	如桑叶的	302
Dendranthema morifolium ‘Gongju’	贡菊	如桑叶的	302
Dendranthema morifolium ‘Huju’	湖菊	如桑叶的	302
D. morifolium (Ramat.) Tzvel.	菊	如桑叶的	302
Dendrobium chrysotoxum Lindl.	鼓槌石斛		322
D. fimbriatum Hook.	流苏石斛	流苏状的	323
D. nobile Lindl.	石斛（金钗石斛）	高贵的	322
D. officinale Kimura et Migo	铁皮石斛	药用的	322
Dendropanax dentiger (Harms) Merr.	树参（半枫荷）	有齿的	268
Descurainia sophia (L.) Webb ex Prantl	播娘蒿	贤者	242
Dianthus chinensis L.	石竹	中国的	229
D. superbus L.	瞿麦	华丽的	229
Dichondra repens Forst	马蹄金（黄胆草）	匍匐的	282
Dichroa febrifuga Lour.	黄常山	退热的	245
Dicliptera chinensis (L.) Juss.	狗肝菜	中国的	293
Dictamnus dasycarpus Turcz.	白鲜	粗毛果实的	257

续表

拉丁名	中文名	种加词释义	页码
Digenea simplex (Wulf.) C. Ag.	海人草	单一、不分枝	157
Digitalis purpurea L.	洋地黄	红紫花的	291
Dimocarpus longan Lour.	龙眼（桂圆）	龙眼	260
Dioscorea collettii Hook. f. var. *hypoglauca* (Palibin) Pei et C. T. Ting (*D. hypoglauca* Palibin)	粉背薯蓣	人名，下面灰白色的	317
D. futschauensis Uline ex R. Knuth	福州薯蓣	福州的	317
D. nipponica Makino	穿龙薯蓣（穿山龙）	日本的	317
D. opposita Thunb.	薯蓣	对生的	317
D. panthaica Prain et Burkill	黄山药（黄姜）		317
D. septemloba Thunb. (*D. spongiosa* J. Q. Xi, M. Mizuno et W. L. Zhao)	绵萆薢	七裂的（指叶）	317
Diospyros kaki Thunb.	柿	柿子（日本植物名）	326
Dipsacus asperoides C. Y. Cheng et T. M. Ai	川续断	粗糙的、不平的	326
Dolichos lablab L.	扁豆	卷绕他物生长的	255
Dryopteris crassirhizoma Nakai	粗茎鳞毛蕨（绵马鳞毛蕨，东北贯众）	粗大根茎的	197
Drynaria baronii (Christ.) Diels	中华槲蕨	人名	199
D. bonii Christ	团叶槲蕨	人名	200
D. fortunei (Kze.) J. Sm.	槲蕨（骨碎补）	人名	199
D. propinqua (Wall.) J. Sm.	石莲姜槲蕨	女亲戚、女亲属	200
Dysosma pleiantha (Hance) Woods.	六角莲	多花的	235
D. versipellis (Hance) M. Cheng ex Ying	八角莲	变形的	235
D. Veitchii (Hemsl. et Wils) Fu ex Ying	川八角莲		235
Duchesnea indica (Andr.) Focke	蛇莓	印度的	248
Echinops latifolius Tausch	蓝刺头（禹州漏芦）	宽叶的	304
Ecklonia kurome Okam.	昆布	黑目	158
Eclipta prostrata (L.) L.	鳢肠	平卧的	305
Ephedra equisetina Bge.	木贼麻黄	像木贼的	210
E. sinica Stapf	草麻黄	中国的	210
E. intermedia Schr. et Mey.	中麻黄	中间型的	210
Epimedium brevicornum Maxim.	淫羊藿	短角的	235
E. koreanum Nakai.	朝鲜淫羊藿	朝鲜的	235
E. pubesens Maxim.	柔毛淫羊藿	有柔毛的	235
E. sagittatum (Sieb. et Zucc.) Maxim.	箭叶淫羊藿（三枝九叶草）	箭叶的	234
Equisetum arvense L.	问荆	野生的	195
Eriobotrya japonica (Thunb.) Lindl.	枇杷	日本的	249

续表

拉丁名	中文名	种加词释义	页码
Eriocaulon buergerianum Koern.	谷精草	人名	327
Eucalyptus globulus Labill.	蓝桉	球状（果实）	265
E. robusta Smith.	大叶桉	粗壮的	265
Eucommia ulmoides Osliv	杜仲	像榆叶的	323
Eugenia caryophyllata Thunb.	丁香	像石竹的	265
Euonymus alatus（Thunb.）Sieb.	卫矛（鬼箭羽）	翅状	260
Eupatorium fortunei Turcz.	佩兰	人名	305
Euryale ferox Salisb.	芡实（鸡头米）	凶猛的、有刺的	230
Erycibe obtusifolia Benth.	丁公藤	钝叶的	282
E. schmidtii Graib	光叶丁公藤		282
Erythrina variegata L.	刺桐	有彩斑的、有斑的	255
Euphorbia fischeriana Steud.	狼毒大戟	人名	258
E. hirta L.	飞扬草（大飞扬）	有毛的	258
E. humifusa Willd.	地锦草	匍匐地面的	258
E. kansui T. N. Liou ex S. H. Ho	甘遂	甘遂（中国音）	258
E. lathyris L.	续随子（千金子）	像山黧豆叶的	258
E. pekinensis Rupr.	大戟	北京的	258
Evodia rutaecarpa（Juss.）Benth.	吴茱萸	芸香果的	256
E. rutaecarpa（Juss.）Benth. var. *bodinieri*（Dode）Huang	疏毛吴茱萸	芸香果的，人名	257
E. rutaecarpa（Juss.）Benth. var. *officinalis*（Dode）Huang	石虎	药用的	257
Fagopyrum dibotrys（D. Don）Hara	金荞麦	聚伞花序的	226
Ferula sinkiangensis K. M. Shen	新疆阿魏	新疆的	272
F. fukanensis K. M. Shen	阜康阿魏	阜康的	272
Ficus carica L.	无花果	加利亚（小亚细亚）	223
F. pumila L.	薜荔	矮小的	223
Foeniculum vulgare Mill.	小茴香	普通的	272
Forsythia suspense（Thunb.）Vahl.	连翘	悬垂的	274
Fraxinus chinensis Roxb.	白蜡树	中国的	275
F. rhynchophylla Hance	花曲柳（苦枥白蜡树）	尖叶的、嘴状叶的	275
F. stylosa Lingelsh.	宿柱梣	有花柱的	275
F. szaboana Lingelsh.	尖叶梣		275
Fritillaria cirrhosa D. Don	川贝母	有卷须的	314
F. delavayi Franch.	梭砂贝母	人名	314
F. hupehensis Hsiao et K. C. Hsia	湖北贝母	湖北的	314
F. pallidiflora Schrenk	伊贝母	苍白色花的	314

续表

拉丁名	中文名	种加词释义	页码
F. przewalskii Maxim. ex Batal.	甘肃贝母	人名	314
F. taipaiensis P. Y. Li	太白贝母	太白山的	314
F. thunbergii Miq.	浙贝母	人名	313
F. unibracteata Hsiao et K. C. Hsia	暗紫贝母	单苞的	314
F. unibracteata Hsiao et K. C. Hsia var. *wabuensis*	瓦布贝母	单苞的，瓦布的	314
（S. Y. Tang et S. C. Yue）Z. D. Liu，S. Wang et S. C. Chen			
F. ussuriensis Maxim.	平贝母	乌苏里江的	314
F. walujewii Regel	新疆贝母	人名	314
Funaria hygrometrica Hedw.	葫芦藓	湿生的	183
Ganoderma lucidum（Leyss ex Fr.）Karst.	灵芝	光泽的	172
G. sinense Zhao，Xu et Zhang	紫芝	中国的	172
Gardenia jasminoides Ellis	栀子	像素馨的	293
Gastrodia elata Bl.	天麻（赤箭）	高的	322
Gaultheria leucocarpa Bl.	滇白珠（云南白珠树）	云南的，具小圆齿的	274
var. *crenulata*（Kurz）T. Z. Hsu			
Gelidium amansii Lamx.	石花菜	人名	156
Gentiana crassicaulis Duthia ex Burk.	粗茎秦艽	粗茎的	276
G. macrophylla Pall.	秦艽	大叶的	276
G. manshurica Kitag.	条叶龙胆	满洲的	276
G. rigescens Franch. ex Hemsl.	坚龙胆	坚硬的	276
G. scabra Bunge	龙胆	锐尖的	275
G. triflora Pall.	三花龙胆	三花的	276
Geum japonicum Thunb. var. *chinense* F. Bolle	柔毛路边青	日本的，中国的	248
Ginkgo biloba L.	银杏	二裂的	204
Gnaphalium affine D. Don	鼠曲草	相似的、近缘的	305
Gnetum parvifolium（Warb.）C. Y. Cheng ex Chun	小叶买麻藤	小叶的	211
G. montanum Markgr.	买麻藤	山地的	211
Glechoma longituba（Nakai）Kupr.	活血丹（金钱草）	长管形的	289
Gleditsia sinensis Lam.	皂荚	中国的	254
Glehnia littoralis（A. Gray）Fr. Schmidt et Miq.	珊瑚菜（北沙参）	沿海生的	272
Glochidion puberum（L.）Hutch.	算盘珠	被短柔毛的	259
Gymnadenia conopsea（L.）R. Br.	手参	圆锥形的	323
Gynostemma pentaphyllum（Thunb.）Makino	绞股蓝	五叶的	297
Glycine max（L.）Merr.	大豆	最大的	255
Glycyrrhiza glabra L.	光果甘草	光滑的	253
G. uralensis Fisch	甘草	乌拉尔山的	253

续表

拉丁名	中文名	种加词释义	页码
G. inflata Batalin	胀果甘草	膨胀的	253
Hedyotis diffusa Willd.	白花蛇舌草	披散的	295
Hemerocallis fulva (L.) L.	萱草		316
Hemsleya chinensis Cogn. ex Forbes et Hemsl.	雪胆	中国的	297
Hericium erinaceus (Bull.) Pers.	猴头菌	刺猬状的	171
Hibiscus mutabilis L.	木芙蓉	易变的、多变的	263
Hibiscus sabdariffa L.	玫瑰茄	土名	263
Hibiscus syriacus L.	木槿	小亚细亚的	263
Hippochaete hiemaie L.	木贼（笔头草）	属于冬天的	194
H. debils (Roxb.) Ching	笔管草	弱的，柔弱的	194
H. ramsissima (Desf.) Boerner	节节草	极多分枝的	195
Homalomena occulta (Lour.) Schott	千年健	包被的、隐被的	312
Hordeum vulgare L.	大麦	一般的、普通的	309
Houttuynia cordata Thunb.	蕺菜（鱼腥草）	心形的	324
Hovenia dulcis Thunb.	枳椇（拐枣）	甜的	261
Hygrophila salicifolia (Vahl) Nees	水蓑衣	杨柳叶的	293
Hyoscyamus niger L.	莨菪（天仙子）	黑色的	290
Humulus lupulus L.	啤酒花（忽布）	啤酒花的	223
H. scandens (Lour.) Merr.	葎草	攀援的	223
Hupnum plumaeforme Wils.	大灰藓	羽毛形	184
Huperzia serratum Thunb.	蛇足石杉	有锯齿的	193
Impatiens balsamina L.	凤仙花	香枞树、香膏状的	324
Imperata cylindrica (L.) Beauv. var. *major* (Nees) C. E. Hubb.	白茅	圆柱状的、较大的	309
Inula helenium L.	祁木香	锦鸡菊（Helenion 希腊植物名）	305
Inula japonica Thunb.	旋覆花（金佛草）	日本的	305
Ipomoea batatas (L.) Lam.	甘薯	块状的	282
Iris japonica Thunb.	蝴蝶花	日本的	318
Iris tectorum Maxim.	鸢尾	屋顶生的	318
Isatis indigotica Fort.	菘蓝	蓝靛色的	242
Isodon rubescens (Hemsl.) Hara	碎米桠	在变红色的	289
Ixeris denticulata (Houtt.) Stebb.	苦荬菜	有小牙齿的	305
Juglans regia L.	胡桃	王的	323
Juncus effusus L.	灯心草	无限扩展的	327
Kadsura longipedunculata Finet et Gagn.	南五味子	具长花柄的	239
Kalopanax septemlobus (Thunb.) Koidz.	刺楸	七裂的	268

续表

拉丁名	中文名	种加词释义	页码
Knoxia velerianoides Thorel ex Pitard	红大戟	似缬草的	294
Kochia scoparia（L.）Schrad.	地肤	扫帚状的	324
Laminaria japonica Aresch	海带	日本的	158
Lantana camara L.	马缨丹（五色梅）	南美地名	283
Lasiosphaera fenzlii Reich.	脱皮马勃	人名	173
Lentius edodes（Berk.）Sing.	香菇		174
Leonurus japonicus Houtt.	益母草	日本的	286
Lepidium apetalum Willd.	葶苈（独行菜）	无瓣的	242
Ligusticum chanxiong Hort.	川芎	川芎（中国音名）	272
L. jeholense（Nakai et Kitag.）Nakai et Kitag.	辽藁本	热河的（地名）	272
L. sinense Oliv.	藁本	中国的	272
Ligustrum lucidum Ait.	女贞	光泽的	275
Lilium brownii F. E. Brown ex Miellez var. *viridulum* Baker	百合	人名，绿的	313
L. lancifolium Thunb.	卷丹	披针形的	313
L. pumilum DC.	山丹（细叶百合）	矮小的	313
Lindera aggregata（Sims.）Kosterm.	乌药	聚集的	240
Liriope muscari（Decne.）Bailey	阔叶山麦冬（短葶山麦冬）	蝇状的	315
L. spicata（Thunb.）Lour. var. *prolifera* Y. T. Ma	湖北麦冬	具穗状花序的，多育的、自由生殖的	316
Litchi chinensis Sonn.	荔枝	中国的	261
Lithospermum erythrorhizon Sieb. et Zucc.	紫草	红根的	284
Litsea cubeba（Lour.）Pers.	山鸡椒（山苍子）	荜澄茄（阿拉伯语）	240
Lobaria pulmonaria Hoffm.	肺衣	似肺的、肺草的（Pulmonaria，肺草属、紫草科）	179
Lobelia chinensis Lour.	半边莲	中国的	300
Lobelia sessilifolia Lamb.	山梗菜	具无柄叶的	300
Lonicera confusa（Sweet）DC.	山忍冬（山银花）	混淆的	296
L. dasystyla Rehd.	毛花柱忍冬	有粗毛花柱的	296
L. fulvotometosa Hsu et S. C. Cheng. Ms	黄褐毛忍冬	被黄绒毛的	296
L. hypoglauca Miq.	红（菰）腺忍冬	下面灰白色的	296
L. japonica Thunb.	忍冬	日本的	295
L. macranthoides Hand. Mazz.	灰毡毛忍冬		296
Lophatherum gracile Brongn.	淡竹叶	纤细的	308
Lycium barbarum L.	宁夏枸杞	异域的、外国的	289
L. chinense Mill.	枸杞	中国的	290

续表

拉丁名	中文名	种加词释义	页码
Lycopodium cernuum L.	垂穗石松（铺地蜈蚣、灯笼草）	垂头的	192
L. japonicum Thunb.	石松（伸筋草）	日本的	192
L. complanatum L.	地刷子石松	平扁的	193
Lycopus lucidus Turcz. var. *hirtus* Regel	毛叶地笋（地瓜儿苗）	光泽的	289
Lygodium japonicum（Thunb.）Sw.	海金沙	日本的	196
Lysimachia christinae Hance	过路黄	人名	326
Luffa cylindrica（L.）Roem.	丝瓜	筒形的	298
Macleaya cordata（Willd.）R. Br.	博落回	心形的	241
Magnolia biondii Pamp.	望春花	人名	238
M. denudata Desr.	玉兰	裸露的	238
M. liliflora Desr.	紫玉兰	似百合花的	238
Magnolia officinalis Rehd. et Wils.	厚朴	药用的	237
M. officinalis Rehd. et Wils. var. *biloba* Rehd. et Wils.	凹叶厚朴	药用的，二浅裂的	238
M. sprengeri Pamp.	武当玉兰		238
Mahonia bealei（Fort.）Carr.	阔叶十大功劳	人名	235
M. fortunei（Lindl.）Fedde	十大功劳	人名	235
Malva verticillata L.	冬葵（冬苋菜）	轮生的	263
Manglietia fordiana Oliv.	木莲		238
Marchantia polymorpha L.	地钱	多形的	181
Matteuccia struthiopteris（L.）Todaro.	荚果蕨	花束状翼的、鸵鸟翅状的	
Maytenus hookeri Loes.	美登木	人名	260
Melaleuca leucadendron（L.）L.	白千层	有白色栓皮的	265
Melia azedarach L.	楝	楝根皮的	324
Menispermum dauricum DC.	蝙蝠葛	达呼里的	236
Mentha haplocalyx Briq.	薄荷	单层萼	287
Michelia alba DC.	白兰花	白色的	238
Mimosa pudica L.	含羞草	怕羞的	255
Mnium cuspidatum Hedw.	尖叶提灯藓	具凸尖的	184
Momordica cochinchinensis（Lour.）Spreng.	木鳖	印度支那的	298
Morinda officinalis How	巴戟天	药用的	294
Morus alba L.	桑	白色的	222
Mosla chinensis Maxim.	石香薷	中国的	288
Myristica fragrans Houtt.	肉豆蔻	芳香的	324
Nandina domestica Thunb.	南天竺	国产的、家种的	235

续表

拉丁名	中文名	种加词释义	页码
Nardostachys chinensis Batal.	甘松	中国的	296
N. jatamansi（D. Don）DC.	匙叶甘松	人名	296
Nelumbo nucifera Gaetn.	莲	有坚果的	229
Nostoc commune Vauch.	葛仙米	普通的	153
Nostoc flagilliforme Born. et Flah.	发菜	鞭形的	153
Notopterygium forbesii H. de Boiss.	宽叶羌活	人名	272
N. incisum Ting ex H. T. Chang	羌活	具缺刻的	272
Onosma confertum W. W. Smith	密花滇紫草	密集的	284
O. exsertum Hemsl.	露蕊滇紫草	露出的、伸出的	284
O. hookeri C. B. Clarke var. *longiflorum* Duthie ex Staph	长花滇紫草	人名，长花的	284
O. hookeri C. B. Clarke	细花滇紫草	人名	284
O. paniculatum Bur. et Franch.	滇紫草	果穗	284
Onychium japonicum（Thunb.）Kunze.	野鸡尾（金花草）	日本的	197
Ophiopogon japonicus（L. f.）Ker – Gawl.	麦冬	日本的	315
Orostachys fimbriatus（Turcz.）Berger	瓦松	流苏状的	244
Oryza sativa L.	稻	栽培的	308
Osmunda japonica Thunb.	紫萁	日本的	195
Paeonia lactiflora Pall.	芍药	大花的	234
P. ostii T. Hong et J. X. Zhang	凤丹	人名	234
P. suffruticosa Andr.	牡丹	亚灌木	234
P. veitchii Lynch	川赤芍	人名	234
Paederia scandens（Lour.）Merr.	鸡矢藤	攀援的	295
P. scandens（Lour.）Merr. var. *tomentosa*（Bl.）Hand – Mazz.	毛鸡矢藤	攀援的，被绒毛的	295
Panax ginseng C. A. Mey.	人参	人参	266
P. japonicus C. A. Mey.	竹节参	日本的	267
P. japonicus C. A. Mey. var. *major*（Burk.）C. Y. Wu et K. M. Feng	珠子参	日本的，较大的	267
Panax notoginseng（Burk.）F. H. Chen	三七	南方人参	267
Panax quinquefolium L.	西洋参	五叶的	266
Papaver rhoeas L.	虞美人	希腊原植物名虞美人	241
Papaver somniferum L.	罂粟	催眠的	241
Parabarium micranthum（A. DC.）Pierre	杜仲藤	小花的	278
Paris polyphylla Smith var. *chinensis*（Franch.）Hara	华重楼（七叶一枝花）	多叶的，中国的	314

续表

拉丁名	中文名	种加词释义	页码
P. polyphylla Smith	宽瓣重楼（云南重楼）	多叶的，云南的	314
var. *yunnanensis*（Franch.）Hand. – Mazz.			
Patrinia scabiosaefolia Fisch. ex Trev.	黄花败酱	像山萝卜叶的	296
P. villosa（Thunb.）Juss.	白花败酱	有毛的	296
Penicillium chrysogenum Thom	产黄青霉	黄色的	174
P. citreo – viride Biourge	黄绿青霉	黄绿色的	174
P. citrinum Thom	柑橘青霉	柠檬黄色的	175
P. islandicum Sopp	岛青霉	岛生的	174
P. italicum Wehmer	意大利青霉	意大利的	175
P. notatum Westling	特异青霉	有标志的	174
Perilla frutescens（L.）Britt.	紫苏	变灌木状的、锐锯齿的	288
Perilla frutescens（L.）Britt.	鸡冠紫苏（回回苏）	皱波状的	288
var. *crispa*（Thunb.）Hand – Mazz.			
Periploca sepium Bunge	杠柳	篱笆的	280
Peristrophe japonica（Thunb.）Bremek.	九头狮子草	日本的	293
Peucedanum praeruptorum Dunn.	白花前胡	急披的	270
Pharbitis nil（L.）Choisy	裂叶牵牛	蓝色的	281
P. purpurea（L.）Voigt	圆叶牵牛	紫色的	281
Phellodendron amurense Rupr.	黄檗	黑龙江流域	256
P. chinense Schneid.	黄皮树（川黄柏）	中国的	256
Phlegmariurus fordii（Bak.）Ching	华南马尾杉	人名	193
Photinia serrulata Lindl.	石楠	具细齿的	249
Phragmites australis（Cav.）Trin.	芦苇	南方的，普通的	308
ex Steud.（P. *communis* Trin.）			
Phyanthus emblica L.	余甘子		259
Phyllanthus urinaria L.	叶下珠	乌拉尔山的	258
Phyllostachys nigra（Lodd. ex Lindl.）Munro	毛金竹（淡竹）	黑色的	308
var. *henonis*（Mitford）Stapf ex Rendle			
Physochlaina infudibularis Kuang	漏斗泡囊草（华山参）	漏斗状的	290
Physalis alkekengi L.	酸浆	人名	290
Phytolacca acinosa Roxb.	商陆	似葡萄的	323
Picrorhiza scrophulariiflora Pennell	胡黄连	玄参叶的	291
Pinellia ternata（Thunb.）Breit.	半夏	三出的	311
Pinus koraiensis Sieb. et Zucc.	红松	朝鲜的	206
Pinus massoniana Lamb.	马尾松	人名	205
P. tabulaeformis Carr.	油松	台状的	205

续表

拉丁名	中文名	种加词释义	页码
P. yunnanensis Franch.	云南松	云南的	205
Piper nigrum L.	胡椒	黑色的	220
Piper longum L.	荜茇	长的	221
Piper kadsura (Choisy) Ohwi	风藤（细叶青蒌藤）	像南五味子的	221
Piper wallichii (Miq.) Hand. - Mazz.	石南藤	人名	221
P. cubeba L.	荜澄茄	荜澄茄（阿拉伯语 Kababah）	221
P. hancei Maxim.	山蒟	人名	221
P. puberlum (Benth.) Maxim.	毛蒟	有柔毛的	221
Plantago asiatica L.	车前	亚洲的	326
P. depressa Willd.	平车前	上面平而中央略凹陷的	326
P. major L.	大车前	较大的	326
Platycodon grandiflorum (Jacq.) A. DC.	桔梗	大花的	299
Platycladus orientalis (L.) Franco	侧柏	东方的	206
Pogostemon cablin (Blanco) Benth.	广藿香	异形叶的	289
Polygala tenuifolia Willd.	远志	细叶的	324
Polygonatum cyrtonema Hua	多花黄精	弯丝的	315
P. kingianum Coll. et Hemsl.	滇黄精	人名	315
P. odoratum (Mill.) Druce	玉竹	有味的	315
P. sibiricum Delar. ex Redoute	黄精	西伯利亚的	315
Polygunum aviculare L.	萹蓄	鸟喜欢的	226
P. bistorta L.	拳参	二回旋扭的	226
P. cuspidatum Sieb. et Zucc.	虎杖	具凸尖的	226
P. multiflorum Thunb.	何首乌	多花的	225
P. orientale L.	红蓼	东方的	226
P. perfoliatum L.	杠板归	穿叶的	226
P. tinctorium Ait.	蓼蓝	染料用的	226
Polypodium niponicum Mett.	水龙骨	日本的	199
Polyporus umbellatus (Pers.) Fr.	猪苓	伞形花序式的	172
Polysticus versicolor (L.) Fr.	云芝	具不同色的、变色的	172
Polytrichum commune L. ex Hedw.	大金发藓（土马骔）	普通的	183
Poncirus trifoliata (L.) Raf.	枸橘	具三叶的、三叶形的	257
Poria cocos (Schw) Wolf.	茯苓	椰子样的	172
Porphyra tenera Kjellm.	甘紫菜	柔弱的	157
Portulaca oleracea L.	马齿苋	似蔬菜的	324
Potentilla chinensis Ser.	委陵菜	中国的	248
P. discolor Bunge	翻白草	不同色的	248

续表

拉丁名	中文名	种加词释义	页码
Pratis nummularia (Lam.) A. Br. et Aschers	铜锤玉带草	钱币形的、圆板状的	300
Prunella vulgaris L.	夏枯草	普通的	289
Przewalskia tangutica Maxim.	马尿泡	唐古特	290
Pseudolarix amablis (Nelson) Rehd.	金钱松	可爱的、娇美的	205
Pseudostellaria heterophylla (Miq.) Pax	孩儿参（太子参）	异形叶的	228
Psilotum nudum (L.) Griseb.	松叶蕨（松叶兰）	裸的	192
Psoralea corylifolia L.	补骨脂	似榛叶的	254
Pueraria lobata (Willd.) Ohwi	野葛	分裂的（叶）	254
Pulsatilla chinensis (Bge.) Regel	白头翁	中国的	233
Punica granatum L.	石榴	多籽的、多核的	325
Pyrola calliantha H. Andres [*Pyrola rotundifolia* L. subsp. *chinensis* H. Andces.]	鹿蹄草	具美丽花的，圆形叶的，中国的	325
P. decorata H. Andres	普通鹿蹄草	美观的、装饰好了的	325
Pyrrosia lingua (Thunb.) Farwell	石韦	像舌的	198
P. petiolosa (Christ.) Ching	有柄石韦	具叶柄的	199
P. Sheareri (Bak.) Ching	庐山石韦	人名	198
Pyrus bretschneideri Rehd.	白梨		249
P. pyrifolia (Burm. f.) Nakai	沙梨	梨状叶的	249
P. ussuriensis Maxim.	秋子梨	苏里江的	249
Ranunculus japonicus Thunb.	毛茛	日本的	230
R. ternatus Thunb.	猫爪草	三出的	231
Raphanus sativus L.	莱菔（萝卜）	栽培的	242
Rauvolfia verticillata (Lour.) Baill.	萝芙木	轮生的	277
Rehmannia glutinosa (Gaertn.) Libosch. ex Fish. et Mey.	地黄	黏性的	291
Rhamnus dahurica Pall.	鼠李	达呼里的	262
Rhaponticum uniflorum (L.) DC.	祁州漏芦	单花的	304
Rheum officinale Baill.	药用大黄	药用的	225
R. palmatum L.	掌叶大黄	掌状的	225
R. tanguticum Maxim. ex Regel	唐古特大黄	唐古特的	225
Rhodiola crenulata (Hook. f. et Thoms.) H. ohba	大花红景天	具细圆齿的	243
R. kirilowii (Regel.) Regil.	狭叶红景天	人名	243
R. algida (Lédeb.) Fisch. et Mey. var. *tangutica* (Maxim.) S. H. Fu	唐古特红景天	喜冷的、冷的，唐古特的	243
Rhodobryum giganteum (Schwaegr.) Par.	暖地大叶藓（回心草）	巨大的	184
Rhododendron anthopogonoides Maxim.	烈香杜鹃	像 *Anthopogon* 的（为龙胆科中一属）	274

续表

拉丁名	中文名	种加词释义	页码
R. dahuricum L.	兴安杜鹃（满山红）	达呼里的	273
R. mariae Hance	岭南杜鹃（紫花杜鹃）	人名	274
R. micranthum Turcz.	照山白	小花的	274
R. molle（Bl.）G. Don	羊踯躅（闹羊花）	柔软的	273
R. simsii Planch.	杜鹃（映山红）	人名	274
Rhodomyrtus tomentosa（Ait.）Hassk.	桃金娘（岗稔）	被茸毛的	265
var. *sinica*（Diels）Rehd. et Wils.			
Ricinus communis L.	蓖麻	普通的	259
Rodgersia sambucifolia Hemsl.	西南鬼灯擎	似接骨木叶的	245
Rorippa indica（L.）Hiern	蔊菜	印度的	242
Rosa chinensis Jacq.	月季花	中国的	248
R. laevigata Michx.	金樱子	平滑的	247
Rosa rugosa Thunb.	玫瑰	有皱的	248
Rostellularia procumbens（L.）Nees	爵床	匍匐的	293
Rubia cordifolia L.	茜草	心形叶的	294
Rubus chingii Hu	掌叶覆盆子	人名	247
Rubus parvifolius L.	茅莓	小形叶的	248
Rumex japonicus Houtt.	羊蹄	日本的	226
Rungia pectinata（L.）Nees	孩儿草	梳齿状的	293
Sabina chinensis（L.）Ant.	圆柏	中国的	207
Saccharomyces cerevisiae Hansen	酿酒酵母菌	啤酒的	166
Salvia miltiorrhiza Bunge	丹参	有赭红色根的	286
Sambucus chinensis Lindl.	陆英（接骨草）	中国的	296
S. williamsii Hance	接骨木	人名	296
Sanguisorba officinalis L.	地榆	药用的	248
S. officinalis L. var. *longifolia*（Bertol.）Yu et Li	狭叶地榆	药用的，有长叶的	248
Santalum album L.	檀香	白色的	323
Sapium sebiferum（L.）Roxb.	乌桕	具蜡质的	259
Sapindus mukorossi Gaertn.	无患子	人名	261
Saposhnikovia divaricata（Turcz.）Schischk.	防风	极叉开的	271
Sarcandra glabra（Thunb.）Nakai	草珊瑚（肿节风、接骨金粟兰）	光净的	221
Sargassum pallidum（Turn.）C. Ag.	海蒿子（海藻）	淡白色的	158
S. fusiforme（Harv.）Setch.	羊栖菜	纺锤状的	159
Saxifraga stolonifera Curt.	虎耳草	具匍匐茎的	244
Schisandra chinensis（Turcz.）Baill.	北五味子	中国的	238

续表

拉丁名	中文名	种加词释义	页码
S. sphenanthera Rehd. et Wils.	华中五味子	楔形花药的	239
Schizonepeta tenuifolia (Benth.) Briq.	荆芥	细叶的	289
Schizostachyum chinense Rendle	薄竹（华思劳竹）	中国的	309
Scrophularia ningpoensis Hemsl.	玄参	宁波的	291
S. buergeriana Miq.	北玄参	人名	291
Scutellaria amoena C. H. Wright	滇黄芩（西南黄芩）	美丽的	287
S. baicalensis Georgi	黄芩	贝加尔湖的	287
Scutellaria barbata D. Don	半枝莲	具髯毛的（指花）	287
S. likiangensis Diels	丽江黄芩	丽江的	287
S. rehderiana Diels	甘肃黄芩		287
S. viscidula Bunge	黏毛黄芩（黄花黄芩、腺毛黄芩）	稍黏质的	287
Securinega suffruticosa (Pall.) Rehd.	一叶萩（叶底珠）	亚灌木的	259
Sedum aizoon L.	景天三七（土三七）	长生草属，番杏科	243
S. sarmentosum Bunge	垂盆草	下垂的、蔓生茎的	243
Selaginella doederleinii Hieron.	深绿卷柏	人名	193
S. moellendorfii Hieron	江南卷柏	人名	193
S. pulvinata (Hook. et Grev.) Maxim.	垫状卷柏	坐垫形的	193
S. tamariscina (Beauv.) Spring	卷柏（还魂草）	像柽柳的	193
S. uncinata (Desv.) Spring	翠云草	具钩的	193
Semiaquilegia adoxoides (DC.) Mak.	天葵	像五福花的	233
Senecio scandens Buch - Ham. ex D. Don	千里光	攀援的	305
Serissa serissoides (DC.) Druce	白马骨（六月雪）	似六月雪的	295
Sesamum indicum L.	芝麻	印度的	326
Shiraria bambusicola P. Henn.	竹黄		168
Siegesbeckia orienthalis L.	豨莶草	东方的	305
S. pubescens (Makino) Makino	腺梗豨莶	有着短柔毛的	305
S. glabrescens Makino	毛梗豨莶	变成近无毛的	305
Sinapis alba L.	白芥	白色的	242
Sinomenium acutum (Thunb.) Rehd. et Wils.	青藤	锐尖的	236
S. acutum (Thunb.) Rehd. et Wils. var. *cinereum* Rehd. et Wils.	毛青藤	锐尖的，灰烬色的	236
Sinopodophyllum hexandrum (Royle) Ying	桃儿七	有六个雄蕊的	235
Siphonostegia chinensis Benth.	阴行草	中国的	291
Siraitis grosvenorii (Swingle) C. Jeffrey ex Lu et Z. Y. Zhang	罗汉果	人名	298

续表

拉丁名	中文名	种加词释义	页码
Smilax china L.	菝葜	中国的	316
S. glabra Roxb.	土茯苓（光叶菝葜）	光秃的、无毛的	316
Solanum nigrum L.	龙葵	黑色的	290
S. lyratum Thun.	白英	琴状的、大头羽裂的	290
Solidago decurrens Lour.	一枝黄花	下延的	305
Sonchus oleraceus L.	苦苣菜	似蔬菜的	306
Sophora flavescens Ait.	苦参	淡黄色的	253
S. japonica L.	槐	日本的	253
Sophora tonkinensis Gagnep.	柔枝槐（越南槐、广豆根）	东京（越南）的	255
Sparganium stoloniferum (Graebn.) Buch. – Ham. ex Juz.	黑三棱	生有匍匐茎的	327
Spatholobus suberectus Dunn	密花豆	略直立的	254
Spiraea salicifolia L.	绣线菊	似柳叶的	246
Spiranthes sinensis (Pers.) Ames	绶草	中国的	323
Spirodela polyrrhiza (Linn.) Schleid.	紫萍	具有许多根的	327
Spirogyra nitida (Dillw.) Link.	水绵	有光泽的	156
Spirulina platensis (Nordst.) Geitl.	钝顶螺旋藻	平状的	153
Stellaria dichotoma L. var. *lanceolata* Bge.	银柴胡	二分叉的，披针形的	229
Stellera chamaejasme L.	狼毒	地名	264
Stemona sessilifolia (Miq.) Miq.	直立百部	具无柄叶的	327
Stephania cepharantha Hayata	金线吊乌龟（头花千金藤）	头花的，头蕊的	237
S. epigaea Lo	地不容	出土的、生在土面上的	237
Stephania tetrandra S. Moore	粉防己（汉防己）	四雄蕊	236
Strophanthus divaricatus (Lour.) Hook. et Arn.	羊角拗	极叉开的	278
Styrax tonkinensis (Pierre) Craib ex Hartw.	白花树	东京的（越南）	326
Swertia mileensis T. N. Ho et W. L. Shi	青叶胆	云南弥勒县	276
S. pseudochinensis Hara	瘤毛獐牙菜	似獐芽菜的	276
Tamarix chinensis Lour.	柽柳	中国的	325
Taraxacum mongolicum Hand – Mazz.	蒲公英	蒙古的	306
Taxillus chinensis (DC.) Danser.	桑寄生	中国的	323
Taxus chinensis (Pilger) Rehd.	红豆杉	中国的	208
T. chinensis var. mairei (Lemée et Lévl.) S. Y. Hu ex Liu	南方红豆杉	中国的	208
T. wallichiana Zucc.	西藏红豆杉		208
T. yunnanesis Cheng et L. K. Fu	云南红豆杉	云南的	208
Tetrapanax papyrifera (Hook.) K. Koch	通脱木（通草）	可制纸的	268

续表

拉丁名	中文名	种加词释义	页码
Tetrastigma hemsleyanum Diels et Gilg	三叶崖爬藤（三叶青）		262
Thalictrum faberi Ulbr	大叶唐松草		233
T. fortunei S. Moore	华东唐松草	人名	233
T. minus L. var. *hypoleucum*（Sieb. et Zucc.）Miq.	东亚唐松草	较小的、下级的，白背的	233
Thamnolia vermicularis（Sw.）Ach. ex Schaer.	雪茶（地茶）	蠕虫状的	179
Thevetia peruviana（Pers.）K. Schum.	黄花夹竹桃	秘鲁的	278
Thlaspi arvense L.	菥蓂（遏蓝菜）	田野生的	242
Tinospora sagittata（Oliv.）Gagnep.	青牛胆（九牛子）	箭形的	236
Torreya grandis Fort. ex Lindl.	榧树	大的、高大的	207
Trachelospermum jasminoides（Lindl.）Lem.	络石	如素馨的、素馨状的	277
Trachycarpus fortunei（Hook.）H. Wendl.	棕榈	人名	309
Tremella fuciformis Berk.	银耳（白木耳）	纺锤状的	171
Tribulus terrestris L.	蒺藜	陆生的	324
Trichosanthes cucumeroides（Ser.）Maxim.	王瓜	如甜瓜的、甜瓜状的	297
Trichosanthes kirilowii Maxim.	栝楼	人名	296
Trichosanthes rosthornii Harms	中华栝楼（双边栝楼）	人名	297
Trigonella foenum-graecum L.	胡芦巴	希腊秣刍（一种植物体含有强烈挥发油的草本植物）	255
Tripterospermum chinense（Migo）H. Smith	双蝴蝶	中国的	276
Tripterygium wilfordii Hook. f.	雷公藤	人名	260
T. hypoglaucum（Levl.）Hutch.	昆明山海棠	粉绿背的（指叶）	260
Tylophora ovata（Lindl.）Hook. ex Steud.	娃儿藤	卵形的	281
Typha angustifolia Linn.	水烛香蒲	狭叶的	327
Typhonium giganteum Engl.	独角莲（禹白附）	巨大的	312
Ulva lactuca L.	石莼	如莴苣叶的	155
Umbilicaria esculenta（Miyoshi）Minks	石耳	可食用的	179
Uncaria macrophylla Wall.	大叶钩藤	大叶的	294
U. rhynchophylla（Miq.）Miq. ex Havil.	钩藤	尖叶的、嘴状叶的	294
U. sinensis（Oliv.）Havil.	华钩藤	中国的	294
Usnea diffracta Vain.	松萝（节松萝、破茎松萝）	裂成孔隙的（破裂的）	179
U. longissima Ach.	长松萝（老君须）	极长的	179
Vaccaria segetalis（Neck.）Garcke	王不留行（麦蓝菜）	生于谷田的	229
Vaccinium bracteatum Thunb.	南烛（乌饭树）	有苞片的	274
Valeriana officinalis L.	缬草	药用的	296
Verbena officinalis L.	马鞭草	药用的	282
Viburnum dilatatum Thu nb.	荚蒾	宽大的、膨大的	296
Vigna angularis（Willd.）Ohwi et Ohashi	赤豆	有角的、有棱角的	255

续表

拉丁名	中文名	种加词释义	页码
V. radiata (L.) R. Wilczak	绿豆	辐射状的、生有边花的	255
V. umbellata (Thunb.) Ohwi et Ohashi	赤小豆	伞形花序的	255
Viola philippica Cav.	紫花地丁	菲律宾的，清洁的	325
Viscum coloratum (Kom.) Nakai	槲寄生	上了色的、有色的	323
Vitis vinifera L.	葡萄	产葡萄酒的	262
Vitex trifolia L.	蔓荆	三叶生的	283
V. trifolia L. var. *simplicifolia* Cham.	单叶蔓荆	三叶的，单叶的	283
V. negundo L.	黄荆	地名	283
V. negundo L. var. *cannabifolia* (Sieb. et Zucc.) Hand. -Mazz.	牡荆	地名	283
V. negundo L. var. *heterophylla* (Franch.) Rehd.	荆条	地名，异形叶的	283
Vladimiria souliei (Franch.) Ling	川木香	人名	304,305
Wahlenbergia marginata (Thunb.) A. DC.	蓝花参	具边缘的	300
Wikstroemia indica (L.) C. A. Mey.	了哥王	印度的	264
Xanthium sibiricum Patr. ex Widder	苍耳	西伯利亚的	304
Youngia japonica (L.) DC.	黄鹌菜	日本的	306
Zanthoxylum bungeanum Maxim.	花椒	人名	257
Zingiber offlcinale Rosc.	姜	药用的	319
Ziziphus jujuba Mill.	枣	枣的阿拉伯语	261
Z. jujuba Mill. var. *spinosa* (Bge.) Hu ex H. F. Chow	酸枣	枣的阿拉伯语音，有刺的	261

附录三 药用植物属名释义

Acanthopanax, acis, m. 五加属	自希腊语 akantha（荆棘）和 panax（人参属），意指该属植物形态与人参属相似，但有刺。
Achillea, ae, f. 蓍属	自古希腊医生 Achilleus，为首先发现该属有效成分者。
Achyranthes, is, f. 牛膝属	自希腊语 achyron（皮壳）和 anthos（花），意指该属植物花如稻谷壳状。
Aconitum, ae, f. 乌头属	自希腊语 akoniton（附子）。
Acorus, i, m. 菖蒲属	自古希腊名 a（无）和 koros（装饰），意指该属植物没有美丽的花。
Adenophora, ae, f. 沙参属	自希腊语 aden（腺体）和 phoros（负着），意指该属植物花柱基部有杯状花盘或腺体。
Agastache, es, m. 藿香属	自希腊语 aga（许多）和 stachys（穗），意指该属植物具有多数假穗状花序。
Agrimonia, ae, f. 龙芽草属	自罂粟的希腊名 agremone，意指该属植物萼筒上有许多钩刺相似于罂粟。
Ajuga, ae, f. 筋骨草属	自拉丁语 a（无）和 jugum（轭），意指该属植物花冠上无明显上唇。
Akebia, ae, f. 木通属	自木通的日本名 akebi。
Albizia, ae, f. 合欢属	自 18 世纪德国自然科学家名 Filippo del Albizzi。
Aloe, es, f. 芦荟属	自阿拉伯语 alloet（味苦），意指该属植物叶中含苦味的汁液。
Althaea, ae, f. 蜀葵属	自希腊语 althaino（医治），意指该属某些植物具有治疗作用。
Ampelopsis, is, f. 白蔹属	自希腊语 ampelos（葡萄）和 opsis（模样），意指该属植物形态似葡萄。
Andrographis, itis, f. 穿心莲属	自希腊语 aner（男性）和 graphe（线条表现的东西），意指该属植物花丝有髯毛。
Angelica, ae, f. 当归属	自希腊语 angelikos（天使的），意指该属植物具有显著的治疗作用。
Areca, ae, f. 槟榔属	自马来西亚槟榔的俗名 areeca。
Arisaema, atis, n. 天南星属	自拉丁语 Arum（白星海芋属）和 sana（模范）。
Aristolochia, ae, f. 马兜铃属	自希腊语 aristos（最好的）和 cocheia（分娩），意指该属植物具有利分娩作用。
Artemisia, ae, f. 艾属	自希腊神话女神名 Artemis。
Asarum, ae, f. 细辛属	自希腊语 asaron（细辛）。
Asparagus, i, m. 天门冬属	自石刁柏的古希腊语 asparagos（非常分裂），意指本属植物细的叶状枝。
Aster, eris, m. 紫菀属	自希腊语 aster（星），意指该属植物头状花序具有舌状花作星状放射芒。
Astragalus, i, m. 黄芪属	自一种有荚果植物的古希腊语 astragalos。
Atractylodes, is, n. 术属	自希腊语 atraktos（纺锤）和 odes（相似），意指该属植物的瘦果呈长椭圆形。
Atropa, ae, f. 颠茄属	自希腊神话中司命运三女神之一的 Atropos。
Belamcanda, ae, f. 射干属	自射干在东印度的俗名。
Berberis, idis, f. 小檗属	自小檗的阿拉伯名。
Bletilla, ae, f. 白及属	自 18 世纪西班牙药剂师兼植物学家名 L. Blet。

续表

Bupleurum, i, n. 柴胡属	自希腊语 bous（牛）和 pleuron（肋骨），意指该属植物叶片的形状。
Caesalpinia, ae, f. 云实属	自意大利植物学家名 Andreas Caesalpini。
Carpesium, i, n. 天名精属	自希腊语 karpesion（麦秆），意指该属植物的总苞片干燥而有光泽，似麦秆。
Carthamus, i, m. 红花属	自阿拉伯语 quartom（着色），意指该属植物的花能产生供染料用的色素。
Cassia, ae, f. 决明属	自希伯来语 gasta（剥皮），意指该属一些种的树皮可剥下。
Cephalotaxus, i, f. 三尖杉属	自希腊语 kephale（头）和 Taxus（红豆杉属），意指该属植物叶似红豆杉，但花聚生为头状。
Chaenomeles, is, f. 木瓜属	自希腊语 chaino（裂开）和 melon（苹果），意指该属植物的果实似苹果，成熟时具裂缝。
Changium, i, n. 明党参属	纪念我国植物学家张东旭教授。
Chloranthus, i, m. 金粟兰属	自希腊语 chloros（绿色）和 anthos（花），意指该属某些植物的花为黄绿色。
Chrysanthemum, i, n. 菊属	自希腊语 chrysos（金色的）和 anthemon（花），意指该属植物金黄色的管状花。
Cirsium, i, n. 蓟属	自古希腊名 kirsos（扩张的静脉），意指该属植物有治疗静脉扩张之功效。
Citrus, i, f. 柑桔属	自柠檬树的古拉丁名 citrus。
Clematis, idis, f. 铁线莲属	自希腊语 klematis（藤枝），意指该属植物具有长而柔软的茎枝。
Clinopodium, i, n. 风轮菜属	自希腊语 klino（倾斜）和 podion（小足），意指该属植物花萼基部一边肿胀。
Codonopsis, is, f. 党参属	自希腊语 kodon（钟）和 opsis（相似），意指该属植物的花冠似钟形。
Coix, icis, f. 薏苡属	自棕榈的古希腊名 koix。
Coptis, idis, f. 黄连属	自希腊语"细裂"，意指该属植物的叶细裂。
Cordyceps, ipis, f. 冬虫夏草属	自希腊语 cordy（棍棒）和 cephalos（头），意指该属地上部分子实体的形状。
Crataegus, i, f. 山楂属	自一种多刺灌木的古希腊语 Krataegos，kratos（力）和 agein（具有），意指该属植物的茎枝坚硬。
Crocus, i, m. 番红花属	自希腊语 kroke（丝），意指该属植物的雌蕊柱头成丝状。
Croton, onis, m. 巴豆属	自希腊语 kroton（扁虫），意指该属植物种子的形状如扁虫。
Curcuma, ae, f. 姜黄属	自阿拉伯语 kurkum（黄色），意指该属植物的根茎具有黄色的色素。
Cynanchum, i, n. 鹅绒藤属	自希腊语 kynos（犬）和 ancho（绞死），意指该属某些种具有毒性。
Cyrtomium, i, n. 贯众属	自拉丁语 cyrtoma（弯曲），意指该属植物的羽片弯曲成镰刀状。
Dendrobium, i, n. 石斛属	自希腊语 dendron（树木）和 bion（生活），意指该属植物多生活于树上。
Dianthus, i, m. 石竹属	自希腊语 bios（罗马主神——丘比特）和 anthos（花），罗马的神花，意指该属植物花美丽、清雅。
Digitalis, is, f. 洋地黄属	自拉丁语 digitalis（手指），意指该属植物管状花冠的形状似指套。
Diospyros, otis, f. 柿树属	自希腊语 dios（神）和 pyros（麦），神吃的东西，意比该属植物的美味果实。
Ephedra, ae, f. 麻黄属	自希腊语 epi（上）和 hdra（座），原意为坐在位子上的，意指该属植物多生于砂石上。
Eriobotrya, ae, f. 枇杷属	自希腊语 erion（软毛）和 botrys（葡萄串），意指该属植物的果实似一串葡萄，其表面有绒毛。
Eucommia, ae, f. 杜仲属	自希腊语 eu（良好）和 kommi（树胶），意指该属植物含有胶，是一种很好的硬橡胶。
Euodia, ae, f. 吴茱萸属	自希腊语 eu（良好）和 odia（香味），意指该属植物叶及种子含有芳香性的精油。
Eupatorium, i, n. 泽兰属	自纪元前 132 ~ 63 年的小亚细亚古国本都 Pontus 之国王 M. Eupator，为模式种抗病毒性的发现者。
Euphorbia, ae, f. 大戟属	自罗马时代医师名 Euphorbus。

续表

Ficus，i，f. 无花果属	自无花果的古拉丁名 ficus。
Foeniculum，i，n. 茴香属	自拉丁语 foenum（干草），意指该属植物细分裂的叶成丝状或麦秆状。
Forsythia，ae，f. 连翘属	自英国杰出的园艺家名 W. Forsyth。
Fraxinus，i，f. 白蜡树属	自希腊语 phrasso（篱笆），意指该属植物可作篱笆用。
Fritillaria，ae，f. 贝母属	自拉丁语 fritillus（骰子筒）和 aria（相似），意指该属植物筒状的花形。
Ganoderma，atis，n. 灵芝属	自希腊语 ganos（光泽）和 derma（皮），意指该属植物的子实体表面有光泽。
Gardenia，ae，f. 栀子属	自美国医生兼植物学家 Alexander Garden。
Gastrodia，ae，f. 天麻属	自希腊语 gaster（胃），意指该属植物的花被像膨胀的胃。
Gentiana，ae，f. 龙胆属	自伊利里亚古国国王名 Gentius，据说他首先发现龙胆及其药效。
Ginkgo，indecl. n. 银杏属	自汉语“金果”拉丁化，意指其种子成熟时呈金黄色。
Glehnia，ae，f. 珊瑚菜属	自德国植物学家名 P. V. Glehn。
Glycyrrhiza，ae，f. 甘草属	自希腊语 glykys（甜的）和 rhiza（根），意指该属植物的根具甜味。
Helianthus，i，m. 向日葵属	自希腊语 helio（太阳）和 anthos（花），意指该属植物的头状花序随日转动。
Heracleum，i，n. 独活属	自希腊语 herakle（希腊体力神海格拉斯的名），意指该属植物可供药用。
Hypericum，i，n. 金丝桃属	自古希腊名 hypo（在下）和 erike（草丛），意指该属植物多生于草丛中。
Illicium，i，n. 八角属	自拉丁语 illicio（诱惑），意指该属植物具有诱人的香味。
Inula，ae，f. 旋覆花属	自土木香 helenium 的古拉丁名 inula。
Isatis，idis，f. 菘蓝属	自希腊语 isatis，一种能提取染料的草本植物。
Kadsura，ae，f. 南五味子属	自南五味子 Kadsura japonica 的日本俗名 Kadsura。
Laminaria，ae，f. 海带属	自拉丁语 Lamina（叶），意指本属植物体为叶状。
Lasiosphaera，i，f. 马勃属	自拉丁语 lasisos（胡须）和 sphaera（球），意指马勃脱皮干后，结成细棉纱样的球。
Leonurus，i，m. 益母草属	自希腊语 leon（狮子）和 oura（尾巴），意指该属植物的花序形状似狮尾。
Ligusticum，i，n. 藁本属	自拉丁语 Ligusticos，为古意大利 Liguria（利古里亚）地名的形容词形式。
Lillium，i，n. 百合属	自百合的希腊语 leirion。
Lithospermum，i，n. 紫草属	自希腊语 Lithos（石质）和 spermum（种子），意指该属植物具有骨质或石质的小坚果。
Lonicera，ae，f. 忍冬属	自德国数学家、医生 Adam Lonitzer。
Lophatherum，i，n. 淡竹叶属	自希腊语 Lophos（鸡冠）和 ather（芒），意指该属植物的不育外稃之芒成束似鸡冠状。
Lycium，i，n. 枸杞属	自一种多刺植物的希腊语 lykion，意指该属植物有刺。
Lygodium，i，n. 海金沙属	自希腊语 lygodes（柔韧如树枝），意指该属植物细长、柔软的蔓状茎。
Magnolia，ae，f. 木兰属	自法国植物学家名 Pierre Magnol。
Menispermum，i，n . 蝙蝠葛属	自希腊语 menis（半月形）和 spermum（种子），意指该属植物的果核呈半月形。
Mentha，ae，f. 薄荷属	自薄荷的希腊名 mintha。
Mimosa，ae，f. 含羞草属	自希腊语 mimos（仿效），意指该属植物的叶能运动。
Morinda，ae，f. 巴戟天属	自拉丁语 Morus（桑属）和 indica（印度），意指该属植物的肉质聚合果似印度产的桑椹。
Morus，i，f. 桑属	自桑的古拉丁名 morus。
Mosla，ae，f. 石荠苧属	自该属一种植物的印度俗名 mosia。
Nymphaea，ae，f. 睡莲属	自希腊语 Nympha，罗马神话中水的女神名，意指该属植物生于水中。
Ophiopogon，onis，m. 沿阶草	自希腊语 ophio（蛇）和 pogon（髯毛），意指其细叶。

续表

Osmunda, ae, f. 紫萁属	自 Osmunder，隆克逊人所信的神名。
Paeonia, ae, f. 芍药属	自希腊神医名 Paeon。
Panax, acis, m. 人参属	自希腊语 panax（治疗），意指该属某些植物能治疗疾病。
Perilla, ae, f. 紫苏属	自印度一种植物的土名 Perilla。
Peucedanum, i, n. 前胡属	自希腊语 peuke（松树）和 danos（烘干的），意指前胡的香味相似于松木。
Pharbitis, idis, f. 牵牛属	自希腊语 pharbe（颜色），意指该属植物的花具有丰富的色彩。
Phellodendron, i, n. 黄柏属	自希腊语 phellos（软木）和 dendron（树木），意指该属植物的栓皮发达。
Pinellia, ae, f. 半夏属	自意大利植物学家名 Giovani Vincenzo Pinelli。
Pinus, i, f. 松属	自松树的古拉丁名 pinus。
Plantago, inis, f. 车前属	自拉丁语 plantago（足迹），意指该属植物叶子形状。
Platycladus, i, f. 侧柏属	自希腊语 platys（宽阔的）和 klados（枝），意指该属植物小枝扁平。
Platycodon, i, n. 桔梗属	自希腊语 platys（宽广）和 kodon（钟），意指该属植物宽广的钟形花。
Plectranthus, i, m. 香茶菜属	自希腊语 plecron（雄鸡之距）和 anthos（花），意指该属植物花冠基部以上具有突起或呈囊状。
Polygala, ae, f. 远志属	自希腊语 polys（多）和 gala（乳汁），意指该属某些植物具有催乳作用。
Polygonatum, i, n. 黄精属	自希腊语 polys（多）和 gonu（膝），意指该属植物的根状茎多结节状膨大。
Polygonum, i, n. 蓼属	自希腊语 polys（多）和 gonu（节），意指该属植物茎节多数膨大。
Prunella, ae, f. 夏枯草属	自德文 Die Braine（喉炎），意指该属某种植物为治疗喉炎的良药。
Pseudostellaria, ae, f. 太子参属	自希腊语 pseudes（伪）和 Stellaria（繁缕属），意指该属植物形态与繁缕属很相似。
Pteris, idis, f. 凤尾蕨属	自希腊语 pteron（翼），意指该属植物羽轴上有翼。
Pueraria, ae, f. 葛属	自瑞士植物学家名 M. N. Puerari。
Pulsatilla, ae, f. 白头翁属	自拉丁语 pulso（打击）的缩小形，意指该属植物花的形态似打击的钟。
Pyrrosia, ae, f. 石韦属	自希腊语 pyrrhos（火红色），意指该属植物的鳞片、孢子囊群经日晒后呈火红色。
Ranunculus, i, m. 毛茛属	自拉丁语 ranunculus（青蛙），意指该属植物常生于湿地。
Rehmannia, ae, f. 地黄属	自俄国医生名 Joseph Rehmann。
Rheum, i, n. 大黄属	自大黄的古希腊语 rha。
Ricinus, i, m. 蓖麻属	自拉丁语 ricinus（扁虱），意指该属植物的种子形状相似于扁虱。
Rosa, ae, f. 蔷薇属	自希腊语 rhodon（蔷薇），为居尔特语 rhodd（红色），意指蔷薇的花颜色。
Rubia, ae, f. 茜草属	自拉丁语 ruber（红色），意指可从该属某些植物根内提取红色染料。
Rubus, i, m. 悬钩子属	自古拉丁名 rubeo（变红），意指该属植物具有红色的果实。
Salvia, ae, f. 鼠尾草属	自拉丁语 salvare（治疗），意指该属某些植物可供药用。
Sanguisorba, ae, f. 地榆属	自拉丁语 sanguis（血）和 sorba（吸收），意指该属某些植物具有止血的功效。
Saposnikovia, ae, f. 防风属	自俄国植物学家名 Saposhnikov。
Sarcandra, ae, f. 草珊瑚属	自希腊语 sarx（肉）和 andros（雄蕊），意指该属植物雄蕊的花丝肉质。
Saururus, i, m. 三白草属	自希腊语 sauros（蜥蜴）和 oura（尾），意指该属植物的穗状花序外观像蜥蜴的尾巴。
Schizandra, ae, f. 五味子属	自希腊语 schizo（裂开）和 andros（雄蕊），意指该属植物的花药纵裂。
Schizonepeta, ae, f. 荆芥属	自希腊语 schizo（分裂）和 Nepeta（假荆芥属），意指该属植物的叶羽状分裂。
Scrophularia, ae, f. 玄参属	自拉丁语 scrophula（瘰疬），意指该属某些植物能治疗瘰疬。
Scutellaria, ae, f. 黄芩属	自拉丁语 scutella（小盘），意指该属植物宿存萼上的圆盘状附属体。
Sedum, i, n. 景天属	自拉丁语 sedeo（座位），意指该属植物多生于岩石和石壁上。

续表

Siegesbeckia, ae, f. 豨莶属	自德国医生兼植物学家名 J. G. Siegesbeck。
Sinomenium, i, n. 防己属	自拉丁语 sino（支那）和 menis（半月），意指该属植物主产于中国，种子半月形。
Smilax, acis, f. 菝葜属	自常绿槲树的古希腊语 smilax。
Solamum, i, n. 茄属	自茄子的古拉丁名 solanum。
Stemona, ae, f. 百部属	自希腊语 stemon（雄蕊），意指该属植物雄蕊的药隔有细长的延伸物。
Taraxacum, i, n. 蒲公英属	自希腊语 taraxis（不安）和 akeomal（治疗），意指其有药用效能。
Trachelospermum, i, n. 络石属	自希腊语 trachelos（颈）和 sperma（种子），意指该属植物种子上的喙被误认为颈。
Trichosanthes, is, f. 栝楼属	自希腊语 trichos（毛）和 anthos（花），意指该属植物花冠先端细裂成毛发状。
Uncaria, ae, f. 钩藤属	自拉丁语 uncus（钩），意指该属植物茎上的变态枝呈钩状。
Verbena, ae, f. 马鞭草属	自拉丁语 verbena（神圣之枝），意指本属植物可供药用。
Xanthium, i, n. 苍耳属	自希腊语 xanthos（黄色），指用以染发的一种植物的名称。
Zingiber, eris, n. 姜属	自希腊语 zingiberis。

附录四　裸子植物门分科检索表

1. 棕榈状常绿木本植物，多无分枝，叶为羽状复叶，小叶多数 ……………………… 苏铁科 Gycadaceae
1. 植物体非棕榈状态，有分枝，叶为单叶。
   2. 叶为扇形，具有叶柄，叶脉二叉状 ………………………………………………………… 银杏科 Ginkgoaceae
   2. 叶为针状、鳞片状、线形，稀为椭圆形或披针形。
      3. 种子及种鳞（果鳞）集生为木质球果或浆果状。
         4. 叶束生、丛生、或螺旋状散生。
            5. 每种鳞具有两枚种子，种子具有斧形的宽翅；雄蕊具有二花粉囊 ………… 松科 Pinaceae
            5. 每种鳞具有 2～9 枚种子，种子周边具有一环形狭翅；雄蕊具有 2～9 花粉囊 ……………………………………………………………………………………… 杉科 Taxodiaceae
         4. 叶对生。
            6. 叶为落叶性，种鳞 7～8 对，呈交互对生（水杉 Metasequoia glyptostrboides）……………………………………………………………………………… 水杉科 Metasequoiaceae
            6. 叶为常绿性，种鳞数对，为镊合状、覆瓦状或盾状排列 ………………… 柏科 Cupressaceae
      3. 种子多单生，为核果状。
         7. 叶为线形、披针形或稀为椭圆形，叶脉非羽状脉；雌花无管状假花被。
            8. 胚珠单生。
               9. 雄蕊具有 2～8 花粉囊，花粉无翼 …………………………………………… 紫杉科 Taxaceae
               9. 雄蕊仅有 2 花粉囊，花粉有翼 ……………………………………… 罗汉松科 Podocarpaceae
            8. 胚珠 2 枚 ………………………………………………………………………… 粗榧科 Cephadraceae
         7. 叶为鳞片状或椭圆形，而椭圆形叶为具羽状叶脉；雌花有管状假花被
            10. 直立性灌木或亚灌木，叶为细小鳞片状，非羽状叶脉 ……………… 麻黄科 Ephedraceae
            10. 缠绕性藤本，叶为稍阔的椭圆形，具有羽状叶脉［倪藤（买麻藤）*Gnetum indicum*］………………………………………………………… 倪藤科（买麻藤科）Gnetaceae

附录五 被子植物门分科检索表

1. 子叶2个，极稀可为1个或较多；茎具中央髓部；在多年生的木本植物有年轮；叶片常具网状脉；花常为5出或4出数。(次1项见399页) ………………………………………… **双子叶植物纲** Dicotyledoneae
  2. 花无真正的花冠（花被片逐渐变化，呈覆瓦状排列成2至数层的，也可在此检查）；有或无花萼，有时可类似花冠。(次2项见375页)
    3. 花单性，雌雄同株或异株，其中雄花，或雌花和雄花均可成葇荑花序或类似葇荑状的花序。(次3项见365页)
      4. 无花萼，或在雄花中存在。
        5. 雌花以花梗着生于椭圆形膜质苞片的中脉上；心皮1 ………………………… **漆树科** Anacardiaceae
        (**九子不离母属** *Dobinea*)
        5. 雌花情形非如上所述；心皮2或更多数。
          6. 多为木质藤本；全缘单叶，具掌状脉；果为浆果 ………………………… **胡椒科** Piperaceae
          6. 乔木或灌木；叶可呈各种型式，但常为羽状脉；果不为浆果。
            7. 旱生性植物，有具节的分枝，和极退化的叶片，后者在每节上且连合成为具齿的鞘状物 ………………………………………………………… **木麻黄科** Casuarinaceae
            (**木麻黄属** *Casuarina*)
            7. 植物体为其他情形者。
              8. 果实为具多数种子的蒴果；种子有丝状毛茸 ………………………… **杨柳科** Salicaceae
              8. 果实为仅具1种子的小坚果、核果或核果状的坚果。
                9. 叶为羽状复叶；雄花有花被 ………………………………………… **胡桃科** Juglandaceae
                9. 叶为单叶（有时在杨梅科中可为羽状分裂）。
                  10. 果实为肉质核果；雄花无花被 ………………………………… **杨梅科** Myricaceae
                  10. 果实为小坚果；雄花有花被 ………………………………… **桦木科** Betulaceae
      4. 有花萼，或在雄花中不存在。
        11. 子房下位。(次11项见365页)
          12. 叶对生，叶柄基部互相连合 ………………………………………… **金粟兰科** Chloranthaceae
          12. 叶互生。
            13. 叶为羽状复叶 ………………………………………………………… **胡桃科** Juglandaceae
            13. 叶为单叶。
              14. 果为蒴果 ……………………………………………………… **金缕梅科** Hamamelidaceae

14. 果为坚果。
15. 坚果封藏于一变大呈叶状的总苞中 ……………………………… 桦木科 Betulaceae
15. 坚果有一壳斗下托，或封藏在一多刺的果壳中 ……… 山毛榉科(壳斗科)Fagaceae
11. 子房上位。
16. 植物体中具白色乳汁。
17. 子房1室；桑椹果 ……………………………………………………………… 桑科 Moraceae
17. 子房2~3室；蒴果 …………………………………………………… 大戟科 Euphorbiaceae
16. 植物体中无乳汁，或在大戟科的重阳木属 *Bischofia* 中具红色汁液。
18. 子房为单心皮所组成；雄蕊的花丝在花蕾中向内屈曲 …………… 荨麻科 Urticaceae
18. 子房为2枚以上的连合心皮所组成；雄蕊的花丝在花蕾中常直立（在大戟科的重阳木属 *Bischofia* 及巴豆属 *Croton* 中则向前屈曲）。
19. 果实为3个（稀可2~4个）离果瓣所成的蒴果；雄蕊10至多数，有时少于10…………………………………………………………………………… 大戟科 Euphorbiaceae
19. 果实为其他情形；雄蕊少数至数个（大戟科的黄桐树属 *Endospermum* 为6~10），或和花萼裂片同数且对生。
20. 雌雄同株的乔木或灌木。
21. 子房2室；蒴果 ………………………………………… 金缕梅科 Hamamelidaceae
21. 子房1室；坚果或核果…………………………………………………… 榆科 Ulmaceae
20. 雌雄异株的植物。
22. 草本或草质藤本；叶为掌状分裂或为掌状复叶 ………………… 桑科 Moraceae
22. 乔木或灌木；叶全缘，或在重阳木属为3小叶所成的复叶……………………………………………………………………………… 大戟科 Euphorbiaceae
3. 花两性或单性，但并不成为葇荑花序。
23. 子房或子房室内有数个至多数胚珠。(次23项见367页)
24. 寄生性草本，无绿色叶片 …………………………………………… 大花草科 Rafflesiaceae
24. 非寄生性植物，有正常绿叶，或叶退化而以绿色茎代行叶的功用。
25. 子房下位或部分下位。(次25项见366页)
26. 雌雄同株或异株，如为两性花时，则成肉质穗状花序。(次26项见366页)
27. 草本。
28. 植物体含多量液汁；单叶常不对称……………………… 秋海棠科 Begoniaceae（秋海棠属 *Begonia*）
28. 植物体不含多量液汁；羽状复叶 …………………………… 四数木科 Datiscaceae（野麻属 *Datisca*）
27. 木本。
29. 花两性，成肉质穗状花序；叶全缘 ………………… 金缕梅科 Hamamelidaceae（假马蹄荷属 *Chunia*）
29. 花单性，成穗状、总状或头状花序；叶缘有锯齿或具裂片。
30. 花成穗状或总状花序；子房1室 ……………………… 四数木科 Datiscaceae（四数木属 *Tetrameles*）
30. 花呈头状花序；子房2室 ……………………………… 金缕梅科 Hamamelidaceae（枫香树亚科 Liquidambaroideae）

26. 花两性，但不成肉质穗状花序。

31. 子房1室。

32. 无花被；雄蕊着生在子房上 ………………………………… **三白草科** Saururaceae

32. 有花被；雄蕊着生在花被上。

33. 茎肥厚，绿色，常具棘针；叶常退化；花被片和雄蕊都多数；浆果 ………
……………………………………………………………………… **仙人掌科** Cactaceae

33. 茎不成上述形状；叶正常；花被片和雄蕊皆为五出或四出数，或雄蕊数为前者的2倍；蒴果 ……………………………………………… **虎耳草科** Saxifragaceae

31. 子房4室或更多室。

34. 乔木；雄蕊为不定数 ………………………………………………… **海桑科** Sonneratiaceae

34. 草本或灌木。

35. 雄蕊4 ……………………………………………………………… **柳叶菜科** Onagraceae
（**丁香蓼属** *Liudwigia*）

35. 雄蕊6或12 ……………………………………………… **马兜铃科** Aristolochiaceae

25. 子房上位。

36. 雌蕊或子房2个，或更多数。

37. 草本。

38. 复叶或多少有些分裂，稀可为单叶（仅驴蹄草属 *Caltha*）全缘或具齿裂；心皮多数至少数 ………………………………………………… **毛茛科** Ranunculaceaa

38. 单叶，叶缘有锯齿；心皮和花萼裂片同数 …………… **虎耳草科** Saxifragaceae
（**扯根菜属** *Penthorum*）

37. 木本。

39. 花的各部为整齐的三出数 ………………………………… **木通科** Lardizabalaceae

39. 花为其他情形。

40. 雄蕊数个至多数，连合成单体 ……………………………… **梧桐科** Sterculiaceae
（**苹婆族** *Sterculieae*）

40. 雄蕊多数，离生。

41. 花两性；无花被 ………………………………… **昆栏树科** Trochodendraceae
（**昆栏树属** *Trochodendron*）

41. 花雌雄异株，具4个小形萼片 …………… **连香树科** Cercidiphyllaceae
（**连香树属** *Cercidiphyllum*）

36. 雌蕊或子房单独1个。

42. 雄蕊周位，即着生于萼筒或杯状花托上。（次42项见367页）

43. 有不育雄蕊，且和8~12能育雄蕊互生 ……………… **大风子科** Flacourtiaceae
（**山羊角树属** *Casearia*）

43. 无不育雄蕊。

44. 多汁草本植物；花萼裂片呈覆瓦状排列，成花瓣状，宿存；蒴果盖裂……
……………………………………………………………………… **番杏科** Aizoaceae
（**海马齿属** *Sesuvium*）

44. 植物体为其他情形；花萼裂片不成花瓣状。

45. 叶为双数羽状复叶，互生；花萼裂片呈覆瓦状排列；果实为荚果；常绿

乔木 …………………………………………………………… **豆科** Leguminosae

（**云实亚科** Caesalpinoideae）

45. 叶为单叶对生或轮生；花萼裂片呈镊合状排列；非荚果。

46. 雄蕊为不定数；子房10室或更多室；果实浆果状 ……………………… …………………………………………………………… **海桑科** Sonneratiaceae

46. 雄蕊4～12（不超过花萼裂片的2倍）；子房1室至数室；果实蒴果状。

47. 花杂性或雌雄异株，微小，成穗状花序，再成总状或圆锥状排列… ……………………………………………………… **隐翼科** Crypteroniaceae

（**隐翼属** *Crypteronia*）

47. 花两性，中型，单生至排列成圆锥花序 ……… **千屈菜科** Lythraceae

42. 雄蕊下位，即着生于扁平或凸起的花托上。

48. 木本；叶为单叶。

49. 乔木或灌木；雄蕊常多数，离生；胚珠生于侧膜胎座或隔膜上……………… ……………………………………………………………… **大风子科** Flacourtiaceae

49. 木质藤本；雄蕊4或5，基部连合成杯状或环状；胚珠基生（即位于子房室的基底） ……………………………………………………… **苋科** Amaranthaceae

48. 草本或亚灌木。

50. 植物体沉没水中，常为一具背腹面呈原叶体状的构造，像苔藓…………… …………………………………………………………… **河苔草科** Podostemaceae

50. 植物体非如上述情形。

51. 子房3～5室。

52. 食虫植物；叶互生；雌雄异株 …………………… **猪笼草科** Nepenthaceae

（**猪笼草属** *Nepenthes*）

52. 非食虫植物；叶对生或轮生；花两性 ………………… **番杏科** Aizoaceae

（**粟米草属** *Mollugo*）

51. 子房1～2室。

53. 叶为复叶或多少有些分裂 ………………………… **毛茛科** Ranunculaceae

53. 叶为单叶。

54. 侧膜胎座。

55. 花无花被……………………………………… **三白草科** Saururaceae

55. 花具4离生萼片 ……………………………… **十字花科** Cruciferae

54. 特立中央胎座。

56. 花序呈穗状、头状或圆锥状；萼片多少为干膜质…………………… ………………………………………………………… **苋科** Amaranthaceae

56. 花序呈聚伞状；萼片草质 …………………… **石竹科** Caryophyllaceae

23. 子房或其子房室内仅有1至数个胚珠。

57. 叶片中常有透明微点。（次57项见368页）

58. 叶为羽状复叶 …………………………………………………… **芸香科** Rutaceae

58. 叶为单叶，全缘或有锯齿。

59. 草本植物或有时在金粟兰科为木本植物；花无花被，常成简单或复合的穗状花序，但在胡椒科齐头绒属 *Zippelia* 则成疏松总状花序。（次59项见368页）

60. 子房下位，仅1室有1胚珠；叶对生，叶柄在基部连合 … **金粟兰科** Chloranthaceae

60. 子房上位；叶为对生时，叶柄不在基部连合。

61. 雌蕊由3~6近于离生心皮组成，每心皮各有2~4胚珠 … **三白草科** Saururaceae
（**三白草属** *Saururus*）

61. 雌蕊由1~4合生心皮组成，仅1室，有1胚珠 ……………… **胡椒科** Piperaceae
（**齐头绒属** *Zippelia*，**豆瓣绿属** *Peperomia*）

59. 乔木或灌木；花具一层花被；花序有各种类型，但不为穗状。

62. 花萼裂片常3片，呈镊合状排列；子房为1心皮所成，成熟时肉质，常以2瓣裂开；雌雄异株 …………………………………………………… **肉豆蔻科** Myristicaceae

62. 花萼裂片4~6片，呈覆瓦状排列；子房为2~4合生心皮所组成。

63. 花两性；果实仅1室，蒴果状，2~3瓣裂开 …………… **大风子科** Flacourtiaceae
（**山羊角树属** *Casearia*）

63. 花单性，雌雄异株；果实2~4室，肉质或革质，很晚才裂开 ……………………………………………………………………………… **大戟科** Euphorbiaceae
（**白树属** *Gelonium*）

57. 叶片中无透明微点。

64. 雄蕊连为单体，至少在雄花中有这现象，花丝互相连合成筒状或成一中柱。

65. 肉质寄生草本植物，具退化呈鳞片状的叶片，无叶绿素…… **蛇菰科** Balanophoraceae

65. 植物体非为寄生性，有绿叶。

66. 雌雄同株，雄花成球形头状花序，雌花以2个同生于1个有2室而具钩状芒刺的果壳中 …………………………………………………………… **菊科** Compositae
（**苍耳属** *Xanthium*）

66. 花两性，如为单性时，雄花及雌花也无上述情形。

67. 草本植物；花两性。

68. 叶互生 ………………………………………………………… **藜科** Chenopodiaceae

68. 叶对生。

69. 花显著，有连合成花萼状的总苞 ………………… **紫茉莉科** Nyctaginaceae

69. 花微小，无上述情形的总苞 ………………………… **苋科** Amaranthaceae

67. 乔木或灌木，稀可为草本；花单性或杂性；叶互生。

70. 萼片呈覆瓦状排列，至少在雄花中如此 ……………… **大戟科** Euphorbiaceae

70. 萼片呈镊合状排列。

71. 雌雄异株；花萼常具3裂片；雌蕊为1心皮所成，成熟时肉质，且常以2瓣裂开 ……………………………………………………………………… **肉豆蔻科** Myristicaceae

71. 花单性或雄花和两性花同株；花萼具4~5裂片或裂齿；雌蕊为3~6近于离生的心皮所成，各心皮于成熟时为革质或木质，呈蓇葖果状而不裂开 ……………………………………………………… **梧桐科** Sterculiaceae
（**苹婆族** *Sterculieae*）

64. 雄蕊各自分离，有时仅为1个，或花丝成为分枝的簇丛（如大戟科的蓖麻属 *Ricinus*）。

72. 每花有雌蕊2个至多数，近于或完全离生；或花的界限不明显时，则雌蕊多数，成1球形头状花序。（次72项见369页）

73. 花托下陷，呈杯状或坛状。

74. 灌木；叶对生；花被片在坛状花托的外侧排列成数层 …………… 蜡梅科 Calycanthaceae

74. 草本或灌木；叶互生；花被片在杯或坛状花托的边缘排列成一轮 ……… 蔷薇科 Rosaceae

73. 花托扁平或隆起，有时可延长。

75. 乔木、灌木或木质藤本。

76. 花有花被 ………………………………………………………………… 木兰科 Magnoliaceae

76. 花无花被。

77. 落叶灌木或小乔木；叶卵形，具羽状脉和锯齿缘；无托叶；花两性或杂性，在叶腋中丛生；翅果无毛，有柄 ……………………………………… 昆栏树科 Trochodendraceae

（领春木属 *Euptelea*）

77. 落叶乔木；叶广阔，掌状分裂，叶缘有缺刻或大锯齿；有托叶围茎成鞘，易脱落；花单性，雌雄同株，分别聚成球形头状花序；小坚果，围以长柔毛而无柄 ………… ……………………………………………………………… 悬铃木科 Platanaceae

（悬铃木属 *Platanus*）

75. 草本或稀为亚灌木，有时为攀援性。

78. 胚珠倒生或直生。

79. 叶片多少有些分裂或为复叶；无托叶或极微小；有花被（花萼）；胚珠倒生；花单生或成各种类型的花序 ………………………………………… 毛茛科 Ranunculaceae

79. 叶为全缘单叶；有托叶；无花被；胚珠直生；花成穗形总状花序 …………………… ……………………………………………………………………… 三白草科 Saururaceae

78. 胚珠常弯生；叶为全缘单叶。

80. 直立草本；叶互生，非肉质 ………………………………………… 商陆科 Phytolaccaceae

80. 平卧草本；叶对生或近轮生，肉质 ………………………………… 番杏科 Aizoaceae

（针晶粟草属 *Gisekia*）

72. 每花仅有 1 个复合或单雌蕊，心皮有时于成熟后各自分离。

81. 子房下位或半下位。（次 81 项见 370 页）

82. 草本。（次 82 项见 370 页）

83. 水生或小型沼泽植物。

84. 花柱 2 个或更多；叶片（尤其沉没水中的）常成羽状细裂或为复叶 ……………… ……………………………………………………………… 小二仙草科 Haloragidaceae

84. 花柱 1 个；叶为线形全缘单叶 ……………………………………… 杉叶藻科 Hippuridaceae

83. 陆生草本。

85. 寄生性肉质草本，无绿叶。

86. 花单性，雌花常无花被；无珠被及种皮 ……………………… 蛇菰科 Balanophoraceae

86. 花杂性，有一层花被，两性花有 1 雄蕊；有珠被及种皮 …… 锁阳科 Cynomoriaceae

（锁阳属 *Cynomorium*）

85. 非寄生性植物，或在百蕊草属 *Thesium* 为半寄生性，但均有绿叶。

87. 叶对生，其形宽广而有锯齿缘 ……………………………… 金粟兰科 Chloranthaceae

87. 叶互生。

88. 平铺草本（限于我国植物），叶片宽，三角形，多少有些肉质 ……………………………………………………………………………………………… **番杏科** Aizoaceae
(**番杏属** *Tetragonia*)

88. 直立草本，叶片窄而细长 ……………………………………… **檀香科** Santalaceae
(**百蕊草属** *Thesium*)

82. 灌木或乔木。

89. 子房 3~10 室。

90. 坚果 1~2 个，同生在一个木质且可裂为 4 瓣的壳斗里 … **山毛榉科（壳斗科）** Fagaceae
(**水青冈属** *Fagus*)

90. 核果，并不生在壳斗里。

91. 雌雄异株，成顶生的圆锥花序，后者并不为叶状苞片所托 ……… **山茱萸科** Cornaceae
(**鞘柄木属** *Torricellia*)

91. 花杂性，形成球形的头状花序，后者为 2~3 白色叶状苞片所托 ……………………………………………………………………………………… **珙桐科** Nyssaceae
(**珙桐属** *Davidia*)

89. 子房 1 或 2 室，或在铁青树科的青皮木属 *Schoepfia* 中，子房的基部可为 3 室。

92. 花柱 2 个。

93. 蒴果，2 瓣裂开 ………………………………………………… **金缕梅科** Hamamelidaceae

93. 果呈核果状，或为蒴果状的瘦果，不裂开 …………………………… **鼠李科** Rhamnaceae

92. 花柱 1 个或无花柱。

94. 叶片下面多少有些具皮屑状或鳞片状的附属物 ………………… **胡颓子科** Elaeagnaceae

94. 叶片下面无皮屑状或鳞片状的附属物。

95. 呈叶缘锯齿或圆锯齿，稀可在荨麻科的紫麻属 *Oreocnide* 中有全缘者。

96. 叶对生，具有羽状脉；雄花裸露，有雄蕊 1~3 个………… **金粟兰科** Chloranthaceae

96. 叶互生，大都于叶基有三出脉；雄花有花被及雄蕊 4 个（稀可 3 或 5 个）… ……………………………………………………………………… **荨麻科** Urticaceae

95. 叶全缘，互生或对生。

97. 植物体寄生在乔木的树干或枝条上；果呈浆果状 ………… **桑寄生科** Loranthaceae

97. 植物体大都陆生，或有时可为寄生性；果呈坚果状或核果状；胚珠 1~5 个。

98. 花多为单性；胚珠垂悬于基底胎座上 ………………………… **檀香科** Santalaceae

98. 花两性或单性；胚珠垂悬于子房室的顶端或中央胎座的顶端。

99. 雄蕊 10 个，为花萼裂片的 2 倍数……………………… **使君子科** Combretaceae
(**诃子属** *Terminalia*)

99. 雄蕊 4 或 5 个，和花萼裂片同数且对生 …………………… **铁青树科** Olacaceae

81. 子房上位，如有花萼时，和它相分离，或在紫茉莉科及胡颓子科中，当果实成熟时，子房为宿存萼筒所包围。

100. 托叶鞘围抱茎的各节；草本，稀可为灌木 ……………………………… **蓼科** Polygonaceae

100. 无托叶鞘，在悬铃木科有托叶鞘但易脱落。

101. 草本，或有时在藜科及紫茉莉科中为亚灌木。（次 101 项见 372 页）

102. 无花被。（次 102 项见 371 页）

103. 花两性或单性；子房 1 室，内仅有 1 个基生胚珠。（次 103 项见 371 页）

104. 叶基生，由 3 小叶而成；穗状花序在一个细长基生无叶的花梗上 ………………………………………………………………………………… **小檗科** Berberidaceae

（**裸花草属** *Achlys*）

104. 叶茎生，单叶；穗状花序顶生或腋生，但常和叶相对生 ………… **胡椒科** PiPeraceae

（**胡椒属** *Piper*）

103. 花单性；子房 3 或 2 室。

105. 水生或微小的沼泽植物，无乳汁；子房 2 室，每室内含 2 个胚珠 ………………………………………………………………………………… **水马齿科** Callitrichaceae

（**水马齿属** *Callitriche*）

105. 陆生植物；有乳汁；子房 3 室，每室内仅含 1 个胚珠 ………… **大戟科** Euphorbiaceae

102. 有花被，当花为单性时，特别是雄花是如此。

106. 花萼呈花瓣状，且呈管状。

107. 花有总苞，有时这总苞类似花萼 ……………………………… **紫茉莉科** Nyctaginaceae

107. 花无总苞。

108. 胚珠 1 个，在子房的近顶端处 ………………………………… **瑞香科** Thymelaeaceae

108. 胚珠多数，生在特立中央胎座上 ……………………………… **报春花科** Primulaceae

（**海乳草属** *Glaux*）

106. 花萼非如上述情形。

109. 雄蕊周位，即位于花被上。

110. 叶互生，羽状复叶而有草质的托叶；花无膜质苞片；瘦果 ……… **蔷薇科** Rosaceae

（**地榆族** *Sanguisorbieae*）

110. 叶对生，或在蓼科的冰岛蓼属 *Koenigia* 为互生，单叶无草质托叶；花有膜质苞片。

111. 花被片和雄蕊各为 5 或 4 个，对生；囊果；托叶膜质…… **石竹科** Caryophyllaceae

111. 花被片和雄蕊各为 3 个，互生；坚果；无托叶 ……………… **蓼科** Polygonaceae

（**冰岛蓼属** *Koenigia*）

109. 雄蕊下位，即位于子房下。

112. 花柱或其分枝为 2 或数个，内侧常为柱头面。

113. 子房常为数个至多数心皮连合而成 …………………………… **商陆科** Phytolaccaceae

113. 子房常为 2 或 3（或 5）心皮连合而成。

114. 子房 3 室，稀可 2 或 4 室 …………………………………… **大戟科** Euphorbiaceae

114. 子房 1 或 2 室。

115. 叶为掌状复叶或具掌状脉而有宿存托叶 ……………………… **桑科** Moraceae

（**大麻亚科** Cannaboideae）

115. 叶具羽状脉，或稀可为掌状脉而无托叶，也可在藜科中叶退化成鳞片或为肉质而形如圆筒。

116. 花有草质而带绿色或灰绿色的花被及苞片 …………… **藜科** Chenopodiaceae

116. 花有干膜质而常有色泽的花被及苞片 ……………… **苋科** Amaranthaceae

112. 花柱 1 个，常顶端有柱头，也可无花柱。

117. 花两性。（次 117 项见 372 页）

118. 雌蕊为单心皮；花萼由 2 膜质且宿存的萼片组成；雄蕊 2 个 ……………………

………………………………………………………………………… **毛茛科** Ranunculaceae
（**星叶草属** *Circaeaster*）

118. 雌蕊由2合生心皮而成。

119. 萼片2片；雄蕊多数 ………………………………………………… **罂粟科** Papaveraceae
（**博落回属** *Macleaya*）

119. 萼片4片；雄蕊2或4 ……………………………………………… **十字花科** Cruciferae
（**独行菜属** *Lepidium*）

117. 花单性。

120. 沉没于淡水中的水生植物；叶细裂成丝状 ………… **金鱼藻科** Ceratophyllaceae
（**金鱼藻属** *Ceratophyllum*）

120. 陆生植物；叶为其他情形。

121. 叶含多量水分；托叶连接叶柄的基部；雄花的花被2片；雄蕊多数 ………
……………………………………………………………… **假牛繁缕科** Theligonaceae
（**假牛繁缕属** *Theligonum*）

121. 叶不含多量水分；如有托叶时，也不连接叶柄的基部；雄花的花被片和雄蕊均各为4或5个，二者相对生 ………………………………… **荨麻科** Urticaceae

101. 木本植物或亚灌木。

122. 耐寒旱性的灌木，或在藜科的琐琐属 *Haloxylon* 为乔木；叶微小，细长或呈鳞片状，也可有时（如藜科）为肉质而成圆筒形或半圆筒形。

123. 雌雄异株或花杂性；花萼为三出数，萼片微呈花瓣状，和雄蕊同数且互生；花柱1，极短，常有6~9放射状且有齿裂的柱头；核果；胚体劲直；常绿而基部偃卧的灌木；叶互生，无托叶 ……………………………………………………………… **岩高兰科** Empetraceae
（**岩高兰属** *Empetrum*）

123. 花两性或单性，花萼为五出数，稀可三出或四出数，萼片或花萼裂片草质或革质，和雄蕊同数且对生，或在藜科中雄蕊由于退化而数较少，甚或1个；花柱或花柱分枝2或3个，内侧常为柱头面；胞果或坚果；胚体弯曲如环或弯曲成螺旋形。

124. 花无膜质苞片；雄蕊下位；叶互生或对生；无托叶；枝条常具关节 …………………
……………………………………………………………………… **藜科** Chenopodiaceae

124. 花有膜质苞片；雄蕊周位；叶对生，基部常互相连合；有膜质托叶；枝条不具关节……
……………………………………………………………………… **石竹科** Caryophyllaceae

122. 不是上述的植物；叶片矩圆形或披针形，或宽广至圆形。

125. 果实及子房均为2至数室，或在大风子科中为不完全的2至数室。（次125项见373页）

126. 花常为两性。（次126项见373页）

127. 萼片4或5片，稀可3片，呈覆瓦状排列。

128. 雄蕊4个；4室的蒴果 ……………………………………………… **木兰科** Magnoliaceae
（**水青树属** *Tetracentron*）

128. 雄蕊多数；浆果状的核果 ………………………………… **大风子科** Flacouriticeae

127. 萼片多5片，呈镊合状排列。

129. 雄蕊为不定数；具刺的蒴果 ……………………………… **杜英科** Elaeocarpaceae
（**猴欢喜属** *Sloanea*）

129. 雄蕊和萼片同数；核果或坚果。

130. 雄蕊和萼片对生，各为 3~6 ………………………………… 铁青树科 Olacaceae
130. 雄蕊和萼片互生，各为 4 或 5 ………………………………… 鼠李科 Rhamnaceae
126. 花单性（雌雄同株或异株）或杂性。
131. 果实各种；种子无胚乳或有少量胚乳。
132. 雄蕊常 8 个；果实坚果状或为有翅的蒴果；羽状复叶或单叶 …………………………………………………………………………… 无患子科 Sapindaceae
132. 雄蕊 5 或 4 个，且和萼片互生；核果有 2~4 个小核；单叶…… 鼠李科 Rhamnaceae（鼠李属 *Rhamnus*）
131. 果实多呈蒴果状，无翅；种子常有胚乳。
133. 果实为具 2 室的蒴果，有木质或革质的外种皮及角质的内果皮 ……………………………………………………………………… 金缕梅科 Hamamelidaceae
133. 果实为蒴果时，也不像上述情形。
134. 胚珠具腹脊；果实有各种类型，但多为室间裂开的蒴果 … 大戟科 Euphorbiaceae
134. 胚珠具背脊；果实为室背裂开的蒴果，或有时呈核果状 ……… 黄杨科 Buxaceae
125. 果实及子房均为 1 或 2 室，稀可在无患子科的荔枝属 *Litchi* 及韶子属 *Nephelium* 中为 3 室，或在卫矛科的十齿花属 *Dipentodon* 及铁青树科的铁青树属 *Olax* 中，子房的下部为 3 室，而上部为 1 室。
135. 花萼具显著的萼筒，且常呈花瓣状。
136. 叶无毛或下面有柔毛；萼筒整个脱落 ………………………… 瑞香科 Thymelaeaceae
136. 叶下面具银白色或棕色的鳞片；萼筒或其下部永久宿存，当果实成熟时，变为肉质而紧密包着子房 ………………………………………………………… 胡颓子科 Elaeagnaceae
135. 花萼不像上述情形，或无花被。
137. 花药以 2 或 4 舌瓣裂开 ……………………………………………………… 樟科 Lauraceae
137. 花药不以舌瓣裂开。
138. 叶对生。
139. 果实为有双翅或呈圆形的翅果 ………………………………… 槭树科 Aceraceae
139. 果实为有单翅而呈细长形兼矩圆形的翅果 ……………………… 木犀科 Oleaceae
138. 叶互生。
140. 叶为羽状复叶。
141. 叶为二回羽状复叶，或退化仅具叶状柄（特称为叶状叶柄 phyllodia） ……… …………………………………………………………………………… 豆科 Leguminosae（金合欢属 *Acacia*）
141. 叶为一回羽状复叶。
142. 小叶边缘有锯齿；果实有翅 …………………… 马尾树科 Rhoipteleaceae（马尾树属 *Rhoiptelea*）
142. 小叶全缘；果实无翅。
143. 花两性或杂性 ………………………………………… 无患子科 Sapindaceae
143. 雌雄异株 ……………………………………………… 漆树科 Anacardiaceae（黄连木属 *Pistacia*）
140. 叶为单叶。
144. 花均无花被。（次 144 项见 374 页）

145. 多为木质藤本；叶全缘；花两性或杂性，成紧密的穗状花序 …………………………………………………………………………… **胡椒科** Piperaceae
（**胡椒属** *Piper*）

145. 乔木；叶缘有锯齿或缺刻；花单性。

146. 叶宽广，具掌状脉或掌状分裂，叶缘具缺刻或大锯齿；有托叶，围茎成鞘，但易脱落；雌雄同株，雌花和雄花分别成球形的头状花序；雌蕊为单心皮而成；小坚果为倒圆锥形而有棱角，无翅也无梗，但围以长柔毛 ……………………………………………………………… **悬铃木科** Platanaceae
（**悬铃木属** *Platanus*）

146. 叶椭圆形至卵形，具羽状脉及锯齿缘；无托叶；雌雄异株，雄花聚成疏松有苞片的簇丛，雌花单生于苞片的腋内；雌蕊为2心皮组成；小坚果扁平，具翅且有柄，但无毛 ……………………………… **杜仲科** Eucommiaceae
（**杜仲属** *Eucommia*）

144. 常有花萼，尤其在雄花。

147. 植物体内有乳汁 ……………………………………………… **桑科** Moraceae

147. 植物体内无乳汁。

148. 花柱或其分枝2或数个，但在大戟科的核果木属 *Drypetes* 中则柱头几无柄，呈盾状或肾脏形。

149. 雌雄异株或有时为同株；叶全缘或具波状齿。

150. 矮小灌木或亚灌木；果实干燥，包藏于具有长柔毛而互相连合成双角状的2苞片中；胚体弯曲如环 ……………………… **藜科** Chenopodiaceae
（**优若藜属** *Eurotia*）

150. 乔木或灌木；果实呈核果状，常为1室含1种子，不包藏于苞片内；胚体劲直 ……………………………………………… **大戟科** Euphorbiaceae

149. 花两性或单性；叶缘多有锯齿或具齿裂，稀可全缘。

151. 雄蕊多数 ……………………………………………… **大风子科** Flacourtiaceae

151. 雄蕊10个或较少。

152. 子房2室，每室有1个至数个胚珠；果实为木质蒴果 ……………………………………………………… **金缕梅科** Hamamelidaceae

152. 子房1室，仅含1胚珠；果实不是木质蒴果 ……… **榆科** Ulmaceae

148. 花柱1个，也可有时（如荨麻属）不存，而柱头呈画笔状。

153. 叶缘有锯齿；子房为1心皮而成。

154. 花两性 ……………………………………………… **山龙眼科** Proteaceae

154. 雌雄异株或同株。

155. 花生于当年新枝上；雄蕊多数 ……………………… **蔷薇科** Rosaceae
（**假稠李属** *Maddenia*）

155. 花生于老枝上；雄蕊和萼片同数 …………………… **荨麻科** Urticaceae

153. 叶全缘或边缘有锯齿；子房为2个以上连合心皮所成。

156. 果实呈核果状或坚果状，内有1种子；无托叶。（次156项见375页）

157. 子房具2或2个胚珠；果实于成熟后由萼筒包围 ………………………………………………………………… **铁青树科** Olacaceae

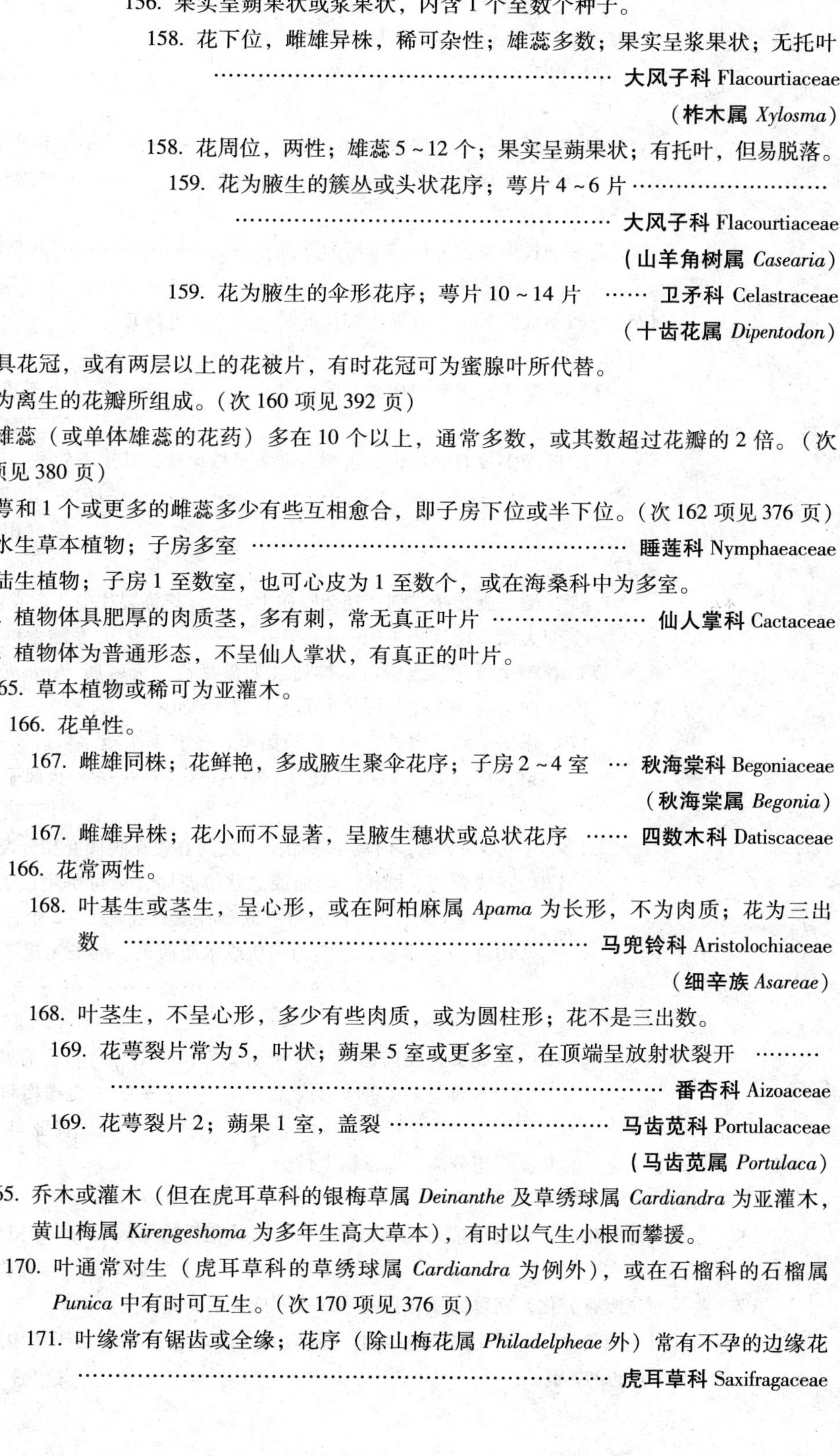

157. 子房仅具1个胚珠；果实和花萼相分离，或仅果实基部由花萼衬托之 …………………………………………………… **山柚仔科** Opiliaceae

156. 果实呈蒴果状或浆果状，内含1个至数个种子。

158. 花下位，雌雄异株，稀可杂性；雄蕊多数；果实呈浆果状；无托叶 …………………………………………………… **大风子科** Flacourtiaceae（**柞木属** *Xylosma*）

158. 花周位，两性；雄蕊5～12个；果实呈蒴果状；有托叶，但易脱落。

159. 花为腋生的簇丛或头状花序；萼片4～6片 ……………………………………………………………… **大风子科** Flacourtiaceae（**山羊角树属** *Casearia*）

159. 花为腋生的伞形花序；萼片10～14片 …… **卫矛科** Celastraceae（**十齿花属** *Dipentodon*）

2. 花具花萼也具花冠，或有两层以上的花被片，有时花冠可为蜜腺叶所代替。

160. 花冠常为离生的花瓣所组成。（次160项见392页）

161. 成熟雄蕊（或单体雄蕊的花药）多在10个以上，通常多数，或其数超过花瓣的2倍。（次161项见380页）

162. 花萼和1个或更多的雌蕊多少有些互相愈合，即子房下位或半下位。（次162项见376页）

163. 水生草本植物；子房多室 …………………………………………… **睡莲科** Nymphaeaceae

163. 陆生植物；子房1至数室，也可心皮为1至数个，或在海桑科中为多室。

164. 植物体具肥厚的肉质茎，多有刺，常无真正叶片 ………………… **仙人掌科** Cactaceae

164. 植物体为普通形态，不呈仙人掌状，有真正的叶片。

165. 草本植物或稀可为亚灌木。

166. 花单性。

167. 雌雄同株；花鲜艳，多成腋生聚伞花序；子房2～4室 … **秋海棠科** Begoniaceae（**秋海棠属** *Begonia*）

167. 雌雄异株；花小而不显著，呈腋生穗状或总状花序 …… **四数木科** Datiscaceae

166. 花常两性。

168. 叶基生或茎生，呈心形，或在阿柏麻属 *Apama* 为长形，不为肉质；花为三出数 ………………………………………………………… **马兜铃科** Aristolochiaceae（**细辛族** *Asareae*）

168. 叶茎生，不呈心形，多少有些肉质，或为圆柱形；花不是三出数。

169. 花萼裂片常为5，叶状；蒴果5室或更多室，在顶端呈放射状裂开 ……………………………………………………………………… **番杏科** Aizoaceae

169. 花萼裂片2；蒴果1室，盖裂 ……………………………… **马齿苋科** Portulacaceae（**马齿苋属** *Portulaca*）

165. 乔木或灌木（但在虎耳草科的银梅草属 *Deinanthe* 及草绣球属 *Cardiandra* 为亚灌木，黄山梅属 *Kirengeshoma* 为多年生高大草本），有时以气生小根而攀援。

170. 叶通常对生（虎耳草科的草绣球属 *Cardiandra* 为例外），或在石榴科的石榴属 *Punica* 中有时可互生。（次170项见376页）

171. 叶缘常有锯齿或全缘；花序（除山梅花属 *Philadelpheae* 外）常有不孕的边缘花 ……………………………………………………………… **虎耳草科** Saxifragaceae

171. 叶全缘；花序无不孕花。

172. 叶为脱落性；花萼呈朱红色 ……………………………… **石榴科** Punicaceae

（**石榴属** *Punica*）

172. 叶为常绿性；花萼不呈朱红色。

173. 叶片中有腺体微点；胚珠常多数 ……………………… **桃金娘科** Myrtaceae

173. 叶片中无微点。

174. 胚珠在每子房室中为多数 ………………………… **海桑科** Sonneratiaceae

174. 胚珠在每子房室中仅 2 个，稀可较多 …………… **红树科** Rhizophoraceae

170. 叶互生。

175. 花瓣细长形兼长方形，最后向外翻转 ……………………… **八角枫科** Alangiaceae

（**八角枫属** *Alangium*）

175. 花瓣不成细长形，且纵为细长形时，也不向外翻转。

176. 叶无托叶。

177. 叶全缘；果实肉质或木质 …………………………… **玉蕊科** Lecythidaceae

（**玉蕊属** *Barringtonia*）

177. 叶缘多少有些锯齿或齿裂；果实呈核果状，其形歪斜 ……………………
……………………………………………………………… **山矾科** Symplocaceae

（**山矾属** *Symplocos*）

176. 叶有托叶。

178. 花瓣呈旋转状排列；花药隔向上延伸；花萼裂片中 2 个或更多个在果实上变大而呈翅状 ……………………………………… **龙脑香科** Dipterocarpaceae

178. 花瓣呈覆瓦状或旋转状排列（如蔷薇科的火棘属 *Pyracantha*）；花药隔并不向上延伸；花萼裂片也无上述变大情形。

179. 子房 1 室，内具 2 ~ 6 侧膜胎座，各有 1 个至多数胚珠；果实为革质蒴果，自顶端以 2 ~ 6 片裂开 ……………………… **大风子科** Flacourtiaceae

（**天料木属** *Homalium*）

179. 子房 2 ~ 5 室，内具中轴胎座，或其心皮在腹面互相分离而具边缘胎座。

180. 花成伞房、圆锥、伞形或总状等花序，稀可单生；子房 2 ~ 5 室，或心皮 2 ~ 5 个，下位，每室或每心皮有胚珠 1 ~ 2 个，稀可有时为 3 ~ 10 个或为多数；果实为肉质或木质假果；种子无翅 ………………
……………………………………………………………… **蔷薇科** Rosaceae

（**梨亚科** Pomoideae）

180. 花成头状或肉穗花序；子房 2 室，半下位，每室有胚珠 2 ~ 6 个；果为木质蒴果；种子有或无 ………………… **金缕梅科** Hamamelidaceae

（**马蹄荷亚科** Bucklandioideae）

162. 花萼和 1 个或更多的雌蕊互相分离，即子房上位。

181. 花为周位花。（次 181 项见 377 页）

182. 萼片和花瓣相似，覆瓦状排列成数层，着生于坛状花托的外侧 …… **蜡梅科** Calycanthaceae

（**洋蜡梅属** *Calycanthus*）

182. 萼片和花瓣有分化，在萼筒或花托的边缘排列成 2 层。

183. 叶对生或轮生，有时上部者可互生，但均为全缘单叶；花瓣常于蕾中呈皱折状。（次 183 项见 377 页）

184. 花瓣无爪，形小，或细长；浆果 …………………………………… **海桑科** Sonneratiaceae
184. 花瓣有细爪，边缘具腐蚀状的波纹或具流苏；蒴果 ……………… **千屈菜科** Lythraceae
183. 叶互生，单叶或复叶；花瓣不呈皱折状。
185. 花瓣宿存；雄蕊的下部连成一管 ………………………………………… **亚麻科** Linaceae
（**黏木属** *Ixonanthes*）
185. 花瓣脱落性；雄蕊互相分离。
186. 草本植物，具二出数的花朵；萼片 2 片，早落性；花瓣 4 个 … **罂粟科** Papaveraceae
（**花菱草属** *Eschscholzia*）
186. 木本或草本植物，具五出或四出数的花朵。
187. 花瓣镊合状排列；果实为荚果；叶多为二回羽状复叶，有时叶片退化，而叶柄发育为叶状柄；心皮 1 个 …………………………………………… **豆科** Leguminosae
（**含羞草亚科** Mimosoideae）
187. 花瓣覆瓦状排列；果实为核果、蓇葖果或瘦果；叶为单叶或复叶；心皮 1 个至多数 ………………………………………………………………… **蔷薇科** Rosaceae
181. 花为下位花，或至少在果实时花托扁平或隆起。
188. 雌蕊少数至多数，互相分离或微有连合。（次 188 项见 378 页）
189. 水生植物。
190. 叶片呈盾状，全缘 …………………………………………………… **睡莲科** Nymphaeaceae
190. 叶片不呈盾状，多少有些分裂或为复叶 ………………………… **毛茛科** Ranunculaceae
189. 陆生植物。
191. 茎为攀援性。
192. 草质藤本。
193. 花显著，为两性花 ………………………………………………… **毛茛科** Ranunculaceae
193. 花小型，为单性，雌雄异株 ……………………………………… **防己科** Menispermaceae
192. 木质藤本或为蔓生灌木。
194. 叶对生，复叶由 3 小叶所成，或顶端小叶形成卷须 ……… **毛茛科** Ranunculaceae
（**锡兰莲属** *Naravelia*）
194. 叶互生，单叶。
195. 花单性。
196. 心皮多数，结果时聚生成一球状的肉质体或散布于极延长的花托上 ……… ……………………………………………………………… **木兰科** Magnoliaceae
（**五味子亚科** Schisandroideae）
196. 心皮 3～6，果为核果或核果状 ……………………………… **防己科** Menispermaceae
195. 花两性或杂性；心皮数个，果为蓇葖果。 ……………… **五桠果科** Dilleniaceae
（**锡叶藤属** *Tetracera*）
191. 茎直立，不为攀援性。
197. 雄蕊的花丝连成单体 …………………………………………………… **锦葵科** Malvaceae
197. 雄蕊的花丝互相分离。
198. 草本植物，稀可为亚灌木；叶片多少有些分裂或为复叶。（次 198 项见 378 页）
199. 叶无托叶；种子有胚乳 …………………………………………… **毛茛科** Ranunculaceae
199. 叶多有托叶；种子无胚乳 ………………………………………… **蔷薇科** Rosaceae

198. 木本植物；叶片全缘或边缘有锯齿，也稀有分裂者。

200. 萼片及花瓣均为镊合状排列；胚乳具嚼痕 ……………… **番荔枝科** Annonaceae

200. 萼片及花瓣均为覆瓦状排列；胚乳无嚼痕。

201. 萼片及花瓣相同，三出数，排列成3层或多层，均可脱落 …………………………………………………………………………………… **木兰科** Magnoliaceae

201. 萼片及花瓣甚有分化，多为五出数，排列成2层，萼片宿存。

202. 心皮3个至多数；花柱互相分离；胚珠为不定数 … **五桠果科** Dilleniaceae

202. 心皮3~10个；花柱完全合生；胚珠单生 …………… **金莲木科** Ochnaceae （**金莲木属** *Ochna*）

188. 雌蕊1个，但花柱或柱头为1至多数。

203. 叶片中具透明微点。

204. 叶互生，羽状复叶或退化为仅有1顶生小叶 ……………………… **芸香科** Rutaceae

204. 叶对生，单叶 ………………………………………………………… **藤黄科** Guttiferae

203. 叶片中无透明微点。

205. 子房单纯，具1子房室。

206. 乔木或灌木；花瓣呈镊合状排列；果实为荚果 ……………………… **豆科** Leguminosae （**含羞草亚科** Mimosoideae）

206. 草本植物；花瓣呈覆瓦状排列；果实不是荚果。

207. 花为五出数；蓇葖果 ………………………………………………… **毛茛科**Ranunculaceae

207. 花为三出数；浆果 …………………………………………………… **小檗科** Berberidaceae

205. 子房为复合性。

208. 子房1室，或在马齿苋科的土人参属 *Talinum* 中子房基部为3室。（次208项见379页）

209. 特立中央胎座。

210. 草本；叶互生或对生；子房的基部3室，有多数胚珠 ………………………………………………………………………………… **马齿苋科** Portulacaceae （**土人参属** *Talinum*）

210. 灌木；叶对生；子房1室，内有成为3对的6个胚 ………… **红树科** Rhizophoraceae （**秋茄树属** *Kandelia*）

209. 侧膜胎座。

211. 灌木或小乔木（在半日花科中常为亚灌木或草本植物），子房柄不存在或极短；果实为蒴果或浆果。

212. 叶对生；萼片不相等，外面2片较小，或有时退化，内面3片呈旋转状排列……………………………………………………………………… **半日花科** Cistaceae （**半日花属** *Helianthemum*）

212. 叶常互生，萼片相等，呈覆瓦状或镊合状排列。

213. 植物体内含有色泽的汁液；叶具掌状脉，全缘；萼片5片，互相分离，基部有腺体；种皮肉质，红色 ………………………………………… **红木科** Bixaceae （**红木属** *Bixa*）

213. 植物体内不含有色泽的汁液；叶具羽状脉或掌状脉；叶缘有锯齿或全缘；萼片3~8片，离生或合生；种皮坚硬，干燥 ……………… **大风子科** Flacourtiaceae

211. 草本植物，如为木本植物时，则具有显著的子房柄；果实为浆果或核果。

214. 植物体内含乳汁；萼片 2 ~ 3 ………………………………… 罂粟科 Papaveraceae
214. 植物体内不含乳汁；萼片 4 ~ 8。
215. 叶为单叶或掌状复叶；花瓣完整；长角果 …………… 白花菜科 Capparidaceae
215. 叶为单叶，或为羽状复叶或分裂；花瓣具缺刻或细裂；蒴果仅于顶端裂开 ………………………………………………………………… 木犀草科 Resedaceae
208. 子房 2 室至多室，或为不完全的 2 至多室。
216. 草本植物，具多少有些呈花瓣状的萼片。
217. 水生植物；花瓣为多数雄蕊或鳞片状的蜜腺叶所代替 ……… 睡莲科 Nymphaeaceae（萍蓬草属 *Nuphar*）
217. 陆生植物；花瓣不为蜜腺叶所代替。
218. 一年生草本植物；叶呈羽状细裂；花两性 ………………… 毛茛科 Ranunculaceae（黑种草属 *Nigella*）
218. 多年生草本植物；叶全缘而呈掌状分裂；雌雄同株 ……… 大戟科 Euphorbiaceae（麻风树属 *Jatropha*）
216. 木本植物，或陆生草本植物，常不具呈花瓣状的萼片。
219. 萼片于蕾内呈镊合状排列。
220. 雄蕊互相分离或连成数束。
221. 花药 1 室或数室；叶为掌状复叶或单叶，全缘，具羽状脉 …………………………………………………………………………… 木棉科 Bombacaceae
221. 花药 2 室；叶为单叶，叶缘有锯齿或全缘。
222. 花药以顶端 2 孔裂开 …………………………………… 杜英科 Elaeocarpaceae
222. 花药纵长裂开 ………………………………………………… 椴树科 Tiliaceae
220. 雄蕊连为单体，至少内层者如此，并且多少有些连成管状。
223. 花单性；萼片 2 或 3 片 ……………………………… 大戟科 Euphorbiaceae（油桐属 *Aleurites*）
223. 花常两性；萼片多 5 片，稀可较少。
224. 花药 2 室或更多室。
225. 无副萼；多有不育雄蕊；花药 2 室；叶为单叶或掌状分裂 ……………………………………………………………… 梧桐科 Sterculiaceae
225. 有副萼；无不育雄蕊；花药数室；叶为单叶，全缘且具羽状脉 ………………………………………………………………… 木棉科 Bombacaceae（榴莲属 *Durio*）
224. 花药 1 室。
226. 花粉粒表面平滑；叶为掌状复叶 ……………………… 木棉科 Bombacaceae（木棉属 *Gossampinus*）
226. 花粉粒表面有刺；叶有各种情形 ………………………… 锦葵科 Malvaceae
219. 萼片于蕾内呈覆瓦状或旋转状排列，或有时（如大戟科的巴豆属 *Croton*）近于呈镊合状排列。
227. 雌雄同株或稀可异株；果实为蒴果，由 2 ~ 4 个各自裂为 2 片的离果所成 ……………………………………………………………………… 大戟科 Euphorbiaceae
227. 花常两性，或在猕猴桃科的猕猴桃属 *Actinidia* 为杂性或雌雄异株；果为其他情形。

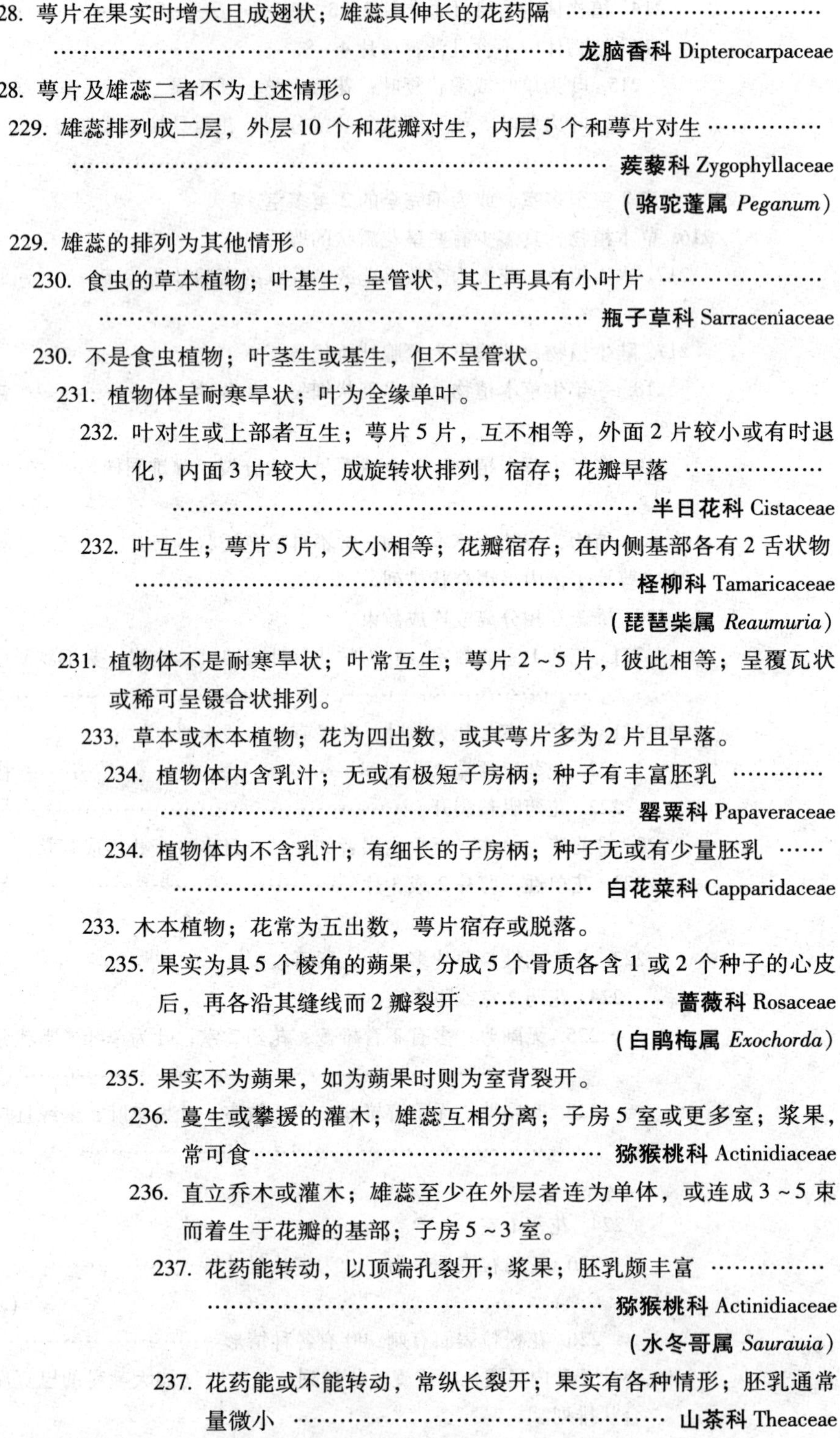

228. 萼片在果实时增大且成翅状；雄蕊具伸长的花药隔 …………………………………………………………………………………… 龙脑香科 Dipterocarpaceae

228. 萼片及雄蕊二者不为上述情形。

229. 雄蕊排列成二层，外层 10 个和花瓣对生，内层 5 个和萼片对生 ………………………………………………………………………… 蒺藜科 Zygophyllaceae

（骆驼蓬属 *Peganum*）

229. 雄蕊的排列为其他情形。

230. 食虫的草本植物；叶基生，呈管状，其上再具有小叶片 ……………………………………………………………………………… 瓶子草科 Sarraceniaceae

230. 不是食虫植物；叶茎生或基生，但不呈管状。

231. 植物体呈耐寒旱状；叶为全缘单叶。

232. 叶对生或上部者互生；萼片 5 片，互不相等，外面 2 片较小或有时退化，内面 3 片较大，成旋转状排列，宿存；花瓣早落 ……………………………………………………………………………… 半日花科 Cistaceae

232. 叶互生；萼片 5 片，大小相等；花瓣宿存；在内侧基部各有 2 舌状物 ……………………………………………………………………………… 柽柳科 Tamaricaceae

（琵琶柴属 *Reaumuria*）

231. 植物体不是耐寒旱状；叶常互生；萼片 2～5 片，彼此相等；呈覆瓦状或稀可呈镊合状排列。

233. 草本或木本植物；花为四出数，或其萼片多为 2 片且早落。

234. 植物体内含乳汁；无或有极短子房柄；种子有丰富胚乳 ……………………………………………………………………………… 罂粟科 Papaveraceae

234. 植物体内不含乳汁；有细长的子房柄；种子无或有少量胚乳 ……………………………………………………………………………… 白花菜科 Capparidaceae

233. 木本植物；花常为五出数，萼片宿存或脱落。

235. 果实为具 5 个棱角的蒴果，分成 5 个骨质各含 1 或 2 个种子的心皮后，再各沿其缝线而 2 瓣裂开 …………………… 蔷薇科 Rosaceae

（白鹃梅属 *Exochorda*）

235. 果实不为蒴果，如为蒴果时则为室背裂开。

236. 蔓生或攀援的灌木；雄蕊互相分离；子房 5 室或更多室；浆果，常可食 …………………………………………… 猕猴桃科 Actinidiaceae

236. 直立乔木或灌木；雄蕊至少在外层者连为单体，或连成 3～5 束而着生于花瓣的基部；子房 5～3 室。

237. 花药能转动，以顶端孔裂开；浆果；胚乳颇丰富 ……………………………………………………………………………… 猕猴桃科 Actinidiaceae

（水冬哥属 *Saurauia*）

237. 花药能或不能转动，常纵长裂开；果实有各种情形；胚乳通常量微小 …………………………………………… 山茶科 Theaceae

161. 成熟雄蕊 10 个或较少，如多于 10 个时，其数并不超过花瓣的 2 倍。

238. 成熟雄蕊和花瓣同数，且和它对生。（次 238 项见 382 页）

239. 雌蕊 3 个至多数，离生。（次 239 项见 381 页）

240. 直立草本或亚灌木；花两性，五出数 …………………………………… 蔷薇科 Rosaceae
（地蔷薇属 *Chamaerhodos*）

240. 木质或草质藤本，花单性，常为三出数。

241. 叶常为单叶；花小型；核果；心皮 3～6 个，呈星状排列，各含 1 胚珠 ………………………………………………………………………………… 防己科 Menispermaceae

241. 叶为掌状复叶或由 3 小叶组成；花中型；浆果；心皮 3 个至多数，轮状或螺旋状排列，各含 1 个或多数胚珠 ……………………………………… 木通科 Lardizabalaceae

239. 雌蕊 1 个。

242. 子房 2 至数室。

243. 花萼裂齿不明显或微小；以卷须缠绕他物的灌木或草本植物………… 葡萄科 Vitaceae

243. 花萼具 4～5 裂片；乔木、灌木或草本植物，有时虽也可为缠绕性，但无卷须。

244. 雄蕊连成单体。

245. 叶为单叶；每子房室内含胚珠 2～6 个（或在可可树亚族 *Theobromineae* 中为多数） ……………………………………………………………… 梧桐科 Sterculiaceae

245. 叶为掌状复叶；每子房室内含胚珠多数 ……………………… 木棉科 Bombacaceae
（吉贝属 *Ceiba*）

244. 雄蕊互相分离，或稀可在其下部连成一管。

246. 叶无托叶；萼片各不相等，呈覆瓦状排列；花瓣不相等，在内层的 2 片常很小 ……………………………………………………………… 清风藤科 Sabiaceae

246. 叶常有托叶；萼片同大，呈镊合状排列；花瓣均大小同形。

247. 叶为单叶 ………………………………………………………… 鼠李科 Rhamnaceae

247. 叶为 1～3 回羽状复叶 ………………………………………… 葡萄科 Vitaceae
（火筒树属 *Leea*）

242. 子房 1 室（在马齿苋科的土人参属 *Talinum* 及铁青树科的铁青树属 *Olax* 中则子房的下部多少有些成为 3 室）。

248. 子房下位或半下位。

249. 叶互生，边缘常有锯齿；蒴果 ………………………………… 大风子科 Flacourtiaceae
（天料木属 *Homalium*）

249. 叶多对生或轮生，全缘；浆果或核果 ………………………… 桑寄生科 Loranthaceae

248. 子房上位。

250. 花药以舌瓣裂开 ……………………………………………… 小檗科 Berberidaceae

250. 花药不以舌瓣裂开。

251. 缠绕草本；胚珠 1 个；叶肥厚，肉质 ……………………… 落葵科 Basellaceae
（落葵属 *Basella*）

251. 直立草本，或有时为木本；胚珠 1 个至多数。

252. 雄蕊连成单体；胚珠 2 个 ……………………………………… 梧桐科 Sterculiaceae
（蛇婆子属 *Walthenia*）

252. 雄蕊互相分离；胚珠 1 个至多数。

253. 花瓣 6～9 片；雌蕊单纯 …………………………………… 小檗科 Berberidaceae

253. 花瓣 4～8 片；雌蕊复合。

254. 常为草本；花萼有 2 个分离萼片。（次 254 项见 382 页）

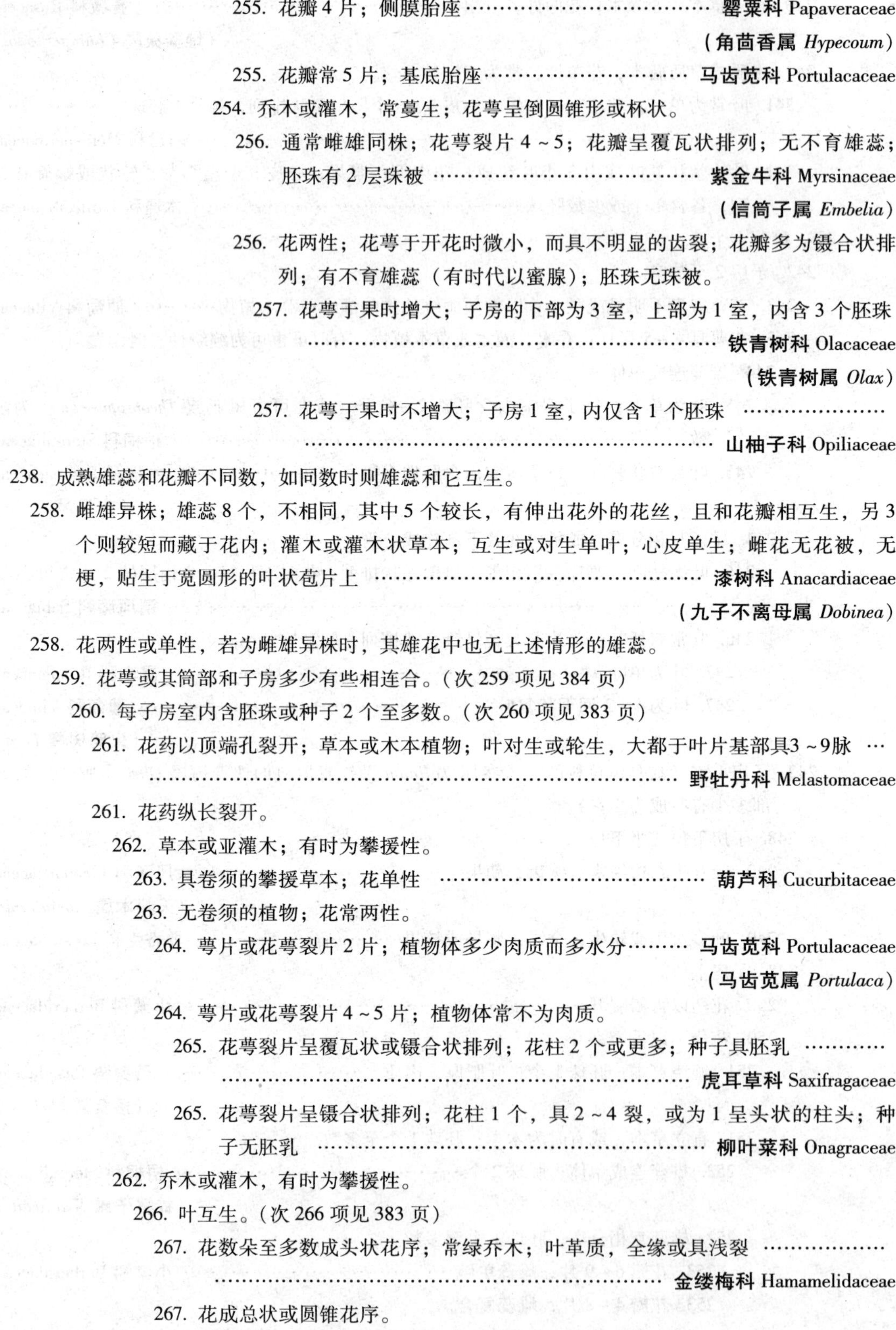

255. 花瓣4片；侧膜胎座……………………………… **罂粟科** Papaveraceae
(**角茴香属** *Hypecoum*)

255. 花瓣常5片；基底胎座………………………… **马齿苋科** Portulacaceae

254. 乔木或灌木，常蔓生；花萼呈倒圆锥形或杯状。

256. 通常雌雄同株；花萼裂片4～5；花瓣呈覆瓦状排列；无不育雄蕊；胚珠有2层珠被 ……………………………… **紫金牛科** Myrsinaceae
(**信筒子属** *Embelia*)

256. 花两性；花萼于开花时微小，而具不明显的齿裂；花瓣多为镊合状排列；有不育雄蕊（有时代以蜜腺）；胚珠无珠被。

257. 花萼于果时增大；子房的下部为3室，上部为1室，内含3个胚珠 ………………………………………………………… **铁青树科** Olacaceae
(**铁青树属** *Olax*)

257. 花萼于果时不增大；子房1室，内仅含1个胚珠 …………………… ………………………………………………………… **山柚子科** Opiliaceae

238. 成熟雄蕊和花瓣不同数，如同数时则雄蕊和它互生。

258. 雌雄异株；雄蕊8个，不相同，其中5个较长，有伸出花外的花丝，且和花瓣相互生，另3个则较短而藏于花内；灌木或灌木状草本；互生或对生单叶；心皮单生；雌花无花被，无梗，贴生于宽圆形的叶状苞片上 ……………………………………… **漆树科** Anacardiaceae
(**九子不离母属** *Dobinea*)

258. 花两性或单性，若为雌雄异株时，其雄花中也无上述情形的雄蕊。

259. 花萼或其筒部和子房多少有些相连合。(次259项见384页)

260. 每子房室内含胚珠或种子2个至多数。(次260项见383页)

261. 花药以顶端孔裂开；草本或木本植物；叶对生或轮生，大都于叶片基部具3～9脉 … ………………………………………………………………… **野牡丹科** Melastomaceae

261. 花药纵长裂开。

262. 草本或亚灌木；有时为攀援性。

263. 具卷须的攀援草本；花单性 ……………………………… **葫芦科** Cucurbitaceae

263. 无卷须的植物；花常两性。

264. 萼片或花萼裂片2片；植物体多少肉质而多水分……… **马齿苋科** Portulacaceae
(**马齿苋属** *Portulaca*)

264. 萼片或花萼裂片4～5片；植物体常不为肉质。

265. 花萼裂片呈覆瓦状或镊合状排列；花柱2个或更多；种子具胚乳 ………… ……………………………………………………… **虎耳草科** Saxifragaceae

265. 花萼裂片呈镊合状排列；花柱1个，具2～4裂，或为1呈头状的柱头；种子无胚乳 ………………………………………… **柳叶菜科** Onagraceae

262. 乔木或灌木，有时为攀援性。

266. 叶互生。(次266项见383页)

267. 花数朵至多数成头状花序；常绿乔木；叶革质，全缘或具浅裂 ……………… ……………………………………………………… **金缕梅科** Hamamelidaceae

267. 花成总状或圆锥花序。

268. 灌木；叶为掌状分裂，基部具3~5脉；子房1室，有多数胚珠；浆果…………………………………………………………………………………… **虎耳草科** Saxifragaceae

(**茶藨子属** *Ribes*)

268. 乔木或灌木；叶缘有锯齿或细锯齿，有时全缘，具羽状脉；子房3~5室，每室内含2至数个胚珠，或在山茉莉属 *Huodendron* 为多数；干燥或木质核果，或蒴果，有时具棱角或有翅 ……………………… **野茉莉科** Styracaceae

266. 叶常对生（使君子科的榄李树属 *Lumnitzera* 例外，同科的风车子属 *Combretum* 也可有时为互生，或互生和对生共存于一枝上）。

269. 胚珠多数，除冠盖藤属 *Pileostegia* 自子房室顶端垂悬外，均位于侧膜或中轴胎座上；浆果或蒴果；叶缘有锯齿或为全缘，但均无托叶；种子含胚乳 ……………………………………………………………………………… **虎耳草科** Saxifragaceae

269. 胚珠2个至数个，近于自房室顶端垂悬；叶全缘或有圆锯齿；果实多不裂开，内有种子1至数个。

270. 乔木或灌木，常为蔓生，无托叶，不为形成海岸林的组成分子（榄李树属 *Lumnitzera* 例外）；种子无胚乳，落地后始萌芽 ……… **使君子科** Combretaceae

270. 常绿灌木或小乔木，具托叶；多为形成海岸林的主要组成分子；种子常有胚乳，在落地前即萌芽（胎生） …………………………… **红树科** Rhizophoraceae

260. 每子房室内仅含胚珠或种子1个。

271. 果实裂开为2个干燥的离果，并共同悬于一果梗上；花序常为伞形花序（在变豆菜属 *Sanicula* 及鸭儿芹属 *Cryptotaenia* 中为不规则的花序，在刺芫荽属 *Eryngium* 中，则为头状花序）………………………………………………………………………………… **伞形科** Umbelliferae

271. 果实不裂开或裂开而不是上述情形的；花序可为各种类型。

272. 草本植物。

273. 花柱或柱头2~4个；种子具胚乳；果实为小坚果或核果，具棱角或有翅………………………………………………………………………………… **小二仙草科** Haloragidaceae

273. 花柱1个，具有2头状或呈2裂的柱头；种子无胚乳。

274. 陆生草本植物，具对生叶；花为二出数；果实为一具钩状刺毛的坚果 ……………………………………………………………………………… **柳叶菜科** Onagraceae

(**露珠草属** *Circaea*)

274. 水生草本植物，有聚生而漂浮水面的叶片；花为四出数；果实为具2~4刺的坚果（栽培种果实可无显著的刺） …………………………………… **菱科** Trapaceae

(**菱属** *Trapa*)

272. 木本植物。

275. 果实干燥或为蒴果状。

276. 子房2室；花柱2个 ……………………………………… **金缕梅科** Hamamelidaceae

276. 子房1室；花柱1个。

277. 花序伞房状或圆锥状 ………………………………… **莲叶桐科** Hernandiaceae

277. 花序头状 ……………………………………………………… **珙桐科** Nyssaceae

(**旱莲木属** *Camptotheca*)

275. 果实核果状或浆果状。

278. 叶互生或对生；花瓣呈镊合状排列；花序有各种型式，但稀为伞形或头状，有时且可生于叶片上。

279. 花瓣3~5片，卵形至披针形；花药短 ……………………… **山茱萸科** Cornaceae

279. 花瓣4~10片，狭窄形并向外翻转；花药细长 ……………………………………………………………………………… **八角枫科** Alangiaceae （**八角枫属** *Alangium*）

278. 叶互生；花瓣呈覆瓦状或镊合状排列；花序常为伞形或呈头状。

280. 子房1室；花柱1个；花杂性兼雌雄异株，雌花单生或以少数朵至数朵聚生，雌花多数，腋生为有花梗的簇丛 ……………………………………………… **珙桐科** Nyssaceae （**蓝果树属** *Nyssa*）

280. 子房2室或更多室；花柱2~5个；如子房为1室而具1花柱时（例如马蹄参属 *Diplopanax*），则花两性，形成顶生类似穗状的花序 ……………… **五加科** Araliaceae

259. 花萼和子房相分离。

281. 叶片中有透明微点。

282. 花整齐，稀可两侧对称；果实不为荚果 ……………………………………… **芸香科** Rutaceae

282. 花整齐或不整齐；果实为荚果 ……………………………………………… **豆科** Leguminosae

281. 叶片中无透明微点。

283. 雌蕊2个或更多，互相分离或仅有局部的连合；也可子房分离而花柱连合成1个。（次283项见385页）

284. 多水分的草本，具肉质的茎及叶 ………………………………………… **景天科** Crassulaceae

284. 植物体为其他情形。

285. 花为周位花。

286. 花的各部分呈螺旋状排列，萼片逐渐变为花瓣；雄蕊5或6个；雌蕊多数 ……………………………………………………………………………… **蜡梅科** Calycanthaceae （**蜡梅属** *Chimonanthus*）

286. 花的各部分呈轮状排列，萼片和花瓣甚有分化。

287. 雌蕊2~4个，各有多数胚珠；种子有胚乳；无托叶 …… **虎耳草科** Saxifragaceae

287. 雌蕊2个至多数，各有1至数个胚珠；种子无胚乳；有或无托叶 ……………………………………………………………………………… **蔷薇科** Rosaceae

285. 花为下位花，或在悬铃木科中微呈周位。

288. 草本或亚灌木。

289. 各子房的花柱互相分离。

290. 叶常互生或基生，多少有些分裂；花瓣脱落性，较萼片为大，或于天葵属 *Semiaquilegia* 稍小于成花瓣状的萼片 ……………………… **毛茛科** Ranunculaceae

290. 叶对生或轮生，为全缘单叶；花瓣宿存性，较萼片小 …… **马桑科** Coriariaceae （**马桑属** *Coriaria*）

289. 各子房合具1共同的花柱或柱头；叶为羽状复叶；花为五出数；花萼宿存；花中有和花瓣互生的腺体；雄蕊10个 ……………………… **牻牛儿苗科** Geraniaceae （**熏倒牛属** *Biebersteinia*）

288. 乔木、灌木或木本的攀援植物。

291. 叶为单叶。（次291项见385页）

292. 叶对生或轮生 …………………………………………………… **马桑科** Coriariaceae
(**马桑属** *Coriaria*)

292. 叶互生。

293. 叶为脱落性，具掌状脉；叶柄基部扩张成帽状以覆盖腋芽 ………………
…………………………………………………………………… **悬铃木科** Platanaceae
(**悬铃木属** *Platanus*)

293. 叶为常绿性或脱落性，具羽状脉。

294. 雌蕊 7 个至多数（稀可少至 5 个）；直立或缠绕性灌木；花两性或单性…
…………………………………………………………………… **木兰科** Magnoliaceae

294. 雌蕊 4 ~ 6 个；乔木或灌木；花两性。

295. 子房 5 或 6 个，以一共同的花柱而连合，各子房均可成熟为核果 ……
…………………………………………………………………… **金莲木科** Ochnaceae
(**赛金莲木属** *Ouratia*)

295. 子房 4 ~ 6 个，各具 1 花柱，仅有 1 子房可成熟为核果 ………………
…………………………………………………………………… **漆树科** Anacardiaceae
(**山檨仔属** *Buchanania*)

291. 叶为复叶。

296. 叶对生 ………………………………………………………… **省沽油科** Staphyleaceae

296. 叶互生。

297. 木质藤本；叶为掌状复叶或三出复叶 ………………… **木通科** Lardizabalaceae

297. 乔木或灌木（有时在牛栓藤科中有缠绕性者）；叶为羽状复叶。

298. 果实为肉质蓇葖浆果，内含数种子状似猫屎 ……… **木通科** Lardizabalaceae
(**猫儿屎属** *Decaisnea*)

298. 果实为其他情形。

299. 果实为蓇葖果 ………………………………………… **牛栓藤科** Connaraceae

299. 果实为离果，或在臭椿属 *Ailanthus* 中为翅果 …… **苦木科** Simaroubaceae

283. 雌蕊 1 个，或至少其子房为 1 个。

300. 雌蕊或子房确是单纯的，仅 1 室。(次 300 项见 386 页)

301. 果实为核果或浆果。

302. 花为三出数，稀可二出数；花药以舌瓣裂开 ……………………… **樟科** Lauraceae

302. 花为五出或四出数；花药纵长裂开。

303. 落叶具刺灌木；雄蕊 10 个，周位，均可发育 ………………… **蔷薇科** Rosaceae
(**扁核木属** *Prinsepia*)

303. 常绿乔木；雄蕊 1 ~ 5 个，下位，常仅其中 1 或 2 个可发育 …… **漆树科** Anacardiaceae
(**芒果属** *Mangifera*)

301. 果实为蓇葖果或荚果。

304. 果实为蓇葖果。(次 304 项见 386 页)

305. 落叶灌木；叶为单叶；蓇葖果内含 2 至数个种子 ………………… **蔷薇科** Rosaceae
(**绣线菊亚科** *Spiraeoideae*)

305. 常为木质藤本；叶多为单数复叶或具 3 小叶，有时因退化而只有 1 小叶；蓇葖果内仅含 1 个种子 ……………………………………………………… **牛栓藤科** Connaraceae

304. 果实为荚果 …………………………………………………………… 豆科 Leguminosae

300. 雌蕊或子房并非单纯者，有1个以上的子房室或花柱、柱头、胎座等部分。

306. 子房1室或因有1假隔膜的发育而成2室，有时下部2~5室，上部1室。（次306项见388页）

307. 花下位，花瓣4片，稀可更多。

308. 萼片2片 …………………………………………………………… 罂粟科 Papaveraceae

308. 萼片4~片。

309. 子房柄常细长，呈线状 ……………………………………… 白花菜科 Capparidaceae

309. 子房柄极短或不存在。

310. 子房为2个心皮连合组成，常具2子房室及1假隔膜 ………… 十字花科 Cruciferae

310. 子房3~6个心皮连合组成，仅1子房室。

311. 叶对生，微小，为耐寒旱性；花为辐射对称；花瓣完整，具瓣爪，其内侧有舌状的鳞片附属物 …………………………………………… 瓣鳞花科 Frankeniaceae

（瓣鳞花属 *Frankenia*）

311. 叶互生，显著，非为耐寒旱性；花为两侧对称；花瓣常分裂，但其内侧并无鳞片状的附属物 ……………………………………………… 木犀草科 Resedaceae

307. 花周位或下位，花瓣3~5片，稀可2片或更多。

312. 每子房室内仅有胚珠1个。

313. 乔木，或稀为灌木；叶常为羽状复叶。

314. 叶常为羽状复叶，具托叶及小托叶 ……………………… 省沽油科 Staphyleaceae

（银鹊树属 *Tapiscia*）

314. 叶为羽状复叶或单叶，无托叶及小托叶 ……………………… 漆树科 Anacardiaceae

313. 木本或草本；叶为单叶。

315. 通常均为木本，稀可在樟科的无根藤属 *Cassytha* 则为缠绕性寄生草本；叶常互生，无膜质托叶。

316. 乔木或灌木；无托叶；花为三出或二出数；萼片和花瓣同形，稀可花瓣较大；花药以舌瓣裂开；浆果或核果 ……………………………………… 樟科 Lauraceae

316. 蔓生性的灌木，茎为合轴型，具钩状的分枝；托叶小而早落；花为五出数，萼片和花瓣不同形，前者且于结实时增大成翅状；花药纵长裂开；坚果 ………… …………………………………………………… 钩枝藤科 Ancistrocladaceae

（钩枝藤属 *Ancistrocladus*）

315. 草本或亚灌木；叶互生或对生，具膜质托叶鞘 …………………… 蓼科 Polygonaceae

312. 每子房室内有胚珠2个至多数

317. 乔木、灌木或木质藤本。（次317项见387页）

318. 花瓣及雄蕊均着生于花萼上 ……………………………………… 千屈菜科 Lythraceae

318. 花瓣及雄蕊均着生于花托上（或于西番莲科中雄蕊着生于子房柄上）。

319. 核果或翅果，仅有1种子。（次319项见387页）

320. 花萼具显著的4或5裂片或裂齿，微小而不能长大 …… 茶茱萸科 Icacinaceae

320. 花萼呈截平头或具不明显的萼齿，微小，但能在果实上增大 ………………… ……………………………………………………………… 铁青树科 Olacaceae

（铁青树属 *Olax*）

319. 蒴果或浆果，内有 2 个至多数种子。
321. 花两侧对称。
322. 叶为二至三回羽状复叶；雄蕊 5 个 ……………………… **辣木科** Moringaceae
(**辣木属** *Moringa*)
322. 叶为全缘的单叶；雄蕊 8 个 ………………………………… **远志科** Polygalaceae
321. 花辐射对称；叶为单叶或掌状分裂。
323. 花瓣具有直立而常彼此衔接的瓣爪 ………………… **海桐花科** Pittosporaceae
(**海桐花属** *Pittosporum*)
323. 花瓣不具细长的瓣爪。
324. 植物体为耐寒旱性，有鳞片状或细长形的叶片；花无小苞片 ……………
…………………………………………………………… **柽柳科** Tamariceae
324. 植物体非为耐寒旱性，具有较宽大的叶片。
325. 花两性。
326. 花萼和花瓣不甚分化，且前者较大 ………… **大风子科** Flacourtiaceae
(**红子木属** *Erythrospermum*)
326. 花萼和花瓣很有分化，前者很小 …………………… **堇菜科** Violaceae
(**雷诺木属** *Rinorea*)
325. 雌雄异株或花杂性。
327. 乔木；花的每一花瓣基部各具位于内方的一鳞片；无子房柄 ………
…………………………………………………… **大风子科** Flacourtiaceae
(**大风子属** *Hydnocarpus*)
327. 多为具卷须而攀援的灌木；花常具一为 5 鳞片所成的副冠，各鳞片和萼片相对生；有子房柄 ………………………… **西番莲科** Passifloraceae
(**蒴莲属** *Adenia*)
317. 草本或亚灌木。
328. 胎座位于子房室的中央或基底。
329. 花瓣着生于花萼的喉部 …………………………………… **千屈菜科** Lythraceae
329. 花瓣着生于花托上。
330. 萼片 2 片；叶互生，稀可对生 ………………………… **马齿苋科** Portulacaceae
330. 萼片 5 或 4 片；叶对生 ………………………………… **石竹科** Caryophyllaceae
328. 胎座为侧膜胎座。
331. 食虫植物，具生有腺体刚毛的叶片 ………………………… **茅膏菜科** Droseraceae
331. 非为食虫植物，也无生有腺体毛茸的叶片。
332. 花两侧对称。
333. 花有一位于前方的距状物；蒴果 3 瓣裂开 …………………… **堇菜科** Violaceae
333. 花有一位于后方的大型花盘；蒴果仅于顶端裂开 …… **木犀草科** Resedaceae
332. 花整齐或近于整齐。
334. 植物体为耐寒旱性；花瓣内侧各有 1 舌状的鳞片 … **瓣鳞花科** Frankeniaceae
(**瓣鳞花属** *Frankenia*)
334. 植物体非为耐寒旱性；花瓣内侧无鳞片的舌状附属物。

335. 花中有副冠及子房柄 ………………………………… **西番莲科** Passifloraceae

(**西番莲属** *Passiflora*)

335. 花中无副冠及子房柄……………………………………… **虎耳草科** Saxifragaceae

306. 子房2室或更多室。

336. 花瓣形状彼此极不相等。

337. 每子房室内有数个至多数胚珠。

338. 子房2室………………………………………………………… **虎耳草科** Saxifragaceae

338. 子房5室 ……………………………………………………… **凤仙花科** Balsaminaceae

337. 每子房室内仅有1个胚珠。

339. 子房3室；雄蕊离生；叶盾状，叶缘具棱角或波纹 ……………… **旱金莲科** Tropaeolaceae

(**旱金莲属** *Tropaeolum*)

339. 子房2室（稀可1或3室）；雄蕊连合为一单体；叶不呈盾状，全缘………………………………………………………………………… **远志科** Polygalaceae

336. 花瓣形状彼此相等或微有不等，且有时花也可为两侧对称。

340. 雄蕊数和花瓣数既不相等，也不是它的倍数。

341. 叶对生。

342. 雄蕊4~10个，常8个。

343. 蒴果 ……………………………………………………… **七叶树科** Hippocastanaceae

343. 翅果 ………………………………………………………………… **槭树科** Aceraceae

342. 雄蕊2或3个，也稀可4或5个。

344. 萼片及花瓣均为五出数；雄蕊多为3个 ……………………… **翅子藤科** Hippocrateaceae

344. 萼片及花瓣常均为四出数；雄蕊2个，稀可3个 ……………………… **木犀科** Oleaceae

341. 叶互生。

345. 叶为单叶，多全缘，或在油桐属 *Aleurites* 中可具3~7裂片；花单性 ……………………………………………………………………… **大戟科** Euphorbiaceae

345. 叶为单叶或复叶；花两性或杂性。

346. 萼片为镊合状排列；雄蕊连成单体 ……………………………… **梧桐科** Sterculiaceae

346. 萼片为覆瓦状排列；雄蕊离生。

347. 子房4或5室，每子房室内有8~12胚珠；种子具翅 ……………… **楝科** Meliaceae

(**香椿属** *Toona*)

347. 子房常3室，每子房室内有1至数个胚珠；种子无翅。

348. 花小型或中型，下位，萼片互相分离或微有连合 ………… **无患子科** Sapindaceae

348. 花大型，美丽，周位，萼片互相连合成一钟形的花萼 ………………………………………………………………… **钟萼木科** Bretschneideraceae

(**钟萼木属** *Bretschneidera*)

340. 雄蕊数和花瓣数相等，或是它的倍数。

349. 每子房室内有胚珠或种子3个至多数。（次349项见390页）

350. 叶为复叶。（次350项见389页）

351. 雄蕊连合成为单体 ………………………………………………… **酢浆草科** Oxalidaceae

351. 雄蕊彼此相互分离。

352. 叶互生。（次352项见389页）

353. 叶为二至三回的三出叶，或为掌状叶 ………………………… **虎耳草科** Saxifragaceae
（**落新妇亚族** *Astilbinae*）

353. 叶为一回羽状复叶 …………………………………………………………… **楝科** Meliaceae
（**香椿属** *Toona*）

352. 叶对生。

354. 叶为双数羽状复叶 ……………………………………………… **蒺藜科** Zygophyllaceae

354. 叶为单数羽状复叶 …………………………………………… **省沽油科** Staphyleaceae

350. 叶为单叶。

355. 草本或亚灌木。

356. 花周位；花托多少有些中空。

357. 雄蕊着生于杯状花托的边缘 ………………………………… **虎耳草科** Saxifragaceae

357. 雄蕊着生于杯状或管状花萼（或即花托）的内侧 ………… **千屈菜科** Lythraceae

356. 花下位；花托常扁平。

358. 叶对生或轮生，常全缘。

359. 水生或沼泽草本，有时（例如田繁缕属 *Bergia*）为亚灌木；有托叶 …………
…………………………………………………………………… **沟繁缕科** Elatinaceae

359. 陆生草本；无托叶 ………………………………………… **石竹科** Caryophyllaceae

358. 叶互生或基生；稀可对生，边缘有锯齿，或叶退化为无绿色组织的鳞片。

360. 草本或亚灌木；有托叶；萼片呈镊合状排列，脱落性 ……… **椴树科** Tiliaceae
（**黄麻属** *Corchorus*，**田麻属** *Corchoropsis*）

360. 多年生常绿草本，或为死物寄生植物而无绿色组织；无托叶；萼片呈覆瓦状排列，宿存性 ………………………………………………………… **鹿蹄草科** Pyrolaceae

355. 木本植物。

361. 花瓣常有彼此衔接或其边缘互相依附的柄状瓣爪 ………… **海桐花科** Pittosporaceae
（**海桐花属** *Pittosporum*）

361. 花瓣无瓣爪，或仅具互相分离的细长柄状瓣爪。

362. 花托空凹；萼片呈镊合状或覆瓦状排列。

363. 叶互生，边缘有锯齿，常绿性 ………………………… **虎耳草科** Saxifragaceae
（**鼠刺属** *Itea*）

363. 叶对生或互生，全缘，脱落性。

364. 子房2~6室，仅具1花柱；胚珠多数，着生于中轴胎座上 ……………………
…………………………………………………………………… **千屈菜科** Lythraceae

364. 子房2室，具2花柱；胚珠数个，垂悬于中轴胎座上 ………………………
………………………………………………………… **金缕梅科** Hamamelidaceae
（**双花木属** *Disanthus*）

362. 花托扁平或微凸起；萼片呈覆瓦状或于杜英科中呈镊合状排列。

365. 花为四出数；果实呈浆果状或核果状；花药纵长裂开或顶端舌瓣裂开。（次365项见390页）

366. 穗状花序腋生于当年新枝上；花瓣先端具齿裂 ……… **杜英科** Elaeocarpaceae
（**杜英属** *Elaeocarpus*）

366. 穗状花序腋生于昔年老枝上；花瓣完整 …………… **旌节花科** Stachyuraceae
（**旌节花属** *Stachyurus*）

365. 花为五出数；果实呈蒴果状；花药顶端孔裂。

367. 花粉粒单纯；子房 3 室 …………………………………… **山柳科** Clethraceae

（**山柳属** *Clethra*）

367. 花粉粒复合，成为四合体；子房 5 室 ………………………… **杜鹃花科** Ericaceae

349. 每子房室内有胚珠或种子 1 或 2 个。

368. 草本植物，有时基部呈灌木状。

369. 花单性、杂性，或雌雄异株。

370. 具卷须的藤本；叶为二回三出复叶 …………………………… **无患子科** Sapindaceae

（**倒地铃属** *Cardiospermum*）

370. 直立草本或亚灌木；叶为单叶 ……………………………………… **大戟科** Euphorbiaceae

369. 花两性。

371. 萼片呈镊合状排列；果实有刺 ………………………………………… **椴树科** Tiliaceae

（**刺蒴麻属** *Triumfetta*）

371. 萼片呈覆瓦状排列；果实无刺。

372. 雄蕊彼此分离；花柱互相连合 …………………………… **牻牛儿苗科** Geraniaceae

372. 雄蕊互相连合；花柱彼此分离 ……………………………………… **亚麻科** Linaceae

368. 木本植物。

373. 叶肉质，通常仅为 1 对小叶所组成的复叶 …………………… **蒺藜科** Zygophyllaceae

373. 叶为其他情形。

374. 叶对生；果实为 1、2 或 3 个翅果所组成。

375. 花瓣细裂或具齿裂；每果实有 3 个翅果 ………………… **金虎尾科** Malpighiaceae

375. 花瓣全缘；每果实具 2 个或连合为 1 个的翅果 ………………… **槭树科** Aceraceae

374. 叶互生，如为对生时，则果实不为翅果。

376. 叶为复叶，或稀可为单叶而有具翅的果实。

377. 雄蕊连为单体。

378. 萼片及花瓣均为三出数；花药 6 个，花丝生于雄蕊管的口部 ……………………………………………………………………………… **橄榄科** Burseraceae

378. 萼片及花瓣均为四出至六出数；花药 8 ~ 12 个，无花丝，直接着生于雄蕊管的喉部或裂齿之间 ……………………………………………………………… **楝科** Meliaceae

377. 雄蕊各自分离。

379. 叶为单叶；果实为一具 3 翅而其内仅有 1 个种子的小坚果 … **卫矛科** Celastraceae

（**雷公藤属** *Tripterygium*）

379. 叶为复叶；果实无翅。

380. 花柱 3 ~ 5 个；叶常互生，脱落性 ………………………… **漆树科** Anacardiaceae

380. 花柱 1 个；叶互生或对生。

381. 叶为羽状复叶，互生，常绿性或脱落性；果实有各种类型 ……………………………………………………………………… **无患子科** Sapindaceae

381. 叶为掌状复叶，对生，脱落性；果实为蒴果 …… **七叶树科** Hippocastanaceae

376. 叶为单叶；果实无翅。

382. 雄蕊连成单体，或如为 2 轮时，至少其内轮者如此，有时有花药无花丝（例如大戟科的三宝木属 *Trigonastemon*）。（次 382 项见 391 页）

383. 花单性；萼片或花萼裂片2~6片，呈镊合状或覆瓦状排列 ………………………………………………………………………………… **大戟科** Euphorbiaceae

383. 花两性；萼片5片，呈覆瓦状排列。

384. 果实呈蒴果状；子房3~5室，各室均可成熟 ………………… **亚麻科** Linaceae

384. 果实呈核果状；子房3室，大都其中的2室为不孕性，仅另1室可成熟，而有1或2个胚珠 ………………………………………………… **古柯科** Erythroxylaceae

（**古柯属** *Erythroxylum*）

382. 雄蕊各自分离，有时在毒鼠子科中可和花瓣相连合而形成1管状物。

385. 果呈蒴果状。

386. 叶互生或稀可对生；花下位。

387. 叶脱落性或常绿性；花单性或两性；子房3室，稀可2或4室，有时可多至15室（例如算盘子属 *Glochidion*） …………………… **大戟科** Euphorbiaceae

387. 叶常绿性；花两性；子房5室 …………………… **五列木科** Pentaphylacaceae

（**五列木属** *Pentaphylax*）

386. 叶对生或互生；花周位 ……………………………………………… **卫矛科** Celastraceae

385. 果呈核果状，有时木质化，或呈浆果状。

388. 种子无胚乳，胚体肥大而多肉质。

389. 雄蕊10个 ……………………………………………………… **蒺藜科** Zygophyllaceae

389. 雄蕊4或5个。

390. 叶互生；花瓣5片，各2裂或成2部分 ………… **毒鼠子科** Dichapetalaceae

（**毒鼠子属** *Dichapetalum*）

390. 叶对生；花瓣4片，均完整 ……………………… **刺茉莉科** Salvadoraceae

（**刺茉莉属** *Azima*）

388. 种子有胚乳，胚体有时很小。

391. 植物体为耐寒旱性；花单性，三出或二出数 ………… **岩高兰科** Empetraceae

（**岩高兰属** *Empetrum*）

391. 植物体为普通形状；花两性或单性，五出或四出数。

392. 花瓣呈镊合状排列。

393. 雄蕊和花瓣同数 ………………………………………… **茶茱萸科** Icacinaceae

393. 雄蕊为花瓣的倍数。

394. 枝条无刺，而有对生的叶片 …………………… **红树科** Rhizophoraceae

（**红树族** *Gynotrocheae*）

394. 枝条有刺，而有互生的叶片 ………………………… **铁青树科** Olacaceae

（**海檀木属** *Ximenia*）

392. 花瓣呈覆瓦状排列，或在大戟科的小盘木属 *Microdesmis* 中为扭转兼覆瓦状排列。

395. 花单性，雌雄异株；花瓣较小于萼片 …………… **大戟科** Euphorbiaceae

（**小盘木属** *Microdesmis*）

395. 花两性或单性；花瓣常较大于萼片。

396. 落叶攀援灌木；雄蕊10个；子房5室，每室内有胚珠2个 …………

………………………………………… **猕猴桃科** Actinidiaceae

（**藤山柳属** *Clematoclethra*）

396. 多为常绿乔木或灌木；雄蕊4或5个。

397. 花下位，雌雄异株或杂性；无花盘…………… **冬青科** Aquifoliaceae

（**冬青属** *Ilex*）

397. 花周位，两性或杂性；有花盘 ………………… **卫矛科** Celastraceae

（**异卫矛亚科** Cassinioideae）

160. 花冠为多少有些连合的花瓣所组成。

398. 成熟雄蕊或单体雄蕊的花药数多于花冠裂片。（次398项见393页）

399. 心皮1个至数个，互相分离或大致分离。

400. 叶为单叶或有时可为羽状分裂，对生，肉质 ……………………… **景天科** Crassulaceae

400. 叶为二回羽状复叶，互生，不呈肉质 ……………………………… **豆科** Leguminosae

（**含羞草亚科** Mimosoideae）

399. 心皮2个或更多，连合成一复合性子房。

401. 雌雄同株或异株，有时为杂性。

402. 子房1室；无分枝而呈棕榈状的小乔木 ……………………… **番木瓜科** Caricaceae

（**番木瓜属** *Carica*）

402. 子房2室至多室；具分枝的乔木或灌木。

403. 雄蕊连成单体，或至少内层者如此；蒴果 ……………… **大戟科** Euphorbiaceae

（**麻风树属** *Jatropha*）

403. 雄蕊各自分离；浆果 ………………………………………… **柿树科** Ebenaceae

401. 花两性。

404. 花瓣连成一盖状物，或花萼裂片及花瓣均可合成为1或2层的盖状物。

405. 叶为单叶，具有透明微点 ………………………………… **桃金娘科** Myrtaceae

405. 叶为掌状复叶，无透明微点 ………………………………… **五加科** Araliaceae

（**多蕊木属** *Tupidanthus*）

404. 花瓣及花萼裂片均不连成盖状物。

406. 每子房室中有3个至多数胚珠。（次406项见393页）

407. 雄蕊5～10个或其数不超过花冠裂片的2倍，稀可在野茉莉科的银钟花属 *Halesia* 其数可达16个，而为花冠裂片的4倍。

408. 雄蕊连成单体或其花丝于基部互相连合；花药纵裂；花粉粒单生。

409. 叶为复叶；子房上位；花柱5个 ……………………… **酢浆草科** Oxalidaceae

409. 叶为单叶；子房下位或半下位；花柱1个；乔木或灌木，常有星状毛 ……

………………………………………………………… **野茉莉科** Styracaceae

408. 雄蕊各自分离；花药顶端孔裂；花粉粒为四合型 ………… **杜鹃花科** Ericaceae

407. 雄蕊为不定数。

410. 萼片和花瓣常各为多数，而无显著的区分；子房下位；植物体肉质，绿色，常具棘针，而其叶退化 ……………………………………… **仙人掌科** Cactaceae

410. 萼片和花瓣常各为5片，而有显著的区分；子房上位。

411. 萼片呈镊合状排列；雄蕊连成单体 ……………………… **锦葵科** Malvaceae

411. 萼片呈显著的覆瓦状排列。

412. 雄蕊连成5束，且每束着生于一花瓣的基部；花药顶端孔裂开；浆果 ……………………………………………………………… 猕猴桃科 Actinidiaceae
（水冬哥属 *Saurauia*）
412. 雄蕊的基部连成单体；花药纵长裂开；蒴果 …………… 山茶科 Theaceae
（紫茎木属 *Stewartia*）
406. 每子房室中常仅有1或2个胚珠。
413. 花萼中的2片或更多片于结实时能长大成翅状 ……… 龙脑香科 Dipterocarpaceae
413. 花萼裂片无上述变大的情形。
414. 植物体常有星状毛茸 ……………………………………… 野茉莉科 Styracaceae
414. 植物体无星状毛茸。
415. 子房下位或半下位；果实歪斜 ………………………… 山矾科 Symplocaceae
（山矾属 *Symplocos*）
415. 子房上位。
416. 雄蕊相互连合为单体；果实成熟时分裂为离果 ………… 锦葵科 Malvaceae
416. 雄蕊各自分离；果实不是离果。
417. 子房1或2室；蒴果 ……………………………… 瑞香科 Thymelaeaceae
（沉香属 *Aquilaria*）
417. 子房6~8室；浆果 ………………………………… 山榄科 Sapotaceae
（紫荆木属 *Madhuca*）
398. 成熟雄蕊并不多于花冠裂片或有时因花丝的分裂则可过之。
418. 雄蕊和花冠裂片为同数且对生。（次418项见394页）
419. 植物体内有乳汁……………………………………………………… 山榄科 Sapotaceae
419. 植物体内不含乳汁。
420. 果实内有数个至多数种子。
421. 乔木或灌木；果实呈浆果状或核果状 ………………… 紫金牛科 Myrsinaceae
421. 草本；果实呈蒴果状 …………………………………… 报春花科 Primulaceaa
420. 果实内仅有1个种子。
422. 子房下位或半下位。
423. 乔木或攀援性灌木；叶互生 ……………………… 铁青树科 Olacaceae
423. 常为半寄生性灌木；叶对生 ……………………… 桑寄生科 Loranthaceae
422. 子房上位。
424. 花两性。
425. 攀援性草本；萼片2；果为肉质宿存花萼所包围 ……………… 落葵科 Basellaceae
（落葵属 *Basella*）
425. 直立草本或亚灌木，有时为攀援性；萼片或萼裂片5；果为蒴果或瘦果，不为花萼所包围……………………………………………… 蓝雪科 Plumbaginaceae
424. 花单性，雌雄异株；攀援性灌木。
426. 雄蕊连合成单体；雌蕊单纯性 ……………………… 防己科 Menispermaceae
（锡生藤亚族 *Cissampelinae*）
426. 雄蕊各自分离；雌蕊复合性 ……………………… 茶茱萸科 Icacinaceae
（微花藤属 *Iodes*）

418. 雄蕊和花冠裂片为同数且互生，或雄蕊数较花冠裂片为少。

427. 子房下位。（次 427 项见 395 页）

428. 植物体常以卷须而攀援或蔓生；胚珠及种子皆为水平生长于侧膜胎座上 …………………………………………………………………………………… **葫芦科** Cucurbitaceae

428. 植物体直立，如为攀援时也无卷须；胚珠及种子并不为水平生长。

429. 雄蕊互相连合。

430. 花整齐或两侧对称，成头状花序，或在苍耳属 *Xanthium* 中，雌花序为一仅含 2 花的果壳，其外生有钩状刺毛；子房 1 室，内仅有 1 个胚珠………… **菊科** Compositae

430. 花多两侧对称，单生或成总状或伞房花序；子房 2 或 3 室，内有多数胚珠。

431. 花冠裂片呈镊合状排列；雄蕊 5 个，具分离的花丝及连合的花药 …………………………………………………………………………………… **桔梗科** Campanulaceae

（**半边莲亚科** Lobelioideae）

431. 花冠裂片呈覆瓦状排列；雄蕊 2 个，具连合的花丝及分离的花药 …………………………………………………………………………………… **花柱草科** Stylidiaceae

（**花柱草属** *Stylidium*）

429. 雄蕊各自分离。

432. 雄蕊和花冠相分离或近于分离。

433. 花药顶端孔裂开；花粉粒连合成四合体；灌木或亚灌木 …… **杜鹃花科** Ericaceae

（**乌饭树亚科** Vaccinioideae）

433. 花药纵长裂开，花粉粒单纯；多为草本。

434. 花冠整齐；子房 2 ~ 5 室，内有多数胚珠 ……………… **桔梗科** Campanulaceae

434. 花冠不整齐；子房 1 ~ 2 室，每子房室内仅有 1 或 2 个胚珠 …………………………………………………………………………………… **草海桐科** Goodeniaceae

432. 雄蕊着生于花冠上。

435. 雄蕊 4 或 5 个，和花冠裂片同数。

436. 叶互生；每子房室内有多数胚珠 …………………………… **桔梗科** Campanulaceae

436. 叶对生或轮生；每子房室内有 1 个至多数胚珠。

437. 叶轮生，如为对生时，则有托叶存在 ……………………………… **茜草科** Rubiaceae

437. 叶对生，无托叶或稀可有明显的托叶。

438. 花序多为聚伞花序 …………………………………………… **忍冬科** Caprifoliaceae

438. 花序为头状花序 ……………………………………………… **川续断科** Dipsacaceae

435. 雄蕊 1 ~ 4 个，其数较花冠裂片为少。

439. 子房 1 室。

440. 胚珠多数，生于侧膜胎座上 ………………………………… **苦苣苔科** Gesneriaceae

440. 胚珠 1 个，垂悬于子房的顶端 ……………………………… **川续断科** Dipsacaceae

439. 子房 2 室或更多室，具中轴胎座。

441. 子房 2 ~ 4 室，所有的子房室均可成熟；水生草本 ……… **胡麻科** Pedaliaceae

（**茶菱属** *Trapella*）

441. 子房 3 或 4 室，仅其中 1 或 2 室可成熟。

442. 落叶或常绿的灌木；叶片常全缘或边缘有锯齿 …… **忍冬科** Caprifoliaceae

442. 陆生草本；叶片常有很多的分裂 ……………………… **败酱科** Valerianaceae

427. 子房上位。

443. 子房深裂为 2 ~ 4 部分；花柱或数花柱均自子房裂片之间伸出。

444. 花冠两侧对称或稀可整齐；叶对生………………………………………………… **唇形科** Labiatae

444. 花冠整齐；叶互生。

445. 花柱 2 个；多年生匍匐性小草本；叶片呈圆肾形 ………………… **旋花科** Convolvulaceae

(**马蹄金属** *Dichondra*)

445. 花柱 1 个 ………………………………………………………………………… **紫草科** Boraginaceae

443. 子房完整或微有分割，或为 2 个分离的心皮所组成；花柱自子房的顶端伸出。

446. 雄蕊的花丝分裂。

447. 雄蕊 2 个，各分为 3 裂 ……………………………………………………… **罂粟科** Papaveraceae

(**紫堇亚科** Fumarioideae)

447. 雄蕊 5 个，各分为 2 裂 ……………………………………………………… **五福花科** Adoxaceae

(**五福花属** *Adoxa*)

446. 雄蕊的花丝单纯。

448. 花冠不整齐，常多少有些呈二唇状（次 448 项见 396 页）。

449. 成熟雄蕊 5 个。

450. 雄蕊和花冠离生 ………………………………………………………… **杜鹃花科** Ericaceae

450. 雄蕊着生于花冠上 ………………………………………………………… **紫草科** Boraginaceae

449. 成熟雄蕊 2 或 4 个，退化雄蕊有时也可存在。

451. 每子房室内仅含 1 或 2 个胚珠（如为后一情形时，也可在次 451 项检索之）。

452. 叶对生或轮生；雄蕊 4 个，稀可 2 个；胚珠直立，稀可垂悬。

453. 子房 2 ~ 4 室，共有 2 个或更多的胚珠 ………………… **马鞭草科** Verbenaceao

453. 子房 1 室，仅含 1 个胚珠 ………………………………… **透骨草科** Phrymaceae

(**透骨草属** *Phryma*)

452. 叶互生或基生；雄蕊 2 或 4 个，胚珠垂悬；子房 2 室，每子房室内仅有 1 个胚珠 ………………………………………………………………………… **玄参科** Scrophulariaceae

451. 每子房室内有 2 个至多数胚珠。

454. 子房 1 室具侧膜胎座或中央胎座（有时可因侧膜胎座的深入而为 2 室）。

455. 草本或木本植物，不为寄生性，也非食虫性。

456. 多为乔木或木质藤本；叶为单叶或复叶，对生或轮生，稀可互生，种子有翅，但无胚乳 ………………………………………………… **紫葳科** Bignoniaceae

456. 多为草本；叶为单叶，基生或对生；种子无翅，有或无胚乳 ……………… ………………………………………………………………… **苦苣苔科** Gesneriaceae

455. 草本植物，为寄生性或食虫性。

457. 植物体寄生于其他植物的根部，而无绿叶存在；雄蕊 4 个；侧膜胎座 …… ………………………………………………………………… **列当科** Orobanchaceae

457. 植物体为食虫性，有绿叶存在；雄蕊 2 个；特立中央胎座；多为水生或沼泽植物，且有具距的花冠 ……………………………… **狸藻科** Lentibulariaceae

454. 子房 2 ~ 4 室，具中轴胎座，或于角胡麻科中为子房 1 室而具侧膜胎座。

458. 植物体常具分泌黏液的腺体毛茸；种子无胚乳或具一薄层胚乳。（次 458 项见 396 页）

459. 子房最后成为 4 室；蒴果的果皮质薄而不延伸为长喙；油料植物 …………

………………………………………………………………… **胡麻科** Pedaliaceae

(**胡麻属** *Sesamum*)

459. 子房1室；蒴果的内皮坚硬而呈木质，延伸为钩状长喙；栽培花卉 ………

……………………………………………………………… **角胡麻科** Martyniaceae

(**角胡麻属** *Pooboscidea*)

458. 植物体不具上述的毛茸；子房2室。

460. 叶对生；种子无胚乳，位于胎座的钩状突起上 …………… **爵床科** Acanthaceae

460. 叶互生或对生；种子有胚乳，位于中轴胎座上。

461. 花冠裂片具深缺刻；成熟雄蕊2个 ……………………………… **茄科** Solanaceae

(**蝴蝶花属** *Schizanthus*)

461. 花冠裂片全缘或仅其先端具一凹陷；成熟雄蕊2或4个 ……………………

……………………………………………………………… **玄参科** Scrophulariaceae

448. 花冠整齐；或近于整齐。

462. 雄蕊数较花冠裂片为少。

463. 子房2~4室，每室内仅含1或2个胚珠。

464. 雄蕊2个 ……………………………………………………………… **木犀科** Oleaceae

464. 雄蕊4个。

465. 叶互生，有透明腺体微点存在 …………………………………… **苦槛蓝科** Myoporaceae

465. 叶对生，无透明微点 ……………………………………………… **马鞭草科** Verbenaceae

463. 子房1或2室，每室内有数个至多数胚珠。

466. 雄蕊2个；每子房室内有4~10个胚珠垂悬于室的顶端 ………………… **木犀科** Oleaceae

(**连翘属** *Forsythia*)

466. 雄蕊4或2个；每子房室内有多数胚珠着生于中轴或侧膜胎座上。

467. 子房1室，内具分歧的侧膜胎座，或因胎座深入而使子房成2室 ……………………

……………………………………………………………… **苦苣苔科** Gesneriaceae

467. 子房为完全的2室，内具中轴胎座。

468. 花冠于蕾中常折迭；子房2心皮的位置偏斜 ………………………… **茄科** Solanaceae

468. 花冠于蕾中不折迭，而呈覆瓦状排列；子房的2心皮位于前后方 …………………

……………………………………………………………… **玄参科** Scrophulariaceae

462. 雄蕊和花冠裂片同数。

469. 子房2个，或为1个而成熟后呈双角状。

470. 雄蕊各自分离；花粉粒也彼此分离 ……………………………… **夹竹桃科** Apocynaceae

470. 雄蕊互相连合；花粉粒连成花粉块 ……………………………… **萝藦科** Asclepiadaceae

469. 子房1个，不呈双角状。

471. 子房1室或因2侧膜胎座的深入而成2室。(次471项见397页)

472. 子房为1心皮所成。(次472项见397页)

473. 花显著，呈漏斗形而簇生；果实为1瘦果，有棱或有翅 ……………………

……………………………………………………………… **紫茉莉科** Nyctaginaceae

(**紫茉莉属** *Mirabilis*)

473. 花小型而形成球形的头状花序；果实为1荚果，成熟后则裂为仅含1种子的节荚

……………………………………………………………………………… 蔷荚豆科 Leguminosae

（含羞草属 *Mimosa*）

472. 子房为 2 个以上连合心皮所成。

474. 乔木或攀援性灌木，稀可为一攀援性草本，而体内具有乳汁（例如心翼果属 *Cardiopteris*）；果实呈核果状（但心翼果属则为干燥的翅果），内有 1 个种子 …………

……………………………………………………………………………… 茶茱萸科 Icacinaceae

474. 草本或亚灌木，或于旋花科的麻辣仔藤属 *Erycibe* 中为攀援灌木；果实呈蒴果状（或于麻辣仔藤属中呈浆果状），内有 2 个或更多的种子。

475. 花冠裂片呈覆瓦状排列。

476. 叶茎生，羽状分裂或为羽状复叶（限于我国植物如此） ………………………

……………………………………………………………………… 田基麻科 Hydrophyllaceae

（水叶族 *Hydrophylleae*）

476. 叶基生，单叶，边缘具齿裂 ……………………………… 苦苣苔科 Gesneriaceae

（苦苣苔属 *Conandron*，黔苣苔属 *Tengia*）

475. 花冠裂片常呈旋转状或内折的镊合状排列。

477. 攀援性灌木；果实呈浆果状，内有少数种子 …………… 旋花科 Convolvulaceae

（麻辣仔藤属 *Erycibe*）

477. 直立陆生或漂浮水面的草本；果实呈蒴果状，内有少数至多数种子 …………

……………………………………………………………………………… 龙胆科 Gentianaceae

471. 子房 2 ~ 10 室。

478. 无绿叶而为缠绕性的寄生植物 ………………………………… 旋花科 Convolvulaceae

（菟丝子亚科 Cuscutoideae）

478. 不是上述的无叶寄生植物。

479. 叶常对生，且多在两叶之间具有托叶所成的连接线或附属物 … 马钱科 Loganiaceae

479. 叶常互生，或有时基生，如为对生时，其两叶之间也无托叶所成的联系物，有时其叶也可轮生。

480. 雄蕊和花冠离生或近于离生。

481. 灌木或亚灌木；花药顶端孔裂；花粉粒为四合体；子房常 5 室 ………………

……………………………………………………………………………… 杜鹃花科 Ericaceae

481. 一年或多年生草本，常为缠绕性；花药纵长裂开；花粉粒单纯；子房常 3 ~ 5 室 ………………………………………………………………… 桔梗科 Campanulaceae

480. 雄蕊着生于花冠的筒部。

482. 雄蕊 4 个，稀可在冬青科为 5 个或更多。（次 482 项见 398 页）

483. 无主茎的草本，具由少数至多数花朵所形成的穗状花序生于一基生花葶上…

……………………………………………………………………… 车前科 Plantaginaceae

（车前属 *Plantago*）

483. 乔木、灌木，或具有主茎的草本。

484. 叶互生，多常绿……………………………………………… 冬青科 Aquifoliaceae

（冬青属 *Ilex*）

484. 叶对生或轮生。

485. 子房 2 室，每室内有多数胚珠 …………………… 玄参科 Scrophulariaceae

485. 子房2室至多室，每室内有1或2个胚珠 ……… **马鞭草科** Verbenaceae

482. 雄蕊常5个，稀可更多。

486. 每子房室内仅有1或2个胚珠。

487. 子房2或3室；胚珠自子房室近顶端垂悬；木本植物；叶全缘。

488. 每花瓣2裂或2分；花柱1个；子房无柄，2或3室，每室内各有2个胚珠；核果；有托叶 ………………………… **毒鼠子科** Dichapetalaceae（**毒鼠子属** *Dichapetalum*）

488. 每花瓣均完整；花柱2个；子房具柄，2室，每室内仅有1个胚珠；翅果；无托叶 ………………………………………… **茶茱萸科** Icacinaceae

487. 子房1~4室；胚珠在子房室基底或中轴的基部直立或上举；无托叶；花柱1个，稀可2个，有时在紫草科的破布木属 *Cordia* 中其先端可成两次的2分。

489. 果实为核果；花冠有明显的裂片，并在蕾中呈覆瓦状或旋转状排列；叶全缘或有锯齿；通常均为直立木本或草本，多粗壮或具刺毛 ………… ………………………………………………………… **紫草科** Boraginaceae

489. 果实为蒴果；花瓣整或具裂片；叶全缘或具裂片，但无锯齿缘。

490. 通常为缠绕性稀可为直立草本，或为半木质的攀援植物至大型木质藤本（例如盾苞藤属 *Neuropeltis*）；萼片多互相分离；花冠常完整而几无裂片，于蕾中呈旋转状排列，也可有时深裂而其裂片成内折的镊合状排列（例如盾苞藤属） ……………………… **旋花科** Convolvulaceae

490. 通常均为直立草本；萼片连合成钟形或筒状；花冠有明显的裂片，唯于蕾中也成旋转状排列 ………………………… **花葱科** Polemoniaceae

486. 每子房室内有多数胚珠，或在花葱科中有时为1至数个；多无托叶。

491. 高山区生长的耐寒旱性低矮多年生草本或丛生亚灌木；叶多小型，常绿，紧密排列成覆瓦状或莲座式；花无花盘；花单生至聚集成几为头状花序；花冠裂片成覆瓦状排列；子房3室；花柱1个；柱头3裂；蒴果室背开裂 ………………………………………………………… **岩梅科** Diapensiaceae

491. 草本或木本，不为耐寒旱性；叶常为大型或中型，脱落性，疏松排列而各自展开；花多有位于子房下方的花盘。

492. 花冠不于蕾中折迭，其裂片呈旋转状排列，或在田基麻科中为覆瓦状排列。

493. 叶为单叶，或在花葱属 *Polemonium* 为羽状分裂或为羽状复叶；子房3室（稀可2室）；花柱1个；柱头3裂；蒴果多室背开裂………… ……………………………………………………… **花葱科** Polemoniaceae

493. 叶为单叶，且在田基麻属 *Hydrolea* 为全缘；子房2室；花柱2个；柱头呈头状；蒴果室间开裂 ………………… **田基麻科** Hydrophyllaceae（**田基麻族** *Hydroleeae*）

492. 花冠裂片呈镊合状或覆瓦状排列，或其花冠于蕾中折迭，且成旋转状排列；花萼常宿存；子房2室；或在茄科中为假3室至假5室；花柱1个；柱头完整或2裂。

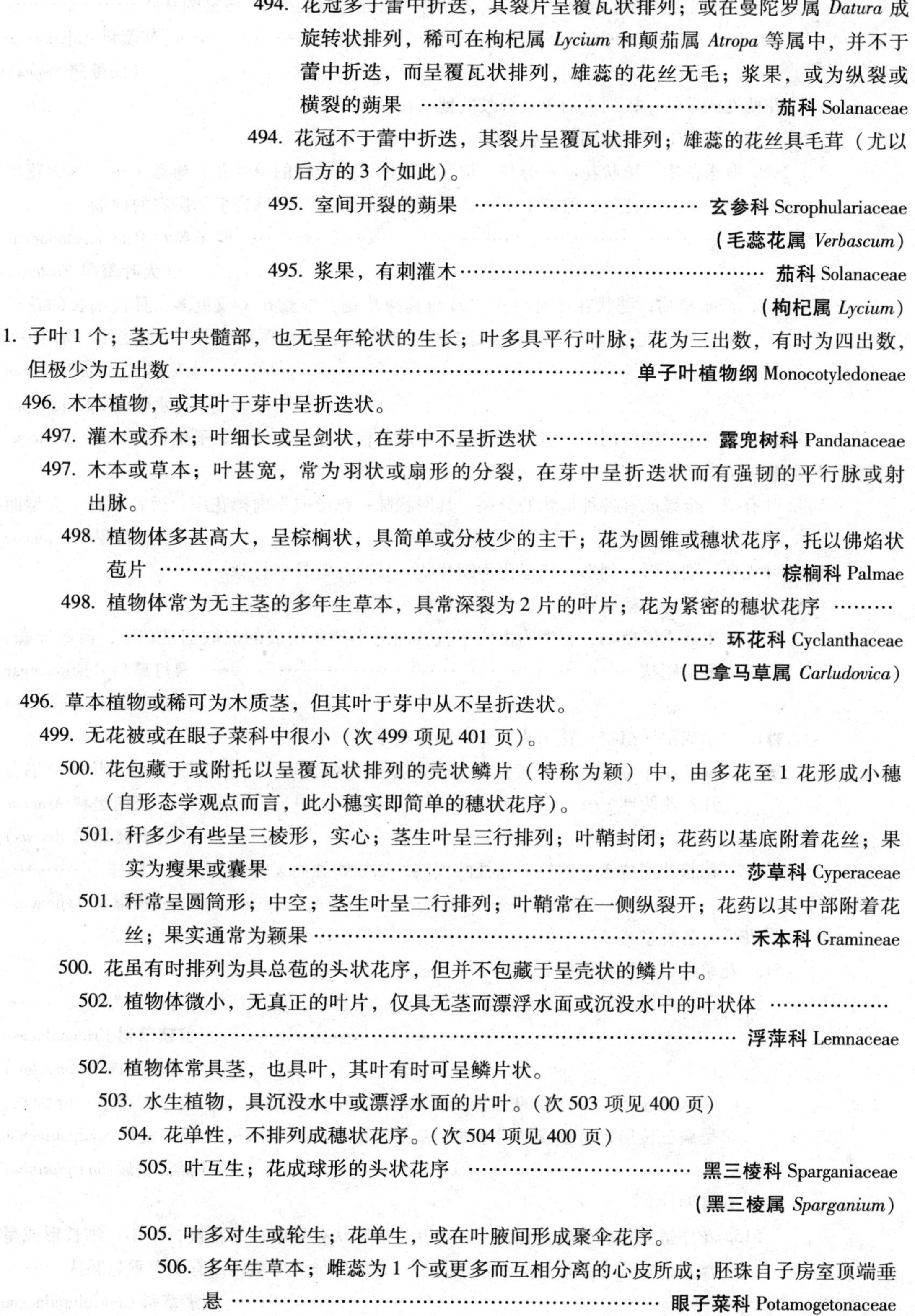

494. 花冠多于蕾中折迭，其裂片呈覆瓦状排列；或在曼陀罗属 *Datura* 成旋转状排列，稀可在枸杞属 *Lycium* 和颠茄属 *Atropa* 等属中，并不于蕾中折迭，而呈覆瓦状排列，雄蕊的花丝无毛；浆果，或为纵裂或横裂的蒴果 ……………… **茄科** Solanaceae

494. 花冠不于蕾中折迭，其裂片呈覆瓦状排列；雄蕊的花丝具毛茸（尤以后方的3个如此）。

495. 室间开裂的蒴果 ……………… **玄参科** Scrophulariaceae

（**毛蕊花属** *Verbascum*）

495. 浆果，有刺灌木……………… **茄科** Solanaceae

（**枸杞属** *Lycium*）

1. 子叶1个；茎无中央髓部，也无呈年轮状的生长；叶多具平行叶脉；花为三出数，有时为四出数，但极少为五出数 ……………… **单子叶植物纲** Monocotyledoneae

496. 木本植物，或其叶于芽中呈折迭状。

497. 灌木或乔木；叶细长或呈剑状，在芽中不呈折迭状 ……………… **露兜树科** Pandanaceae

497. 木本或草本；叶甚宽，常为羽状或扇形的分裂，在芽中呈折迭状而有强韧的平行脉或射出脉。

498. 植物体多甚高大，呈棕榈状，具简单或分枝少的主干；花为圆锥或穗状花序，托以佛焰状苞片 ……………… **棕榈科** Palmae

498. 植物体常为无主茎的多年生草本，具常深裂为2片的叶片；花为紧密的穗状花序 ……………… **环花科** Cyclanthaceae

（**巴拿马草属** *Carludovica*）

496. 草本植物或稀可为木质茎，但其叶于芽中从不呈折迭状。

499. 无花被或在眼子菜科中很小（次499项见401页）。

500. 花包藏于或附托以呈覆瓦状排列的壳状鳞片（特称为颖）中，由多花至1花形成小穗（自形态学观点而言，此小穗实即简单的穗状花序）。

501. 秆多少有些呈三棱形，实心；茎生叶呈三行排列；叶鞘封闭；花药以基底附着花丝；果实为瘦果或囊果 ……………… **莎草科** Cyperaceae

501. 秆常呈圆筒形；中空；茎生叶呈二行排列；叶鞘常在一侧纵裂开；花药以其中部附着花丝；果实通常为颖果 ……………… **禾本科** Gramineae

500. 花虽有时排列为具总苞的头状花序，但并不包藏于呈壳状的鳞片中。

502. 植物体微小，无真正的叶片，仅具无茎而漂浮水面或沉没水中的叶状体 ……………… **浮萍科** Lemnaceae

502. 植物体常具茎，也具叶，其叶有时可呈鳞片状。

503. 水生植物，具沉没水中或漂浮水面的片叶。（次503项见400页）

504. 花单性，不排列成穗状花序。（次504项见400页）

505. 叶互生；花成球形的头状花序 ……………… **黑三棱科** Sparganiaceae

（**黑三棱属** *Sparganium*）

505. 叶多对生或轮生；花单生，或在叶腋间形成聚伞花序。

506. 多年生草本；雌蕊为1个或更多而互相分离的心皮所成；胚珠自子房室顶端垂悬 ……………… **眼子菜科** Potamogetonaceae

（**果藻族** *Zannichellieae*）

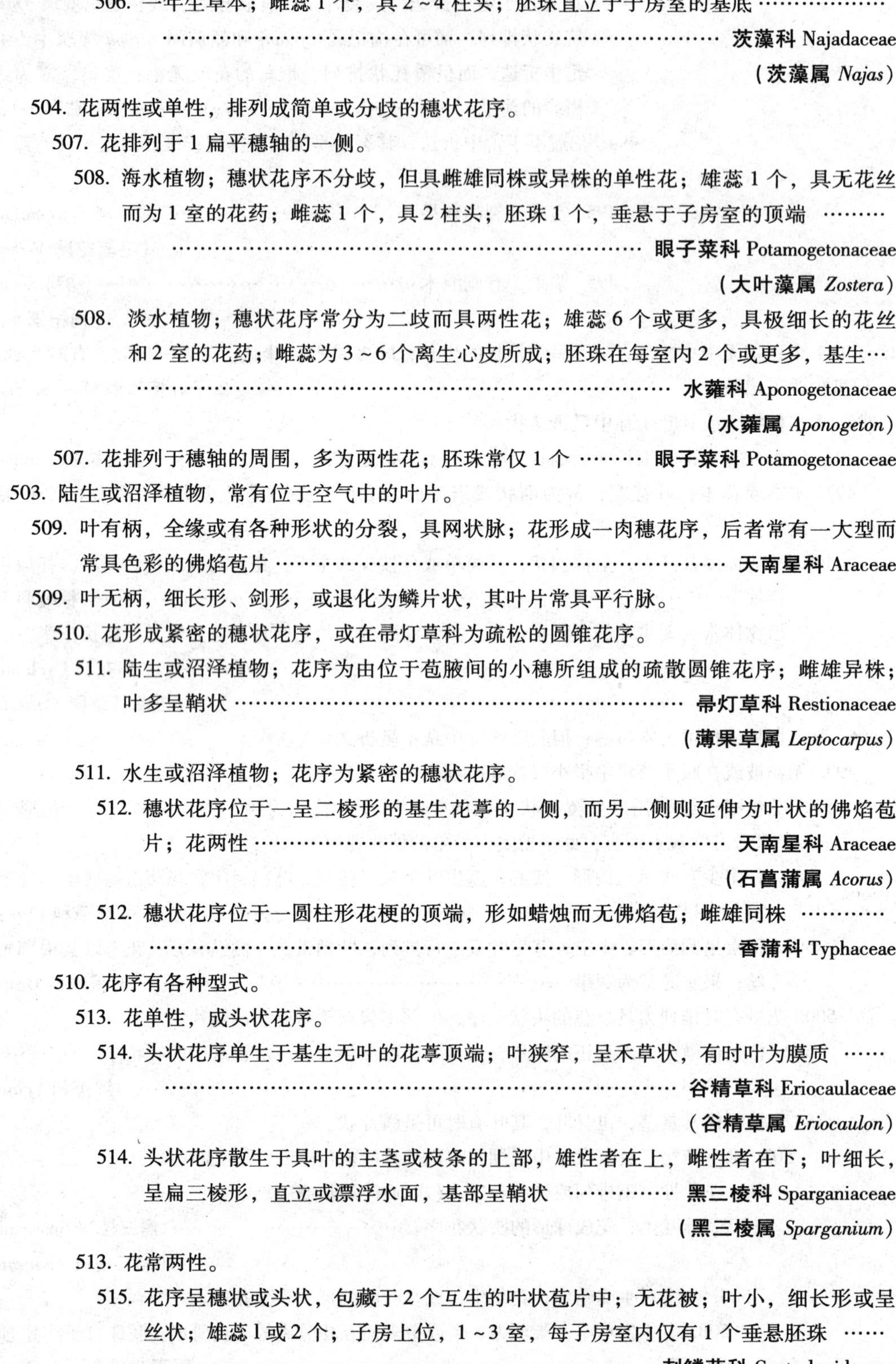

506. 一年生草本；雌蕊 1 个，具 2～4 柱头；胚珠直立于子房室的基底 ……………… …………………………………………………………………… **茨藻科** Najadaceae

(**茨藻属** *Najas*)

504. 花两性或单性，排列成简单或分歧的穗状花序。

507. 花排列于 1 扁平穗轴的一侧。

508. 海水植物；穗状花序不分歧，但具雌雄同株或异株的单性花；雄蕊 1 个，具无花丝而为 1 室的花药；雌蕊 1 个，具 2 柱头；胚珠 1 个，垂悬于子房室的顶端 ……… …………………………………………………………… **眼子菜科** Potamogetonaceae

(**大叶藻属** *Zostera*)

508. 淡水植物；穗状花序常分为二歧而具两性花；雄蕊 6 个或更多，具极细长的花丝和 2 室的花药；雌蕊为 3～6 个离生心皮所成；胚珠在每室内 2 个或更多，基生… ……………………………………………………………… **水蕹科** Aponogetonaceae

(**水蕹属** *Aponogeton*)

507. 花排列于穗轴的周围，多为两性花；胚珠常仅 1 个 ……… **眼子菜科** Potamogetonaceae

503. 陆生或沼泽植物，常有位于空气中的叶片。

509. 叶有柄，全缘或有各种形状的分裂，具网状脉；花形成一肉穗花序，后者常有一大型而常具色彩的佛焰苞片 …………………………………………………… **天南星科** Araceae

509. 叶无柄，细长形、剑形，或退化为鳞片状，其叶片常具平行脉。

510. 花形成紧密的穗状花序，或在帚灯草科为疏松的圆锥花序。

511. 陆生或沼泽植物；花序为由位于苞腋间的小穗所组成的疏散圆锥花序；雌雄异株；叶多呈鞘状 ………………………………………………………… **帚灯草科** Restionaceae

(**薄果草属** *Leptocarpus*)

511. 水生或沼泽植物；花序为紧密的穗状花序。

512. 穗状花序位于一呈二棱形的基生花葶的一侧，而另一侧则延伸为叶状的佛焰苞片；花两性 …………………………………………………………… **天南星科** Araceae

(**石菖蒲属** *Acorus*)

512. 穗状花序位于一圆柱形花梗的顶端，形如蜡烛而无佛焰苞；雌雄同株 ………… …………………………………………………………………… **香蒲科** Typhaceae

510. 花序有各种型式。

513. 花单性，成头状花序。

514. 头状花序单生于基生无叶的花葶顶端；叶狭窄，呈禾草状，有时叶为膜质 …… ……………………………………………………………… **谷精草科** Eriocaulaceae

(**谷精草属** *Eriocaulon*)

514. 头状花序散生于具叶的主茎或枝条的上部，雄性者在上，雌性者在下；叶细长，呈扁三棱形，直立或漂浮水面，基部呈鞘状 …………… **黑三棱科** Sparganiaceae

(**黑三棱属** *Sparganium*)

513. 花常两性。

515. 花序呈穗状或头状，包藏于 2 个互生的叶状苞片中；无花被；叶小，细长形或呈丝状；雄蕊 1 或 2 个；子房上位，1～3 室，每子房室内仅有 1 个垂悬胚珠 …… ……………………………………………………………… **刺鳞草科** Centrolepidaceae

515. 花序不包藏于叶状的苞片中；有花被。

516. 子房 3 ~ 6 个，至少在成熟时互相分离 …………………… 水麦冬科 Juncaginaceae
(水麦冬属 *Triglochin*)

516. 子房 1 个，由 3 心皮连合所组成 ……………………………… 灯心草科 Juncaceae

499. 有花被，常显著，且呈花瓣状。

517. 雌蕊 3 个至多数，互相分离。

518. 死物寄生性植物，具呈鳞片状而无绿色叶片。

519. 花两性，具 2 层花被片；心皮 3 个，各有多数胚珠 …………………… 百合科 Liliaceae
(无叶莲属 *Petrosavia*)

519. 花单性或稀可杂性，具一层花被片；心皮数个，各仅有 1 个胚珠 … 霉草科 Triuridaceae
(喜阴草属 *Sciaphila*)

518. 不是死物寄生性植物，常为水生或沼泽植物，具有发育正常的绿叶。

520. 花被裂片彼此相同；叶细长，基部具鞘 ……………………… 水麦冬科 Juncaginaceae
(芝菜属 *Scheuchzeria*)

520. 花被裂片分化为萼片和花瓣 2 轮。

521. 叶（限于我国植物）呈细长形，直立；花单生或成伞形花序；蓇葖果 ……………… ………………………………………………………………………… 菽蕿科 Butomaceae
(菽蕿属 *Butomus*)

521. 叶呈细长兼披针形至卵圆形，常为箭镞状而具长柄；花常轮生，成总状或圆锥花序；瘦果…………………………………………………………………… 泽泻科 A1ismataceae

517. 雌蕊 1 个，复合性或于百合科的岩菖蒲属 *Tofieldia* 中其心皮近于分离。

522. 子房上位，或花被和子房相分离。(次 522 项见 402 页)

523. 花两侧对称；雄蕊 1 个，位于前方，即着生于远轴的 1 个花被片的基部 ……………… …………………………………………………………………………… 田葱科 Philydraceae
(田葱属 *Philydrum*)

523. 花辐射对轴，稀可两侧对称；雄蕊 3 个或更多。

524. 花被分化为花萼和花冠 2 轮，后者于百合科的重楼族中，有时为细长形或线形的花瓣所组成，稀可缺。

525. 花形成紧密而具鳞片的头状花序；雄蕊 3 个；子房 1 室……… 黄眼草科 Xyridaceae
(黄眼草属 *Xyris*)

525. 花不形成头状花序；雄蕊数在 3 个以上。

526. 叶互生，基部具鞘，平行脉；花为腋生或顶生的聚伞花序；雄蕊 6 个，或因退化而数较少 ……………………………………………………… 鸭跖草科 Commelinaceae

526. 叶以 3 个或更多个生于茎的顶端而成一轮，网状脉而于基部具 3 ~ 5 脉；花单独顶生；雄蕊 6 个、8 个或 10 个 ……………………………………… 百合科 Liliaceae
(重楼族 *Parideae*)

524. 花被裂片彼此相同或近于相同，或于百合科的白丝草属 *Chinographis* 中则极不相同，又在同科的油点草属 *Tricyrtis* 中其外层 3 个花被裂片的基部呈囊状。

527. 花小型，花被裂片绿色或棕色。(次 527 项见 402 页)

528. 花位于一穗形总状花序上；蒴果自一宿存的中轴上裂为 3 ~ 6 瓣，每果瓣内仅有 1 个种子 ……………………………………………………… 水麦冬科 Juncaginaceae
(水麦冬属 *Triglochin*)

528. 花位于各种型式的花序上；蒴果室背开裂为3瓣，内有多数至3个种子 ………………………………………………………………………………… **灯心草科** Juncaceae

527. 花大型或中型，或有时为小型，花被裂片多少有些具鲜明的色彩。

529. 叶（限于我国植物）的顶端变为卷须，并有闭合的叶鞘；胚珠在每室内仅为1个；花排列为顶生的圆锥花序 ……………………………… **须叶藤科** Flagellariaceae

（**须叶藤属** *Flagellaria*）

529. 叶的顶端不变为卷须；胚珠在每子房室内为多数，稀可仅为1个或2个。

530. 直立或漂浮的水生植物；雄蕊6个，彼此不相同，或有时有不育者 ………………………………………………………………………… **雨久花科** Pontederiaceae

530. 陆生植物；雄蕊6个、4个或2个，彼此相同。

531. 花为四出数，叶（限于我国植物）对生或轮生，具有显著纵脉及密生的横脉 ………………………………………………………………… **百部科** Stemonaceae

（**百部属** *Stemona*）

531. 花为三出或四出数；叶常基生或互生 ……………………… **百合科** Liliaceae

522. 子房下位，或花被多少有些和子房相愈合。

532. 花两侧对称或为不对称形。

533. 花被片均成花瓣状；雄蕊和花柱多少有些互相连合……………………… **兰科** Orchidaceae

533. 花被片并不是均成花瓣状，其外层者形如萼片；雄蕊和花柱相分离。

534. 后方的1个雄蕊常为不育性，其余5个则均发育而具有花药。

535. 叶和苞片排列成螺旋状；花常因退化而为单性；浆果；花被呈管状，其一侧不久即裂开 ………………………………………………………… **芭蕉科** Musaceae

（**芭蕉属** *Musa*）

535. 叶和苞片排列成2行；花两性，蒴果。

536. 萼片互相分离或至多可和花冠相连合；居中的1花瓣并不成为唇瓣 ………………………………………………………………………… **芭蕉科** Musaceae

（**鹤望兰属** *Strelitzia*）

536. 萼片互相连合成管状；居中（位于远轴方向）的1花瓣为大形而成唇瓣 …… ………………………………………………………………………… **芭蕉科** Musaceae

（**兰花蕉属** *Orchidantha*）

534. 后方的1个雄蕊发育而具有花药。其余5个则退化，或变形为花瓣状。

537. 花药2室；萼片互相连合为一萼筒，有时呈佛焰苞状………… **姜科** Zingiberaceao

537. 花药1室；萼片互相分离或至多彼此相衔接。

538. 子房3室，每子房室内有多数胚珠位于中轴胎座上；各不育雄蕊呈花瓣状，互相于基部简短连合 ……………………………………………… **美人蕉科** Cannaceae

（**美人蕉属** *Canna*）

538. 子房3室或因退化而成1室，每子房室内仅含1个基生胚珠；各不育雄蕊也呈花瓣状，唯多少有些互相连合 ……………………………… **竹芋科** Marantaceae

532. 花常辐射对称，也即花整齐或近于整齐。

539. 水生草本，植物体部分或全部沉没水中 ……………………… **水鳖科** Hydrocharitaceae

539. 陆生草本。

540. 植物体为攀援性；叶片宽广，具网状脉（还有数主脉）和叶柄 …… **薯蓣科** Dioscoreaceae

540. 植物体不为攀援性；叶具平行脉。

541. 雄蕊 3 个。

542. 叶 2 行排列，两侧扁平而无背腹面之分，由下向上重叠跨覆；雄蕊和花被的外层裂片相对生 …………………………………………………………………… **鸢尾科** Iridaceae

542. 叶不为 2 行排列；茎生叶呈鳞片状；雄蕊和花被的内层裂片相对生 ……………………………………………………………………………………… **水玉簪科** Burmanniaceae

541. 雄蕊 6 个。

543. 果实为浆果或蒴果，而花被残留物多少和它相合生，或果实为一聚花果；花被的内层裂片各于其基部有 2 舌状物；叶呈带形，边缘有刺齿或全缘 ……………………………………………………………………………………… **凤梨科** Bromielaceae

543. 果实为蒴果或浆果，仅为 1 花所成；花被裂片无附属物。

544. 子房1室，内有多数胚珠位于侧膜胎座上；花序为伞形，具长丝状的总苞片 ………………………………………………………………………………………… **蒟蒻薯科** Taccaceae

544. 子房 3 室，内有多数至少数胚珠位于中轴胎座上。

545. 子房部分下位 …………………………………………………… **百合科** Liliaceae

（**肺筋草属** *Aletris*，**沿阶草属** *Ophiopogon*，**球子草属** *Peliosanthes*）

545. 子房完全下位 ………………………………………………… **石蒜科** Amaryllidaceae